AF548156

Notburga Burkhardt

Der Hochablass

Bibliografische Information der Deutschen Nationalbibliothek:
Die Deutsche Nationalbibliothek verzeichnet diese Publikation in der Deutschen Nationalbibliografie; detaillierte bibliografische Daten sind im Internet über https://dnb.dnb.de abrufbar.

Satz: Notburga Burkhardt und Johann Geiter

Druck: UAB BALTO print, Vilnius

ISBN 978-3-95786-333-1

www.wissner.com

Notburga Burkhardt

DER HOCHABLASS

Technikdenkmal und Weltkulturerbe

Inhalt

Anmerkungen zur Technik am Hochablass S.218

Schreibweise physikalischer Größen

Es gab bis ca. 1870 in Deutschland keine einheitliche Festlegung physikalischer Größen; das gilt ebenso für ihre Schreibweise. Erst um 1875 bemühten sich z.B. 17 Staaten (auch Deutschland) zu einer Festsetzung der Längeneinheit „1 m“; ihre Schreibweise war aber nicht bestimmt. So wechselten die Schreibweisen auch der zusammengesetzten Größen. Die Potenzschreibweise ist erst seit etwa 30 Jahren üblich - doch nicht zwingend vorgeschrieben. Im Buch wurde versucht, die jeweils im Originaldokument angewandte Schreibweise zu verwenden.

Schreibweise von Zitaten:

Bis zum Beginn des letzten Jahrhunderts gab es keine verbindliche Vorschrift, wie man das gesprochene Wort schreibt. Als Beispiel soll die Tabelle über die verschiedenen Schreibweisen des „Gegenstandes“ dieses Buches sein.

Anmerkung zu den Fotos

Die Fotographien des Tiefbauamtes und des Stadtarchives wurden nicht bearbeitet; somit kann der Betrachter den derzeitigen Original-zustand erkennen. Die Fotos von Mayer geben die Fototechnik um 1910 mit Ihrer Unschärfe wieder; z.B. gibt es kein Foto des König Ludwig III. bei einer Floßfahrt durch die Floßgasse, weil die Verschlusszeiten der damaligen Kameras viel zu lang waren.

Der Hochablass am Lech: seine Baugeschichte und technische Entwicklung

Augsburg hat für die Bewerbung zum Weltkulturerbe das Thema „Wasser“ gewählt und damit gewonnen. Dieses Buch will die Frage beantworten, woher dieses Wasser kommt. Welche Technik war am Hochablass notwendig, um es nach Augsburg zu leiten? Wie änderte sich diese Technik im Laufe der Jahrhunderte?

Im Mittelalter war es in Augsburg selbstverständlich, das Element Wasser als **Trinkwasser** oder **Brauchwasser** in getrennten Kanälen fließen zu lassen. Das Trinkwasser stammte aus den Bächen, die südlich von Augsburg entsprangen. Das Brauchwasser lieferte Lech und Wertach.
Der Stadtbaumeister Elias Holl führte beide Wassersysteme am Roten Tor zusammen: Das Trinkwasser wurde durch die sog. Augsburger Spindel mit Hilfe von Brauchwasser zu den Herrenhäusern an der Maximilianstraße hochgepumpt.
Die Brauchwasserkanäle waren zusätzlich wichtig, denn sie stellten die Energieversorgung der zahlreichen Mühlen im Stadtgebiet sicher.
Durch die Schleusen am Hochablass wurde dem Lechfluss dieses Brauchwasser entnommen; es floss als Stadtbach mit all seinen Verästelungen durch das Stadtgebiet und versorgte die vielen Augsburger Mühlen und Werke mit Energie. Noch heute treibt sein Wasser Turbinen an und leistet einen Beitrag zur Stromerzeugung in der Stadt Augsburg.

Historiker sehen das Jahr 1346[1] als Gründungsjahr des Hochablasses. Doch schon vor dieser Zeit waren einige „Ablässe“ im Gebiet zwischen der Stadtbefestigung und dem westlichen Lechufer vorhanden. Es gab kein Gesamtkonzept für diese zahlreichen Kanäle. Im Laufe der Jahrhunderte verschwand ein Teil dieses Kanalsystems im Stadtgebiet. Übrig blieb der Hochablass am südlichsten Zipfel des Augsburger Territoriums und ein weitverzweigtes Schleusensystem als das entscheidende Energieangebot. Der Hochablass wurde bevorzugt, weil er die größte Fallhöhe und damit das größte Energieangebot besaß. Der Hochablass war daher der Garant für die industrielle Entwicklung von Augsburg.
Der Landesdenkmalpfleger Egon Greipl unterstreicht dies am 14. Juli 2005 gegenüber den Mitgliedern der Tagung der Bayerischen Denkmalpflege bei einer Besichtigung des Hochablasses: „...treffen wir uns am Hochablass. Dort werden seit Jahrhunderten das Wasser und die Kraft, die der Lech aus den Alpen mitbringt, abgefangen, gezähmt und der Stadt zugeführt. Nicht zuletzt diese gezähmte, unter Kontrolle gebrachte Kraft des Flusses ist es gewesen, die den Wohlstand und den Rang Augsburgs bis in unsere Tage begründet hat. Überspitzt: Ohne den Hochablass hätten die Augsburger Bürger ihren Anspruch im Rathaus von Elias Holl und dem Goldenen Saal nicht ausdrücken können. Ohne den Hochablass, diesem Bremser und Zähmer, würde der Lech vorbeirauschen, wäre Augsburg vielleicht so etwas wie ein sieben Kilometer flussabwärts gelegenes Gersthofen geblieben. Zähmen, Zurückhalten, Speichern als Voraussetzung für kulturellen Fortschritt: Das Gleichnis vom Hochablass kann uns, deren Auftrag Bewahren ist, nur stärken“.

Dieses Buch ist der erste, Jahrhunderte übergreifende Versuch, die vielfältige Entwicklung der Geschichte des Wasserbaus für den „Hochablass“ und der dafür verwendeten Technik aufzuzeigen.
Vor dem Jahr 1839 gab es keine gesonderte Beschreibung des Hochablasses. Die im Stadtarchiv hinterlegten Pläne vor dieser Zeit dienten in erster Linie dazu, Grenzverläufe und Verträge zwischen den Anrainern und der Stadtverwaltung von Augsburg zu illustrieren.

Erstmals hat Stadtbaumeister Franz Josef Kollmann „seinen“ Hochablass detailgenau beschrieben. Er betonte in seinen beiden Schriften von 1839 und 1850 zwar stolz,

[1] Ruckdeschel, Industriekultur in Augsburg S. 39

dass er der erste sei, der über den Hochablass im vorderen Teil dieser Schriften ausführlich berichtet: doch zielte er vor allem auf die Bedeutung des Hochablasses für die „Triebwasserversorgung" der Mühlen im Stadtgebiet ab; diese stellte er ausführlich in seinen Werken vor. Seine Idee war, die vorhandene Energiemenge jedes Werks mit einer „Konsumptionssteuer" zu belegen. Mit diesen Einnahmen wollte er den Hochablass modernisieren. Der Stadtrat genehmigte ihm jedoch nur teilweise seine Umbauwünsche; die Steuereinnahmen flossen in den allgemeinen Haushalt.[2] Der Hochablass lieferte jedoch weiterhin der wieder aufblühenden Textilindustrie die notwendige Energie.
Anton Werner aktualisierte 1905 die Arbeiten von Kollmann; die Beschreibung des Hochablasses lehnt sich an die Auslassungen von Kollmann an. Sein Buch über die Wasserkräfte in Augsburg dient heute noch dem Tiefbauamt der Stadt als Quelle bei Gebietsansprüchen.

Die Lage am Hochablass änderte sich allerdings durch die Hochwasserkatstrophe im Sommer 1910 dramatisch. Gotthilf Mayer, der im Bauamt zuständige Jurist, verfasste eine ausführliche Broschüre mit umfangreichem Bildmaterial über diese Katastrophe.

Ich werde hier erstmals die unterschiedlichen Überlegungen der Wasserbaufirmen für diese Neukonzeption eines Querriegelbaus aufzeigen. Es lässt sich daraus erkennen, dass zu Beginn des 20. Jahrhunderts die Faszination für die Technik Vorrang vor Überlegungen für den Naturschutz hatte. Zu den auftretenden Gefahren eines so einschneidenden Eingriffs in die Natur eines geschiebereichen Flusses wie den Lech fehlten Langzeiterfahrungen. Die in diesem Buch geschilderten Anstrengungen der Stadt Augsburg, dem „Kiesproblem" nach dem Umbau Herr zu werden, zeugen davon.

Auf anschauliche Weise unterstreichen die zu dem Geschiebegutachten von Prof. Schreitmüller gehörenden Bilder und Kommentare diese Bemühungen.
Ungeklärt bleibt die Frage, warum auch beim Umbau 1930 die große Anzahl verschiedener Klappensysteme erhalten blieb und sogar erweitert wurde.

War es ein Versuch, die sehr unterschiedlichen, jahreszeitlich abhängigen Strömungsverhältnisse im Oberwasser des Hochablasses zu regulieren? Die Aktenlage gibt darauf keine Antwort.

Der Hochablass hat die Kriegszeit größtenteils unbeschadet überstanden. Deshalb fanden nach 1945 in erster Linie Reparaturen oder Ausbesserungsarbeiten an den Klappensystemen statt. Sie finden hier in dieser Arbeit einen Platz, da sie Teil des Weltkulturerbes sind.
Die Umbauten der Kanustrecke und des Kuhsees tangieren nicht die Technik des Hochablasses; sie benützen nur das reichhaltige Wasserangebot des Lechs und gehören nicht zum „Denkmal Hochablass".

Neu in der Geschiebegeschichte des Hochablasses ist das 2013 eingebaute Wasserkraftwerk. Auch die noch festzulegende neue Fischtreppe wird das Bild der Wasser- und Geschiebeführung in den nächsten Jahrzehnten sicher noch verändern.

Machen Sie sich heute selbst ein Bild von dem unter Denkmalschutz stehenden Hochablass, wandern sie über den Hochablass und lassen Sie sich von den herabstürzenden Wassermassen begeistern. Vielleicht finden Sie auch noch die Muße, dabei die vielfältige Technik der Klappensysteme zu bewundern.

[2] Auch der Bau des Hauptkrankenhauses sollte damit bezahlt werden.

Wie vielfältig früher der Hochablass bezeichnet wurde, zeigen folgende Beispiele:

Jahr	Bezeichnung	Verfasser
1596 / 1759	Hoch-Ablaß Neuer Ablaß	„Copiert 1759“
1596	Hoch – oder Alt-Ablaß Neuablaß	???
???	Großer Ablaß Neuer Ablaß Anderer Ablasen Hocher Ablaß	Schwarz (?) Verschiedene Fallen
1735	Hoher Ablas	Johann Thomas Kraus Ingenieur
1738	Hoher Ablaß	Du Chaffatt Ingenieur Hauptmann
1738	Hoher Ablaß	Du Chaffatt Hauptmann
1741	Augspurgischer Hochablass Churbayerische Floßfahrt	Frantz Antonius Paur Churfürstl. Geometer und Wasserpaumeister
1741	Augspurgischer Hoch Ablaß	H. Baur Churbayrischer Geometer; copiert von Georg Greggenhofer 1743
1762	Hochablas	Castulus Riedl Hofkammerrath Ingen. Hauptmann und Wasserbaumeister
1762	Hoch Ablas hochablas	Castulus Riedl
1772	Hoher Ablaß Kleiner Ablaß	Lucas Voch
1789	Augspurgischen Sogenannten Hoch Ablaß	Johann Georg Waldmann Stadtwerck und Lechmeister
1803	Hochablaß	Le[u]t. Chr. Andr. Nilson Baugegenzeichner
1803	Hoch Ablaß	Ch. Andr. Nilson Baugegen-schreiber
1816	Hocher Ablaß	Georg Waldmann Lechmeister
1818	Hochablass bey Augsburger Lechwehr Große Ablass Schleuse Reserveschleuse	Kollmann
1818	Hoch-Ablaß	Kollmann (copiert)
12. Juli ???	Hocher Ablaß	Lachner (?)
1825	Ablaß	Kollmann
1828	Stadt. Lechwehr	Kollmann
1830	Lechwehr bei Augsburg	Jos. Kollmann
1830	Ablaß	(Pegelstände)
1832	Ablasse (Neubauplan)	Kollmann
1850	Hochablaßwehr	Kollmann
1910	Hochablaß-Wehr	Stadtvermessungsamt Augsburg
1920	Hoch - Ablass	Stadtvermessungsamt Augsburg
2015	Hochablass Hochablass - Wehr	Tiefbauamt Augsburg

Der Gegenstand dieser Arbeit wird heute mit „Hochablass“ geschrieben; wird der Hochablass in einem Zitat aufgeführt, so wird die Schreibweise des Zitats verwendet.

***Bild 1:** Lech mit altem Hochablass*

Der Lech innerhalb Augsburgs und seine „Correktion“

Der Hochablass ist ein Wehrbau, der quer in das Flusssystem des Lechs eingebaut ist. Unabhängig von der Wahl der Bauweise für das Wehr greift ein solches Bauwerk erheblich in den Flussverlauf ein.
Daher ist es unabdingbar, vor der Errichtung eines Wehrbaus die Eigenschaften des Flusses so genau wie möglich zu kennen. Erst dadurch kann man abschätzen, welche Schwierigkeiten sowohl für das Wehr als auch für den Flussverlauf durch den geplanten Eingriff auftreten können.
Die beiden Lösungsversuche am Augsburger Hochablas – zuerst ein Streichwehr, dann ein Riegelbauwerk – sind Beispiele für den Einsatz von Techniken des Wasserbaus. Der geschiebereiche Fluss Lech stellt für beide Wehrtypen eine Herausforderung für die Wasserbauer dar. Dies wird in den folgenden Kapiteln ausführlich beschrieben.

Ein Fluss wird geprägt durch seinen Ursprung im Quellgebiet, seine Geschiebeführung, die Wassermenge mit ihrem zeitlichen Verlauf, den Untergrund und sein Fließverhalten. Dieser Größen konnten bis zur Mitte des 19. Jahrhunderts noch nicht exakt erfasst werden. Es fehlten die entsprechenden Messgeräte und allgemein gültige Maßeinheiten. Auch wurde die Notwendigkeit einer systematischen Erfassung dieser Daten nicht von Anfang an gesehen. Die „Wasserpaumeister“ der Stadt Augsburg konnten also nur mithilfe ihrer Erfahrungen den Bau oder Umbau des Hochablasses planen und durchführen.

1. Die gesetzlichen Vorgaben zur Erfassung der Eigenschaften des Lechs

Erst am 28. Mai 1852 wurde das „Gesetz über den Uferschutz und den Schutz gegen Überschwemmungen“ von der bayerischen Regierung erlassen. Daher ist es sinnvoll, erst ab diesem Datum von einer systematischen Aufzeichnung der Eigenschaften des Lechs zu sprechen. In diesem Gesetz wurde für die Erfassung genauer Flussdaten zwei Auflagen festgelegt: eine jährliche Bereisung durch Boote und anschließend ein Protokoll über aufgetretene Schäden.[1] Ein solches Vorgehen erforderte eine bestimmte Normierung der erfassten Größen. Noch Ende des 18. Jahrhunderts gab es z. B. mehr als 100 verschiedene Längenangaben. Dies änderte sich erst, als um 1830 die bayerische Regierung Normgrößen vorschrieb.[2]

Am 23. März 1907 ergänzte man in Bayern dieses Uferschutzgesetz durch ein „Wassergesetz“; dabei wurde der Lech in die Kategorie der „Flüsse“ aufgenommen.[3] Hierin wird der Begriff „Fluss“ im Sinne des Art. I WG [Wassergesetz] nicht nur als Fahrstraße für Schiffe und Flöße gesehen, „sondern der ganze Wasserlauf in seiner seitlichen Ausdehnung bis zur Uferlinie, einschließlich etwaiger Ausbuchtungen“.
Unerfreulich war diese gesetzliche Festlegung für die Lechanrainer innerhalb Augsburgs – hier vor allem für die Bevölkerung in Hochzoll und Lechhausen. Dazu gibt es folgendes Beispiel: im Jahr 1910 besaß die Firma MAN zwei an den Lech angrenzende Grundstücke in Lechhausen; diese wurden durch das Hochwasser im Sommer 1910 weggeschwemmt. Eine Bitte an den bayerischen Staat um Entschädigung für diesen Verlust wurde abschlägig beschieden. Die Begründung: der Lech war während des Hochwassers nicht gänzlich in ein neues Bett geflossen. Er hatte das ursprüngliche nur ausgedehnt; das alte Flussbett blieb erhalten. Daher lautete der Schiedsspruch: „Das erweiterte Flussbett ist also Eigentum des Staates geworden; der Maschinenfabrik steht daran kein Eigentumsrecht mehr zu“.[4] Ein Fluss darf somit sein Bett beliebig verändern, er darf es nur nicht völlig verlassen. Doch das durch Hochwasser geschaffene Flussbett gehört immer noch zum Fluss und damit dem Eigentümer des Flussbettes, in diesem Falle dem Staat.[5]

Immer wieder wurde das Wassergesetz abgeändert. Ein Beispiel: am 19. Juli 1994 wird dieses Gesetz wie folgt modifiziert: der Lech ist

[1] StadtAA, Bestand 45, Akt 657.

[2] Näheres dazu im Kapitel Technik.

[3] StadtAA, Bestand 45, Akt 703 Um 1900 wurde ein Fluss in die Kategorie 1 eingeteilt, wenn er schiffbar war. Um diese Zeit fuhren noch Flöße auf dem Lech. Im heutigen Bayerischen Wassergesetz, gültig ab 25.Februar 2010, ist der Lech in der ersten Ordnung für Gewässer aufgelistet. Er reicht in Bayern von der Staatsgrenze zu Österreich einschließlich des Forggensees bis zur Einmündung in die Donau.

[4] Ebenda.

[5] Weitere Schäden des Hochwassers von 1910 und die Entschädigungen der betroffenen Anlieger werden im Kapitel „Hochwasserkatastrophe“ behandelt.

***Bild 2**: Detail des Lechverlaufs bei Füssen (Stenglin, 1673)*

hier in der Kategorie erster Ordnung aufgelistet und die Festlegung des Begriffes „Fluss“ inhaltlich von 1907 übernommen. Allerdings wird mit diesem Gesetz zusätzlich festgelegt, dass der Staat für den Unterhalt des Flusses zuständig ist.

2. Eine kurze Geschiebe - Geschichte des Lechs innerhalb Augsburgs

Im Gegensatz zu den übrigen Nebenflüssen der Donau in Bayern besitzt der Lech ein sehr hohes Geschiebeaufkommen.[6]
Schon vor seiner Regulierung bereitete dies den Wasserbauern am Hochablass enorme Schwierigkeiten. Erst nach dem Bau der Staustufe 23 (seit 2003 Mandichosee, bei Merching südlich von Augsburg) im Jahr 1978 reduzierte sich das Kiesaufkommen am Hochablass erheblich. Diese Reduzierung des Geschiebes war jedoch so dramatisch, dass heute sogar Kies in den Lech eingeführt werden muss, um die aufgetretenen Schäden abzumildern. Dazu wurde das Programm „licca liber“ (freier Lech) aufgestellt; es wird vom Wasserwirtschaftsamt Donauwörth betreut.

Die Beschreibung der unterschiedlichen wasserbautechnischen Bewältigung dieses Kiesproblems nimmt daher einen erheblichen Teil der vorliegenden Arbeit ein.

Das Geschiebe (Steine, Sand, Schwebstoffe, Treibgut ...) bringt der Lech aus seinem Ursprungsgebiet, den Kalkalpen bzw. genauer dem Lechquellengebirge in Vorarlberg, mit. Hier im Hochgebirge kann durch Verwitterung und Erosion besonders viel Gestein zerkleinert werden. Dies wird dann von den Bächen im Quellgebiet des Lechs zu Tal – und nach Augsburg – befördert.

Den Lechverlauf hat 1673 Stenglin[7] in einem sog. „Riß“[8] dargestellt. Ein Detail dieses Rißes zeigt den Lech bei Füssen mit einigen Nebenflüssen. (Bild 2)

---

[6] Der Inn ist der längste, die Isar der wasserreichste Voralpenfluss. Doch Kollmann verglich den Lech sogar mit Nil, Newa und Rhein!
Kollmann, 1850, S.8, Fußnote.

[7] Stenglin, Johann, Kupferstecher, um 1640/1660, Quelle: Augsburger Stadtlexikon, S. 850

[8] Ein „Riß“ ist die Darstellung eines Flusses vom Ursprung bis zur Mündung. Hier ist es ein „Lechriß“ mit der Beschriftung: „Der Lech von Füssen bis zur Donau“.

Dafür wählte Stenglin eine drastische, nicht der Wirklichkeit entsprechende Darstellung der Nördlichen Kalkalpen.

Die auch heute noch vorhandene Geschiebeablagerung an der österreichisch - bayerischen Grenze bei Forchach zeigt viele Kiesinseln in einem ungeregelten Flusslauf; im Laufe der Jahreszeiten gibt es hier einen Wechsel von Ablagerung und Erosion. (Bild 3)

Durch das große Gefälle des Lechs wurde dieses Geschiebe nach Norden in Richtung Augsburg transportiert. Der Hochablass war bis 1910 das einzige Wehr im Flussverlauf. Es war als Streichwehr konzipiert. Daher konnte der Kies über das Wehr, das kein unüberwindbares Hindernis für den Wasserlauf darstellte, hinweggeschoben werden. So bildeten sich am Uferrand innerhalb des Augsburger Stadtgebiets viele Kiesinseln im Flussbett. Da der Lech den mitgebrachten Kies vorwiegend am östlichen Steilufer der Stadt liegen ließ, entstand hier die Lechvorstadt mit dem Textilviertel. Die Augsburger konnten hier ein weitverzweigtes Kanalsystem errichten.

Dies wiederum versorgte die zahlreichen Mühlen und Gewerke mit der notwendigen Energie: dem Wasser, das vom Hochablass abgezweigt wurde.

Das Lechbett dagegen wanderte von West nach Ost, da der Lech im Laufe der Jahre immer mehr Kies östlich von Augsburg liegen ließ. Walter Groos[9] schildert 1967 diese Verlagerung des Lechs im Laufe von 1500 Jahren in seinen topologischen Schriften.[10] Eine kurze Übersicht gibt dies im Folgenden wieder:

Der Lech tangierte zur Zeit der Römer (um 300 n. Chr.) noch die Bruchkante des Hochplateaus, auf dem die Römer Augsburg gegründet hatten. Der Abbruch dieser Kante ist geschichtlich nicht erfasst; er ereignete sich vermutlich zwischen 500 und 1000 n. Chr.. (Bild 4)

Die Stadt Augsburg wollte sich vor den unregulierten Wassermassen des Lechs schützen. Aus diesem Grund fing man nach Groos[11] um die Jahrtausendwende an, im Süden der Stadt Dämme entlang des Lechs zu errichten. (Bild 5)

Bild 3: Kiesinseln am Lech bei Forchach

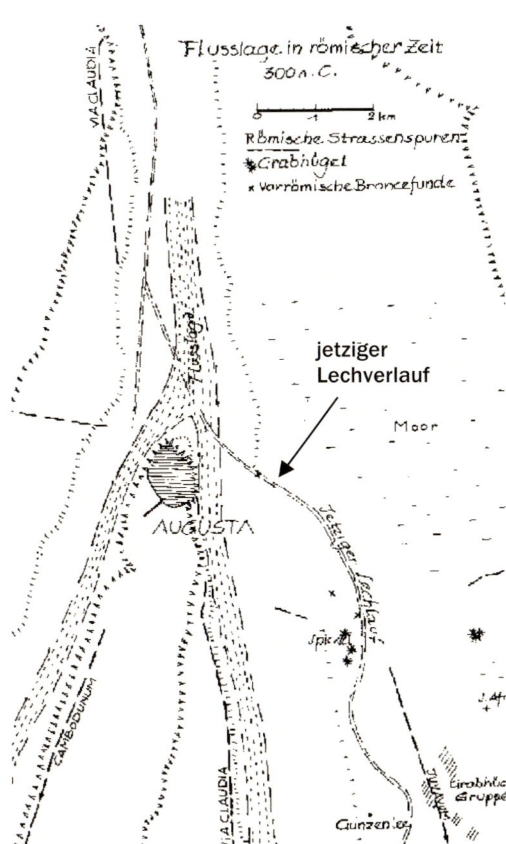

***Bild 4**: Der Lech ca. 300 n. Chr. (Groos, 1967, S. 39)*

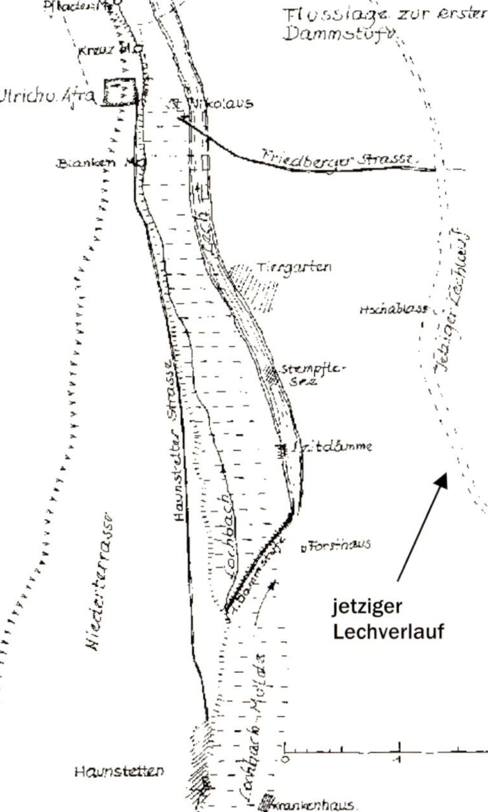

***Bild 5**: Die erste Dammstufe am Lech[12] (Groos, 1967, S. 44)*

[9] Walter Groos, Bauingenieur und Heimatforscher; von 1945 – 1952 Leiter des Wasser- und Brückenbauamtes in Augsburg. Quelle: Augsburger Stadtlexikon, S. 455.

[10] 21. Berichte der Naturforschenden Gesellschaft Augsburg: Walter Groos: Beiträge zur Topographie von Alt-Augsburg; 1967, Band 111, Augsburg, S. 26 – 65.

[11] Groos, S. 60.

[12] Es fehlt hier die genaue Zeitangabe. Dazu schreibt Groos S. 43 „Für die nächsten Nachrichten sind wir auf lokaleTraditionen angewiesen, wenn auch die Datierung unbestimmt bleibt“. Groos weist dazu auf S.45 auf die Arbeiten von B.Eberl (Die Römerstraße Augsburg - Füssen. Das Schwäb. Museum) und Ohlenschläger (Ohlenschläger-Kartei im L.A.f.D.Augsb. unter Haunstetten) hin.

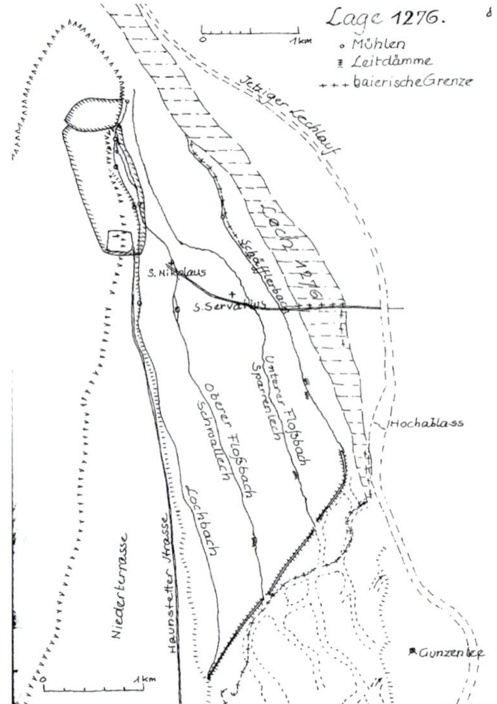

Bild 6: *Lechverlauf um 1276*

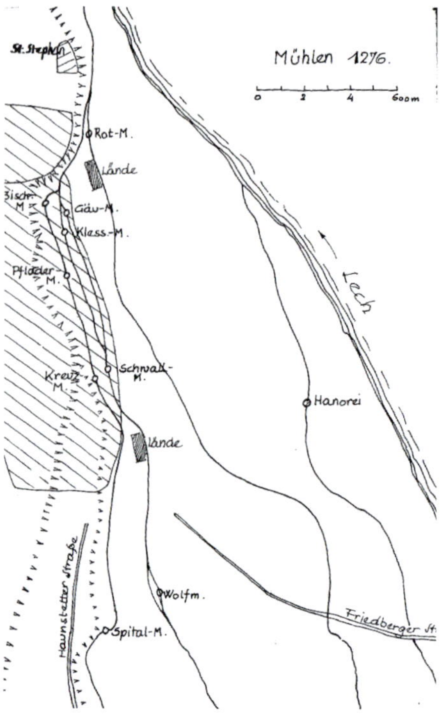

Bild 7: *Mühlen um 1276*

Für das Jahr 1276, das Jahr der ältesten Rechtskodifikation der Stadt Augsburg, skizziert Groos den Lechverlauf erneut mit folgendem Plan. (Bild 6)

Man erkennt hier, dass der Lech nochmals wesentlich weiter nach Osten gewandert war. Die drei eingezeichneten namenlosen Mühlen liegen nicht am Lech, sondern am Lochbach, einer Ableitung des Lechs südlich von Augsburg. Ebenfalls ist die „baierische Grenze“ gut sichtbar eingezeichnet, d.h. der Lech floss teilweise auf baierischen Territorium. Hier sind sieben namenlose Mühlen an der Hangkante von Augsburg markiert. Es gibt keine Mühlen am Lechufer; bei der hohen Geschiebelast und den wenig konstanten Wassermengen im Lech war ein Mühlenbau am Lech wenig sinnvoll.
Nördlich von Haunstetten kann man große Dammbauten („Leitdämme“) erkennen. Sie dienten als Hochwasserschutz für die Stadt gegen die Wassermassen des Lechs aus dem Süden. Groos zeichnete in diese Dammbauten vier „Ablässe“ aus dem Lech ein. Sie brachten das für den Mühlenbetrieb notwendige Lechwasser in die Kanäle der Stadt.
Groos hat für das gleiche Jahr 1276 die Lage der Mühlen dargestellt; sie liegen alle auf dem Kiesfeld östlich der Stadtmauer (Bild 7)

Dieser gesamte Dammbau wurde 1346 noch wesentlich verstärkt; daher wird dieses Jahr im Allgemeinen als das Entstehungsjahr für den Hochablass angesehen.
Welser konnte in seiner Chronik von 1595 für das Jahr 1346 berichten, dass ein neuer Dammbau so viel Geld benötigte, dass die Augsburger Bürger drei Jahre lang zu seiner Finanzierung Sonderabgaben entrichten mussten.[13] Eine genaue Benennung dieser Dammbauten aus dieser Zeit sind nicht bekannt.

Nach Groos wurde „die alte Wuhr“ (d.h. der spätere Hochablass) um 1552 vom Grenzgraben an die noch heute gültige Stelle weiter nordöstlich verlegt. (siehe Seite 63, Bild 84, im Kapitel Hochablass vor 1910)
Groos charakterisiert den Lech zu dieser Zeit durch folgende Worte: „Seit wir wissen, pendelt der Lech in gewissen Breiten hin und her, lagert bei starker Wasserführung die Kiesbänke um, hat durch sein starkes Gefälle schon bei einer Wassertiefe von einem halben Meter die Kraft, sein Bett auszuräumen und findet in unseren Breiten kein natürliches Hindernis. [...] So ist sein Bett ohne menschliche Eingriffe einige hundert Meter breit“.[14]
Einen Gesamtüberblick dieser Wanderung des Lechs nach Osten stellte Groos im nächsten Plan dar; in diesem kann man die Lage von Haunstetten

[13] Welserchronik, 1595, Ander Theil, S. 105. Welser erwähnt keine Quellen. Groos gibt in seiner Schrift das Jahr 1755 an, seitdem wir sichere Aufzeichnungen über den Lechverlauf haben. Unter der Überschrift „Urkunden zum Lech“ merkte Groos (S. 52) an: „Die Wasserarbeiten und Dammbauten entziehen sich der Beurkundung. Die Baumeisterrechnungen der Stadt seit 1320 verzeichnet wohl Kosten für Lecharbeiten, geben aber nicht an, ob an Lechkanälen, am Damm oder am Fluß gearbeitet wurde“.

[14] Groos, S. 26.

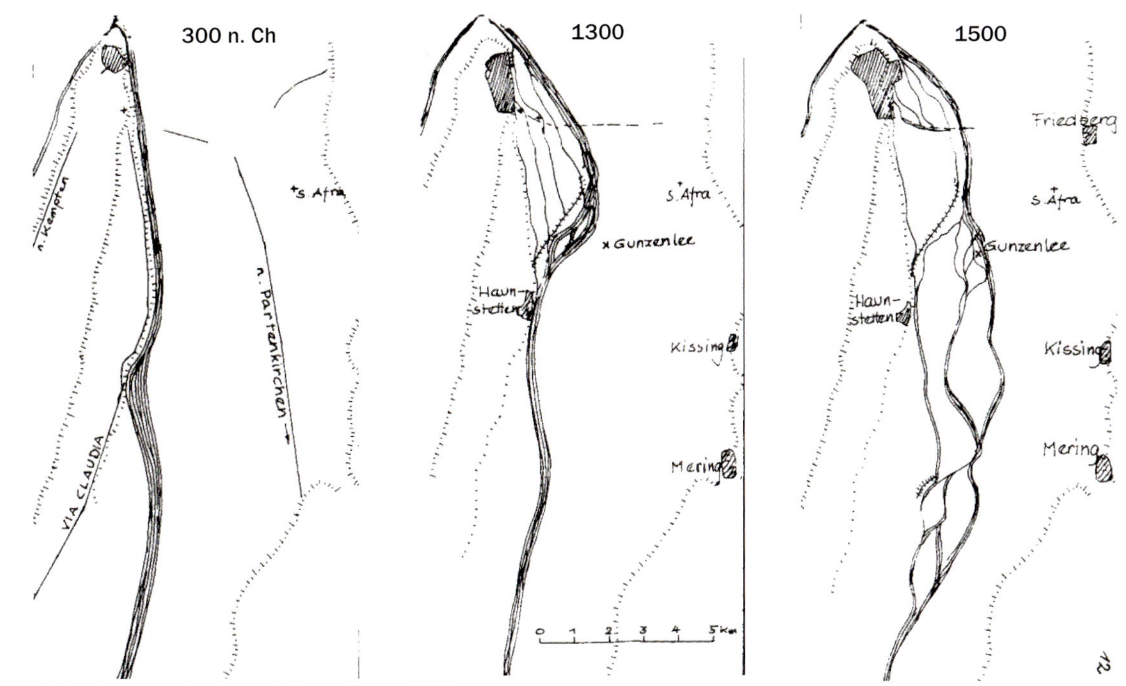

Bild 8: Wanderung des Lechs nach Osten (Groos, S.62)

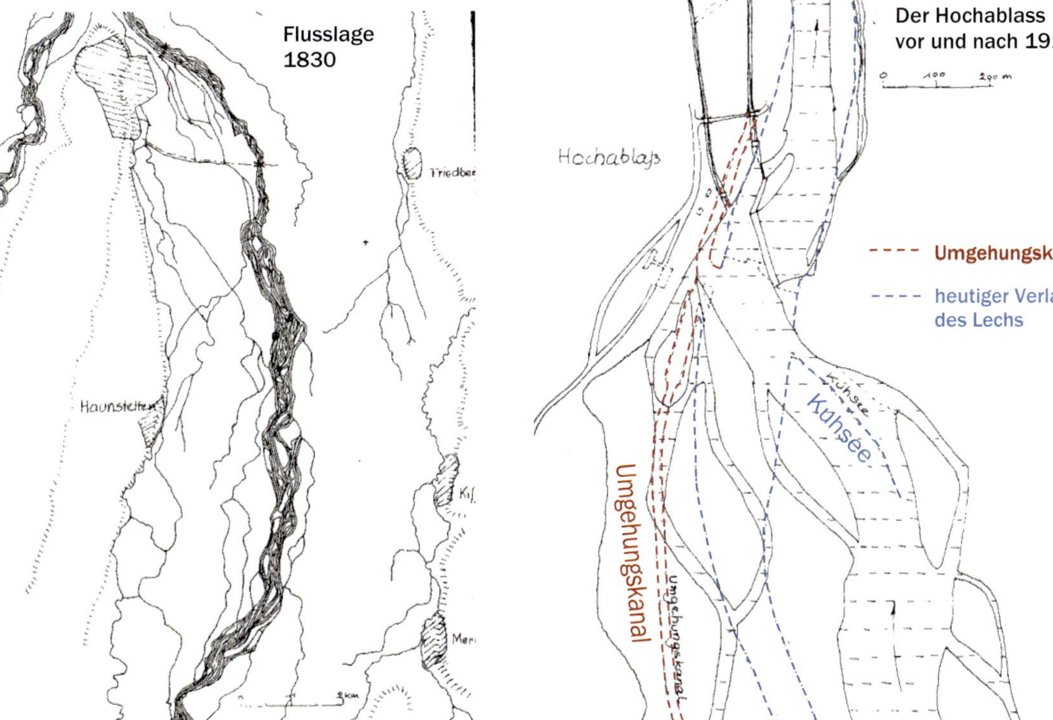

Bild 9: Lechverlauf um 1830 (Groos, 1967, S. 28)

Bild 10: Der Hochablass vor und nach 1910

und Gunzenlee und ihre unterschiedliche Lage zum Lech gut erkennen. (Bild 8)

Für 1830 skizziert Groos eine erneut veränderte Flusslage des Lechs. (Bild 9)

Hier werden die Engstelle und die Lage des Hochablasses am südlichen Rand des Stadtgebiets erkennbar.

Groos schildert die drastische Lageveränderung des Lech vor und nach dem Bau des „Betonriegelbaus Hochablass“ von 1911/12.[15] (Bild 10)

In kleinem Maße kann man das Pendeln der Wasserrinnen des Lechs auch heute noch beobachten. Geht man mehrere Tage hintereinander – am besten im Frühsommer –

[15] Groos, S. 61.

vom östlichen Ufer herkommend weit in das verkieste Flussbett hinein und sammelt dort einige Lechkiesel, so kann man dies einige Tage später möglicherweise nicht wiederholen. Dann fließt nämlich ein kleiner Lecharm am rechten Ufer entlang und versperrt den Zugang zu einer Kiesinsel - oder hat sie sogar völlig überspült.

Die drei folgenden Aufnahmen zeigen die unterschiedlichen „Gesichter“ des Lechs im Lauf der Jahreszeiten. (Bild 11 und Bild 12)

***Bild 13**: Reste des alten Hochablasses bei Niedrigwasser (Winter 2007)*

***Bild 11**: Blick über den Lech (Winter 2006)*

***Bild 12**: Aus dem hochwasserführenden Lech ein wenig herausragende bewachsene Kiesinseln (Sommer 2007)*

Bei Niedrigwasser sind die Reste des alten Hochablasses noch sichtbar. (Bild 13)

Diese Eigenschaft der nicht festlegbaren Flussverläufe bezeichnet Kollmann in seinem 1850 erschienenen Buch deutlich mit „**umherirrende Flussrinnen**“.[16]

Durch Pläne aus dem Stadtarchiv ist das Umherwandern des Lechs zwischen seinen Ufern gut nachweisbar. Dabei ist jedoch anzumerken, dass diese Pläne nur Momentaufnahmen zeigen. Sie wurden meist auch nicht zum Zweck von Um - oder Ausbauten des Lechs bzw. des Wehrs angefertigt, sondern dienten in der Regel als Grundlage für Verträge.[17] Die unklare Ortsangabe gilt vor allem für die Lage von Kiesinseln, die ja nicht nur einer jährlichen, sondern sogar einer täglichen Veränderung unterlagen. Dazu merkte Groos an, dass über Flussverlegungen keine historischen Nachrichten bekannt seien. „Der früheste Plan einer genauen Flusslage ist mit 1755 datiert, so dass wir nur über die letzten 200 Jahre einigermaßen sicher unterrichtet sind“.[18]
Unter diesen Vorbehalten kann man aber die Pläne im Augsburger Stadtarchiv als Dokumente der vielfältigen Ausprägung des Flussschlauches des Lechs innerhalb Augsburgs ansehen.[19]

Der hohe Anteil von Kies im Lech hatte zur Folge, dass dieser Kies in die wenig abgesicherten Kanäle eindringen konnte. Die verschiedenen Schleusen zur Verzweigung der Kanäle (genannt „Wasserhäuser“) hatten nur wenig Möglichkeiten, den eingedrungenen Lechkies abzuhalten. Diese Problemlage zieht sich durch alle Jahrhunderte.

Hier einige Beispiele:

- Kollmann berichtet, dass während des Dreißigjährigen Krieges im Jahr 1635 der Kieseintrag in die Stadtkanäle sehr beträchtlich war. Die Augsburger Kanäle verstopften, weil sie nicht geräumt wurden, und führten daher nicht mehr ausreichend Wasser. Die Werke standen daher kriegsbedingt still. So mussten die Kanäle ausgeschaufelt werden, „wozu jeder Hauseigenthümer der Stadt wöchentlich 1 Person auf 1 Tag zu senden hatte“.[20]
- 1696 wurde in Augsburg eine Räumpflicht für die Anlieger eingeführt.[21]
- 1742 war der Kieseintrag so groß, dass die „Herbstablässe“ (Bachauskehr) drei Wochen dauerten.[22]
- In jedem Jahr wurde mehrmals „eine Ablässe“, d. h. eine Bachauskehr durchgeführt.
- Wollte ein Werksbesitzer eine Kanalsperre beantragen, um seine Mühle reparieren zu können, musste er „eine Ablässe“ beantragen. Auch das Ausbessern der Kanalwandungen war bei einer „Ablässe“ möglich. Eine solche „Ablässe“ wurde dann von der Stadtverwaltung geprüft und genehmigt.

---

[16] Kollmann, 1850, S. 125.

[17] Die für den Hochablass wichtigsten Verträge hat Anton Werner in seinem Buch über die Wasserkräfte aufgeführt. A. Werner, 1905, S. 133 – 168.

[18] Groos, S. 32.

[19] Als „Flussschlauch“ bezeichnet man die Hauptwasserrinne eines Flusses.

[20] Kollmann, 1850, S. 133. Kollmann berichtet auf der gleichen Seite, dass zehn Jahre später die Schweden und die Franzosen Augsburg belagerten, die Kanäle verschütteten, die Wasserwerke niedergebrannten und die Brücken zerstörten. Die Feinde Augsburgs erkannten also die große Bedeutung der Kanäle. Diese Verkiesung aber verantwortete nicht der Lech!

[21] Kollmann, 1850, S. 134.

[22] Ebenda, S. 135.

Die Fließgeschwindigkeit in den Kanälen war in der Regel nicht groß genug, um den gesamten Kies während des Normalbetriebs aus den Kanälen zu transportieren.
In der Regel wurden aber jährlich zwei „Ablässe“ für das gesamte Kanalsystem durchgeführt; hierbei konnte der angesammelte Kies im ganzen Stadtgebiet entfernen werden. Das Kanalwasser wurde zusammen mit dem Kies wieder dem Lech zugeführt.
Auch noch heute wird zweimal im Jahr „eine Ablässe“ im Augsburger Kanalsystem angeordnet. Dazu gibt es im Tiefbauamt einen Kalender, der die genauen, wechselnden Termine angibt. Die Kanäle werden dabei von Unrat befreit und die Wandungen, wenn notwendig, ausgebessert. Seit einigen Jahren bleibt immer Restwasser in den Kanälen, um den Fischen das Überleben zu sichern.

3. Die Ufersicherung

Seit der Errichtung des Wehres im 14. Jahrhundert transportierten die vielen Hochwässer große Geschiebemengen nach Augsburg. Manchmal veränderte sich das Flussbett mehrmals im Jahr. So bestimmten vor 1910 diese Ereignisse ganz wesentlich die Bauweise der Uferbefestigungen und der Einlaufschleusen am Hochablasswehr.

Die Sicherung, d. h. die „Abdämmung“ des westlichen Lechufers zum Schutz der Stadt, war eine wesentliche Aufgabe der jeweiligen Stadtverwaltung.
Die Bauverwaltung musste die Ufersicherungen des Lechs und des Hochablasses immer wieder abändern. Das ergab ein Problem mit dem Herzogtum Bayern. Dieses war für den östlichen Teil des Flussbettes und den zugehörigen Uferabschnitt zuständig. Der Magistrat von Augsburg hatte nur Planungshoheit für das westliche Ufer.
Friedberg dagegen war mehr an der Aufrechterhaltung der Flossfahrt als einer guten Ufersicherung interessiert; das östliche Lechufer wurde daher nicht so massiv gegen Überflutungen geschützt.
Diese jährlichen Umbauten kamen der Stadt Augsburg teuer zu stehen.
Die andauernde Verlagerung des Flussbetts bedingte eine Verschiebung der Einbauten am Hochablass. Kollmann berichtete zum Beispiel:
„1591 nahm der Lech eine andere Richtung wodurch Wassermangel entstand. Die Fehler am Wehr zu bessern ließ man Kastenbauten machen, worüber es mit den Bayern und dem Freih. Gideon Streit gab. Die Stadtpfleger Ilsung, Bürgermeister v. Rembold und Senat Rehlinger gingen zum bayerischen Hoflager, wo sie den Ausbau des Wehres bewirkten“. [23]

Ein Beispiel für diese Problematik der Finanzierung der Uferbefestigungen zeigen folgende Bemühungen von Kollmann in den Jahren vor 1830: Er maß in Privatinitiative die bei den einzelnen Werken anfallenden Energiemengen (hier Höhenunterschiede an den Grundstücksgrenzen). Mit diesen Angaben schlug er dem Magistrat vor, den Werksbesitzern anteilig eine Steuer für die bei den einzelnen Werken verfügbare Energie abzuverlangen. Mit diesen Einnahmen wollte er das „schiefe“ Lechbett vor dem Hochablass umbauen. Er beklagt 1850:
„In verschiedenen Zeitperioden wurde diese Floßdurchfahrt gebaut und daher kommt ihre kurvenförmige fehlerhafte Richtung“.[24] Die Stadt Augsburg unterlief aber den Wunsch von Kollmann und gab die entsprechende Wassermenge kostenlos an die Werksbesitzer weiter.

[23] Kollmann, 1850, S. 130.
[24] Ebenda, S. 14.

***Bild 14**: Uferbefestigung des Lechs in Augsburg (Stenglin, 1666) im Westen (Augsburg) sind die Ufer Sicherer als im Osten (Friedberg)*

3.1 Die Lage der Ufersicherung

Der Plan von Stenglin aus dem Jahr 1666 zeigt die Uferbefestigung des Lechs innerhalb Augsburgs. Zusätzlich sind der auf Augsburger Seite angelegte Schiffslandeplatz an der unteren Bleiche und die zahlreichen Kiesinseln erkennbar.[25] (Bild 14)

In diesem Planausschnitt erkennt man aber auch, dass nicht nur Lechwasser über ein Wasserhaus in die Stadtkanäle abgeleitet wurde (links unten, bei Nr. 48), sondern dieses auch wieder an einem Holzlagerplatz vorbei in den Lech zurückgeführt wurde – hier ohne Wasserhaus.[26] An den zwei „Rückleitungsöffnungen“ bildeten sich viele Inseln im Lech; es ist möglich, dass diese durch die zahlreichen „Ablässe“ entstanden. Diese führten den Kies, der vom Hochablass eingetragen wurden, in den Lech zurück.

[25] Auf dem Plan sind viele Wuhrhäuser, die als "Abläßl", "Ablässe" oder "Ablass" bezeichnet werden, abgebildet. Die Häuser, bei denen Nummern stehen, werden am Rand mit ihrem Zweck aufgezählt.

[26] Ein Wasserhaus ist eine überdachte kleine Wehranlage für die Verzweigung der Kanäle.

Im Jahr 1818 zeichnete Kollmann – vermutlich im Auftrag von von Hößlin, der damals Stadtbaurat war – einen Plan zur Sicherung des Ufers („Ufercorrection“). Diese verlief ausschließlich am westlichen Ufer entlang und erstreckte sich fast über die gesamte östliche Stadtgrenze hinweg. Der Bereich um die Friedberger Brücke war ausgelassen. Das östliche ungesicherte Ufer gehörte zu Bayern. (Bild 15)

Die feste Ufersicherung bestand fast nur auf der Augsburger Seite (von Kollmann rot eingezeichnet).

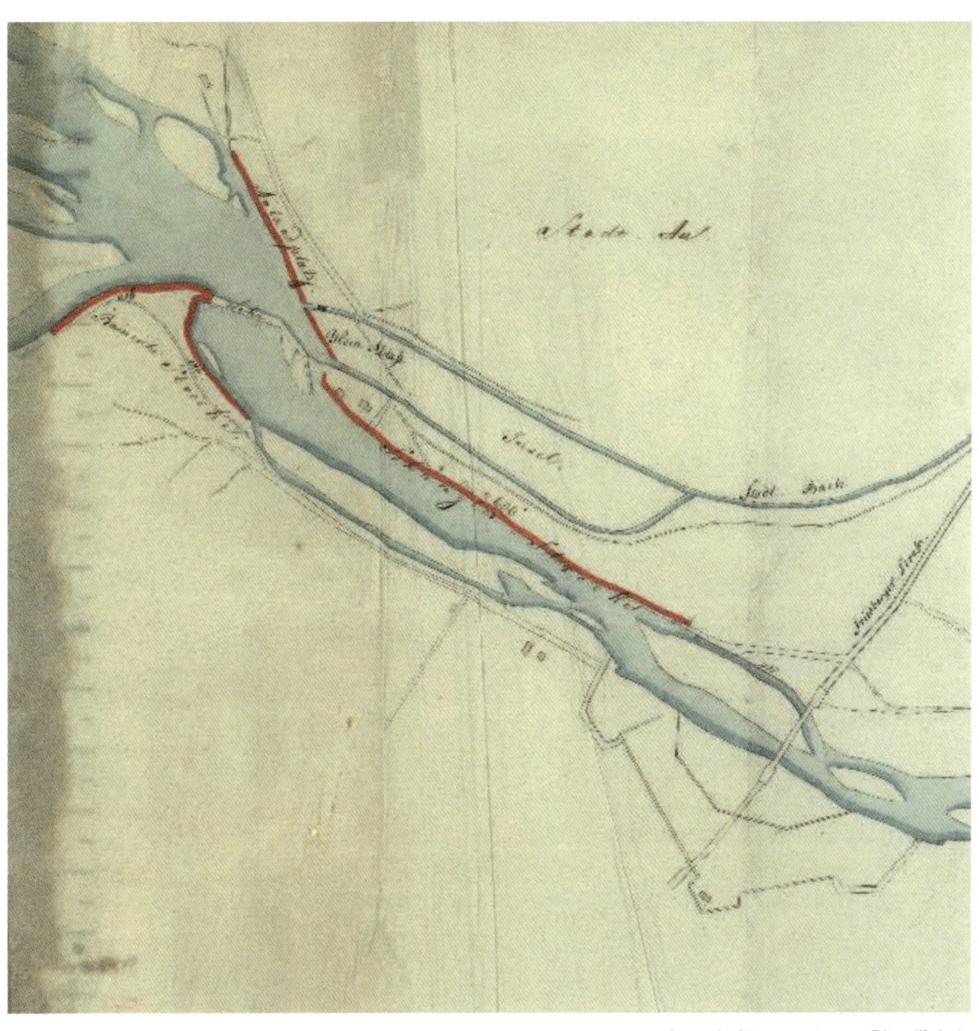

Ausschnitt aus unterem Plan (links)

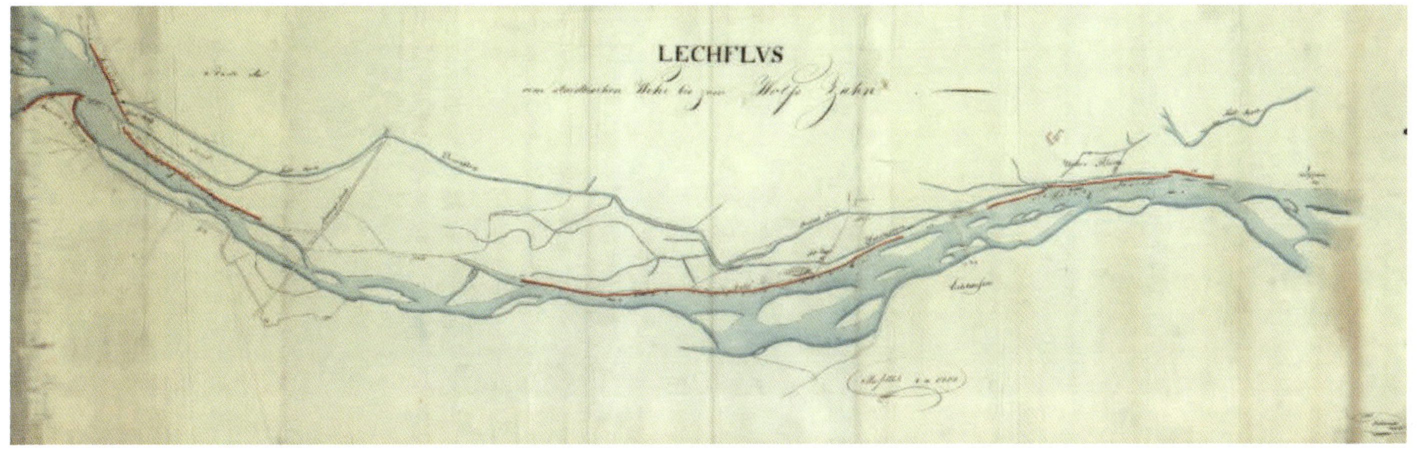

***Bild 15**: Plan des „Lechfluss“ (Kollmann, 1818)*

Ein Messtischblatt aus der zweiten Hälfte des 19. Jahrhunderts dokumentiert eine Flusslage des Lechs südlich des Hochablasses und die Verlagerungen der hier vorhandenen Kiesinseln und ihrer Veränderungen. Korrektionslinien innerhalb des Stadtgebiets sind erkennbar; die Bemühungen der Stadt Augsburg um die Lechbegradigung in diesem Abschnitt werden hier aufgezeigt. (Bild 16)

1888 fertigte ein k[öniglicher] Ingenieur einen Plan des Stauwehrs unterhalb der Lechbrücke mit den zugehörigen Uferschutzwänden (schwarz) an. Hier kann kein Lech mehr „herumirren"! (Bild 17)

Nach dem Zweiten Weltkrieg wurde der Lech südlich des Hochablasses systematisch durch Stauwehre eingeengt und begradigt, sodass eine so entscheidende Flusslaufverlegung wie vor 1910 nicht mehr möglich war und ist. Einer sehr kurzen Teilstrecke unmittelbar südlich des Hochablasses versucht man heute durch das Projekt „Licca liber" das ursprüngliche Fließverhalten wieder zurückzugeben.

***Bild 16**: Ausschnitt aus einem Messtischblatt des Lechs (zweite Hälfte des 19. Jhd.).*

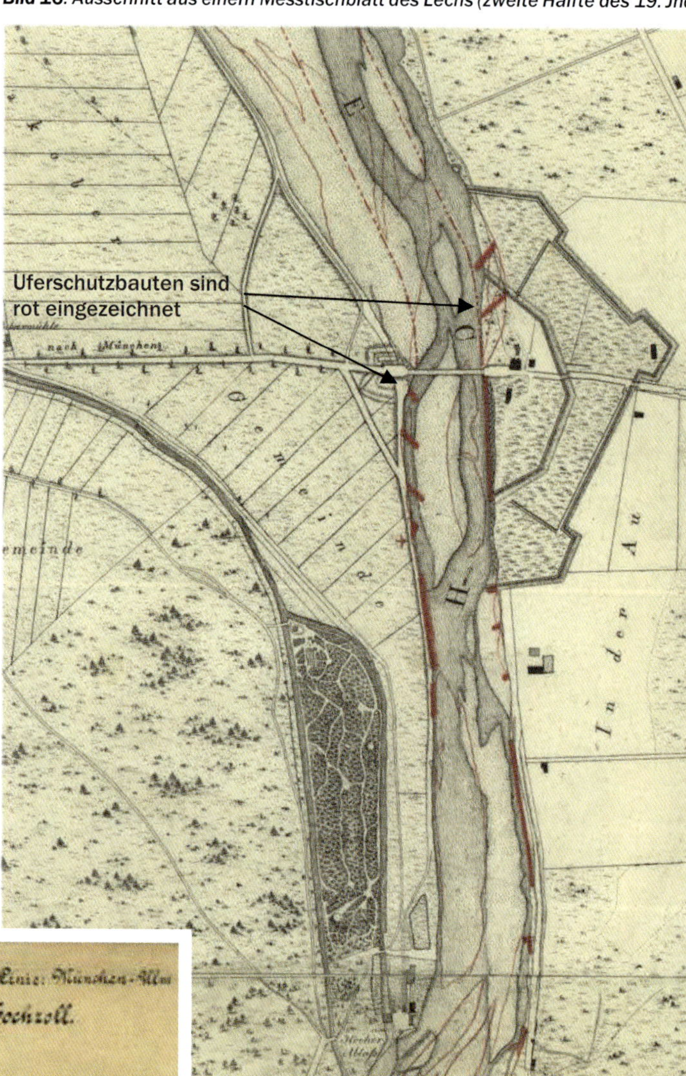

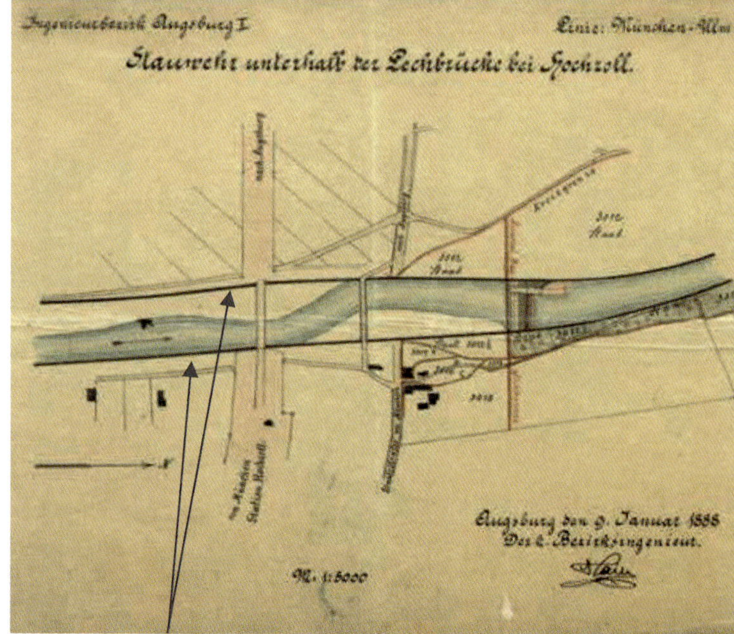

***Bild 17:** Uferschutzbauten sind schwarz eingezeichnet*

3.2 Mögliche technische Ausführung der Ufersicherung

Die vielfältigen Ufersicherungen am Lech spiegeln die Fülle der technischen Möglichkeiten wider, die Ufer eines Flusses zu sichern.

Die sicherste Abwehr – wie aus den Karten von Groos erkennbar – war der **Dammbau**. Auch noch zur Zeit Kollmanns wurden zwischen 1830 und 1860 Dämme zum Schutz des Hochablasses errichtet. Kollmann bemerkte dazu: „Die Kommune Augsburg läßt sie, wie das Wehr, bauen".[27]

Zur Ufersicherung eines Kanals oder Flusses (Baches) gab es als einfachste Möglichkeit die **Beschlachtungen**. Beschlachtungen bestehen aus Holzbrettern oder Balken, die zuerst zu einer festen Wand zusammengefügt und anschließend in den Uferbereich eingelassen und durch Pfähle abgestützt werden.[28] Diese Beschlachtungen hatten einen hohen Holzverbrauch und hielten auch starken Hochwässern nicht immer stand, sodass sie in der Regel nur an den Ablassbächen Stadtbach und Reservebach (Neubach) angebracht waren.
Verschiedene Vorschläge für Beschlachtungskonstruktionen, die schon im 18. Jahrhundert üblich waren, zeigte 1778 der Vermessungsingenieur Lucas Voch auf. (Bild 18)

***Bild 19**: Beschlachtung am Proviantbach (2006)*

Noch heute baut man Beschlachtungen an den Kanälen ein; dies zeigt das Foto des Kraftwerks am Proviantbach: links eine Betonwand und rechts eine Beschlachtung aus Brettern, die inzwischen saniert ist. (Bild 19)

[27] Kollmann, 1850, S. 14.

[28] Beschlachtungen konnten auch an Brückenpfeilern befestigt werden, um diese zu schützen oder den Wasserfluss zu regulieren.

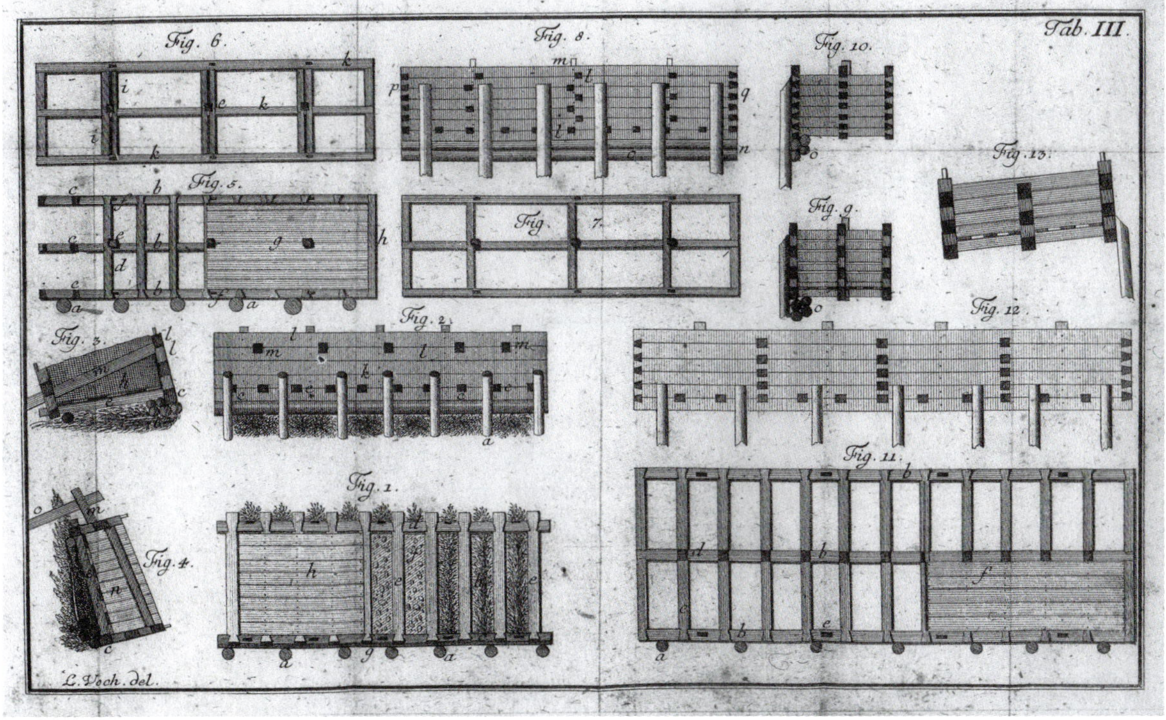

***Bild 18**: Pläne für Beschlachtungen zur Ufersicherung (nach Voch, 1778)*

An Flussufern wie dem Lechufer war der **Faschinenbau** wesentlich besser für die Ufersicherung geeignet. Eine Faschine ist ein Bündel aus nicht sperrigem Reisig. Es konnte aus Strauchwerk (Weiden) oder Fichtenzweigen bestehen. Die Bündel wurden zusammengebunden und mit einer massiven Holzverbauung als Sicherung am Ufer angebracht. Die Möglichkeiten für die Verarbeitung der Bündel (Faschinen) zeigt folgende Abbildung aus dem Jahr 1788. (Bild 20)

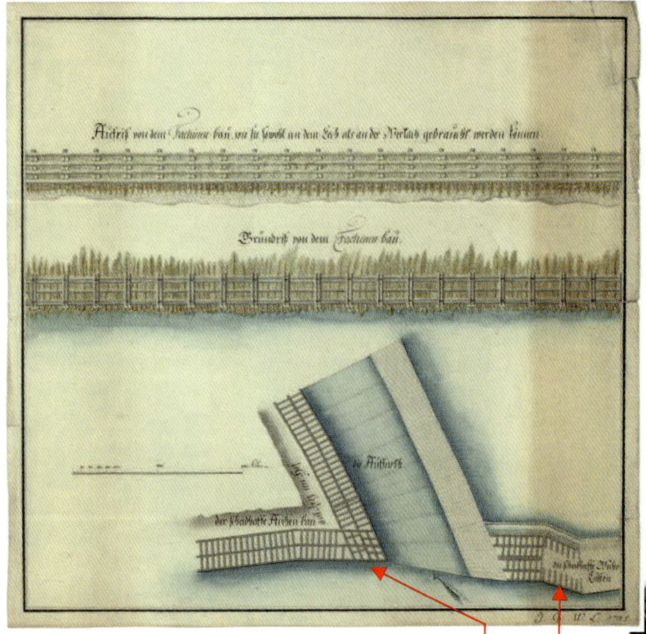

***Bild 20**: Auf- und Grundrisszeichnung eines Faschinenbaus (oben) und Wuhrkästen (unten, rechts schadhafte Wuhrkästen) Zeichnung: J.G.W.L 1788*

Durch die Hochwasserkatastrophe von 1910 wurde die Uferverbauung mit Faschinen teilweise völlig zerstört; man versuchte, das Ufer durch neue Faschinen wieder notdürftig abzusichern.

Aus den Erfahrungen früherer Jahre ging man aber davon aus, dass auch später die Ufer bei Hochwasser mit Faschinen gesichert werden mussten. So übte man 1912 erstmals den Faschinenbau gemäß dem im Wassergesetz vom 23. März 1907[29] vorgeschriebenen Wehrübungen. Da zu Dokumentationszwecken Fotos angefertigt wurden, kann man diese Bauweise von Faschinen mit Fotos belegen. (Bild 21 und Bild 22)

Im Hintergrund des ersten Bildes (21) wurden die Reisigzweige aufgeschichtet, im Vordergrund ringförmig gebunden. Im zweiten Bild (22) kann man die Verwendung der Bündel gut erkennen: Rechts werden sie in größeren Mengen zusammengefasst und am Lechufer auf Längsstangen fixiert. In der linken Bildhälfte (Hang) sieht man die Befestigung des Reisigbündels am Hangufer durch Längsbalken und ein Gitter. Man bezeichnet diese Konstruktion auch als **Berauhwehrung.**[30]

***Bild 22**: Übung der freiwilligen Feuerwehr am Lechufer*

***Bild 21**: Wehrübung für den Faschinenbau 1910*

[29] StadtAA, Bestand 45, Akt 659.

[30] Schreibweise wie im Plan.

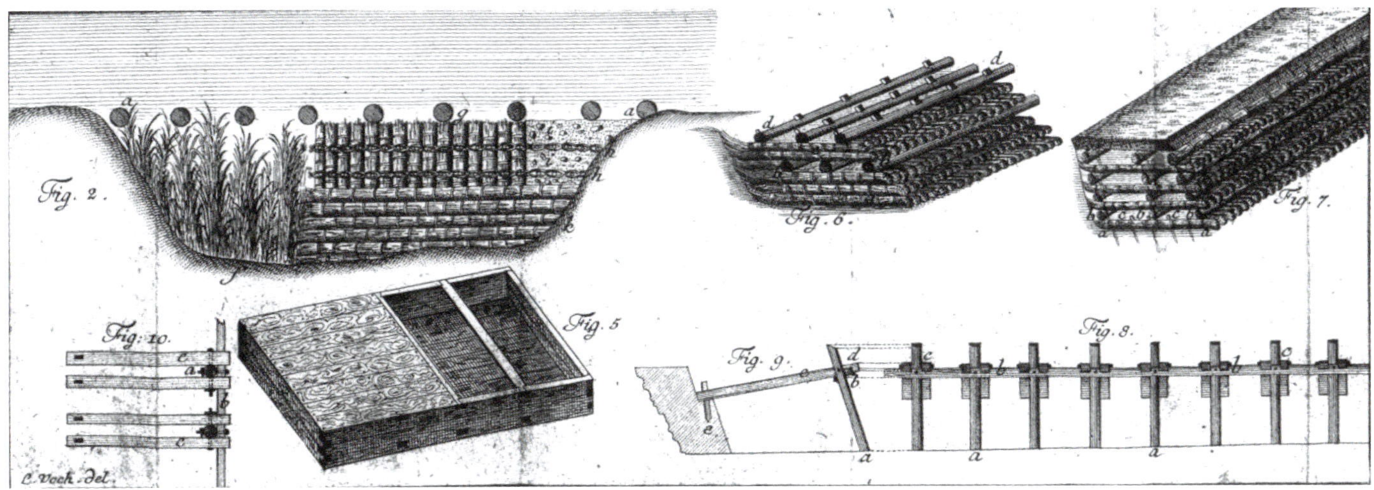

Bild 23: *Planzeichnung von Senkfaschinen (Voch, 1778)*

Wurden die Faschinen zusätzlich mit Sand oder Steinen gefüllt, grub man sie senkrecht in den Uferrand oder an der Oberkante des Wehres in den Boden ein. Sie sollten auf diese Weise Abschwemmungen oder Verkolkungen (Ausspülungen) verhindern. Auch war es dadurch möglich, den Fahrweg der Flöße zu beeinflussen. Eine solche Konstruktion nannte man **Senkfaschinen**.

Wiederum von Voch gibt es dazu eine Konstruktionsanleitung durch einen geeigneten Plan. (Bild 23)

Diese Ufersicherungen verhinderten allerdings nicht eine Kiesanschwemmung bzw. Inselbildung im Flusslauf. Die „umherirrenden“ Flussrinnen taten ein Übriges, den Flussschlauch des Lechs fast beliebig zu variieren und damit die Floßfahrt zu erschweren.

So versuchte man durch den Einbau von **Buhnen** (niedrige Dämme), die Kiesablagerung gezielt auf das – meist östliche – Ufer zu verlagern, indem man mit einem definierten Winkel zum Ufer Buhnen einbaute. Dahinter, d. h. nach diesen Verbauungen, sollten sich Sand und Kies ablagern, da hier durch die Buhnen die Fließgeschwindigkeit reduziert wurde.[31] Diese Buhnenbauten waren auch dazu gedacht, Verkolkungen an den Uferrändern zu unterbinden. Auf einem Plan von um 1825[32] kann man solche Buhnenbauten im Gebiet von Hochzoll erkennen. (Bild 24)

Buhnenbauten wurden auch nach der Hochwasserkatastrophe von 1910 in den Flusslauf eingebracht, um die hohe Fließgeschwindigkeit des Lechs zu reduzieren. (Bild 25)

[31] Diese Buhnenbauten werden heute noch in größeren Dimensionen am Rande von Meeren zur Landgewinnung gebaut. Auch bei der Renaturierung von Bächen werden Buhnen verbaut.

[32] Der Plan ist unsigniert. Zu dieser Zeit war Sebastian Anton von Hößlin Stadtbaurat in Augsburg, Franz Josef Kollmann war damals Geometer I. Klasse im Augsburger Bauamt.

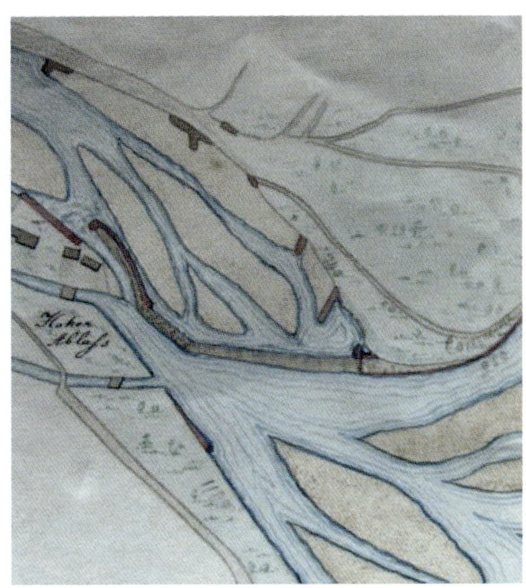

Bild 24: Buhnenbauten am Hochablass (KP 1010)

Bild 25: *Buhnenbau zwischen Hochzoller und Lechhauser Brücke (Mayer,1912, Bild 25)*

Bild 26: Einbau von Rauhbäumen zur Verringerung der Fließgeschwindigkeit (Voch, 1778)

Zur Beruhigung von Fließgewässern können auch **Rauhbäume** eingesetzt werden. Rauhbäume sind Baumstrünke oder (Fichten-) Stämme mit Ästen, die normalerweise im Flussgrund verankert werden und so die Fließgeschwindigkeit abbremsen.

Voch gibt auch dazu drei Beispiele für die Verwendung von Rauhbäumen. (Bild 26)

Bei der Ufersicherung des Lechs machen Rauhbäume allerdings wenig Sinn, weil man einen so breiten und großen Fluss nicht mit Rauhbäumen langsamer und sicherer machen kann. Außerdem wirken sie am effektivsten, wenn sie in den Flussboden eingebaut werden; das war beim Hochablass von 1910 unmöglich. Sie werden hier nur erwähnt, weil die Verantwortlichen der Stadt bei der Hochwasserkatastrophe von 1910 Rauhbäume in die Fluten warfen, um den Lech – vergeblich – zu beruhigen.[33]

Eine weitere Möglichkeit der Ufersicherung bestand in der Errichtung von **Archenbauten**. Schon 1558 verpflichtete sich Augsburg, „drei ober dem Lechwehr ausgepfählte Uferstrecken von 350, 370 und 300 Schritten in der Länge mit Archenbauten zu schützen“.[34] Herzog Albrecht lieferte dazu das notwendige Holz. Archenbauten sind sehr massive Uferverbauungen, den Beschlachtungen ähnlich. Sie waren aber wesentlich massiver angelegt. Später bezeichnete man als Archenbauten Mauern, die in der Regel aus Steinen errichtet wurden und für kurze Strecken das Ufer vor allem im Bereich von Brücken sicherten. Die Wände der Floßgasse (später Kiesschleuse) am Hochablass werden üblicherweise auch noch heute als **Archenwände** bezeichnet.

Kollmann erwähnte zwei **Archenwandbauten**: 1818 wurde die linksseitige Archenwand um 100 Fuß nahe dem Wohnhause des Schleusenwärters verlängert.
Weiter berichtet Kollmann, dass man 1835 am rechten Flügel des Lechwehres zum Schutze des Uferdammes eine massive Steinmauer errichtete.[35]

Kollmann merkte um 1850 für den Hochablass an: „Die Stelle, wo das Wehr mit dem jenseitigen Ufer verbunden ist, wurde es durch eine massive, 50 Fuß lang, 7 Fuß breite und 10 Fuß hohe **Bruchsteinmauer** gesichert. Auf dem Wehr liegen viele große Bruchsteine, um sich derselben als Schutz bei eintretender Wassergefahr für den Wehrdeckel [= obere Abdeckung des Floßgasse] bedienen zu können. Die Dämme, welche zur Sicherung des Wehres am rechten Ufer sich an dasselbe anlehnen, messen aufwärts 950 und abwärts 740 bayerische Fuß. Die Kommune Augsburg ließ sie, wie das Wehr, bauen“.[36]

Es war schon immer üblich, Dämme **mit Sträuchern und flach wurzelnden Bäumen** zur Stabilisierung der Dämme zu bepflanzen. Dabei musste man beachten, dass das Wurzelwerk der Bäume die Standfestigkeit des Dammes nicht gefährdet. Zusätzlich darf die Wasserdurchlässigkeit des Bodens nicht zu groß werden. So pflanzte man 1836 auf dem linken Lechdamm 2000 hochstämmige Weiden.[37] Später wurden diese dann zum Faschinenbau verwendet. Auch noch um 1935 veranlasste Nepomuk Ladenburger, der damals für den Hochablass verantwortliche Beamte des Tiefbauamtes, die Anpflanzung von Weiden am Flussufer, um Faschinenmaterial zu erhalten.[38]

Eine Konstruktionsskizze[39] der **Ufersicherung** für den Neubau des Wehres von 1911 wird im Buch von Gotthilf Mayer 1912 wiedergegeben. Daraus geht hervor, dass es zur Sicherung eines Ufers zwei verschiedenen Möglichkeiten gab – und auch heute noch gibt (Bild 27):

[33] StadtAA, Bestand 45, Akt. 702. Rauhbäume wurden in unserer Zeit sehr erfolgreich bei dem Rückbau der Wertach verwendet.

[34] Kollmann, 1850, S. 130.

[35] Ebenda, S. 141 und S. 144. 100 Fuß sind etwa 185 m.

[36] Kollmann, 1850, S. 14. Auf die Kosten für den Hochablassbau wird später ausführlich eingegangen.

[37] Ebenda, S. 145. Der Schnitt dieser Weiden konnten dann zum Faschinenbau verwendet werden.

[38] Auskunft der Tochter von Nepomuk Ladenburger, Frau Bärbel Wallner, im April 2012.

[39] Gotthilf Mayer, Die Lechhochwasserkatastrophe 1914, S. 16.

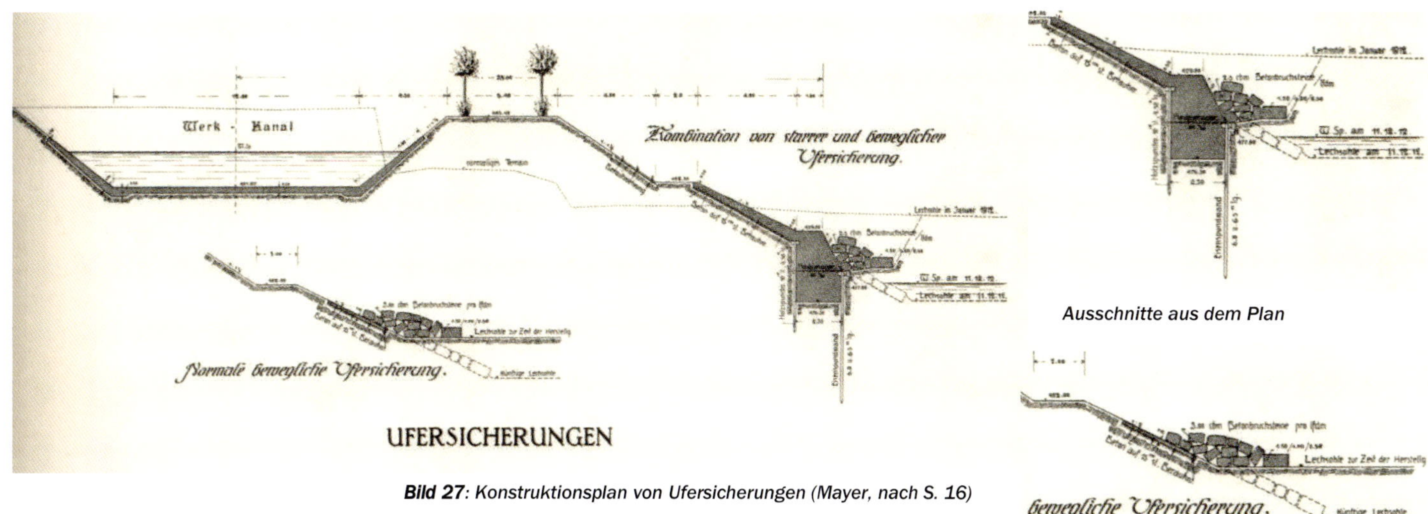

Ausschnitte aus dem Plan

***Bild 27**: Konstruktionsplan von Ufersicherungen (Mayer, nach S. 16)*

1. Die starre Ufersicherung

Die starre Ufersicherung (rechts im Bild über der beweglichen Uferbefestigung) ist mit dem Untergrund durch eine Betonverankerung fest verbunden. Das Ufer ist schräg zum Flussboden mit einem variierbaren Winkel gebaut; damit kann auf die ortsabhängigen Boden - oder Schüttungsverhältnisse der zu sichernden Uferstrecke eingegangen werden. Auch kann durch die aufgebrachte Abdeckung in der Regel ein Abrutschen der Böschung verhindert werden.

Beim Uferschutz des Neubaus des Hochablasses von 1911 wurde eine Kombination von „Berauwehrung“ und Betonabdeckung angewandt. Unmittelbar am Lechufer war ein Betonklotz mit einer Eisenspundwand verankert, der in eine schräge Uferabdeckung nach oben hinauslief. Als Untergrund für diese Abdeckung diente eine 15 Zentimeter starke „Berauwehrung“. Landeinwärts wurde die Ufersicherung dann durch eine offene Berauwehrung und eine mit Gras abgedeckte Schräge fortgesetzt. Es schloss sich auf Höhe der Kote 482,90[40] eine kurze, flache, zwei Meter breite Strecke nach oben hin an (Laufweg?). Sie wurde mit Bäumen (Weiden?) bepflanzt.

2. Die bewegliche Ufersicherung

Interessant ist bei dieser Konstruktion der **„bewegliche“** Teil, der am unmittelbaren Flussufer gebaut ist. Er bestand aus unbefestigt aufliegenden Betonsteinen. Rechts am Bildrand sind zwei Höhenlinien der Lechsohle eingezeichnet. Dabei erkennt man, dass sich der Lech im Zeitraum vom Januar 1912 bis zum 11. Dezember 1912 um ca. zwei Meter eingetieft hatte (von Kote 479,80 auf Kote 477,80).

Die frei beweglichen Betonsteine waren mitgewandert und sicherten auch nach der Eintiefung noch das Ufer.

Im unteren Teil der Darstellung wird die **„normale bewegliche Ufersicherung“** gezeigt. Hier glitten durch die Eintiefung des Flusses die Betonsteine mit nach unten und sicherten so weiterhin das Ufer. Das untere Niveau wurde als „künftige Lechsohle“ bezeichnet. Das bedeutete, dass mit einer Eintiefung des Lechs gerechnet wurde. An welchen Stellen diese Ufersicherung eingebaut wurde, geht aus den Plänen nicht hervor.

Trotz aller Abdämmung sickert Wasser des Lechs teilweise in das Grundwasser und erhöht somit den Grundwasserspiegel in den anliegenden Arealen, z. B. den Siebentischwald.

Aus der Querschnittszeichnung ist ein wesentlicher Unterschied zwischen einem Kanal und einem Fluss erkennbar. Das Wasser des Kanals sollte den Werksbesitzern zum Betrieb ihrer Mühlen oder Turbinen möglichst vollständig zugeführt werden. Aus diesem Grund - anders als beim Fluss - sind hier der Kanalboden und die Wände insgesamt betoniert.

Eine kleine Bildfolge im Buch von G. Mayer zeigt die Umsetzung der Ufersicherung. (Bild 28 und 29)

Zur Überprüfung der Sicherungsbauten fanden seit 1853 jährlich sogg. „Bereisungen“, d.h. Kontrollfahrten mit Booten statt. Es wurden Protokolle erstellt, die den Zustand der Ufersicherung dokumentierten: im Stadtarchiv Augsburg gibt es dazu eigene Berichte.[41]

[40] Eine „Kote“ ist die Angabe der Höhe über Normalnull.

[41] Diese Berichte werden auf Seite (28) ausführlich besprochen.

Bild 28: *Ufersicherungen am Lech nach dem Hochwasser im Jahr 1912* (G. Mayer, 1914)

Bei **Bild 29**: *erkennt man noch die an Holzpfählen befestigten Rauhbäume. Auf diesen Bildern fehlen noch die späteren Anpflanzungen.*

Diese Uferverbauungen von 1912 mussten schon sehr bald ihre Feuerprobe bestehen, weil schon wenige Jahre später erneut Hochwässer den Hochablass bedrohten.
Ein Beispiel: Vom 31. Juli. bis 1. August 1924 überflutete eine als „Katastrophenhochwasser“ bezeichnete Wassermenge mit 900 m^3/s den Hochablass und verursachte durch „starke Queranfälle“ eine allgemeine Sohlenerhöhung; der Uferbau wurde beschädigt und es gab Verwerfungen an Senkstücken und Steinen.[42] Die Ufersicherung wurde dann mit Bruchsteinen (aus Beton oder Granit) durchgeführt.

Zehn Jahre später, d.h. in den Jahren 1931/32, wurde der Hochablass umgebaut. Ein zugehöriger Plan belegt, dass die beiden Ufersicherungen am rechten Ufer unterhalb des Wehres und die Ufersicherung bei der ehemaligen Stadtbachschleuse in gleicher Weise wie 1911/12 durchgeführt wurden. (Bild 30)

Am Rand des Plans Bild 30 wird vermerkt: „Überreste der zerstörten Stadtbachschleuse“.

Senkstücke

Bild 30: *Ausführungsplan des Lechwehrs am Hochablass (Augsburger Stadtbauamt, Abteilung für Tiefbau, 1931/32)*

Man verwendete somit teilweise die alten Betonstücke der eingerissenen Schleuse, um somit billig Betonbruchsteine zu haben. An den beiden Plänen aus der Zeit um 1910 und 1932 ist bemerkenswert, dass zur Absicherung der möglichen Erschütterungen Eisenspundwände eingezogen wurden. Ob das ehemalige Eisenbahnschienen waren, geht aus den Plänen nicht hervor. Auch wurden wieder zwischen einer starre und einer bewegliche Ufersicherung unterschieden.
(Bild 31)

Auch heute sichert man das Lechufer auf die gleiche Weise mit Bruchsteinen. (Bild 32)

Bild 32: *Bruchsteinreservoir am Hochablass (2006)*

Bild 31: *Ausführungsplan des Lechwehrs mit starrer und beweglicher Ufersicherung (Augsburger Stadtbauamt, Abteilung für Tiefbau, 1931/32*

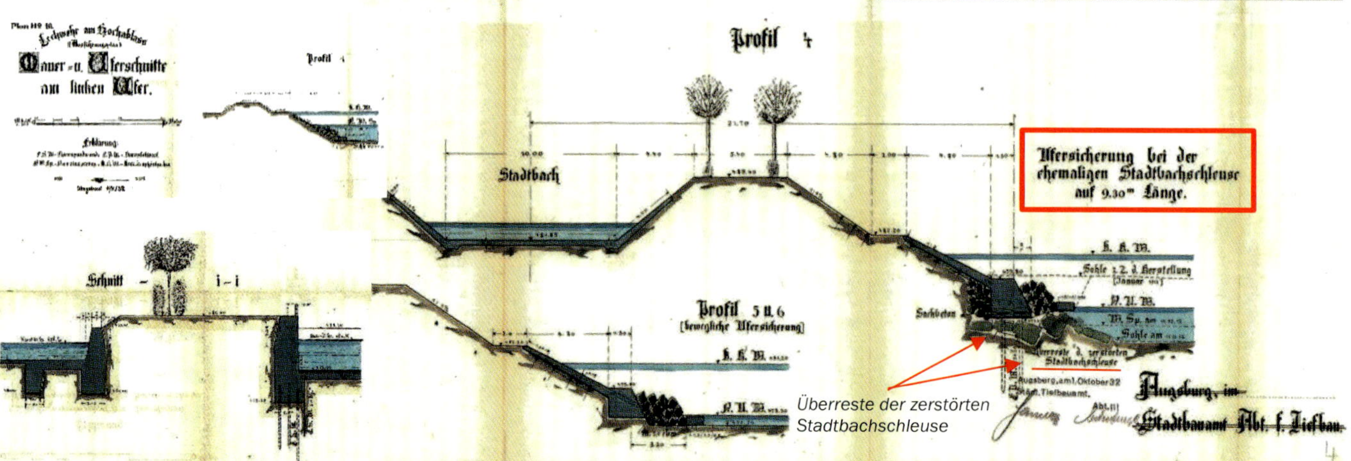

[42] StadtAA, Bestand 45, Akt 656.

Der Hochwasserschutz für die angrenzenden Grundstücke musste und muss auch heute noch gewährleistet sein. Aus diesem Grund werden immer wieder Rodungen auch im Lechbett durchgeführt; damit wird verhindert, dass tiefe Wurzeln die Stabilität des Dammes und des Flussbettes beeinträchtigen und weiter lechabwärts liegende Wehre, wie das Gersthofer Wehr, nicht durch Zweige und Wurzelwerk verstopft werden kann.

4. Der hohe Kiesanteil und seine Folgen

4.1 Der Kies aus dem Oberwasser[43]

Wie erwähnt war der Kiesanteil beim Streichwehr schon während normalen Abflussverhältnissen des Lechs immer relativ hoch. Der Kies verursachte weniger am Streichweg Schäden – Kollmann erwähnte solche in seinem Bericht von 1850 nicht. Problematisch wurde das Geschiebeaufkommen nach dem Neubau von 1911/12. In der Ausschreibung für den Neubau verlangte man, dass der Kies durch den Hochablass abgeleitet werden musste.[44] Alle Bauvorschläge der aufgeforderten Firmen wurden daraufhin überprüft, ob diese Voraussetzung erfüllt werden konnte. Die Stadt Augsburg wollte anstelle einer Floßdurchfahrt eine Kiesschleuse, damit der Kies so weit wie möglich nach Norden verfrachtet würde und es zu keiner größeren Kiesansammlung im Oberwasser des Wehrs käme. Eine Kiesschleuse erschien den Verantwortlichen im Augsburger Bauamt sinnvoller als ein Neubau der Floßgasse; die Floßfahrt war nach dem Beginn der Motorisierung nachweislich schon ganz erheblich zurückgegangen.

An dieser Stelle sei ein technikgeschichtlicher Einschub erlaubt: Das Verhalten des Geschiebes war damals in keiner Weise weder allgemein noch in einem sehr schnell fließenden Fluss wie dem Lech untersucht. Man musste sich auf sein Bauchgefühl verlassen – und, wenn möglich, kommerzielle oder private Wünsche ausschließen. Für die Lösung einer geregelten Kiesabfuhr war ein Großversuch, d. h. ein Nachbau der geologischen Gegebenheiten am Hochablass mit auswechselbaren Untergründen und Randbedingungen wie Fallhöhen, Kiesmengen usw. notwendig. Einen solchen Versuch, dies das erste Mal um 1900 für den Saumain versucht zu haben, war der Verdienst von Prof. Dr. Theodor Becher, dem damaligen Leiter des Stahlbaus der MAN im Werk Gustavsburg. Er richtete ein Großlabor ein, um die Strömungsverhältnisse am Saumain unter verschiedenen Bedingungen beobachten zu können. Eine solche Vorgehensweise war neu und deshalb ungewohnt – und teuer. Er wurde für den Wehrneubau von 1910 noch nicht durchgeführt. Augsburg hatte einen Rat, der die Stadt in wassertechnischen Fragen beriet. In diesem Rat befand sich auch der Bauingenieur und Wasserkraftpionier Oskar von Miller. Da in den Magistratsberichten von 1910 kaum geschiebetechnische Gründe angegeben wurden, warum alle eingereichten Pläne für den Neubau abgelehnt wurden, bedarf es hier noch weiterer Nachforschungen. Dass es in geschiebetechnischer Hinsicht ca. 20 Jahre später wesentliche Forschungsfortschritte gab, zeigen das geschiebetechnische Gutachten von 1929 von Schreitmüller (siehe Seite 147) und die Großlaborversuche zum Umbau des Hochablasses von 1930 durch Prof. Rehbock (siehe Seite 141). Der Kontakt von Gottlieb Sametschek, dem damaligen Leiter des Bauamts, mit der Universität Karlsruhe und Prof. Theodor Rehbock[45] war hier sehr fruchtbar.

Die Stadt bot 1910 an, die noch anlandenden Flöße kostenlos durch das Kanalsystem zu leiten; damit wäre der Bau einer Floßgasse nicht notwendig gewesen. Doch die Regierung von Bayern beharrte auf einer Floßgasse. Eine Floßgasse war aber wesentlich flacher, sodass der Kies dadurch nicht genügend abgeführt werden konnte. Die für eine Geschiebeabführung notwendige Geschwindigkeit von ca. 70 m/s konnte nicht erreicht werden. Schon kurz nach dem Neubau, im Jahr 1912, gab es daher erhebliche Schwierigkeiten mit dem hohen Kieseintrag in die Kanäle und einer starken Kiesablagerung im Oberwasserbereich bis über den Lochbachanstich hinaus. Es wurden zahlreiche bauliche Versuche unternommen, das Kiesproblem in den Griff zu bekommen – doch alle misslangen. So musste schon 20 Jahre später der Hochablass umgebaut werden.[46]

4.2 Der Vorteil des hohen Kiesaufkommens

Der hohe Kiesanteil hatte jedoch für Augsburg als rohstoffarme Stadt durch die Jahr-

[43] „Oberwasser“ ist das oberhalb des Wehrs angestaute Wasser; ein Wehr wirkt wie eine Sperre für den Fluss.

[44] StadtAA, Bestand 45, Akt 716.

[45] Prof. Theodor Rehbock (12.4.1864 Amsterdam – 17.8.1950 Baden-Baden), Wasserbauer und Hochschullehrer an der Universität Karlsruhe.

[46] Die Kiesansammlungen im Oberwasserbereiche des Hochablasses wird mit eindrucksvollen Bildern ausführlich im Kapitel „Umbau 1930/31“ belegt.

Bild 33: *Kies – und Quetschwerk des Baugeschäftes Adam Keller 1929 bei Gersthofen*

hunderte hindurch einen nicht unerheblichen Vorteil. Groos berichtet in seinen Schriften von 1967, dass im Mittelalter der Lechkies dazu verwendet wurde, die zahlreichen Dämme aufzuschütten, die man am Hochablass errichten musste. In der Welserchronik von 1595 kann man nachlesen, dass 1416 die Augsburger ihre Straßen mit Kieselsteinen [aus dem Lech] verschönerten.[47] Auch für den Hausbau wurde der Kies aus dem Lech benützt.

Im Vertrag vom 12. Juli 1558 zwischen Herzog Albrecht III in Bayern und der Stadt Augsburg wurden „sandwerfer auf den griessen“ erwähnt.[48]

Ein Beispiel aus dem Jahr 1910 zeigt, dass damals sogar auswärtige Fuhrleute Sand entnahmen. Am 9. Februar 1910 wurden von der Stadtgemeinde Augsburg 4000 Kubikmeter ungereinigter Kies an das Königl. Bayer. Amt Friedberg zur Gebühr von 100 Mark geliefert. Am 16. April 1910 stellten das Stadtbauamt und die Magistrale Fuhrparkverwaltung einen Antrag, dass oberhalb des Hochablasses Zufahrtsstraßen gesperrt werden sollten, um eine unerlaubte Kiesentnahme zu verhindern.[49]

Der Kies für den Betonbau des Hochablasses von 1911/12 wurde ebenfalls aus dem Lech entnommen.

Im Jahr 1922 bestätigte die Stadtkämmerei, dass im Gebiet zwischen Hochablass und Gersthofen 7000 Fuhren Kies aus dem Lech entnommen wurden. Ab dem 19. März 1923 gab es vierteljährliche Erlasse zur Durchführung einer Kiesentnahme aus dem Lech im Stadtgebiet; es mussten Vierteljahresberichte zur Gewinnung von Straßenbaustoffen erstellt werden. Ab 1924 führte die Stadt Augsburg im Eigenbetrieb Kiesentnahmen durch. Es wurde dabei lobend erwähnt, dass 40 Erwerbslose auf fünf Monate eingestellt werden konnten. Die Stadt erhielt eine Anerkennung über die Förderung kleiner Notstandsarbeiten („Produktive Erwerbslosenfürsorge“).[50]

Ein Beispiel für eine solche Baufirma, die Kies aus dem Lech zwischen Hochablass und Gersthofen entnehmen durfte, ist das Kies – und Quetschwerk Adam Keller (Baugeschäft); das Foto stammt aus den „Eisalbum“, das die Stadt Augsburg zur Eiskatastrophe von 1929 anfertigen ließ. (Bild 33)

Bis zum Erlass des Reichsnaturschutzgesetzes am 26. Juni 1935 gab es den Beruf des „Sandwerfers“. Den Sandwerfern war es erlaubt, Kies aus dem Lech zu entnehmen. Die entsprechenden Listen für die zugehörigen Arbeitsbewilligungen und den jährlich aus dem Lechbett entnommenen Kiesmengen sind noch bis zum Jahr 1949 geführt und befinden sich im Stadtarchiv Augsburg.[50] Der Lechkies verschaffte also Arbeitsplätze für Augsburger Bürger.

Nach dem Bau des Forggensteinspeichers 1954 und der Staustufe 23 bei Mering im Jahr 1978 ist das Kiesproblem für den Hochablass im Wesentlichen nicht mehr existent, da kaum noch Kies bis zum Hochablasswehr durchkommt. Die oft lange wasserfreie Zeit zwischen zwei Hochwässern ermöglicht einen starken Bewuchs der Kiesinseln – sogar mit Bäumen, – der in Abständen gerodet werden muss. (Bild 34)

Die nach 1945 gebauten südlich gelegenen Stauwehre hielten fast den gesamten Kies aus dem Süden zurück; das Wasser konnte ohne natürlichen Bremser nicht nur nach Norden fließen, sondern auch das Flussbett immer weiter vertiefen.

[47] Welserchronik, 1595, Ander Theil, S. 153: „... jetzt alle Strassen und Gassen allhie mit Steinen lustig und artlich gepflastert“, und S. 154: „Straßen wurden erstmals gepflastert“.

[48] Werner: S., 142: „Vertrag zwischen Herzog Albrecht in Bayern und der Stadt Augsburg, die Gränzen, Lechgepäu, wie auch den Floss- und mittleren Bronnenlech betreffend vom 12. Juli 1558“.

[49] Beide Angaben: StadtAA, Plenarsitzungen des Jahrs 1910.

[50] StadtAA, Bestand 45, Akt 702.

So wird heute aus Gründen des Erhalts der noch vorhandenen Artenvielfalt in den Lechauen, vor allem in den Abschnitten zwischen Staustufe 23 und Wolfzahnau, Kies eingebracht.[51] Damit wird versucht, die inzwischen festgestellte massive Eintiefung des Lechs mit all ihren negativen Folgen für die Flora und Fauna dieses Flussabschnittes zu revidieren. Fragte man noch um das Jahr 2000 einen Schleusenwärter, wie er erkannte, dass sich in ca. ein bis zwei Meter Wassertiefe im Vorboden[52] des Hochablasses Kies angesammelt hatte, antwortete dieser: „Man hört und sieht das!“ Wasser, das über Kies streicht, gibt nämlich ein ganz charakteristisches Geräusch von sich und die Oberfläche kräuselt sich auf eine bestimmte Art.[53] Ein solches Geräusch vermochte wohl nur das geschulte Ohr eines Schleusenwärters zu vernehmen. Auch das ganz charakteristisches Gekräusel an der Wasseroberfläche, wenn zwei Meter tiefer das Wasser über Kies fließt, konnte nur eine mit dem Hochablass sehr vertraute Person erkennen. Nur – es ist schon viele Jahre her, dass dieses Phänomen aufgetreten ist.

Ganz intensiv wird das Problem der Biodiversität und einer möglichen Renaturierung des Lechs zur Zeit in dem Projekt „Licca liber“ vom Bayerischen Landesamt für Umwelt (LfU; Prof. Thomas Henschel) zusammen mit der Technischen Universität München (TUM) und dem Wasserwirtschaftsamt Donauwörth (Steve Gallasch) behandelt.[54] Eine jährliche Zugabe von Kies nördlich der Staustufe 23 soll das Phänomen der Lecheintiefung vermindern helfen.

4.3 Folgen der Eintiefung des Flussbettes

Die gravierendste Folge der Lechkorrektion war die Eintiefung des Flussbettes.
Bauassessor Franz Krieger vom Wasserwirtschaftsamt in Donauwörth beschrieb am Jahrestag der Hochwasserkatastrophe von 1910 vor dem Industrieverein 1911 diese Lecheintiefung in einer Rede wie folgt: „Der Hochablaß hatte [1910] eine Sturzhöhe [von] 5,5 m; das Wolfzahnauwehr einen 5 m Absturz, das Hochzoller Eisenbahnwehr 5 m Absturz, Gersthofen 4,5 m Absturz. Die Eingrabung im Laufe der Zeit betrug 3 – 5 Meter“.
Die Eintiefung brachte einen großen Energiegewinn, in dem die an den Kanälen liegenden Mühlen und Werke einen großen kinetischen

***Bild 34**: Notwendig gewordene Abholzung des Baumaufkommens auf den Kiesinseln (Jahr 2006)*

Energiezuwachs erfuhren und damit erheblichen zusätzlichen wirtschaftlichen Gewinn erzielten konnten.[55]

Die Veränderungen der Eintiefung (Nachteile) für den Lech innerhalb Augsburgs kann man wie folgt zusammenfassen:

- Das Flussbett wurde enger; die gleiche Wassermenge musste durch dieses enge Flussbett fließen. Deshalb erhöhte sich die Fließgeschwindigkeit. Die Hochwassergefahr nach der Eintiefung stieg.
- Diese höhere Fließgeschwindigkeit räumte das Flussbett stärker aus. Das Bett tiefte sich weiter ein.
- Die „Absturzhöhe“ am Hochablass wuchs von vorher 2–3 Meter auf ca. 5 Meter. Der Hochablass musste häufig umgebaut werden.
- Durch die vergrößerte Sturzhöhe hatte das herabstürzende Wasser am Sturzboden (Tosbecken) eine höhere Geschwindigkeit und damit höhere Energie. Die Folge war, dass das Tosbecken mehr ausgehöhlt wurde. Die Kolkbildung (punktuelle Aushöhlung) am Flussbett wurde verstärkt.
- Diese Kolkbildung verursachte eine Beeinträchtigung der Standfestigkeit des gesamten Ablassbauwerks. Dies führte wiederum zu erhöhten Reparaturkosten.[56]

Um die Mitte des 19. Jahrhunderts wurde aber klar, dass die Bauten an den Ufern des Lechs eine besondere Überwachung und Sicherung nach sich ziehen mussten. Aus diesem Grund wurde am 28. Mai 1852 das **Gesetz über**

---

[51] Die Frage nach dem Naturschutz für den Lech und den Lechauen kann hier nicht behandelt werden. Die Kiesproblematik wurde vor ca. 1930 nur aus der Sicht des Wassereintrags in die Kanäle und der Möglichkeit, Flöße auf dem Lech zu fahren, gesehen. Erst am 26.6.1935 wurde das Bayerische Naturgesetz erlassen! Der Gedanke, die Flussauen zu schützen und ihren Artreichrum zu erhalten, wurde erst in den 70er Jahren des 20. Jh. beachtet. Eine ausführliche Darstellung dieser Problematik findet sich z. B. im Buch von Eberhard Pfeuffer, „Der Lech“, S. 95 f.

[52] Der Vorboden ist der meist mit Holz ausgekleidete Flussboden im Oberwasser. Siehe Plan des Hochablasses im Kapitel Technik.

[53] Gespräch mit dem Schleusenwärter Beintner im Oktober 2010.

[54] Ausführliche Darstellung des Projekts: Thomas Henschel, Bayerisches Landesamt für Umwelt, mit Steve Gallasch, Wasserwirtschaftsamt Donauwörth.

[55] StadtAA, Bestand 45, Akt 702, Am Rande der Rede von Franz Krieger steht mit Handschrift: „Das entspricht jeweils einem Gefälle von 1,2 Promille“. Krieger führt auch einen Vergleich an: „Die Isar hat sich seit 80 Jahren 6 m tief eingegraben“.

[56] StadtAA, Bestand 45, Akt 702, Rede von Franz Krieger.

den Uferschutz und den Schutz gegen Überschwemmungen im Namen Seiner Majestät des Königs von Bayern erlassen.

Dieses Gesetz sah jährliche **Flussbereisungen** vor. Zu jeder Bereisung musste ein Protokoll erstellt werden.[57] Darin wurde häufig auf die schadhaften Ufer und Geröllanhängungen am Lech hingewiesen. Die aufgeführten Schäden umfassten den gesamten Bereich der Schadensmöglichkeiten. Auch Verbesserungsvorschläge wurden gemacht und veranlasst, dass diese auch durchgeführt wurden. Die Frage nach den Zuständigkeitsbereichen wurde ebenfalls gestellt – jedoch findet sich im Akt dafür keine Antwort.

Drei Beispiele für diese Flussbereisungen sollen ihre Notwendigkeit unterstreichen:

1. Beispiel: Am 7 September 1852 wurde der schlechte Zustand der Lechufer bemängelt und ihre Schutzwürdigkeit betont.[58]

2. Beispiel: Am 9. Juli 1880 stellte man fest, dass die linksseitigen Flügelkästen [am Hochablass] weggerissen worden waren. Außerdem war die obere Hälfte an drei Stellen aufgebrochen war. „Beim nächsten Hochwasser droht gänzliche Zerstörung“. Die Wiederherstellung der abgegriffenen Buhnen sollte veranlasst werden.

3. Beispiel: 1866 wurde auf Geröllanhängungen am Lechufer innerhalb Augsburgs aufmerksam gemacht.

Die letzte Flussbereisung vor der Hochwasserkatastrophe von 1910 fand am 12. Juni 1909 statt. In dem zugehörigen Protokoll wird vor allem die prekäre Lage am Lochbachanstich und Haunstettertal angesprochen. Ein flacher Höhenrücken könnte bei Hochwasser leicht überspült werden; das bedeute Gefahr für das Haunstettertal. Die Bereisung führte aber nur bis zum Hochablass. In einem Beschluss des Plenums [des Augsburger Stadtrates] vom 12. Juni 1909 heißt es dazu: „Vorstehender Bericht hat zur heutigen Sitzung zur Kenntnis gedient. Im Hinblick auf den Bericht vom 7. Mai 1909 (Amtsbl. – 19 B. A. a.n. 238) sind weitere Schritte vorerst nicht veranlaßt“[59] Der nächste Bereisungstermin wurde auf den 3. August 1910 festgesetzt. Doch am 14. Juni 1910 zerstörte ein Hochwasser die Ufersicherungen fast vollständig.[60]

Die Notwendigkeit für diese Bereisungstermine wurde auch durch das am 23. März 1907 erlassene Wassergesetz unterstrichen. Die Kommunen wurden in diesem Gesetz aufgefordert, die Einrichtung eines entsprechenden Hilfsdienstes mit geeigneten Hilfsmitteln zu organisieren. Die Stadt Augsburg hielt eine eigene Organisation nicht für nötig, da diese Arbeit schon die Feuerwehr übernommen hatte.[61]

Die große Geschiebemenge aus dem Süden drückte auf den Ablassbau und wurde dort im Oberwasser angelandet; dies brachte die Stadt in Schwierigkeiten, weil die Kiesbelastung der Kanäle durch den Aufstau vor dem Ablassbau (Oberwasser) überhandnahm. Auch war es schwierig, die Wassermenge von 36 m^3/s immer zu garantieren. Um zu verhindern, dass dieses Geschiebe in die Kanäle eindrang, wurden zahlreiche Einbauten und Veränderungen am Hochablass vorgenommen. Diese werden in den kommenden Kapiteln ausführlich dargestellt.

Erst 1931 konnte durch einen Umbau die Kiesbelastung wesentlich verringert werden. Der Bau weiterer Stauwehre nach 1945 entlang des Lechs führte zu einer drastischen Verringerung des Kieseintrags nördlich der Staustufe 23 (Mandichosee) und im Stadtgebiet von Augsburg. In Umkehrung der Prozesse wird heute Kies im Rahmen des Kiesmanagements für den Lech in den Bereich zwischen Hochablass und Wolfzahnau eingebracht.[62]

Heute werden keine klassischen Flussbereisungen mehr durchgeführt. Für die technische Gewässeraufsicht ist das Wasserwirtschaftsamt Donauwörth (WWA Donauwörth) zuständig; das Tiefbauamt Augsburg ist verpflichtet, den Unterhalt und Ausbau des Hochablasses zu gewährleisten. Stellt das WWA nichttechnische Mängel fest, werden diese dem LfU Augsburg (Landesamt für Umwelt) gemeldet; dieses kann dann wasserrechtliche Genehmigungs – und Anordungsbescheide zur Mängelbeseitigung anordnen.

Das WWA ist das sachverständige Amt, das der Kreisverwaltungsbehörde zuarbeitet; es hat aber keine direkte Weisungsbefugnis. Beaufsichtigt werden vom WWA die Anlagenteile, in deren Einflussbereich liegende Gewässerstrecken sowie die Hochwasserschutzeinrichtungen.[63]

---

[57] Dazu liegen die Protokolle der Jahre 1852 bis –1909 – mit einigen Unterbrechungen – vor.

[58] StadtAA, Bestand 45, Akt 657.

[59] Ebenda: Die Bereisungen wurden von staatlicher Seite durchgeführt. Der Hochablass gehörte der Stadt Augsburg und wurde daher durch Bereisungen nicht kontrolliert.

[60] Ausführlich wird die Hochwasserkatastrophe in einem getrennten Abschnitt behandelt. Das Gesetz bezog sich nur auf die Ufersicherung und nicht auf den Wehrteil und die anliegenden Stadtteile.

[61] StadtAA, Bestand 45, Akt 659, weitere Anmerkungen zur Ufersicherung siehe Abschnitt nach der Katastrophe ab S. 157

[62] Ausführlich wird dies in den Ökologischen Schriften 2 der Stadt Augsburg von 1991 dargelegt: Norbert Müller: „Auenvegetation des Lech bei Augsburg und ihre Veränderungen infolge von Flußbaumaßnahmen“, S. 79– 98.
Eberhard Pfeuffer: „Der Lech“, Wißner-Verlag, 2010, S. 113– 176, beschreibt hier ausführlich den heutigen Zustand des und seiner Vegetation.

[63] Schriftliche Auskunft von Herrn Steve Gallasch, Abteilungsleiter für die Stadt Augsburg und Land Aichach-Friedberg im WWA Donauwörth, vom 25. März 2014.

5. Das große Gefälle und die Energiemenge des Lechs

5.1 Die Energiemenge

Die vorigen Kapitel schilderten den teilweise großen Aufwand, der von der Stadt Augsburg betrieben werden musste, um den Lech im Stadtgebiet „zähmen“ zu können. Nun steht die Frage nach dem Gewinn für die Stadt Augsburg, d. h. die **Wassermenge (Energiemenge)** im Vordergrund.

Aus der Lage am südlichen Ende des Augsburger Territoriums kann man die Bezeichnung „Hochablass“ oder „Hoher Ablass“ ableiten. Diese Stelle für den Bau des Hochablasses an der höchstgelegenen Stelle des Augsburger Territoriums war somit die Stelle, die mittels Wasserkraft den größten Anteil an kinetischer Energie für das Augsburger Stadtgebiet lieferte.

Ziel aller Bemühungen der Augsburger Stadtverwaltung war, so viel Wasser wie möglich in die Kanäle zu leiten. Der Grund war ihre geographische Lage als reichsfreie Stadt ohne Hinterland und ohne Bodenschätze. Zwischen den Flüssen Wertach und Lech eingeengt, bot es sich zwangsläufig an, die Kraft dieser Flüsse zu ihrem Vorteil auszunutzen. Diese große Energiemenge von Lech und Wertach war die Grundlage für den Wohlstand in Augsburg (siehe Greipel).

Schon die Römer verwendeten die Wasserkraft des Lechs für den Betrieb einer Mühle. Um die Jahrtausendwende kann am Zusammenfluss beider Flüsse ein Mühlenbetrieb gesichert nachgewiesen werden. Welser beschreibt dies in seiner Chronik von 1595.[64]
In Abbildung 7 Seite 14 dokumentiert Groos schon um 1276 sieben Mühlen östlich der Stadt an Bächen entlang der Bruchkante (diese war vermutlich schon vorher durch den Lech von der Augsburger Terrasse abgebrochen). Diese Mühlen konnten aber nur gewinnbringend arbeiten, wenn der Wasserdurchfluss annähernd ganzjährig und gleichmäßig stark war. Das gelang durch das „Anstechen“ des Lechs und dem Bau von Kanälen, die das Wasser den Mühlen zuleiten konnten. Dies war insofern ein schwieriges Unterfangen, da der Lech gleichzeitig Grenzfluss zwischen Augsburg und dem Bayerischen Herzogtum war. In erster Linie musste zwischen Augsburg und dem Herzogtum Bayern die Frage geklärt werden, wie weit der Dammbau in das Lechbett nach Osten hineinreichen durfte. Bayern bestand darauf, dass an so vielen Tagen im Jahr wie möglich die Floßfahrt auf dem Lech durchführbar sein sollte.[65]
Grundlage der Ableitungen des Lechwassers war das „Privilegium des Kaisers Sigismund vom 9. Oktober 1418“ und der „Gebotsbrief“ desselben Kaisers vom 15. Januar 1419[66] an die bayerischen Herzöge, den Lech „nicht zu verschlagen“. Ein weiterer Vertrag zwischen Herzog Albrecht in Bayern mit der Stadt Augsburg wegen des Lechbaues und der Mühlbäche vom 28. Mai 1470“ war notwendig. Groos merkt dazu am Rand den in diesem Vertrag festgelegten Uferschutz und ein neues Lechbett an.[67] (Bild 35)

In einem zusätzlichen Vertrag vom 6. Mai 1596 zwischen Herzog Wilhelm in Bayern und der Stadt Augsburg bezüglich des Lechbaues wird in den Punkten 5 und 6 bestimmt, dass beim Hochablass der Lech 18 Meter, offen zu sein und die Grenzen mit Markpfählen gekennzeichnet werden müssen.[68] (Bild 36)

Es finden sich im Augsburger Stadtarchiv Übersichtspläne, die die Anzahl und die Lage der zur Zeit der Erstellung des Plans vorhandenen Mühlen im Stadtgebiet, aber auch in der südlichen Vorstadt aufzeigen.

Ein beredtes Beispiel für das reichhaltige Wasserangebot durch im Stadtgebiet entspringende Bäche und vom Hochablass abgeleiteten Kanäle zeigt Werner in seinem Buch nach S. 16 auf. (Bild 37)

Im Laufe der Jahrhunderte und vor allem während den Zeiten des Wohlstandes in Augsburg wurde von den Triebwerksbesitzern immer eine höhere Wassermenge gefordert, um ihren Betrieb vergrößern zu können.

In der Mitte der dreißiger Jahren des 19. Jahrhundert war in Augsburg ein wirtschaftlicher Aufschwung erkennbar, der „durch das Zusammentreffen günstiger Standortfaktoren initiiert [war]. Zu diesen zählten in erster Linie, in neue Anlageformen drängende einheimische Kapitalien, billige Energie durch Ausnutzung lokaler Wasserkräfte, die frühzeitige Anbindung an das Eisenbahnnetz und die Reste einer ehemals bedeutenden Kattunherstellung ...“[69]

[64] Welser, 1595, 1, S. 2. Auf diesen Mühlenbetrieb wird z.B. im dem Bewerbungsbuch zum Unesco-Welterbe der Stadt Augsburg von Martin Kluger eingegangen. Martin Kluger: „Historische Wasserwirtschaft und Wasserkunst in Augsburg“, S. 53 f.

[65] Alle zu diesen Verhandlungen notwendigen Verträge sind im Anhang des Buches von A. Werner: „Die Wasserkräfte der Stadt Augsburg“ aufgeführt; Groos hat sich zu Beginn seiner Tätigkeit bei der Stadt Augsburg dieses Buch besorgt und es häufig durch Unterstreichungen oder Randbemerkungen zu diesen Verträgen kommentiert.

[66] Originale dieser Erlasse im Augsburger Stadtarchiv; wiedergegeben bei A. Werner, S. 133 und S. 134.

[67] A. Werner, S. 139.

[68] Ebenda, S. 147.

[69] Ilse Fischer: Industrialisierung – soziale Konflikte und politische Willensbildung in der Stadtgemeinde, Mühlberger, 1977, S. 21.

***Bild 35**: Vertrag Herzog Albrechts in Bayern mit der Stadt Augsburg (1470)*

Seitliche Anmerkungen von Walter Gross im Buch von Werner

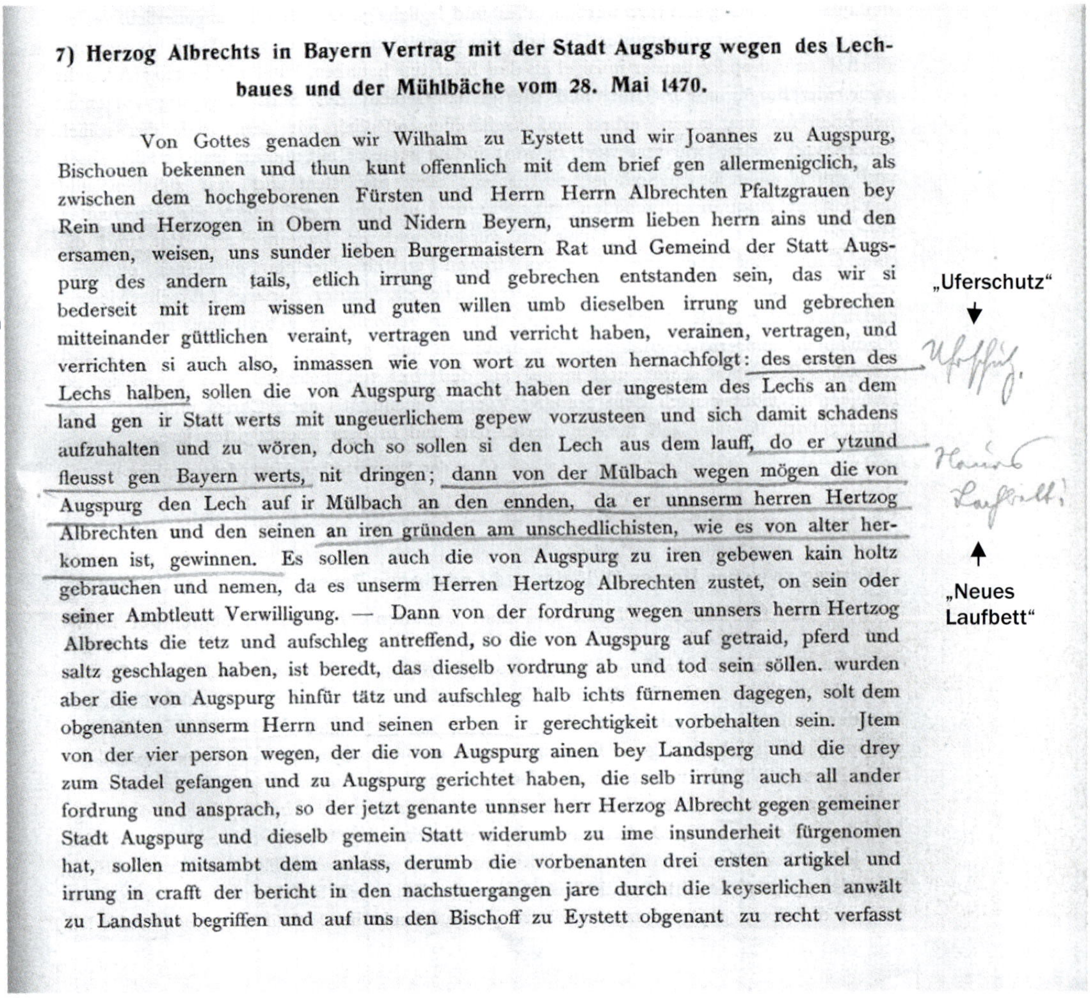

7) Herzog Albrechts in Bayern Vertrag mit der Stadt Augsburg wegen des Lechbaues und der Mühlbäche vom 28. Mai 1470.

Von Gottes genaden wir Wilhalm zu Eystett und wir Joannes zu Augspurg, Bischouen bekennen und thun kunt offennlich mit dem brief gen allermenigclich, als zwischen dem hochgeborenen Fürsten und Herrn Herrn Albrechten Pfaltzgrauen bey Rein und Herzogen in Obern und Nidern Beyern, unserm lieben herrn ains und den ersamen, weisen, uns sunder lieben Burgermaistern Rat und Gemeind der Statt Augspurg des andern tails, etlich irrung und gebrechen entstanden sein, das wir si bederseit mit irem wissen und guten willen umb dieselben irrung und gebrechen mitteinander güttlichen veraint, vertragen und verricht haben, verainen, vertragen, und verrichten si auch also, inmassen wie von wort zu worten hernachfolgt: des ersten des Lechs halben, sollen die von Augspurg macht haben der ungestem des Lechs an dem land gen ir Statt werts mit ungeuerlichem gepew vorzusteen und sich damit schadens aufzuhalten und zu wören, doch so sollen si den Lech aus dem lauff, do er ytzund fleusst gen Bayern werts, nit dringen; dann von der Mülbach wegen mögen die von Augspurg den Lech auf ir Mülbach an den ennden, da er unnserm herren Hertzog Albrechten und den seinen an iren gründen am unschedlichisten, wie es von alter herkomen ist, gewinnen. Es sollen auch die von Augspurg zu iren gebewen kain holtz gebrauchen und nemen, da es unserm Herren Hertzog Albrechten zustet, on sein oder seiner Ambtleutt Verwilligung. — Dann von der fordrung wegen unnsers herrn Hertzog Albrechts die tetz und aufschleg antreffend, so die von Augspurg auf getraid, pferd und saltz geschlagen haben, ist beredt, das dieselb vordrung ab und tod sein söllen. wurden aber die von Augspurg hinfür tätz und aufschleg halb ichts fürnemen dagegen, solt dem obgenanten unnserm Herrn und seinen erben ir gerechtigkeit vorbehalten sein. Jtem von der vier person wegen, der die von Augspurg ainen bey Landsperg und die drey zum Stadel gefangen und zu Augspurg gerichtet haben, die selb irrung auch all ander fordrung und ansprach, so der jetzt genante unnser herr Herzog Albrecht gegen gemeiner Stadt Augspurg und dieselb gemein Statt widerumb zu ime insunderheit fürgenomen hat, sollen mitsambt dem anlass, derumb die vorbenanten drei ersten artigkel und irrung in crafft der bericht in den nachstuergangen jare durch die keyserlichen anwält zu Landshut begriffen und auf uns den Bischoff zu Eystett obgenant zu recht verfasst

„Uferschutz“

„Neues Laufbett“

***Bild 36**: Vertrag Herzog Wilhelms in Bayern mit der Stadt Augsburg (1596)*

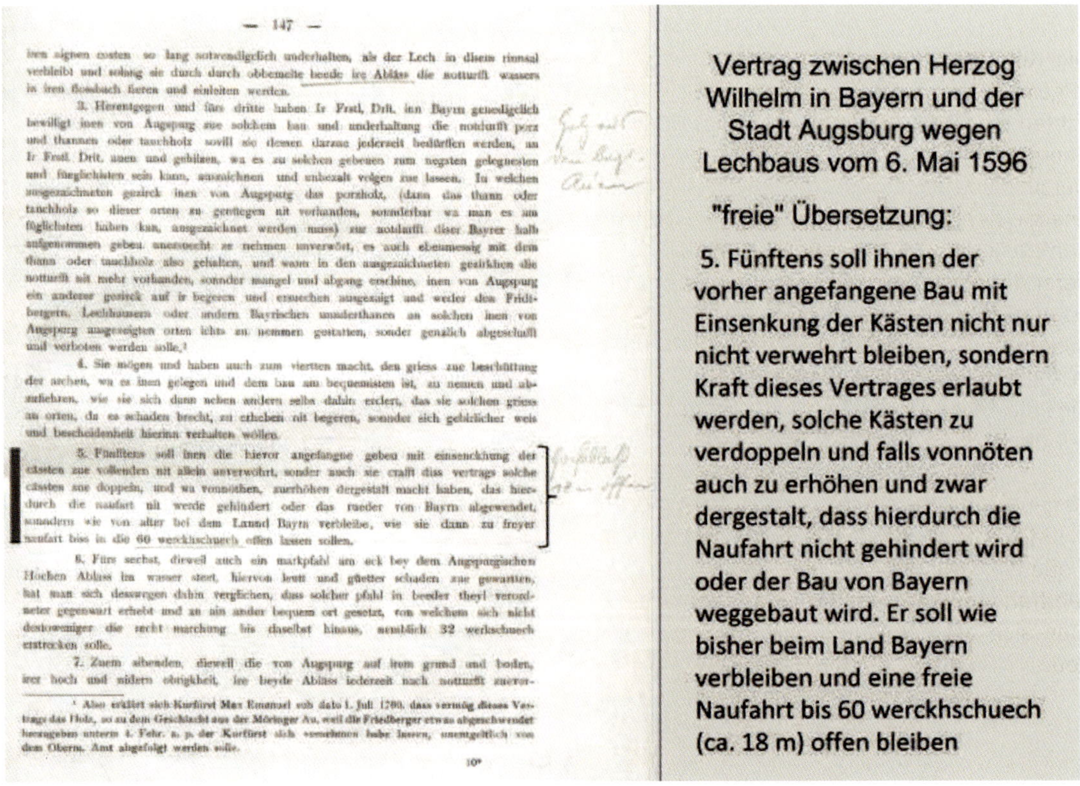

— 147 —

iren aignen costen so lang notwendigclich underhalten, als der Lech in disem rinnsal verbleibt und solang sie durch durch obbemelte beede ire Ablass die notturfft wassers in iren flossbach füeren und einleiten werden.

3. Herentgegen und fürs dritte haben Ir Frstl. Drlt. inn Bayrn genediglich bewilligt inen von Augspurg zue solchem bau und underhaltung die notdurfft porz und thannen oder tauchholz sovill sie dessen darzue jederzeit bedürffen werden, an Ir Frstl. Drlt. auen und gehilzen, wa es zu solchen gebeuen zum negsten gelegnesten und füeglichisten sein kann, auszaichnen und unbezalt volgen zue lassen. In welchen ausgezaichneten gezirck inen von Augspurg das porzholz, (dann das thann oder tauchholz so dieser orten zu genüegen nit vorhanden, sonnderbar wa man es am füeglichsten haben kan, ausgezaichnet werden muss) zur notdurfft disser Bayrer halb aufgenommen geben unersucht ze nehmen unverwört, es auch ebenmessig mit dem thann oder tauchholz also gehalten, und wann in den ausgezaichneten gezirkhen die notturfft nit mehr vorhanden, sonnder mangel und abgang erschine, inen von Augspurg ein anderer gezirck auf ir begeren und ersuechen angezaigt und weder den Fridtbergern, Lechhausern oder andern Bayrischen underthanen an solchen inen von Augspurg angezeigten orten ichts zu nemmen gestatten, sonder genzlich abgeschafft und verboten werden solle.[1]

4. Sie mögen und haben auch zum vierten macht, den griess zue beschüttung der archen, wa es inen gelegen und dem bau am bequemisten ist, zu nemen und abzuführen, wie sie sich dann neben andern selbs dahin erclert, das sie solchen griess an orten, da es schaden brecht, zu erheben nit begeren, sonnder sich gebürlicher weis und bescheidenheit hierinn verhalten wöllen.

5. Fünfftens soll inen die hievor angefangne gebeu mit einsenckhung der cässten zue vollenden nit allein unverwohrt, sonder auch sie crafft diss vertrags solche cässten zue doppeln, und wa vonnöthen, zuerhöhen dergestalt macht haben, das hierdurch die naufart nit werde gehindert oder das rueder von Bayrn abgewendet, sonndern wie von alter bei dem Lannd Bayrn verbleibe, wie sie dann zu freyer naufart biss in die 60 werckhschuech offen lassen sollen.

6. Fürs sechst, dieweil auch ein markpfahl am eck bey dem Augspurgischen Hochen Ablass im wasser steet, hiervon leutt und güetter schaden zue gewarten, hat man sich desswegen dahin verglichen, dass solcher pfahl in beeder theyl verordneter gegenwart erhebt und an ain ander bequem ort gesetzt, von welchem sich nicht destoweniger die recht marchung bis daselbst hinaus, nemblich 32 werkschuech erstrecken solle.

7. Zum sibenden, dieweil die von Augspurg auf irem grund und boden, irer hoch und nidern obrigkheit, ire beyde Ablass iederzeit nach notturfft zuerer-

[1] Also erklärt sich Kurfürst Max Emanuel sub dato 1. Juli 1700, dass vermög dieses Vertrags das Holz, so zu dem Geschlacht aus der Möringer Au, weil die Friedberger etwas abgeschwendet herausgeben unterm 4. Febr. a. p. der Kurfürst sich vernehmen habe lassen, unentgeltlich von dem Oberm. Amt abgefolgt werden solle.

10*

Vertrag zwischen Herzog Wilhelm in Bayern und der Stadt Augsburg wegen Lechbaus vom 6. Mai 1596

"freie" Übersetzung:

5. Fünftens soll ihnen der vorher angefangene Bau mit Einsenkung der Kästen nicht nur nicht verwehrt bleiben, sondern Kraft dieses Vertrages erlaubt werden, solche Kästen zu verdoppeln und falls vonnöten auch zu erhöhen und zwar dergestalt, dass hierdurch die Naufahrt nicht gehindert wird oder der Bau von Bayern weggebaut wird. Er soll wie bisher beim Land Bayern verbleiben und eine freie Naufahrt bis 60 werckhschuech (ca. 18 m) offen bleiben

***Bild 37**: Die vom Hochablaß und dem Wertachwehr kommenden Werkkanäle (17.Jarhrhundert)*

Die Korrektion des Lechs und seine darauffolgende Vertiefung des Flussbetts ermöglichten eine erhöhte Wassermenge und damit Energiezuwachs.
Durch diese kostengünstige und zusätzliche Energiemenge konnte sich z. B. die Maschinenfabrik Augsburg und die Baumwollspinnerei am Stadtbach innerhalb von 64 Jahren wesentlich vergrößern. (Bild 38) Vertiefte Ausführungen über die Geschichte der Mühlen in Augsburg sei den Historikern überlassen, da dies die Technikgeschichte des Hochablasses nur tangiert.[70]

Genaue Wetteraufzeichnungen – und damit Schätzungen für die durch Augsburger Kanäle fließende Wassermenge – kamen erst im 18. Jahrhundert auf. Erst zu dieser Zeit begann man sich mit der Meteorologie zu beschäftigen.

Ab 1767 gab es im Augsburgischen Intelligenz-Zettel monatliche und ab 1777 sogar wöchentliche „Witterungsbeobachtungen“ in der Rubrik „Gelehrte Sachen“.

„Doch sind um 1750 über 70 verschiedene Messtabellen in Gebrauch!“[71]

Wie viel Wasser des Lechs vor 1850 (Ausgabejahr des Buchs von Kollmann) durch Augsburg geflossen ist, kann nicht beantwortet werden. Der Lech führte sowohl jahreszeitlich als auch täglich sehr unterschiedliche Wassermengen mit sich; eine genaue Angabe dieser Wassermenge ist daher unmöglich. Auch ist eine Volumenmessung in einem Fließgewässer schwierig und im Lech teilweise nicht durchführbar. Nur an bestimmten Engstellen mit definiertem Querschnitt konnte man die Wassermenge bestimmen.[72]

[70] Auf „Die Geschichte der Stadt Augsburg“ von 1984 sei hingewiesen.

[71] Oliver Hochadel: Öffentliche Wissenschaft, S. 105 f. Erst am 7. Ma 1834 wurde durch eine Entschließung des Königreichs Bayern der allgemeine Gebrauch des bayerischen Normalmaßes und Gewichtes (Nr. 13, 141) festgelegt. Quelle: Neue Gesetz und Verordnung – Sammlung für das Königreich, Karl Weber, München 1904; Augsburger Stadtlexikon, 1998, S. 979.

[72] Genauere Aufzeichnungen finden sich bei Andreas Bürger, Geographische und Flussbettmorphologie des Lechs, Augsburger Ökologische Schriften 2, Der Lech, Wandel einer Wildflußlandschaft, Stadt Augsburg, 1991, S. 31f.

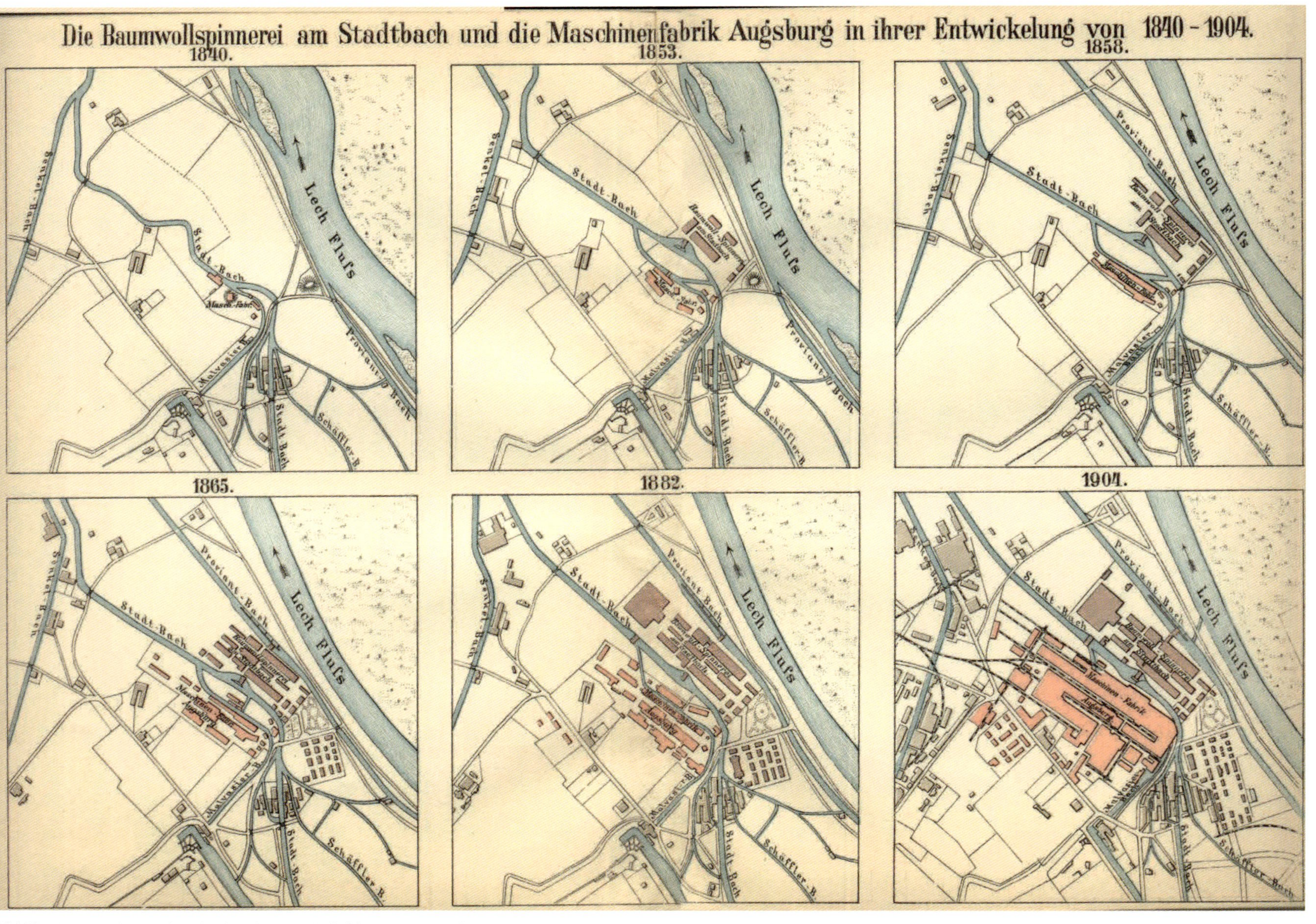

Bild 38: *Werner dokumentiert dies in seinem Buch, S. 64. Die Maschinenfabrik Augsburg (MAN) und die Baumwollspinnerei am Stadtbach, sie ist ein Beispiel für die wachsende Energiemenge durch die Expandierung der Fabriken.*

Ab Anfang des 19. Jahrhunderts wurden **Pegelmessungen** am Einlassbauwerk durchgeführt, um den Werksbesitzern nachzuweisen, dass die zugesagte Wassermenge durch die Kanäle floss und auch nicht zu viel Wasser abgezweigt wurde; die Floßfahrt musste ja auch gesichert sein. Wie in mehreren Plänen im Augsburger Stadtarchiv erkennbar ist, wurden für den Fall einer Trockenheit eigene Kanäle (z. B. der Proviantbach) nahe dem Lech gebaut, um dann die Flöße hier durchleiten zu können. Dieses Recht war ein Gewohnheitsrecht; es wurde auch von der Stadt nie infrage gestellt.

Kollmann beschrieb den Pegel am Hochablass 1850 wie folgt: „Als Wassermesser ist seit 1826 am linken Ufer, oberhalb der Schleuse, ein Pegel in Schuhe und Zolle eingeteilt, errichtet. Die hier gesammelten chronologischen und hydrotechnischen Beobachtungen werden von 6 zu 6 Jahren in Tabellen vergleichend gegeneinandergestellt“.[73] Ein Beispiel einer solchen jährlichen Aufzeichnung aus dem Jahr 1850 soll dies illustrieren.[74] (Bild 39) Diese Messungen wurden von den Schleusenwärtern mithilfe von auch heute noch üblichen Lattenpegeln durchgeführt.[75] (Bild 40)

***Bild 40:** Foto des Lattenpegels von 2009 am Hochablass*

[73] Kollmann, 1850, S. 17

[74] Man beachte die Skalierung des Blattes: Sie ist von Hand gezeichnet und weist nicht die übliche Zehnereinteilung auf. Die Skalierung erfolgt nach Tagen eines Monats. Z.B. im Jahr 31 Tage und anschließend im Februar 28 Tage. Die nicht immer parallelen Linien zeugen von den mit der Hand gezogenen Linien.

[75] Die Ablesungen am Lattenpegel dienen heute nur noch zur schnellen Information; die Werte dazu können nur als sehr punktuelle Messergebnisse angesehen werden.

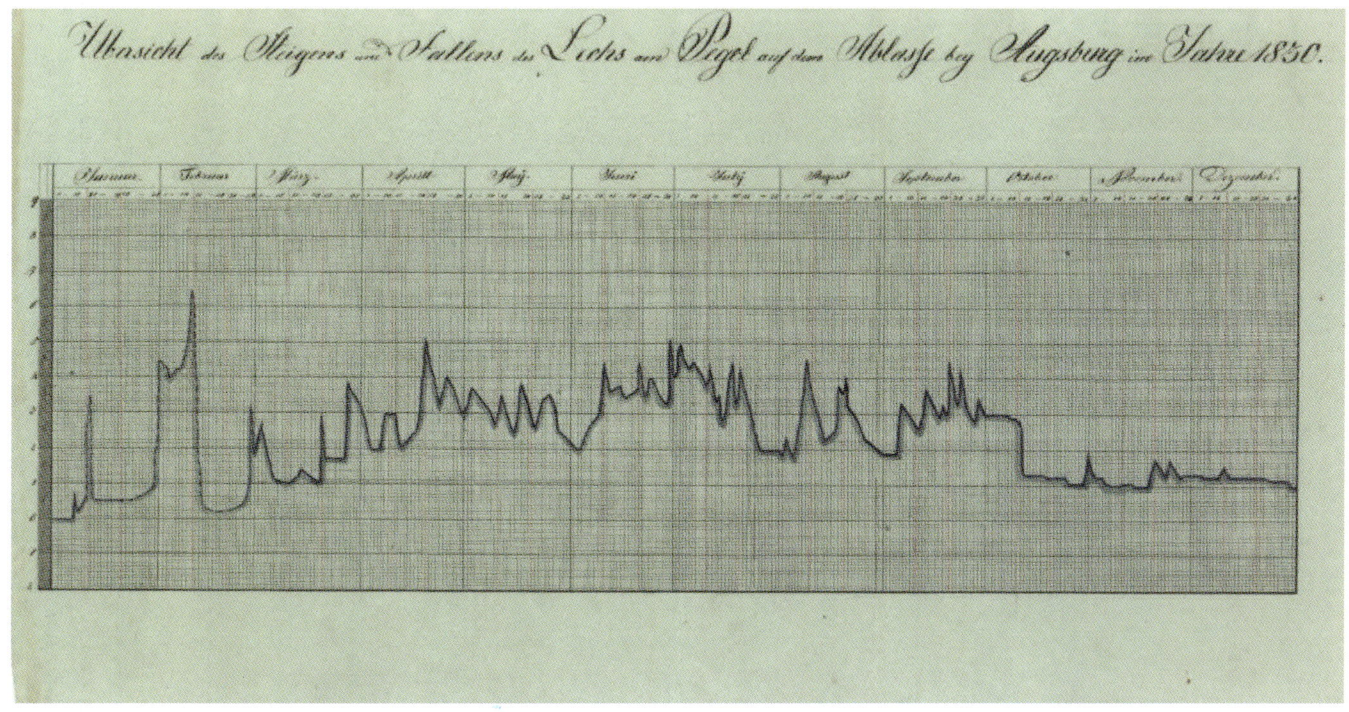

***Bild 39:** Pegelhöhen des Lechs am Hochablass im Jahr 1850*

Die Arbeit des Pegelablesens wurde dadurch erleichtert, als um 1910 am Hochablass ein „selbstregulierender Pegel“ angebracht wurde. Er bestand aus einem Schwimmer, der in einem fest im Boden verankerten Gebäude eingebaut war.[76] (Bild 41)

Wie schon erwähnt, gab es bis Mitte des 19. Jahrhunderts auch keine einheitliche Maßeinheiten. Woltmann[77] baute 1790 das erste Gerät für die genaue Messung von Durchflussmengen. In abgewandelter Form wird ein solches Messgerät auch heute noch in Augsburg verwendet – allerdings nur in den Kanälen. Und nur diese Wassermenge, die durch das Einlaufbauwerk in die Augsburger Kanäle floss, war für den Erfolg der Baumaßnahmen wichtig.
Die Wassermengen von ca. 34–36 m^3/s benötigten die Augsburger Mühlenbesitzer, damit mittels einer kontinuierliche Wassereinleitung ein wirtschaftlich sinnvoller Betrieb ihrer Mühlen gewährleistet war. So sicherte schon Kollmann den Augsburger Mühlenbesitzern nach den Magistratischen Bestimmungen der Jahre 1834 und 1841 eine Menge von 3,462,660 Kubikfuß in der Zeitstunde Lechwasser zu; das sind umgerechnet ca. 20 m^3/s.[78] Zu dieser Menge meinte Ruckdeschel: „..., ein beträchtliches Maß, um das andere Städte an schwächeren Flüssen Augsburg nur beneiden konnten“.[79] Diese Wassermenge konnte damals 71 Werke betreiben“.[80] Das bedeutete andererseits, dass diese Wassermenge dem Lech zwischen Hochablass und Wolfzahnau entzogen wurde. Da der Lech bei Niedrigwasser etwa 50 m^3/s führte, bedeutete dies eine erhebliche Beeinträchtigung der Floßfahrt – und führte somit zu vielen unerfreulichen Auseinandersetzungen mit Bayern.[81]

Um diese zugesagte Wassermenge auch zu kontrollieren, wurden am Einlassbauwerk ein oder zwei Eichpfähle angebracht.[82]

Die genaue Wassermenge, die durch die Kanäle fließen durfte, schwankte zwischen 34 m^3/s und 36 m^3/s. Seit 1884 wurde sie mit 36 m^3/s festgelegt und ist seit dieser Zeit unverändert.
Die Hochwässer und anschließenden Reparaturen brachten nur kurzzeitig Änderungen in der Einlaufmenge.

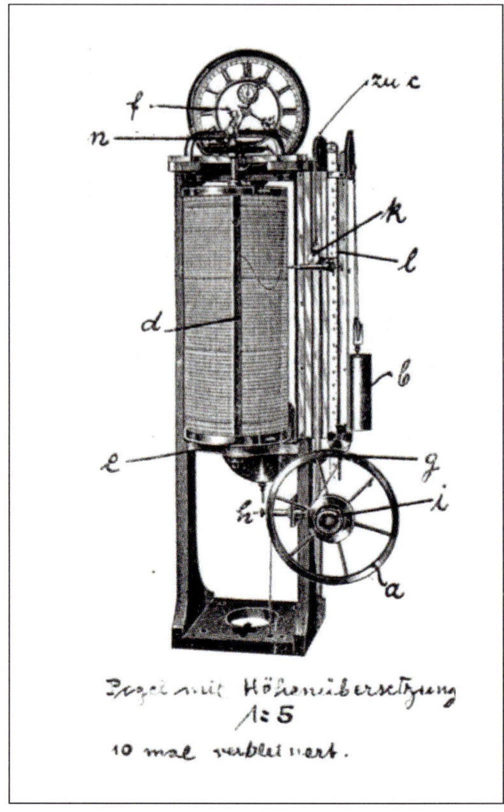

***Bild 41:** Zeichnung eines Pegels mit Höhenübersetzung*

Das letzte große Lechhochwasser vor der Hochwasserkatastrophe von 1910 trat im Sommer 1901 mit 800 m^3/s auf. Damals hielt das Streichwehr am Hochablass den Wassermassen stand. So glaubte man sich auf der sicheren Seite, besserte das Wehr nur aus und überholte das vorhandene Streichwehr nicht vollständig. Man hoffte, dass ein größeres Hochwasser in den nächsten Jahren nicht mehr käme. Das Hochwasser von 1910 brachte aber eine Wassermenge von 1200 m^3/s durch den Hochablass, führte zu einer Zerstörung des Einlaufbauwerks und folglich gelangte bis zur Fertigstellung des Neubaus im Jahr 1912 kein Wasser in die Kanäle.
Seit dem Neubau von 1912 leitet die Stadt wieder 36 m^3/s in die Kanäle ein. Sie hat sich sowohl beim Neubau 1910 als auch beim Umbau 1932 vertraglich dazu verpflichtet, bei Niedrigwasser folgende Rangordnung einzuhalten: zuerst Einleitung in die Werkkanäle (36 m^3/s), dann in die (alte) Fischtreppe (ca. 1,5 m^3/s) und ab 1972 das Restwasser für die Kanustrecke. Durch den Lechausbau mit Staustufen kann diese Garantie eingehalten werden.

[76] Die genaue Beschreibung dieses Pegels wird in der Zeitschrift „Der Flussmeister“, Jg. 2009 beschrieben

[77] Zeitschrift des Deutschen Museums, Anmerkung über den hydrometrischen Flügel von Reinhard Woltmann, Jg. 2007, Heft 4, S. 59

In der Zeitschrift „Der Flussmeister“, S. 43 bis 45, wird ausführlich das Pegelwesen beschrieben; es werden dort auch die neuesten Pegelmesssysteme kurz vorgestellt.

[78] Kollmann, 1850, S. 13.

[79] Wilhelm Ruckdeschel, Industriekultur in Augsburg, 2004, S. 41.

[80] Kollmann, 1850, S. 12. Hier verweist Kollmann auf die Festlegung der Messeinheit eines Volumens durch das Königreich Bayern vom 7.5.1834. Ein Überblick über diese Maßeinheiten: Siehe ist Anhang.

[81] Meist folgte diesen Auseinandersetzungen Verhandlungen zwischen dem Magistrat von Augsburg (unterstützt vom jeweiligen Kaiser) und dem Herzogtum Bayern. Die hier abgebildeten Pläne dienten dabei meist als Grundlage der Verhandlungen. Zum Abschluss wurde in der Regel ein Vertrag geschlossen. Die wichtigsten Verträge hat Werner in seinem Buch über die Wasserkräfte im Anhang aufgeführt.

[82] Siehe Plan des um 1912 fertigen Ablassneubaus, S. 114.

5.2 Der Vorteil der großen Energiemenge für Augsburg – der Mühlenbau

Eine große Wassermenge, die träge und langsam fließt, hat wenig Energiegehalt. Entscheidend für das große Angebot an Lageenergie, die dann in Bewegungsenergie umgewandelt werden kann, ist ein große Höhenunterschied. Dieser Höhenunterschied von ca. 6 m zwischen dem Hochablass, bei dem das Wasser in die Kanäle eingeleitet wurde, und der Wolfzahnau, bei der das Wasser wieder in den Lech zurückfloß, bildete gegenüber allen anderen Städten im süddeutschen Raum einen bedeutenden Standortvorteil.

In einem System von fest bewandeten Kanälen und kleinen „Ablässen“ mit zugehörigen „Wasserhäusern“, die den Wasserdurchfluss regelten, konnten die Augsburger Handwerker dann ihre Mühlen betreiben. So rühmte schon Welser 1595 in seiner Chronik dieses Kanalsystem, wenn er schrieb: „Es werden auch zu allerhandt Nutz und Vortheil etliche Bäch / auß dem Lech mit grossen Unkosten in die Stadt geleitet...“.[83]

Die Mühlen befanden sich um 1200 n. Chr. vor allem in der Lechvorstadt und wurden vom Lochbach und Schwallech mit Triebwasser versorgt.[84]

Daher ist anzuzweifeln, dass schon um 1000 n. Chr. ein Ablass am südlichen Rand von Augsburg vorhanden war. Doch Kollmann vermerkte dies auf seiner Tafel der 1836 von ihm errichteten Reserveschleuse.[85]

Um 1552 wurde die alte Wuhr zum Hochablass verlegt; das Lechwasser floß damit durch einen Kanal in die Stadt an den Mühlen vorbei. Deshalb war es möglich, auch die Zahl der Mühlen zu erhöhen. Das war an Donau und Iller nicht möglich. So berichtet z. B. Anke Sczesny von den vergeblichen Anstrengungen der Vorderösterreichischen Verwaltung, in Günzburg in dieser Zeit eine konkurrierende Textilindustrie aufzubauen.[86] Das Gefälle der Donau war zu klein! Auch Kempten besaß wesentlich weniger Mühlen, da die Iller kein so großes Gefälle wie der Lech hat.[87]

In den Ökologischen Schriften sind an unterschiedlichen Stellen im Flusslauf Messungen angegeben, die das Gefälle des gesamten Lechs darstellen. In folgender Übersicht ist das Gefälle innerhalb Augsburgs eingearbeitet und zeigt hier deutlich das herausragende Energieangebot für Augsburg.

Dies zeigt das Gefälle des Lechs von Füssen bis zur Mündung und im Mittel (Tabelle abgeleitet aus den Ökologischen Schriften, Jahr 1991). (Bild 42)

Das Gefälle des Lechs
Auf einer Länge von 259 km fällt er um 1471 m

Gefälle in m/Flusskilometer				
bei Füssen	Von Füssen bis Landsberg	Augsburg Hochablass bis Wolfzahnau (lt. Krieger)	Von Landsberg bis zur Mündung	Gesamtmittel
11,8	2,5	3,25	2,2	5,7

Zum Vergleich: Gefälle der Donau bei Rain 0,34 m/Flusskilometer

Quelle: Ökologische Schriften

***Bild 42:** Nach Ökologischen Schriften, Jahr 1991*

[83] Welserchronik, 1595, I, S. 2

[84] Groos, Planskizze 8, nach S.46.

[85] Die Jahreszahl 1000 n. Chr. ließ Kollmann in seine Tafel am Hochablass gießen. Sie wird in seinem Buch von 1850, S. 17, aufgeführt.

[86] Anke Sczesny, „Eine europäische Textilregion im Wandel“. Aus Rolf Kießling: „Schwäbisch – Österreich Zur Geschichte der Markgrafschaft Burgau“, Augsburg, 2007, S. 53 f.

[87] Ebenda. Auf die Qualität der in Augsburg erzeugten Waren und die hohe Bevölkerungszahl in Augsburg kann hier nicht eingegangen werden.

Folglich konnte Bauamtsassesor Franz Krieger 1911 diese Wasserkraft des Lechs im 19. Jahrhundert wie folgt beschreiben: „Der Lech durchfließt das Stadtgebiet von Augsburg in fast gestrecktem Lauf vom Hochablass bis zur Wertachmündung mit einem absoluten Gefälle von 26 Metern auf 8 km Länge; d. i. 3,25 pro Mille. Auf diesem starken Gefälle beruht der industrielle Reichtum Augsburgs, denn die entspricht ca. 12 000 Pferdestärken“.[88]

Dazu passen zwei Vergleichszahlen:

1) Die älteste deutsche Dampfmaschine aus dem Jahr 1813 hatte ungefähr 20 PS.[89]

2) Das Gefälle der Donau bei Donaustauf [Lecheinmündung] beträgt 0,34 Promille.[90]

Die Wasserkräfte der Kanäle wurden durch unterschlächtige Wasserräder, die einen sehr kleinen Wirkungsgrad von ca. 20 Prozent hatten, betrieben; ein großes oberschlächtige Wasserrad am Hochablass wäre wegen des hohen Verlustes bei der Energieübertragung unmöglich.[91]

Erst nach der Erfindung der Turbinentechnik Ende des 19. Jahrhunderts, die wesentlich höhere Wirkungsgrade von ca. 80 Prozent versprach, wurden die Wasserkräfte erheblich besser ausgenutzt; die aufstrebende Textilindustrie im 19. Jahrhundert benötigte dieses hohe Energieangebot und siedelte sich deshalb vermehrt in Augsburg an.[92]

Welchen Stellenwert das hohe Energieangebot auch noch zwischen den beiden Weltkriegen besaß, kann man aus Anmerkungen der Anwender ablesen. Es gab damals einen Verein der Triebwerksbesitzer; dieser legte großen Wert darauf, dass der Hochablass auch nach der Katastrophe von 1910 möglichst schnell wieder aufgebaut wurde. So gab es 1932 z. B. an den Kanälen insgesamt 73 Werke.[93] Der Verein sammelte ab 1910 auch Gelder für einen Erneuerungsfonds, der dann 1931 den Umbau des Hochablasses mitfinanzierte.[94] Die Schwierigkeiten nach 1912, das Kiesproblem im Oberwasser des Hochablasses und die ungenügende Abführung dieses Kieses nach Norden durch die Floßgasse, minderten vor allem das Energieangebot des Lechs erheblich.

Die Stadt Augsburg und hier vor allem der Bauamtsleiter Gottfried Sametschek mussten sich mit einer Lösung dieses Problems auseinandersetzen.
Auch während des Zweiten Weltkriegs konnte man auf die Wasserkraft in Augsburg nicht verzichten.

Schon vor 1945 begannen einige Triebwerksbesitzer die von Wasser angetriebenen Turbinen durch von einem Kanal unabhängige Dampfturbinen und Generatoren zu ersetzen. Nach 1945 entstanden innerhalb des Stadtgebiets am Lech bis heute drei neue Wasserkraftwerke. Die Abgabe der Strommenge ist jeweils abhängig vom jeweiligen Wasserstand.

1) Das 2010 fertiggestellte Kraftwerk am östlichen Ufer des Lechs bei Flusskilometer 47,0 bei der Wolfzahnau, Stauziel 448,6 m und Stauhöhe von 5,7m

2) Von 2004 bis 2006 wurde bei Flusskilometer 45,6 am östlichen Ufer des Eisenbahnerwehrs ein Buchtenkraftwerk nördlich der Afrabrücke (Hochzoller Lechbrücke) durch die Firma LUWA Energie GmbH errichtet. Es liefert 12 GWh für 4000 EW (Augsburger Allgemeine v. 23 Juni 2006).

3) Das im Dezember 2013 fertiggestellte Kraftwerk am Hochablass liefert 11 GWh, Strom für ca. 8000 Haushalte. Dazu wurden in den Jahren 2012/13 zwei Turbinen anstelle der zwei östlichsten Schleusen am festen Wehr eingebaut. Der in der Augsburger Bevölkerung sehr beliebte, vom Hochablass herunterfallende Wasserschleier blieb erhalten. In den Abstrom dieses Kraftwerks wird eine neue Fischtreppe eingebaut, der ein bestimmtes Wasserquantum zu geordnet wird. Steve Gallasch vom WWA Donauwörth meint dazu: „Bei der Planung der Anlage wurde die Fischereiberatung des Bezirks Schwabens involviert. Von der Auffindbarkeit des Einstieges im Unterwasser und der Funktionsfähigkeit gehen wir daher aus“.[95]

---

[88] StadtAA, Bestand 45, Akt 702. Bauamtsassessor Franz Krieger vom Wasserwirtschaftsamt Donauwörth sprach im Mai 1911 vor dem Industrieverein in Augsburg zum Jahrestag der Hochwasserkatastrophe von 1910; dabei schilderte er ausführlich die Eigenschaften des Lechs.

[89] Katalog des Deutschen Museums München von 1925, S.103.

[90] Ökologische Schriften 2, S. 35.

[91] Genauere Erläuterung der Wasserradtypen: siehe technischer Anhang.

[92] Werner, S. 18. Die Rolle Kollmanns bei dieser Erhöhung des Energieangebots wird unter dem Abschnitt „Kosten für den Hochablass“ gewürdigt.

[93] StadtAA, Bestand 45, Akt 656. Es werden dort auch die zu den Werken gehörenden Wassergefälle, die Wasserkraft und die Kanallänge aufgelistet.

[94] Im Stadtarchiv Augsburg gibt es einen Akt mit der Bezeichnung „Außerordentliche „ Ablässe“ in den Kanälen von 1923 bis 1942“ (Bestand 45, Akt 664.) Dort ist aufgelistet, wann die Kanäle von Kies befreit wurden. Alle von einer solchen Wassersperrung (genannt „eine Ablässe“) betroffenen Firmen mussten ihr Einverständnis geben. Listen führten i. A. eine umfangreiche Zahl von Werksbesitzern auf.

[95] Steve Gallasch vom WWA Donauwörth, 23. März 2014

Rainer Schaal, der damalige Umweltreferent Augsburgs, bemerkte am 4. Januar 2012 in der Augsburger Zeitung: „Das Kraftwerk [am Hochablass] ist mit seiner Fallhöhe von sechs Metern und den Wassermengen deutlich effektiver als viele andere Kleinkraftwerke in Augsburg zusammen“.

Noch heute wird die Wasserkraft des Lechs an den Stadtkanälen ausgenützt. Im Jahr 2010 erzeugten 36 Kraftwerke insgesamt ca. 75 MW Strom für die Augsburger Stadtwerke; das reicht für die Stromversorgung von 25.000 Haushalten und lässt sich mit ca. 20 Prozent der für Augsburg benötigten Energiemenge ausdrücken. Augsburg gilt als die europäische Stadt mit den meisten Wasserkraftwerken.

Die Kiesproblematik der Übermenge an Kies für den Hochablass verschwand dagegen spätestens mit dem Bau des Forggenseespeichers und der Staustufe 23. Dass hier erhebliche ökologische Einschnitte in Flora und Fauna verursacht wurden, war den Verantwortlichen damals nicht bewusst. Der Energiebedarf der Industrie und die kostengünstige, standortnahe Gewinnung dieser Energie durch die heimische Wasserkraft stand im Vordergrund. Heute hat sich die Bedeutung des Kieses in sein Gegenteil gewandelt. Der Kies, der den Flussgrund vor Eintiefung mit all ihren negativen Folgen schützte, ist verschwunden; die schädlichen Folgen dieser Kiesarmut versucht man durch Zuführung großer Kiesmengen oberhalb des Hochablasses abzumildern. Anfang Oktober 2015 wurde der Kies, der bei dem Bau des städtischen Kraftwerks anfiel und im Oberwasser abgelegt worden war, weiter nach Süden transportiert. Gleichzeitig wurde eine vertiefte Wasserrinne als bessere Wasserzuführung zum Kraftwerk geschaffen. Die nächsten Hochwässer werden den Kies wieder nach Norden bringen. Man versucht auf diese Weise durch Renaturierungsmaßnahmen, einen Abschnitt des alten Lechs oberhalb des Hochablasses zu bewahren oder wiederherzustellen. Das Projekt „Licca liber“, von vielen Verbänden unter Federführung des Umweltamtes, des Wasserwirtschaftsamtes Donauwörth und der Stadt Augsburg unterstützt, koordiniert diese Bemühungen.

Bild 43: *Wasserrad am Vogeltor, Augsburg*

Bild 44: *Lech – Ablass bei Augsburg*

Der Hochablass vor 1910

1. Die Änderung der Lage des Hochablasses im Laufe der Jahrhunderte

Wie im vorhergehenden Kapitel beschrieben berichtete Walter Groos ausführlich über die Verlagerung des Lechs innerhalb Augsburgs nach Osten; damit ist gleichzeitig die Geschichte seiner Nutzbarmachung verbunden. Dazu merkt Groos an: „Der Mensch versucht einen Teil des Flusses dienstbar zu machen, soweit er sich zutraut, ihn zu bändigen, nutzt ihn als Mühlkanal und gräbt dem Wasser im verzweigten Flussbett nach, bis er wieder den Stromstrich anschließen kann: da drängt er den wilden Fluss aus der bedrohlichen Nähe ab, um sicheres Weide - und Kulturland zu gewinnen; andererseits sollen die Flöße, die Bauholz bringen, nahe der Stadt anlegen können“.[1]

Schon um 1000 n. Chr. gab es mehrere Augsburger „Ablässe“ des Lechs, d. h. Ableitungen des Lechwassers in das Vorland östlich der Stadtmauer; diese künstlichen Wasserläufe wurden teilweise mit natürlichen Bächen verbunden. Mehrere Mühlen wurden zu dieser Zeit schon an den Kanälen Luitpoldlech, Lessingerlech, Gaymüllerlech und Rötingerlech betrieben. Noch um 1276 diente der Lech nur als Wasserweg für die Flöße[2] und der Damm am Hochablass als Schutz vor Hochwasser.

Im Laufe der folgenden Jahrhunderte entwickelten sich zwei getrennte Wasserversorgungssysteme: das eine System brachte Trinkwasser aus den südlichen Quellbächen in die Stadt; das zweite versorgte das Gewerbe der Stadt mit Brauchwasser (Triebwasser) durch die Wasserableitungen von Wertach und Lech. In der Welserchronik 1595 findet sich eine genaue Beschreibung aller Bäche nach der Jahrtausendwende.[3] Mit ausführlichen Erläuterungen berichtet auch 1905 Anton Werner in seinem Buch über die Wasserkräfte der Stadt Augsburg von sämtlichen innerstädtischen Wasserwegen.[4] Er schränkt dabei ein: „Über die ersten Wasserläufe in der Stadt fehlen urkundliche Nachweise vollständig, da Augsburg überhaupt arm an mittelalterlichen Lokalquellen ist“.[5] Anton Werner hatte als rechtskundiger Magistratsrat Zugriff auf das Archiv der Stadt Augsburg. So führt er weiter aus: „In den Anfang des vierzehnten Jahrhunderts wird man auch die erste Anlage des Hochablasses verlegen müssen, obwohl hierfür nichts bekannt ist. Was nur halbwegs sicher wäre“.[5]
Das Gebiet am südlichen Rand von Augsburg war ein schmaler Landstreifen; er diente vorwiegend als Viehweide. Auch befanden sich dort die Trinkwasserquellen. Einige Mühlen, die von den hier entspringenden Bächen mit Wasser versorgt wurden, sind nachweisbar. Als Hochwasserschutz gab es verschiedene Dammbauten.

Skeptisch merkt Werner zu den entsprechenden Chroniken an: „Schon in den Jahren 1320 - 1331 kommen viele Ausgaben für die Arbeiten am Lech und für Holz zu diesen Arbeiten, sowie der Gehalt für den Lechmeister (10 fl) (Gulden) vor. Die Baumeisterbücher für die Jahre 1332 - 1368 sind leider nicht mehr vorhanden. Aus diesen wäre vielleicht verlässige Nachrichten über die damaligen Wasserbauten zu schöpfen gewesen“.[6]

Kollmann legt in einer gusseisernen Tafel, die er 1850 an dem von ihm errichteten Hochablassgebäude angebracht hatte, die Jahreszahl 1 000 n. Chr. als Anfang für den Hochablass fest. Dies ist wohl eine idealisierte Behauptung. Werner gibt zur Entstehungszeit des Hochablasses an: „Paul von Stetten sagt in seiner Stadtgeschichte, einer Mitteilung Gassars [sic] folgend, dass im Jahr 1346 das Lechwehr angelegt worden sei“.[7]
Die Historiker sind sich einig, dass man vom Hochablass ab dem Jahr 1346 sprechen kann. Wie die angeführten Skizzen von Groos zeigen, hatte es zu dieser Zeit einen sehr großen und weitläufigen Damm gegeben, der die Stadt vor Überflutungen schützen sollte. Welser berichtet zudem in seiner Chronik, dass im Jahr

1 Groos, S. 26.

2 Ebenda, S. 48.

3 Welserchronik 1, S. 2.

4 Werner, Die Wasserkräfte in Augsburg, S. 4 - 117. Eine Übersicht über „Die Wasserläufe der Meringerau, Haunstetterau, und des Siebentischwaldes (18. Jahrhundert)“ findet sich bei Werner zwischen S 32. und S. 33

5 Werner, Wasserkräfte, S. 8 f.

6 Werner, S. 9 Werner geht in seiner „Geschichtlichen Einleitung“ ausführlich auf die verschiedenen Möglichkeiten ein, den Bau des Hochablasses festzulegen; eine Bestimmung eines exakten Baubeginns kann daraus nicht gezogen werden.

7 Ebenda. Gasser ist Mitautor der Welserchronik. Weiter fährt Werner fort: „Diese Angabe kann wahr sein, hat aber mit Rücksicht auf die Unzuverlässlichkeit des Gewährmannes keinen Anspruch, auch für wahr zu gelten“.

1346 die Augsburger dafür drei Jahre lang eine Sonderabgabe zahlen mussten; er gibt aber keine Auskunft, ob irgendwelche zusätzlichen Bauten den Lech hier leiten sollten.[8] Werner zitiert weiter Theodor Herberger, dass laut diesem nach verschiedenen Chroniken im Jahr 1379 eine Ausführung des Hochablasses falle. Dies kommentiert Werner mit folgenden Worten: „Aus der fraglichen Stelle ist jedoch kaum mehr zu entnehmen, als dass die Stadt im Jahre 1379 mit Bauten von ziemlichem Umfang an dem Hochablasse beschäftigt war".[9] Werner erwähnt dann noch weitere Chronisten, die nicht zweifelsfrei berichten, dass vor 1495 der Hochablass gebaut worden ist.

Über den Hochablass im 16. Jahrhundert kann man bei Groos lesen: „Die entscheidende Änderung am Lech, die Anlage des Hochablasses, ist 1552 erfolgt.

Nach Werner berichtet Paul von Stetten in seiner Stadtgeschichte, dass der Rat den Herzog von Baiern um Einwilligung ersucht habe, den alten Eingang des Klingenbachs zu verlegen und ein ansehnliches neues Werk zu bauen.[10] Der Anlass war eine Verlegung des Flusses gegen Osten, die den Einlauf des Klingenbachs trockengelegt hatte. Der Herzog willigte gegen einen Revers der Stadt ein, dass der neue Bau die Floßfahrt im Lech, also im freien Fluß weiter abwärts, nicht beeinträchtigen und den baierischen Angrenzern keinen Schaden verursachen dürfe. Zwei Jahre später war der Lech in den Friedberger Brunnenbach eingebrochen; die Stadt legte ein „Geschlacht" zur Sicherung auf Friedberger Gründen an und lenkte den Fluss gegen ihren neuen Bau. „Diese Sicherungsbauten auf der baierischen Seite folgten nun in größeren Abständen immer wieder, so wie auch der städtische Bau Stück für Stück verlängert und verstärkt wurde. Die Aufgabe, den Lech an den Augsburger Floßkanal heranzuführen, wurde durch die baierische Forderung, auf der baierischen Seite eine Floßgasse für die Floßfahrt offen zu halten, erschwert".[11] Die Bayern wollte auf der Friedberger Seite die Flossabfahrt bauen, um von den Augsburger unabhängig Handel zu treiben. Der Verwirklichung dieses Vorhabens standen aber schon geologische Gründe entgegen: Die östlichen Uferböschungen waren durch die wechselnden Flussbettverlagerungen für ein festes Bauwerk ungeeignet.

Die Einwohnerzahl von Augsburg wuchs; Menschen aus dem Umland erhofften sich bessere Arbeits - und Lebensbedingungen in der Stadt (Stadtflucht). Durch diesen Zuwanderungsgewinn stieg die Einwohnerzahl z. B. im 16. oder 19. Jahrhundert stark an.[12] Doch damit benötigten die Menschen neben mehr Wohnraum und Platz für ihre Gewerke ebenso mehr Trinkwasser und mehr Triebwasser.
Werner geht ausführlich auf das aufsteigende Interesse der Stadt Augsburg für den Ausbau des Hochablasses und vor allem der Bäche ein. „Es war nämlich eine Epoche gewerblichen Aufschwungs angebrochen. Die Triebwerksbesitzer waren ungemein rührig, immer neue Wasserkräfte zu gewinnen und wurden hierin, wie aus vielen Stellen der Baumeisterrechnungen des fünfzehnten Jahrhunderts hervorgeht, von der Stadt ausgiebig unterstützt". Das belegt Werner ausführlich.[13]

Die Bezeichnung „Ablass" wurde bei der Zuordnung der einzelnen Baumaßnahmen nicht nur für den später allein so benannten Hochablass, sondern auch für die verschiedensten Verzweigungen und Ableitungen von Lechwasser verwendet.[14] Auch ein „Ablass" ändert oft seine Bezeichnung.

Ein Beispiel: In einem Plan von Stenglin[15] aus dem Jahr 1566 sind sämtliche Bäche und Mühlen in der Umgebung Augsburgs eingezeichnet. Dabei taucht die Bezeichnung „Ablass" an unter schiedlichen Stellen auf. (Bild 45)

Im folgenden Ausschnitt dieses Plans sind zwei mit einem Wasserhaus eingezeichneten Verzweigungen mit dem gleichen Namen „ablaß" eingezeichnet; außerdem kann man drei Wasserhäuser erkennen - die häufig benützte Bauweise für eine solche Kanalverzweigung in Form eines Hauses wird „Wasserhaus" genannt.

***Bild 45:** Detail eines Plans von Stenglin[15] von 1566 für einen solchen „Ablass".*

[8] Ein Plan aus dem Jahr 1571 zeigt den Hochablass als Stromschnelle. Da dieser Plan im weiteren Text mehrmals zitiert wird, unterbleibt hier eine Abbildung.

[9] Theodor Herberger 15.2.181 - 15.12.1870; Quelle: Augsburger Stadtlexikon; Groos zitiert aus: „Denkschrift über das Eigentum an den Werkkanälen" von Herberger; Werner S. 8.

[10] Werner, S. 8

[11] Groos, S. 59.

[12] So gehörte Augsburg im 16. Jahrhundert zu den größten Städten in Deutschland; die Bevölkerung wurde anschließend durch den 30 - jährigen Krieg vermindert, wuchs aber im 19. Jahrhundert wieder erheblich an.

[13] Mayer, S. 15 ff

[14] Siehe sicher nicht vollständige Namensübersicht nach der Einleitung S. 5

[15] Stenglin Emanuel, Kupferstecher, um 1640/1660 ; Quelle: Augsburger Stadtlexikon S. 850

Eine Skizze für ein Wasserhaus zeigt folgender Plan: Im Inneren befand sich in der Regel eine von Hand betriebene Falle (bewegliche Wehrplatte), womit man den Wasserbedarf bei Abzweigungen regeln konnte. (Bild 46)

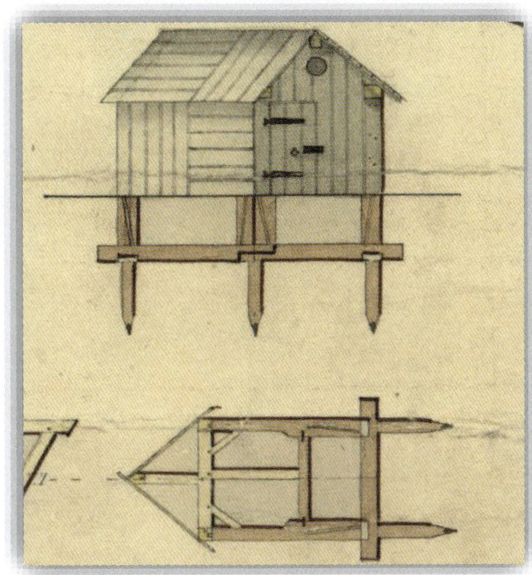

***Bild 46**: Skizze eines Wasserhauses*

2. Aufgaben des Hochablasses für Augsburg vor 1910

In der soggenannten vorindustriellen Zeit war es für eine Stadt besonders vorteilhaft, wenn sie dem Gewerbe genügend viel an Energie anbieten konnte. Hierin ragte Augsburg mit dem starken Gefälle des Lechs innerhalb des Stadtgebietes und damit verbunden sehr hohem Energieangebot gegenüber den anderen Städten Süddeutschlands heraus.
Dieses hohe Energieangebot des Lechs bewogen deshalb im 16. Jahrhundert zahlreiche Handwerker, ihre Mühlen im Vorland von Augsburg zu errichten. Diese Werksbesitzer trugen somit zum wirtschaftlichen Wohlergehen und zum Aufstieg Augsburgs ganz wesentlich bei. Andererseits bedeutete dies eine große Abhängigkeit von der Energiequelle Lech.
Die Augsburger zweigten diesen „Wasserschatz" am Hochablass vom Lechfluss ab, um ihn durch die Kanäle in die Stadt zu leiten.[16]

Innerhalb des Stadtgebiets wurde dieser Wasserreichtum dann durch „Wasserhäuser" und zahlreiche „Ablässe" auf die gewerbetreibenden Betriebe verteilt. Diese Art der Energieverteilung wurde im Laufe der Jahrhunderte durch ein Schleusensystem ersetzt. Auf Wunsch eines Mühlenbesitzers oder der Stadt konnten dadurch „Ablässe" durchgeführt werden. Eine „Ablässe" war das zeitlich befristete Trockenlegen von Kanalabschnitten und diente der Reparatur von Mühlen oder Kanalwandungen und/oder zur Entfernung des eingetragenen Kieses.
In diesem Kanalsystem war es zusätzlich möglich, dass Flöße, die bei Niedrigwasser nicht am Hochablass den Lech hinabfahren konnten, durch das Stadtgebiet fahren durften. Dazu wurde nah am Lech ein Kanal gebaut, der (fast) ausschließlich für die Floßdurchfahrt gebaut war: der Proviantbach.[17] Es war ein ungeschriebenes Gewohnheitsrecht, dass für die Flößer mittags zwischen 12 und 1 Uhr sowie abends ab 7 Uhr kostenlose Durchfahrt möglich war.
In der Wolfzahnau wurde dann das Wasser der Kanäle wieder dem Lech zugeführt.

Augsburg benötigte Bau - und Brennmaterial, ebenso verschiedene Lebensmittel, die bis aus Italien eingeführt werden mussten.
Die Bayern wollten auch mit Hilfe der Floßfahrt Handel mit den Nachbarländern betreiben. Ein Umschlaghafen für Handelswaren lag in etwa auf der halben Wegstrecke durch Augsburg; er trug den Namen „Wiener Lände" und wies somit auf das verzweigte Handelsnetz der Augsburger und Lechanrainer hin. Dafür war es notwendig, einen sicheren Wasserweg an Augsburg vorbei zu gewährleisten.
Diese beiden Anforderungen - ausreichend Energie den Gewerbetreibenden anzubieten und die Ermöglichung einer abgesicherten Floßfahrt - waren die Aufgaben des Hochablasses.

Dazu folgende Anmerkung zum Neubau 1910: Das Gewohnheitsrecht, durch den Stadtbach in das Augsburger Kanalsystem mit seinem Floßhafen und dem Holzlagerplatz mit einem Floß einfahren zu können, veranlasste die Stadtverwaltung im Herbst 1910 gegen den Neubau der Floßabfahrt zu argumentieren.

Der „Hohe Ablass" konnte durch seine Lage am geographisch höchsten Punkt des Augsburger Territoriums im Vergleich zu den anderen weiter nördlich gelegenen „Lechablässen"

[16] Der Anteil der Wertach für die Wasserkraft in Augsburg war wesentlich geringer; siehe Arbeit von Robert Rapp mit dem Titel „Die Wertach - Flussentwicklung an der Wertach - Gestern. Heute. Morgen", Context Verlag, Augsburg, 2012.

[17] Kollmann, 1850, S. 46. Zum Proviantbach stellte Kollmann fest: „Die Hauptbestimmung des Proviantbaches ist: Flöße zum Holzlagerplatz zu fördern und sonstige Handelsartikel der Stadt zuzuführen; ferner: die Maschinen der großen mechanischen Baumwollspinnerei - und Weberei zu bewegen, ...". weitere Quelle Werner, S.123

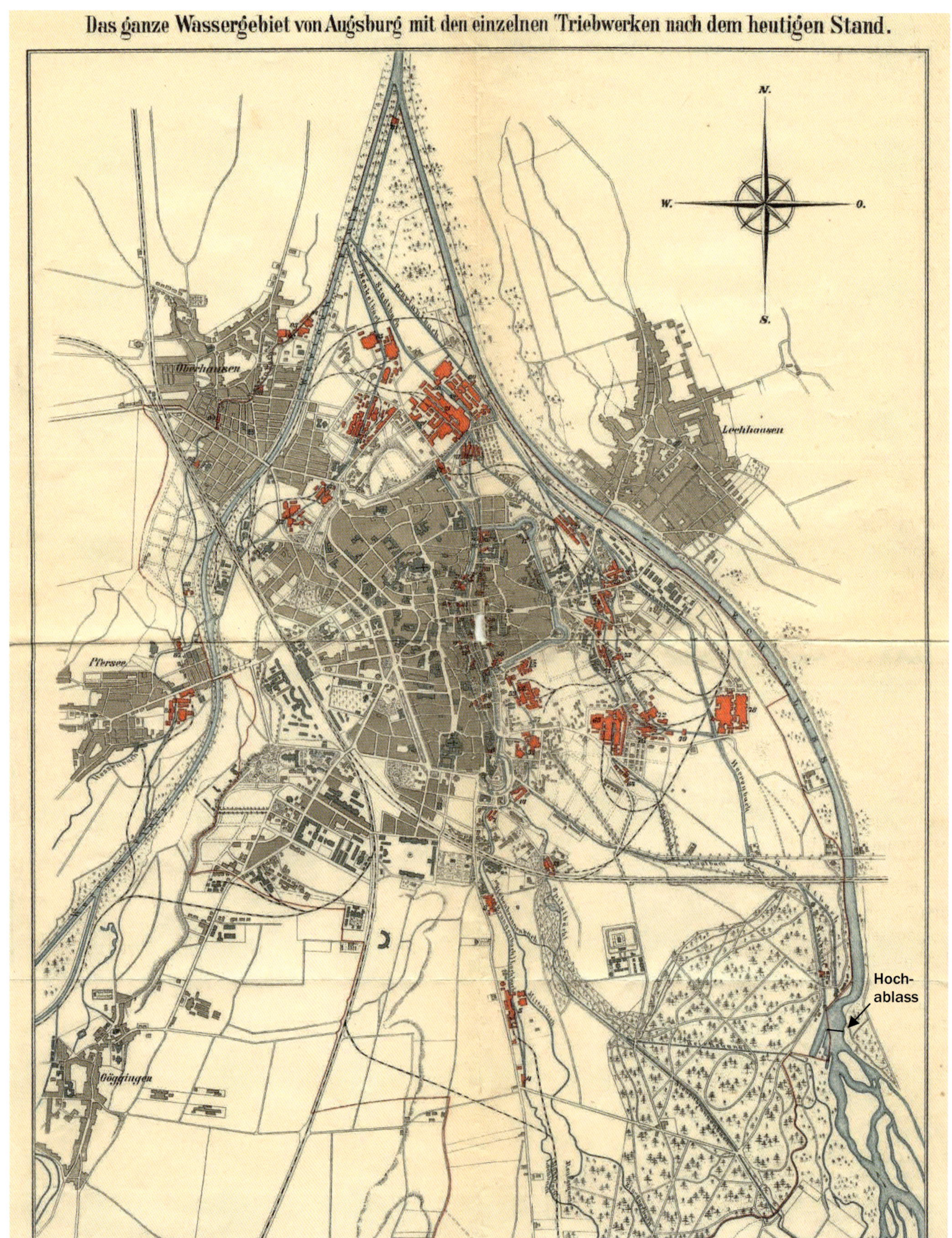

***Bild 47**: Gewässerkundliche Karte von Augsburg (Werner, 1905)*

die größte Menge an Energie in die Augsburger Kanäle einbringen; der an dieser Stelle vorhandene Absturz der Flusssohle um circa sechs bis acht Meter begünstigte die gewählte Lage. Mit dieser Energie versorgte der Hochablass die überwiegende Zahl der zu Augsburg gehörenden Mühlen und Fabriken. Im Laufe der Zeit wurden deshalb anderen „Ablässe" zugunsten des Hochablasses aufgegeben; der Hochablass entwickelte sich zum Mittelpunkt der Energieversorgung von Augsburg; Dies erkennt man aus der Gewässerkundlichen Karte von Augsburg. (Werner, 1905)

Werner stellte in seinem Buch über die Wasserkräfte in einem Übersichtsplan dar, dass auch noch im Jahr 1905 diese „Wasserquelle Hochablass" der Ausgangspunkt für ein weitverzweigtes Kanalsystem innerhalb der Stadt ist. Dieser Plan zeigt deutlich die beengte Grundfläche der Stadt; Werner versah ihn mit dem Titel: „Das ganze Wassergebiet mit den einzelnen Triebwerken nach dem heutigen Stand". Rechts erkennt man die vielen verzweigten Kanäle, die vom Hochablass gespeist wurden. Am rechten unteren Rand befindet sich der Hochablass, da südlich davon der Lech noch verzweigt ist, und nördlich der regulierte Lech durch Augsburger Gebiet fließt. In roter Farbe wurden die Triebwerke markiert. (Bild 47)

Die Entwicklung und Erweiterung des Hochablasses verlief nicht immer friedlich, da der Lech als Grenzfluss zum Herzogtum Bayern durch seinen schwer regulierbaren Verlauf häufig nicht eindeutig eingegrenzt werden konnte. Der wirtschaftliche Aufschwung Augsburgs und damit sein Energiehunger im späten Mittelalter führte daher zu Zwistigkeiten mit dem Herzogtum Bayern. Der im Lech durch die Ableitungen aufgetretene Wassermangel im Augsburger Lechabschnitt beeinträchtigte die Floßfahrt und den Handel. Daraus entstandene Streitigkeiten mit dem Herzogtum Bayern sind nicht Thema dieser Arbeit. Auch wirtschaftliche oder juristische Aspekte übersteigen bei Weitem den hier gesteckten Rahmen einer Technikgeschichte des Hochablasses.
Da der Schutz der Natur zu dieser Zeit nur eine sehr untergeordnete Rolle spielte, wird er hier nicht weiter behandelt.

Aufgaben, die der Hochablass vor 1910 erfüllen musste:

1. Aufgabe: Ziel war, möglichst viel Lechwasser kontinuierlich in die Lechkanäle zu leiten; es sollte eine gleichmäßige Energieversorgung für die an den Kanälen liegenden Mühlen gewährleistet werden.
Lösung: Dazu mussten ein **Einlaufbauwerk** und ein **Ableitungskanal** (Stadtbach) gebaut werden.
Schon 1571 erkannte man, dass dieses Einlaufbauwerk mit einer **Reserveschleuse** ergänzt werden müsste, um das Einlaufbauwerk im wasserfreien Zustand warten zu können. Dabei sollten die Werke nicht stillgelegt werden müssen. Außerdem konnte durch zusätzliche Reserveschleuse mehr Wasser in die Kanäle eingeleitet werden.
Ein weiteres Konstruktionsziel bestand darin, möglichst **wenig Kies** in die Werkkanäle gelangen zu lassen.
Die **Bedingung der Flößer** war, dass bei extremem Niedrigwasser die Flöße durch das Stadtgebiet fahren können.[19]

2. Aufgabe: Ein Floß kann erst ab einer Wassertiefe von ca. 0,50 Metern gefahrlos fahren. Daher war es wichtig, dass eine entsprechende Wassermenge an möglichst vielen Tagen im Jahr im Lech vorhanden war. Außerdem sollte die Abfahrt möglichst flach verlaufen.
Lösung: Das war am Hochablass keine leichte Aufgabe, befand sich doch hier ein steiler Abfall der Flusssohle des Lechs; aus diesem Grund baute man die **Floßgasse**; sie wurde auch „Naufahrt" oder „Abfahrt" genannt.
Die Kiesinseln sowohl im Ober – wie im Unterwasser und die unregelmäßige Wasserführung des Lechs erschwerten zusätzlich eine gefahrlose Floßdurchfahrt.[20]
Diese Anforderungen wurden durch „**Wuhrkästen**" oder „Wuhrgebäude" bewerkstelligt (siehe Bild 48).

Dieser Bau einer praktikablen Floßdurchfahrt an der Engstelle Hochablass hätte ohne Einlaufbauwerk kein umfangreiches Bauwerk erfordert. Der Untergrund im Bereich des Hochablasses war sumpfig; zudem erschwerte viel angeschwemmter lockerer Kies den Bau. Doch um beide Aufgaben an dieser Stelle zeitgleich dennoch erfüllen zu können, musste man eine zweigeteilte, sehr aufwendige Konstruktion wählen: für die Floßabfahrt ein Streichwehr und für den Wassereinlauf in die Kanäle ein davon getrenntes Einlaufbauwerk.

Die Baugeschichte der beiden Teile des Hochablasses ist deshalb sehr unterschiedlich:

[18] Diesen Holzlagerplatz verwaltete in der Regel der Schleusenwärter. die die Funktionsweise des Sperrwerks Hochablass beeinflussen

[19] Siehe Plan von Kollmann, 1818, S.38.

[20] Ein Lechfloß war im Allgemeinen 12 bis 22 Meter lang und 4½ bis 5½ Meter breit; erst ab Augsburg konnte man mit einem Floß, das etwa 40 Meter breit war, sogar bis ins Schwarze Meer. Die Ausmündung des Durchlaßbaches in den Lech wurde von Kollmann deshalb auch „Wiener-Floßlände" genannt (Kollmann, 1850, S. 13

- Der Untergrund für die Floßabfahrt, d. h. das Flussbett, wechselte mehrmals im Jahr seine Gestalt. So musste die Floßabfahrt immer wieder den geologischen Veränderungen angepasst werden. Die Stabilität der sog. „Wuhrkästen" für die Floßdurchfahrt war von der Pfahllänge der Konstruktion abhängig.
  Die Reparaturintervalle waren auch wegen der zahlreichen Hochwässer oft sehr kurz, manchmal betrugen sie nur einige Monate. Das erforderte auch Verhandlungen und Verträge mit dem Herzogtum Bayern. Pläne aus dem Stadtarchiv belegen dies eindrucksvoll.

- Die Einlaufbauwerke waren feste Gebäude mit einem massiven Fundament aus Pfählen; diese hatten eine verhältnismäßig lange Lebensdauer. Nur Feuer (verursacht durch Blitz oder Kriegswirren) zerstörten die Gebäude. Kollmanns Neubau der Reserveschleuse um 1836 war dazu eine wesentliche technische Verbesserung der Schleusenbedienung.

Wegen dieser unterschiedlichen Voraussetzungen müssen der Aufbau der Abfahrt und die Baugeschichte des Einlaufs getrennt betrachtet werden.

3. Das Hochablasswehr (Floßabfahrt) als Streichwehr

3.1 Der Bau des Streichwehrs

Bis zum 24. Juni 1910 war das Hochablasswehr ein **Streichwehr**.
Für ein Streichwehr an dieser Stelle sprach die unregelmäßige Wasserführung des Lechs. Bei einem Streichwehr kann die Kiesfracht über das Wehr geschoben werden. Die mehrmals im Jahr auftretenden Hochwässer zerstörten aber oft erheblich die Wehrkonstruktion. Ein Streichwehr mit seinen „beweglich" einzubauenden Wuhrkästen konnte jedoch schnell repariert werden; es war auch möglich, die Lage der Wuhrkästen dem sich immer verändernden Flussbett anzupassen.
Gegen ein querstehendes Wehr mit senkrecht stehenden, ortsfesten Schütztafeln spricht, dass es den Flusslauf und damit die Kiesabfuhr hemmt. Ein weiteres Argument gegen ein solches Wehr an diesem Ort kann folgendes angeführt werden: Man brauchte dazu einen festen Untergrund; dieser war am Hochablass nicht vorhanden. Erst die zahlreichen Korrektionsbauten im 19. Jahrhundert verfestigten das Flussbett so stark, dass ein starrer Riegelbau mit Armierung des Flussbodens möglich wurde.
Zusätzlich war der Grenzverlauf im Lech beim Hochablass bis zur Eingliederung Augsburgs nach Bayern um 1806 nicht eindeutig festgelegt worden. Es wäre schwierig gewesen, den Zuständigkeitsbereich für die einzelnen Bauteile auszuhandeln.[21]

Ein **Streichwehr** gehört zum Typ der festen Wehre, deren Staukörper keinen Wehrverschluss haben. Das bedeutet, dass der Oberwasserspiegel nicht reguliert werden kann. Die Koten (Oberkanten) des Wehrs bestimmen die Abflussmenge in den dahinterliegenden Abflusskanal oder Fluss.

Der grundsätzliche **Aufbau eines Streichwehrs** ist in Bild 48 zu sehen.

Eine Bodenschwelle in Form eines **Wuhrkastens** bestimmt die Bauweise des Streichwehrs; sie kann quer oder parallel zur Fließrichtung gebaut werden. Vor dieser Schwelle wird das Wasser im **Vorboden** angestaut (**Oberwasser**); über diese Schwelle mit festgelegter **Kote** (Höhe über Normalnull) fließt das Wasser (**Aufschlagwasser**) in das **Tosbecken** und wird dann als **Unterwasser** abgeführt. Das Wasser „streicht" oder fällt somit über das Wehr; der Wasserverlust durch Versprühen von Wasser an der Oberkante variiert nach der Kastenhöhe. Im Tosbecken können an der Aufschlagstelle **Kolke** (Ausspülungen) entstehen.

Bis ins 19. Jahrhundert war der Bau von Streichwehren weit verbreitet. Heute kann man z. B. in Landsberg ein noch bestehendes Streichwehr besichtigen; hier sind die Wuhrkästen durch Betonarmierungen ersetzt.

Die **Wuhr** am Hochablass bestand aus einer Aneinanderreihung von **Wuhrkästen**.
Dazu gibt es im Augsburger Stadtarchiv zwei Pläne, die von Hauptmann du Chaffat 1738 gezeichnet wurden. Sie zeigen die Bauweise eines **Wuhrkastens** und die Aneinandersetzung der Wuhrkästen zu einer Wuhr.
(Bild 49 und 50)

[21] Gotthilf Mayer meinte dazu in seinem Buch über die Hochwasserkatastrophe von 1910, S. 5 f: „Erhebliche Schwierigkeiten erwuchsen der Stadt aus den besitzrechtlichen Verhältnissen jener Zeit. Während die Lechauen in den Händen des Bischofs, das Quellgebiet bei Haunstetten im Besitz des Klosters St. Ulrich und Afra waren, befanden sich die Meringerau und der Lauf des Lechstroms in der Gewalt der Herzöge von Bayern – und Augsburg hatte nur die Flächen beim Hochablass. Die Träger der Reichsgewalt unterstützten in der Regel die Belange von Augsburg".

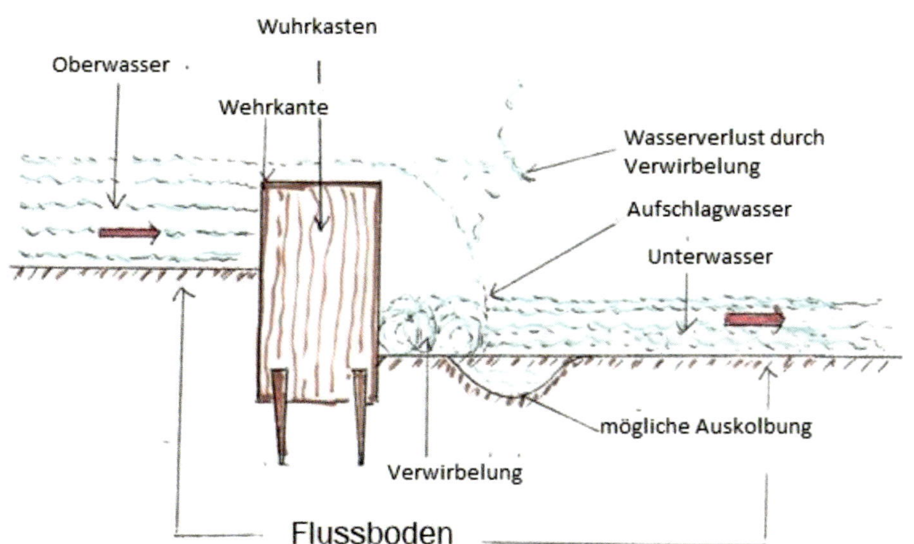

***Bild 48**: Aufbau eines Streichwehrs mit eingebautem Wuhrkasten (eigene Szizze)*

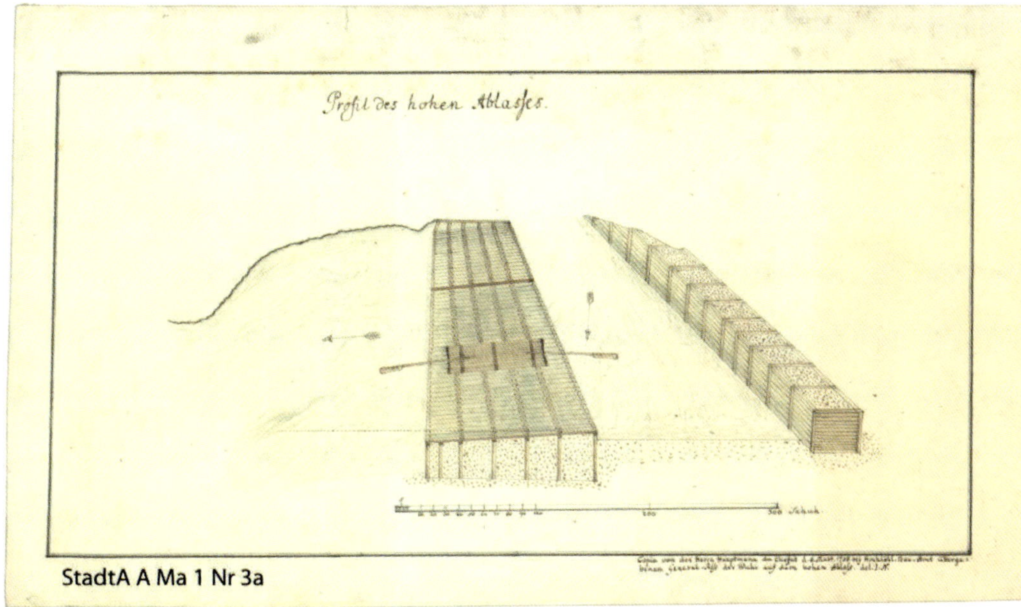

***Bild 49**: Profil des hohen Ablasses mit eingebauten Wuhrkästen (du Chaffat, 1738)*

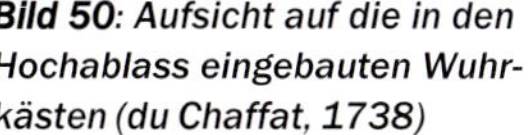

***Bild 50**: Aufsicht auf die in den Hochablass eingebauten Wuhrkästen (du Chaffat, 1738)*

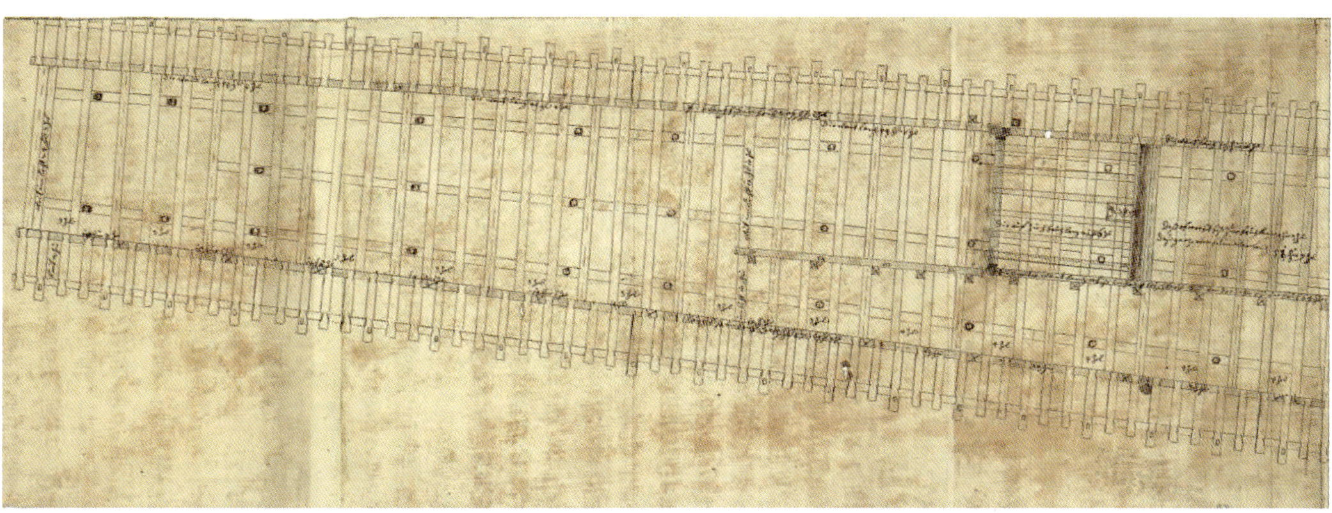

Die Maßangaben wurden in der Längeneinheit „Schuh" angeben.[22]

Der erste Plan zeigt einzelne Wuhrkästen: einmal geschlossen mit einem Gefälle zum Unterwasser hin (ein abdeckendes Einzelteil ist herausgezeichnet). Rechts davon wird ein offener, mit Kies gefüllter Wuhrkasten (auch nur „Kasten" oder „Casten" genannt) dargestellt. Der hier abgebildete Kasten ist etwa 40 Meter breit. Die Breite eines Kastens konnte aber variieren, je nachdem, wo der Wuhrkasten eingebaut wurde.
Im zweiten Plan ist eine genaue Abfolge der aneinandergehängten Wuhrkästen (auch als „Kastenbauten" oder als „Rost" bezeichnet) zu sehen. Dabei kann man noch die Verankerungen in der Flusssohle (Verzapfungen) mit Pfählen als dunkle Punkte erkennen.

Diese Bauweise hatte folgenden Vorteil: es war damit leicht möglich, einzelne Abschnitte der Konstruktion auszutauschen oder abzuändern, z. B. nach einem Hochwasser – oder wenn die Kiesinseln wieder einmal ihren Platz verändert hatten.

Für den **Einbau eines Streichwehrs in einen Fluss** gibt es zwei Möglichkeiten:
Skizze für den Bau eines Streichwehrs
(eigene Skizze, Bild 51)

1. **Der Längsbau**:
   Dazu senkt man eine bestimmte Strecke des Ufers ab, sodass das Wasser ab einer festgelegten Wasserhöhe (Stauhöhe) über eine Barriere in den dahinterliegenden Werkkanal „streichen" kann.[23]

Eine solche Bauweise war als Lechwehr vor 1910 undenkbar, da die „herumirrenden Flussrinnen" (Kollmann) eine eindeutig bestimmbare und für ein solches Streichwehr notwendige Höhenlinie unmöglich machten.
Bei der Planung für den Neubau von 1910 gab es dagegen ein festes Ufer; so schlugen manche der an der Ausschreibung für ein neues Ablasswehr teilnehmenden Baufirmen ein solches Streichwehr als Längswehr am Hochablass vor.[24]

2. **Der Querbau**:
   Man baut senkrecht zum Flusslauf an der Uferlinie eine Schwelle, die den gewünschten Zweck der Ableitung von Wasser in einen Werkkanal ermöglicht.

Diese Bauweise bietet für Flöße eine sehr gute Durchfahrmöglichkeit, weil eine Rampe im Flussbett (Abfahrt oder Naufahrt) je nach Untergrund gebaut werden kann. Aber eine für die Kanäle genügende Wassermenge ist mit dieser Bauweise meist nicht zufriedenstellend erreichbar.

Aus diesem Grund wurde für den Hochablass eine abgeänderte Bauweise des Querbaus bevorzugt: Die Wuhrkästen wie auch der Einlaufkanal wurden schräg zur Fließrichtung, d. h. mit einem spitzen Winkel zum Westufer (vom Oberwasser aus gesehen) gebaut. So konnte bei der Bauausführung auf das sehr in seiner Tiefe und Breite schwankende Flussbett und die sehr unterschiedliche Wasserführung des Lechs eingegangen werden, indem man verschiedene Wehroberkanten (Koten) über das gesamte Wehr verteilte; die tiefste Kote befand sich an der Abfahrt oder Naufahrt (Floßabfahrt).
Im Vertrag von 1568 zwischen Herzog Albrecht V. und dem Augsburger Magistrat wurde diese Bauweise als „Einlaufspitzbauten" bezeichnet.[25]
Vischer/Huber weisen 2002 in einer Anmerkung auf die Schwäche einer solchen schrägen Lage hin: diese Strömungsumlenkung erzeugt zusätzliche Erosionsprobleme (Uferkolk).[26] Genau diese Konstruktionsweise beklagte schon 1850 Kollmann, wenn er von einer „kurvenreichen fehlerhaften Richtung" des damaligen Hochablasses schreibt.[27]

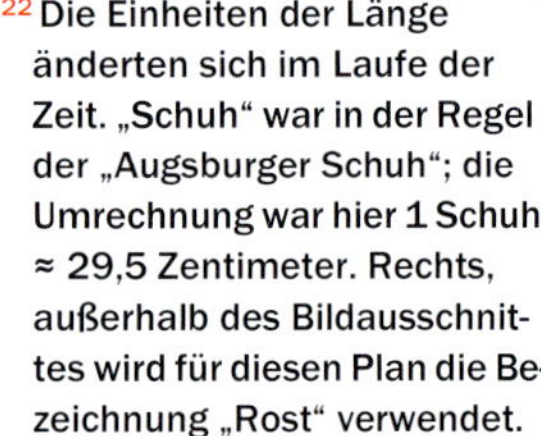

[22] Die Einheiten der Länge änderten sich im Laufe der Zeit. „Schuh" war in der Regel der „Augsburger Schuh"; die Umrechnung war hier 1 Schuh ≈ 29,5 Zentimeter. Rechts, außerhalb des Bildausschnittes wird für diesen Plan die Bezeichnung „Rost" verwendet.

[23] Somit kann ein Dammbruch auch als Streichwehr angesehen werden.

[24] Auch Oskar von Miller war der Meinung, dass ein solches Wehr nach 1910 am Hochablass möglich gewesen wäre.

[25] Kollmann, 1850, S. 130.

[26] Vischer/Huber: Wasserbau, 2002, S. 101

[27] Kollmann, 1850, S. 15.

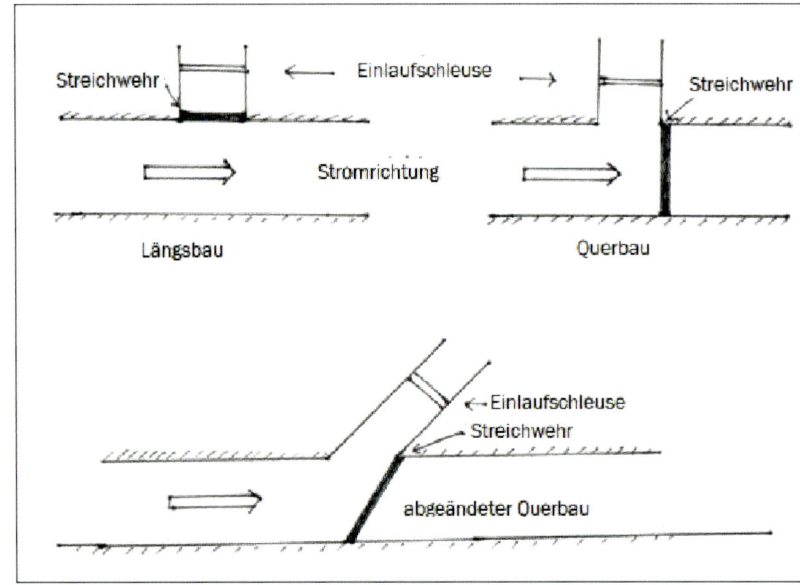

***Bild 51:** möglicher schräger Einbau eines Streichwehres*

3.2 Der Bau der Floßgasse

Nach Prof. Koch (Tübingen) kann man beim Bau von Floßgassen unter zwei Bauweisen wählen. [28]

Floßgasse in der Mitte (Bild 52) und Floßgasse am Rand (Bild 53) (Vorlesung Prof. N. Koch, Tübingen, Jahr 1898).

Für die Abmessungen einer Floßgasse musste beachtet werden, dass ein Floß in der Regel ca. 12 Meter lang und 5 Meter breit war.[29] Die notwendige Wassertiefe betrug ca. 0,5 Meter.

Am Hochablass wurde der Vorschlag durch einer Floßgasse am Uferrand verwirklicht.
Von verschiedenen „Wasserpaumeistern" wurde im Laufe der Jahrhunderte angestrebt, den Flussschlauch (Hauptwasserrinne) des Lechs an das westliche Augsburger Ufer zu lenken. Damit konnten die Flöße nicht nur leichter und sicherer in den Ablass einfahren, sondern war es auch möglich, ihre Fracht in einem am westlichen Ufer gebauten Floßhafen zu lagern. Auf dem anschließenden Holzlagerplatz konnte dann das angelandete Holz „gesömmert",[30] d. h. getrocknet werden. Meist war es das Privileg des Schleusenwärters, dieses Holz zu verkaufen.

Die Ausgestaltung der Floßgasse war zwischen Bayern und Augsburg umstritten. Die Flößer wollten eine möglichst flache und lange Abfahrt, weil dabei der Eintauchwinkel des Floßes in das Unterwasser sehr flach und damit ungefährlich war. Eine solche Bauweise war aber sowohl in der Errichtung als auch im Unterhalt für Augsburg kostspielig. Kollmann schreibt dazu: „Oft verlangten die Bayerischen Behörden eine Aenderung. So mussten auf Begehr am 16. September 1717 noch 2 Bretterlängen darangesetzt werden. Ähnliches geschah 1720, 1741 und 1821. Der Strom riss das Wehr öfter durch, es wurde dann, vielleicht aus Sparsamkeit [der Augsburger], möglichst kurz wieder gebaut, und es erneuten sich dann die Requisitionen, denen auch dann fast immer Folge geleistet wurde".[31]

Kollmann merkte zum Bau der Floßgasse zusätzlich an: „In verschiedenen Zeitperioden wurde diese Floßdurchfahrt gebaut und daher kommt ihre kurvenförmige fehlerhafte Richtung".[32]

	Bauweise	Vorteil	Nachteil
1. Möglichkeit	Floßgasse in der Mitte	Leichte Ausfahrt	Schwere Einfahrt
2. Möglichkeit	Floßgasse am Rand	Leichte Einfahrt	Schwere Ausfahrt

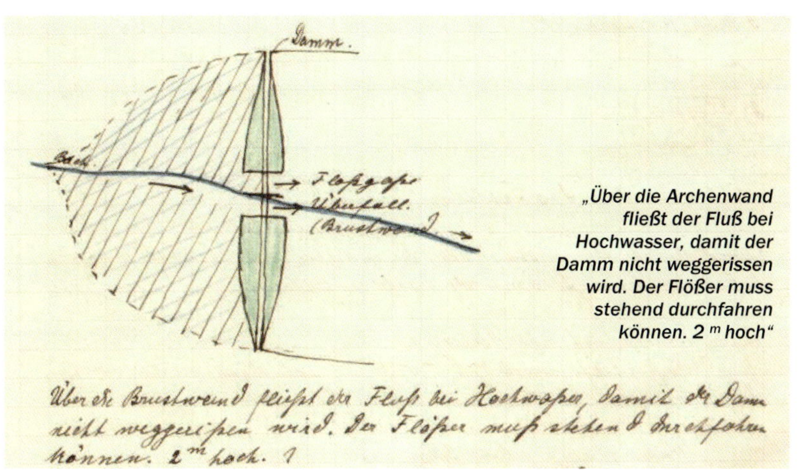

Bild 52: (Vorlesung Prof. N. Koch, Tübingen, Jahr 1898).

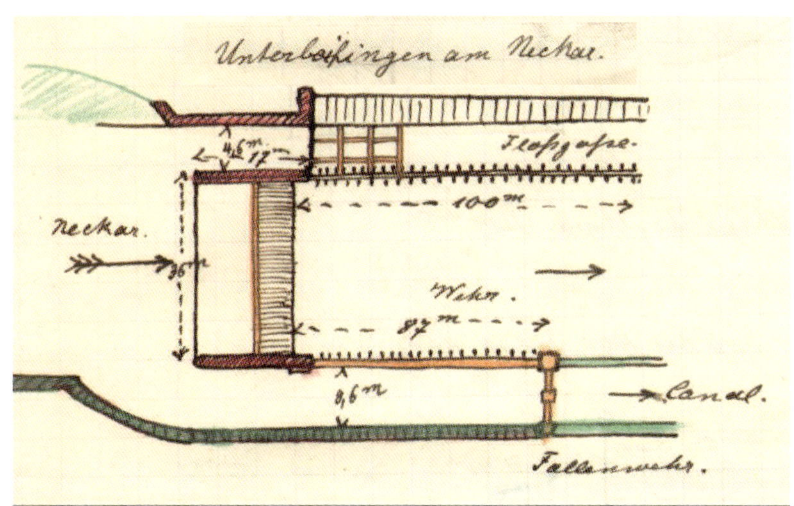

Bild 53: (Vorlesung Prof. N. Koch, Tübingen, Jahr 1898).

Dies lässt sich an einer kurzen Bildfolge der Floßgasse anhand von Plänen aus dem Stadtarchiv ablesen:

1571: Die erste nachweisbare Darstellung der Abfahrt; hier sind nur im Flusslauf eingebrachte Pfosten erkennbar, die die Flößer für ihre Fahrt nach Norden bewerkstelligen mussten. (Bild 54)

1596 verlief die Abfahrt nicht am westlichen Flussufer, sondern zwischen Ufer und Floßgasse waren drei Wuhrkästen gebaut; diese Bau-

[28] Koch, WS 1898, Vorlesung über Wasserbau II, gehalten an der Universität Tübingen, schriftlich aufgezeichnet von N. Becher; Fundort: MAN-Archiv Augsburg, Kiste 355b

[29] Vangerow Hans-Heinrich: Handel und Wandel auf der Donau von Ulm bis Wien; Zeitschrift des Historischen Vereins für Schwaben, 105. Band; S. 18.

[30] Ebenda.

[31] Kollmann, 1850, S. 14.

[32] Kollmann, 1850, S. 14.

Bild 54: Ausschnitt einer Karte mit der Floßdurchfahrt am Hochablass (1571, KP 1050.2) Anmerkung zu diesem Plan: Man kann sog. Markpfähle mit den Nummern 27 und 28 am unteren (westlichen) Uferrand erkennen. Diese Nummerierung für Markpfähle war ungewöhnlich. Normalerweise wurden die Markpfähle (rot markiert) von Süden her gezählt; dann hatte der Hochablass die Nummern 6, 7, 8 und 9. Am oberen (östlichen) Rand erkennt man die Uferverbauung auf bayerischer Seite und den Postweg nach München.

weise erleichterte die Durchfahrt der Flöße bei Niedrigwasser.

Die Abfahrt wurde in der folgenden Zeit nach Westen an das Ufer verlegt; seit dieser Zeit wurde die Lage der Abfahrt nicht mehr geändert. Mit dieser Konstruktion hatte die zweite Aufgabe des Hochablasses, nämlich Wasser in die Augsburger Kanäle zu leiten, Vorrang erhalten.

Der steile Wasserabfall an der Abfahrt wurde auch als „Cataracta Major" bezeichnet.

Ein undatierter Plan wohl aus dem 18. Jahrhundert stellt sehr klar die damalige Bauweise einer Floßabfahrt dar (Bild 55):

Ganz rechts befinden sich die Wuhrkästen im Lech; links daneben liegt die Naufahrt, die nach verhältnismäßig kurzen Strecke im Lech endet. Links unten im Bild sind das Einlaufbauwerk mit einem beweglichen Staubalken und drei Einlaufmöglichkeiten erkennbar. Hier befinden sich auch der Garten des Schleusenwärters und das zugehörige Haus mit Werkstatt.

1738: Um die Sicherheit der Floßabfahrt zu verbessern, schlug der Ingenieur-Major Antoine du Chaffat eine spitze Verlängerung der östlichen Wand der Floßgasse vor. Auch die östliche Verbauung der Wand sollte wesentlich verstärkt werden. In keinem späteren Plan ab 1789 findet sich diese Verlängerung. Es ist daher anzunehmen, dass sie nicht verwirklicht wurde. Schon allein der geplante Holzverbrauch des Vorschlags spricht gegen eine derartige Verwirklichung. (Bild 56)

1778: 40 Jahre später veröffentlichte Lukas Voch in seinem Buch über den Strombau an Lech und Wertach einen Plan, der sich mit der genauen Konstruktion der Floßgasse beschäftigte (Bild 57).

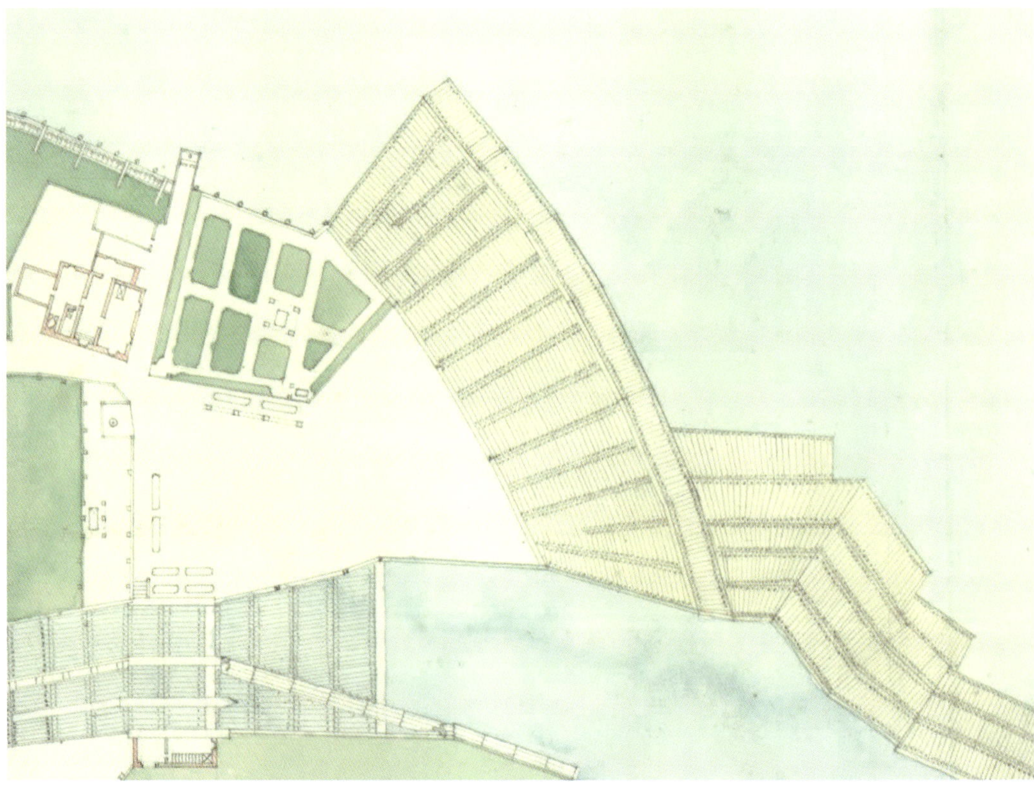

Bild 55: Darstellung der Floßabfahrt am Hochablass mit kurzer Abfahrt (vermutlich 18. Jahrhundert)

Der Plan (Plan VII) zeichnet ein sehr genaues Bild über die Lage der einzelnen Konstruktionsteile des Hochablasses (Wuhr, Floßabfahrt und Einlaufbauwerk) nach. Es fallen vor allem die schwarzen Punkte auf, die massive Pfähle darstellen. Ebenso ist hier der Verlauf des Lechwassers unmittelbar vor dem Ablass erkennbar: Die Wuhr ist so konstruiert, dass fast kein Wasser über die Wuhrkästen fließt; die meiste Wassermenge wird erst unmittelbar vor dem Einlaufbauwerk in Floßabfahrt und Einlassbauwerk aufgeteilt.
Am Ende der Floßgasse ist eine starke Wirbelbildung erkennbar.

1822 forderte die Regierung des Oberdonaukreises[34], die schon früher geplante Verlängerung des Floßdurchlasses um 100 Fuß (ca. 30 Meter) durchzuführen. Die Arbeiten dauerten den Winter hindurch an; schon am 10. März 1823 passierten die ersten Flöße die Durchfahrt. Acht Jahre später musste erneut das Lechwehr repariert werden; es erhielt in der Mitte einen 20‘ [Fuß] breiten Durchlass; ebenso pflasterte man einen Teil des Wehrdeckels (60‘ lang und 30‘ breit, d.h. ca. 18 Meter lang und 9 Meter breit) mit Bruchsteinen.
1839: Kollmann übernahm die Leitung des Bauamtes von v. Hößlin. Das Wehr besaß um diese Zeit schon drei Durchgänge, die den gesamten Lech überquerten; diese hatten höhere Schwellen als die Floßgasse. Daraus ergab sich folgender Vorteil für die Flößer: bei Hochwasser oder normalem Wasserstand konnten die drei Durchgänge in der Mitte des Flusses benützt werden; das verkürzte die Fahrzeit. Bei Niedrigwasser musste die Floßgasse oder der innerstädtische Kanal durchfahren werden. Kollmann beschrieb diese Möglichkeiten für eine Floßdurchfahrt „seines Hochablasses“ wie folgt: „Im Wehr befinden sich drei 24 Fuß lange und 2 ½ Fuß tiefe Einschnitte, (Durchlässe) welche bei Wasserueberfluß geöffnet, im anderen Falle aber geschlossen gehalten werden“.[35] Das hatte für den Wassereinlauf in die Kanäle ebenfalls einen Vorteil: Bei Niedrigwasser konnte das für die Kanäle notwendige Wasser fast vollständig in das Stadtgebiet geleitet werden. Gleichzeitig wurde aber auch die Bedingung erfüllt, dass die Flöße bei Niedrigwasser durch die Stadtkanäle fahren konnten. Wenn das Wasser mit einer mittleren Menge durch die Floßgasse floss, legte das Wasser hier „18 – 20 Fuß in der Sekunde zurück [das entspricht einer Geschwindigkeit von ca. 19 km/h] und Schwindel erregt es bei manchem Zuschauer[36], die Flöße mit Waaren [sic] und Menschen vorübersausen und unten angelangt von den Wellen übergossen zu sehen“.[37] Kollmann fährt in seiner Beschreibung fort:
„Das den Lech zur Stauung des Wassers durchschneidende Überfall – und Streichwehr ist 900 Fuß lang, 40 Fuß breit und 4 Fuß 6 Zoll hoch. – Wenn der Strom angeschwollen, rauscht er darüber hin und bildet eine prachtvolle Kaskade“.

1866: Die Gesamtsituation vor der Jahrhundertwende des Hochablasses einschließlich den Zuständigkeitsgrenzen der Stadt Augsburg und den angrenzenden Gebieten wird

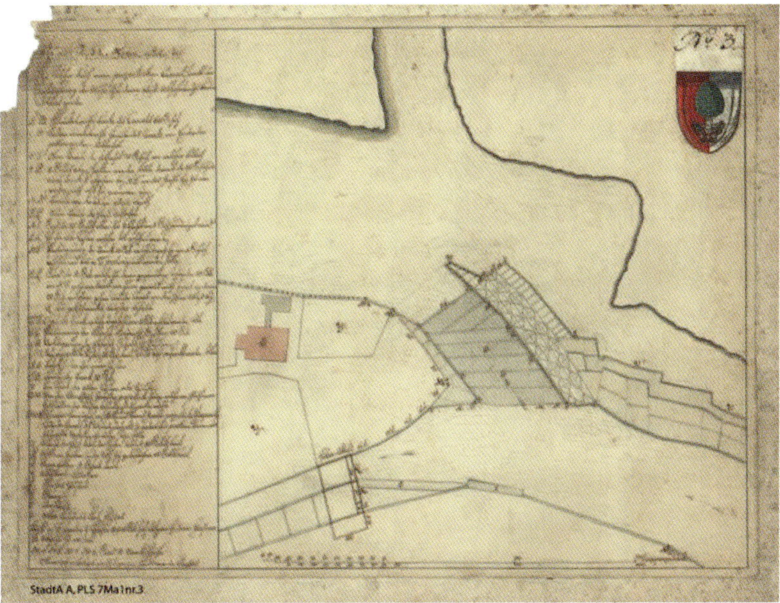

***Bild 56**: Konstruktionsplan der Floßgasse am Hochablass, mit kurzer Abfahrt und Spitze am Auslauf wurde nie Gebaut von (du Chaffat, 1738)*

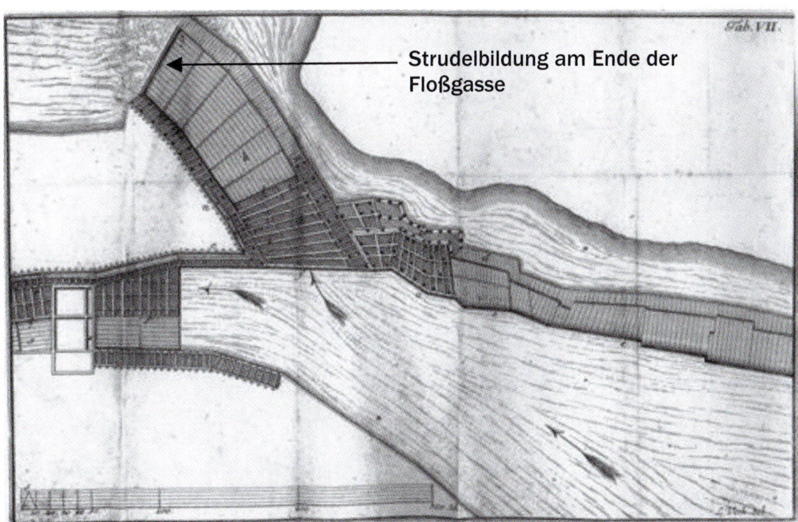

***Bild 57**: Floßabfahrt am Hochablass[33] (Voch, 1778, Plan VII)*

[33] Voch, Lucas: Strombau am Lech .... ,1778, Plan VII.
[34] Vorläuferin des späteren Regierungsbezirkes Schwaben
[35] Kollmann, 1850, S. 14. Wie das Öffnen und Schließen der Wehrtore bewerkstelligt wurde, erläutert Kollmann nicht. Später werden Handkurbeln erwähnt. Wann diese eingebaut wurden, ist unbekannt. Es war sicher eine sehr gefahrvolle Arbeit der Schleusenwärter.
[36] Kollmann hat diese Eindruck in seinem ersten Bericht über den Hochablass als mit „ängstlichem Gefühl“ beschrieben; Kollmann, 1839, S. 24.
[37] Kollmann, 1850, S. 14.

durch eine Karte aus dem Stadtvermessungsamt dokumentiert.[38] (Bild 58)

Einen Blick auf die Kaskade zeigt ein undatiertes Foto am Ende des 19. Jahrhunderts. Es gewährt einen Blick auf den imposanten Wasserfall. Dieses Bild diente als Deckblatt einer von der Stadt Anfang des 20. Jahrhunderts herausgegebenen Broschüre über den Hochablass.[39] (Bild 59 und 60)

Zusätzlich erkennt man auf diesem Foto die Uferverbauung. Im Vordergrund sieht man eine Linde aus der Lindenallee am Westufer. Sie versank beim Hochwasser 1910 in den Fluten.

Die **schräge Bauweise der Wuhrkästen** (des Rostes) ist in allen, über die Jahrhunderte gezeichneten Pläne erkennbar. Dabei sind bei allen Plänen Knicke innerhalb der Wuhrkästenlinien quer über den Lech charakteristisch. Sie waren notwendig, um die Position der Wuhrkästen den jeweiligen Flussverläufen anzupassen. Diese wiesen aber Immer einen erheblichen Nachteil auf: Das Wasser des Lechs wurde am Wehrkörper entlang von Ost nach West geführt und drückte gegen die am westlichen Uferrand befindliche Floßgasse und das Einlaufbauwerk. Daher war diese Stelle bei Hochwasser am stärksten belastet.[40]

Die Pläne über den Hochablass im Augsburger Stadtarchiv besitzen im Laufe der Jahrhunderte ganz unterschiedliche Winkel des Streichwehrs zum Flusslauf.

1904: Nach dem „Jahrhunderthochwasser" von 1901 wurde im März 1904 ein Plan des damaligen Streichwehrs angefertigt, der damit das Wehr vor der Zerstörung von 2010 zeigt:

[38] StadtAA, Bestand 45, Akt 702.

[39] Kollmann beschreibt diesen Abfall 1839 als „ebenso langen und malerischen Wasserfall", Kollmann, S.1839, S. 24. Dieses Foto hat auch Gotthilf Mayer in seinem 1914 erschienenen Buch über die Hochwasserkatastrophe von 1910 als Bild 3 abgebildet. Im Mittelpunkt des Bildes steht nicht so sehr der Hochablass als Flossdurchfahrt, sondern der Hochablass als Ausflugsstätte mit Gastwirtschaft.

[40] Bauamtsassessor Franz Krieger bezeichnet 1912 diese schräge Lage als Grund des Wasserdurchbruchs von 1910. Auf weitere Gründe für das Auseinanderbrechen des Hochablass wird im Abschnitt „Hochwasserkatastrophe" ausführlich eingegangen.

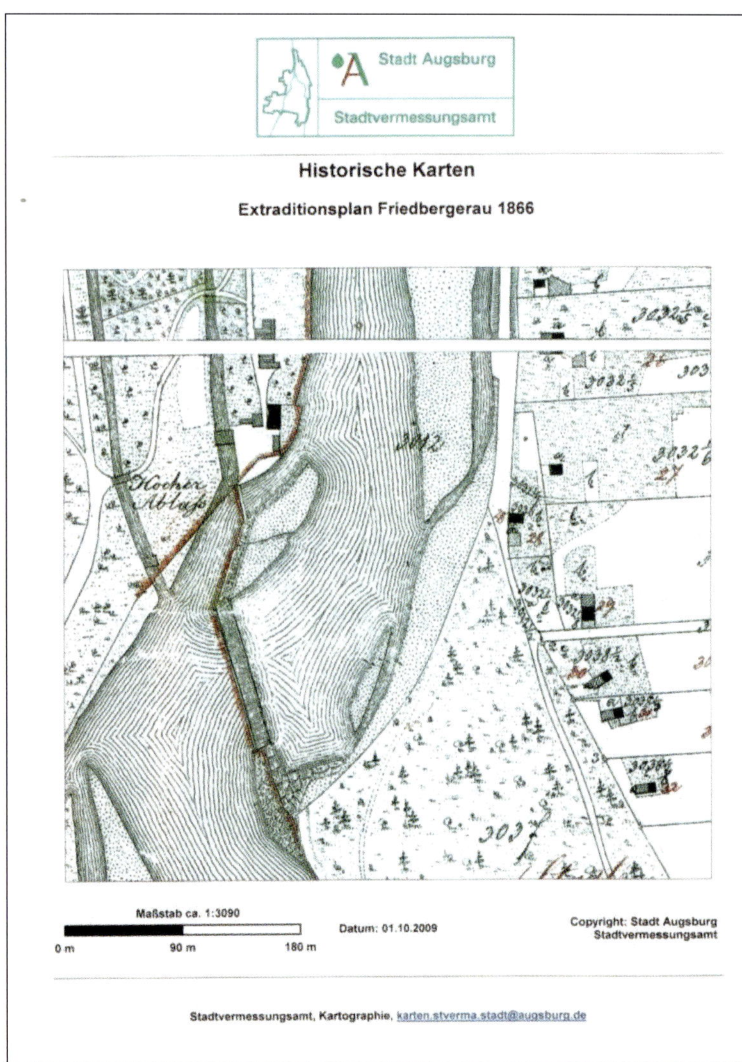

Bild 58: *Historische Karte der Friedbergerau (1866, Stadtvermessungsamt, Vergrößerung)*

Bild 59: ***Broschüren-Deckblatt „Das Hochablasswehr" (Anfang 20. Jahrhundert, Bestand 45 Akt 727***

Bild 60: ***Detail des Abfalls am Hochablass (Broschüre, Anfang 20. Jahrhundert)***

Der Hochablass um 1900 hatte vier Durchgänge für Flöße: die Floßgasse am Westufer und drei weitere mit Schleusen in der Mitte des Lechbettes. Bei Niedrigwasser waren diese Durchgänge geschlossen.

Es war jedoch sehr schwierig und gefährlich, bei schnell einsetzendem Hochwasser diese Schleusentore, die man nur mit Handkurbeln bedienen konnte, zu bewegen. (Bild 61)

Dieser letzte Plan des unzerstörten Streichwehrs soll nun näher beschrieben werden, da er nicht nur die Bauweise eines Streichwehres deutlich macht, sondern auch erahnen lässt, mit welchen Sicherungsmaßnahmen zu rechnen war, als 1910 das Wehr durch das Katstrophenhochwasser zerstört wurde.

Die dazugehörigen Längsprofile - hier nicht abgebildet - zeigen die Wuhr in Einzelabschnitten; dabei fällt auf, dass die Wuhrkästen durch „provisorische" Holzbretter (Versatz) ersetzt wurden.

Die Maßangaben über die geknickte lange Abfahrt von Westen nach Osten:

Floßgasse:		
oben	Kote 485,60	Breite 15,90 Meter
(a) unten	Kote 479,81	Breite 14,20 bis 14,90 Meter, nach unten aufgeweitet

Das bedeutet, dass die Floßgasse zuerst von 15,90 Meter Breite um 1,70Meter verengt wurde, um anschließend auf die ursprüngliche Weite wieder verbreitert zu werden.[41] Die Höhendifferenz betrug 5,51 Meter.

Weitere Floßdurchgänge waren

(c und d) 2 mal 4,30 Meter breit, und (e, f) 4,20 Meter breit bei Kote 484,87.

Links im Oberwasser lassen sich Senkfaschinen ausmachen, die auch auf den Querprofilen f-f, g-g, h-h und vor allem i-i zu erkennen sind. Bei d-d und c-c sind die zwei verschließbaren Durchlässe für die Flöße eingezeichnet. Für die Beurteilung der Belastbarkeit bei Hochwasser sind die Abstürze im Tosbecken entscheidend. Man sieht hier bei fast allen Schnitten, aber besonders bei d-d eine Auskolkung durch Aufschlagwasser. Bei Schnitt c-c ist im Aufschlagwasser eine Kiesinsel sichtbar; hier wird die Wassermenge abgebremst.

[41] Aus dem Plan geht nicht der Grund der Verengung hervor; d.h. es nicht bekannt, ob der Untergrund dies erforderte oder - nach Bernoulli - die Geschwindigkeit erhöht werden sollte.

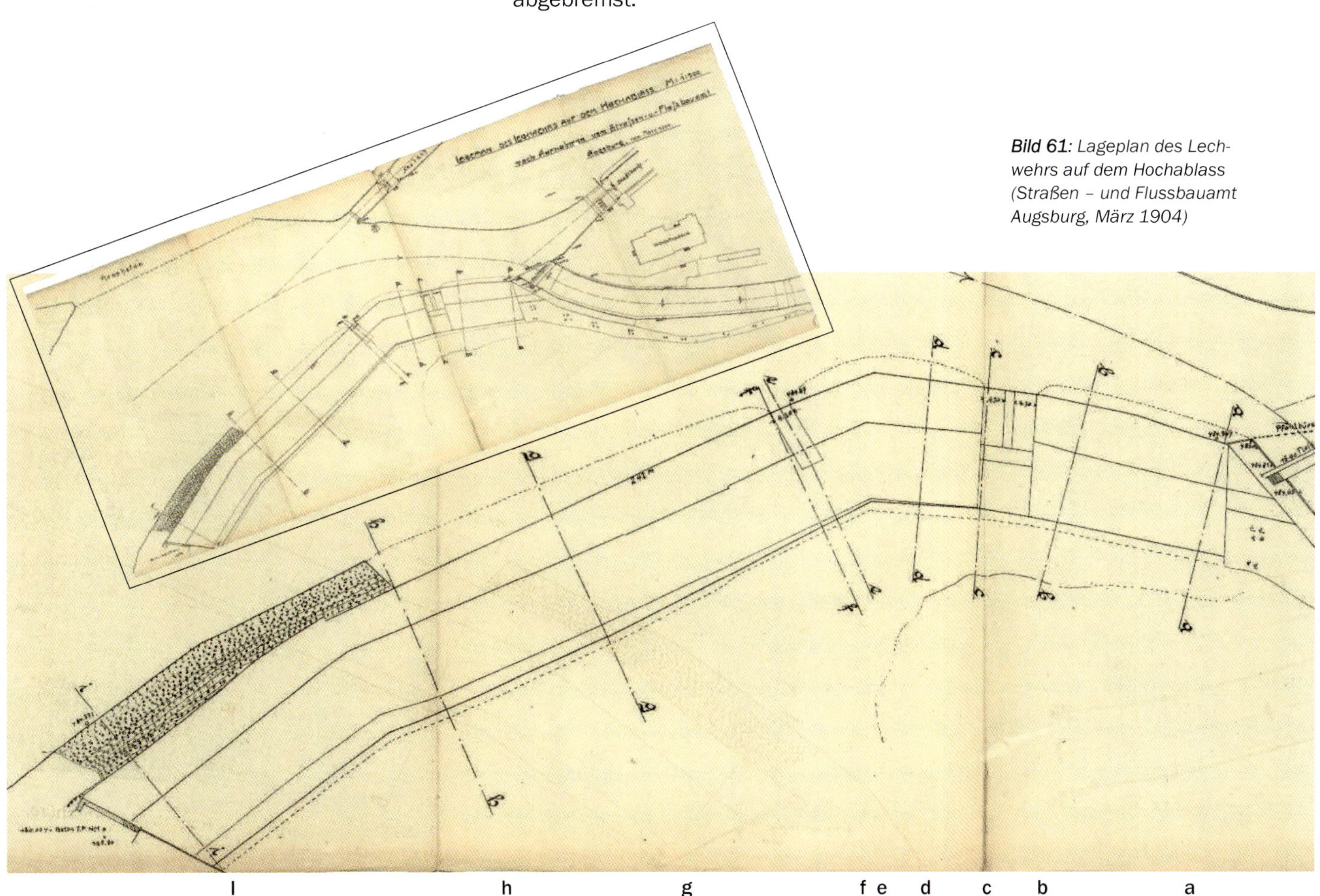

Bild 61: Lageplan des Lechwehrs auf dem Hochablass (Straßen - und Flussbauamt Augsburg, März 1904)

Oskar von Miller mahnte im Juli 1910 eine schlechte Wartung des Streichwehrs in einem Gespräch mit Reportern von Augsburger Zeitungen an; diese hätte den Bruch des Wehres durch das Julihochwasser bewirkt. Die Stadtverwaltung wies diesen Vorwurf entschieden zurück.

Die Stadt dokumentierte, dass sie jährlich ca. 11.000 Mark für die Reparaturen ausgab.[42]
Im Januar 1910 – also kurz vor der Hochwasserkatastrophe – wurde ein Plan der „Steuergemeinde am Lech“ angefertigt, der das noch unzerstörte Streichwehr mit den drei Floßdurchgängen und der Floßgasse zeigte. Man erkennt durch zusätzliche Eintragungen deutlich welche Gebiete unter der Zuständigkeit des Staates und welche unter der der Stadt standen: Nur der Hochablassbau selbst und der Floßhafen gehörten somit in die Zuständigkeit der Stadt; Floßgasse, Ober – und Unterwasser lagen im Zuständigkeitsbereich des Staates. (Bild 62)

Dieser Plan wird später nochmals benützt, dort sind dann aber die Zerstörungen des Sommerhochwassers von 1910 eingezeichnet.

[42] StadtAA, Bestand 45, Akt 702.

[43] Die Stelle eines Ober – oder Schalenunterseite wurde ausgeschrieben; es konnten sich städtische Arbeiter bewerben. Ausführlich wird dies im StadtAA, Bestand 45, Akt 660, beschrieben. Auch heute noch wohnen am Hochablass die Schleusenwärter der Stadt Augsburg.

Bild 63: Detail des Ablassgebäudes um 1571

4. Die Hauptschleuse zum Stadtbach

Das Einlaufbauwerk konnte grundsätzlich nur als Schleusenwehr gebaut werden, da es nicht nur Wasser in die Kanäle reguliert einführen sollte, sondern auch den Kieseintrag in dieselben verhindern musste. In allen Plänen wurden neben dem eigentlichen Einlaufbauwerk Gebäude, die zum Wohnen und Arbeiten für die Schleusenwärter dienten, aufgeführt.[43] (Bild 63)

Aus den Plänen erkennt man, dass der Einlass entweder zwei – oder dreigeteilt war.

Das älteste dargestellte Einlaufbauwerk hatte zwei Einläufe und zwei Überbauten, wohl mit Fallen. Der zweigeteilte Einlauf für den Ableitungskanal nach Augsburg war einfach zu bauen und zu bedienen.
Die Fallen wurden in der Regel durch Treträder bedient (siehe Anhang Technik).

Bild 62: Karte des Hochablasses mi Eintragung der Zuständigkeitsbereiche (Januar 1910)

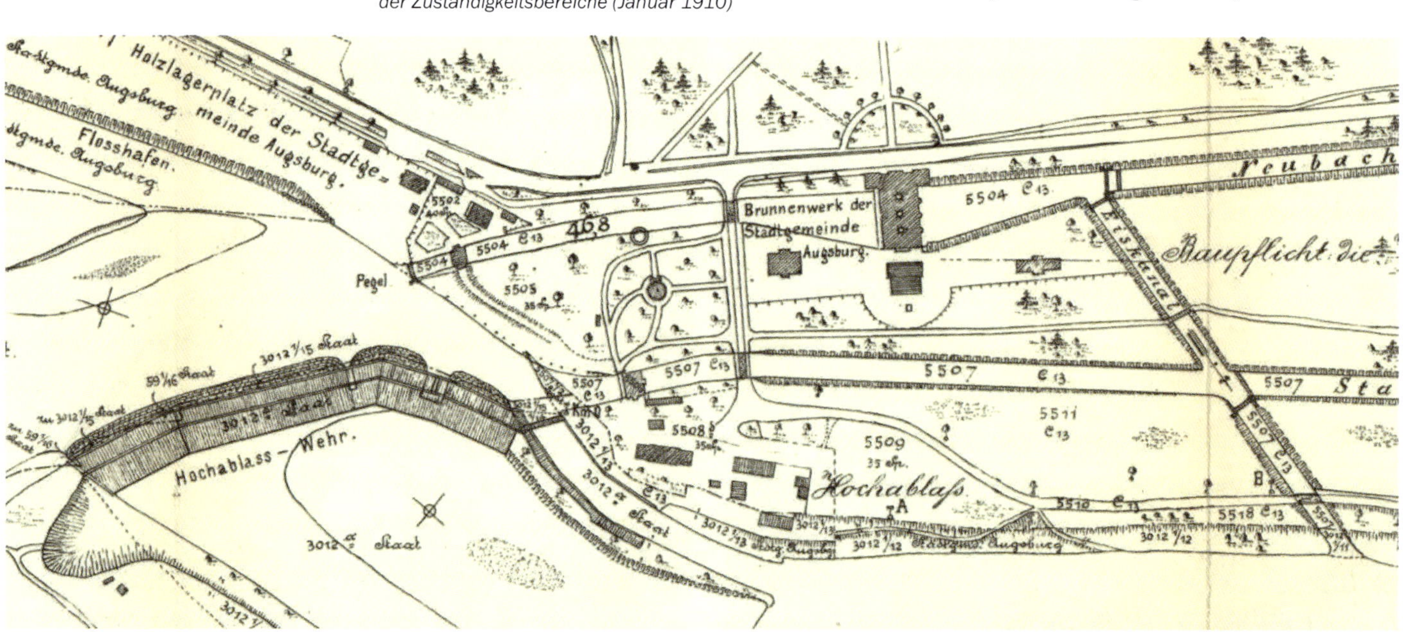

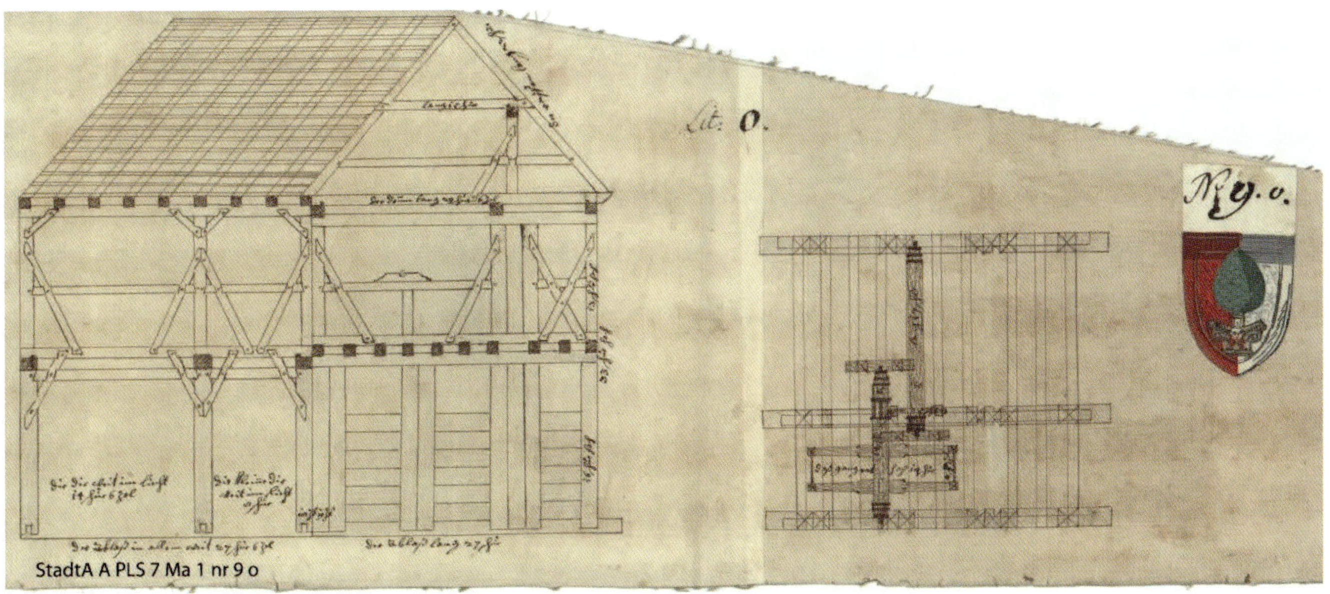

***Bild 64**: Plan eines einfachen Einlaufbauwerks am Hochablass (evtl. von Gabriel Schwarz)*

Ein Querschnitt durch ein einfaches Einlaufbauwerk (von Gabriel Schwarz?) zeigt folgender Plan: in der Draufsicht (rechts) ist unten ein Tretrad ("Daß gangrat für 14") für die Schleuse erkennbar. (Bild 64)

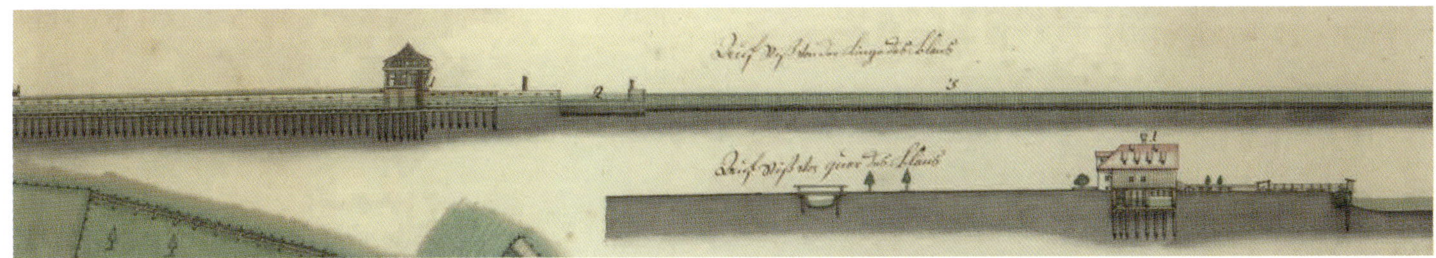

***Bild 65**: Längsschnitt durch den Hochablass (Georg Waldmann)*

Georg Waldmann, Lechmeister, zeichnete den oben angeführten Plan, "Blan genannt"; das Einlaufbauwerk ist zwei geteilt. Die Abfahrt und die Wuhr schließt sich dem Einlaufbauwerk an. (Bild 65)

Im Spanischen Erbfolgekrieg (1701–1714) verbrannten bayerische Soldaten alle Ablassgebäude am Hochablass.

Der Ablass wurde durch Jacob Schwarz 1707 aus Holz wiederaufgebaut; er besaß drei Einlässe.[44] Ein Teil des Wassereilasses wurde durch einen beweglichen Balken, den sogenannten „Schwellbalken" oder „Dammschweller", vor dem Eintrag von Geschwemmsel wie Bäumen und Gestrüpp geschützt.

[44] Kollmann, 1850, S. 134; Ebenso: Professor Kaiser: „Augsburg in seinem neuesten Zustande", Rösl'sche Verlagsbuchhandlung , 1818, S. 49.

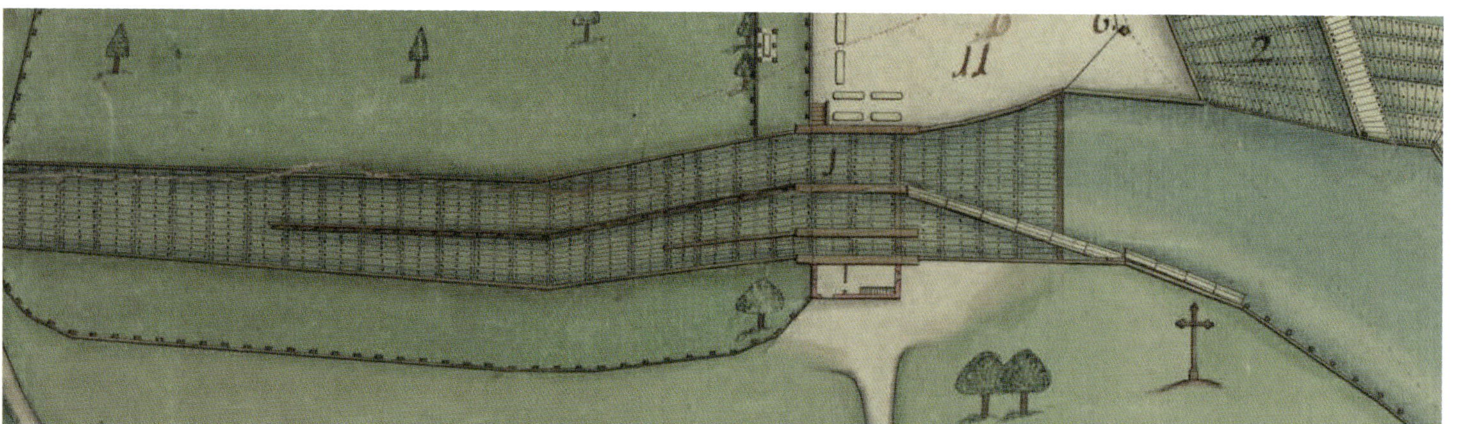

Bild 66: *Der Hochablass mit drei Einlässen (Waldmann, 1707)*

Er wird in meist eiserne, am Schleusenkopf angebrachte Nuten eingesetzt und regelt so als Vorfluter die notwendige Wassermenge, die in den Kanal (Stadtbach) einfließen sollte. Damit war es gleichzeitig möglich, „dass kein Gerölle oder Kieß mehr den Kanal versanden kann".[45] (Bild 66)

Kollmann berichtete, dass am 25. Oktober 1793 das hölzerne Schleusenhaus abbrannte[46] und 1798 die massive Hauptschleuse mit zwei Durchlässen am Ablass vollendet wurde.[47]

Einen Eindruck, wie der Hochablass in der Mitte des 18. Jahrhunderts ausgesehen hat, gibt folgender Stich wieder. (Bild 67)

Die Unterschrift zu diesem Bild lautet: „Der Ablaß bey Augspurg / Clausura Lici, ad amovendum ejus fluvy impetum"[48]

Dieser Stich macht deutlich, dass sich schon zu dieser Zeit der Hochablass als Ausflugsort (Spiele, Restauration und Zuschauer) etabliert hatte.

Zwischen 1816 und 1832 entwarf ein Wasserpaumeister folgendes Einlaufbauwerk mit Zahnradantrieb; Bild 68 zeigt einen Schnitt dieses Einlaufbauwerks. In diesem Plan ist der Zahnradantrieb der Falle bemerkenswert. Das große Übersetzungsverhältnis bietet eine große Kraftersparnis für den Schleusenwärter, der dieses Rad bedienen musste.

Bild 67: Der Hochablass in der Mitte des 18. Jahrhunderts (Stich eines unbekannten Meisters, G. Mayer, Bild 1)

[45] Kollmann, 1839, S. 28.

[46] „Kollmann1850, S. 139.Ein Schreiner förderte nach dem Brande, [sic] Eisen aus dem Wasser, ertrank dabei …".

[47] Kollmann, 1850, S. 139.

[48] Dieses Bild wurde von Gotthilf Mayer in einer Broschüre über die Hochwasserkatastrophe von 1910 als Bild 1 eingefügt. Die Übersetzung des lateinischen Textes kann mit „Lech-Wehr zur Abwehr dieses Flusses", oder „Der Hochablass, um wegzubringen eben dieses Flusses Andrang" wiedergegeben werden.

Das Einlaufbauwerk um 1850 wird von Kollmann wie folgt beschrieben: „Es ist 45 Fuß lang und 32 breit; es hat zwei Schleusen. Die weiteste misst 21 und die engere 12 Fuß. Die Falle der Ersteren [Schleuse] hat ein Gewicht von 35 Centner und wird mit einem Tretrad, je nach Bedürfnissen, aufgezogen". Um diese Zeit werden 961 Kubikfuß Wasser in der Sekunde eingeleitet, das sind umgerechnet 25 m^3/s.[49] Dabei gibt Kollmann ca. 10 Prozent Versickerung an. Kollmann führt weiter aus: „Nur 6 - 14 Tage ist die Schleuße im Frühjahre und im Herbst um die Reinigung und Reparatur der Kanäle und die Wasserwerkbauten vornehmen zu können, ganz geschlossen". [50]

Zusammengefasst merkte Kollmann 1850 zur Hauptschleuse an: „Mit den, einen Steg tragenden massiven Pfeilern, am Schleusenkopfe, sind auch gußeiserne, 11 Fuß hohe Ruthenstücke für Grundverdammungen mittels Schwellbalken, je nach dem Bedürfniß der Wassereinholung, verbunden. Es entsteht hierduch der große Vortheil, daß bei gehöriger Vorsicht, die Kiesgerölle abgehalten und das Wasser nur aus den höhern Flußschichten in die Schleusenkammer ohne Gerölle stürzen kann".[51]

Der offene Teil garantierte einen problemlosen Einlauf für die durch das Stadtgebiet fahrenden Flöße. „In den Pfeilern und Mauern des Schleusenkopfes sind ferner Anhalteringe, zur geeigneten Benützung für die Flößer dauerhaft eingemauert", so Kollmann.[52]

Die Hauptschleuse zusammen mit der Hochablass-Restauration vor 1910 zeigt folgendes Foto. Gut erkennbar ist dabei die Holzbeschlachtung des Einlaufkanals. (Bild 69)

***Bild 68**: Konstruktion des Einlaufbauwerks mit Zahnrad (Georg Waldmann, zw. 1816 und 1832*

***Bild 69**: Hauptschleuse und Hochablass-Restauration (G. Mayer, Bild 2, vor 1910)*

5. Die Reserveschleuse

Bei dem Plan von 1571 (siehe S. 48) war nur ein Kanal nach Augsburg eingebaut. Für den damals steigenden Energiebedarf war offensichtlich eine Wassermenge, die in nur einem Kanal gegen Augsburg floss, zu wenig. Man verhandelte deshalb mit dem Herzogtum Bayern und erreichte am 4. November 1561 einen Vertrag zwischen Augsburg und Albrecht V.; dieser sah den Bau einer Reserveschleuse vor.[53]

Allerdings gab es zwischen den beiden Vertragspartnern über den Umfang der „Lechbauten" Differenzen. Sie wurden am 8. September 1568 beigelegt. Der Herzog behielt sich aber die Überwachung der Bauten vor. Kollmann berichtet, dass am 5. März 1575 ein weiterer Vertrag mit Bayern über 2 Lechuferbauten oberhalb dem Ablasse" geschlossen wurde. Weitere Einzelheiten teilt Kollmann leider nicht mit.[54]

Die ersten Pläne, die den zweiten Kanal, den sog. „Reservebach" darstellen, gibt es aus dem Jahr 1596.[55] In Bild 70 ist hier noch kein Wuhrhaus mit Hebevorrichtungen für Fallen erkennbar. Im folgenden Kapitel über den

[49] Maßeinheit: Augsburger Fuß = 0,29617 Meter; siehe Anhang

[50] Kollmann, 1850, S. 15.

[51] Ebenda, S. 18

[52] Kollmann, 1850, S. 18.

[53] Ebenda, S. 130.

[54] Die genannten Verträge führt Kollmann 1850 in seiner Chronik auf S. 130 an.

[55] Der zugehörige Plan: siehe S. 66.

Gesamtablass kann man jedoch solche Wuhrhäuser oder Reserveschleusen in der Regel ausmachen.
Das Einlaufbauwerk der Reserveschleuse wurde bis 1832 aus Holz gebaut. Die Bauwerke brannten mehrmals ab.

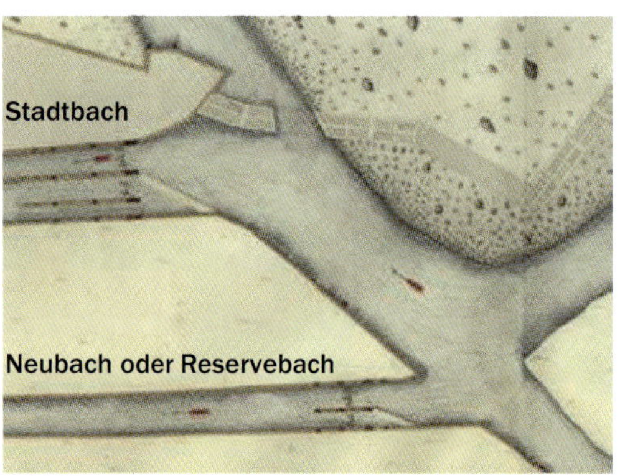

***Bild 70:** Karte des Hochablasses mit davor abzweigendem Reservebach*

***Bild 71:** Die Reserveschleuse am Hochablass*

(1710 bis 1832)

***Bild 72:** Reserveschleuse am Hochablass (Kollmann, 1839)*

Das hier gezeigte wurde 1710 errichtet und 1832 von Kollmann abgebrochen.[56] (Bild 71)

Kollmann wurde 1830 zum Baurat ernannt. Bald danach legte er einen Plan für den Neubau einer Reserveschleuse mit neuer Hebevorrichtung für die Fallen vor.
Er fertigte dazu eine Mappe an und legte diese dem Magistrat vor. 1837 wurde diese Reserveschleuse aus Stein verwirklicht. (Bild 72)

Hier soll Kollmann in der ausführlichen Beschreibung „seiner" Reserveschleuse selbst zu Wort kommen: „Um die Stadtkanäle unter allen Wechselfällen des Wehres und der Hauptschleuße mit Aufschlagwasser speisen zu können, ließ der Magistrat am Neubache, statt des fehlerhaften hölzernen Wasserhauses, ein 30 Fuß langes und 28 Fuß breites Gebäude errichten. Sie ist in robustem Style gehalten, 1833 projektiert und zur Erleichterung der Baukasse in vier Jahren, nach Überwindung vieler Schwierigkeiten, vollendet worden. Der Kostenaufwand betrug 20,000 fl.[57] Man findet hier eine massiv aus Quadern mit 20 Fuß weitem Durchlass, einer 80 Fuß langen, 24 Fuß breiten Kammer und zwei kurvenförmigen Flügelmauern, konstruirte [sic] Schleusenanordnung.
Die Fallnuthen in den Schleußenmauern bestehen aus Gußeisenstücken in einem Gesamtgewicht von 6150 Pf[und].
Die Maschine, womit die 3500 Pf[und] schweren Fallen gehoben oder gesenkt werden, ist einfach und es kann bei der Kraftäußerung eines Arbeiters mittels einer Kurbel und Schraube ohne Ende die Falle regiert werden. (Siehe Kapitel Technik mit Plan)
Mit den einen Steg tragenden Pfeilern am Schleußenkopf sind auch gußeiserne 11 Fuß hohe Ruthenstücke für Grundverdammungen mittels Schwellbalken, je nach Bedürfniß der Wassereinholung, verbunden. Es entsteht hierdurch der große Vorteil, dass bei gehöriger Vorsicht, die Kiesgerölle abgehalten und das Wasser aus den höhern Flußschichten in die Schleußenkammer ohne Gerölle stürzen kann. In die Pfeiler und Mauern des Schleußenkopfes sind ferner Anhalteringe, zur geeigneten Benützung für Flößer eingemauert".[58]

1839 (S. 37) berichtet Kollmann noch, dass an der Fahnenstange ein Blitzableiter angebracht wurde.
Diese „neue Reserveschleuße [ist 1837] ... nach den besten Prinzipien für den gegebenen Zweck" erbaut worden.[59] Kollmann war sehr stolz auf seine Reserveschleuse.

[56] Im Band „Denkmäler in Bayern Stadt Augsburg VII. 8.3", S. 417, erklärt der Verfasser, dass 1793 die Hauptschleuse abbrannte und 1797/98 eine neue Schleuse in massiver Bauweise nach Plänen von J. Fr. Wieser von Maurermeister Johann Möhl errichtet wurde.

[57] „fl" sind Gulden. Auf diese ausführliche Beschreibung der Kosten durch Kollmann wird später eingegangen.

[58] Kollmann, 1850, S. 18.

[59] Kollmann, 1839, S. 9.

Einen kleinen historischen Exkurs leistete sich Kollmann mit folgender Feststellung: „In den Quadermauern dieser Schleuße wurden viele Fragmente aus Ruinen römischer Bauwerke von Epfach (Abodiacum), am linken Lechufer im k. Landsgerichte Landsberg gelegen, verwendet".[60] „Zimmermeister Josef Wittmann von Augsburg als Käufer der römischen Ruinen in Epfach, flößte die besten Werkstücke, vermögens kontraktes mit dem Stadtmagistrate, zum Schleußenbaue auf dem Ablaß". Kollmann merkt dazu an, dass der erste Jahresbericht des Historischen Vereines für den Oberdonaukreis aus dem Jahr 1835 eine genaue Beschreibung dieser römischen Ruinen und architektonischen Fragmente mit zahlreichen Abbildungen enthält.[61]

Wie zu dieser Zeit üblich, wurde an der südlichen Fassade der Reserveschleusenwand eine gusseiserne Tafel angebracht (Bild 73):

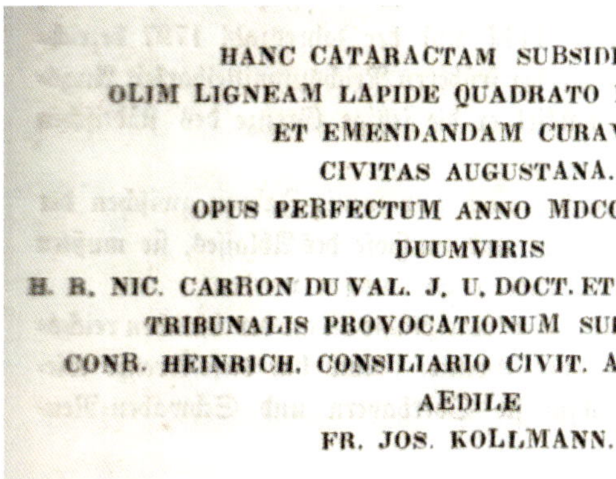

HANC CATARACTAM SUBSIDIARIAM
OLIM LIGNEAM LAPIDE QUADRATO EXSTRUENDAM
ET EMENDANDAM CURAVIT
CIVITAS AUGUSTANA.
OPUS PERFECTUM ANNO MDCCCXXXVII
DUUMVIRIS
H. R. NIC. CARRON DU VAL. J. U. DOCT. ET CONSILIARIO REGIO
TRIBUNALIS PROVOCATIONUM SUPERIORIS ET
CONR. HEINRICH. CONSILIARIO CIVIT. AUG. JURIS PERITO
AEDILE
FR. JOS. KOLLMANN.

***Bild 73**: Reserveschleusenwandtafel (Fr. Jos. Kollmann, 1839, S. 19)*

Die deutsche Übersetzung lautet wie folgt: „Diese sonst hölzerne Reserveschleuße ließ die Stadt Augsburg aus den Quadersteinen erbauen und verbessern; das Werk wurde vollendet im Jahr 1837, unter den Bürgermeistern H. N. Nikolaus Carron du Val, beider rechte Doktor, Apellationsgerichts-Rath, und Konrad Heinrich, rechtskundiger Rath der Stadt Augsburg, und dem Baurath Fr. Joseph Kollmann".[62]

1878 wurde die Energie des Reservebaches (Neubaches) als Energiequelle zum Betrieb der Pumpen für das neu errichtete Wasserwerk benutzt. Dies wurde als besondere Innovation gefeiert. Mit der Möglichkeit, dass die „Energiequelle Hochablass" einmal durch ein Hochwasser zerstört werden könnte, hatte niemand gerechnet.

Die Kollmannsche Reserveschleuse überstand die Hochwasserkatastrophe von 1910 als Gebäude, doch ihre Wasserzufuhr war zerstört. Folgendes Foto vom Sommer 1910 kann dies bestätigten: der Reservebach führt kein Wasser mehr. (Bild 74)

Gut ist die hölzerne Beschlachtung des Stadtbaches zu erkennen. Diese Schleuse wurde im Zuge des Neubaus 1910 abgerissen.

Gottfried Sametschek, der Leiter des Bauamtes, schrieb 1929 dazu[63] „Vom Lechfluß zweigen am Hochablass bei dem dortigen Wehr zwei Kanäle ab, nämlich der sog. Hauptstadtbach und der Neu – oder Reservebach. Letzterer wurde bis zur Errichtung des Brunnenwerkes nur dann zur Wassereinleitung benützt, wenn infolge niedrigen Wasserstandes im Lech die Provilverhältnisse der Haupschleuse sich unzureichend erwiesen.

Beide Kanäle vereinigen sich ca. 800 m unterhalb des Hochablasses und es bleibt daher für die an den Werkkanälen gelegenen Triebwerke gleichgültig, ob sie ihr Betriebswasser durch den einen oder den anderen oder durch die beiden Kanäle zugeleitet erhalten. Durch entsprechende Erweiterungen und Vertiefungen wurde der Reservebach zur Aufnahme von 12 cbm pro Sekunde befähigt, an demselben ein Aktivgefälle von 1,85 m konzentriert und in die so gewonnene Wasserkraft von etwa 296 PS dem Brunnenwerk dienstbar gemacht. Die Wasserwerksanlage wurde ca. 250 m unterhalb der Abzweigung des Neubaches vom Lech angelegt. Mit der Korrektion des Neubaches verband sich eine solche des Hauptstadtbaches,

***Bild 74**: Unversehrt gebliebene Reserveschleuse nach dem Hochwasser von 1910 (G. Mayer, 1914, Ausschnitt von Bild 10)*

[60] Kollmann, 1850, S. 18.

[61] Kollmann, 1839, S. 29.

[62] Ebd. S. 19

[63] Gottlieb, Sametschek ab 1912 - 1943 Leiter des Tiefbauamtes

dessen Wassermengen ungenügend erschienen und dessen Wandungen schadhaft waren. Durch diese Kanalkorrektion wurde nicht nur eine zum Betrieb des Brunnenwerkes bestimmte wertvolle Wasserkraft gewonnen, sondern auch die allgemeinen Verhältnisse des hiesigen Kanalsystems wesentlich verbessert. Die Kanalkorrektion erforderte Ausgaben im Betrage von 241 000 Mark".[64]

Die Verquickung der Energieversorgung des Brunnenwerkes durch eine Wasserversorgung durch den Hochablass erwies sich während der Hochwasserkatastrophe von 1910 als problematisch. Um das Wasserwerk in der Zeit der Zerstörung des Hochablasses mit Energie provisorisch zu versorgen, musste 1910 der Umgehungskanal gebaut werden (Näheres siehe Kapitel Hochwasserkatastrophe).

6. Der Gesamtablass

Einlaufbauwerk und Floßgasse unterscheiden sich in ihrer Konstruktion völlig. Trotzdem fügen sich die beiden Bauteile des Hochablasses zu einem sich gegenseitig ergänzenden Bauwerk zusammen.

Dies soll durch ein Musterbeispiel belegt werden: 1741 fertigte Castulus Riedl, „Hofkammerath Ingen. Hauptmann, und Wasserbaumeister" folgenden Plan an:[65] (Bild 75)

Schon in der Überschrift werden die Zuständigkeiten benannt: Die Floßfahrt wird als „Churbayrisch" und der Hochablass als „Augspurgisch" bezeichnet.

Links oben ist der „Neubach" (Reservebach) mit dem „Wuhrhäusl" zu sehen; es schließt sich das „Wuhrhaus" mit dem „Lechwasser oder Canal nach Augspurg" (Stadtbach) an; dies bedeutet, dass beide Einläufe Absperrvorrichtungen (sog. „Wuhrhäuser") hatten; durch sie konnte das Lechwasser kontrolliert in das Augsburger Kanalsystem eingeleitet werden.

***Bild 75**: Historische Karte über den Stadtaugspurgischen Hochablas (Castulus Riedl, 1741)*

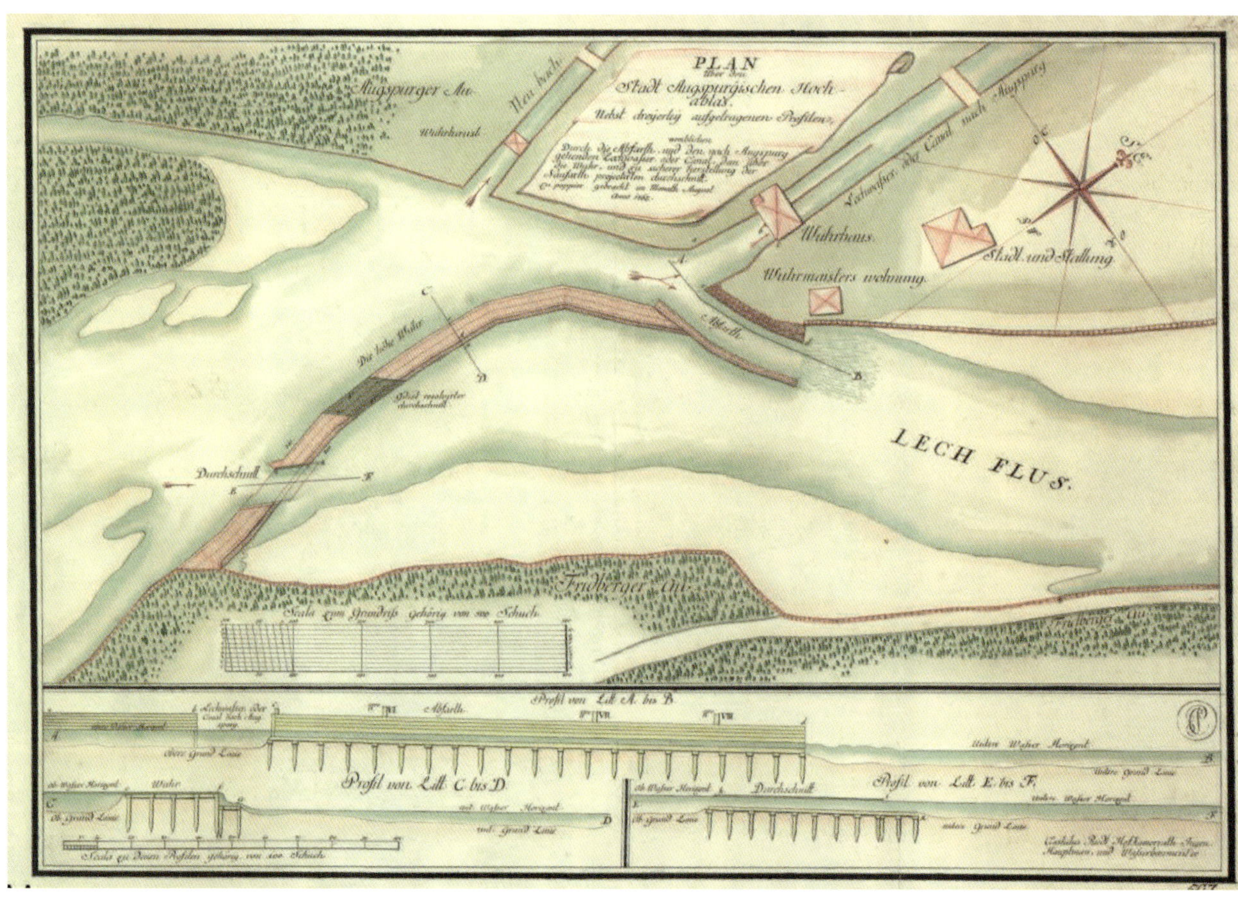

[64] Gottlieb Sametschek: Die Wasserversorgung der Stadt Augsburg vom Jahre 1879 – 1929, Stadt Augsburg 1929.

[65] Der Plan ist – wie früher üblich – nicht genordet; die Windrose rechts oben gibt die Himmelsrichtung an.

An der hohen Wuhr (Hauptschleuse) ist die Durchfahrt für die Flöße durch die Augsburger Kanäle angedeutet. Die Flöße konnten durch den östlichen Teil fahren oder ihre Fracht – meist Holz[66] – direkt an einem hier nicht eingezeichneten Holzlagerplatz abladen.
Weiter nördlich schlossen sich die „Wuhrmeisters Wohnung" und der „Stadl und Stallung" an. Zur Abfahrt (Naufahrt) hin kann man als Uferbefestigung Senkfaschinen ausmachen.
Die Abfahrt selbst war verhältnismäßig kurz; an ihrem Übergang in das Lechbett erkennt man eine Strudelbildung.
Eine Reihe von Wuhrkästen riegelte die Abfahrt (Floßgasse) von der „Hohen Wuhr" ab. Diese reichte von der Abfahrt bis an das bayerische Ufer.
Im Oberwasser sind viele, teilweise bewaldete Inseln zu erkennen; im Unterwasser breitet sich nur am bayerischen Ufer eine solche aus. Der westliche Uferschutz an der Abfahrt ist deutlich sichtbar.

Beachtenswert an diesem Plan sind die Profile am unteren Bildrand, die die Verankerung der Wuhrkästen mit einer Vielzahl von Pfählen angeben. Das etwas geknickte Profil **„a–b"** zeigt den Stadtbacheinlauf und die Abfahrt; die über dem Wasser gelb unterlegten Felder weisen auf das Profil **„c–d"** als Ufersicherung mit den entsprechenden Markpfählen VI, VII und VIII[67] hin. Die Floßgasse fällt nur wenig ab. Deutlich sichtbar ist das Tosbecken an ihrem Ende; an dieser Stelle kann es zur Wirbel – und Kolkbildung kommen. Kolke sind Ausbuchtungen, d. h. Unterspülungen des Untergrundes; sie stellen eine erhebliche Gefahr für die Stabilität der Abfahrt dar.

Der Schnitt durch die Mitte der Wuhranlage (**Schnitt c–d**) lässt ein abgestuftes Profil erkennen. Bei normalem Wasserstand im Lech stürzte sich das Wasser und der Lechkies über diese Stufen. Im Profil **„e–f"** nahe dem bayerischen Ufer läuft das Wasser am Ende der Wuhrkästen flach aus.
Sehr markant sind aber bei diesem Plan die vielen Verankerungspfähle. Das weist darauf hin, dass der kiesige Untergrund für den Einbau der Wuhrkästen – für die wiederum ein hoher Holzbedarf nötig war – eine erhebliche Herausforderung darstellte.

So klar und übersichtlich dieser Plan den Hochablass darstellt, so kann aber in keiner Weise davon ausgegangen werden, dass dieser für eine längere Zeit den Hochablass genau widerspiegelte. Der Lech mit seinen vielen Unwägbarkeiten bei Untergrund, Geschiebe – und Wasserführung zwang die Augsburger, oft in kurzen Abständen am Hochablass Veränderungen vorzunehmen. Wurde bei der schematischen Darstellung des Baus eines Streichwehrs eine geradlinige Führung der Wuhrkästen skizziert, konnte dies bei einer Länge von 150 Metern quer über den Lech nicht mehr verwirklicht werden. Es gab Zeiten, in denen die Länge der Wuhr bis zu 400 Meter betrug. Die Sohle des Lechs war hier viel zu uneben, durch Geschiebe wurde sie rasch in zeitlicher Abfolge verschoben oder durch Hochwässer völlig verändert, sodass diese Pläne des Stadtarchivs oft nur für eine kurze Zeitspanne den tatsächlichen Flussverlauf wiedergaben.

In dem von Lukas Voch verfassten Buch über den Wehrbau an Lech und Wertach findet sich folgender Plan für die Lage des Hochablasses von 1778.[68] (Bild 76):

[66] Kollmann, 1850, S. 130. Er berichtet von einem Vertrag vom 8. September 1568, in dem festgelegt wurde, dass auf den Flößen nur Holz, Kalk etc. ... nach Augsburg gebracht werden durften.

[67] Genaueres zu den Markpfählen wird im Anhang erläutert.

[68] Voch Lukas, Strombau am Lech und Wertach, Tafel V und VII (nächste Seite)

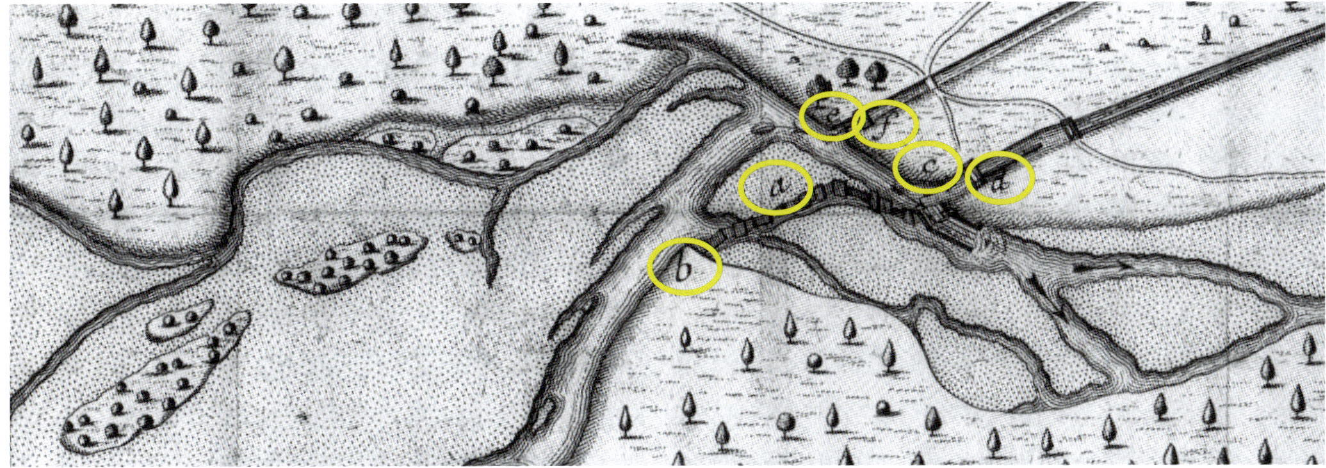

***Bild 76**: Historische Karte des Hochablasses (Lukas Voch, 1778, Tafel V)*

[69] Kollmann, 1850, S. 15.

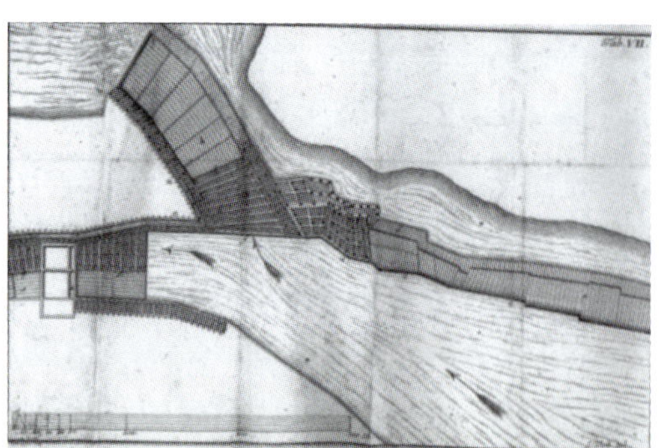

Bild 77: *Detaillierter Plan des Hochablasses (Lukas Voch, 1778, Tafel VII)*

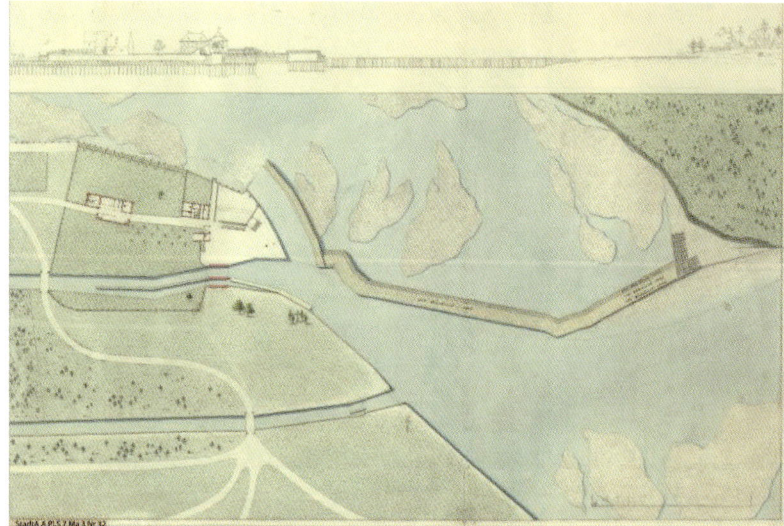

Bild 78: *Plan des Hochablasses mit Eintragungen der Wehrbrüche (evtl. Kollmann, 1825)*

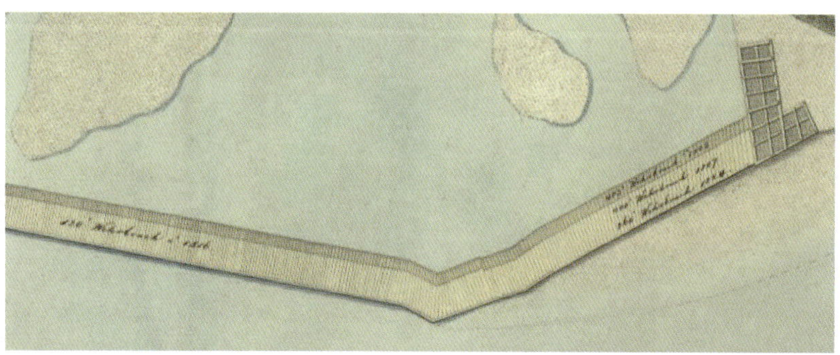

Bild 79: *Detail des Hochablasses mit Eintragungen der Wehrbrüche 1803, 1807, 1816 und 1824 (vermutlich Kollmann, 1825)*

Bild 80: *Als Querleiste über dem Plan ist der gesamten Hochablasses vom Westufer bis zum Ostufer gezeichnet; deutlich herausgehoben ist hier die Reserveschleuse mit ihrem großen Rad.*

Die Karte ist nicht genordet, oben ist Westen. Deutlich erkennbar ist in diesem Plan die starke Wirbelbildung am Ende der Floßgasse, ebenso die zahlreichen Kiesinseln im Unterwasser; im Oberwasser sind diese sogar bewaldet, sodass man annehmen kann, dass sie nicht bei Hochwasser überspült wurden.
Interessant ist hier der geteilte Flussverlauf: sowohl südlich des Hochablasses wie auch nach dem Durchfließen des Hochablassen ist der Lech vielfach aufgeteilt. Auffallend ist hier, dass eine erhebliche Wassermenge in Reservebach und Stadtbach abgeleitet wird.
Ein langer Rost aus Wuhrkästen verläuft über den (schwäbischen) Lech. Eine starke Verbauung schließt sich bis zur kurzen Abfahrt an; die Wirbelbildung an ihrem Ende ist deutlich erkennbar. Die Einfahrt in den Stadtbach (Hauptschleuse), die Floßanlandemöglichkeit vor dem Schleusenhaus und das zweigeteilte (Haupt)- Schleusenhaus sind deutlich dargestellt. Ob der Hochablass wirklich so gebaut wurde, geht daraus allerdings nicht hervor, da Voch in seinem Werk nur mögliche Vorschläge für einen Wehrbau am Lech in Augsburg gemacht hatte.
Ein weiterer Plan von Voch zeigt sehr klar den Aufbau des Hochablasses um 1778, allerdings fehlt hier der Reservebach, da er weiter südlich liegt (siehe voriger Plan):

1803, 1807, 1816 und 1824 zerstörten Hochwässer einen großen Teil der Wuhrkästen. Dazu wurde von Kollmann (?) um 1825 ein Plan angefertigt. Die Jahreszahlen der Wehrbrüche sind in der Mitte und am rechten (Friedberger) Ufer eingetragen.
Plan des Hochablasses mit Eintragungen der Wehrbrüche (evtl. Kollmann, 1825).
(Bild 78 und 79)
An seinem oberen Rand ist ein Aufriss des gesamten Hochablasses mit Einlaufbauwerk dargestellt. An der Hauptschleuse kann man deutlich die Hebeeinrichtung eines großen Rades erkennen. (Bild 80)

Die häufigen Umbauten brachten nicht immer eine langfristige Verbesserung. Kollmann machte sich deswegen durch massive und persönliche Angriffe auf städtische Verantwortliche[69] für einen völligen Neubau stark. Leider ist aber kein konkreter Vorschlag von ihm dazu bekannt.

In allen Plänen bis 1910 war kein Fischpass vorgesehen. Es ist aber anzunehmen, dass die Fische über das abgestufte Wehr flussaufwärts gelangen konnten.

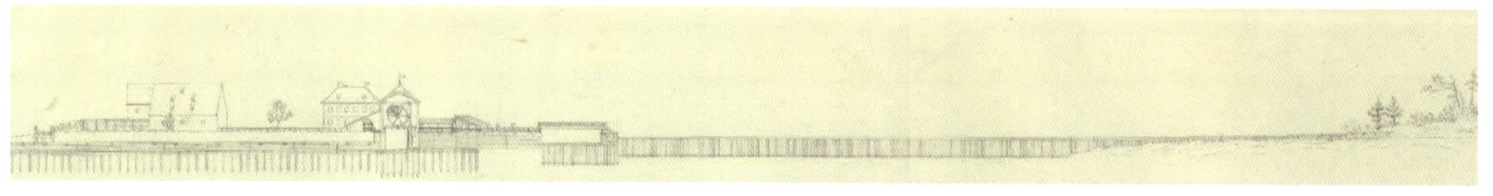

7. Verschiedene Maschinen zum Errichten einer Wuhr

Die wohl schwierigste Arbeit beim Wuhrkastenbau war das Setzen der Pfähle im Flussbett. Sie erforderte zuerst eine wasserfreie Baugrube. Dies wurde durch Einziehen von Spundwänden bewerkstelligt. Da diese Arbeiten am besten bei Niedrigwasser ausgeführt werden konnten, legte man in der Regel Um bauten und Reparaturarbeiten in die wasserarme Winterzeit.[70]

Wie man versuchte, mit unterschiedlichen Rammgeräten den ersten Pfahl für den Wuhrkasten – oder den Buhnenbau – einzurammen, zeigt nebenstehende Tafel. (Bild 81)

Die „Maschinen" bzw. Geräte 4, 5, 6 und 7 haben folgende gemeinsame Grundfunktion: Über eine feste Rolle wird ein Gewicht nach oben gezogen; dieses fällt dann auf den zu versenkenden Pfahl.

Ein weiterer Vorschlag, der vermutlich von Voch stammt, stellt einen kranähnlichen Aufzug mit einem Zahnradgetriebe dar; dieser konnte wahrscheinlich ein wesentlich höheres Gewicht als die zuerst dargestellten Maschinen nach oben ziehen. (Bild 82)

Dass diese Arbeitstechniken auch nach 1910 noch üblich waren, wird durch Fotos vom Umbau 1931/32 dokumentiert (siehe dort).

8. Geschichtlicher Gesamtüberblick über den Hochablass bis zum 16. Juni 1910

Die Anpassungsfähigkeit eines Streichwehres an die jeweilige morphologische Ausstattung des betreffenden Flusses ist seine große Stärke; gleichzeitig stellt sie auch eine große Schwäche dar, da der Gesamtbau durch häufige Umbauten instabil werden kann. Bei dieser Wehrart ist der Holzverbrauch sehr groß.
Im Mittelalter war in der Regel das Streichwehr die Standardbauweise für ein Wehr.

Als Richtschnur der geschichtlichen Betrachtung kann die Tafel wichtigen Daten des Hochablasses dienen, die Kollmann an dem Neubau der Reserveschleuse 1837 anbringen ließ.[71] (Bild 38)

Die Daten berichten von den einschneidenden Ereignissen wie Zerstörungen durch Kriege und Naturkatastrophen.
Die kleine Tafel rechts auf Bild 83 wurde von der Stadtverwaltung im Jahr 1860 hinzugefügt; Kollmann war in diesem Jahr nach München gezogen.

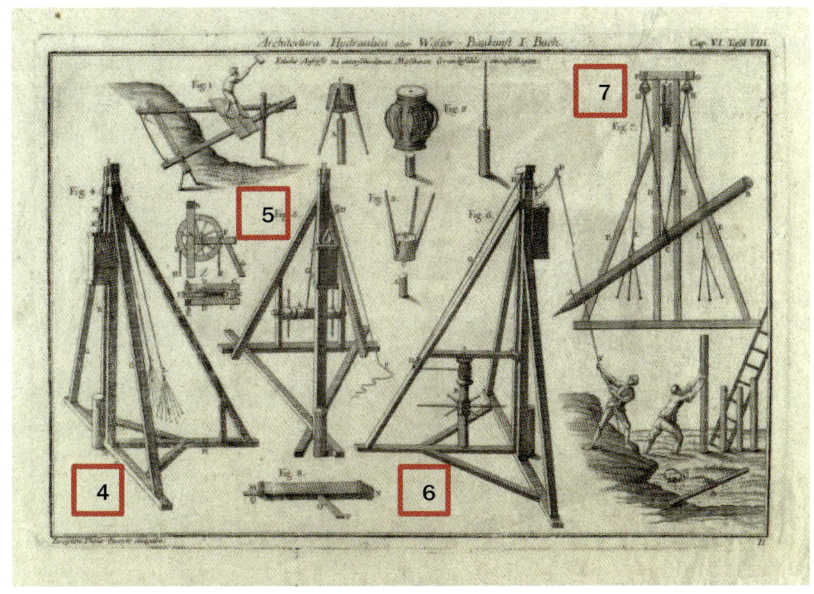

Bild 81: *Architectura Hydraulica(unbekannter Autor, Lukas Voch?, Kap. VI, Tafel VIII)*

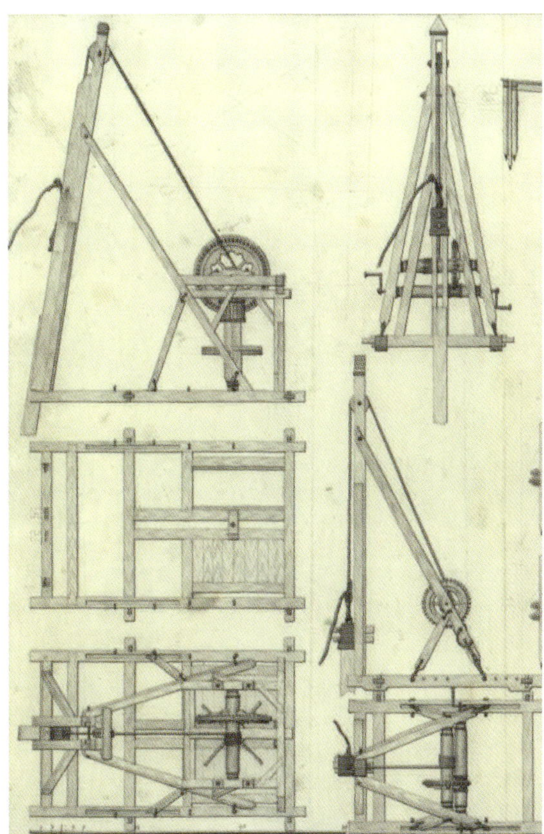

Bild 82: *Kranähnliche Maschine zum Einrammen der Pfähle*

[70] Diese Arbeiten wurden von den Bayern oft argwöhnisch überwacht, ob die Wuhrkästen nicht zu viel Wasser nach Augsburg ableiteten und zu wenig Wasser für die Floßfahrt im Lech übrigblieb. Ein Beispiel: Im Winter 1517 kam es zu einem Eklat. Bayerische Söldner warfen die Augsburger Arbeiter mit ihren Werkzeugen in den eiskalten Lech (Welserchronik, II, S. 277).

[71] In dem Kompendium „Denkmäler in Bayern Stadt Augsburg VII 8.3" wird auf Seite 417 angemerkt, dass diese Tafel „wohl für immer verschwunden" ist. – In den 1970 gab es Bestrebungen, die Tafel an anderer Stelle deutliche sichtbar anbringen zu lassen; doch ein Stadtratsbeschluss vereitelte dieses Vorhaben.

Lechablaß.
Im Jahre
1000 erste Anlage zur Wassereinleitung.
1346 große Wehr- und Dammbauten.
1406 Zerstörung durch Hochgewässer.
1469, 1517 und 1552 Streit mit Bayern wegen Wasserleitun-
1561 Bau des Reserve-Ablasses.
1596 Das Wehr wird mit Executiv-Gewalt durchbrochen.
1634 Brand der Ablaßwerke und
1646 Zerstörung im Schweden- dann
1703 im spanischen Erbfolgekriege.
1793 Verheerung durch Feuer.
1798 Neubau der Hauptschleuße.
1803, 1807, 1816, 1824 große Wehrbrüche.
1837 Neubau der Reserve-Schleuße.

***Bild 83**: Gesamtbild der Tafel am Hochablass mit Chronik des Wehres (Kollmann, 1837) und Chroniktext (Kollmann, 1850, S. 17)*

Wie schon anfangs dargelegt, können erste Dammbauten um 1000 n. Chr. an der Stelle des Hochablasses nicht nachgewiesen werden.[72] Die Verlagerung des Lechs nach Osten lässt die Annahme eines Ablasses an dieser Stelle um diese Zeit nicht zu. Nach Werner existieren zu diesen Zeitpunkt keine nachweisbaren Quellen.[73]

Auch aus den nachfolgenden fünf Jahrhunderten kann man keine gesicherte Aussage über den Aufbau und die genaue Lage des Hochablasses machen. Auf der von Groos gezeichneten Karten ist für 1276 ein großer Damm am südlichen Grenzgebiet von Augsburg nachzuweisen; aber ein Hochablassbau ist nicht erkennbar (siehe Bild 6 im Kapitel „Lech in Augsburg", S.12).

Üblicherweise wird das Jahr 1346 als „Geburtsstunde" des Hochablasses angesehen, da z. B. dafür in der Welserchonik von 1595 große Dammbauten erwähnt sind.[74] In der Welserchronik werden für diese Aussagen keine Nachweise angegeben; Kollmann übernahm die Jahreszahl wohl von Welser.

Für das Jahr 1406 berichtete Kollmann: „1406 rissen ausdauernde Hochgewässer die Lechwehre und Dämme fort; auch wurde die Vorstadt bis an den Hunoldsgraben überströmt". Auch hier wird der Hochablass nicht ausdrücklich erwähnt.[75]

Kollmann führt weiter die Jahreszahlen1469, 1517, 1552, 1634 (Dreißigjähriger Krieg), 1646 und 1703 (Spanischer Erbfolgekrieg) an; sie zählen nur die herausragenden Daten der vielen Streitigkeiten um den Hochablass zwischen Bayern und Augsburg auf. Zahlreichen Verträgen zwischen den beiden Kontrahenten versuchten, die Zwistigkeiten zu befrieden.

Der wichtigste dieser Verträge ist das vom 9. Oktober 1418 stammende Privilegium des Kaiser Sigismund. In diesem Vertrag sollten Hindernisse, die die Augsburger vom Benützen des Lechwassers abhielten, verboten sein. Am 15. Januar 1419 erteilte Sigismund zusätzlich einen Gebotsbrief, der der Stadt Augsburg das Recht gab, „den Lechfluß zu bauen, zu flößen, zu benützen, und allenfalsige Hindernisse mit Gewalt zu beseitigen".[76]Ein Jahr später, 1419, „legte Sigismund der Stadt auch die Verbindlichkeit auf, das rechte Lechufer zu bauen und zu schützen".[77]

Auf diese Verträge und Vereinbarungen berufen sich alle nachfolgenden Abmachungen.[78]

Groos liefert 1967 eine Skizze des möglichen Lage des Hochablasses. Er deutete die Verlegung der „Alten Wuhr" nach 1552 zur dann endgültigen Position des Hochablasses an. Anmerkung: Den Umgehungskanal von 1910 hat Groos zur Orientierung eingezeichnet. (Bild 84)

[72] Die folgenden nach Kollmann zitierten Jahreszahlen wurden alle aus seinem Werk von 1850 entnommen; diese wurden von Ferdinand August Oldenburg zusammengestellt. Schon in seiner Schrift von 1835 listete Kollmann eine Liste von Jahreszahlen auf, die sich in der Ausgabe von 1850 wiederfinden; Mayer benützt die gleichen Jahreszahlen. Auch Ruckdeschel übernahm sie.

[73] Werner, S. 8. Es kann vermutet werden, dass Kollmann diese Jahreszahl nannte, um die historische Größe des Hochablasses zu unterstreichen.

[74] Welserchronik I, S. 105. Dabei erwähnt Welser auch, dass die Augsburger die Wertach zum Flößen verwenden durften „zu ewigen Zeiten".

[75] Kollmann, 1850, S. 127. Dagegen berichtet Welser (Gasser) in seiner Chronik nur von „Groß Gewässer". Der Lech ist „dermassen Wasser geschwellet, dass er nicht allein die Häußer / darbey er fürüber laufft / in den Vorstätten gegen Auffgang ...". (Welser-Chronik I, S. 145).

[76] Dieses Privilegium und der Gebotsbrief sind bei A. Werner, S 133 und S. 134 aufgelistet. Bei Kollmann,1850, werden sie auf Seite 127 aufgezählt.

[77] Ebenda.

[78] Da die juristische Seite dieser Verträge nicht Inhalt dieses Buches ist, wird auf die Aufzählung dieser Verträge und der teilweisen Kommentierung derselben auf den Anhang im Buch von Werner hingewiesen.

Darin wird angedeutet, dass die alte Wuhr weiter südlich lag und 1570 mit Lechkies aufgefüllt wurde; ca. 900 Meter weiter nördlich errichtete man den Hochablass.[79]
Groos schreibt dazu, dass der Anlass dafür die Verlagerung des Lechs nach Osten war. Auf bayerischer Seite schüttete man einen Schutzdamm auf.

Aus dem Jahr 1571 findet sich im Stadtarchiv folgender Plan. (Bild 85)[80]

Ein Jahr danach, also 1572, brach der Lech in den Friedberger Brunnenbach ein. So mussten umfangreiche Dammbauten den Lech gegen Osten abdämmen.[81]
Am 12. Juli 1558 kam ein sehr ausführlicher „Vertrag zwischen Herzog Albrecht in Bayern und der Stadt Augsburg, die Gränzen, Lechgepäu, wie auch den Floss – und mittleren Bronnenlech“ zustande. Im dritten Abschnitt dieses Vertrags wird u.a. festgelegt, dass die Augsburger nur an der Stelle des Hochablasses Wasser abzweigen dürfen.[82]

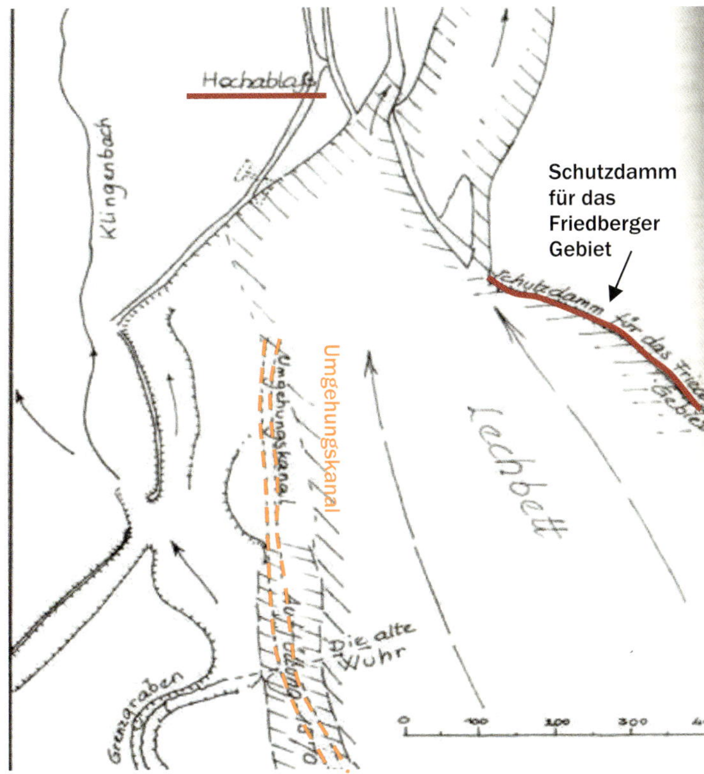

Man erkennt darauf die Zweiteilung des Lechs in einen östlicheren Zweig, der mit „Bayerischer Gang“, und einen westlichen Zweig, der mit „Schwäbischer Gang“ bezeichnet wurde (siehe Bild 86). Deutlich zeichnen sich die bewaldeten Lechinseln ab. Das Einlaufbauwerk mit dem Stadtbach ist schon als gemauertes Gebäude erkennbar. Die Reserveschleuse war damals noch nicht errichtet. Doch schon 1561 verhandelte der Rat von Augsburg mit den bayerischen Herzögen wegen des Baus eines gesonderten zweiten Einlasses. Der Grund war einfach:

Durch die Bedingung, die Floßfahrt zu gewährleisten, kam in Trockenzeiten zu wenig „Triebwasser“ in die Kanäle.

Bald nach 1571 muss diese Reserveschleuse gebaut worden sein. Das bedeutet, dass man die Jahreszahl auf der Tafel von Bild 83 „1561 Bau der Reserveschleuse“ wohl etwas später ansetzen muss.

Die nächste Jahreszahl (1596) auf der Kollmannschen Tafel ist bedeutsam, weil zu dem dargestellten Anlass drei Pläne im Stadtarchiv

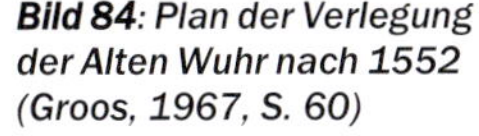
***Bild 84**: Plan der Verlegung der Alten Wuhr nach 1552 (Groos, 1967, S. 60)*

***Bild 85**: Historische Karte des Hochablasses im Jahr 1571*

[79] Groos, S. 51.

[80] Dieser Plan hat den Sachtitel „Siebentischwald und Haunstetten mit Umgebung“ und ist im Mai 1579 entstanden. Er ist von Friedberg restauriert und kopiert worden. Er ist nicht genordet; unten ist Westen.

[81] Groos, S. 59. Der in diesem Plan eingezeichnete Umgehungskanal soll nur zur Orientierung dienen. Er wurde erst 1910 nach der Hochwasserkatastrophe für die Wasserversorgung des Wasserwerks am Hochablass gebaut.

[82] Werner, Wasserkräfte, S. 141– 142.

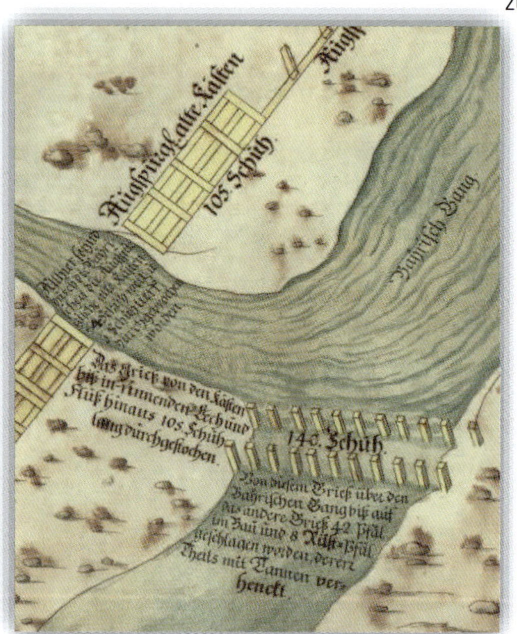

***Bild 86**: Detail der Verdammung aus Bild 87*

zu finden sind, die dieses Durchbrechen mit „Exekutivgewalt“ darstellen. Werner berichtet: „Es hatte sich der Lech seit einiger Zeit so stark gegen Osten geworfen, dass es viele Mühe kostete, den Augsburger Mühlen das nötige Aufschlagwasser zuzuführen. Es herrschte daher ein erheblicher Energiemangel. In dieser Not ließ der Rat mehrere Wuhrkästen bei dem Hochablass einsenken und oberhalb des letzteren einen neuen Wassergraben in den alten Flossbach führen“. Dadurch wurde der Rost mit den Wuhrkästen nach Osten hin verlängert. Der Rat glaubte, im Recht zu sein, erzürnte aber den bayerischen Herzog Wilhelm V., da dadurch keine Floßfahrt mehr möglich war. Er „lies etliche Schritte oberhalb des neuen Einlasses einige von den Augsburgern vor Jahren auf der bayerischen Seite hergestellten Wasserbauten einreissen sowie Pfähle schlagen, den Lech auf schwäbischer Seite ‚verdammen‘“.[83] In kurzer Zeit wendete sich der Lech vollends bayernwärts, sodass die Augsburger Einlässe fast ganz trockengelegt wurden. Am 6. Mai 1596 kam es zur Aussöhnung zwischen den Parteien; die Augsburger verpflichteten sich, „das rechte Ufer des Lechs bis zur Friedberger Lechbrücke so lange zu unterhalten, als der Lech in diesem Rinnsal verbleibt, und solange sie durch ihre beiden „Ablässe“ die Notdurft Wassers in ihren Flossbach führen und einleiten werden“.[84] Bayern lieferte dazu unentgeltlich Holz aus den umliegenden Wäldern; der Kies konnte überall entnommen werden. „Augsburg durfte nicht nur die Kästen verdoppeln, sondern durfte auch die Naufahrt, welche gegen Bayern in die 60 Werkschuh offen zu lassen, nicht gestört werden“.[85] Ferner wurde festgelegt, „ ... , daß Augsburg an dem auf ihrem Territorio stehenden Ablassgebäude keinerlei Hindernisse und Einsprache erfahren solle und daß bei künftig baierhalb zuführenden Bauten, gemeinschaftlich Augenschein abzuhalten und bei Differenzen ein Sachverständiger von der Iller oder dem Leche zur Entscheidung erkieset werden solle“.[86]

Einer dieser Pläne zu diesem Vorfall beschreibt nicht nur die „Verdammung“, sondern stellt den Hochablass („Hoch- oder Altablaß“) mit der Reserveschleuse („Neuablaß“) sehr ausführlich dar. (Bild 86 und 87)

Deutlich erkennbar ist die Teilung der Einlaufkanäle. Nur jeweils ein Teil (hier der östliche) ist für die Flöße frei zugänglich. Die anderen Teile sind durch einen Holzbalken (Schwellbalken), der das Geschwemme

[83] Werner, S. S. 14 ff

[84] Ebenda, S. 14

[85] Werner, S. 13/14. Die unterstrichenen Stellen hat schon Groos unterstrichen; am Anfang des 20. Jahrhunderts war nicht eindeutig festgelegt, wo die Grenze zwischen Oberbayern und Schwaben am Hochablass verlief. Es gibt im Stadtarchiv Augsburg immer wieder diesbezüglich Anfragen.

[86] Kollmann, 1850, S. 131; Werner, S. 14 ff. Diese Quelle gilt für alle Zitate in diesem Abschnitt. Die Baupflicht am Hochablass war noch 1930 beim Umbau des neuen Hochablasses Grund zu juristischen Auseinandersetzungen zwischen der Stadt Augsburg und der bayerischen Regierung. Man berief sich auf den Vertrag von 1569.

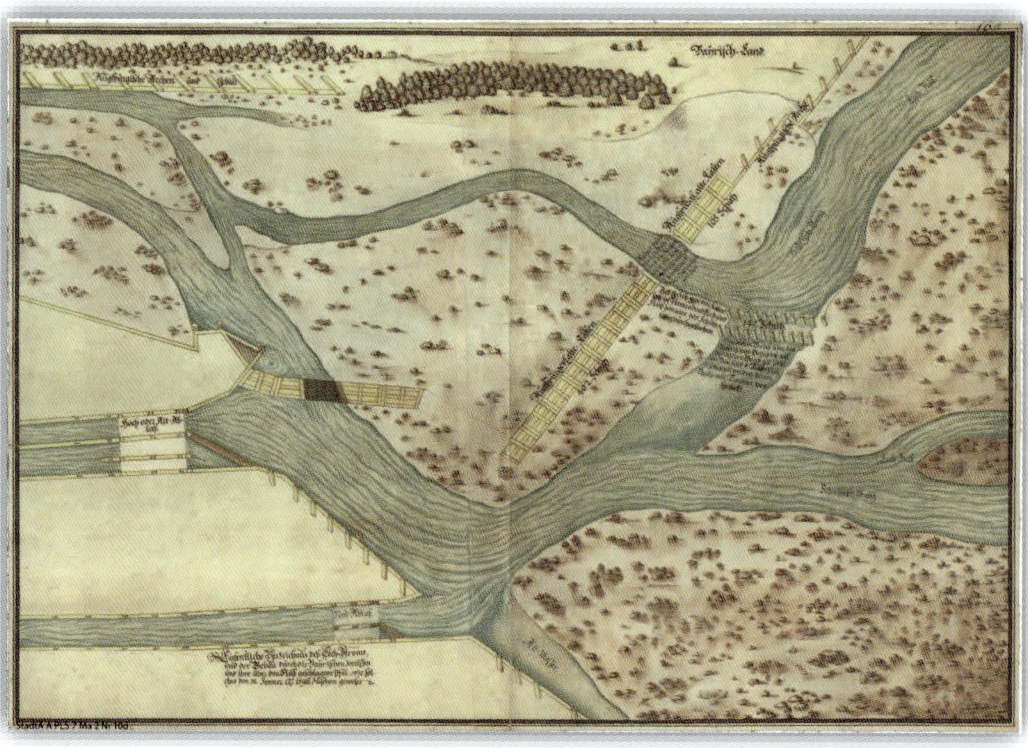

***Bild 87**: Plan mit beiden Ablässen und „Verdammung des bayerischen Gangs“, 1596*

abhalten sollte, abgesichert. Damit wurde gewährleistet, dass die Flöße auch problemlos am Kanalufer anlegen konnten, um ihre Ladung loszuwerden. Die Veränderung des Lechs ist hier gut zu erkennen. Die alten Kästen von Augsburg lagen auf einer Kiesinsel („**Gries**“ genannt) und waren somit nicht mehr als Einlaufhilfe verwendbar. Am unteren Rand des Plans ist auch noch ein Zweig des Lechs, „Alt-Wasser“ genannt, erkennbar. (Bild 86)

Das Problem wurde in einem „Vertrag zwischen Herzog Wilhelm in Bayern und der Stadt Augsburg wegen des Lechbaus vom 6. Mai 1596“ zu Gunsten von Augsburg gelöst. Dieser Vertrag wird in Auszügen im Anhang zitiert. Quelle: Anton Werner: Die Wasserkräfte der Stadt Augsburg, 1905, S. 145.

Im Plan gibt es folgende Beschriftung: Am schwäbischen Gang: „Allhier seindt durch die Augspurgische alte Kästen 64 Schuh weit u. 6 Schuch tieff durchgebrochen worden“. Schwäbischer Gang: „Von diesem Grieß über den Bayerischen Gang biß auf das andere Grieß 42 Pfäl im Bau und 8 Rüst-Pfäl geschlagen worden, deren Theils mit Tannen verhängt“.

Ein interessanter Vergleich ergibt sich aus den beiden abgebildeten Plänen, die den Hochablass im gleichen Jahr 1741 darstellen. Der eine wurde von Frantz Anton Paur, Churfürstlicher Geometer und Wasserpaumeister angefertigt. (Bild 88)

Den anderen Plan zeichnete der Churbayerische Geometer Georg H. Baur und er wurde „Copiert von Georg Greggendorfer im Jahr 1743“. (Bild 89)

***Bild 88**: Plan der Churbayrischen Floßfahrt (Franz Anton Paur, 1741)*

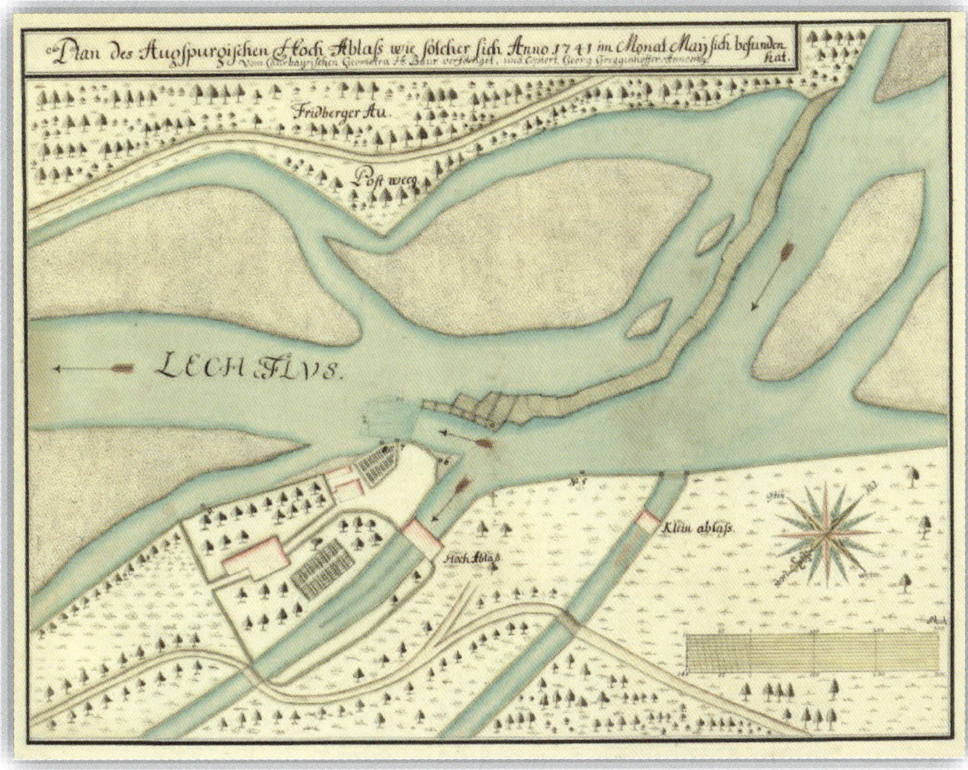

***Bild 89**: Plan des Augspurgischen Hochablass (Georg H. Baur, Mai 1745)*

Zuerst zum Anlass der Pläne: Bei Kollmann findet man dazu folgende Bemerkung: „1741 Die vielen Klagen der Flößer zu beseitigen verlängerte man die Floßfahrt um 90 Fuß“.
Bei Paur ist eine Längenangabe der Floßgassenverlängerung nicht eingezeichnet. An die Floßgasse schließt sich eine sehr lange und gebogene Wuhr an, die bis zum bayerischen Ufer reicht. Im Oberwasser liegen zwei Kiesinseln. Im Unterwasser breiten sich zwei sehr große Kiesinseln aus; sie sind durch einen schmalen Durchfluss getrennt. Der Flussschlauch liegt wohl im mittleren Flussabschnitt.
Im zweiten Plan von Baur „copierte“ Georg Greggendorfer den Hochablass. Hier sind die Kiesinseln wesentlich kleiner, der Flussschlauch liegt im Bayerischen Gang.
Beide Pläne zeigen unterschiedliche Bewaldung.[87] Die Gebäude für die Schleusenwärter sind in beiden Plänen gleich angelegt. Welcher der beiden Pläne der Wirklichkeit näher kommt, lässt sich heute nicht mehr entscheiden.
Der schon erwähnte „Musterhochablass“ (Bild 75, S.58) wurde 20 Jahre später im Jahr 1741 gezeichnet und weist eine völlig verschiedene Insellage und im Oberlauf eine bewaldete Insel auf. Die Floßgasse erscheint hier schon verlängert. Der Verlauf der Wuhr ist wesentlich glatter.[88]

Einen Übersichtsplan des gesamten Hochablasses zeichnete Kollmann im Jahr 1818. (Bild 90)

Auf diesem Plan sind einige interessante Details vor allem beim Lechverlauf erkennbar: Zahlreiche kleine Kiesinseln befinden sich unmittelbar in der Nähe der Oberkante des Ablasses. Weiter südlich schließen sich zwei große Inseln an. Der Flussschlauch ist auf der östlichen Seite angedeutet. Der Lech streicht somit an der Oberkante der Wuhr entlang; das hat zur Folge, dass die größte Wassermenge in Richtung des Einlaufbauwerks getrieben wird. Hier sind massive Senkfaschinen erkennbar. Die Floßgasse ist verhältnismäßig lang. An ihrem Ende sieht man starke Wirbelbildung. Im Unterwasser sind unmittelbar nach der Wuhr wiederum zahlreiche größere und kleinere Inseln erkennbar. An der östlichen Seite lassen sich Buhnenbauten ausmachen, die wohl die vorgelagerten Kiesinseln mit verursacht haben. So konnte im weiteren Verlauf nach Norden der Lech am östlichen Ufer entlangfließen. Das Ablassgebäude und die Einlaufvorrichtungen sind nur schemenhaft gezeichnet. Dagegen sind die Spickelinsel und der Franzosenwall deutlich eingezeichnet.[89]

[87] **Weiter ist auffällig, dass die Bezeichnungen für die Kanäle verschieden sind: in einem Plan heißen sie „HochAblaß“ und „Klein ablaß“, im zweiten Plan werden sie mit „Hochablas“ und „Bayr Ablas“ bezeichnet.**

[88] **Auch hier fallen wiederum unterschiedliche Bezeichnungen auf: Der Hauptkanal heißt „Lechwaßer oder Canal nach Augspurg“, der Reservebach wird mit „Neubach“ bezeichnet.**

[89] **Kollmann war bei der Erstellung dieses Stiches 18 Jahre alt; er war von v. Hößlin als Gegenzeichner eingestellt worden. Er weist in seiner Legende dieses Planes auf den Wehrbruch von 1807 hin. Die Längenangaben sind hier noch mit „baierischen Schuh“ bezeichnet.**

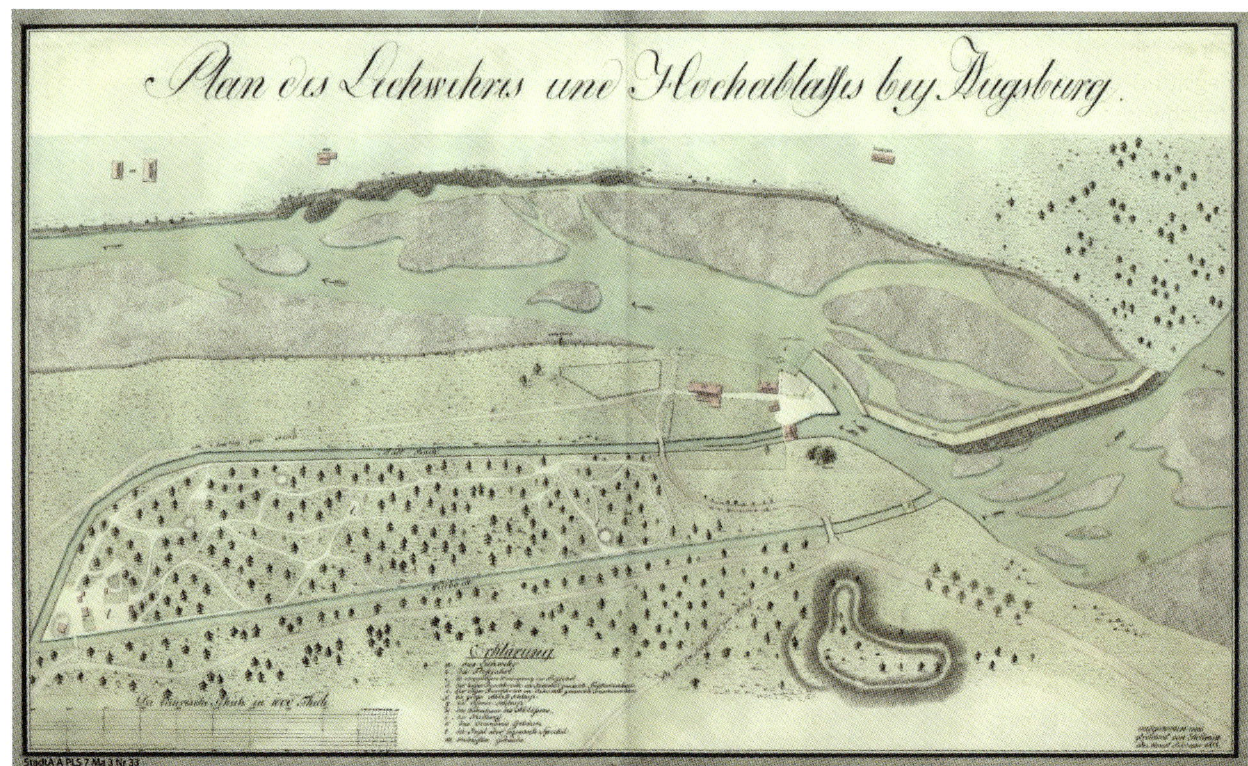

***Bild 90**: Plan des Lechwehres und Hochablasses bey Augsburg (Kollmann, 1818)*

Auch 1832 berichtet Kollmann über eine große Kiesbank „unterhalb dem Flossdurchlasse“.[90]

Im Buch von G. Mayer von 1914 findet sich ein Foto, wie der Hochablass am Ende des 19. Jahrhunderts ausgesehen hat. Deutlich erkennbar sind die Kiesinseln im Unterwasser, die Floßgasse mit der Wirbelbildung an ihrem Auslauf und die Restaurationsgebäude. (Bild 91)

Ein großes Hochwasser überflutete 1901 mit ca. 800 m³/s das Streichwehr. Doch es widerstand den Fluten.
In den nächsten Jahren versuchte die Stadt das Streichwehr zu überarbeiten.

Die Anfälligkeit einer Auskolkung im Tosbecken lässt erahnen, dass so gewaltige Wassermassen, wie sie im Juni 1910 den Lech herabkamen (bis zu 1200 m³/s), ganz erheblich an einer möglichen Zerstörung des Streichwehrs beteiligt sein können. Die Schwachstelle dieser schrägen Konstruktion blieb aber die Einfahrt zur Floßgasse, weil der Wasserdruck auf die Einfahrtsschleuse durch den Stromstrich von Ost nach West entlang der Wuhrkästen am größten war. Wilhelm Ruckdeschel bestätigte 150 Jahre später diese Meinung von Kollmann.[91]

Hier erscheint es geeignet, einen kleinen Zeitsprung in das Jahr 1910, genauer in den Monat August 1910 zu unternehmen. Zu dieser Zeit nahm der Augsburger Stadtrat (Stadtmagistrat) eine sehr genaue Beschreibung des Streichwehrs um 1900 vor. Der Anlass war folgender: Oskar von Miller, der auch die Stadt Augsburg in Bezug auf Ausnutzung der Wasserkraft beriet, referierte Anfang August vor einem fachkundigen Gremium über die Ausnützung der Wasserkraft am Walchensee; er wurde anschließend von Journalisten auch über die Hochwasserkatastrophe vom vergangenen Juni am Hochablass gefragt. Wie v. Miller später feststellte, hatte er seinen schriftlichen Text im Gespräch mit den Journalisten in etwas missverständlicher Weise geändert. Die Kernaussage dieses Interviews war, dass v. Miller der Meinung war, dass bei einer rechtzeitigen Sanierung das Streichwehr das Hochwasser überstanden hätte. Diese Äußerung führte in der Presse zu sehr polemischen Angriffen auf die Augsburger Stadtspitze, in erster Linie auf Herrn Franz Gentner, der damals für die Energieversorgung von Augsburg zuständig war. Der Disput zwischen v. Miller und dem Stadtmagistrat von Augsburg zeigt sehr genaue Details des Streichwehrs am Hochablass auf; daher wird diese Episode hier erwähnt:[92]
Am 14. August 1910 gab Hofrat Franz Gentner vor dem Augsburger Stadtrat zur Äußerung von Reichsrat Oskar von Miller folgende Erklärung ab:
„... das Augsburger Wehr zugrunde gerichtet worden sei infolge von direkten Betriebsfehlern, von direkter Übertreibung der Kraftausnützung, indem man Schützen verrammte“.[93]
Dieser Behauptung widersprach Gentner,

1a. DAS HOCHABLASSWEHR AM ENDE DES 19. JAHRHUNDERTS

Bild 91: G.Mayer von 1914, 1a

indem er erklärte, „dass ein Verrammen der Schleusen (am Streichwehr während der Katastrophe) nicht stattgefunden hat,“ [sic] und dass man veranlasst ist, „daß wir heute schon die Verhältnisse Ihnen und der Öffentlichkeit darlegen, wie sie uns vom Bauamt geschildert“ werden. Die wörtliche Bekanntgabe des Bauamtes lautet „Schleusen waren in dem 242 Meter langen Überfallwehr niemals vorhanden. Vorhanden waren lediglich 4 kleine Kiesdurchlässe von 4,2 bis 4,3 Meter Breite und bis 0,6 bis 0,8 Meter Tiefe, welche durch Versatzbrücken reguliert, d. h. bei kleinen Wasserständen geschlossen und bei höheren Wasserständen geöffnet würden. Befestigt wurde vor ca. 30 Jahren lediglich der 4,2 Meter breite und 0,6 Meter tiefe vierte Durchlass in der Mitte des Wehres, welcher bei höheren Wasserständen unzugänglich war. Drei der noch vorhandenen Kiesdurchlässe waren schon wochenlang vor Eintritt des Katastrophenhochwassers geöffnet,

90 Kollmann, 1850, S. 144.

91 Ruckdeschel, S. 41.

92 StadtAA, Bestand 45, Akt 702.
Oskar von Miller war nach seiner Rede in den Urlaub in die Schweiz (nach Tellsplatte) gereist, deshalb die lange Zeitverzögerung durch den Postweg.
In diesem Akt ist der gesamte Briefwechsel zwischen v. Miller und dem Stadtmagistrat von Augsburg erwähnt.

93 Diese Äußerungen beziehen sich auf die Begradigung des Lechs ab ca. 1850, um den an den Kanälen liegenden Betrieben möglichst viel Wasser, d.h. Energie , zukommen zu lassen.

Bild 92: *Bei Niedrigwasser sichtbare Pfahlstümpfe des alten Hochablasses (Januar 2015)*

ebenso die 15,4 Meter breite und 1,4 Meter tief eingeschnittene Floßgasse, welche die Wirkung einer großen und tief eingeschnittenen Kiesschleuse besaß. Es ist einleuchtend, daß bei einer Wehrlänge von 242 Meter und einer tief eingeschnittenen in ihrer Wirkung einer großen Kiesschleuse entsprechenden Floßgasse die Beseitigung eines nur 4,2 Meter breiten und 0,6 Meter tiefen Kiesdurchlasses nicht die Ursache des Wehrbruchs sein kann. Die Ursache des Wehrbruchs war vielmehr das ganz abnormale Katastrophenhochwasser. ... Ein Hochwasser von ca. 1200 Sek. Kubikmeter, welches die größten Hochwässer der letzten 60 Jahre um das Doppelte überragte. Der Wehrbruch erfolgte naturgemäß am schwächsten Teil, d.i. an dem doppelten Kiesdurchlaß, ca. 40 Meter oberhalb der Floßgasse, woselbst der Faschinen - Verbau, welcher die übrigen Wehrteile gegen die Unterspülung schützt, wegen der Kiesabführung eine Unterbrechung erleiden mußte“. [94]

9. Gefahren für das Streichwehr (tabellarischer Überblick)

Mayer unterscheidet in seinem Buch von 1914 über die Hochwasserkatastrophe zwei verschiedene Gefahren: die von Menschen verursachten und die natürlichen.[95] Für die Ersteren sind die Historiker zuständig. Hier soll es nur um die durch die Natur verursachten Gefahren gehen.

Das Streichwehr war vor allem aus **Holz** gebaut. Ist Holz dauerhaft mit Wasser bedeckt, so ist dieses Material für den Wasserbau sehr gut geeignet. Dies gilt vor allem für die Pfähle, die die Verankerung der Wuhrkästen in das sehr kiesige Flussbett gewährleisteten. Diese Pfahlstümpfe sieht man heute noch in wasserarmen Zeiten nördlich des Wehrs. Diese Pfähle des alten Streichwehrs wurden während des Neubaus von 1911/12 nicht entfernt; sie haben bis heute der Witterung widerstanden. (Bild 92)

Holz für den Vorboden (Flusssohle im Oberwasser) zu verwenden, erwies sich als sehr dauerhafte Lösung. Der Deckel der Floßgasse wurde ebenfalls mit Holz abgeschlossen. Bis heute musste der hölzerne Vorboden im Oberwasser des 1911 errichteten Neubaus des Hochablasses nicht erneuert werden.[96]
Sehr selten wird in den Plänen oder Beschreibungen des Hochablasses erwähnt, welche Holzarten verwendet wurden. Im Plan von 1596 (siehe Bild 55, S. 48) wird Tannenholz als Holz für die Pfähle genannt; auch Lärchen - oder Fichtenholz wurde verbaut.

Das Holz der Wuhrkästen aber war nur zeitweise von Wasser bedeckt und war so den **Witterungseinflüssen** ausgesetzt; es verwitterte daher sehr schnell und musste häufig ausgewechselt werden. Auch starke **Trockenheit (Sonnenbestrahlung)** beeinträchtigte die Wuhrkästen erheblich.
Das **Geschiebe** des Lechs und die Flöße, die am Boden der Floßgasse entlangscheuerten, taten ein Übriges, die Oberfläche der Wuhrkästen sehr stark aufzurauen. Daher mussten die Wuhrkästenabdeckungen (Deckel) oft getauscht werden.

Eis bildet sich[97] bei Frost erst sehr spät am Abend oder am frühen Morgen; es benötigt zum Auftauen viel Zeit. Besonders gefährlich war das **Grundeis**. Es bildete sich in sehr kalten Wintern von der Sohle her aus, weil das umgebende Erdreich schon unter der Gefriergrenze abgekühlt war. Wurde dann das Wetter wärmer, taute das Eis auf, stieg nach oben und riss dabei häufig auch das Erdreich der Kanalböden mit sich. Bevorzugt in den Kanälen bildete sich Grundeis und verstopfte damit die Mühlen und Turbinen.
Das hatte zur Folge, dass Eis im Winter noch sehr lange die Kanäle beschädigen konnte,

[94] Franz Gentner beließ es bei dieser Verlautbarung des Bauamtes. Oskar von Miller wollte die Mitarbeit für die Planung des neuen Hochablasses einstellen; doch auf Bitten des Stadtmagistrats wurden eine Verständigung erreicht. Ein Brief von v. Miller am 18. August stellte das alte Vertrauensverhältnis wieder her.

[95] Gotthilf Mayer: Die Lechhochwasserkatastrophe, S. 7.

[96] Mündliche Auskunft des Tiefbauamtes, November 2010.

[97] Um Wasser von 0 Grad Celsius in Eis von 0 Grad Celsius zu verwandeln, bedarf es einer verhältnismäßig hohen Energiemenge, die dem Wasser entzogen werden muss. Das dauert eine gewisse Zeit. Dies bedeutet, dass sich Eis erst sehr spät am Abend bildet. Der gleiche Zeitaufwand gilt auch für die Umwandlung von Eis in Wasser. Folglich trafen Eistriften am Hochablass normalerweise erst nach Mitternacht ein. Man muss auch noch den oft langen Weg von dem Entstehungsort des Eises und dem Hochablass berücksichtigen. Auch ein Warndienst war nur sehr verbesserungsbedürftig vorhanden.

obwohl die Temperaturen schon wieder über dem Gefrierpunkt lagen. Dieses Schadensbild nannte man „Eisstopfungen". Die Folge waren Überschwemmungen, da das durch das Eis angestaute Wasser nicht abfließen konnte.
Vor 1910 gab es am Hochablass noch kein elektrisches Licht. Man konnte daher sehr schwer kontrollieren, ob in der Nacht von Süden her Eisschollen auf den Hochablass getrieben wurden, oder ob sich am Wehr selbst Eis gebildet hatte.
Die Stadtverwaltung hielt das Bedienpersonal des Hochablasses in Arbeitsverträgen an, „Eisstopfungen" abzumildern oder zu beseitigen.[98] Somit war die Beobachtung des Eisganges und die Entfernung der Eisschollen eine zentrale Aufgabe der Schleusenwärter. Dies war eine schwierige und gefährliche Arbeit. Mit speziell geformten Eisenstangen, die am Ende Zinken aufwiesen, versuchte man, das Eis so weit wie möglich zu entfernen. Man nannte diese Arbeit **„Eisnen"**.[99]

Kollmann erwähnt solches Grundeis in seinem geschichtlichen Überblick für die Jahre 1837 (24. März bei 13°R), 1840 (27. März, 11°R), 1844 (22. März) und 1845 (6.Februar).[100]
Wasser, das in die Ritzen der Holzkonstruktion eindrang, fror im Winter und spaltete das Holz. Auch dies führte meist im Frühjahr zu Reparaturarbeiten.[101]

Starker Ostwind begünstigte zusätzlich die Eisbildung am Hochablass. Halbwegs genaue Wettervorhersagen gab es aber erst ab 1909/1910 per Aushang.

Feuer, Blitze und große Trockenheit waren für den Hochablassbau sehr gefährlich; die Reserveschleuse brannte mehrmals ab. Die dadurch angerichteten Schäden brachten meist eine Stilllegung des Ablasses mit sich. Dies galt in Trockenzeiten auch für die Mühlen und Turbinen; ihr Betrieb musste folglich mit großen finanziellen Verlusten eingestellt werden. Hier machte sich besonders die Abhängigkeit der Augsburger Textilindustrie von der Energiequelle Hochablass bemerkbar.[102]

Wirbelbildung / Verkolkung [103]
In einem so „lebhaften" Fluss wie dem Lech entstanden viele **Wirbel**, ganz besonders dort, wo Lechwasser auf Hindernisse stieß. Das konnten Ufersteine oder Kanten der einzelnen Bauteile des Hochablasses sein. Häufig traten die Wirbel am Ende der Floßgasse auf. Hier wurden sie dann für die Flöße bedrohlich, hier vor allem, wenn die Floßgasse sehr kurz war und das Aufschlagwasser des Lechs einen großen Höhenunterschied überwinden musste.

Stießen die wirbelnden Wassermassen auf eine Unebenheit in der Flusssohle oder am Ufer, bildeten sich sog. **Kolke**, auch **Strudellöcher** oder **Strudeltöpfe** genannt. Diese Kolke beeinträchtigten die Standfestigkeit des Wehres ganz erheblich und mussten daher immer wieder aufgefüllt oder ausgebessert werden. Zusätzlich vergrößerte das Geschiebe des Lechs diese Kolke weiter.
Die dadurch notwendigen Ausbesserungsarbeiten – auch auf bayerischer Seite des Lechs – waren schon sehr früh in der Verantwortung der Stadt Augsburg verankert.

Die größte und folgenreichste Gefahr für das Wehr war zweifelsfrei **Hochwasser**. Der Lech entspringt in den Kalkalpen; hier stauen sich die Niederschlag bringenden Wolken am Gebirge. Das ermöglicht Hochwässer nicht nur während der Schneeschmelze, sie waren und sind ebenso während des ganzen Jahres möglich.[104] Besonders verheerend ist Hochwasser, wenn hoher Niederschlag und Schneeschmelze zusammentreffen und die am Lech liegenden Orte und Ländereien überfluten.

Es gibt im Stadtarchiv einige Pläne, in denen die Bruchstellen durch Hochwasser dargestellt werden. Als Beleg dient folgender Plan aus dem Jahr 1809, in dem drei Wehrbrüche eingezeichnet sind. (Bild 93)

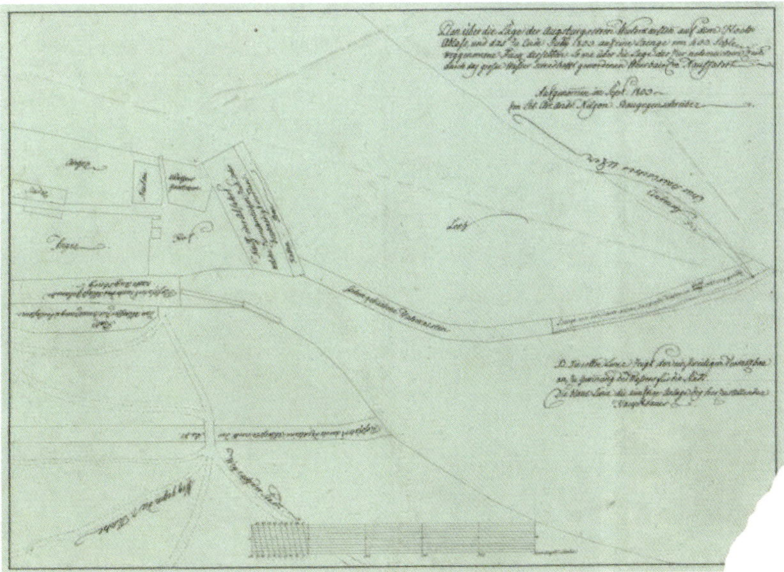

***Bild 93:** Plan der Augsburgischen Wuhr mit der Eintragung dreier Wehrbrüche (Chr. Andr. Nilson, 1809)*

[98] Auch bei Werner wurde erwähnt, dass die Werks – und die Mühlenbesitzer zum Eisnen" in den Kanälen verpflichtet waren.

[99] Dazu gibt es einen gesonderten Akt im Stadtarchiv, der mit „Eisnen" betitelt wird. StadtAA, Bestand 45, Akt 660. Dieser enthält aber nur Ereignisse nach 1910.

[100] Kollmann, 1850, S. 144 und S. 148. In dieser Zeit war Kolmann Baurat. 13° = 11° C und 11° = 8,8 ° C

[101] Auch noch in unserer Zeit tritt Grundeis auf. So berichtete die Augsburger Allgemeine am 14. Januar 2009 über Bildung von Grundeis, das vom Landesamt für Umwelt überwacht wurde. Das Amt warnte vor Überschwemmungen.

[102] Diese Abhängigkeit machten sich die Feinde Augsburgs zunutze, indem sie den Hochablass niederbrannten. Als schwerwiegendste Beispiele sind der Dreißigjährige Krieg und der spanische Erbfolgekrieg zu nennen.

[103] Warum und wie Wirbel entstehen, wird im Anhang erklärt.

[104] Näheres und ausführlich wird dieser Umstand in den Ökologischen Schriften dargestellt.

Tabellarischer Überblick der am Hochablass und Lech aufgetretenen Gefahren (Auszug)
„Zitate von Kollmann“ wurden aus dem Original übernommen, Kollmann 1850

1346	"überschwemmte der Lech die Vorstadt und verschüttete die Lechkanäle. In Folge davon baute man do, wo jetzt der Hochablaß zu sehen, einen großen Damm und Wehr mit Schleußen. Die Kosten zu bestreiten wurde 3 Jahre lang außerordentliche Steuer erhoben."[105,106]
1406	"rißen außerordentliche ausdauernde Hochgewässer die Lechwehre und Dämme fort, auch wurde die Vorstadt bis an den Hunoldsgraben überströmt."[107]
1432/34	Schlimme Hochwässer[108]
1500	"überströmten Lech und Wertach die Dörfer Lechhausen, Oberhausen und Pfersee."[109] Reichstag in Augsburg, Reichsreform beschlossen[110]
1539,	"goße Überschwemmungen durch Lech und Wertach. "[111] Komma nach Jahreszahl im Buch von Kollmann
1575	d.d. 5. März. Vertrag mit Bayern über zwei Lechbauten, oberhalb dem Ablasse.[112]
1596	"vertrocknete der alte sonst reiche Floßbach fast ganz; die drei am Ablaßwehr 1591 erbauten Kästen ersetzen den Abgang nicht, daher neue erbaut, ... **Anmerkung (1)**
1635	" ... Die 3 Jahre lang in Folge des Krieges nicht geräumten Kanälen wurden ausgeschaufelt, wozu jeder Hauseigenthümer der wöchwentlich 1 Person auf 1 Tag zu senden hatt, ... "[113] Dreißigjähriger Krieg
1637	"am 31. Juli überschwemmte der Lech die Jakobervorstadt bis zur Brühlbrücke."[114]
1639	"im Juni. Verheerungen durch den Lech und Wertach."[115]
1647	.... "Am 22. August machte der Lech einen großen Riß in den rechtsseitigen Damm, oberhalb dem Ablaßwehre, strömte über die Ufer und setzte Lechhausen wie die ganze Niederung dort, bis Rain, unter Wasser."[116]
1703,	... „den 4. September verbrannten bayerische Soldaten, im Spanischen Erbfolgekrieg, alle Ablaßgebäude."[117]
1721	" - Hochwasser durchbrachen am 25. Oktober das Lechwehr auf 2 Kastenlängen,"[118]
1723	" .... Am 26. und 27. Juli machte er großen Einbruch in das linke Ufer oberhalb der Reserveschleuse,"[119]
1726	zerstörte der Lech die Brücken bei Kaufering, Friedberg und Lechhausen."[120]
1729;	den 30. Januar, stieg der Lech über die Fallen der Reserveschleußen und die Dämme, was am 31. Januar morgens einen Wehrbruch veranlaßte."[121]
1737	Paulus Federlin sagt: "Im Jahre 1737 waren Hochgewässer wie nie, am 14. Januar trat der Lech schrecklich aus, lief im Walde herum, ... "[122]
1742	"...auf dem Ablaß wurden 36 Nächte Eiswachen gehalten was 426 fl. (Gulden) kostete."[123]
1750	".... - Lech und Wertach schwollen am 12. Juli sehr an."[124]
1751	"Am 25. Februar Hochwässer durch schnelles Tauen, Ueberfluthen der Kanäle. Dagegen litten alle Werke im November. Wassermangel. "[125]
1771	Oktober/ 1772 Juli Hochwasser nach Wikipedia 2011
1788	"Wassermangel durch starken Frost und Eisgang in November und Dezember. Stillstand aller Mahlmühlen. Das Proviantamt führte Handmühlen ein."[126]

[105] Welserchronik, Ander Theil S. 105.

[106] Kollmann, 1850, S. 126. Aus dieser Anmerkung von Kollmann legen Historiker i. A. den Anfang des Hochablasses in dieses Jahr.

[107] Ebenda, S. 126.

[108] Pfeuffer, S. 70. Im Jahr 1430 Gunzenlee durch Hochwasser vernichtet.

[109] Kollmann, 1850, S. 128.

[110] Wikimedia, 2009

[111] Kollmann, 1850, S. 128.

[112] Ebenda, S. 130.

[113] Ebenda, S. 132.

[114] Ebenda, S. 133.

[115] Ebenda, S. 133.

[116] Ebenda, S. 134; Groos, S. 34.

[117] Ebenda, S. 134. Kollmann berichtet: „1703, den 4. September verbrannten bayerische Soldaten, im spanischen Erbfolgekriege, alle Ablaßgebäude“. „1707 wurde die Hauptschleuse mit 3 Einlässen aus Holz wieder aufgebaut“.

[118] Loderer, S. 37.

[119] Kollmann, 1850, S. 135.

[120] Ebenda, S. 135.

[121] Ebenda, S. 135. Die Bezeichnung **„Fallen“**, die Kollmann verwandte, kann man heute durch Schützen oder Wehrtafeln ersetzen.

[122] Ebenda, S. 136.

[123] Ebenda, S. 137.

[124] Ebenda, S. 137.

[125] Ebenda, S. 137.

[126] Kollmann, 1850, S. 139.

1789	machte anhaltender Regen Hochwasser, viel Einrisse im Lech- und Wertachufer. Vom 22. zum 26. Juli wurde das Lechwehr 450 Fuß lang durchbrochen. - Alle Sturzbänke am Lechwehre zerstörte das Hochwasser."[127] grimmige Kälte (von Stetten S. 335)
1793	Das hölzerne Schleusenhaus, über dem Hauptkanal auf dem Ablasse, brannte am 25. Oktober ganz nieder."[128]
1794	Weberaufstand
1803,	am 16. Mai, fiel 1 1 /2 Fuß hoher Schnee, das schmelzen desselben veranlaßte Ueberschwemmungen. - Das Lechwehr ward durch Hochgewässer in der Länge von 403 Fuß stark beschädigt."[129]
1807	am 4. Oktober brach das Lechwehr am linken Flügel wieder in einer Länge von 180 Fuß durch. Die Kanäle entbehrten mehrere Monde den Normalwasserstand.[130]
1816	". - Hochwasser veranlaßte die Versenkung mehrerer Wehrkästen des Lechablasses, sie werden bei der fortdauernden Fluth am 22. August weggerissen." [131]
1824	" Ungewöhnliche Hochwasser traten Ende Oktober in Lech und Wertach ein, die nachhaltige und nachtheilige Ueberschwemmungen bewirkten. Am 31. Oktober zerstörten sie das Lechwehr und einen Theil des rechtseitigen Uferkammes, ... "[132]
1826	" .... - Am 6. April wurde auf dem Ablasse eine Wasserscale (Pegel) gesetzt.[133]
1827	6. März Stauungen in den Kanälen die zum 8/7 gefüllt (überfüllt) waren.[134]
1830	"... Der Lech stieg d. 10. August, 8 Fuß über 0. ... "[135]
1832	Der Lech war im März so klein, dass er durch die Kanäle geführt werden konnte.[136]
1836	im Februar war der Lech so klein, daß er ganz, wie im März 1832, durch die Kanäle geführt werden konnte."[137]
1836	18./19. Juni, großes Hochwasser;[138] **Anmerkung (2)**
1837	"ging noch am 24. März (Charfreitag) bei 13° R. Kälte viel Grundeis in den Lechkanälen."[139]
1839	"Am 7. November consumirte der Lech, einschließlich der Kanäle nur 1278 c Fuß Wasser.[140]
1840	"Hochgewässer am 29. Juli; der Lech 9 und die Wertach 7 Fuß am Pegel."[141]
1843	" ... auch der Lech stieg bedeutend durch Regengüsse."[142]
1847	" ... Am 21. Juni bedeutende Hochgewässer durch Lech und Wertach."[143]
1856	24. Januar Hochwasser[144]
1880	Hochwasser durch sehr starken Eisgang[145]
1882	31. Dezember Überschwemmungsbericht[146]
1899	17. September Überschwemmungen[147]
1901	18. September Großes Jahrhunderthochwasser,[148] **Anmerkung (3)**
1908	3./4. August Hochwasser,[149] **Anmerkung (4)**
1909	14. Juli Großes Hochwasser[150]
1910	16. Juni Hochwasser zerstört das Streichwehr, die Verantwortlichen der Stadt entscheiden sich gegen einen Wiederaufbau des Hochablasses als Streichwehrs.

127 Ebenda, S. 139.

128 Ebenda, S. 139. 1797/98 wieder aufgebaut. Ein Schreiner, er Eisen aus dem Wasser holte, ertrank dabei. Weiterer Brand: 1795 brannte das Wasserhäuschen am Stadtbach beim Franzosenwall ab und wurde im selben Jahr wieder aufgebaut.

129 Ebenda, S. 139.

130 Ebenda, S. 139.

131 Ebenda, S. 140. Jakob Gerber war Baumeister; er baute den Hochablass unter Leitung von Baurath von Hößlin.

132 Ebenda, S. 142.

133 Ebenda, S. 142.

134 StadtAA, Bestand 45, Akt 667.

135 Kollmann, 1850, S. 143.

136 Ebenda, S. 145.

137 Ebenda, S. 145.

138 Ebenda, S. 145.

139 Ebenda, S. 145. Die Einheit „Reamur" zeugt davon, dass um diese Zeit die Einheit für die Temperatur noch nicht mit „Celsius" festgelegt war; dies geschah erst 1901.

140 Ebenda, S. 145.

141 Ebenda, S. 146.

142 Ebenda, S. 147.

143 Ebenda, S. 149.

144 StadtAA, Bestand 45, Akt 667.

145 Ebenda und StadtAA. Bestand 45, Akt 215.

146 StadtAA, Bestand 45, Akt 667.

147 StadtAA, Bestand 45, Akt 667.

148 StadtAA, Bestand 45, Akt 667.

149 StadtAA, Bestand 45, Akt 667.

150 StadtAA, Bestand 45, Akt 667.

Anmerkungen:
(1) ... große Trockenheit am Floßbach, einem alten „Überbleibsel des alten Lechlaufs".[151] Es mussten umfangreiche Umbauten auch am Ablass getätigt werden; aber „die drei am Ablaßwehr 1591 erbauten Kästen ersetzen den Abgang [am Wasser] nicht"[152]. Das bedeutete, dass man durch Abänderung der Wehranlage mehr Wasser in das Augsburger Kanalsystem lenken wollte.
1594 Beginn des Baus des Augustusbrunnens zur 1500 Jahrfeier von Augsburg, 1599 bis 1602 Bau des Merkur – und Herkulesbrunnen. Alle drei Brunnen verbrauchten erhebliche Mengen an Wasser. Ein Wasserturm allein baute man für die Brunnenversorgung.

(2) „Lech so klein, daß er ganz durch die Kanäle geführt wurde".
Am 7. November „consumierte der Lech, einschließlich der Kanäle nur 1278 Fuß Wasser. P.S".[153]

(3) Es gibt einen Hochwasserschaden beim Gutsbesitzer Schnider am Schwabhof. Das Kgl. Straßen – und Flußbauamt schrieb an das K. Bezirksamt:
Hochwasserschaden in der Gemeinde Friedberg, hier Hochablaßwehr vom Lech in Augsburg:
„An dem der Stadtgemeinde Augsburg gehörenden Hochablaßwehr ist, soweit dies nicht bekannt ist, im Laufe der letzten Jahre keine Erhöhung des Wehrkammes, sondern wie aus dem zwischen dem k. Bauamte und dem Stadtmagistrat Augsburg geführten Schriftwechsel hervorgeht, bei Augsburg die erforderten Ausbesserungsarbeiten bezüglich der eingesunkenen Belegstellen des Wehrrücken unter Einhaltung der vorhandenen Schäden vorgenommen worden. **Anlagend die durch das letzte Hochwasser vom 3./4. August bewirkte außergewöhnliche Überschwemmung des Geländes oberhalb des Hochablaßwehres wird bemerkt, daß dieses Hochwasser nach den Pegelbeobachtungen als das größte Katastrophenhochwasser seit Menschengedenken zu bezeichnen ist und hienach die größte Ausdehnung der Überschwemmung sich erklären dürfte ...". [sic]**[154]

(4) Telegramm, aufgegeben im Prem[155] um 7 Uhr 45: „Der Lech bringt großes Hochwasser – Gemeinde Prem" Dazu erfolgte die Anmerkung des Bauamtes: „mündliche Verständigung erfolgt".[156]

10. Durchgeführte Gefahrenabwehr

10.1 Technischer Uferschutz

Die Absicherung der Bausubstanz von Wasserwehr und Uferverbauung ist die Aufgabe des sog. **technischen Uferschutzes**.

An den Ablassufern mussten Vorkehrungen unternommen werden; sie entsprachen den Sicherungsmaßnahmen des Wasserbaus analog der Ufersicherung an Gewässern. Diese Sicherungstechniken gingen mit der Entwicklung neuer Materialien und neuer Maschinen einher.
Die Seitenwände des Einlaufbauwerks und die westliche Wand der Floßgasse waren besonders gefährdeten Stellen am Ablass. Seit der Mitte des 19. Jahrhunderts wurden deshalb die aus Holz bestehenden Schutzwände (Archenwände) durch Steinbauten ersetzt. So berichtete Kollmann von der Errichtung einer steinernen Archenwand im Jahr 1835.[157] Außerdem verlängerte man die seitlichen Wandungen nach Norden und Süden. Dabei war es notwendig, mit den östlichen Nachbarn, den Bayern, zusammenzuarbeiten. Zahlreiche Verträge zwischen den beiden Anliegern sicherten diese gegenseitige Abhängigkeit; sie sind Inhalt historischer und juristischer Betrachtungen.[158]

Schon früh hatte die Stadtverwaltung Vorkehrungen getroffen, einen gewissen Schutz für den Hochablass zu gewähren. Auf allen Plänen ist eine abgesicherte Uferberandung zu sehen. Wie weit diese einen Hochwasserschutz bot, kann nicht nachgewiesen werden.

Hier sei nur erwähnt, dass von den Menschen viele zusätzlichen Gefahren (z.B. durch Auseinandersetzungen mit den Truppen des Herzogtums Baiern) ausgingen; darauf kann in dieser Arbeit nicht weiter eingegangen werden.
Eine Ausnahme, die man heute noch am Hochablass erkennen kann, sei hier erlaubt: Um

151 A. Werner, Wasserkräfte, S. 6.

152 Kollmann, 1850, S. 131.

153 Ebenda, S. 131.

154 StadtAA, Bestand 45, Akt 402.

155 Prem am Lech ist eine Gemeinde im oberbayerischen Landkreis Weilheim-Schongau

156 StadtAA, Bestand 45, Akt 402.

157 Kollmann, 1850, S. 144.

158 Das von Werner verfasste und von Groos erworbene Buch über die Wasserkräfte benutzte Groos als juristisches Nachschlagewerk und hat mit vielen Unterstreichungen und Randbemerkungen dies deutlich gemacht. Auch heute noch wird im Tiefbauamt das Buch von Werner in kniffligen juristischen Fragen zur Rate gezogen.

sich vor den feindlichen Truppen zu schützen, errichtete man den Franzosenhügel. 1839 schreibt dazu Kollmann über den **Franzosenhügel:** „Sie [die Schanze] ist ... schon vor Jahrhunderten zur Vertheidigung der kostbaren Ablasswerke angelegt worden. Von da aus wurden mehrmalige feindliche Versuche, der Stadt das Wasser abzuschneiden, vereitelt; ...". Im Dreißigjährigen Krieg diente er 1634 dazu, nach der „fürchterlichen Niederlage der Schweden bei Nördlingen"... „eine Truppe kaiserlichen Soldaten, welche bei niederm Wasserstande über das Wehr, den Lech von Bayern her passiren, und die Stadt überrumpeln wollten, durch schwedische Besatzung zurückzutreiben. Jahre später wurde ein Teil der Schanze für den Straßenbau und zur „Verschotterung" von Faschinenbauten abgegraben. Kollmann veranlasste, dass diese „historisch merkwürdige Fortifikation" erhalten blieb, indem er 1836 einen Graben gegen weitere Abhebungen um die Schanze zog und dem städtischen Baupersonal anwies, dass „keinerlei Beschädigungen mehr stattfinden dürfen". Der Franzosenhügel selbst war mit Kanonen bestückt.

In dem Stich von 1818 über den Hochablass zeichnete Kollmann die Lage des Franzosenhügels ein (Bild 94):

Kollmann bezeichnete den Franzosenhügel als „Feldschanze" von „350 Fuß Länge 125 Fuß Breite, mit Brustwehr und von 18 Fuß Höhe". Er fährt 1850 mit der Beschreibung fort: „Augenscheinlich war dies Werk zur Verteidigung des der Stadt so wichtigen Ablasses angelegt. Jetzt umziehen es Schlehen und Weißdornbüsche, die unter den hundertjährigen Lerchen und Föhren emporsteigen". Ob die Lerchen und Föhren zum Wuhrkastenbau am Hochablass verwendet wurden, ist nicht nachweisbar. In unserer Zeit ist der Franzosenhügel in das Wasserschutzgebiet der Stadt Augsburg eingegliedert.

10.2 Verwaltungstechnische Vorkehrungen

Viel entscheidender und effektiver für den Erhalt eines funktionsfähigen Hochablasses war eine Reihe von **verwaltungstechnischen Vorkehrungen.**

Grundlage für alle weiteren Verträge und Vorkehrungen für den Uferschutz war der Gebotsbrief von Kaiser Sigismund vom 15. Januar 1419. Eine Randbemerkung von Groos unterstreicht dies.[159] (Bild 95)

Innerhalb des Stadtbezirks von Augsburg wurde im frühen 19. Jahrhundert die Uferstrecke am Lech in Abschnitte eingeteilt, die sog. „Polizeisoldaten" nachts abgehen mussten, um dabei den Wasserstand zu kontrollieren und ihn den Aufsichtsbehörden zu melden. Es gab dazu einen Zeitplan für die Kontrollgänge.

Doch dieser Zeitplan hatte im Jahresübergang von 1825 auf 1826 nachts eine Lücke von einer Stunde, in der der verantwortliche Polizeisoldat fehlte. Genau in dieser Stunde stieg am 1. Januar 1826 der Lech und verursachte ein großes Hochwasser. Der zuständige Polizeisoldat war heimgegangen; er glaubte, dass sein Dienstplan dies ermögliche. Er wurde anschließend bestraft.[160]

Als Konsequenz für solche auftretenden Nachlässigkeiten erließ zufällig unter diesem gleichen Datum der damalige Stadtbaurat v. Hößlin eine Verordnung, die diesen Missstand beheben sollte.[161]

Aus den Akten geht nicht hervor, auf welche Weise die Meldekette ablief. Es ist anzunehmen, dass es dazu eine Läuferkette gab. Wann und ob eine Signalstafette benutzt

[159] Groos, der Erstbesitzer meines Exemplars des Buches von Werner, hat dieses Buch mit vielen Randnotizen versehen.

[160] StadtAA, Bestand 45, Akt 657.

[161] Ebenda.

__Bild 94:__ Franzosenhügel bei der Reserveschleuse (Kollmann, 1818)

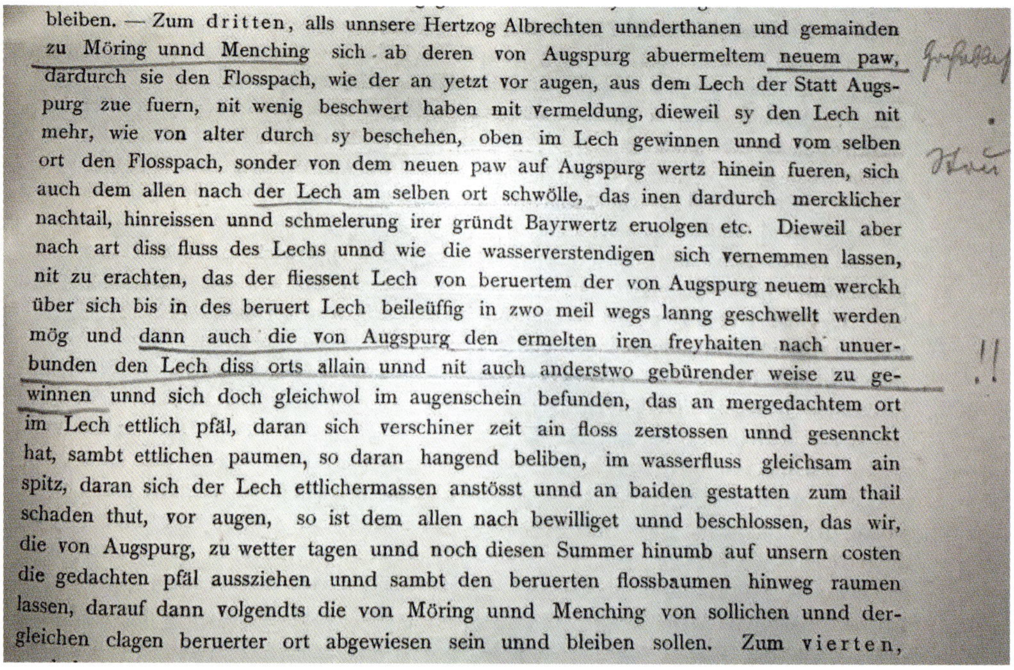

Bild 95: *Vertrag zwischen Herzog Albrecht in Bayern und der Stadt Augsburg, ... vom 12. Juli 1558*

mit Anmerkungen von Groos

neue paw = Hochablass
am selben ort schwölle = Stau

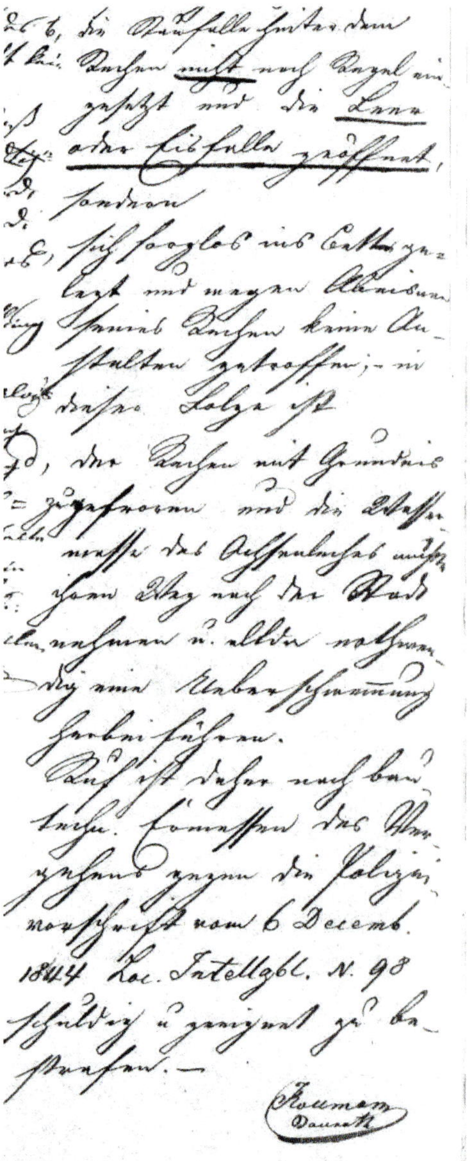

bleiben. — Zum dritten, alls unnsere Hertzog Albrechten unnderthanen und gemainden zu Möring unnd Menching sich ab deren von Augspurg abuermeltem neuem paw, dardurch sie den Flosspach, wie der an yetzt vor augen, aus dem Lech der Statt Augspurg zue fuern, nit wenig beschwert haben mit vermeldung, dieweil sy den Lech nit mehr, wie von alter durch sy beschehen, oben im Lech gewinnen unnd vom selben ort den Flosspach, sonder von dem neuen paw auf Augspurg wertz hinein fueren, sich auch dem allen nach der Lech am selben ort schwölle, das inen dardurch mercklicher nachtail, hinreissen unnd schmelerung irer gründt Bayrwertz eruolgen etc. Dieweil aber nach art diss fluss des Lechs unnd wie die wasserverstendigen sich vernemmen lassen, nit zu erachten, das der fliessent Lech von beruertem der von Augspurg neuem werckh über sich bis in des beruert Lech beileüffig in zwo meil wegs lanng geschwellt werden mög und dann auch die von Augspurg den ermelten iren freyhaiten nach unuerbunden den Lech diss orts allain unnd nit auch anderstwo gebürender weise zu gewinnen unnd sich doch gleichwol im augenschein befunden, das an mergedachtem ort im Lech ettlich pfäl, daran sich verschiner zeit ain floss zerstossen unnd gesennckt hat, sambt ettlichen paumen, so daran hangend beliben, im wasserfluss gleichsam ain spitz, daran sich der Lech ettlichermassen anstösst unnd an baiden gestatten zum thail schaden thut, vor augen, so ist dem allen nach bewilliget unnd beschlossen, das wir, die von Augspurg, zu wetter tagen unnd noch diesen Summer hinumb auf unsern costen die gedachten pfäl ausziehen unnd sambt den beruerten flossbaumen hinweg raumen lassen, darauf dann volgendts die von Möring unnd Menching von sollichen unnd dergleichen clagen beruerter ort abgewiesen sein unnd bleiben sollen. Zum vierten,

Bild 96: *Mitteilung einer Behörde über Verstöße des Wachpersonals 1844*

wurde, ist unbekannt – sie war wohl auch nur begrenzt brauchbar.
Nach 1826 gab es jährlich erneuerte Verordnungen zum Hochwasserschutz. Es sollten Beschädigungen überwacht oder beseitigt werden. Betroffene Bürger wurden nicht entschädigt.[162]

Ein weiteres Beispiel vom Dezember 1844 belegt, wie Behörden auf Verstöße des Wachpersonals reagierten (Bild 96):

Der Textausschnitt lautet: „... die Staufalle hinter dem Rechen nicht nach Regel eingesetzt und die Leer – oder Eisfalle geöffnet, sondern sich sorglos ins Bett gelegt und wegen Abeisen seines Rechen keine Anstalten getroffen; in dieser Folge ist der Rechen mit Grundeis zugefroren die Wassermassen ausnahmslos mussten dann Weg nach der Stadt nehmen und allda nothwendig eine Überschwemmung haben führen. Ruf [der Verursacher] ist daher nach bautechn[ischen] Ermessen des Vergehens gegen die Polizei-vorschrift vom 6. Decemb. 1844 Loc. Intellgbl. [Lokales Intelligenzblatt] Nr. 98 schuldig und geeignet zu bestrafen.
Kollmann, Baurat“

Doch erst am 28. Mai 1852 wurde ein **Gesetz zum Uferschutz und Schutz gegen Überschwemmungen** erlassen. Es schrieb jährliche **Bereisungen**, d. h. Besichtigungsfahrten mit Booten vor. Darüber mussten die zuständigen

[162] Ebenda.

Behörden einen Bericht an das „königliche Straßen – und Flußbauamt“ senden, in dem vorhandene Mängel und ihre mögliche Beseitigung aufgelistet sein mussten.[163]
Eine solche Bereisung des Lechs am Hochablass fand erstmals am 7. September 1852 statt.[164] Dabei wurde auf schadhafte Geröllanhängungen aufmerksam gemacht.
Immer wieder wurde die Stadt Augsburg an die notwendigen Flussbereisungen erinnert, z.B. am 8. November 1863; hier wurde auch die Frage nach der Zuständigkeit für die einzelnen Uferabschnitte gestellt; eine verbindliche Entscheidung wurde jedoch nicht getroffen.[165]

Folgendes Beispiel unterstreicht die Notwendigkeit des Uferschutzgesetzes: Am 9. Juli 1880 wurde am Hochablass festgestellt, dass die linksseitigen Flügelkästen zur Hälfte weggerissen und an drei Stellen aufgebrochen worden waren. Es wurde darauf hingewiesen, dass beim nächsten Hochwasser die gänzliche Zerstörung droht. Von der kgl. Regierung von Schwaben und Neuburg erging die Mahnung, mehr für die Verhütung von Unglücksfällen und Beschädigungen durch Hochwasser und Eisgang zu unternehmen; die Vorwarnung von Bewohnern durch die Gemeinden an Flussufern sollte rechtzeitig erfolgen.[166]

Am 31. Dezember 1882 gab die Regierung von Schwaben und Neuburg einen „Überschwemmungsbericht“ zur Verhütung von Unglücksfällen bei Hochwasser heraus. Dieser enthielt folgende Anordnung:
„Bei Eintritt von Hochwasser von + 3,0 Meter Füssener Flusspegel hat der in Füssen stationierte Straßenwärter an das Straßen – und Flußbauamt Augsburg hiervon telegraphische Anzeige zu erstatten und letzteres den Bezirksämtern Augsburg, Donauwörth und Neuburg sowie dem kgl. Straßen – und Flußbauamt Neuburg zu berichten (gez. Fallermaier)“.[167]

Folgendes Telegramm, aufgegeben am 4. September 1890 in Ingolstadt, der damaligen Zentralstelle für Warnungen, ergänzt diese Übermittlungsart. (Bild 97)

„An Magistrat Augsburg

Wir ersuchen um umgehende direkte Antwort, ob der Lech noch im Steigen begriffen und größeres Hochwasser der Donau zu befürchten ist.

Stadtmagistrat Ostermeier“

Unter dem Sign. v. 8. Mai 1909 Nr. 743 über den 1. Juni findet sich in den Magistratsberichten folgender Bericht:
„Bei der am Sonntag, den 22. Mai dieses Monats in Unterbergen aus stattgehabten Flußbereisung welcher außer dem Vorstande des Wasser – und Flußbauamtes Augsburg auch der Regierungs – und Kreisbaurat Hohenemser beiwohnte, wurde am Lochbachanstich gelandet und die 300 bis 400 m oberhalb befindliche Uferstelle besichtigt, an welcher der Lech z. Z. anfällt. [...] Das Ufergelände an der fraglichen Stelle ist so seicht, daß schon bei dem am 22.-ten Mai stattgehabten niederen Pegelstand von +55 cm am Hochablaß, das Wasser durch mehrere Rinnen zum Austritt gelangte. Bei einem größeren Hochwasser würde daher mit einem sehr bedeutenden Wasseraustritt zu rechnen sein, welcher mangels geeigneter Anschlußdämme der Lochbachschleuse dem Haunstettertal gefährlich werden könnte. Es wurde allseits ausgesprochen, daß es sich vorerst nur um eine ger...schen Faschinenraumes ...len könne, zu welcher man dann neuen Wassergefahr (einen) Zuschuß zu leisten hätte
... Es wird ein flacher Höhenrücken, der schon vom Straßen– und Flußbauamt Weilheim projektiert war, am linken Ufer zu errichten. Es w(?) angetreten und die Flußbereisung bis zum Hochablaß nur von den oberwärts zur Lechhauserbrücke fortgesetzt“
Der letzte Satz dieses Schreibens lautet: *„Vorstehender Bericht hat heutiger Sitzung zur Kenntnis gedient. Im Hinblick auf den Bericht vom 7. Mai 1909 (Amtsbl. – 19 B.A.a.n.238) sind weitere Schritte vorerst nicht veranlaßt“.*
Am 25. Juni ging dieses Schreiben zum Akt[168] der Stadt Augsburg. Auffallend ist die Zuständigkeit des Wasser – und Flußbauamtes: Der Hochablass selbst gehörte nicht zu seinem Kontrollgebiet, d. h. dafür war alleine die Stadtverwaltung von Augsburg zuständig.[169]

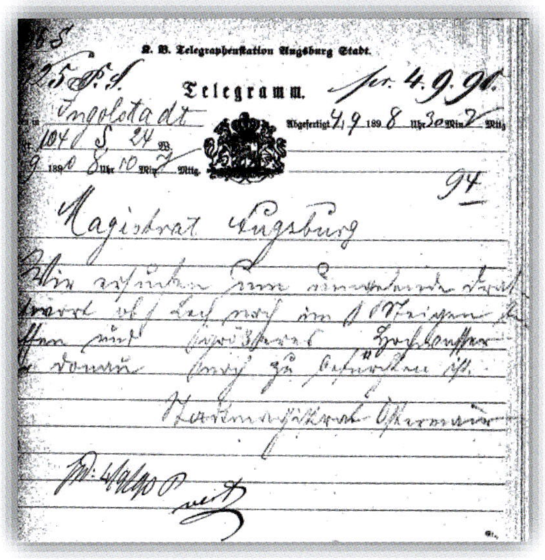

[163] Ebenda.

[164] StadtAA, Bestand 45, Akt 657.

[165] Ebenda.

[166] StadtAA, Bestand 45, Akt 667. In einer dort veröffentlichten Broschüre wird die Wiederherstellung betroffener Gebäude genau geschildert und Ratschläge erteilt.

[167] Ebenda. Seit wann Telegraphie in der Augsburger Stadtverwaltung eingesetzt wurde, geht aus der Aktenlage nicht hervor. Ebenso unklar ist, welche Art der Telegraphie verwendet wurde. Hervorgetan in der Entwicklung Von Telegraphenapparaten hatte sich vor allem die Firma Siemens & Halske (induktions-Zeigertelegraph 1837, Kabelrussschreiber 1877, Schnelltelegraph 1890).

[168] StadtAA, Bestand 45, Akt 665.

[169] StadtAA, Bestand 45, Akt 667.

Bild 97: *Telegramm vom 4. September 1890*

Neben der reinen Gesetzgebung gab es den **durch die Behörden geregelten Uferschutz**. In Augsburg war die Regelung der Zuständigkeitsbezirke (Lechabschnitte) durch die Grenzlage zu Bayern nicht ganz einfach.
Nach der Eingliederung Augsburgs in das Königreich Bayern wurden **Pläne der Steuergemeinden** angefertigt, die die Zuständigkeit der einzelnen Lechanrainer für eine Uferverbauung bestimmten. Am Hochablass trafen die Steuergemeinden von Friedberg, Augsburg und Weilheim zusammen. Deshalb mussten immer wieder klärende Gespräche geführt werden, wer z. B. für den Uferschutz südlich des Hochablasses zuständig war und vor allem, wer wofür zahlen musste.[170] Zur Abgrenzung der Gebiete dienten die Marksteine. [171]

Eine weitere wichtige Verbesserung des Uferschutzes war der Erlass des **Wassergesetzes vom 23. März 1907**. In diesem Gesetz wurde verordnet, dass für die Einrichtung eines entsprechenden **Hilfsdienstes** bei Wassergefahren Sorge zu tragen ist.[172]

Nach dem Hochwasser vom 4. Februar 1909 sah die Stadt Augsburg keine Veranlassung, die in der Stadt zu dieser Zeit vorhandenen Schutzvorrichtungen abzuändern. Der Uferschutz war der städtischen Feuerwehr untergeordnet.
Doch am 23. Februar 1909 wurde eine weitere Ausbildung des **Hochwasserwarnfristendienstes** angeordnet.[173]
Am 30 Februar 1909 wurde der Vollzug des Wassergesetzes für die Fortsetzung des Überschwemmungsgebiets dokumentiert.[174]

Wettervorhersagen für die Hochwasserwarnung wurden ab dem 30. Februar1909 eingeführt. Erste systematische Temperaturmessungen gab es schon ab 1880.

Die letzte Flussbereisung vor der Hochwasserkatastrophe von 1910 fand am 22. Mai 1909 statt.
Aufgrund einer Bestimmung vom 31. Januar 1906 konnten einzelne „Wasserwehrabteilungen" in jeder Gemeinde zusammengestellt werden; dafür wurden Orte ausgewählt, bei denen vermehrt Hochwasser auftrat. Hier wollte man bei Hochwassergefahr entsprechend eingreifen können.[175] Diese Wasserwehrabteilung stieß in Augsburg auf Bedenken, da die Feuerwehr schon eine solche Abteilung hatte. Kostengründe sprachen gegen eine neue Abteilung. Aufgrund der Bestimmungen wurde trotzdem eine solche Wehr aufgestellt. Sie konnte aber nicht mehr vor der Katastrophe eine Übung durchführen. Daher wird die **Wasserweh**r im Kapitel nach der Katastrophe besprochen.

Zwei Anmerkungen zu diesem Abschnitt seien erlaubt:

1. Anmerkung:
Hier seien kurz die wichtigsten menschlichen Auseinandersetzungen genannt:

- 1517 ließ der bayerische Landespfleger in Friedberg die Augsburger Arbeiter zusammen mit ihrem Werkzeug in den Lech werfen.
- 1596 herrschte große Trockenheit. Die Augsburger verlängerten ihren Wuhrkastenbau in Richtung Osten. Darauf ließ Herzog Wilhelm V. den Hochablass „verrammen".
- 1646 zerstörten die Schweden den Hochablass
- 1703 brannten die Franzosen den Hochablass im Spanischen Erbfolgekrieg nieder.

2. Anmerkung:

- Der Schutz der Natur oder der Flusslandschaft Lech fehlt in sämtlichen „Correktionsbauten" oder dem Uferschutz. Das bedeutet, dass bis zu dieser Zeit niemand einen Gedanken darauf verwendete, welche Auswirkungen die vielen „Correktionsbauten" für die Flora und Fauna am Lech hatten.
- Das bayerische Naturschutzgesetz wurde erst am 26. Juni 1935 erlassen.

11. Kosten – und Nutzenüberlegungen beim Bau des Hochablasses

Schon 1346, der „Geburtsstunde des Hochablasses", erwähnte Welser in seiner Chronik die hohen Kosten für den Dammbau.[176] Es mussten damals wohl viele Arbeiter zu diesem großen Damm herangezogen werden; der Kies selbst wurde vermutlich aus der näheren Umgebung des Lechs kostengünstig geliefert.[177]

Der Lech überflutete bei Hochwasser oft ein sehr großes Gebiet. Zur Abwehr dieser Wassermassen dienten Dämme, die ebenfalls sehr große Ausmaße annahmen.[178]
Das Wehr war über das gesamte Flussbett angelegt. Dazu und auch zum Füllen der Wuhr-

[170] Diese Abgrenzungen wurden speziell nach der Hochwasserkatastrophe wichtig. Die einschlägigen Pläne werden dort zitiert.

[171] Die in den Plänen eingezeichneten Marksteine dienten zur Abgrenzung gegenüber dem bayerischen Gebiet, hatten aber für die Ufersicherung keine Bedeutung.

[172] StadtAA, Bestand 45, Akt 659.

[173] StadtAA, Bestand 45, Akt 667.

[174] Ebenda.

[175] StadtAA, Bestand 45, Akt 667.

[176] Welserchronik, Ander Theil S. 105. Die Kosten für den Dammbau waren so hoch, dass die Augsburger Bürger drei Jahre lang Sonderabgaben zahlen mussten.

[177] Die im folgenden Text genannten Kosten können in dieser Arbeit nicht mit den damaligen oder heutigen Kosten verglichen werden. Dies würde das Thema bei Weitem den Umfang dieser Arbeit übersteigen.

[178] Groos, S. 49 f.

kästen benötigte man große **Kiesmengen**, die vermutlich vom Lech selbst geliefert wurden. Diese Bedingungen lassen auf die bei Welser erwähnten hohen Kosten für den Dammbau schließen.

Groos berichtete, dass die Baumeisterrechnungen keine Details über die Dammbauten enthielten. „Nur wenn ein Streit über Weiderecht oder Grenzen entsteht, geht der Vorgang in die Akten ein".[179] Deshalb ist es nicht möglich, genaue Kosten für den Damm im Mittelalter zu beziffern.

Für den Fortbestand der an den Kanälen liegenden Werke war ein funktionierender Hochablass überlebensnotwendig. Es war deshalb selbstverständlich, dass die Kosten für den Unterhalt des Ablasses von der Stadt aufgebracht wurden. Die herausragende Bedeutung für Augsburg findet sich ebenfalls in der Begründung für das „Denkmal Hochablass" auch heute wieder: Der Hochablass war „für die wirtschaftliche Entwicklung Augsburgs [ein] wichtiges ... Wehr".[180] So kann man auch das Nutzwasser, das aus dem Hochablass durch die Werkkanäle floss, als „weißes Gold" für Augsburg bezeichnen.

Flöße konnten erst ab einer Wassertiefe von 0,6–bis 0,9 Meter gefahrlos über den Ablass nach Norden fahren.[181] Der stark fließende Lech räumte oft mehrmals im Jahr sein Bett aus; nicht immer konnte die erforderliche Wassertiefe für die Floßfahrt erreicht werden. Das bedeutete eine dauernde Nachbesserung (Vertiefung) des Flussbettes und vor allem aber die Reparatur der Abfahrt (Naufahrt). Sie sollte kein größeres Gefälle als 10 Prozent haben, da sonst die Flöße am Ende der Floßgasse zu steil im Unterwasser aufschlugen. Dieses flache Gefälle konnte jedoch mit einer kurzen, doch billigen Floßgasse nicht erreicht werden. So war es eine ständige Forderung der Flößer, die Abfahrt zu verlängern und damit gefahrloser zu machen. Eine kurze Abfahrt erhöhte die Gefahr der Verkolkung am Ende der Gasse.
Die Forderungen der Flößer umzusetzen, bestimmte daher wesentlich die Bauweise der Floßgasse und war somit ein nicht unerheblicher Kostenfaktor.
Die vielen verschiedenen Pläne am Anfang dieses Kapitels zeugen von dieser kostspieligen Arbeit. In der Zeittafel von Kollmann am Ende seiner Arbeit von 1850 wird bei jeder Baumaßnahme die angefallenen Kosten erwähnt. Zum Beispiel wurde 1842 der Floßkanal vollständig umgebaut; die Kosten dafür betrugen nach Kollmann 15.000 fl (Gulden).[182]

Bis zum 20. Jahrhundert galt **Holz** das Werkmaterial schlechthin im Wasserbau. Prof. N. Koch empfiehlt z. B. Holz als Baumaterial für Dämme, wenn vier Bedingungen erfüllt sind:

1. wenn das ganze Bauwerk auf Pfählen gegründet ist,
2. wenn die Baugrube leicht auszuschöpfen ist,
3. wenn die Schleusen nicht zu weit sind (kleiner als 15 Meter),
4. wenn das Holz billig zu haben ist.[183]

Die ersten drei Punkte treffen sicher auf den Hochablass zu und sprechen also für den Werkstoff Holz, da die Floßgasse nie breiter als ca. 10 Meter war.

Der große Holzbedarf für den Wuhrkastenbau konnte nur in sehr geringem Maße aus dem stadteigenen Wald geholt werden, da das Augsburger Territorium für weiträumige Bewaldung zu beengt war.[184] Für den Faschinenbau am Hochablass waren Weiden sehr gut geeignet. So wurden 1834 auf dem linken Lechdamm 2000 hochstämmige Weiden gepflanzt.[185]
In den zahlreichen Verträgen zwischen Augsburg und Bayern wurde immer wieder festgelegt, dass Bayern das Holz für den Wuhrkastenbau liefern musste. Als Beispiel sei auf den „Vertrag zwischen Herzog Wilhelm in Bayern und der Stadt Augsburg wegen des Lechbaues vom 6. Mai 1596" hingewiesen, der in einer Fußnote den Holzbedarf angibt.[186](Bild 98/99)

Die lange Lebensdauer des Holzes kann nur gewährleistet werden, wenn das Holz dauernd mit Wasser bedeckt ist. Koch spricht dabei von einer Lebensdauer für Holzbauten von ca. 200 Jahren.

Im Wertachbruckertor kann man heute noch in Augsburg eine Holzplatte besichtigen, die aus dem Holz des Hochablasses angefertigt wurde.

Unklar bleibt, welche Holzsorten für den Bau verwendet wurden; in einem Plan von 1596 wird Tannenholz erwähnt; Kollmann berichtete von „Lerchen" [sic] auf dem Franzosenhügel. Es ist anzunehmen, dass es sonst in der Regel Fichtenholz war; das besser geeignete Lärchenholz gab es in der

[179] Groos, S. 52.

[180] Begründung des Bayerischen Ladsamtes für Denkmalpflege für das Denkmal „Hochablass"

[181] Koch, Wasserbau II, Vorlesung über Wasserbau an der Universität Tübingen, 1898, S. 2 der Nachschrift von Theodor Becher, MAN-Archiv, Kiste 355b

[182] Kollmann, 1850, S. 147.

[183] Koch, S. 90. Die Seiten des Manuskripts waren nicht nummeriert. Sie mussten aus Gründen der Auffindbarkeit nach der Vorlage durchgezählt werden.

[184] Der Zukauf von Wäldern in Tirol im 16. Jahrhundert verkleinerte sicher die Kosten.

Siehe auch Anmerkung zum Franzosenhügel. Dort werden Lerchen und Föhren erwähnt; das Holz dieser Bäume ist für den Wasserbau sehr geeignet.

[185] Kollmann 1850, S. 144.

[186] „porz" oder „porzholz" ist verkrüppeltes Holz oder hochstämmiges Buschwerk; hier wohl zum Faschinenbau geeignetes Holz.

¹ Also erklärt sich Kurfürst Max Emanuel sub dato 1. Juli 1700, dass vermög dieses Vertrags das Holz, so zu dem Geschlacht aus der Möringer Au, weil die Friedberger etwas abgeschwendet herzugeben unterm 4. Febr. a. p. der Kurfürst sich vernehmen habe lassen, unentgeltlich von dem Oberm. Amt abgefolgt werden solle.

10*

3. Herentgegen und fürs dritte haben Ir Frstl. Drlt. inn Bayrn genedigclich bewilligt inen von Augspurg zue solchem bau und underhaltung die notdurfft porz und thannen oder tauchholz sovill sie dessen darzue jederzeit bedürffen werden, an Ir Frstl. Drlt. auen und gehilzen, wa es zu solchen gebeuen zum negsten gelegnesten und füeglichisten sein kann, auszaichnen und unbezalt volgen zue lassen. In welchen ausgezaichneten gezirck inen von Augspurg das porzholz, (dann das thann oder tauchholz so dieser orten zu genüegen nit vorhanden, sonnderbar wa man es am füglichsten haben kan, ausgezaichnet werden muss) zur notdurfft diser Bayrer halb aufgenommen gebeu unersuecht ze nehmen unverwört, es auch ebenmessig mit dem thann oder tauchholz also gehalten, und wann in den ausgezaichneten gezirkhen die notturfft nit mehr vorhanden, sonnder mangel und abgang erschine, inen von Augspurg ein anderer gezirck auf ir begeren und ersuechen ausgezaigt und weder den Fridtbergern, Lechhausern oder andern Bayrischen unnderthanen an solchen inen von Augspurg ausgezeigten orten ichts zu nemmen gestatten, sonder genzlich abgeschafft und verboten werden solle.¹

***Bild 98/99:** Ausschnitt des Vertrags zwischen Herzog Wilhelm in Bayern und der Stadt Augsburg (in Werner, 1904, S. 147)*

Umgebung von Augsburg sicher seltener und es war deshalb auch teurer.

Seit Bestehen des Hochablasses wurde in Augsburg nie infrage gestellt, dass Flöße bei extremem Niedrigwasser oder Hochwasser kostenlos in die Kanäle einfahren konnten. Dazu gibt es allerdings keinen Vertrag. Beim Bau des Einlaufbauwerks musste eine mögliche Floßdurchfahrt immer mitberücksichtigt werden.[187] Ein Beleg für einen von den Werkkanälen unabhängigen Kanal, durch den die Flöße bei Niedrigwasser die Untiefe am Hochablass umfahren konnten, gibt es in dem Plan von Stenglin aus dem Jahre 1666 (siehe 1. Kapitel „Der Lech innerhalb Augsburgs“, Bild 14, S16). Für den Unterhalt dieses Kanals war die Stadt Augsburg verantwortlich. Auch Kollmann zeichnete in seinem Buch von 1850 nach Seite 16 erwähnten Plan eine solche mögliche Durchfahrt. Hier wird durch einen Ablass der Proviantbach abgeteilt. Kollmann merkt dazu an: „Über die Floßfahrt [von 1850] führt ein Steg auf das Wehr, woran bei eintretendem Wassermangel Versatzungen gelehnt werden, und mittels denen in Verbindung der geschlossenen Wehreinschnitten zuweilen der ganze Lech bis auf das wenige Wasser, welches durchsickert, in die Kanäle und auf diesen Wegen durch die Stadt geführt wird“.[188] Die Flöße fuhren dann durch den „Durchlasskanal“[189] bis zu dessen Mündung in den Lech; dort befand sich die sog. Wiener Floßlände. Von hier aus konnten die Flöße bis nach Wien fahren.

Auf das Durchfahrtsrecht pochte dann auch die Stadtverwaltung, als 1910 nach der Hochwasserkatastrophe ein neuer Ablass geplant wurde. Die Stadt wollte keine Floßgasse mehr bauen. Sie bot an, den noch sehr wenigen Flößen weiter die Durchfahrt durch die Kanäle kostenlos zu gewähren. Die Bayerische Staatsregierung bestand jedoch auf dem Bau einer Floßgasse. Näheres siehe Fertigen Plan von 1912, S. 112 ff.

Schon aus dem Plan von 1571 erkennt man, dass der Bau der Hauptschleuse bis zu Kollmanns Zeiten aus Holz errichtet wurde. 1793 brannte sie ab und wurde 1798 aus Holz neu errichtet.[190] Kollmann erwähnt dazu die entsprechenden Kosten nicht.
Für 1810 nennt Kollmann eine Wasserbaurechnung für Lechwehr und Floßfahrtarbeiten auf dem Ablasse in den Jahren 1809 und 1810, als „Baarausgabe von 17 393 fl 17 ½ kr".
[„fl“ = Gulden; „kr“ = Kreuzer]

Es ist anzunehmen, dass das Hochwasser von 1803 diese Reparaturkosten verursacht hatte. Für 1812 werden für Lechwehrreparaturen von 936 fl 4 kr angeführt. Für 1814 und 1815 werden jeweils ca. 1500 fl an Kosten erwähnt.[191]

Kollmann hatte sich schon zu Beginn seiner Tätigkeit als Baurat (1830) um die Finanzierung seiner Umbaupläne gekümmert. Er hatte aus eigenem Antrieb sämtliche Höhenunterschiede an den einzelnen Mühlen ausgemessen und zuerst für sich dokumentiert. Dabei betonte er, „den bis dahin kubischen Inhalt der Wassermassen der Kanäle, Bäche und Quellen, welche zum Nutzen der Stadt und der zahlreichen Gewerbe verschiedenartig verwendet wurden, ... aus eigenem Antrieb gemessen und die normale Wasserkonsumption für die Zeitsekunde in Bayr. Kubik Fußen ausgemittelt“ zu haben.[192] Kollmann stellte dabei fest: „Dieses Wasserquantum wurde im Jahre 1833 zu einer Zeit, wo keinerlei Streit obwaltete, und alle Wasserwerksbesitzer zufrieden waren, sorgfältig mehrmals gemessen, und der Beharrungsstand des Wasserquantums in diesen Kanälen durch Magistrats-Beschluss vom 19. April 1834 anerkannt“.[193] Für die Werksbesitzer galt daher, dass sie ihr angestammtes Wasserquantum beibehalten konnten. Die gesamten Einnahmen an diesen „Wasserradzinsen“ betrugen jährl. 55 fl. 5 kr.[194] Ein Vergleich mit den wesentlich höheren Reparaturkosten lässt das Bestreben Kollmanns, größere Einnahmen durch Abgaben für das Wasser zu erreichen, verständlich erscheinen.
Diese Messungen waren für Kollmann der Anlass, bei der Stadt 1839 durch seine Schrift

[187] Dieser Kanal wurde Proviantbach genannt uns ist heute noch im Augsburger Stadtplan eingetragen.

[188] Kollmann, 1850, S. 15. Die Rechtschreibfehler wurden übernommen.

[189] Der „Durchlasskanal“, wie Kollmann ihn nannte, wurde später der Proviantbach.
Quelle: Werner, S. 114.

[190] Siehe Geschichtstafel von Kollmann. S. 64 und Bild 38

[191] Kollmann, 1850, S. 140.

[192] Kollmann, 1839, S. 34. Ein Beispiel für eine solche Messung und der Vergleich zu den Angaben von Werner erfolgt im Anhang unter dem Abschnitt „Mühlen“.

[193] Kollmann, 1850, S. 113.

[194] Werner, S. 19.

den Stadtmagistrat auf die Notwendigkeit eines Umbaus des Hochablasses hinzuweisen. Gerade in dieser Zeit gab es in der Textilindustrie eine zweite Blüte; die Werke hatten daher einen erhöhten Energiebedarf. Sowohl der Lech sollte mehr begradigt werden (das bedeutete höhere Fließgeschwindigkeit und folglich mehr Energie) als auch mehr Wasser in die Kanäle fließen.
Die Stadt reagierte und erhob ab 1837 aufgrund der Kollmannschen Messungen eine „Consumtionssteuer", die auf dem Energieangebot an dem entsprechenden Wasserrad festgelegt wurde. Kollmann listete diese Steuer in seinem Werk von 1850 bei jedem Werk auf.

1832 legte Kollmann ebenfalls seine Pläne zum Umbau der Reserveschleuse vor. Auch hier lobte Kollmann „seine Reserveschleuse", die nicht nur wesentlich leichter zu bedienen sei, sondern auch mehr Wasser in die Kanäle leitete und damit mehr Energie den Werkbesitzern anbieten konnte. Kollmann setzte für den Bau einen Betrag von 20.000 fl an.

Ein Vergleich der einleitenden Worte beider Werke von Kollmann (1839 und 1850) zeigt das Bemühen von Kollmann, die herausragende Bedeutung des Hochablasses für Augsburg zu unterstreichen:
Kollmann betonte in seiner ersten, nur 38 Seiten starken Schrift von 1839 über den Hochablass Folgendes: „Die historische und artistische Bedeutung dieses Platzes reicht weit in die Vorzeit hinein; die Natur bezeichnete selbst diese Stelle zu dem wichtigen Zweck, **die Stadt mit Wasser zu versehen**, als vorzüglich geeignet; man hält auch [an] diese[r] Stelle mit der Wassereinleitung seit einem halben Jahrtausend unablässig fest und ließ sich weder durch das ungezähmte Element des reißendsten Flusses von Süddeutschland, noch den vielfältigen Zerstörungen und Hindernissen aus politischen und kriegerischen Verhältnissen, noch durch die großen Kosten und Anstrengungen, welche die Bauwerke fortwährend veranlassen, abzuschrecken".[195]

Der erste Satz des Vorwortes von Kollmanns Beschreibung der Wasserwerke von Augsburg 1850 lautet: **„Nie erschien eine vollständige Beschreibung der hiesigen Kanäle und Brunnenwerke und doch sind sie für uns von nicht aufzuwiegendem Nutzen".**[196] Aber auch die Kosten verschweigt er nicht. So erwähnte er in seiner Chronik von 1850, dass in der Zeit von 1596 bis 1738, also in 142 Jahren, aus den Unterlagen des Bauamts sich Folgendes herauslesen lassen konnte: für rechtsseitige Uferbauten von dem Drei Kreuzen Damm [auf bayerischer Seite] südlich vom Hochablass, ab hier Baupflicht für Augsburg] abwärts, 800.000 fl sind verwendet worden.[197]

Im dritten Abschnitt dieser Schrift von 1850 listete er (oder sein Mitverfasser Oldenburg) nicht nur eine ausführliche Chronologie der „hydrotechnischen Bauten" in Augsburg auf, sondern er erwähnte bei sehr vielen Bauten dafür die erheblichen Kosten, so auch für den Hochablass. Es ist anzunehmen, dass er die Kosten, die vor seiner Zeit als Leiter des Bauamtes (1834–1860, Nachfolger von Balthasar von Hößlin) anfielen, aus den städtischen Baumeisterrechnungen entnommen hatte. Vergleicht man die beiden Kollmannschen Werke, so fällt nicht nur der sehr unterschiedliche Umfang, sondern auch die erheblich stärkere Betonung Kollmanns eigener Leistung und die nachdrückliche Erwähnung der aufgewendeten und vor allem der im Werk von 1850 genannten, noch in Zukunft notwendigen Aufwendungen auf. Ja, Kollmann greift 1850 den für die Finanzen zuständigen Kommunalreferenten an, wenn er schreibt: „Für die succesive Umwandlung des Wehres und der Floßfahrt machte Baurath Kollmann schon 1837 Vorschläge, insbesondere um das Eintreiben des Kieses in die Kanäle zu beseitigen, welche jedoch von dem damaligen Kommunalreferenten Hr. Mayrhofer stets beseitigt wurden".[198]

Als Beispiel für die Kostenangaben von Kollmann sei folgende Seite beigefügt: (Bild 100)

Der Vergleich der Widmungen seiner beiden Schriften ist augenfällig:[199] Richtete sich Kollmann in seiner Schrift 1835 an die Gemeindebevollmächtigten, hier vor allem an den „Kämmerer und Banquier Freiherrn Ferd. v. Schäzler"; (Bild 101 und Bild 102) so wendete er sich 1850 an Georg Forndran, 1. rechtskundigen Bürgermeister von Augsburg und Landtagsabgeordneten, der im Mai 1850 als Erster Bürgermeister bestätigt wurde.[200] (Bild 103 und 104)

Die Bitte an den Magistrat um mehr Geld u.a. für die Erneuerung des Hochablasses scheint bei diesem kein Gehör gefunden zu haben. Kollmann ging frustriert 1860 nach München und betrat nie mehr Augsburger Boden.

[195] Kollmann, 1839, S. 9. Anmerkung: Hier spricht Kollmann von einem „halben Jahrtausend", also von einem Anfanghochablasses etwa im 13. Jahrhundert; in seinem 1850 erschienen, wesentlich ausführlicheren Werk verschiebt er den Beginn des Hochablasses in das Jahr 1000. Eine verfrühte zeitliche Festlegung, um seinen Beitrag am Hochablass zu unterstreichen?

[196] Kollmann, 1850, S. I.

[197] Ebenda, S. 136. Diese Summe kann nicht unkommentiert übernommen werden, da in diesen 142 Jahren der Wert des Gulden mit Sicherheit variiert hat. Man kann nur annehmen, dass es eine sehr hohe Summe für Augsburg war. Um 1880 waren 180 fl etwa 100 Mark wert.
Als weitere Beispiele an Aufwendungen für den Hochablass erwähnt Kollmann auf S. 143: 1827 Reparatur des Lechwehrs, Kosten 895 fl 4 ½ kr; 1828 Lechwehr und Floßdurchfahrt 804 fl 3 kr; 1830 Reparaturen am Lechwehr 1819 fl 53 kr. Man fürchtete zu dieser Zeit einen Durchbruch des Lechs, weil er 8 Fuß über 0 stieg. Dadurch wurde die geschlossene Reserveschleuse aus der vertikalen Stellung gedrückt und machte sie „unbrauchbar". Für die Reparatur wurde ein Durchlass von 20' Breite in der Mitte hergestellt; zusätzlich wurde ein Teil des Wehrdeckels erneuert. Die Kosten betrugen 3 177 fl 11 ½ kr.

[198] Kollmann, 1850, S. 15.

[199] Kollmann merkte in seiner Schrift von 1850 auf Seite 18 an, „dass bei Errichtung dieser Schleuse viele Fragmente aus den Ruinen römischer Werke in Epfach (Abodiacum) einem Dorfe am linken Lechufer, im Landsgerichte Landsberg gelegen, verwendet wurden".

[200] Stadtlexikon, 1998, S. 404. Dem Leser sei die Bewertung des Adressaten überlassen.

Die Flößer galt folgende Vereinbarung: sie konnten das Floß am Floßhafen des Hochablasses kostenlos anlanden und abladen, das Floß zerlegen oder weiter nach Norden durch die Floßgasse fahren. Die Aufsicht über den Floßhafen hatte der jeweilige Schleusenwärter. Dieser konnte sich damit etwas dazuverdienen.[201]

War früher der Floßhafen in das Einlaufbauwerk eingegliedert, so befand sich der öffentliche Landungsplatz 1850 schon oberhalb der Reserveschleuse.

[201] Kollmann, 1850, S. 13.

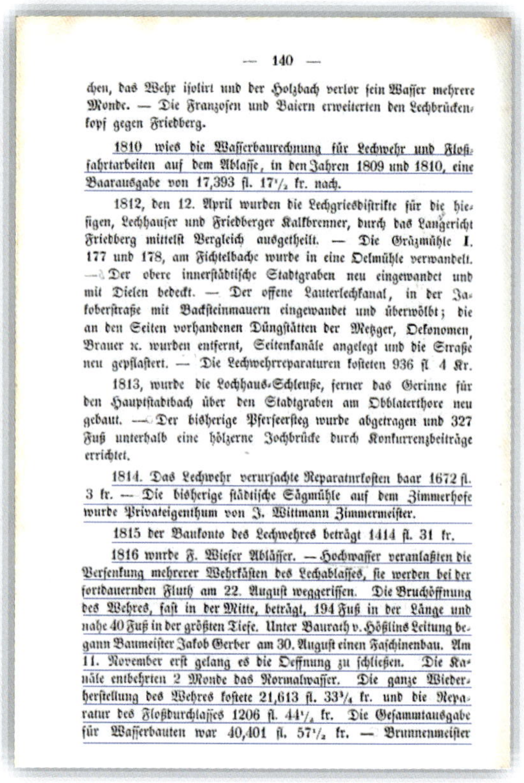

— 140 —

chen, das Wehr isolirt und der Holzbach verlor sein Wasser mehrere Monde. — Die Franzosen und Baiern erweiterten den Lechbrückenkopf gegen Friedberg.

1810 wies die Wasserbaurechnung für Lechwehr und Floßfahrtarbeiten auf dem Ablasse, in den Jahren 1809 und 1810, eine Baarausgabe von 17,393 fl. 17½ kr. nach.

1812, den 12. April wurden die Lechgriesdistrikte für die hiesigen, Lechhauser und Friedberger Kalkbrenner, durch das Langericht Friedberg mittelst Vergleich ausgetheilt. — Die Gräzmühle I. 177 und 178, am Fichtelbache wurde in eine Oelmühle verwandelt. — Der obere innerstädtische Stadtgraben neu eingewandet und mit Dielen bedeckt. — Der offene Lauterlechkanal, in der Jakoberstraße mit Backsteinmauern eingewandet und überwölbt; die an den Seiten vorhandenen Düngstätten der Metzger, Oekonomen, Brauer ꝛc. wurden entfernt, Seitenkanäle angelegt und die Straße neu gepflastert. — Die Lechwehrreparaturen kosteten 936 fl 4 Kr.

1813, wurde die Lochhaus-Schleuße, ferner das Gerinne für den Hauptstadtbach über den Stadtgraben am Obblaterthore neu gebaut. — Der bisherige Pferseersteg wurde abgetragen und 327 Fuß unterhalb eine hölzerne Jochbrücke durch Konkurrenzbeiträge errichtet.

1814. Das Lechwehr verursachte Reparaturkosten baar 1672 fl. 3 kr. — Die bisherige städtische Sägmühle auf dem Zimmerhofe wurde Privateigenthum von J. Wittmann Zimmermeister.

1815 der Baukonto des Lechwehres beträgt 1414 fl. 31 kr.

1816 wurde F. Wieser Abläßer. — Hochwasser veranlaßten die Versenkung mehrerer Wehrkästen des Lechablasses, sie werden bei der fortdauernden Fluth am 22. August weggerissen. Die Bruchöffnung des Wehres, fast in der Mitte, beträgt, 194 Fuß in der Länge und nahe 40 Fuß in der größten Tiefe. Unter Baurath v. Hößlins Leitung begann Baumeister Jakob Gerber am 30. August einen Faschinenbau. Am 11. November erst gelang es die Oeffnung zu schließen. Die Kanäle entbehrten 2 Monde das Normalwasser. Die ganze Wiederherstellung des Wehres kostete 21,613 fl. 33¾ kr. und die Reparatur des Floßdurchlasses 1206 fl. 44¼ kr. Die Gesammtausgabe für Wasserbauten war 40,401 fl. 57½ kr. — Brunnenmeister

Bild 100: *Auflistung der Reparaturkosten (Kollmann, 1850, S.140)*

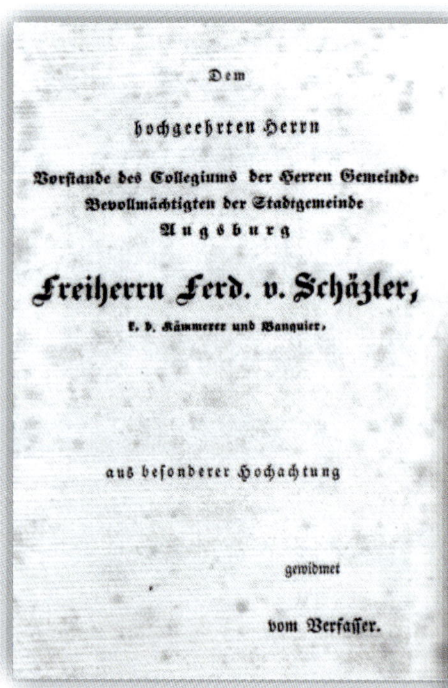

Dem

hochgeehrten Herrn

Vorstande des Collegiums der Herren Gemeinde-Bevollmächtigten der Stadtgemeinde Augsburg

Freiherrn Ferd. v. Schäzler,

k. b. Kämmerer und Banquier,

aus besonderer Hochachtung

gewidmet

vom Verfasser.

Bild 101: *Titelblätter von 1839, Widmung an Frhr. Ferd. v. Schäzler*

Bild 102: *Lech-Ablass bey Augsburg (Kollmann, 1839)*

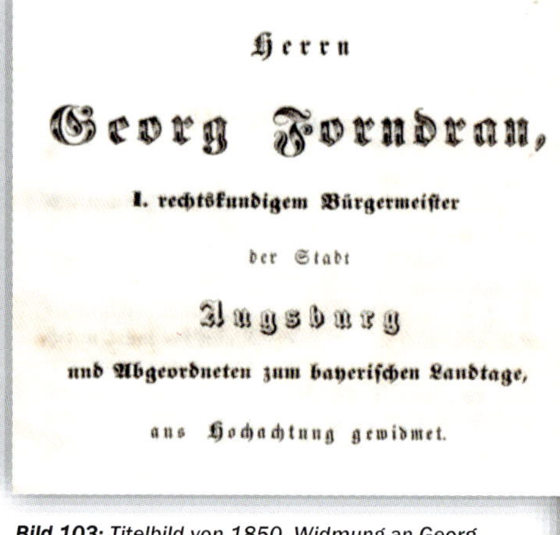

Herrn

Georg Forndran,

I. rechtskundigem Bürgermeister

der Stadt

Augsburg

und Abgeordneten zum bayerischen Landtage,

aus Hochachtung gewidmet.

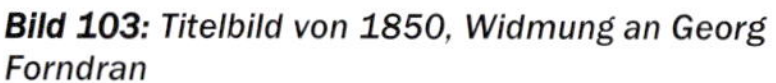

Bild 103: *Titelbild von 1850, Widmung an Georg Forndran*

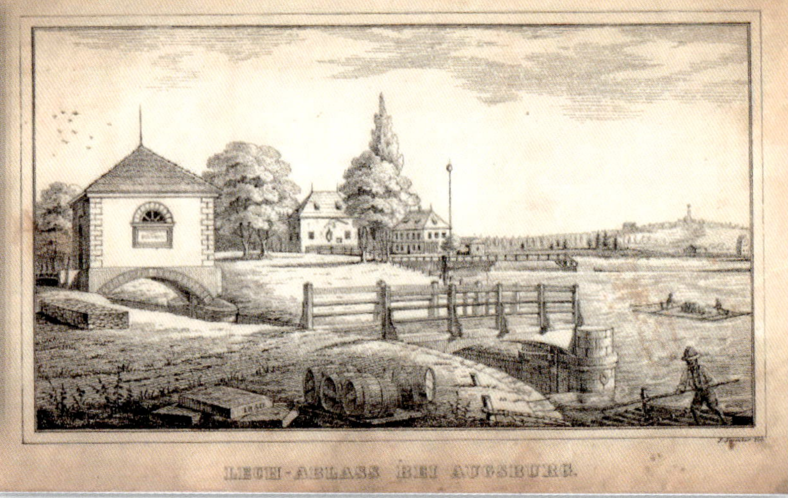

Bild 104: *Der Lech-Ablass bei Augsburg (Kollmann, 1850)*

Kollmann schrieb dazu 1839: „Am linken Lechufer, von der Reserveschleuse aufwärts, betritt man den öffentlichen Land – und Holzlagerplatz. Die Gelegenheit, mit beladenen Flößen sicher zu landen, das Öffnen der Schleusen zur Einfahrt in die Stadt abzuwarten, oder auch Holz und Frachtgüter auszuladen, ist daselbst uralt“.[202]
Kollmann wies auf die von „rechtskundigem Magistratsrath Forndran“ beantragte Holzlagerordnung hin, die am 13. September 1837 erlassen worden war. Sie bedeutete eine wesentliche Erleichterung für Käufer und Verkäufer. Zusätzlich waren dort zwei „Schleußenknechte“, die neben der Bedienung der Schleusen den Lagerplatz überwachten und „jedem ankommenden Flößer mit einem Land – und Ankerseile, deren beständig zwei unter eigenen Seilschwimmern auf Haspeln auf dem Landplatz vorrätig sind, entgegenzukommen, und ihm die nötige und sichere Hilfe zu leisten“.[203] Die Schleusenknechte waren des Zimmererhandwerks kundig. Sie mussten wohl auch die Schleusen der Reserveschleuse bewegen. Hier war die von Kollmann projektierte Hebemaschine für seine 1837 fertiggestellte Reserveschleuse von erheblichem Vorteil.
Kollmann strich daher die großen Vorteile dieser Schleuse hervor und betonte den „unberechenbaren Nutzen und die besonderen Vorzüge dieser Schleuse für die Wasser – und Floßeinlassung zu jeder Jahreszeit. Er fuhr fort: „[Diese Schleuse] machte bereits lebhaften Wunsch bei den sämtlichen Wasserwerksbesitzern rege, daß der hohe Stadtmagistrat recht bald das gesamte Lechwehr und die Hauptschleuse zum Ruhme der städtischen Wasserwerke nach gleichem Systeme und Plane umbauen lassen möchte“. Er fügte daran die Bitte an die Gemeindebehörden an, diesen Umbau nicht als Last, sondern zum Ruhme und Nutzen der Stadt zu betreiben.

Die Einfahrt für die Flößer an der Hauptschleuse wurde durch einen Ballon am Einlassbauwerk geregelt. Zeigte er die rote Seite den Flößern, war die Durchfahrt möglich. Bei gesperrter Durchfahrt wurde die Kehrseite des Ballons gezeigt; sie stellte dann die bayerische Fahne dar.[204] Dieser Ballon ist auf dem Bild von 1850 zu sehen. (siehe Bild 104)

1894 gab es eine Gebührenübersicht für den Holzlagerplatz. In ihr wurden folgende Gebühren unterschieden: Ländegebühren, Nummeriergebühren, Marktgebühren, Floß – und Nutzholzaufschlag, Kanaleinfahrtgebühren, Pflaster – und Brückenzoll und deren Summe. Die Gebührenübersichten gab es vierteljährlich bis zum Jahr 1906, dann nur mehr Jahresberichte.[205] Dabei ist hier schon augenfällig, wie stark die Flößerei abnahm. 1894 fuhren noch 527 Flöße durch die Floßgasse, 1909 nur mehr 44. Die Kosten fielen von 11.873,92 im Jahr 1894 auf 1761,15 Reichsmark; dagegen nahm die Zahl der Eisenbahnwaggons von 5 im Jahr 1903 auf 23 im Jahr 1909 zu.[206]
In der Abschlussrechnung für das Jahr 1909 / Nebenrechnung 51 – 54 wurde festgestellt, dass „die Lände – und Holzlagerplätze längst nicht mehr“ die Kosten deckten. „Die Einnahme an den Lagergebühren geht von Jahr zu Jahr zurück und beträgt im ganzen Jahr nur mehr 980 Mark.[207] Daher stellten die Gemeindebevollmächtigten Rollwagen und Simon bei der Festlegung des Gemeindeplanes für das Jahr 1910 am 16. Mai 1910 den Antrag, den Lände – und Holzplatz aufzulassen.[208]

Es wurde aber überlegt, ob mit einem Wegfall der Floßlände nicht auch gleichzeitig die Baggerarbeiten unnötig wären. Die anfallenden Baggerarbeiten bedeuteten eine Kiesentfernung für die Kanäle, aber auch eine leichtere Anlandung an der Floßlände. So wurde am 31. Mai 1910 festgestellt: „Zur Aufhebung der Lände und des Holzlagerplatzes dürfte z.Z. keine Veranlassung bestehen“. Am 4. Juni folgte ein gleichlautender Beschluss des städtischen Plenums. Das Problem wurde am 20. Juni – also eine Woche nach der Hochwasserkatastrophe – um zwei Monate verschoben. Nach der Hochwasserkatastrophe im Juni 1910 gab es in der Bauverwaltung Überlegungen, die Floßlände weiter südlich zu verlegen; das ergäbe eine Verkürzung des Neubachs (Stadtbachs) in Richtung Süden.[209]

Nach dem 30. August 1910 stellte das Stadtbauamt fest, dass vom wassertechnischen Standpunkt aus kein Interesse an der Erhaltung des Floßhafens bestehe und bei einem Erhalt der Floßlände eine anderweitigen Entfernung der Baggerkästen[210] unmöglich sei. Jedenfalls könnte eine zugesagte Entfristung dieser Fragen noch nach Erbauung des Lechwehrs getroffen werden. Für das Rechnungsjahr 1912 wurden keine Kosten für die Baggerung in Ansatz gebracht.[211] [212]

---

[202] Kollmann, 1839, S. 30.

[203] Ebenda. Diese Seile waren auch bei der Hochwasserkatastrophe von 1910 nützlich. So beschloss der Gemeinderat der Stadt, am 26. August 1912,ier dieser Seile, die „für das Ausziehen der Flöße und Holzwaren unerläßlich sind, und während der Hochwasserkatastrophe zu Schutzmaßnahmen verwendet“ wurden, zum Preis bis 50 Mark anzuschaffen. Quelle: StadtAA, Bestand 45, Akt 725.

[204] Kollmann,1850, S. 19.

[205] Die Listen sind im Kapitel Technik aufgeführt.

[206] Diese Zahlen waren ein Argument der Stadt Augsburg, bei der Neuplanung des Hochablasses auf eine Floßgasse zu verzichten und die wenigen Flöße nur mehr durch die Kanäle fahren zu lassen.

[207] StadtAA, Berichte der Plenarsitzungen von 1910.

[208] Ebenda.

[209] StadtAA Bestand 45 Akt 702.

[210] Solche Baggerkästen benötigte man nach dem Neubau des Hochablasses von 191o zum Aufstellen von Baggern, die den Kies im Oberwasser entfernen mussten.

[211] StadtAA, Bestand 45, Akt 725.

[212] Die zahlreichen Anordnungen und Festlegungen von weiteren Abgaben wie Wasserradzinsen oder Radgerechtigkeiten sind nicht technischer Natur und damit nicht Inhalt dieser Schrift. Diese Kosten hat A. Werner ganz ausführlich in seinem Buch über die Wasserkräfte im Eingangskapitel beschrieben.

Alle diese städtischen Überlegungen wurden durch die Neubaupläne nach der Katastrophe zunichtegemacht. Die Bayerische Staatsregierung bestand auf dem Bau eines Floßhafens südlich des Einlaufbauwerks. Deshalb wird das weitere Schicksal des Floßhafens dort besprochen.

In einer Auseinandersetzung der Stadtverwaltung mit Oskar von Miller stellte Bürgermeister Gentner am 29. August fest, ab 1900 die Stadt für die Wartung des Hochablasses folgende Ausgaben tätigte:

Aufwendungen für den Hochablass von 1903 bis 1910		
Jahr	Etat	Ausgaben
1903	10 500 Mark	9 282.55 Mark
1904	9 800 Mark	11 758.76 Mark
1905	9 800 Mark	14 243.11 Mark
1906	9 900 Mark	10 667.50 Mark
1907	9 900 Mark	10 295.44 Mark
1908	9 900 Mark	11 529.71 Mark
1910	11 500 Mark	14 887.76 Mark
Summe	81 200 Mark	95 367.76 Mark
Mittelwert	10 150 Mark	11 921.00 Mark oder gerundet 12 000 Mark

Im Frühjahr 1910 erfolgte eine gründliche Revision.

Bild 105: N.Burkhardt

5. DAS HOCHABLASSWEHR NACH DEM DURCHBRUCH

4. HOCHABLASSRESTAURATION WÄHREND DER KATASTROPHE

Bild 106: Mayer (Bild 5 oben Bild 4)

Die Hochwasserkatastrophe von 1910

1. Vorgeschichte

Unter der Rubrik „Gefahren für das Streichwehr“ wurden im vorigen Kapitel die bedeutenden Hochwässer in Augsburg bis 1910 aufgelistet. Ein Hochwasser – auch ein sehr mächtiges – und das zugehörige Szenarium waren daher für Augsburg nichts Unbekanntes. Das Hochwasser vom 18. September 1901 wurde dagegen wegen seiner auch für Augsburg sehr hohen Wassermenge von 800 m^3/s von der Stadtverwaltung als „Jahrhunderthochwasser“ bezeichnet. Man nahm an, dass eine so große Wassermenge lange nicht mehr kommen würde. Um Überflutungen abzuwehren, verrammte man während des Hochwassers 1901 die Fallen des Einlaufbauwerks; zusätzlich wurden vom Steg über die Abfahrt Verstärkerbalken (Sperrbalken) hinter den Fallen angebracht. Damit gelangte (fast) kein Wasser in die Kanäle. Eine solche Absperrung des Wassereinlaufs in die Kanäle während eines Hochwassers war sinnvoll, da der Werkkanal (Stadtbach) und der Reservebach solche enormen Wassermassen nicht aufnehmen hätten können.

1901 hielt das Streichwehr den sehr großen Wassermassen mit diesen Vorkehrungen stand. Daher war man der Meinung, dass es wohl beim nächsten Hochwasser ähnlich verlaufen würde.

Der Augsburger Stadtmagistrat war sich der Standfestigkeit des Streichwehrs so sicher, dass er 1909 am Hochablass „die Ausnützung einer Wasserkraft im Lech zur Gewinnung der Elektrizität“ beschloss.[1]

In einem Bericht an die Regierung von Schwaben und Neuburg (Kammer des Innern) wurde am 11. März 1909 festgestellt: „Auftragsgemäß berichten wir, dß bezüglich der Abwendung einer Hochwassergefahr im Stadtbezirke zur Zeit besondere Vorkehrungen nicht veranlaßt sind, da Privatflüsse und Bäche im Stadtbezirk nicht vorhanden sind. Lech und Wertach unterstehen als öffentliche Flüsse der Aufsicht der Staatsbehörden.

– Für das Stadtgebiet als solches erscheint die Erlassung oberpolizeilicher Vorschrift zur Ergänzung wassergesetzlicher Bestimmungen nicht geboten“.[2]

G. Mayer berichtete in seinem Buch über die Hochwasserkatastrophe von 1910, dass noch kurz vor der Katastrophe Verhandlungen zwischen Stadt und Staat geführt wurden; Ziel war, in das alte Wehr Kiesschleusen einzubauen, „um der hauptsächlich als Folge der Lechkorrektion in besonderem Maße einsetzenden erhöhten Geschiebeführung Rechnung zu tragen“. Vor Ende der Verhandlungen zerbrach allerdings das Wehr.[3]

2. Die Quellenlage

Der genaue Ablauf der Katastrophe wurde im Stadtarchiv Augsburg im Akt 702 des Bestandes 45 festgehalten. In diesem Akt gibt es zwei entscheidende Quellen: den amtlichen Bericht über den Ablauf der Katastrophe und eine Rede vor dem Industrieverein von Franz (?)[4] Krieger zum Jahrestag der Katastrophe im Juni 1911, die nicht nur den Verlauf schildert, sondern auch ausführlich auf die Ursachen der Katastrophe eingeht.

Im weiteren Verlauf der Schilderung der Katastrophe wird daher in diesem Kapitel auf die fortwährende Zitierung dieses Aktes verzichtet.

Zusätzlich dient die Arbeit von Dipl.-Ing. Gotthilf Mayer (städtischer Oberingenieur) mit der genauen Beschreibung des Umgehungskanals und vielen technischen Details als unentbehrliche Information. Ihr ausführlicher Titel lautet: „Die Lechhochwasserkatastrophe 1910 – deren direkte und indirekte Folgen für die Stadt Augsburg – nebst einer Vorgeschichte des Hochablasswehres“.[5] (Bild 107 und Bild 108)

Die Protokolle des Magistrats und der Gemeindebevollmächtigten aus den Jahren 1910 und 1911 ergänzen die Quellenlage. Die Aufzeichnungen des zu dieser Zeit zuständigen Schleu-

1 StadtAA, Akte der Plenarsitzung von 1909 und 1910. Der Handels- und Gewerbeverein protestierte gegen diesen Bau, da er selbst den Strom gewinnbringend vermarkten wollte. Die Stadt dagegen beabsichtigte, den Strom zum Selbstkostenpreis an die Bürger abzugeben.

2 StadtAA, Bestand 45, Akt 657. Hier greift das Wassergesetz vom 23. März 1907, welches die Flüsse als staatliche Aufgabe ansieht.

3 Mayer, S. 9. Um diesen (versäumten) Kiesschleuseneinbau entstand im August 1910 ein heftiger Disput zwischen Oskar von Miller und dem Stadtmagistrat.

4 Der Vornamen von Krieger ist nicht gesichert. Nach der Auskunft vom Wasserwirtschaftsamt Donauwörth (Steve Gallasch) war Krieger anscheinend „Vorstand der königlichen Lechbauabteilung“ am königlichen Straßen- und Flussbauamt Augsburg. „Ein Bauamtsassesor Franz Krieger wurde 1908 vom Straßen- und Flussbauamt Weilheim an die Oberste Baubehörde berufen. Es könnte der Gleiche sein“.

5 Diese Arbeit ist das einzige Buch, das sich ausschließlich mit dem Hochablass beschäftigt. Die zugehörigen geschichtlichen Anmerkungen in der Einleitung decken sich mit denen von Kollmann. G. Mayer war im Bauamt der Stadt Augsburg tätig und hatte somit Zugang zu Plänen und Kostenrechnungen des Bauamtes. Das der Verfasserin vorliegende Exemplar wurde ihr von Karlheinz Sieber (Exlibris SKH) zur Verfügung gestellt.

senwärters Michael Scheigele runden die amtlichen Berichte ab.

Die Augsburger Presse nahm an dem Geschehen und den Irritationen um O. v. Miller lebhaften Anteil. Reichsrat Oskar von Miller war der Meinung, dass das Streichwehr die Katastrophe überstanden hätte, wenn es besser gewartet worden wäre. Dem widersprach die Stadtverwaltung heftig.[6] Aus dem Briefwechsel zwischen Stadtmagistrat und von Miller sind Einblicke in die Konstruktion eines Streichwehrs und seiner Anfälligkeit bei Hochwasser möglich.[7]

Bild 107: *Die Lechhochwasserkatastrophe (G. Mayer, 1914, Frontdeckel)*

Bild 108: Die Lechhochwasserkatastrophe (G. Mayer, 1914, Titelseite)

3. Verlauf der Katastrophe

3.1 Vorbemerkungen

Alle Berichte über die Katastrophe konnten nur den Ablauf schildern, der sich „von außen" erschloss. Niemand konnte den genauen Vorgang der Zerstörung des Streichwehrs dokumentieren; zu groß waren die Wassermassen, die über das Wehr donnerten. Fotos, die während der Katastrophe gemacht worden waren, haben eine gewisse Unschärfe, weil die damaligen Fotoapparate keine sehr schnellen Verschlusszeiten zuließen.

Die **Hauptverantwortlichen** aufseiten der Stadt waren Oberbürgermeister Georg von Wolfram, sein Stellvertreter Franz Gentner, Leiter des Bauamts Gottlieb Sametschek und Abteilungsleiter Nepomuk Ladenburger, Bauamtsassessor Franz Krieger vom kgl. Straßen- und Flußbauamt vor und Innenminister Friedrich von Brettreich.

3.2 Bericht von Bauassessor Franz Krieger

Bauamtsassessor Krieger stellte 1911 in seiner Rede vor dem Industrieverein zum 1. Jahrestag der Katastrophe den Ablauf der Katastrophe beispielhaft dar. Dieser die Katastrophe zusammenfassende Bericht wird dem amtlichen Tagebuch der Katastrophe vorangestellt; damit kann der Ablauf besser nachvollzogen werden. In diesem Bericht wies Krieger die Kritiker am Verhalten der Verantwortlichen zurück; er widersprach ihrer Meinung, dass das Wehr standhalten hätte können. Er betonte: „Man darf aber wohl jetzt ... zugeben, daß man dabei die Ungerechtigkeit begangen hat; 1100 Sekunden-Kubikmeter Hochwassermenge, die mit 4 Meter Fallhöhe über ein altes Holzwehr abstürzen, wird allein mit diesem Amboß nicht fertig. 44.000 PS mussten aufgebracht werden, und diese 44.000 Rößlein kümmerten sich wenig darum, was Menschenwitz an dem alten Wehr auszubessern versucht hatten, trampelten das Holzwehr einfach nieder und überließen es schwächerer Nachhut, das Zerstörungswerk zu vollenden".[8]

Krieger führte zwei Gründe für die Zerstörung an:

1. Die schiefe Lage: Krieger war der Überzeugung, dass die schiefe Lage sicher sehr günstig für die Einführung des Nutzwassers war, für die Hochwasserabführung war sie aber umso nachteiliger. Die Hochwassermenge wurde direkt gegen den engen trichterförmigen Abschnitt der Uferbefestigung oberhalb der Floßgasse geleitet. Es mussten sich dort gewaltige Wirbelbewegungen des Wassers gebildet haben, deren unterwühlende Wirkung naturgemäß für ein Bauwerk äußerst gefährlich werden mussten.

2. Die in der Geschichte liegende Bauart: Krieger führte dazu aus: „Früher gab es eine fast gleiche Höhe [des Flussbodens] oberhalb und unterhalb des Hochablasses. Mit fortschreitender Eintiefung [durch

[6] Es kam zu einem langen Briefwechsel zwischen Oberbürgermeister Georg von Wolfram, Bürgermeister Gentner und Oskar von Miller. Dieser wird im Anhang aufgeführt.

[7] Diese Presseberichte waren teilweise sehr polemisch. Die Rede von Krieger beruhigte das Klima zwischen Oberbürgermeister und Presse deutlich. Einige Beispiele von Zeitungsartikeln werden im Anhang wiedergegeben.

[8] StadtAA, Bestand 45, Akt 703. Die Rechtschreibfehler in dem Artikel wurden übernommen.

das Aufschlagwasser] wurde es notwendig, das Wehr immer mehr zu verlängern, einen Sturzboden nach dem anderen daranzufügen, bis in späteren Zeiten die schräge Abdeckung nach unten hielt. Am gleichen Staukörper der ursprünglichen Schwelle konnte nichts mehr geändert werden. Die gewaltigen Wasserwirbel fanden daher leicht Gelegenheit, diesen oben seicht gedrückten Wehrteil zu unterwühlen und suchten als Angriffspunkt die für die Kiesabfuhr hergestellte Öffnung in der Wehrkrone 50 m von der rechten Floßgassenwand entfernt aus.[9] Wahrscheinlich war auch der Wehrfuß unterhalb dieser Stelle schon angegriffen. Die Pfähle des Wehrkörpers wurden ausgespült, die einzelnen Holzteile ausgerissen, das Wehr brach an dieser Stelle durch. Bei der durch die Wehranlage nach links [d. h. nach Westen] gerichtete Strömung mußte sich auch die Zerstörung nach links hin fortsetzen, wo die linken Uferteile mit der Hochablaßwirtschaft dem gefräßigen Element zum Opfer fielen. Die übrigen Teile wurden auch durch Sprengung beseitigt. Der Wasserspiegel oberhalb des Wehres hat sich seit dem Wehrbruch um ungefähr 3 Meter gesenkt, das untere Wasser um etwa 1,5 Meter gehoben".[10]

Krieger stellte dann die entscheidende Frage: **„Hätte sich die Zerstörung durch menschliche Voraussicht verhindern lassen?"** Er gibt dazu sofort selbst die Antwort: **„Die Zerstörung des alten Wehres, so wie es war, hätte sich wohl kaum vermeiden lassen, es mußte einmal dem zermalmenden Zahn der Zeit zum Opfer fallen"**. Doch schränkte er ein: **„Die betrüblichen Folgen des Wehrbruchs wären wahrscheinlich nicht eingetreten, wenn man vorher ein massives Wehr gebaut hätte. Von der Notwendigkeit dazu hätte man sich aber vor dem Hochwasser sehr schwer überzeugen lassen. Wahrscheinlich wäre der Warner ausgelacht worden; im besten Falle hätte man die Sache einer Kommission überlassen, die ohne Dazukommen des Hochwassers wohl heute [Mai 1911] noch tagen würde, Sachverständige anhören – und unentschlossen bis heute"**.[11]

Krieger führte aber nicht aus, was er unter einem „massiven Wehr" verstand. Doch es war der Trend der Zeit, dass man darunter einen aus Beton erbauten Querbau ansah.

3.3 Tagebuch der Katastrophe

Vorbemerkung:
Als Folge des Gesetzes zum Uferschutz von 1852 wurden – wie schon erwähnt – Bereisungen des Lechs durchgeführt. In dem Bericht der Bereisung vom 8. Mai 1909 wurden zwar Lücken im Uferschutz südlich des Hochablasses festgestellt, im Weiteren wurde nur von der Fortsetzung der Bereisung bis zum Hochablass berichtet – aber nicht über Schäden beim Hochablass! Der Bericht wurde von der Stadt nur zur Kenntnis genommen und angemerkt, dass eine weitere Veranlassung zum Handeln nicht bestand. Der Hochablass als Eigentum der Stadt Augsburg war nicht in dem Bericht eingeschlossen.

Schon vor dem 14. Juni 1910 regnete es 100 Kilometer südlich von Augsburg anhaltend stark. Daher wurde der Holzlagerplatz sicherheitshalber geräumt, „um zu verhindern, daß sie [die Holzstämme] von dem empörten Element fortgeschwemmt würde[n]".[12]

13. Juni (Montag)

Es war zu dieser Zeit üblich, dass Warnungen durch Telegramme und Telefon weitergegeben wurden. So telegraphierte Floßmeister Franz Petz um 3 Uhr [nachmittags] aus Lechbruck/ Holzlagerplatz an die Augsburger Stadtverwaltung, dass mit großem Hochwasser zu rechnen sei. Dabei muss die Laufzeit dieser Warnungen und die benötigte Zeit, diese Warnungen mit den damaligen Mitteln umzusetzen, berücksichtigt werden.[13]
Schleusenmeister Michael Scheigele vom Hochablass wurde am Abend des 13. Juni informiert, die notwendigen Maßnahmen zu veranlassen. Dieser traf mit seiner Mannschaft die nach Dienstvorschrift anfallenden Vorkehrungen. Auch das kgl. Straßen- und Flußbauamt wurde informiert. Doch Scheigele glaubte, bald nicht mehr Herr der Lage zu sein.

14. Juni (Dienstag)

Nach den guten Erfahrungen beim „Jahrhunderthochwasser" von 1901 hoffte man, dass die Wassermassen die Stadt und damit den Hochablass verschonen würden.
Über Augsburg ging ein heftiger Gewitterregen nieder. Krieger erwähnte, dass im Gebiet um Neuschwanstein, also 100 Kilometer südlich

---

[9] Das heißt, der erste Durchbruch erfolgte ca. 60 Meter vom linken Ufer entfernt Die Wassermassen drückten dann nach links in Richtung Einlaufbauwerk.

[10] StadtAA, Bestand 45, Akt 702.

[11] Die gesamte Rede von Franz Krieger ist im StadtAA, Bestand 45, Akt 702, aufgeführt. Sie wurde hier in den für dieses Kapitel wesentlichen Teilen leicht gekürzt wiedergegeben.

[12] Mayer, S. 11.

[13] Wie groß die Kenntnisse über das Wasserregimes waren, d. h. die Wassermenge, die durch die Breite des Lechs bestimmt ist, in einer bestimmten Zeit sich nach Norden Richtung Augsburg bewegen kann, ging aus dem Bericht nicht hervor. Dies bedeutete, dass die Verantwortlichen der Stadt Augsburg eine gewisse – unbekannte – Vorwarnzeit hatten, um Vorkehrungen gegen das von Süden kommende Wasser zu treffen. Ob die Warnung an Scheigele besser früher hätte erfolgen sollen oder ob Scheigele mit diesem Zeitgewinn mehr Schutz für den Hochablass hätte erreichen können, ist heute nicht mehr nachvollziehbar.

von Augsburg und nicht in einem Gletschereinzugsgebiet gelegen, zwischen dem 14., 15. und 16. Juni insgesamt 308 Millimeter Regen herunterkamen. Diese Wassermenge benötigte ca. 14 Stunden, um nach Augsburg zu gelangen.

15. Juni (Mittwoch)

Während des Hochwassers am 15. Juni 1910 wurden in Augsburg ca. 173 Millimeter Niederschlagshöhe gemessen; zum Vergleich gibt Krieger an, dass die mittlere Niederschlagsmenge im gesamten Monat Juni üblicherweise 161 Millimeter war! Die übliche Mittelwasserhöhe betrug damals nach Krieger im Juni 450 Zentimeter. Am 15./16. Juni 1910 kam aber innerhalb von 30 Stunden eine Zunahme dieses [Höhen-] Wertes um + 48 Zentimeter hinzu, also eine Erhöhung des Mittelwassers auf ca. 5 Meter. Vom 15. bis 19. Juni betrug alle durch Augsburg geflossene Wassermenge annähernd 260 Millionen Kubikmeter; d. i. pro Stunde 2,1 Millionen Kubikmeter, im Mittel für diese Tage pro Sekunde 580 Kubikmeter.

Um diese große Wassermenge zu veranschaulichen, verglich Krieger sie mit folgendem Gedankenexperiment: „Sie kennen sicher den Starnberger See; stellen Sie sich vor, um diesen See wird eine 4,65 Meter hohe Mauer gebaut. Und stellen Sie sich weiter vor, dieser See wird bis zur Oberkante der Mauer mit Wasser gefüllt. Dann wird eine ca. 150 Meter breite Schneise [dies entspricht der Breite des Wehres] geöffnet und das Wasser kann durch diese Schleuse ungehindert abfließen. Damit haben Sie eine ungefähre Vorstellung, wie viel Wasser innerhalb von 12 Stunden, in denen die größte Wassermenge aus dem Süden ankam, durch den Hochablass durchgedonnert ist. Da musste alles zerstört worden sein!"

Krieger bemerkt ein Jahr später dazu: „Oberhalb der Wertachmündung hatte damals der Lech einen Abfluss von 1100 Sekundenkubikmeter, während man ihm früher nur 800–900 Sekundenkubikmeter zugetraut und diese Wassermenge den meisten hydrotechnischen Berechnungen zugrunde gelegt hatte. Durch die Erweiterung des Flußbettes nahm die Schleppkraft ab und die Kiesmengen legten sich in das Flußbett, so daß sich die Flußsohle stellenweise um 5 Meter erhöhte. Der Fluß zeigt seit dem Hochwasser keinen Absturz mehr, sondern verläuft fast ohne Gefällbruch vom Hochablass bis zur Wertachmündung".

Das bedeutete, dass zu Beginn der Katastrophe die Wassermassen sehr große Kiesmengen über das Streichwehr schoben. Anschließend wandten sie sich dem östlichen Ufer zu, brachen das Ufer von Hochzoll ab, wandten sich wieder nach Westen und flossen dann Richtung Wolfzahnau. Somit verbreiterten sie das Flussbett erheblich. Zusätzlich wurde das Flussbett vom Hochablass nach Norden hin durch angeschwemmten Kies teilweise um 5 Meter erhöht (siehe Aussage von Krieger). Die Wassermassen konnten sich daher umso leichter über das Streichwehr schieben und es zerstören.

So kam es, dass das Eisenbahnerwehr rechts und das Wehr an der Wolfzahnau links von den Fluten umgangen wurden. Dieser Verlauf bedeutete, dass nicht nur am Hochablasswehr, sondern auch am östlichen Ufer, somit in Hochzoll, erhebliche Schäden entstanden. Die wichtige Eisenbahnbrücke wurde aber nicht zerstört.

Der Höchststand der Wassermasse war gegenüber 1901 um 51 Zentimeter höher. Sehr bald wurde den Verantwortlichen bewusst, dass das Streichwehr durch die anrollenden Fluten womöglich zerstört werden könnte oder schon zerstört war. In einer Art Verzweiflung warf man noch Rauhbäume in die Gischt – ein völlig wirkungsloses Unterfangen.

Ufersicherungsmaßnahmen wurden notwendig. „Alles vom Neubach [dort steht das Wasserwerk der Stadt] war überflutet". Aus diesem Grund stand dieser Teil der Verwüstungen unter besonderer Beobachtung. Das Trinkwasser wurde – und wird – aus dem Untergrund gepumpt; doch die Pumpen des Werkes wurden durch Wasser, das aus dem Stadtbach abgeleitet wurde, betrieben. So innovativ diese externe Wasserversorgung beim Bau des Wasserwerks 1879 erschien, so fatal war die Abhängigkeit von der dauernd zu sichernden Zufuhr von Wasser durch das Einlaufbauwerk am Hochablass. Hier zeigte sich die Achillesverse der Energieversorgung des Wasserwerkes. Weiter wurde deutlich, dass die Stadtverwaltung beim Errichten des Wasserwerks an eine mögliche Zerstörung des Hochablasses nicht beachtet hatte. Eine Stilllegung des Wasserwerks hätte große hygienische Probleme nach sich gezogen.

Man versuchte daher, den gesamten Ablass, vor allem aber das Einlaufbauwerk zu erhalten. Doch die Wirklichkeit sah anders aus: „Mit donnernder Gewalt strömten tagelang die Wassermassen über das Wehr; die Wassermassen gestalten das Ufer".

16. Juni (Donnerstag)

Um 5 Uhr früh gab es Anzeichen einer ernsten Gefahr, da um diese Zeit ein Aufsteigen der Wehrteile in der Nähe des doppelten Kiesdurchlasses (d. h. in der Mitte des Ablasses) angenommen werden konnte.

Auch Schwemmgut bedrohte den Ablass. Es wurde befürchtet, dass sowohl das Einlaufbauwerk verstopft als auch die Floßgasse zerstört werden könnten. Daher hoffte man auf das Fallen des Wasserstandes, da seit 2 Uhr der Wasserstand konstant bei 2,27 Metern blieb. Der kgl. Sekretär du Jour N. Rösch aus dem Innenministerium fragte nach, ob man die Probleme unter Einbeziehung von Sachverständigen einfacher lösen könnte.[14]

G. Mayer gab in seinem Bericht über die Katastrophe leider kein genaues Datum für den Dammbruch an. Er berichtete nur: „Die mit beängstigender Stetigkeit anwachsenden Wogen drohten bald die Hochablaßrestauration umsäumenden Ufermauern zu überfluten, was die provisorische Erhöhung derselben und Schutzvorkehrungen gegen die Angriffe der Ufer mittels eingehängter Rauhbäume notwendig machte".

An diesen Arbeiten war auch die freiwillige Feuerwehr beteiligt.[15]

Ein Foto der zerstörten Hochablassrestauration unterstreicht diese Kraft des Wassers; im Vordergrund kann man einen Rauhbaum, links im Hintergrund das feste Wehr sehen. Rechts erkennt man die zerstörte Restauration. Das Lechwasser hat sich schon beruhigt; daher ist anzunehmen, dass dieses Bild nach der Katastrophe aufgenommen wurde. Ein genaues Datum ist nicht bekannt. (Bild 109)

Dies kommentierte Krieger: „Der Lech hatte bereits seit 12 Stunden seinen Höchststand überschritten, als die Zerstörung des Hochablaßwehres begann".
Am Abend gegen 6.15 Uhr [folgend ein Auszug aus dem Originalbericht] „erfolgte die entsetzliche Katastrophe in der Nähe der Kieseinlässe [Einlaufbauwerk]. Das offenbar schon stark unterspülte Wehr brach in sich zusammen. Mit donnernder Gewalt stürzten sich die Wassermassen in die offenen Lücken von trichterförmigen Bewegungen alles mit sich reißend, was sich dieser entgegenstellt".

„In wenigen Minuten war das Wehr zerstört". **[sic]**

Von links nach rechts: dass Streichwehr, die Floßabfahrt, die zerstörte Gaststätte und die unzerstörte Kollmannsche Reserveschleuse; diese wurde später abgerissen. (Bild 109)
Es gab kaum Hoffnung, dass sich das Wasser mit diesem Weg zufriedengeben würde.
Um 7 Uhr abends konnte man nicht mehr daran zweifeln, dass nicht nur der Hochablass, sondern auch die städtische Umgebung in ernster Gefahr war. Die Feuerwehr sollte eingewiesen werden. Militärische Hilfe wurde angefordert. Gegen 8 Uhr kam die Feuerwehr und gegen 9.30 Uhr die Infanterie aus Ingolstadt.

Bild 109: Hochablassrestauration während der Katastrophe (Blick nach Südwesten) (Mayer, 1914)

[14] StadtAA, Bestand 10, Akt 1435.

[15] Mayer, S. 11 f. Rauhbäume haben hier wohl ihren Zweck verfehlt; **Anmerkung**: Die Magistratssitzung am 14. Juni 1910 behandelte nicht die Hochwasserkatastrophe.

Die Pegelstände für die entscheidenden Tage wurden wie folgt aufgelistet:

Dienstag 14. Juni		Mittwoch 15. Juni		Donnerstag 16. Juni	
Früh 7 Uhr	0,88m	Früh 3 Uhr	1,70m	Morgens 9 Uhr	2,27m
Nachmittags 3 Uhr	1,00m	6 Uhr	1,85m	(höchster Stand; er hielt 3 Stunden)	
Abends 6 Uhr	1,20m	7 Uhr	1,93m		
Abends 9 Uhr	1,35m	Mittags 12 Uhr	2,00m		
Nachts 12 Uhr	1,49m	Abends 6 Uhr			
		Abends 9 Uhr	2,17m		
		Abends 12 Uhr	2,20m		

Pegelstandsmessungen des Lechs am Hochablass vom 14. bis 16. Juni 1910 und Diagramm zur Tabelle

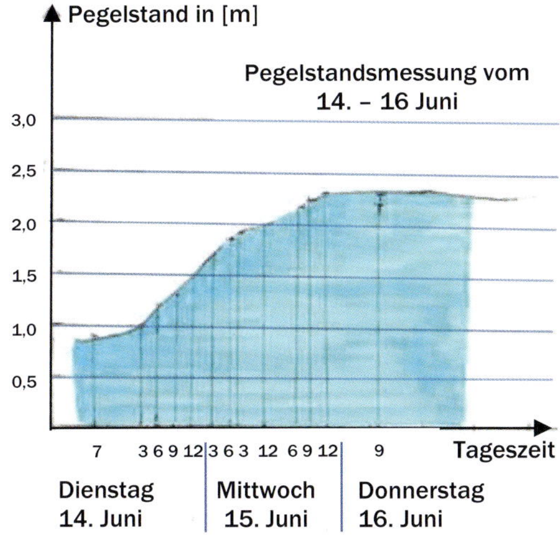

In der Nacht vom 16. auf den 17. Juni wurden wieder Rauhbäume eingeworfen.[16]

Weiter wird berichtet: „Vor dem Falle des Wehres hat niemand an eine Sprengung desselben gedacht oder von einem Durchlauf [damit ist vermutlich ein künstliche Durchbruch an einer anderer Stelle des Wehres gemeint] auf eine andere Seite gesprochen. Es ist ja ganz klar! So lange ein Wehr hält, wird es keinem einfallen, dasselbe zu zerstören. Nun aber Jammer. Hätte jemand so ein Verbrechen begehen wollen, so hätte er es nicht begehen können“.[17]

Innenminister v. Brettreich bat um rasche und wirksame Hilfeleistung aller beteiligter Behörden; dies sollte mit Umsicht und Energie auf dem kürzesten Weg geschehen.[18]

In der Nacht vom 16. zum 17. Juni wurden erneut Rauhbäume eingeworfen.

Es wurde angeregt, ein Warnbüro für die betroffenen Bürger einzurichten, damit die Betroffenen „fachdienlichen Aufschluss erhalten“. Dies wurde abgelehnt, um die Verwaltung vor überflüssigen Fragen zu bewahren.[19]

17. Juni (Freitag)

Staatsminister v. Brettreich kam nach Augsburg, um sich ein Bild über die geplante Ufersprengung auf bayerischem Boden zu machen. Die Hochzoller wollten eine Sprengung der Uferränder verhindern, weil sie um ihre am Lechufer gelegenen Grundstücke bangten.

Das Augsburger Bauamt stellte folgende Überlegung an: Eine Sprengung des östlichen Abschnitts des Hochablasses verringerte einen Teil des Wasserdrucks auf den westlichen Bereich. Man hoffte, dass das Wasser besser nach Norden ablaufen und nicht auf das Ufer von Hochzoll drücken würde. Das Bauamt argumentierte: „Den Hochzollern war es nicht klar, mit einer Sprengung Vorteile zu erzielen“. Sie bezweifelten eine gute Wirkung für Hochzoll. Erst mittags um 3 Uhr traf man die Entscheidung [für die Sprengung].

Oberbürgermeister v. Wolfram erstattete Bericht. Zur Frage des Wehrdurchstichs klärte der Oberbürgermeister daraufhin auf, dass ein solcher wohl zu Beginn der Katastrophe wesentliche Vorteile gebracht hätte – und ministerielle Genehmigung durch das Innenministerium nutzlos gewesen wäre. Es wurde jedoch ausgeschlossen, dass durch Vornahme des Durchstoßes der Ablass oder das Gelände hätte gerettet werden können.[20]

Pioniere übernahmen die Sicherung des Ufers oberhalb des Ablasses. Das Militär konnte aber nicht alles leisten. Deshalb erlaubte die Polizei den Einsatz von Arbeitern der Fa. Thormann und Stiefel. Die Sorge um den Zulauf zum Brunnenwerk stieg.

Am Morgen wurde angeordnet, dass eine Sprengung des Wehres durchgeführt werden musste. Die Sprengung wurde auf 12.30 Uhr festgesetzt.[21] (Bild 110)

[16] Der Einwurf von Rauhbäumen ist bei diesen Wassermassen ein völlig unwirksames Unterfangen! Hier zeigt sich die Hilflosigkeit gegenüber der Katastrophe!

[17] StadtAA, Bestand 45, Akt 702. Der Verfasser dieses Berichts ist nicht bekannt. Nirgends sonst wird in dem restlichen Akt so emotionsgeladen berichtet.

[18] StadtAA, Bestand 10, Akt 1435.

[19] Ebenda.

[20] Dieser Satz ist im Protokoll unterstrichen!

[21] J. F. Lehmann: Die Sprengung des Lech Wehres am Hochablass in Augsburg anlässlich der Hochwasserkatastrophe 1910; Sonderdruck der Zeitschrift für das gesamte Schieß- und Sprengstoffwesen. Hochzoller erzählten sich folgende Anekdote: Ein junger Mann, der nach den leeren Sprengkapseln tauchte, ertrank nach dem zehnten Tauchgang.

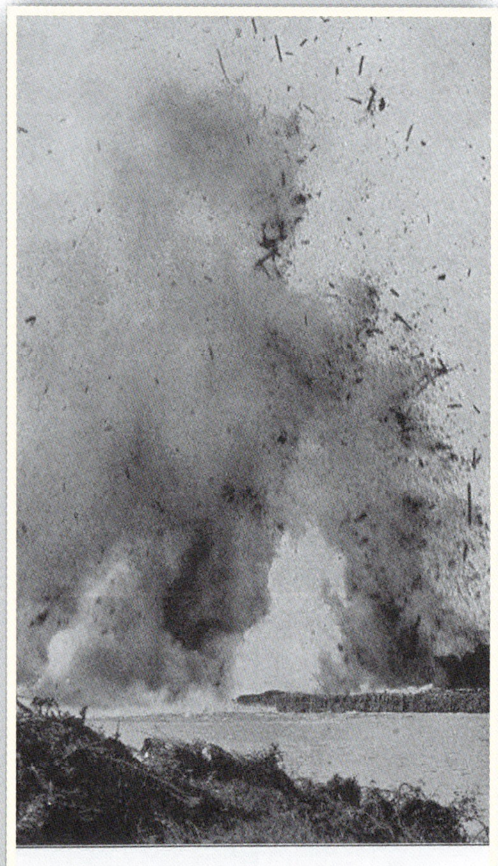

Bild 110: *Sprengung des Hochablasswehres (Mayer, 1914[22])*

Die Stadtverwaltung merkte nach der Sprengung an, „dass das Hochwasser gegenwärtig zurückgeht". Oberhalb des Ablasses traten Schäden auf. Es zeigten sich schon teilweise angeschwemmte Holzmassen von ziemlichem Wert und man fragte nach, wem das Holz gehörte. Der Innenminister wies auf die Verpflichtung zur Wiederherstellung der beschädigten Anlage hin; er forderte einen entsprechenden Schadensbericht bis 25. Juli.[23] Es gab zugehörige Schadenslisten für die Betroffenen. Die voraussichtlichen Kosten wurden auf 100.000 Mark geschätzt.[24]

Eine Kommission wurde eingerichtet, die die Katastrophe organisatorisch bewältigen sollte.

18. Juni (Samstag)

Oberbaurat Steinhaeuser, Bauamtmann Maichle, Oberingenieur Sametschek und Generalleutnant Freiherr zu Speidel beschlossen, für weitere Notstandsmaßnahmen militärische Hilfsleistungen in Anspruch zu nehmen. Die Reihenfolge der Arbeiten umfasste folgende Liste: (Dabei sollte diese Reihenfolge auch eingehalten werden!)

1) Die vollständige Sicherung des Geländes zwischen dem jetzt noch bestehenden Schleusenhaus [d. h. die Kollmannsche Reserveschleuse] und dem eingestürzten Schleusenhaus [d. h. Einlaufschleuse]
2) Die Beseitigung der Wehrreste so weit als irgend möglich von der schwäbischen Seite ausgehend zur bayerischen Seite hin
3) Sicherung des Geländes vom bestehenden Schleusenhaus aus stromaufwärts bis zum Floßhafen
4) Die Sicherung des eingestürzten Schleusenhauses abwärts gegen die Eisenbahnbrücke bei Hochzoll[25]

Es wurde anerkannt, dass die Infanterie eine Entlastung schaffte. Auch die Verankerung im Untergrund des städtischen Wasserwerks wurde getilgt. „Es wurde ein unberechenbares Ufer erreicht". Es wurde nicht ausgesprochen, dass „eine Zerstörung des Wasserwerks hätte erfolgen können". Das heißt, dass sich die Stadtverwaltung im Klaren war, dass auch das Streichwehr zerstört worden war, obwohl man keine genaueren Angaben wegen der noch vorherrschenden Wassermengen machen konnte. Es ging eine Meldung an Innenminister v. Brettreich, dass die Sprengungen fortgesetzt würden, da die Erhaltung bzw. die Wiederherstellung der vollen Funktionsweise der Trinkwasserversorgung der Bevölkerung an erster Stelle der notwendigen Aufgaben stände. Damit wollte man dokumentieren, dass die Lage für die Wasserzufuhr zu den Pumpen des Wasserwerks durch das Hochwasser sehr kritisch zu beurteilen war. Die kurzzeitige Überbrückung der Energielosigkeit für das Wasserwerk durch einen Hilfsdieselmotor kann aus der Aktenlage nicht zeitlich eingegrenzt werden. Es ist anzunehmen, dass der Hilfsmotor ca. sieben Wochen bis zur Fertigstellung des Umgehungskanals (s. u.) lief.

Dankbar wurde die Leistung der Sanitätskolonne angemerkt.[26]

Die Stadtverwaltung meldete um 10.30 Uhr dem Innenminister, dass die Sprengungen weitergeführt wurden und einigen Nutzen

[22] Das Originalbild ist wohl das aus dem Akt. Mayer war ja städtischer Angestellter und bezog seine Informationen aus dem städtischen Archiv.

[23] StadtAA, Bestand 45, Akt 702, und Bestand 10, Akt 1435.

[24] StadtAA, Bestand 45, Akt 1435.

[25] StadtAA, Bestand 45, Akt 702, und Magistratsbeschlüsse von 1910.

[26] Die Sanitätskolonne hatte sich etliche Gegenstände zulegen müssen, um die Soldaten und weiteren Helfer versorgen zu können. Diese Auslagen wurden ihnen durch einen Magistratsbeschluss erstattet. Die nicht mehr gebrauchten Gegenstände wurden später dem städtischen Fundus zugeteilt.

brachten, da der Angriff des Wassers auf den Einlaufkopf immer noch ganz gewaltig war.
Es wurde weiter betont, dass die Rettung des Brunnenwerks von weiteren Sprengungen abhinge. Ebenso wurde gemeldet, dass der Durchstich auf der bayerischen Seite noch nicht erfolgt sei. Er werde aber vorbereitet.

Nachmittags um 4 Uhr fand eine weitere Besprechung statt.

Eine freiwillige Sanitätskolonne versorgte alle Arbeiter auf Kosten der Stadt.[27]

***Bild 111:** Detailausschnitt einer Karte der Steuergemeinde mit Eintragung der festgesetzten Arbeitsschritte a, b, c und d*

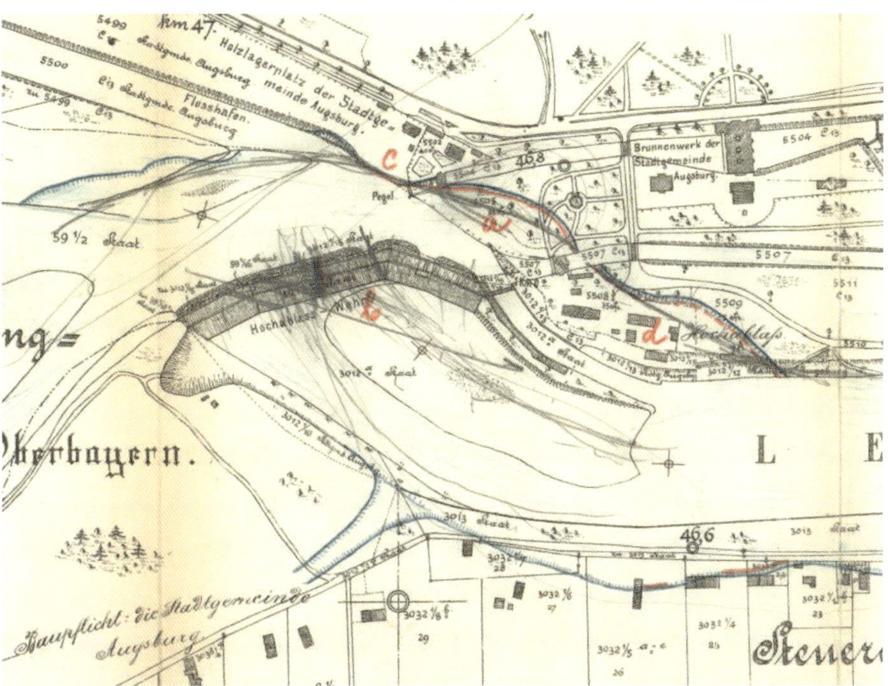

19. Juni (Sonntag)

In Gegenwart seiner Excellenz dem Generalmajor von Speidel, und einem städtischen Techniker wurde folgender Arbeitsplan vereinbart und die Arbeitsschritte mit den Buchstaben a, b, c und d in einer Karte der Steuergemeinde eingetragen (Bild 111):

In diesen Plan sind die einzelnen Bereiche „a" bis „d" eingezeichnet. Man erkennt anhand der blauen Linien den starken Einbruch im Bereich des Einlaufbauwerks sowie die großen Einbrüche südlich des Hochablasses und im Bereich von Hochzoll. Die roten Linien geben an, wo zurzeit gearbeitet wurde.

1) Pioniere sichern das Ufer vom oberen Schleusenhaus bis zum eingestürzten Schleusenhaus (**Hauptmann Ernst) – im Plan Abschnitt c.**
2) Pioniere fahren mit der Sprengung des Wehres fort (Hauptmann Schmidt) – im Plan **Abschnitt b.**
3) Herr Direktor Fessmann der Mech. Baumwollspinnerei und Weberei sichert mit einer Mannschaft, die von der MAN gestellt wurde, die Strecke flussabwärts – im Plan **Abschnitt d.**
4) Maichle und Sametschek übernehmen mit städt. Arbeitern, Arbeitern von MAN und Martini & Comp. die Sicherung flussabwärts – im Plan Abschnitt d – und weiter nach Norden.
5) Der **Abschnitt a**) unmittelbar am Einlauf wurde durch die Stadt abgesichert. Hier war vorrangig, die Energieversorgung des Wasserwerks sicher zu stellen. Dies wird ausführlich im nächsten Abschnitt erläutert. Hier war ein Neubau des Einlaufbauwerks geplant – sie wird ebenfalls im nächsten Kapitel dargestellt.

Das Hauptquartier der Pioniere mit den Einsatzfahrzeugen wurde am Wasserwerk (im Hintergrund sichtbar „Brunnenwerk" auf der Karte) eingerichtet. (Bild 112)

Zudem verteilte die Stadt ein Merkblatt über gesundheitliche Maßnahmen nach Überschwemmungen.

Oberbürgermeister v. Wolfram berichtete v. Brettreich von erneuten gefährlichen Angriffsstellen stromaufwärts. Aber auch der Angriff des Wassers auf den Einlasskopf [des Stadtbaches, Einlaufbauwerk] war immer noch gewaltig. Folglich mussten weitere Pioniereinheiten angefordert werden. Von Wolfram fuhr fort: „Wenn rechtzeitig ein Durchstich auf oberbayerischer Seite erfolgt wäre, so wäre zweifellos die Lage auch in Hochzoll günstiger. Nun strömt das Wasser in Serpentinen vom linken zum rechten Ufer und wieder zurück und macht auch in Hochzoll großen Schaden ... Weiteren Häusern droht Einsturz. Vorerst läßt sich das Ende nicht absehen. Das Wolfzahnauwerk ist gänzlich zerstört ... Der Schaden beläuft sich auf mehrere Millionen und wir müssen auf kräftige Unterstützung durch Staat und Kreis rechnen". Wolfram bat um den Einsatz weiterer Pioniere.

Der Lech richtete starke Schäden an den Ufern an und überflutete das Gebiet in Lechhausen. (Bild 113 und Bild 114)

[27] StadtAA, Bestand 45, Akt 702. Am 2. Dezember wurde über diese Kosten abgerechnet.
Es waren 47 Kolonnenmitglieder im Dienst gewesen. Diese verteilten insgesamt 114.824 einzelne Portionen, nämlich
6107 Port. Kaffee
9326 Port. Vesperbrot
6779 Port. Tee
7458 Port. Abendessen
8676 Port. Zweites Frühstück
26.072 Port. Bier
8973 Port. Mittagessen
41.433 Port. Brot
Anm. des Schriftführers: Vermutlich war die Zahl um 2–3000 höher.
Dazu waren 49 Transporte und 54 größere und kleinere Verbände notwendig. Die dafür angeschafften Gegenstände, die nach der Katastrophe nicht mehr gebraucht wurden, gingen nach Plenarbeschluss vom 3. August in das Baumagazin über.

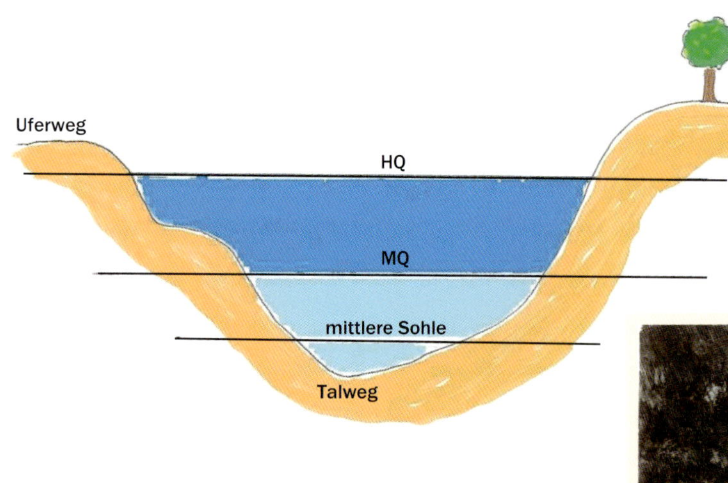

HHQ:	Höchstwasser
HQ:	Hochwasser
MHQ:	Mittleres Hochwasser
MQ:	Mittelwasser
MNQ:	Mittleres Normalwasser
NQ:	Niedrigwasser
NNQ:	Niedrigstwasser

Bild 112: *Militärzentrale am Wasserwerk*

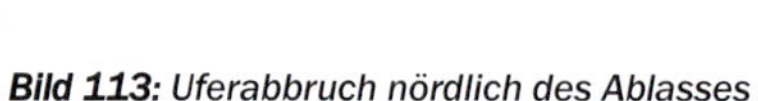

Bild 113: *Uferabbruch nördlich des Ablasses*

Bild 114: *Breitflächige Überflutung im Gebiet von Lechhausen im Norden Augsburgs*

20. Juni (Montag)

Folgendes wurde bekannt gegeben:
1) Die Kosten [für die Schäden der Katastrophe] übernimmt die Stadt.
2) Ein vorläufiger Kredit von 100.000 Mark wird beantragt.
3) Es wird ein Hilfskomitee für die Schäden errichtet.
4) Es wird ein Hilfskomitee für freiwillige Sammlungen gebildet.
5) Es wird eine Konkurrenz [Wettbewerb] für den Neubau bewilligt. Die Preise werden auf 4000 Mark, 3000 Mark und 2000 Mark festgelegt.
6) Es werden Verhandlungen mit Tiefbaufirmen geführt.
7) Die städtischen Brunnenwerke werden ergänzt.

21. Juni (Dienstag)

Das Vorgehen des Oberbürgermeisters wurde in einer Sitzung des Stadtmagistrats in allen Punkten genehmigt.
Regierungspräsident Ritter Paul von Praun kommentierte das Vorgehen der Stadt in einem Bericht kritisch.
Wie schwierig die Entscheidung für eine Sprengung im Bereich von Hochzoll und Friedberg war, zeigt die Antwort von Oberbürgermeister v. Wolfram:
„Eine Inangriffnahme der Arbeiten unterblieb aber, da Excellenz von Praun erklärte, die Verantwortung für eine Sprengung auf bayerischem Gebiet nicht übernehmen zu können". Dies sei nicht ganz zutreffend, entgegnete von Praun: „Ich habe ausdrücklich angemerkt, daß ich ohne Rücksicht auf die Zugehörigkeit des Wehres zum Regierungsbezirk Oberbayern der Sprengung zustimmen würde, wenn seitens der Techniker dieselbe für nützlich und notwendig gehalten würde. Mit Rücksicht darauf, daß Zweifel bestanden, ob das Lechbett durch Absprengungen ab abgegriffenen Ende des Wehres erweitert oder ob in der Mitte des stehengebliebenen Wehrteils eine Öffnung eingesprengt werden sollte, sowie mit Rücksicht auf den energischen Einspruch des Vertreters der Gemeinde Hochzoll und Lechhausen telefonierte ich an Seine Excellenz, dem Herrn Staatsminister des Innern und erbat um Absendung eines Herren der obersten Baubehörde". Von Praun kam zusammen mit Mitgliedern der obersten Baubehörde am Freitag früh nach Augsburg.

In einer Pressemitteilung gab die Stadtverwaltung bekannt, dass das städtische Wasserwerk nicht beeinträchtigt sei und die Wasserqualität „vollständig einwandfrei ist".[28]

22. Juni (Mittwoch)

Der Oberbürgermeister von Wolfram berichtete an das Staatsministerium, dass der Lech wieder vollständig seinen Lauf geändert habe. Außerdem merkte er an, dass an den Befestigungen seiner Ufer unausgesetzt gearbeitet würde; diese Arbeiten ließen einigen Erfolg erkennen.

Es wurden ein Hilfskomitee und ein Aufsichtskomitee für die Hochwasserschäden gebildet. Diese Komitees waren berechtigt, Sammlungen [zum Beheben der Hochwasserschäden] durchzuführen.[29]

Der Oberbürgermeister lud das technische Beratungskomitee zu einer Dringlichkeitssitzung für den 24. Juni 1910 ein. (Bild 115)

Aus dieser Einladung gingen folgende Mitglieder des Beratungskomitees hervor:
Magistratsrat Abel
Med. Rat Dr. Böhm
Direktor Feßmann
K. Oberregierungsrat Frank der k. Eisenb. [Eisenbahndirektion]
Gb. Frommel
Dr. Hoeber

Anzumerken ist, dass in diesem Gremium Oskar von Miller nicht Mitglied war.

24. Juni (Freitag)

Das technische Beratungskomitee konnte keine Anordnungen treffen, wohl aber eine Neuordnung der Hilfsleistungen. So wurde angeregt, die provisorische Einleitung von Wasser in die Werkkanäle und den Ausbau und die Ergänzung der Wasserversorgung zu planen.

Dabei wurde auch die Einteilung der Hilfstruppen an den verschiedenen Lechabschnitten besprochen.

28. Juni (Dienstag)
Bei einer Sitzung des Stadtmagistrats beschloss dieser zusammen mit dem Oberbürgermeister und Firmenvertretern folgende Vorgehensweise:

[28] StadtAA, Bestand 10, Akt 1435.

[29] Bei dieser Sitzung des Stadtmagistrats wurde auch beschlossen, die Überschüsse von 10 000 Mark zur Unterstützung der Hochwassergeschädigten aufzuwenden. Auch die Freimaurerloge und der Circus Sarrasani spendeten. Quelle: Protokoll des Stadtmagistrats von 1910.

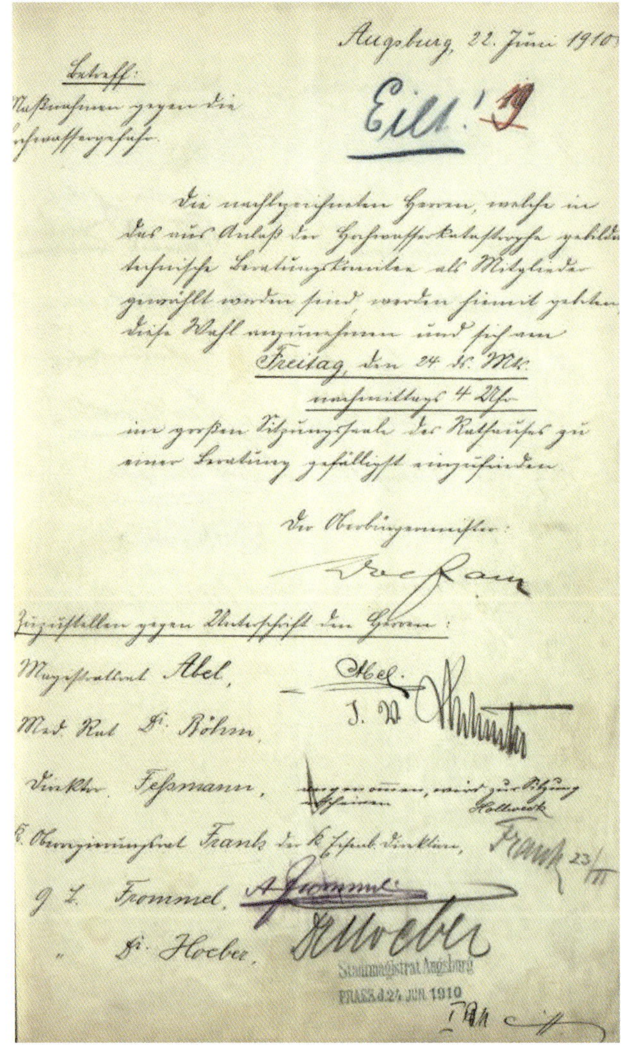

Augsburg, 22. Juni 1910

Eilt!

Betreff: Maßnahmen gegen die Hochwassergefahr.

Die nachfolgenden Herren, welche in das aus Anlaß der Hochwasserkatastrophe gebildete technische Beratungskomitee als Mitglieder gewählt worden sind, werden hiermit gebeten, diese Wahl anzunehmen und sich am Freitag, den 24. d. Mts. nachmittags 4 Uhr im großen Sitzungssaale des Rathauses zu einer Beratung gefälligst einzufinden.

Der Oberbürgermeister:

Zuzustellen gegen Unterschrift der Herren:

Magistratsrat Abel,

Med. Rat Dr. Böhm,

Direktor Fessmann,

Oberingenieur Frank

Frommel,

Dr. Hoeber,

Stadtmagistrat Augsburg PRÄS. d. 24. JUN. 1910

Bild 115: *Einladung des Oberbürgermeisters v. Wolfram für eine Dringlichkeitssitzung (Stadtmagistratssitzung vom 23. Juni. 1910)*

Es war nicht möglich, sofort mit dem Neubau zu beginnen. Dabei stellte Reg. Rat. Hartmann fest, dass „der Fluss vom alten Wehr kommend aufwärts bereits in kolossaler Vertiefung begriffen sei ... Die Kiesrücken sind mit den Wasserrücken fast gleich“. Das bedeutete, dass durch das Hochwasser eine große Menge an Kies über das Wehr geschoben wurde und daher der Absturz fast verschwunden war.
Es wurden „große Schwankungen des Flusses“ festgestellt. Eine weitere Frage war, ob ein sonst im August übliches Hochwasser noch kommen würde. Man fragte sich, ob solche großen Hochwässer vielleicht nur alle 200 bis 400 Jahre auftreten.[30]

Das Protokoll berichtet von einem „schlangenförmigen Laufe und teilweise starken Gefälle“, gegen welches man mit Uferschutz kämpfen musste. Man hoffte, dass die alte Korrektion [Uferschutzwand] vielleicht doch unbeschädigt in den Fluten begraben wäre. Als am wichtigsten erachtete man eine Schließung des Eisenbahn- und Holzzufuhrwehres, „damit das Wehr nicht noch mehr aufgewühlt wurde. Die Grundschwellen müssten erhalten bleiben. Alle notwendigen Arbeiten sollten nicht nur der Stadt, sondern allen zu Gute kommen“.

Anmerkung: Daraus kann man ablesen, dass in der Stadtverwaltung noch die Hoffnung bestand, das Streichwehr zu retten. Niemand hatte bis zu diesem Zeitpunkt an einen Neubau gedacht!

Als Hauptaufgabe sah man es an, die Ablenkung des Lechs schon vor dem Wehr voranzutreiben. Dazu sollten Handwerker am linken (schwäbischen) Ufer eine Schutzmauer errichten. Man war der Meinung, dass erst dann das Wasser wieder in die Kanäle geleitet werden konnte. Auf die Frage eines Polierrates nach dem Vorhandensein des [alten] Wehrs und der Brücke war „Ober-Rat“ Hartmann der Meinung, dass beides noch vorhanden war. Es sei zwar gewiss mit Kies überschwemmt, aber es sei ungewiss, ob es erhalten werden könne. Die Sprengungen sollten weiter im Bereich des Wehrs durchgeführt werden. Dazu meinte das Ingenieurbüro Telerac in einem Gutachten, das alte Wehr könnte ein guter Stützpunkt für ein Provisorium sein.

Die Kgl. Lechbauabteilung schrieb an die Stadtverwaltung am **2. Juli** einen Brief mit dem Hinweis, dass die rascheste Sicherung des linksseitigen Uferschutzbaues (etwa durch Verrammen von Eisenbahnschienen) unbedingt notwendig sei, da ein auf Rauhbäumen aufgebauter Schutzbau rasch an Standsicherheit verlöre.[31]

Fragen nach der **Wasserversorgung** wurden gestellt. Baurat Maichle war der Meinung, dass der Wehreinlauf für die Kanäle 4 Meter breit sein sollte.
Die Entfernung des [alten] Wehrkopfes musste die Stadt tragen.

Die Frage nach dem Standort für ein neues Wehr wurde erörtert. Dabei setzte sich die Meinung durch, dass man sowohl die Standortfrage als auch die Bauausführung den eingeladenen Firmen überlassen sollte. Die Planungsunterlagen sollten den Firmen bis

[30] Ein fast ebenso mächtiges Hochwasser trat im Jahr 1921, also nur 10 Jahre später auf!

[31] StadtAA, Bestand 45, Akt 702. Rauhbäume sind, wie im Kapitel über den Hochablass vor 1910 hingewiesen wurde, Baumwipfel, die - wenn möglich – in den Flussboden verankert werden sollten, um die Fließgeschwindigkeit zu verringern.
Der Hinweis auf den Einwurf von Rauhbäumen ist deshalb interessant, weil er die Hilflosigkeit der Verantwortlichen gegen die Wassermassen deutlich macht.

zum 14. Juli zugesandt werden. Bis zum 1. September wurde der Termin für die Planausfertigung angesetzt. Folgende Firmen wurden zur Planabgabe eingeladen: Holzmann & Cie., Tiefbau und Eisenbahngesellschaft München, Heilmann & Littmann, Grün und Bilfinger, Edwards und Hummel, Dyckerhoff und Widmann. **Oberregierungsrat Mayr empfahl schon zu dieser Zeit, die Wasserpolizei einzuschalten.**[32]

Zusammengefasst wurde festgestellt:

- Die Stadt übernimmt die Sicherungsarbeiten auf ihrer Seite sowie die Sicherung des Wehrkopfes.
- Das Verkehrsministerium übernimmt die Sicherung der Ufer und „wendet dem Eisenbahnwehr schon jetzt seine Aufmerksamkeit zu“.
- Die Baubehörde übernimmt die Ausarbeitung der Sicherungsmaßnahmen.
- Mayr fordert die Einbeziehung des Umgehungskanals.
  Wolfram meint dazu, der Lochbachanstich genüge den Anforderungen. Es seien nur die Stadtbäche zu speisen. Dazu genügt die Einspeisung von 6 m^2.
- Die Weiterführung der Sprengung wird beschlossen. Dabei sollen 30–40 Meter vom östlichen Ufer stehen bleiben.

4. Eine Schadensbilanz und die anfallenden Kosten

Das enorme Hochwasser zerstörte nicht nur das Streichwehr am Hochablass, es richtete auch große Schäden an vielen weiteren Stellen an, da sich der Lech sehr stark bis zur Wolfzahnau verbreiterte.

4.1 Schaden in Hochzoll

Der in **Hochzoll** befürchtete Abbruch des Lechufers fand statt. In einem ausführlichen Bericht über die aufgetretenen Schäden wurde angemerkt, dass am rechten Ufer ein großes Loch von 10 Meter Breite beim Spezereihändler Grögel entstanden war; daraufhin ließ das Militär dort starke Faschinen ein.[33]
Die Auseinandersetzung über den Schaden in Hochzoll zog sich in die Länge. Am 17. Oktober 1910 erhob die Stadt Augsburg durch ihre Stadtverwaltung Vorwürfe gegen die Gemeinde Hochzoll. Die Gemeinde habe die Durchstechung des Wehres verhindert, wodurch die gewaltigen Ufereinbrüche auf der Hochzoller Seite vom Wehr abwärts hätten vermieden werden können. Die Stadtverwaltung teilte mit, dass Hochzoll durch staatliche Uferschutzbauten gesichert würde.

4.2 Schaden in Lechhausen

Am 23. Juli 1910 ging beim Kgl. Bezirksamt Friedberg eine „Festsetzung des Überschwemmungsgebietes“ des Stadtmagistrats von **Lechhausen** ein.[34] Dort wurde berichtet: „Das Hochwasser erreichte am 16. Juni Abends zwischen 6 und 8 Uhr den Höchststand und ging dann stetig zurück; am 17. Juni Morgens war das Wasser verschwunden“.

Der Grundwasserspiegel stieg in dieser Zeit um 3 Meter gegenüber dem Normalgrundwasserpegel; infolgedessen wurden viele Keller überflutet. Es gab keinen Austritt des Grundwassers. Am Ende seines Berichts merkte der Bürgermeister an, dass „eine Hochwasserwarnung nicht bis hierher gelangt ist“.

Sametschek (verantwortlich wohl Baurat Mesch) verfasste 1929 eine Schrift über die Wasserversorgung von Augsburg von 1879 bis 1929. Darin ist der Wasserverbrauch der Stadt aufgelistet. Man erkennt dabei eine Verminderung der Wasserförderung im Katastrophenjahr 1910. Dazu liefert er folgende Zahlen: Wasserförderung im Jahr 1909: 9.270.647 cbm/Jahr, diese verringerte sich im Jahr 1910 auf 8.909.977 cbm/Jahr und stieg im Jahr 1912 auf 10.435.000 cbm/Jahr.

Auch in Lechhausen überspülte der Lech viele Straßen und beschädigte das Lechufer.
(Bild 116)

4.3 Die Kosten der Katastrophe

Im Jahr 1909 erwirtschaftete Augsburg einen Überschuss; davon wurden 10.000 Mark „a conto“ für Hochwassergeschädigte zur Verfügung gestellt.[35]

Schon am 17. Juni erwog man im Stadtmagistrat, ein (!) Auto zur Beschaffung notwendigen Materials zu beschaffen.

Nicht bezifferbar ist der Schaden an den einzelnen Werken. Hier entstanden sicher hohe

[32] StadtAA, Bestand 45, Akt 702. Diese Behörde musste damals das „wasserpolizeiliche Gutachten“ erstellen, ohne dem kein Wasserbau errichtet werden durfte. Diese Stelle im Protokoll wurde zweimal unterstrichen!

[33] StadtAA, Bestand 45, Akt 702, Bericht vom 22. Juni 1910.

[34] Lechhausen wurde erst am 1. Januar 1913 nach Augsburg eingemeindet. Quelle: Stadtlexikon S. 605.

[35] Plenarsitzung vom 21. Juni 1910. Auch die Freimaurerloge Augusta stiftete 500 Mark, ebenso der Zirkusdirektor Hoch vom Zirkus Sarrasani in Radebeul einen nicht genannten Betrag. Beiden wurde gedankt. Weiteren zwölf Spendern wurde gedankt.

Bild 116: *Uferschaden in Lechhausen*

Bild 117: *Sicherungsarbeiten am Lech durch Pioniere (Mayer, 1914)*

Produktionsausfälle. Hervorzuheben ist aber das Engagement einzelner Firmen (z. B. der Mech. Baumwollspinnerei und Weberei, MAN, Martini, Holzmann ...) bei der Bewältigung der aufgetretenen Schäden. So halfen die Arbeiter der Baumwollspinnerei im Bereich des Einlaufbauwerks; die Firmen MAN und Martini stellten ein großes Kontingent an Hilfskräften zur Verfügung. Auch die Fa. Holzmann konnte 70 Mann zum Faschinenbau abstellen. Das Getreidegeschäft Ludwig Bauer überließ der Stadt zwei Waggons leerer Säcke – wohl zum Verwenden als Sandsackbarrieren. Die Fa. Liebold und Co., Zweigbureau München, lieferte Bruchsteine, Beton und Eisenbeton.
Nach Fertigstellung des Umgehungskanals zogen die Firmen die Hilfskräfte wieder ab, um ihre eigene Produktion nicht zu gefährden.
Nicht zu vergessen ist die freiwillige Feuerwehr von Augsburg, Hochzoll und Lechhausen. Auch viele freiwilligen Helfer versorgten die Hilfskräfte mit Verpflegung. Dazu musste eine Kantine am Hochablass eingerichtet werden.

Die Aktiengesellschaft Lorenz Stätten übernahm diese auf widerrufliche Weise.[36]
Schwierig war die Beschaffung des für die Reparaturen benötigten Materials, da es auch in anderen Landesteilen Hochwasserschäden gab. So bemängelte der Stadtrat am 12. Juli, dass nur bedingte Mengen an Holz für Faschinen beschafft werden konnten. Aber auch der Transport des Holzes war schwierig. So wurde das vom Forstamt Biburg bereitgestellte Faschinenholz nur mit Mühe nach Augsburg gebracht, da nur ein „den Bedarf nicht deckendes Privat-Lastauto“ vorhanden war (13. Juli). So fragte der Magistrat bei der Eisenbahnverwaltung an, diese stellte ein „Lastautomobil mit Anhängerwagen, Führer und zwei Mann Bedienung zur Verfügung“. Leider war eine Anfrage bei der Armee für Armeelastzüge ohne Erfolg. Überlegungen, Faschinen aus Eisenblech anzufertigen (Vorschlag eines Leserbriefschreibers der Schwäbischen Volkszeitung), wurde abgelehnt, weil dies nicht nur zu teuer käme, sondern Eisen auch rosten würde.

Das am 22. Juni eingerichtete Hilfskomitee nahm die Schadensmeldungen entgegen.
Nach Rücksprache mit dem Stadtbauamt wurde zur Bestreitung der dringendsten Auslagen am 19. Juni ein Kredit von mindestens 5000 Mark als erforderlich erachtet.

Es heißt hier: „Behufs Bereitstellung der erforderlichen Mittel sollen die städtischen Ausschüsse für allgemeine Verwaltungsangelegenheiten und für Bau- und Beleuchtungsangelegenheiten auf Montag, den 20. Juni lfds. Js. Nachmittags 5 ½ Uhr einberufen werden. Diesen beiden Ausschüssen sollen auch Vorschläge über die Bildung eines Hilfskomitees, über die Durchführung von Sammlungen und über die Bildung eines technischen Beratungskomitees unterbreitet werden ...“.

Am 20. Juni schrieb v. Wolfram an Innenminister v. Brettreich, dass bei zwei Häusern in Hochzoll der Einsturz drohte und das Wolfzahnauwerk völlig zerstört worden war. Er fuhr fort: „Der Schaden beläuft sich auf mehrere Millionen und wir müssen auf kräftige Unterstützung durch Staat und Kreis rechnen. Für alle Fälle bitte ich Ew. Excellenz die Abordnung der Pionier-Abteilungen zu befürworten. Diese dichteten die aufgetretenen Schäden oberhalb des Ablasses ab“. (Bild 117)
Rechts im Hintergrund kann man die Reserveschleuse von Kollmann erkennen, die für den Ablassneubau eingerissen wurde.

[36] StadtAA, Plenarsitzung vom 21. Juni 1910.

Die Pionierabteilung (Erstes Bataillon in Ingolstadt) hatte einen Aufwand in der Höhe von 3.577 Mark 52 Pfennig angemeldet, der gestützt auf einen Plenarbeschluss vom 4. Oktober angewiesen wurde.

Bei der Stadtbachzentrale war der Uferabbruch besonders gravierend. (Bild 118)

Da das Militär nicht alle notwendigen Einsatzorte abdecken konnte, erlaubte die Polizei den Einsatz von städtischem Personal und von Mitarbeitern der Firma Thormann und Stiefel. Die Kosten für die dringendsten Sicherungsmaßnahmen wurden auf 100.000 Mark geschätzt.

Durch eine amtliche Bekanntmachung wurde mitgeteilt, dass die Kosten vorläufig die Stadt übernimmt und dazu ein „vorläufiger" Kredit von 100.000 Mark beantragt wird.
Am 21. Juni wurden diese Bekanntmachungen vom Stadtmagistrat gebilligt[37] und am 9. Juli wurde dieser vorläufige Kredit auch genehmigt.

Am 22. Juli revidierte man den benötigten Kredit zur Ausführung der Sicherungsmaßnahmen auf 150.000 Mark.

In einer Plenarsitzung des Augsburger Stadtmagistrats vom 23. Juli wurden diverse Dankadressen, in erster Linie, an das Militär festgelegt.
Die Regierung von Schwaben teilte mit, dass die Kosten für die militärische Hilfeleistungen die Kommunen selbst zu tragen hatten.

Im Akt 702 findet sich eine nicht unerhebliche Menge an zu bezahlenden Rechnungen an alle Firmen, die Material zum notdürftigen Absichern des Hochablasses und der durch das Hochwasser verursachten Schäden lieferten. Es wurden Gesamtkosten von 25.288 Mark 97 Pfennig aufgelistet; es folgten lange Listen dieser diversen Ausgaben. Ein Posten hebt sich dabei ab: der Verschleiß militärischer Bekleidungs- und Ausrüstungsgegenstände.[38] Der Betrag dafür belief sich auf 1.920,04 Mark.

Am 12. Juli erging die dringendste[39] Bitte der Kgl. Lechabteilung an die kgl. Eisenbahndirektion Augsburg, die Hochzoller Eisenbahnbrücke zu sichern.

Der Dank an alle Helfer wurde mehrmals in den Sitzungen des Stadtmagistrats und der Gemeindebevollmächtigten erwähnt.

In der Sitzung vom 13. August des Augsburger Stadtmagistrats wurden abschließend beiderseitige Danksagungen ausgesprochen. Es findet sich dort auch eine Aufstellung für Geschenke an die Verantwortlichen der Hilfsaktionen (vor allem an das Militär und Mitglieder der Staatsregierung). Dies führte bei der örtlichen Presse teilweise zu großem Unmut, weil viele „kleinen Leute" nicht genügend bedacht worden seien.

Bild 118: Uferabbruch bei der Stadtbachzentrale (Mayer, 1914)

5. Schlussbemerkung der Bauverwaltung:

Abschließend und gleichzeitig zusammenfassend ist die Antwort der Stadtverwaltung auf einen Artikel der Mittelstandszeitung interessant. Die Zeitung warf der Stadtverwaltung vor, durch Verrammen der Einlaufschleusen [in das Kanalsystem] das Unglück vergrößert zu haben. Die Antwort der Stadtverwaltung war folgende:
Schon beim Hochwasser von 1901 verrammte man die Einlaufschleusen des Einlaufbauwerks, um das Eindringen der Wassermassen in die Kanäle erfolgreich zu verhindern. Diese Notwendigkeit dazu ging schon aus der Tatsache hervor, dass das Lechwasser vor den Schleusen 3 Meter höher stand und sich an den Fallen ein Höhenunterschied von 4 Meter ergab. Wären hier die Fallen geöffnet worden, wäre die Regulierbarkeit der Fallen nicht mehr gegeben gewesen und das Wasser wäre „mit elementarer Gewalt, alles zerstörend, durch die Kanäle in die Stadt eingedrungen". Die

[37] Akte des Stadtmagistrats vom 23.Juli 1910, StadtAA.

[38] Dazu wurden 16 Waffenröcke, 10 Drillingsjacken, 30 Tuchhosen, 35 Paar Inf. Stiefel, Stiefelsohlen, Lederfett ... aufgeführt.

[39] Im Original unterstrichen.

Regulierung des Zulaufs zur Stadt geschah im Normalfall durch den Querkanal zum Lech; das überschüssige Wasser wurde durch diesen Kanal vor der Stadt wieder in den Lech abgeleitet. „Das Wasser des Lechs überschwemmte schon am 15ten [einen Tag vor der Katastrophe] einen großen Teil des Siebentischwaldes und drang am Donnerstag, den 16ten früh durch die Durchlässe der Münchener Bahn in den Stadtbach ein“. Es wurde der Auftrag erteilt, „den Abkehrbach gegen den Lochbach zu öffnen und die Schleusen gegen den Stadtbach so weit wie möglich zu schließen“. Die Wassermassen waren also so bedeutend, dass in den Schäfflerbach und den Stadtbach so viel Wasser eindrang, dass stellenweise eine Überflutung dieser Kanäle eintrat. „Alles mögliche wurde getan“. Am Unglückstag lag der Brunnenwerkskanal erst einige Stunden nach dem Unglück trocken. [D. h. erst ab diesem Zeitpunkt funktionierten die Pumpen am Wasserwerk nicht mehr. Es wurde das Notaggregat eingesetzt, das wesentlich weniger Pumpleistung brachte.]

Die Stadtverwaltung betont daher: **„Die Einlaufschleusen ziehen hätte eine Überflutung der Stadt zur Folge“.**[40]
„Die Kritik beruht auf fehlender Sachkenntnis. Der Abkehrbach kann höchstens 20 cbm Wasser ableiten; das Katastrophenwasser betrug aber 1100–1200 cbm.
Für die Stadt war es geradezu ein Glück, daß die Einlaufschleusen am Hochablass so gestellt waren, daß den Stadtkanälen die notwendige Wassermenge gerade noch zugeleitet werden konnte...“. Bei einer Öffnung wäre keine Hilfe mehr möglich gewesen.

Der für die gesamte Bevölkerung Augsburgs einschneidendste Schaden war die Zerstörung des Einlaufbauwerks, der zwangsweise Stillstand des Wasserwerks und damit verbunden die Gefährdung der Wasserversorgung.

In einer Sitzung der Stadtverwaltung am 17. Oktober wurde die Hochwasserkatastrophe vom Juni als „vix major“[41] [höhere Gewalt] bezeichnet.

In einem Schreiben des städtischen Tiefbauamtes vom 23. Dezember 1929 an den Deutschen Wasserwirtschafts- und Wasserkraft-Verband e.V., Berlin-Halensee, stellte das Tiefbauamt fest: Durch das Hochwasser 1910 im Lech sind im Stadtbereich noch empfindlich geschädigt worden die Augsburger Localbahn A.G. in Augsburg, die Bauwollspinnerei am Stadtbach, sowie 6 bis 7 Hausbesitzer, deren Anwesen weggerissen worden sind. Diese Häuser mögen damals einen Wert schätzungsweise von 60– 80.000 Mark bemessen haben: Nicht eingerechnet ist hierbei der Schaden an dem durch das Hochwasser weggerissenen Grund und Boden, der durch die staatlichen Uferschutzbauten nur zum Teil für die Geschädigten zurückgewonnen werden konnten.[42]

Es wurde beschlossen, den alten Hochablass so weit abzutragen, dass sowohl ein Neubau wie auch Wiederaufbau möglich sein konnten. (Bild 119)

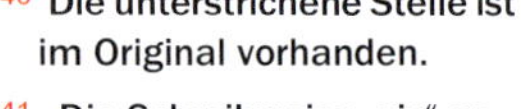

[40] Die unterstrichene Stelle ist im Original vorhanden.

[41] Die Schreibweise „vix“ an Stelle von „vis“ kann dem Neulatein dieser Zeit geschuldet sein.

[42] StadtAA, Bestand 45, Akt 667.

Bild 119: Abbruch des alten Hochablasses

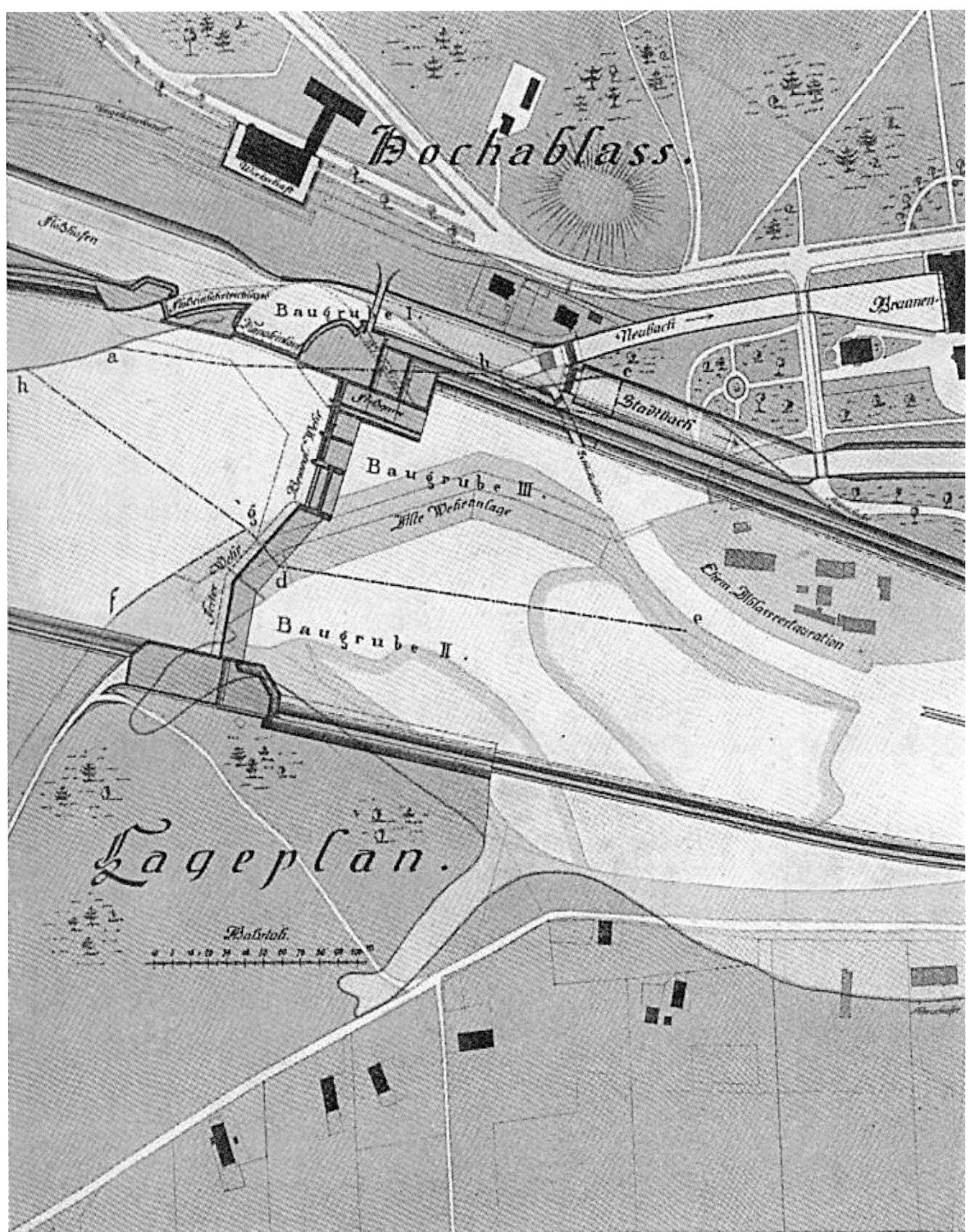

***Bild 120:** Lageplan der Wehranlage, Mayer nach S.16*

Die Planungsphase für den Neubau 1910/11

1. Schadensübersicht

Die schlimmsten Schäden durch das Hochwasser waren Ende Juni beseitigt; die Entschädigungen waren auf den Weg gebracht. Jetzt richtete sich die Aufmerksamkeit auf die **Planungen für den Neubau des Hochablasses.**

Zuerst musste ein Überblick über den Gesamtschaden erfolgen:

Der folgende Übersichtsplan zeigt den Zustand des Hochablass nach der Katastrophe: Die Haupteinlaufschleuse ist nicht mehr vorhanden und die Reserveschleuse schwer in Mitleidenschaft gezogen. (Bild 121)

Aus dieser Dokumentation der Zerstörung ergaben sich drei Problemfelder mit unterschiedlichen Lösungsansätzen:

- Das **Brunnenwerk** [Wasserwerk] wurde als vordringlichstes Problem erachtet; es konnte nicht mehr mit der für die Pumpen notwendigen Energie aus dem Neubach versorgt werden; die Trinkwasserversorgung der Augsburger Bevölkerung war daher sehr gefährdet.
  Lösung: Bau eines Umgehungskanals mit gleichzeitiger Modernisierung der Pumpen am Wasserwerk.

- Die **Ufersicherung** an beiden Ufern musste durchgeführt werden.
  Lösung: Ufersicherungsmaßnahmen
  Diese sind schon im Bericht über die Katastrophe geschildert worden. Die Entfernung des Wehrkopfes oblag der Stadt.

- Der **Einlauf** des Lechwassers in die Kanäle musste neu konzipiert werden.
  Lösung: Neubau des Hochablasses, vorrangig der Abschnitt des Einlaufbauwerks.

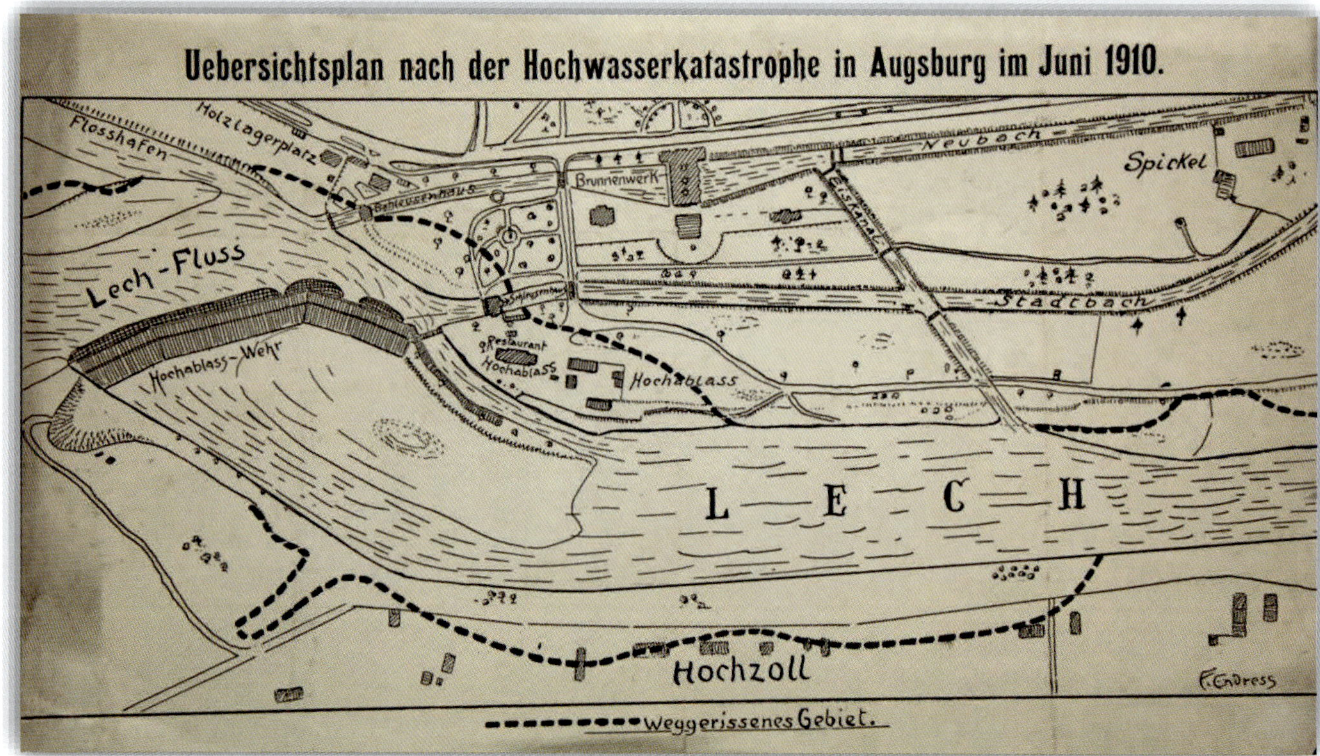

Bild 121: *Übersichtsplan nach der Hochwasserkatastrophe in Augsburg im Juni 1910 (F. Endress, Nachlass Dr. P. Dirr[1])*

[1] Dr. Pius Dirr (28.11.1875–27.01.1943) war von 1902 bis 1916 Direktor des Stadtarchivs Augsburg. Quelle: Augsburger Stadtlexikon 1998.

2. Planungen der Stadtverwaltung von 1910

Unabhängig von weiteren Plänen beschloss der Augsburger Magistrat am 24. Juni 1910 einen **Umgehungskanal** zu bauen; er sollte das Wasserwerk baldmöglichst wieder mit Energie versorgen. Eine Notpumpe überbrückte in der Zwischenzeit die Energielücke.
Abgelehnt wurde das Angebot einer Augsburger Baufirma, ein provisorisches Einlaufbauwerk zu errichten, um das Wasserwerk wieder mit Wasser für die Pumpen zu versorgen. Die Uferverbauung war viel zu weit zerstört und bot daher keine sichere Verankerung eines Bauwerks. Außerdem verursachte ein solches Provisorium unnötige Kosten.
Für die Bevölkerung wurde ein Flugblatt zum Verhalten bei Hochwasser verteilt.
Bei dieser Sitzung am **24. Juni** wurde festgehalten, dass mit einem Neubau des Wehres noch nicht begonnen werden konnte.[2] Gründe wurden nicht angegeben.

Am **25. Juni** wurde eine „Technische Kommission" eingerichtet, die die Verhältnisse am Hochablass zuerst erfassen und dann für das weitere Vorgehen planen sollte.[3]
Schon in der ersten Sitzung dieses Gremiums am **28. Juni** wurde festgestellt, dass es vorerst nur eine Neuordnung besprechen und nicht beschließen konnte.[4]
Ein Polierrat fragte in dieser Sitzung nach, wie viele Teile des alten Wehres noch erhalten waren. Es wurde zu dieser Zeit angenommen, dass das Streichwehr noch vorhanden war; bedingt durch die großen Kiesmengen, die das Wehr überschwemmt hatten, war eine genaue Bestandsaufnahme aber nicht möglich.

Das Ingenieurbüro Telorac (Kempten) schlug vor, nicht das ganze Wehr zu sprengen, da sich die Reste hervorragend für ein Provisorium eignen würden. Außerdem warf Oskar von Miller die Standortfrage auf. Oberbürgermeister Georg von Wolfram merkte an, dass zunächst die vollständige Sicherung des Floßhafens und des Wehrkopfes auf bayerischen Seite in Betracht gezogen werden musste. Hartmann warnte vor einem zu frühen Einbau des Einlaufbauwerks. Maichle[5] gab auf Nachfrage an, dass der Wehreinlauf für die Kanäle ca. 4 Meter hoch sein sollte, damit genügend Wasser in die Kanäle gelangte. Die Höhe von 4 Metern lieferte nach Meinung der Stadt genügend Energie für die Werke. Es wurde festgestellt, dass es der Stadt obliege, die Entfernung des noch vorhandenen Wehrkopfes vorzunehmen.

Die Stadtverwaltung wurde angewiesen, Planungsvorgaben für die Firmen anzufertigen. Die Firmen sollten die nötigen Längen und Grundschnitte zusammen mit einem Plan für die Gesamtanlage einreichen. Außerdem sollte ein Bautermin und die Gesamtkosten ausgewiesen werden. Maichle gab zusätzlich folgende Bedingung vor: Der Bau musste eine „Einigungsschleuse" enthalten, d.h. eine Schleuse, die die vorhandenen Kanäle zusammenfasste; eine ausreichende Speisung der beiden Kanäle mit einer Wassermenge von 36 m^3/s war zu gewährleisten.
Die Firmen mussten die Unterlagen bis zum **14. Juli** erhalten.

Schon am 6. Juli schrieb Oskar von Miller einen sechs Seiten langen Brief mit einer Aufstellung der „genauen Offertenaufforderung für den Hochablass", welche in den kommenden Verträgen mitberücksichtigt werden sollte.

Der Anforderungskatalog an den Neubau befindet sich leider nicht im Akt. Doch vom **19. Oktober** – vor der Sitzung, in der über die eingereichten Pläne entscheiden wurde –, stammt eine Auflistung der Beurteilungskriterien, die den Anforderungen wohl sehr ähnlich waren. Daher soll hier eine Zusammenfassung der vermutlich vorgegebenen Anforderungen aufgezählt werden:

Auffallend ist, dass schon im Juli der Bau eines Floßhafens angedacht wurde. Dabei setze man eine Zusammenlegung der Floßgasse mit einer ebenfalls geforderten Kiesschleuse nicht voraus. Ebenso wurden die Schleusen für den Neubach und den Stadtbach in ihrer Lage zueinander nicht vorbestimmt. Gefordert wurden sowohl ein festes wie auch ein bewegliches Wehr, Vorschläge für die Vorschleuse (Vorboden) und das Sturzbett, die Nennung der Baumaterialien, Bautermine und Kosten. Weiter wurde erwartet, dass die Firmen Angebote für die Ufersicherungen nicht nur für das westliche, sondern auch für das östliche Ufer einbrachten.
Bis zum **1. September** waren Eingaben der Firmen möglich. Der Baubeginn war auf den **1. Oktober** angesetzt, da die Zeit von Mitte November bis Mitte April für den Wasserbau günstig sei.

2 StadtAA, Protokolle der Magistratssitzungen 1910.

3 Dieser Kommission gehörten neben den beiden Bürgermeistern von Wolfram und Gentner folgende Personen an: Oberbaurat Sternhäuser, Bauamtmann Maichle, Reichsrat von Miller, Zivilingenieur Telorac, die Fabrikdirektoren Martini und Feßmann, je ein Vertreter des Innenministeriums und der anliegenden Gemeinden Quelle: Protokolle des Stadtmagistrats vom 25. Juni 1910.

4 StadtAA Bestand 45 Akt 702.

5 Hartmann und Maichle waren Mitglieder des Bauamts.

Folgende Firmen erklärten sich zur Projektierung bereit:

- Holzmann und Cie.
- Tiefbau und Eisenbahngesellschaft München
- Heilmann und Littmann
- Grün und Bilfinger
- Edwards und Hummel
- Dyckerhoff und Widmann

Jede Firma erhielt für ihren Vorschlag 2500 Mark. Oberregierungsrat Mayr empfahl dringend, schon jetzt die Wasserpolizei einzuschalten.[6] Ein wasserpolizeiliches Gutachten musste für jeden Wasserbau vom staatlichen Straßen- und Flußbauamt erstellt werden; es war das notwendige Genehmigungsverfahren für einen zu erstellenden Wasserbau.
Mayr war Vertreter der Regierung von Schwaben und Neuburg; ihm unterstand die Wasserpolizei. Diese war die Genehmigungsbehörde für alle Wasserbauten.

Die von den Firmen für den Umgehungskanal abgestellten Arbeiter mussten am **9. Juli** wieder an ihre Arbeitsstellen zurück. So erschien ein weiterer Einsatz des Militärs notwendig.
Ein vorläufiger Kredit von 100.000 Mark für den Neubau wurde dem Magistrat genehmigt. Hier wird deutlich, dass die Stadt Augsburg für den Unterhalt des Hochablasses zuständig war; eine formelle Bestätigung dafür findet sich dafür aber nicht.

Inzwischen gingen die Sicherungsarbeiten am zerstörten Wehr weiter. Der Magistrat, beschloss, die Verpflegung der eingesetzten Soldaten zu übernehmen. Es wurde auch festgestellt, dass nur eine bedingte Menge an Holz für den Faschinenbau beschafft werden konnte. Auch erfolgte die dringende Aufforderung, die Hochzoller Eisenbahnbrücke zu sichern. **(12. Juli)**

Mit welchen Unzulänglichkeiten man bezüglich des Transportes von Werkzeugen und Hilfsmitteln mit den vorhandenen Transportmitteln kämpfen musste, wurde bereits auf Seite 96 hingewiesen. **(13. Juli)**

Der Verschleiß von militärischer Bekleidung und Ausrüstungsgegenständen war sehr hoch. **(19. Juli)**[7]

Am 22. Juli bat der Magistrat um eine Bereitstellung eines Kredits von 150.000 Mark zur Ausführung der Sicherungsmaßnahmen. Die Regierung von Schwaben stellte fest, dass die Kosten für militärische Hilfeleistungen die jeweiligen Städte/Gemeinden zu tragen hatten.

Es kam zu einer Auseinandersetzung mit Oskar von Miller. Am 9. August hatte Oskar von Miller in einem Interview der Presse gegenüber[8] anlässlich einer Rede in der Reichskammer behauptet, dass das Streichwehr bei besserer Wartung nicht zerstört worden wäre. Dem widersprach der Stadtmagistrat am **13. August** unter Leitung von Bürgermeister Franz Gentner. Der ausführliche Briefwechsel zwischen Oskar von Miller und dem Stadtmagistrat wird im Anhang dokumentiert. In diesem Briefwechsel wird noch einmal deutlich, wie schwierig es war, am Hochablass einen Mittelweg zwischen hoher Energiegewinnung durch Aufstauung und Kiesabfuhr durch die Floßgasse zu finden.[9]

Der Baubeginn am 1. Oktober konnte nicht gehalten werden, da noch viele Fragen offenstanden; außerdem lag noch keine Genehmigung durch die Wasserpolizei vor.
In der Sitzung am 19. Oktober wurde festgesetzt, dass

- **„die Stadt die Sicherungsarbeiten auf ihrer Seite sowie die Sicherung des Wehrkopfes erledigt“**,
- das Verkehrsministerium die Ufersicherung und die Reparatur des Eisenbahnerwehrs organisiert,
- das Straßen- und Flußbauamt die Erneuerung des Wolfzahnauwehres übernimmt,
- die Baubehörde die Ausarbeitung der Sicherungsmaßnahmen beaufsichtigt; dabei soll der Umleitungskanal einbezogen werden,
- die Sprengungen weitergeführt werden sollen.[10]

Alle Bauvorschläge wurden begutachtet und in der **Plenarsitzung des Stadtmagistrats am 22. Oktober 1910** erörtert. Keiner der Angebote wurde komplett übernommen.[11]
Das Stadtbauamt wurde deshalb beauftragt, unter Berücksichtigung der einzelnen Projekte und der Bewertung der durch die technische

---

[6] Diese Stelle ist im Protokoll zweimal unterstrichen. Dies bedeutet, dass sich Maichle durchaus klar war, dass das wasserpolizeiliche Gutachten eine sehr lange Zeit benötigen würde; dies hätte einen Bau im kommenden Winter unmöglich gemacht.

[7] Protokoll der Plenarsitzung vom 22.Oktober 1910: Als Beispiele wurden genannt: 16 Waffenröcke, 10 Drillingsjacken, 30 Tuchhosen, 35 Paar Inf. Stiefel, Stiefelsohlen, Lederfett, ... je Kosten dafür betrugen 120,04 Mark pro Person.

[8] Ebenda. Diese Kosten hatten den Betrag von 2528,90 Mark. Ebenfalls zu diesen Kosten zählten auch die Geschenke, die die Stadt Augsburg an das Militär verschenkte. Sie beliefen sich auf 770 Mark.

[9] In dem Bericht über die Plenarsitzung des Augsburger Magistrats wurden in erster Linie beiderseitige Danksagungen und Kostenaufstellungen für Geschenke an die verantwortlichen und Helfer (vor allem das Militär) aufgelistet. Dies führte bei der örtlichen Presse teilweise zu großem Missmut, weil „die vielen kleine Leute“ zu wenig bedacht worden wären.

[10] StadtAA Bestand 45, Akt 702. Zusätzlich wurden die Verpflegungskosten der beteiligten Arbeiter geregelt; dies geschah unterschiedlich, je nachdem ob der Arbeiter verheiratet war oder welchen Dienstgrad er hatte.

[11] Eine ausführliche Darstellung und Bewertung der eingereichten Pläne erfolgt im Anhang Technik.

Kommission festgesetzten Richtpunkte ein neues Projekt auszuarbeiten. Die sieben zur Projekteinreichung aufgeforderten Firmen sollten angehalten werden, „zur Submission für die Ausführung des vom Stadtbauamt ausgearbeiteten Projekts einzulenken“. Für die geleistete Arbeit sollten jeder Firma eine Entschädigung von 2 500 Mark à conto ausbezahlt werden, wogegen die Firmen der Stadt die eingereichten Pläne kostenlos zur Verfügung zu stellen hatten. Sofort nach Fertigstellung des Projektes war vorgesehen, das wasserpolizeiliche Gutachten einzuholen.
Wirft man einen Blick auf das Datum dieser Sitzung (22.Oktober), so wird klar, dass mit dem Neubau nicht wie geplant im kommenden Winter begonnen werden konnte. Erhebliche logistische Schwierigkeiten waren die Folge: So wurde am **3. Dezember** ein Aushilfstechniker eingestellt, da eine „Schwemmkanalinterimsanlage“ beim Lech eingestellt werden musste. Es konnte ja nicht so lange gewartet werden, bis der Neubau fertig war. Das Einlaufbauwerk musste provisorisch wiederhergestellt werden, um Wasser in die Kanäle leiten zu können, da der Umgehungskanal ebenfalls nur ein Provisorium - in erster Linie für die Trinkwasserversorgung war. Die Firma Dyckerhoff und Widmann führte die Arbeiten am Umgehungskanal aus. Die Kosten betrugen 7260,23 Mark.

Der Kieseintrag blieb weiter das Problem. Deshalb wurde am 6. Dezember 1910 der Antrag zur Beschaffung eines Schwimmbaggers beantragt und genehmigt.

Er sollte vorübergehend am Stadtbach nahe beim Einlauf des neuen Umgehungskanals eingesetzt werden. Die Kosten betrugen 1000 Mark. Für die Arbeiter wurden am 27. Dezember Kantinen bei den Uferschutzbauten errichtet.

30. Dezember Reichsrat von Miller schlug eine Bodenuntersuchung am Hochablass vor. Doch Bauamtmann Maichle entschied sich gegen diesen Vorschlag, da dies eine weitere zeitliche Verschiebung bedeutet hätte. Auch würde es keine absolute Sicherheit für die Standfestigkeit des Bauwerks geben. Das Bauamt sei zu ermächtigen, „die Vergabe auf Grund des vom Bauamt unter Anlehnung von gutem Muster sorgfältig ausgestellten Vertragsentwurf unverzüglich einzuleiten“.

3. Der Umgehungskanal[12]

In der Sitzung vom 24. Juni war der Bau eines Umgehungskanals parallel zum Lech favorisiert worden. Der etwa zwei Kilometer lange Kanal sollte möglichst nah am Lech entlangführen, um den Landbedarf gering zu halten. Während des zwölf Wochen dauernden Baus wurde beschlossen, die schon 35 Jahre alten Pumpen des Wasserwerks auszutauschen.
Eine Kommission aus staatlichen, kommunalen und privaten Sachverständigen legte den Verlauf des Kanals fest. Er war so dimensioniert, dass er 26 Sekundenkubikmeter Wasser lieferte. Gegenüber dem Lech war sein Einlauf durch drei Doppelschützen unterteilt; der sich trichterförmig verengenden Einlauf von 13 Metern lichter Breite sperrte den Einlauf ab. Bei diesem Einlauf gab es einen Wasseraufstau; das bedeutete aber, dass die Wassermenge von der sich jahreszeitlich ändernden Wassermenge des Lechs abhängig war. Es wurden drei Gefällstufen von 25 bis 40 Zentimeter eingebaut; die Sohle des Kanals war mit Holz ausgelegt, die Böschungen mit Beton gesichert. Die Schleusenwärterhäuser hatte man teilweise mit Betonstützmauern unterfangen. Der dort verlaufende Waldweg und zwei Zugänge des städtischen Holzlagerplatzes wurden mit Holz überbrückt.
Der Umgehungskanal sollte nach dem Neubau des Hochablasses abgerissen werden.

Mayer dokumentierte den Bau des Umgehungskanals mit folgenden Fotos:
(Bild 122/123/124)

[12] Der Abschnitt ist eine Zusammenfassung von S. 14/15 des Buches von G. Mayer, 1914, die Hochwasserkatastrophe. Die Fotos stammen aus der gleichen Quelle.

Bild 122: *Bau des Umgehungskanals (Mayer)*

Bild 123: *Umgehungskanal südlich des Hochablasses (Mayer)*

Bild 124: *Umgehungskanal mit Reserveschleuse und Wohnhäuser der Schleusenwerter (Mayer)*

Bild 125: *Der Umlaufgraben zeigt sich heute als Biotop.*

Auf Bild 123 ist sehr gut zu erkennen, wie nahe dieser am Lech verläuft.

Ungewöhnlich war die Finanzierung: 108.000 Mark wurden durch interessierte Werksbesitzer bezahlt, 112.088 Mark kamen durch freiwillige Zuschüsse zusammen; so musste die Stadtgemeinde nur 66.000 Mark bezahlen. Gebaut hat den Umgehungskanal die Firma Philipp Holzmann & Cie, München.

Mayer schließt seinen kurzen Bericht über diesen Kanal wie folgt: „Mit Inbetriebnahme des neuen Hochablasswehres hat der während der Bauzeit des Wehres für Augsburgs Industrie und gesundheitliche Verhältnisse überaus wertvolle, ja geradezu unentbehrliche, provisorische Kanal seine vorübergehende Bedeutung verloren ...“.

Der Beschluss des Stadtrates vom 18. März 1911 zur Einebnung des Umgehungskanals wurde nur teilweise verwirklicht: „Der untere, bewandete Teil wurde beseitigt und eingefüllt, die obere geböschte Strecke jedoch erhalten und zur Hintanhaltung des sonst zu erwartenden Stagnierens und Faulens des sich im Kanalbett sammelnden Grundwassers mit dem südlichen Ende des mit der neuen Wehranlage verbundenen Floßhafens zusammengeschlossen“. Man wollte diesen Teil auch deshalb nicht einebnen, um ihn zur Vorsorge vor möglichen Hochwässern benützen zu können; außerdem bedeutete dies eine Kostenersparnis.

In den Plänen des Geschiebegutachtens von 1928 von Prof. Schreitmüller (siehe ab S. 133) ist der Umgehungskanal noch dokumentiert. Heute heißt dieser Kanal „Umlaufgraben“ und wurde zum Biotop. (Bild 125)

Einige Anmerkungen zur Bauweise des Wehrs aus der Sicht der Jahre nach 1945:
Es fällt auf, dass bei der Ausschreibung für einen Neubau des Wehrs keinerlei Rücksicht auf den Naturschutz gelegt wurde. Der Gedanke der durch den Menschen beherrschbare Natur durch die Technik stand damals noch im Mittelpunkt aller Neubauüberlegungen. Auch noch nach dem zweiten Weltkrieg beherrschte der Hunger nach Energie und die Technikgläubigkeit die weitere Verbauung des Lechs durch Kraftwerke. Erst am Ende des 20. Jahrhunderts wurden die Verantwortlichen für den Lech sensibilisiert; das Projekt „licca liber“ versucht, die Natur in den Flusslauf wieder einzubauen.

4. Das wasserpolizeiliche Gutachten für den Neubau von 1910

Um 1910 mussten alle Wasserbauten in Bayern ein sog. „wasserpolizeiliches Gutachten“ durchlaufen. Die Gutachterstelle für den Hochablassneubau war bei der Regierung von Schwaben und Neuburg angesiedelt; ihr Leiter war Bauamtsassessor Franz Krieger.

Ein solches Gutachten konnte aber nur aufgrund vorhandener Pläne erstellt werden; diese waren aber im Oktober 1910 für den Hochablass noch nicht vorhanden. Daher fand am **19. Oktober** eine Plenarsitzung statt.
„Zweck der Beratung war, dass das Stadtbauamt beauftragt wurde, bei einem neuen Projekt mitzuarbeiten, in welchem sich die aus den einzelnen Projekten [Planunterlagen der einzelnen Firmen für einen Neubau des Hochablasses] unternommenen Vorzüge vereinen sollte. Dabei wurde der genaue Umfang für die Gestaltung des neuen Wehres festgelegt, dass dasselbe sich auch aus einem festen und einem beweglichen Wehr und in der aus dem umliegenden Plan ersichtlichen Weise an das Ufer angeschlossen werden sollte“.[13]

Dabei war zu beachten:
- Aufteilung der Grundstücke und ihre Zuordnung
- Anwendung des § 114 der Vollzugsvorschriften des Wassergesetzes vom Dezember 1910
- Unbürokratische Grundstücksverhandlungen, Zuständigkeitsprüfungen

Es wurde die Bitte an die Hauptkommission geäußert, gem. Art. 167 des Wassergesetzes Entscheidungen dahingehend zu treffen, dass der Stadtmagistrat Augsburg zusammen mit der Distriktsverwaltungsbehörde mit der wasserpolizeilichen Behandlung des neuen Wehrprojektes betraut wurde. – Dies bedeutete eine Erleichterung für die Stadtverwaltung; die Stadtverwaltung war eingearbeitet und damit konnte Inspektion, wasserpolizeiliche Verfügungen und Durchführung derselben in wesentlich kürzerer Zeit umgesetzt werden.[14] Am **1. Dezember** bat Oberbürgermeister von Wolfram, für die schon Ende Oktober vorgestellten Pläne eine Entscheidung über die Zuständigkeit zwischen Augsburg und Friedberg zu treffen. Die Arbeiten zum Hochablassbau könnten dann schon vergeben werden. Von Wolfram wies dabei auf die günstige Bauzeit im Winter hin.
Am **2. Dezember** gab von Brettreich[15] grünes Licht für diese Vorgehensweise, als er schrieb: „Gemäß Art. 167 des WG und § 5 der Allerhöchsten Verordnung vom 1. Dezember wird der **Stadtmagistrat Augsburg als Distriksverwaltungsbehörde mit der Sachbehandlung und Beschlussfassung bei dem wasserpolizeilichen Verfahren über die Errichtung einer neuen Wehranlage im Lech oberhalb Augsburgs durch die Stadtgemeinde Augsburg beauftragt.**

Gez. Dr. v. Brettreich“[16]

Am **5. Dezember** 1910 übergab von Wolfram an das kgl. Straßen- und Flußbauamt [in Neuburg an der Donau] die Pläne mit dem Vermerk „Eilt!“.
An diesem Sitzungstag waren folgende Personen anwesend:
- 41 Triebwerksbesitzer
- 2 Fischereibeauftragte
- 7 Flößereiberechtigte
- Vertreter der Gemeinde Friedberg

Im Vordergrund dieses Gutachtens stand – wie immer beim Lech – das große Geschiebeaufkommen. Ein Bauwerk, das den Lech quer zum Flusslauf abriegelte und ihn in seinem Fließverhalten stark beeinträchtigte, war zum damaligen Zeitpunkt neu, d. h. es lagen keine Erfahrungswerte über das Kiesmanagement von anderen gleichwertigen Querbauten vor.[17] Ein eigenes Geschiebegutachten wurde nicht erstellt.

Bereits am **11. November** 1910 brachte das Bezirksamt Friedberg einen Einspruch an die Regierung von Oberbayern – Kammer des Innern – vor. Friedberg befürchtete eine Beeinträchtigung der Wasserversorgung für sein Gebiet. Dazu gab Friedberg folgenden Grund an: infolge des Wehrbruchs vom vergangenen Juni waren die Wasserstände der für die Wasserversorgung notwendigen Bäche teilweise erheblich zurückgegangen. Es wurde die Sorge geäußert, dass diese Beeinträchtigung durch den Neubau weiterbestehen würde. Daraufhin bat die Regierung von Schwaben Anfang Januar 1911 den Stadtmagistrat um Würdigung der Friedberger Belange. Die Stadt sollte Detailpläne dazu an das Kgl. Straßen- und Flußbauamt weiterleiten. Dabei wurde außerdem darauf hingewiesen, dass der unvermeidbare Kies-

[13] StadtAA, Bestand 45, Akt 702.

[14] StadtAA, Sitzungsprotokolle des Stadtmagistrats von 1910.

[15] Dr. Friedrich Ritter von Brettreich, Staatsminister des Innern; StadtAA, Stadtmagistratsprotokolle 1910.

[16] Ebenda.

[17] Martin Kluger: Der Fluss und das Lechmuseum Bayern, Lechwerke: S. 136 f. Die 1903 (Gersthofen) und 1907 (Langweid) errichteten Wasserkraftwerke lagen an einem Lechkanal und hatten ein Einlaufbauwerk, das den Kies vom Stauwehr abhielt.

eintrag bei der Einlassschleuse durch Ausbaggern beseitigt werden müsse. Weiter wurde die Frage aufgeworfen, ob die vorgesehene Schlammablassvorrichtung [im Einlaufbauwerk] wirksam sei. Die Kiesentfernung im Einlassbereich durch Unterwasserspülung sollte untersucht werden.[18]

Es herrschte jedoch allgemein die Meinung vor, durch geeignete Maßnahmen das Kiesproblem in den Griff zu bekommen.

Das Gutachten bezog sich im Wesentlichen auf die Floßgasse und auf die Möglichkeit, durch diese denjenigen Kies abzuführen, der

[18] StadtAA, Sitzungsprotokolle des Stadtmagistrats von 1910.

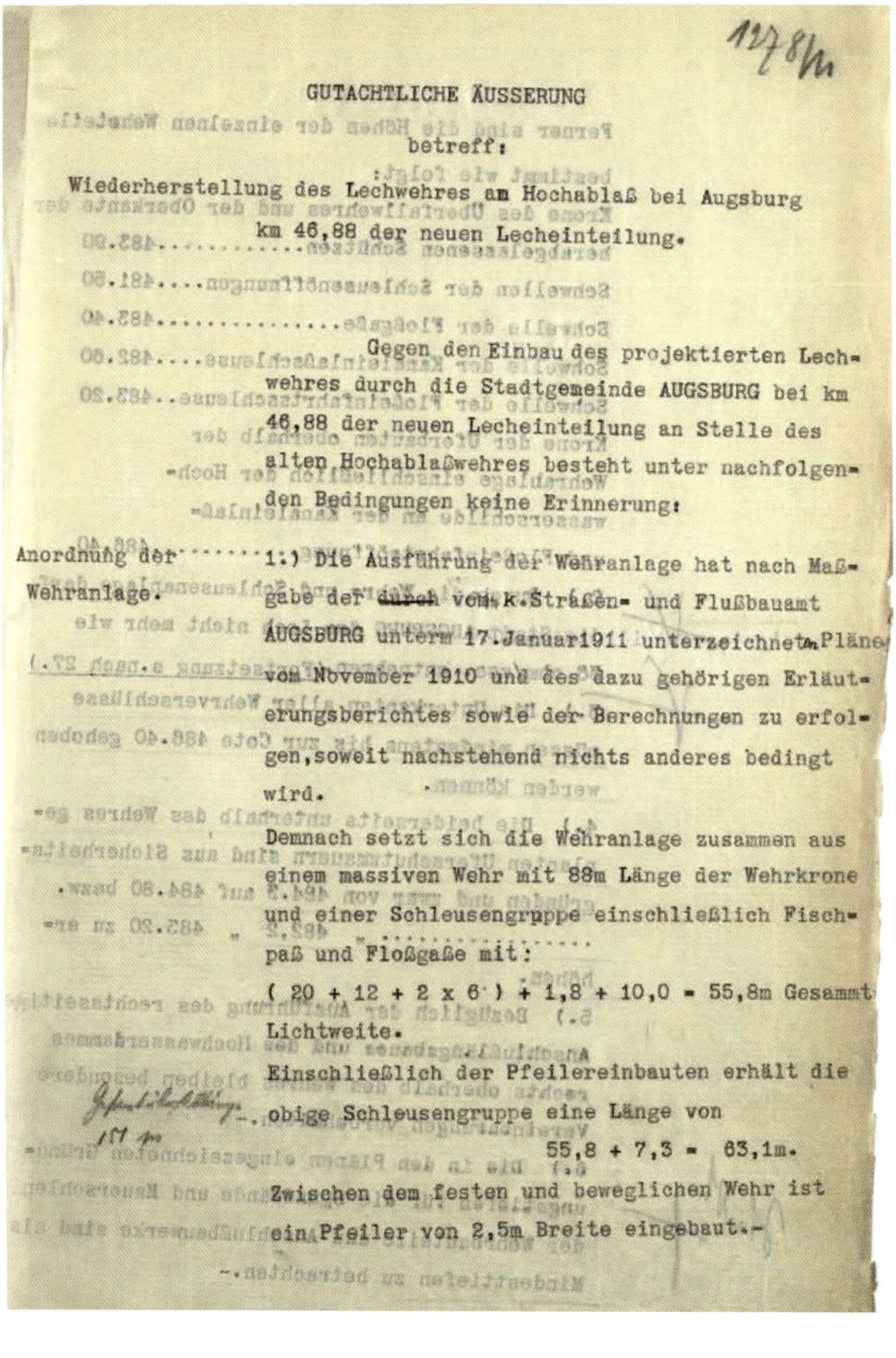

GUTACHTLICHE ÄUSSERUNG

betreff:

Wiederherstellung des Lechwehres am Hochablaß bei Augsburg km 46,88 der neuen Lecheinteilung.

Gegen den Einbau des projektierten Lechwehres durch die Stadtgemeinde AUGSBURG bei km 46,88 der neuen Lecheinteilung an Stelle des alten Hochablaßwehres besteht unter nachfolgenden Bedingungen keine Erinnerung:

Anordnung der Wehranlage.

1.) Die Ausführung der Wehranlage hat nach Maßgabe der ~~durch~~ vom k. Straßen- und Flußbauamt AUGSBURG unterm 17. Januar 1911 unterzeichneten Pläne vom November 1910 und des dazu gehörigen Erläuterungsberichtes sowie der Berechnungen zu erfolgen, soweit nachstehend nichts anderes bedingt wird.

Demnach setzt sich die Wehranlage zusammen aus einem massiven Wehr mit 88m Länge der Wehrkrone und einer Schleusengruppe einschließlich Fischpaß und Floßgaße mit:

(20 + 12 + 2 x 6) + 1,8 + 10,0 = 55,8m Gesammt Lichtweite.

Einschließlich der Pfeilereinbauten erhält die obige Schleusengruppe eine Länge von

55,8 + 7,3 = 63,1m.

Zwischen dem festen und beweglichen Wehr ist ein Pfeiler von 2,5m Breite eingebaut.-

***Bild 126**: Gutachtliche Äußerung betr. Wiederherstellung des Lechwehrs (1910, Seite 1 des Gutachtens)*

sich im Oberwasser ablagerte. Eine Erwähnung des Naturschutzes fehlte. (Bild 126)
In seinem ersten Teil wurden nur die Oberkanten der Wehre, d. h. die Koten für die Wehrkronen festgelegt. Diese Oberkante war deshalb so entscheidend, weil sie die Wassermenge, die in die Werkkanäle einfloss, bestimmte. Sammelte sich nämlich vor einer Wehrtafel im Oberwasser Kies an, wurde die verbleibende Höhe für den Wasseranstau geringer und die Zuflussmenge von 36 m^3/s in die Kanäle, für die die Stadt den Triebwerksbesitzern vertraglich verpflichtet war, konnte nicht eingehalten werden.

Der entscheidende Satz in diesem Gutachten ist die Aussage, dass gegen den Einbau des Wehres „keine Erinnerung" besteht, d. h. der Plan wurde genehmigt.

Dieses zitierte Gutachten war ein Entwurf, der noch mehrmals abgeändert wurde. Dabei ging es in erster Linie um die Floßgasse, um deren Ausgestaltung mit der Staatsregierung gerungen wurde.
Die Stadt Augsburg verwies dabei auf die mittlerweile (fast) vollständig zurückgegangene Flößerei. Letztendlich musste sie sich aber der Anordnung der Staatsregierung beugen und eine Gasse für Flöße und keine Gasse für den Kiesablass bauen. Der entscheidende Unterschied dabei ist das Gefälle dieses Durchlasses. Eine Floßgasse darf höchstens ein Gefälle von 1:10 haben, damit ein Floß gefahrlos die Gasse passieren kann. Dieses Gefälle ist für den Kiesabtransport ungeeignet.[19] Spätere Probleme mit dem Kies bestätigten die Bedenken der Stadt.

Das endgültige Gutachten enthielt 27 (später 33) Punkte. Zu Beginn des Gutachtens wurde festgestellt, dass das projektierte Lechwehr genehmigt wurde. Es enthielt zusammengefasst folgende Punkte (in Auszügen):

1.) Zusammensetzung der Wehranlage wie im Plan [siehe oben]
2.) Wasserentnahme nicht mehr als 36 m^3/s; dazu zwei Eichpfähle
3.) Unterbauten müssen auf 486,40 m gehoben werden.
4.) Ufermauern müssen um 0,50 m gehoben werden.
5.) Rechtsseitiges Ufer: hier besondere Vereinbarungen.
6.) Die Gründungstiefe der Mauern gilt als Mindesttiefe; die Spundwand rechts muss um 10 m verlängert werden.
7.) Die Antriebsgestänge des beweglichen Wehres müssen in Führungsstutzen verlegt werden.
8.) Die Überwachung erfolgt durch die Staatsbaubehörde; der Zugang durch die Behörde muss jederzeit gewährleistet sein.
9.) ...
10.) Zu Beginn des Baues müssen Fangdämme gebaut werden.
11.) Die Floßfahrt muss für die Dauer der Baumaßnahme möglich sein.
12.) ...
13.) Der Absturz der Floßgasse darf nicht mehr als 1 m betragen; wenn Kies in der Floßgasse ist, dann muss man diesen entfernen (siehe 11).
14.) Zur leichteren Bedienung der Flöße sollen bei der Einfahrt in den Werkkanal auf einer Länge von 200 m oberhalb der Floßeinfahrtsschleuse in Abständen von 10 m Pfähle eingebracht werden.
15.) Auflage: besonders strömungsarmer Floßländeplatz
16.) Die Floßfahrt muss durch gut sichtbare Signale deutlich gemacht werden.
17.) Bei Niedrigwasser im Lech muss die Floßfahrt durch die Werkkanäle möglich sein.
18.) Die Stadt muss die Anlage auf eigene Kosten warten.
19.) , 20), 21) Ausführungsbestimmungen
22.) Es ist bei Eisgang Sorge zu tragen, dass eine ununterbrochene Eisabführung möglich ist.
23.) bis 27.) Weitere Ausführungsbestimmungen und ein Hinweis auf die Sorgfaltspflicht von Augsburg

Am **1. Februar** 1911 wurde der geplante Neubau im Amtsblatt Nr. 10 bekannt gegeben. Das Amtsblatt hing von **2. Februar bis 1. März** aus. Einwendungen konnten bis **18. Februar** mündlich oder schriftlich vorgebracht werden. (Bild 127)

Vonseiten der Fischereizucht gab es gegen dieses Gutachten Einwände, weil ihrer Meinung nach die Fischtreppe zu steil und die Kammern der Treppe zu klein seien. Das Bauamt wies auf eine sorgfältige Bodenbearbeitung hin. Diese Einwände wurden mit gleichlautenden Schreiben beantwortet, indem man versprach, ihre Belange so weit wie möglich zu berücksichtigen.

Die Regierung von Schwaben und Neuburg ermahnte die Stadtregierung am **6. Februar**, vor Einleitung des wasserpolizeilichen Verfahrens

[19] **Das einzige Floß, dass durch die neu gebaute Floßgasse nach der Fertigstellung im Sommer 1912 fuhr, war das Floß, auf dem sich König Ludwig III. von Floßmeister Franz Petz lenken ließ. Um an diese Floßfahrt zu erinnern, wurde später am Einlaufbauwerk ein Denkmal errichtet.**

Amts-Blatt

der Königl. Bayer. Stadt Augsburg.

Mittwoch — № 10. — 1. Februar 1911.

Dieses Blatt erscheint nach Bedürfniß und wird [illegible] gegen 25 Pfg. Zustellgebühr pro Quartal abgegeben.
Bei amtlichen und Privat-Inseraten wird der Raum einer gespaltenen Petitzeile zu 20 Pfg. berechnet.

Amtliche Bekanntmachungen: Neubau eines Lechwehres bei Augsburg betr. — Störung von staatlichen Telegraphen- und Telephonleitungen betr. — Bekämpfung der Maul- und Klauenseuche betr.

Bekanntmachung.

Neubau eines Lechwehres bei Augsburg betr.

Die Stadtgemeinde Augsburg beabsichtigt im Lechflusse beim Hochablaß eine Wehranlage einzubauen und hat die wasserpolizeiliche Genehmigung derselben beantragt.

Mit Instruktion und Verbescheidung dieses Antrages ist durch Ministerialentschließung vom 2. Dezember 1910 der Stadtmagistrat Augsburg als Distriktsverwaltungsbehörde betraut worden.

Gemäß § 117 der Vollzugsvorschriften vom 3. Dezember 1907 zum Wassergesetz wird hiemit bekannt gegeben, daß die Pläne, Zeichnungen und Beschreibungen zu der Wehranlage im städt. Verwaltungsgebäude IV. Stock, Zimmer Nr. 1. aufliegen und dort an Werktagen von 10—12 Uhr vormittags und von 3—5 Uhr nachmittags, an Sonn- und Feiertagen von 10—12 Uhr vormittags eingesehen werden können.

Zugleich ergeht hiemit die Aufforderung, etwaige Einwendungen gegen das Projekt mündlich oder schriftlich bei dem Stadtmagistrate Augsburg im vorgenannten Amtszimmer binnen einer ausschließlichen 14tägigen Frist vom Tage des Erscheinens des gegenwärtigen Amtsblattes an gerechnet, d. i. bis spätestens 18. Februar 1911, vorzubringen, widrigenfalls alle nicht auf privatrechtlichen Titeln beruhenden Einwendungen als versäumt zu gelten hätten.

Augsburg, den 1. Februar 1911.

Magistrat der Stadt Augsburg.

Wolfram.

Huber.

***Bild 127**: Amtsblatt Nr. 10 der Kgl. Bayer. Stadt Augsburg (1. Februar 1911)*

grundsätzlich die Erlaubnis zur Benutzung des Lechwassers einzuholen. Dies sollte „alsbald" nachgeholt werden. Das heißt, dass die Stadtgemeinde, obwohl schon seit dem Mittelalter durch den Hochablass Wasser nach Augsburg abgeleitet worden war (Privileg durch Kaiser Sigismund 1418) und viele Verträge zwischen Bayern und der damals freien Reichsstadt Augsburg geschlossen worden waren, erneut um Benutzung des Lechwassers nachsuchen musste![20]

Folgende Änderungen gab es im Gutachten:
zu 3): Die Unterteilung der Schleusenfallen wurde mit entsprechenden Antriebsvorrichtungen versehen.
Zu 4): Die Koten der Wehrkronen wurden auf 484,80 m bzw. auf 483,20 m festgelegt.
Zu 6): Es wurden Proberammungen durchgeführt.[21]

Zu 7): Die Stützpfeiler wurden nicht eingefräst, sondern nur die Wehrpfeiler verbreitert, da mit der Geschwindigkeit 0 m/s des Oberwassers gerechnet wurde (Im Vorschlag stand 3 m/s). Es bestand keine weitere Beeinträchtigung durch Treibgut.

Ein wesentlicher Kritikpunkt der Stadt Augsburg an den Neubauplänen war neben der Floßgasse der geplante Bau des Floßhafens. Deshalb merkte hierzu das Bauamt der Stadt für die Punkte 14 und 15 des Gutachtens an. „Die Ländepfähle werden zwar gebaut. Doch die Auflage für den Floßhafen steht in keinem Verhältnis zu der stetig der Flöße abnehmenden Bedeutung der Flößerei im Lechflusse". Die Stadtverwaltung betonte: Die Durchfahrt der Flöße durch die Stadtkanäle sei jederzeit möglich; es gebe keine Behinderung.

Die Durchfahrt vor 1910 war wie folgt geregelt gewesen:
Es gab einen Kanal längs des Lechs (PLS 8 Ma. 3 Nr. 70), der die Flöße bis zur sog. Wiener Lände ohne weitere Beeinträchtigung leitete. Für die Durchfahrt durch die anderen Kanäle gab es zwei Möglichkeiten:
Im Allgemeinen waren die Kanäle so breit, dass auf einer Seite ein Wasserrad eingehängt werden konnte; ein Floß konnte problemlos daran vorbeifahren. Die andere Möglichkeit war der Umbau der Wasserräder in sog. Pansterräder. Pansterräder sind Räder, die gehoben werden konnten und so die Floßdurchfahrt ermöglichten. In den Schriften von Kollmann und Werner sind zahlreiche solcher Umbauten aufgelistet.

Organisatorisch stand in der städtischen Verordnung, dass in der betriebsfreien Zeit der Werke – in der Regel an Sonntagen oder am Abend – die Pansterräder unbürokratisch gehoben werden mussten und so die Flöße freie Fahrt hatten.

Am **1. Februar** 1911 wandte sich der Flößer Franz Petz an den Magistrat der K. Reichshauptstadt Augsburg; er äußerte seine Sorge, dass die Flößerei nicht wieder stattfinden könnte. Darauf fragte die Stadt bei Petz an, ob Tagfahrten mit den Flößen geplant seien. Petz gab zur Antwort, wenn die Durchfahrt durch die Kanäle gesichert sei, seien keine zusätzlichen Tagfahrten durch die Augsburger Kanäle notwendig. Er meinte: „Die Gefährdung der Fahrt durch die Kanäle kann hingenommen werden".

In den nachfolgenden Verhandlungen der Stadt mit dem Bayerischen Innenministerium

[20] Leider fehlen in dieser Aufforderung juristische Belege.

[21] Diese waren von Oskar von Miller vorgeschlagen, aber wegen zeitlicher Verzögerung abgelehnt worden.

wurden diese Argumente wiederholt angeführt; doch die Floßgasse wurde wie geplant gebaut – und nie mehr für Floßfahrten benützt; Augsburg unterlag.[22]

Am **15. Februar** 1911 beschlossen Stadtmagistrat und Bürger von Friedberg einstimmig, keinen Protest mehr gegen den Wehranlagenneubau einzulegen, sofern die Grundwasserverhältnisse wie vor der Katastrophe wiederhergestellt würden. Dies galt auch für die Gemeinde Hochzoll, vorbehaltlich, dass Augsburg für alle Schäden, die durch die Inbetriebsetzung der Anlage entstehen sollten, aufkäme.[23]
Auch der Stadtmagistrat von Lechhausen hatte keine Einwände; die Stadt Friedberg sollte für die Ufersicherung sorgen.

5. Konsequenzen aus dem Gutachten

Die endgültige Genehmigung des Gutachtens wurde am **11. März** 1911 erteilt. Es enthielt folgende Änderungen zum ursprünglichen Text:

Zu Bed. 2) „... soll nach „36 cbm/sek" eingesetzt werden: „mit Beschränkung durch den Fischpass jederzeit 1,5 cbm/sek abfließen müssen. **Sollte die Wassermenge von 36 cbm/sek bei der zugestandenen Wehrhöhe nicht in den Werkkanal einfließen, so kann die Abhilfe durch Änderung der Einlaufbauwerke und der Werkkanalanlage getroffen werden; dagegen sind Wehraufsattelungen, Änderung am Wehr selbst sowie Einbauten in den Fluß ausgeschlossen".**[24]

Weiter gab es folgende Einschübe:
Bei 2): „Der Fischpass ist stets in ordnungsgemäßem Zustand zu erhalten und von Geschiebe und Gestrüppanschwemmungen frei zu räumen; er darf nur zum Zwecke der Ausbesserung oder Räumung geschlossen werden.
Nach 28) wurde eingefügt: „Die Bewilligung erfolgt unwiderruflich und gebührenfrei, nachdem war auch die bisherige Anlage unwiderruflich und gebührenfrei".[25] Jedoch wurde hinzugefügt, dass der Staatsärar[26] eine Änderung der Bestimmungen vornehmen könnte, sofern die Wasserentnahme durch die Stadt Augsburg nicht vertragsgemäß erfolgte. Außerdem gab es die Ergänzung 29), in der durch die Staatsbauverwaltung festgelegt wurde, dass das alte Wehr und die Floßgasse so weit entfernt werden mussten, dass weder die Floßfahrt gefährdet noch schädliche Querströmungen verursacht würden; die Flussräumungen waren entsprechend den Weisungen fortzusetzen.

Daraus lässt sich folgern, dass um diese Zeit im Frühjahr 1911 noch nicht alle Schäden, die durch das Hochwasser entstanden waren, beseitigt waren.

Weiter wurde die Bedingung 30) eingefügt, die besagte, dass der Umleitungskanal [Umgehungskanal] einzufüllen oder aufzustauen sei, wenn er die Ursache für die bleibende Senkung des Grundwasserspiegels gegenüber der früheren Höhenlage wäre.

In der Plenarsitzung am **18. März** 1911 wurden die Verpflichtungen des Vertrags (das Gutachten wurde in einen Vertrag eingebunden) angenommen. Dabei wurde festgestellt:
„Die Stadtgemeinde Augsburg ist seit undenklichen Zeiten im rechtlichen Besitze der Wasserkräfte des Lechs oberhalb der Stadt und glaubt darauf auch in Zukunft ein gesichertes Anrecht zu besitzen. Demgemäß kann sie dem Staate nicht die Befugnis zukommen lassen, oberhalb Augsburgs irgendwelche Maßnahmen zu treffen, welche diesen direkten ungefährdeten Wasserbezug beeinträchtigen könnten.
In ihrem eigenen Interesse wird die Stadt auf den dauernden Bestand des Lechs, welcher bei Augsburg Bedacht annehmen müssen, einen Rechtsanspruch aber auf eine Verpflichtung der Stadt zur Wiederherstellung des Wehrs kann sie niemanden zugestehen und sie muß deshalb gegenüber diesbezüglichen Genehmigungsbedingungen Widerspruch erheben". [sic][27]

Dazu lehnte die Stadt auch weiter die Auflagen bzgl. der Floßfahrt ab. Sie nahm sogar das Recht in Anspruch, den Floßlandeplatz gänzlich aufzuheben und anerkannte lediglich, dass von ihr gefordert werden könne, was auch schon bisher der Fall war; nämlich dass den Flößen die Durchfahrt durch die Werkkanäle freistand, wenn im offenen Lechfluss wegen Wassermangel die Floßfahrt unmöglich wäre.

Die Friedberger Bedenken (Einsprüche) wurden von der Stadt Augsburg am **21. März** angenommen. So konnte der endgültige Vertrag am

[22] StadtAA, Bestand 45, Akt 702. Der Vorschlag eines Augsburgers, den Floßhafen zu einem Bad umzubauen, wurde verworfen, da der Hafen dafür zu flach war.

[23] Ebenda.

[24] Diese Auflage konnte nicht eingehalten werden. Darüber gab es heftige Briefwechsel zwischen Krieger und Sametschek (Leiter des Augsburger Bauamtes). Der Streit konnte erst durch den Umbau 1931/32 gelöst werden.

[25] Dies war die endgültige Bestätigung der jahrhundertelangen Auseinandersetzung zwischen Augsburg und seinen Anrainern, dass der Hochablass von Augsburg gebaut werden darf und der Stadt gehört.

[26] Ein Staatsärar war ein juristische Vertreter des Staates.

[27] StadtAA, Magistratsberichte 1911.

27. März 1911 unterschrieben werden. Dabei waren anwesend: eine Vertretung der Regierung von Schwaben, die Lechbauleitung, der Hauptmagistrat von Lechhausen, die Friedberger Gemeindeverwaltung, Vertreter von Hochzoll, der Flößer Franz Petz und Rechtsanwalt Rottenhöfer in Vertretung eines Anrainers. Alle Anwesenden erhielten eine Abschrift des Vertrags.

Eine weitere Sitzung am **5. April** 1911 bestätigte endgültig den Vertrag. Die Abwesenheit von Franz Petz wurde als Zustimmung gewertet. Die Stadt Augsburg hatte noch folgende Anmerkung: Zu 15) nahm sie wie folgt Stellung: Sie ist gegen die Bedingung zum Bau des Floßhafens, **„da sie zur Anlage eines Floßhafens überhaupt nicht gezwungen werden kann“**. Der Vertreter des K.[königlichen] Ärars erklärte, dass er die Auffassung des Stadtmagistrats teile und die Entbehrlichkeit eines strömungsfreien Floßländeplatzes zugebe, vorausgesetzt, dass die im Floßhafen einfahrende Flöße durch die Stadtkanäle weiteren Weg machen könnten. Auch zum Auflassen des Umgehungskanals überließ er die zu treffenden Maßnahmen der Stadt.

Bei diesem Vertragsabschluss war Bauamtsassesor Franz Krieger anwesend.

Zusätzlich wurde als Sicherungsmaßnahme des zerstörten Ufers am **10. April** 1911 der Bau eines zweiten Kiesfanges beschlossen. Kosten: 16.000 Mark. Dies wäre billiger als ein evtl. benötigter Neubau. Ein Bagger konnte somit eingespart werden (Ersparnis: 6000 Mark).

Zur Durchfahrt der Flöße wurde noch angemerkt, dass sie, wenn möglich, bei entsprechender Absenkung des Wasserspiegels zur Nachtzeit und an Sonn- und Feiertagen durch die Kanäle fahren sollten. Dabei müsste die Absenkung sehr vorsichtig vonstattengehen, da größere Wasserkräfte für die elektrische Beleuchtung gebraucht würden.

Ein weiterer Zusatz ergänzte das Gutachten: Der Innenminister formte vor allem noch Ziffer 22) des Gutachtens wie folgt ab: „Bei starker Kälte und bei Eisgang hat die Stadtgemeinde Augsburg für eine geordnete, ununterbrochene Eisabführung über das Wehr und seinen einzelnen Teilen sowie durch den Triebwerkskanal und den Eiskanal Sorge zu tragen“.[28]

Nach der endgültigen Formulierung des Vertrags wurde festgestellt:

„Mit dem Bau kann sofort begonnen werden!“

Diese Baugenehmigung vom **11. März** 1911 musste noch durch einen Plenarbeschluss bestätigt werden. Daher wurde am **11. Juli** 1911, nachdem alle Einwände und Anregungen eingefügt waren, mit der Bemerkung „Citissime!“ [äußerst schnell] für eine Sitzung am **15. Juli** eingeladen. Dort wurde abschließend vom Magistrat beschlossen, dass täglich wenigstens in der Zeit von 12 bis 1 Uhr mittags und von 7 Uhr [6 Uhr durchgestrichen] bis 5 Uhr Flöße ungehindert durch die Kanäle fahren konnten.

Der endgültige Plenarbeschluss zum Neubau des Hochablasses erfolgte am **20. Juli** 1911 unter dem Punkt 1 der Tagesordnung. Hier wurde festgestellt, dass „gegen die vom Straßen- und Flußbauamt Augsburg im Gutachten vom **17. Jan.** 1911 gestellte und vom K. Staatsministerium des Innern unterm **6. März** 1911 gebilligte Ziffer 23, wonach **die Wehranlage, falls sie durch Elementarereignisse oder andere Vorgänge zerstört wird, von der Stadt Augsburg neu aufzuführen ist, soll eine weitere Beschwerde nicht erhoben werden, da die Wiederherstellung des Wehres unter keinen Umständen umgangen werden kann“**.[29]

[28] Diese Forderung konnte im sehr langen und sehr kalten Winter von 1929 nicht erfüllt werden.

[29] Sitzungsprotokolle des Stadtmagistrats von 1911.

Bild 128: *Neubau des festen Wehrteils*

Der Neubau der Wehranlage 1911/12

1. Die Neubauplanung im Frühjahr 1911

Der Plan mit der Bezeichnung „Holzlagerplatz“ gibt die Konstruktion des neuen Hochablasswehrs von 1912 wieder; oben ist der Umgehungskanal mit seinem Anschluss an das Wasserwerk aufgeführt. Zur Verdeutlichung der Veränderungen gegenüber dem alten Wehr wurde dies mit eingezeichnet. (Bild 129)

Zufahrtswege und die Planung einer Gaststätte fehlen. Ebenso werden keine Angaben zur Elektrifizierung der Wehranlage gemacht.

Die beiden Ufer des Lechs verlaufen nicht parallel, der östlich Teil ist gegenüber dem westlichen aufgeweitet und macht einen leichten Rechtsschwenk.

Die beiden Uferanschlussstücke sind senkrecht zum jeweiligen Ufer positioniert, liegen aber versetzt. Das Verbindungsteil kommt somit schräg zum Flusslauf zu liegen, wodurch die charakteristische Z-Form entsteht. Eine Verbindung zum Kuhsee ist nicht vorgesehen. Für die Uferbefestigung sind starke Verbauungen gerade im östlichen Teil erkennbar.
Mayer stellt in seinem Bericht im Kapitel „Neubau des Hochablasswehres“ folgendes dazu fest: „Für die Allgemeine Anordnung

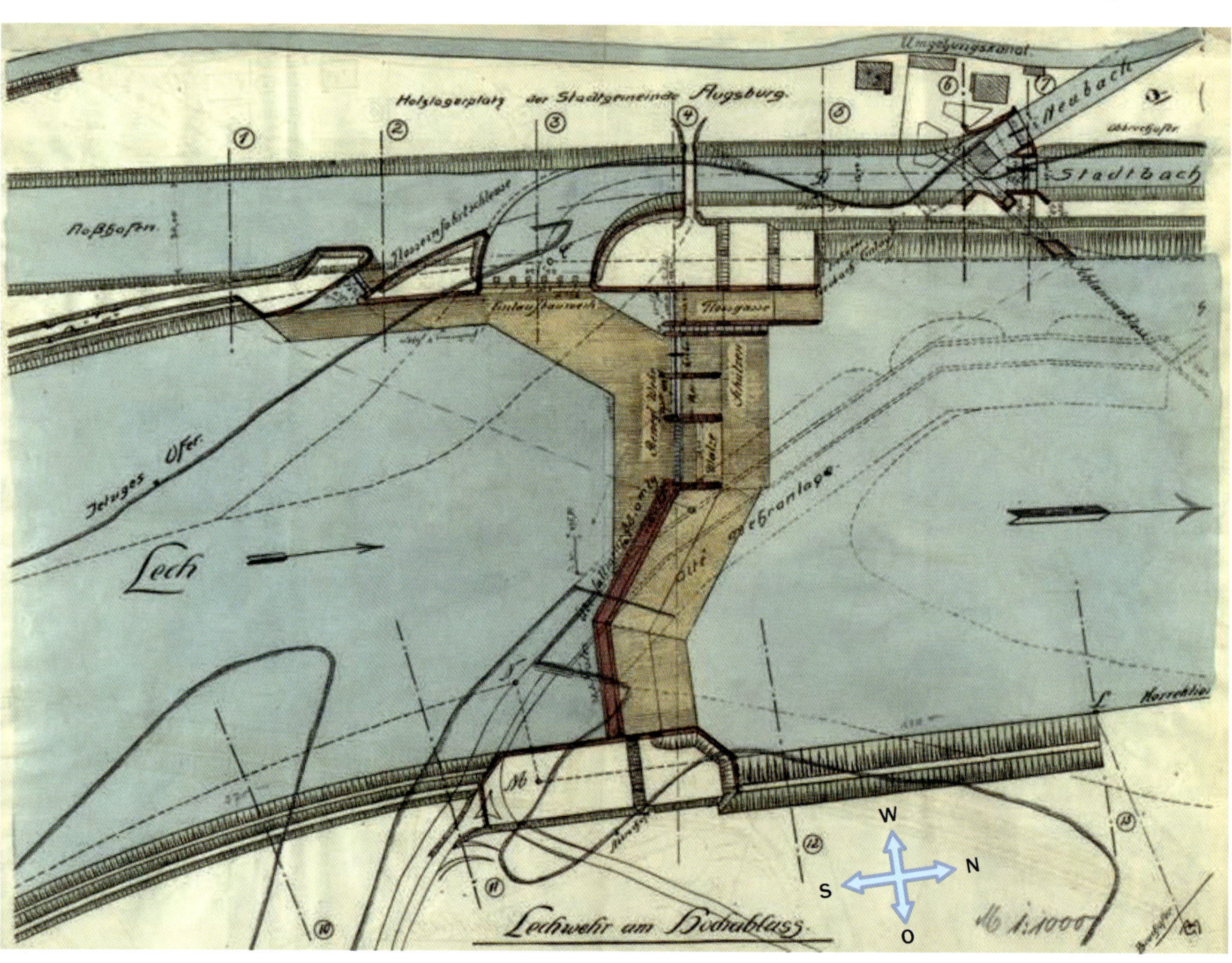

***Bild 129**: Plan des Holzlagerplatzes der Stadtgemeinde Augsburg*

des baulichen Projekts waren in erster Linie zwei Gesichtspunkte maßgebend, welche die Hauptnachteile der alten Wehranlage bildeten, nämlich: Das frühere Fehlen von Öffnungen zur Abführung von Hochwasser und Kies einerseits und die ausgesprochene schräge Lage des alten Wehrs zum Fluß andererseits".[1] Leider finden sich in den Akten keine Begründungen gerade für diese Konfiguration. Weiter gibt es keine Angaben, warum der Mittelteil des Baues über dem alten Streichwehr situiert ist; es fehlt auch eine Begründung, warum die beiden Seitenteile gerade in die entsprechenden Abbruchkanten hineingebaut wurden. Weiter lässt sich auch kein Modell für den Bau finden.[2] Oskar von Miller hatte vor dem Bau eine Bodenuntersuchung an der Abbruchkante angeregt. Dies war durchaus eine sinnvolle Anregung, da der geologische Unterbau durch das Katastrophenhochwasser erheblich verändert gewesen sein könnte. Doch wurde dieser Vorschlag aus Kosten- und Zeitgründen in einer Sitzung des Stadtmagistrats vom 28. Juni 1910 abgelehnt. Der Stumpf des Streichwehres wurde nicht vollständig entfernt; er beeinträchtigte den Neubau aber in keiner Weise, man sparte so Kosten. Noch heute sind die Reste bei Niedrigwasser zu sehen.

Man erkennt im obigen Plan das Ostufer mit dem Abbruch während der Hochwasserkatastrophe und die Lage des alten Ablasses. Am Rand ist die Fundierung des festen Überfallwehres auf 8,10 Meter (= 483,90 m – 475,80 m) handschriftlich notiert (nicht abgebildet).

Für das Wehr wurde, von Osten her betrachtet, ein 88 Meter langes, festes Wehrteil als Überfallwehr vorgesehen. Ein 63,10 Meter langes, bewegliches Wehrteil mit einer Schleusengruppe aus verschiedenen Wehrtypen, Fischtreppe und Floßgasse schloss sich nach Westen hin an.

Das feste Wehrteil wies einen Knick auf. Das Wasser strömte somit teilweise an dem festen Wehr entlang und wurde, wenn genügend Wasser durch das Einlaufwehr floss, über das bewegliche Wehr, die Fischtreppe und die Floßgasse nach Norden abgeleitet. Wenn der Lech mehr Wasser führte, als vor dem Wehr angestaut werden konnte, entstand am festen Wehr der von den Augsburgern sehr geschätzte Wasserschleier.

Das Wasser des westlichen Flussanteils konnte nicht nur über das bewegliche Teil abfließen, sondern wurde auch unmittelbar in das Einlaufbauwerk für die Stadtkanäle geleitet. Die Kote des Einlaufbauwerks lag 90 Zentimeter höher als die des Vorbodens, um den Kieseintrag in die Kanäle zu reduzieren. Diese Konstruktion verband somit zwei Bedingungen:

- die vorteilhafte Wasserführung des alten Streichwehrs mit der Vorgabe, möglichst viel Wasser in das Einlaufbauwerk führen zu können,
- die Vermeidung des Nachteils des alten Wehres, die Verbindungsstelle zwischen Einlaufbauwerk und Flussrichtung allzu sehr zu belasten.
- Außerdem entstand am Einlaufbauwerk bei Hochwasser nicht mehr der große Wasserdruck, weil das Wasser am westlichen Ufer entlanglief und der Stromstrich im Oberwasser nicht mehr von Ost nach West verlief. Das westliche, bewegliche Teil stand senkrecht zum Fluss und konnte somit die Kiesabfuhr begünstigen.

Im wasserpolizeilichen Gutachten wurde das bewegliche Teil durch folgende Zahlenreihe festgelegt:

(20 + 12 + 2 x 6) + 1,8 + 10,0
[Es fehlen hier die Längenangaben „m".]

Dabei bedeuten die in Klammern stehenden Zahlen Folgendes:
„20" steht für die 20 Meter breite Walze,
„12" steht für die 12 Meter breite Schleuse,
„2 x 6" steht für die zwei weiteren Schleusen,
„1,8" breit ist die Fischtreppe und
„10" breit die Floßgasse.

Diese Maße sind die lichten Weiten der einzelnen Bauteile. Werden die Mauerstärken dazugerechnet, kommt man auf eine Gesamtbreite des beweglichen Wehres von 63,10 Metern.

Die Gesamtlänge des Neubaus betrug zuzüglich des festen Wehres – wie handschriftlich im Gutachten am Rande vermerkt – 151 Meter.

Einen ausführlichen Bericht zu dem Neubau gab Mayer in seinem Buch über die „Lechhochwasserkatastrophe 1910" im Jahr 1914 wieder; er dient im Weiteren als Grundlage für die ausführliche Beschreibung des Neubaus.

Mayer war der Überzeugung, dass der vorgelegte Gesamtplan das Problem der Kiesabfuhr bewältigen konnte, denn er schrieb: Der Um-

[1] Mayer, S. 15

[2] Dies liegt wohl auch daran, dass es damals unüblich war, ein Modell vor einem Bau herzustellen. Erst 1909 regte Dr. Theodor Becher, der Leiter der Wasserbauabteilung der MAN in Gustavsburg an, ein Wasserbaulaboratorium zu erstellen. Prof. Koch von der Universität Darmstadt arbeitete ebenfalls dabei mit. Modelle zur Wasserführung am Hochablass wurden erst 1929 von Prof. Schreitmüller durchgeführt.

stand, dass früher Öffnungen zur Abführung von Hochwasser fehlten, „trug bei der Neuprojektierung die Anordnung eines reichlich bemessenen beweglichen Wehres mit einem gleichfalls mit großem Sicherheitsgrad dimensionierten, festen Überfallwehr Rechnung, während der zweite Punkt [die schiefe Lage] durch die Anordnung der Wehranlage möglichst senkrecht zur Flussrichtung entsprechende Berücksichtigung fand“.[3]

Zusammengefasst heißt das für die Neubauplanung:

Das wasserpolizeiliche Gutachten[4] für die Wehrteile machte keine unabänderlich vorgegebene Vorschriften für die Bauausführung. Ein Reservebach fehlte in den Vorgaben, da er zugeschüttet werden sollte.
Die technische Ausführung überließ man dem städtischen Bauamt und der ausführenden Firma. Mayer berichtete nur, dass „die Wehrwie auch Kanalschleusen, je nach Lichtweite und Wasserdruck in Holz oder Eisenkonstruktion gehalten“ werden sollten.
Das Einlaufbauwerk wurde im Gutachten nicht erwähnt. Die einzige Bedingung bestand nur darin, den Einlauf von 36 m^3/s in die Stadtkanäle zu garantieren. Mayer erwähnt diesen kurz, wenn er ihn als „Werkkanal, der als beidseites 5/4-malig geböschtes, bis 50 Zentimeter betoniertes Gerinne“ charakerisiert.[5]

Die strikte Vorgabe, die Koten für die Oberkanten der Wehrteile einzuhalten, erwies sich später als undurchführbar, da sich der Kies im Oberwasser wesentlich höher ansammelte als (vermutlich) für möglich gehalten worden war. Man ging davon aus, das Kiesproblem mit der vorgelegten Konstruktion in den Griff zu bekommen. Die fehlende Erfahrung und der große zeitliche Druck, im Frühsommer 1912 die Anlage fertig gebaut zu haben, erforderte ca. 20 Jahre danach einen Umbau. Schon kurze Zeit nach dem Neubau gab es zwischen dem städtischen Bauamt unter der Leitung von G. Sametschek und dem staatlichen Straßen- und Flußbauamt in Donauwörth unter Leitung von Franz Krieger Unstimmigkeiten: Die Stadt sattelte die Wehrkrone immer wieder auf, um die Wassergarantie für die Triebwerksbesitzer einzuhalten; das Flussbauamt drängte jedoch auf die Einhaltung der Koten. Der Grund für die notwendige Aufsattelung bestand in der Tatsache, dass eine große Kiesablagerung im Vorboden die Wassermenge, die in die Kanäle fließen musste, reduzierte. Der Streit konnte erst 1931/32 durch einen radikalen Umbau des Wehres gelöst werden; dieser konnte vor allem das Kiesproblem lösen.

Der Baubeginn war im Februar 1911. Verursacht wurde dieser späte, sehr ungünstige Termin somit durch die Bedenken des städtischen Bauamts über die Wasserabführung; für einen Wasserbau ist die wasserarmen Winterzeit besser geeignet als die durch mögliches Hochwasser beeinträchtigte Frühlings- und Sommerzeit.

2. Eine Gesamtübersicht

Der folgende Plan aus dem Nachlass des Schleusenwärters Scheigele, der vom Stadtmagistrat genehmigte Plan, gibt einen Überblick über den Querbau mit dem festen und dem beweglichen Wehr sowie das gesamte Einlaufbauwerk. (Bild 130)

Aus diesem Plan ist die Einteilung des Neubaus in drei Bauabschnitte erkennbar:
Der linke Abschnitt betrifft die Ufersicherung beider Ufer südlich des Ablasses. Der mittlere Abschnitt stellt den Baukörper des Querbaus in den Vordergrund, und der nördliche Teil schließt den Umbau des Stadtbaches und der Umgebung des Wehres ein.
Weiter erkennt man die Zuständigkeiten der Bauträger: Der südliche Abschnitt stand unter der Regie des „Staatfondsbaus“, östlich war die Steuergemeinde Hochzoll zuständig und im mittleren Teil hatte die Stadtgemeinde Augsburg die Verantwortung. In diesem Plan[6] wird für die einzelnen Bauteile das Wort „Modell“ verwendet.
Es liegt keine Information vor, ob für den Umbau ein Modell im Verhältnis 1: 200 angefertigt wurde bzw. ob ein solches Modell irgendwo noch vorhanden ist.

Man plante auf beiden Uferseiten einen 10 Meter breiten, „zurückspringenden Toswinkel“ über dem festen Wehr;[7] dadurch erhoffte man sich eine Verminderung des Angriffes des herabstürzenden Wassers auf die anschließenden Ufer.
Unterhalb des Wehres, im Tosbecken, betonierte man mit „doppelten Dielenbelag armierte Sturzböden“. Das Bauwerk musste gegen auftretende Kolke gesichert werden; außerdem sollte ein möglichst günstigen Übergang zum natürlichen Lechbett hergestellt werden.

[3] Meyer, Die Hochwassekatastrophe, S. 15. Dieses fehlende „reichlich bemessene bewegliche Teil“ in den eingereichten Plänen der Angebotsfirmen war wohl der Grund, alle diese Pläne abzulehnen und durch das städtische Bauamt neu zu planen. Die Baupläne der Firmen werden im Kapitel „Technik“ vorgestellt.

[4] Es war damals Vorschrift, ein „Wasserpolizeiliches Gutachten“ vor einem wasserbaulichen Umbau einzuholen; dafür zuständig waren die Wasserwirtschaftsämter, für Augsburg das Amt von Donauwörth.

[5] Ebenda, S. 16

[6] Plan von Schleusenwärter Michael Scheigele

[7] Mayer: Hochwasserkatastrophe, S.16.

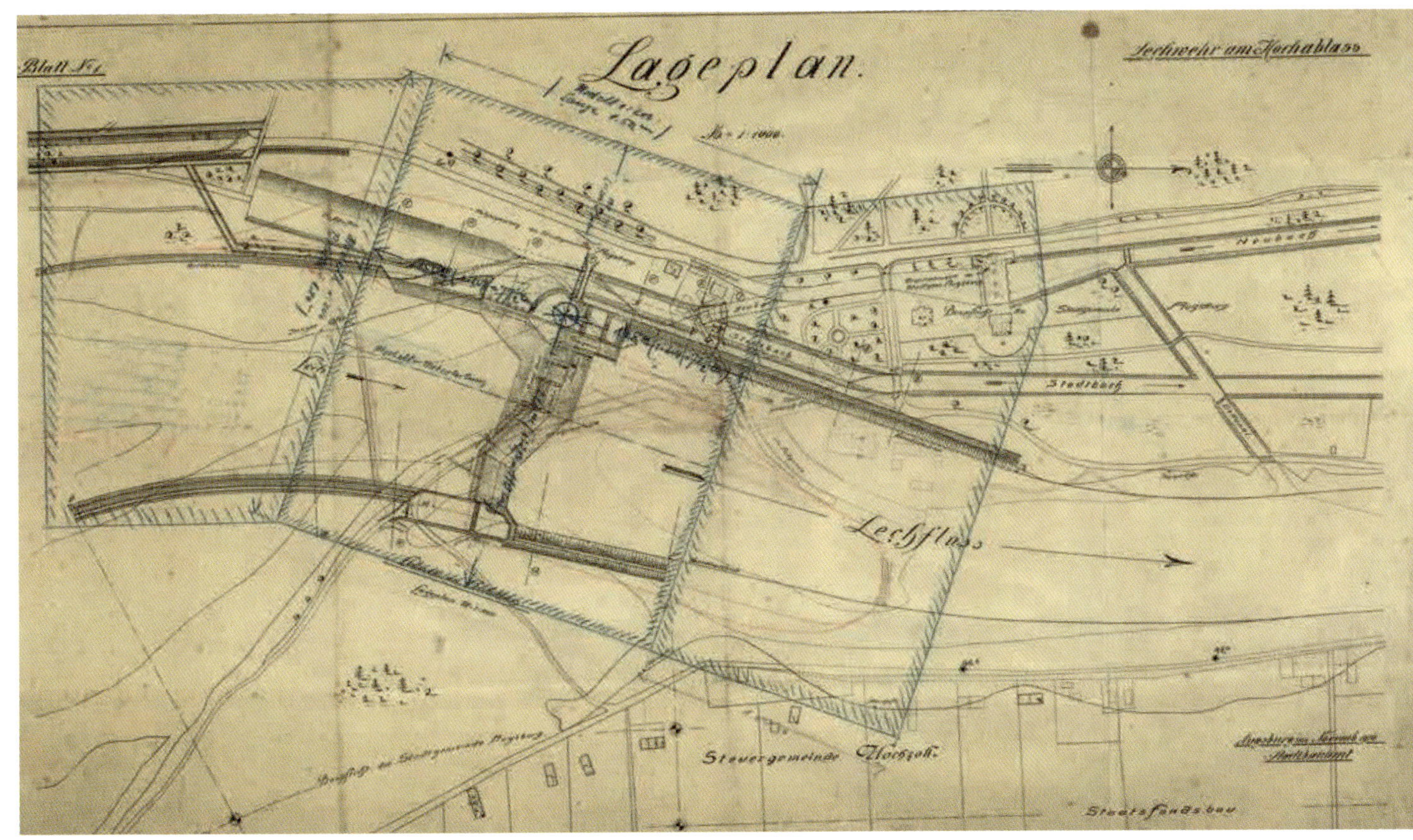

***Bild 130**: Lageplan des Lechwehrs (1910)*

Darum reihte man Betonblöcke, die durch Ketten aneinandergebunden waren, an das Ende des Sturzbodens.[8]

3. Die einzelnen Wehrteile im Ablassbauwerk

Hier werden die einzelnen Wehrteile kurz vorgestellt; ihre genauere technische und geschichtliche Entwicklung erfolgt im Kapitel Technik.

3.1 Die feste Wehranlage (Bild 131)

Die Lechsohle befand sich auf Kote 482 Meter; die Oberkante lag 1,80 Meter höher, der Überfall noch einmal 10 Zentimeter darüber. Das Wasser fiel dann 6,60 Meter tief auf den Sturzboden, der aus einem 8 Zentimeter starken Dielenbelag bestand. Unterfüttert wurde dieser Sturzboden mit einer ca. 1,50 Meter dicken Betonschicht. Auffallend war die waagrechte Oberkante des Sturzbodens.[9] Diese waagrechte Fläche musste daher den Aufprall des Wassers abfangen. Hier kam es schon wenige Jahre später zu Zerstörungen dieses Unterbodens (siehe nächstes Kapitel Schäden am Neubau). Die Lechsohle war durch das Hochwasser ca. 3 Meter angehoben worden. Man nahm an, dass sich hinter dem Wehr die Lechsohle allmählich wieder eintiefte.

Zur Absicherung möglicher Erschütterungen durch Schwingungen des festen Wehrkörpers[10], die durch die herabfallenden Wassermassen auftreten konnten, baute man wahrscheinlich schon damals in den Betonkörper Eisenbahnschienen ein[11]; außerdem wurde der Baukörper an beiden Enden durch 6 Meter lange Eisenspundwände abgesichert. Dazu brachte man 4,50 Meter lange Eisenspundwände unmittelbar am Beginn und Ende des Tosbeckens ein.

3.2 Das bewegliche Wehr

Es bestand aus drei verschiedenen Wehrtypen. Von Ost nach West wurden folgende Stahlverschlüsse eingebaut:

---

[8] Ebenda, S. 16.

[9] Diese waagrechte Aufprallfläche musste die kinetische Energie des herabstürzenden Wassers abfangen; eine solche Konstruktion kam dadurch leicht in Vibrationen kommen, die diesen Verbund der beiden Bodenplatten nicht nur lockern, sondern auch zerstören konnte. Schon zwei Jahre später wurden solche Schäden festgestellt. Um eine günstigere Form des Unterbodens zu finden, hätte man in einem Laboratorium Versuche machen müssen. Aber erst 1909 wurde ein solches bei der Mainkurve in Gustavsburg eingerichtet. Leiter war R. Becher unter Mitwirkung der Universität Darmstadt und Max Carstanjen.

[10] Solche Schwingungen kann man gut bei Kaskadenwasserspielen im Nymphenburger oder Schleißheimer Schlossgarten sehen. Sie waren dort Gestaltungsvarianten des Gartenbaus.

[11] Für den Einbau der Eisenbahnschienen gibt es kein Einbaudatum, Detailpläne fehlen.

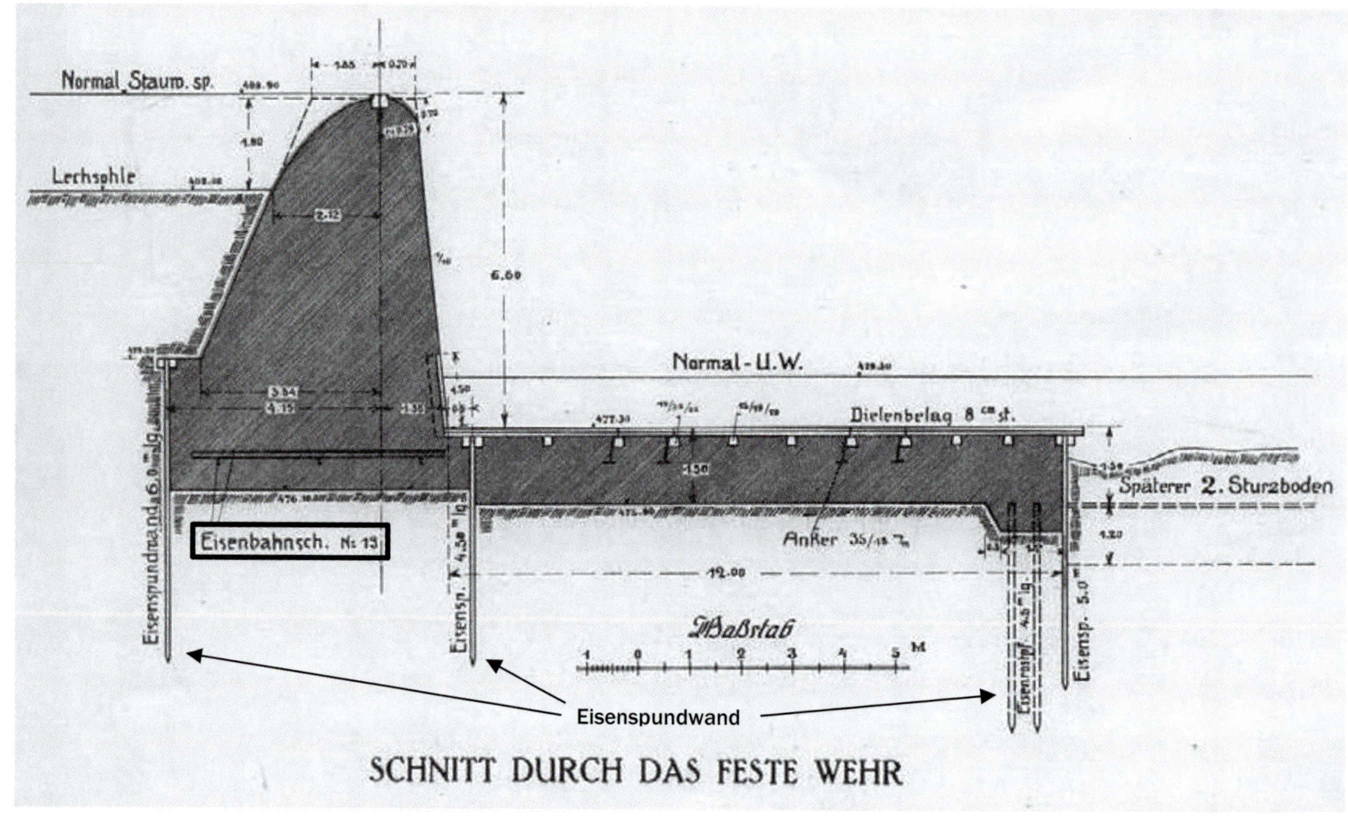

***Bild 131**: Konstruktionsplan: Schnitt durch das feste Wehr (Mayer 1914)*

3.2.1 Die Walze

Das Walzenwehr ist eine Erfindung um das Jahr 1900 von Max Carstanjen im Werk Gustavsburg der MAN.
Die Walze ist ein Schnellverschluss, mit dem man auf unvorhergesehene Hochwässer schnell reagieren kann. Ihr Grundkörper besteht aus einem 8 Millimeter dicken zylindrischen Rohr, das innen durch Stahlverstrebungen versteift ist. Der große Vorteil der Walze ist ihr Antrieb. Sie benötigt nur einen einseitigen Antrieb durch eine Zahnradkette; diese wird über ein großes Zahnrad angetrieben.
Die Augsburger Walze wies eine Verbesserung gegenüber den ersten Modellen auf: Sie besaß als Grundabschluss einen sog. Dorn, der sehr dicht auf dem Vorboden auflag und somit gut gegen den Untergrund abschließen konnte.

Die angegebenen Maße: Gesamthöhe 2,40 Meter; davon betrug der Durchmesser der Walze 1,80 Meter und der Abstand zum Unterboden 1,20 Meter, dieser wurde durch einen Dornfortsatz abgedeckt. Am östlichen Ende war ein Handantrieb möglich.
Die Walze wurde im Regelfall elektrisch betrieben.

Immer noch kann man die elektrische Anlage der Walze besichtigen und die Anweisung für den elektrischen und mechanischen Betrieb studieren – heute wird die Walze allerdings mit einem Elektromotor betrieben.[12]

Die Antriebszahnräder wurden nach Abschluss des Neubaus mit einem kleinen Turm mit Sturmglocke an der Spitze vor der Witterung geschützt. Dieser Turm wurde von Stadtbaumeister Holzer entworfen und ist heute noch ein weithin sichtbares Wahrzeichen des Hochablasses.

3.2.2 Die Doppelhakenschütze (Bild 132)

Dieses Schützenwehr besitzt zwei gegeneinander bewegliche Eisenplatten (Schützen), die mit zwei (oder mehr) Haken miteinander verbunden sind. Damit kann man sowohl unten Wasser durchlaufen lassen (Spülstellung) als auch durch Heben oder Senken der oberen Schütze die Menge des Aufschlagwassers bestimmen. Beim Wehr am Hochablass fällt das Wasser zuerst auf einen gewölbten, 1,50 Meter starken Sturzboden aus Beton – im Plan „Panzerplatte“ genannt – und dann auf einen doppelten Dielenbelag von

[12] Die Walze ist inzwischen durch einen Nachbau ersetzt worden, da sie ihre Lebensdauer erreicht hatte. Außerdem ist die Gefahr eines unvorhergesehenen Hochwassers durch die Staustufe 23 und den Hochwassernachrichtendienst nicht mehr akut. Eine Zurschaustellung in der Umgebung des Hochablasses wäre wünschenswert, um die Walze als Technikdenkmal zu erhalten.

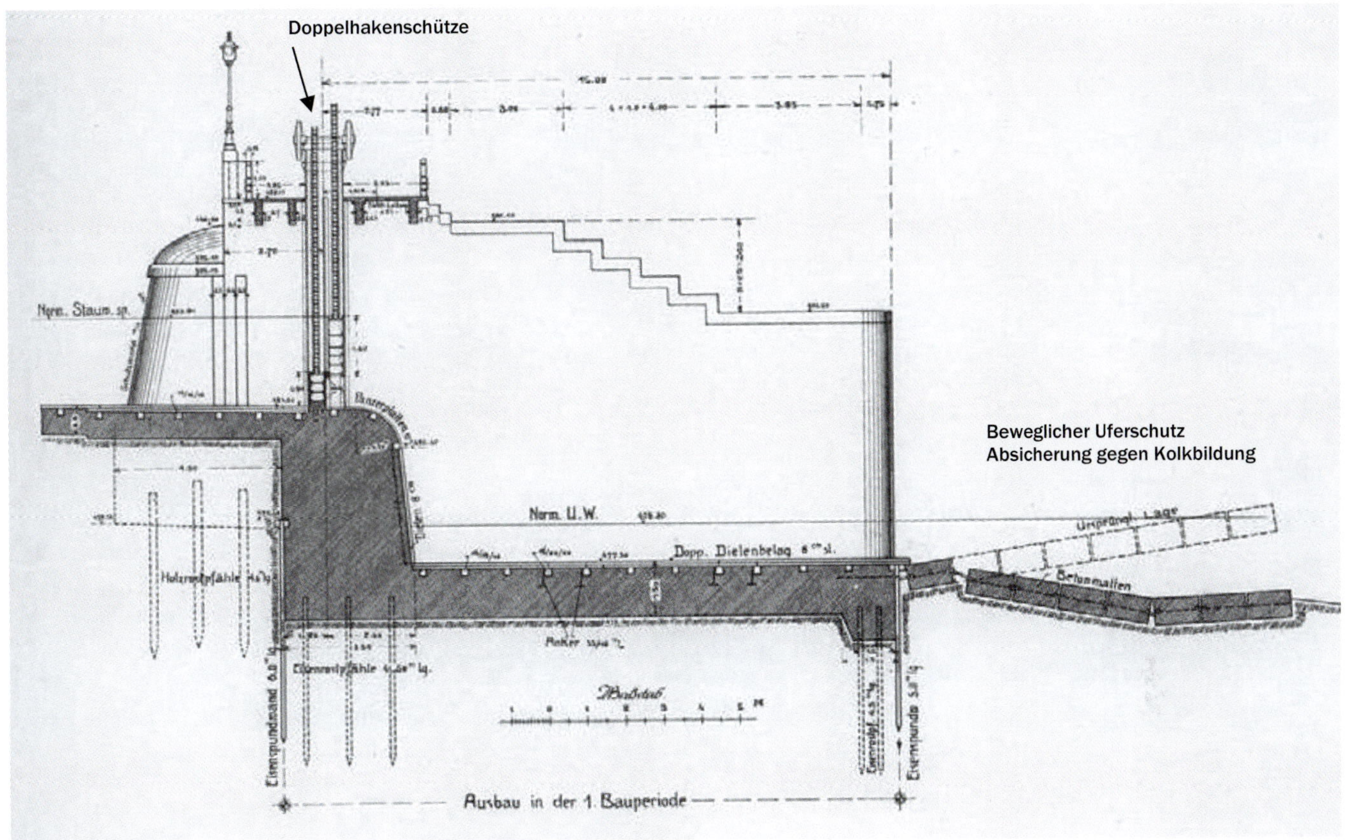

***Bild 132**: Konstruktionsplan: Schnitt durch das bewegliche Wehr (Mayer 1914)*

8 Zentimeter Dicke. Die maximale Sturzhöhe beträgt 6,40 Meter. Eisenspundwände stützen den Betonkörper ab. Die Pfähle im Vorboden sind aus Holz, die im Betonbau aus Eisen.

Für die weiteren doppelt ausgeführten Wehre von 6 Meter Breite finden sich keine gesonderten Pläne; daher ist anzunehmen, dass es sich um die gleichen Schützen wie im Plan handelte; zwischen den beiden Schützen wurde keine Stützwand errichtet.

3.2.3 Die Fischtreppe

An diese Wehre schloss sich die Fischtreppe mit einer lichten Weite von 1,80 Meter an. Es gab 25 Kammern, die gegenläufige Öffnungen besaßen. Die Fische konnten in einem mäanderförmigen Weg die Höhe zwischen Unter- und Oberwasser überwinden. Die Fischtreppe wurde beim späteren Umbau 1931/32 nicht wesentlich verändert; der zugehörige Plan von 1931 und ein Foto werden bei der Beschreibung des Umbaus S. 179 erwähnt.
Es findet sich in den Bauunterlagen keine Überlegung, ob Fische diese Fischtreppe im Flusslauf finden und sie dann überwinden können. Diese Art von Fischtreppen wurden damals üblicherweise eingebaut.

3.2.4 Die Floßgasse

Das westlichste Bauteil des Hochablasses war die **Floßgasse**. Sie hatte ein Gefälle von 1: 10 und war damit wenig geeignet, den Kies abzuführen. Die Widerstände vonseiten der Stadt gegen diesen Bau der Floßgasse wurden schon oben beschrieben.

3.2.5 Einige technische Anmerkungen

Das Wehr und die Kanalschleusen hatten einen elektrischen Antrieb; bei dessen Ausfall gab es auch eine mechanische Möglichkeit, die Schleusen mittels Zahnrädern zu bewegen. Dazu veranstaltete das Bauamt mit den Schleusenwärtern Übungen; die Zeiten für eine Schließung oder Öffnung wurden festgehalten; sie waren stets erheblich kleiner als die Vorwarnzeiten.[13]
Man nahm an, dass die vier beweglichen Verschlüsse die anfallende Kiesmenge durch den Hochablass abführen könnten, ohne die Stauhöhe und damit das in das Einlaufbauwerk fließende Wasser zu beeinträchtigen.

[13] StadtAA, Bestand 45, Akt 667.

Am 11. Juli 1911 war die Grundsteinlegung für den Neubau in der Nähe des schon betonierten Floßhafens und des Einlaufbauwerkes. Auch seine Kgl. Hoheit Prinzregent war bei der Feier anwesend.[14]

4. Die Baudurchführung

Der Bau stand unter einem enormen zeitlichen Druck. Das Provisorium Umgehungskanal konnte nicht die volle Wassermenge in die Kanäle einleiten; man wollte diesen Umgehungskanal so schnell wie möglich schließen. Leider verzögerte sich sein Bau um eine Woche; die erneuerten Turbinen für das Wasserwerk waren jedoch fristgerecht von der MAN geliefert und eingebaut worden.

4.1 Bauplanung des Hochablasswehrs

Eine Vorentscheidung wurde insofern getroffen, als die ehemalige Hochablassrestauration nicht mehr aufgebaut wurde; das zugehörige Gelände wurde dem Flußbett zugeschlagen. Auch die Schleusenwärterhäuser baute man nicht mehr auf.

Die folgende Beschreibung des Neubaus des Hochablasswehrs folgt dem Text der Beschreibung der Hochwasserkatastrophe von Mayer aus dem Jahr 1914 im Verlag der Stadtgemeinde. Mayer stellt darin fest, dass die Planungsverzögerung eine entscheidende Abänderung der sonst beim Wasserbau übliche Vorgehensweise notwendig machte.

Trotzdem musste der Fertigstellungstermin vom 1. Mai 1912 eingehalten werden, weil sonst ein zu großer Verlust für die Triebwerksbesitzer entstanden wäre.[15] Der somit ungewöhnliche Bauplan drehte das übliche Schema um: Im Winter wurden die Uferbauten durchgeführt, im Sommer der Mittelteil des Wehres. Dazu bedurfte es eine mehrmalige „Umleitung“ des wasserführendes Lechs, die mit großen Gefahren verbunden war. Sie musste „durch entsprechend vorteilhafter Unterteilung und Bauausrichtung ein tunlichst forcierter Baubetrieb angestrebt werden.“

Bevor aber mit dem Bau des Wehres begonnen werden konnte, war das Problem der Trinkwasserversorgung der Augsburger Bevölkerung vorrangig.

[14] StadtAA, Bestand 10, Akt 1435. Ausschnitt aus den Augsburger Neuesten Nachrichten vom 12. Juli 1911.

[15] Mayer, S. 17 f.

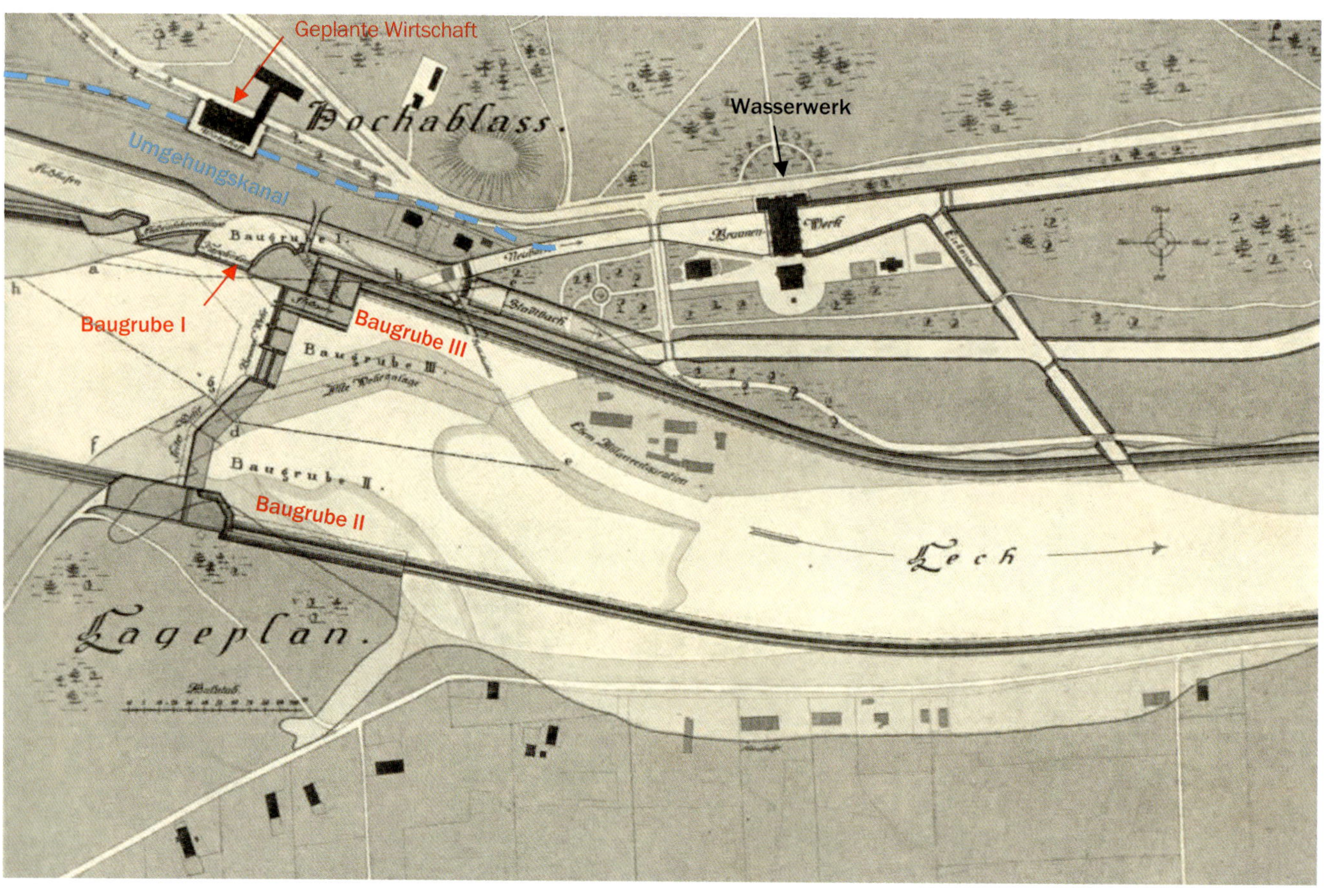

Bild 133: *Lageplan der neuen Wehranlage mit Eintragung der Baugruben I, II und III (Mayer 1914)*

Es wurde daher „während der Bauzeit des Wehres für Augsburgs Industrie und gesundheitlichen Verhältnisse überaus wertvolle, ja geradezu unentbehrliche, provisorische Kanal" längs der Lechs gebaut: der Umgehungskanal. Dieser zeichnete sich „für eine Wasserführung von 26 Sekunden-Kubikmeter" aus, also nur ca. 2/3 der Wassermenge des Stadtbaches. Er wurde in nur 12 Wochen von der Firma Philipp Holzmann & Cie. errichtet. Die Gesamtkosten betrugen 286 000 M(ark). Während dieser Bauzeit wurden auch die Turbinen des Wasserwerkes von der Firma MAN ausgetauscht.

Bei der alten Wehranlage wurden zwei grundlegende Mängel festgestellt:

„Das frühere Fehlen von Öffnungen zur Abführung von Hochwasser und Kieseinerseits und die ausgesprochen schräge Lage des alten Wehrs zum Fluß andererseits." [17]

Die Abhilfe bestand in zwei wesentlichen Änderungen:

1) einem reichlich bemessenem beweglichem Wehr von 36 m Breite.
2) einem „mit großem Sicherheitsgrad dimensionierten festen Überfallwehr möglichst senkrecht zur Flußrichtung" von 88 m. [16]
   "Hinter (d.h. nördlich) den beiden Wehren hielten betonierte und mit doppeltem Dielenbelag armierte Sturzböden den Aufprall des Wassers auf."

Weitere Verbesserungengen bewirkten folgende Veränderungen:

3) „Senkrecht zum Wehr rundete die Gesamtanlage ein 180 m breites Einlaufbauwerk mit sieben doppelteiligen Fallen verschließbaren und mit Hochwasserschild versehenes Einlaufbauwerk" als Werkkanal das Gesamtbauwerk ab. Die zugehörigen Grundfallen wurden mit 85 cm eingebaut, konnten aber auf 60 cm vermindert werden, wenn die Kiesanschwemmung zu groß wurde. Um diesen Kies abzuführen wurde ein Kiesablass dahinter eingebaut, der den anfallenden Kies wieder dem Lech zuführte.
4) Um den Kies leichter abführen zu können, wurde im Vorboden ein möglichst glattes Holz eingebaut (Es musste bis heute nicht ausgetauscht werden!)

Mayer beschreibt diese Vorgehensweise in seinem Plan nach S. 16 (Bild 133):
Aus diesem Plan ist zuerst zu erkennen, wie weit das Hochwasser die Ufer einschließlich ihrer Verbauung „geformt", d.h. zerstört hat. Sichtbar ist aber auch die geplante starke Einschränkung des Flussbettes im Stadtgebiet.

Eine neue Wirtschaft ist westlich des Floßhafens geplant. Das östliche Ufer lag in der Planungs – und Ausführungshoheit der Steuergemeinde Hochzoll (Regierung von Oberbayern). (Bild 133)

4.2. Bau des Einlaufbauwerks

Der gesamte Bau wurde in drei Baugruben aufgeteilt: Baugrube I, II und III.
Zu Baubeginn wurden zwei Dämme errichtet. Zuerst wurde durch „den sehr kräftig gehaltenen Fangdamm a b c eine linksseitige Baugrube I gegen den offenen Fluss abgesperrt; dadurch konnte das Einlaufbauwerk und der Werkkanal (später Umgehungskanal genannt) gebaut werden.
Gleichzeitig wurde „durch einen in der Längsachse des Flußbettes sogenannten Separationsdamm d e der Lech in zwei Hälften geteilt.
Die linke Hälfte blieb für die Frühjahrs – und Sommerhochwässer frei. Gleichzeitig wurde ein ebenfalls „durch einen soliden Fangdamm f g d gebaut. Dadurch konnte in Baugrube II ein Teil des festen Wehrs und die dazugehörende Ufersicherung errichtet werden.
„Nach Fertigstellung der Bauwerke der Baugruben I und II, die dank des äußerst günstigen trockenen Bausommers du der glücklich getroffenen Bauposition und - Anrichtung der ausführenden Baufirma bis zum Eintritt der Niedrigwasserperiode erreicht war, wurde der Lech durch Abdämmung der linken Fußhälfte – Fangdamm h g - über das vorerst nur bis auf Lechsohlenhöhe geführte feste Wehr nach der rechten Flußhälfte geleitet."[18]

4.3. Baudurchführung des Hochablasswehrs

Dadurch entstand die Baugrube III; sie wurde bis auf die Länge des Separationsdammes ausgebaggert. So konnte das ganze bewegliche Wehr und der verbliebene Teil des festen Wehrs fertiggestellt werden. Anschließend wurde der Lech wieder in die linke Seite umgeleitet. „Die Fundation sämtlicher Bauwerke erfolgte in offener Baugrube unter Wasserhaltung, welch letztere vermittels elektrisch betriebener Zentrifugalpumpen von 150 bis 400 Millimeter lichter Weite betätigt wurde."[18] (Bild 135)

[16] G. Mayer, S. 17.
[17] G. Mayer, S. 15
[18] G. Mayer, S. 18.

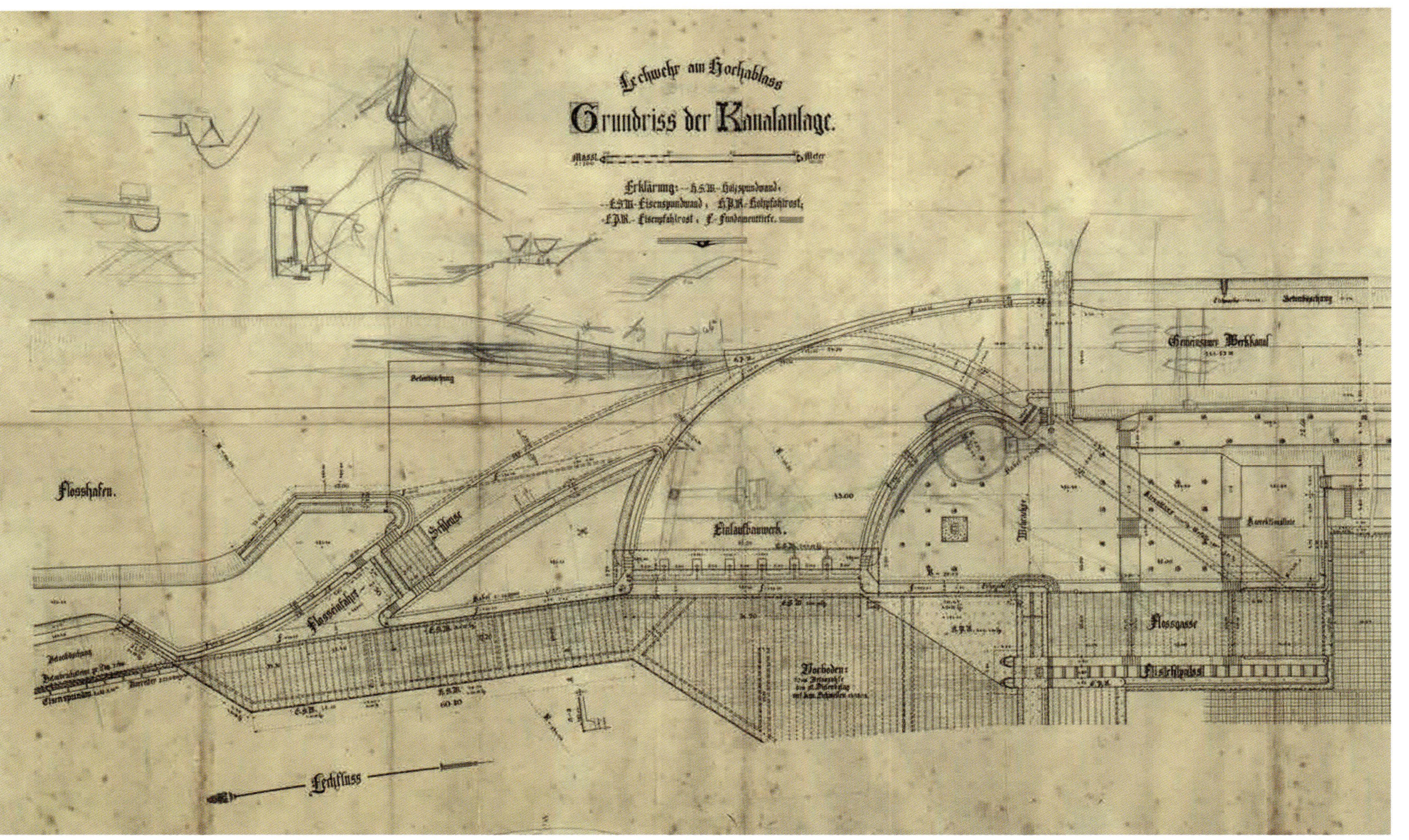

***Bild 134**: Plan des Einlaufbauwerks (Nachlass Scheigele)*

Der vorliegende Plan stammt aus dem Nachlass des Schleusenwärters Scheigele und wurde wohl während der Baudurchführung verwendet; die vielen Handskizzen im oberen Teil zeugen davon. Deutlich sichtbar ist auch die 7,50 Meter breite Floßeinfahrt. Ein Holzhafen ist links oben angelegt.

Folgende Schwierigkeiten traten während des Baus auf:

- „Sowohl der Mai 1911 als auch der 1912 brachten Hochwässer“, doch entstanden keine nennenswerte Schäden. (Bild 136)
- Der „Zuschuss“ des Wassers verlief mit erheblichen Schwierigkeiten.
- Die Kosten waren sehr hoch: 1 500 000 M. Es „wurde daher vor dem noch offenen Wehrteil ein äußerst massiver, kostspieliger, aus in der Flußrichtung verlegter Senkstücke bestehender Absperrdamm bei Tag - und Nachtschichten errichtet.“ [19]
- Am 28. Juli 1912 wurde das Einlaufbauwerk in Betrieb genommen.

Bild 135: Baugrube des festen Wehrs, Mai 1912 (Mayer, Bild 14, 1914)

Bild 136: Hochwasser während des Baues, Mai 1912 (Mayer, Bild 19, 1914)

4.4. Anmerkung zum Bauplan

Es wurde ein neuer, ungewöhnlicher Bauplan für das Wehr erstellt. Der Grund war, dass der Fertigstellungstermin vom Mai 1912 schon deshalb eingehalten werden sollte, weil die Triebwerksbesitzer sonst sehr hohe Verluste erlitten hätten. Mayer merkte dazu 1914 an:
„In Anbetracht des wegen wegen der bevorstehenden Frühjahrshochwässer äußerst ungünstigen Zeitpunktes musste einerseits das Bauprogramm abweichend von der sonstigen Gepflogenheit bei Wehrbauten festgelegt und andererseits Angesicht der sehr kurz anzusprechenden verfügbaren Bauzeit - die reguläre Wassereinleitung sollte am 1. Mai 1912 erfolgen - durch entsprechend vorteilhafter Unterteilung und Bauausrichtung ein tunlichst forcierter Baubetrieb angestrebt werden.“ (Anm. 15) Aus diesem Grund teilte man den Bau in drei Baugruben auf.

Zusätzlich ist aus dem Plan zu erkennen, wie weit das Hochwasser die Ufer einschließlich ihrer Bebauung „geformt“, d.h. zerstört hatte. Links oben im Plan ist der vorgesehene Umgehungskanal zu erkennen - er sollte nach dem Neubau ursprünglich wieder zugeschüttet werden. Ebenfalls ist an diesem Kanal ein Neubau der Restauration angedacht.

Zwei grundlegende Mängel wurden bei der alten Anlage, dem Streichwehr, festgestellt: „Das frühere fehlen von Öffnungen zur Abführung von Hochwasser und Kies und die ausgesprochen schiefe Lage des alten Wehrs zum Fluß andererseits.“ [20]

[19] G. Mayer, S. 20

[20] G. Mayer, S. 17

Bild 137: *Schleusenwehr im Bau (Mayer, 1914)*

Mayer beschreibt den Baubeginn und den Weiterbau wie folgt:

Ein weiterer Baufortschritt wird durch folgende Fotos dokumentiert: (Bild 137 und 138)

Nach Beendigung wurde eine Hebauffeier (Richtfest) veranstaltet. Das Foto von dieser Feier trägt leider kein Datum.[21] Gut erkennbar sind die eingehängte Walze und die Schächte für das bewegliche Wehr. Auch die Stümpfe des alten Wehres sind gut sichtbar. Der von Holzer konzipierte Wehrturm ist noch eingerüstet und trägt zur Feier des Tages eine Fahne. (Bild 139)

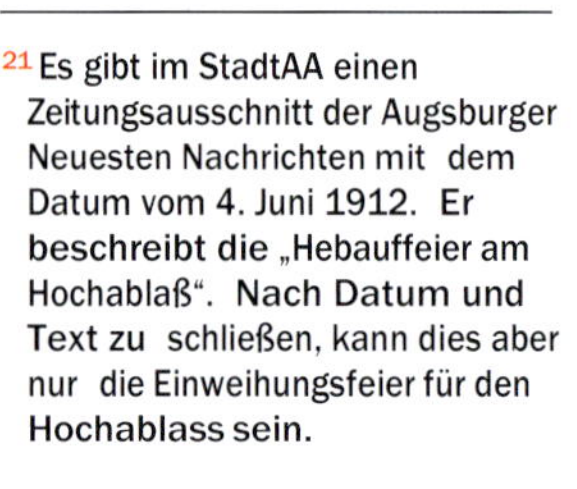

[21] Es gibt im StadtAA einen Zeitungsausschnitt der Augsburger Neuesten Nachrichten mit dem Datum vom 4. Juni 1912. Er beschreibt die „Hebauffeier am Hochablaß“. Nach Datum und Text zu schließen, kann dies aber nur die Einweihungsfeier für den Hochablass sein.

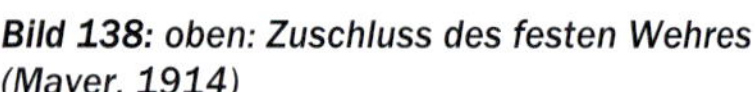

Bild 138: *oben: Zuschluss des festen Wehres (Mayer, 1914)*

Bild 139: *Hebauffeier (Mayer 1914)*

Nach der Fertigstellung des beweglichen Wehres wurde über dieses der Lech wieder von Ost nach West umgeleitet, um das feste Wehr im Osten fertigzustellen.

Dieses mehrmalige Umleiten des Lechs war nicht nur gefährlich, sondern die Dämme wurden dadurch einer starken Belastung ausgesetzt und deshalb sehr stark armiert. Die Kosten für diese Bauweise waren sehr hoch. Für das mehrmalige Auspumpen der Baugruben verwendete man Zentrifugalpumpen. Mayer bezeichnete diese Arbeiten als die schwierigsten während der gesamten Bauzeit.[22] Sehr hohen Zeitdruck prägte diese Bauphase; man arbeitete Tag und Nacht. Die Arbeiten wurden zusätzlich erschwert, weil ein Teil der Pfahlbauten des alten Wehres, die „von stabilster Art“ waren, hier zuerst entfernt werden mussten. (Bild 140)

Bild 140: *Beseitigung alter Wehrreste (Mayer, 1914)*

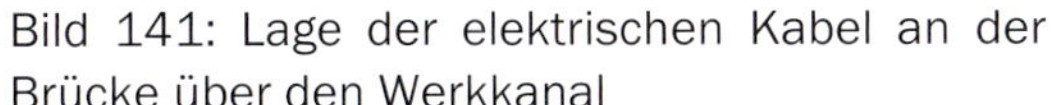
Bild 141: Lage der elektrischen Kabel an der Brücke über den Werkkanal

Die ausführenden Firmen standen unter der Leitung der Firma Edwards und Hummel – Alfred Kunz, München. Die Wehrschleusen samt elektrisch bedienbaren Kanalschleusen lieferte die Firma MAN.

Die zum Zwecke der Neubauplanung am 14. Juli 1910 eingerichtete Baukommission wurde nach Baubeginn aufgelöst. Dabei wurde allen beteiligten Personen, die amtliche Stellen vertraten, gedankt. Dank wurde auch an Reichsrat Oskar von Miller und Zivilingenieur Telerac aus Kempten, der ein umfangreiches Gutachten über den alten Hochablass verfasst hatte, ausgesprochen.

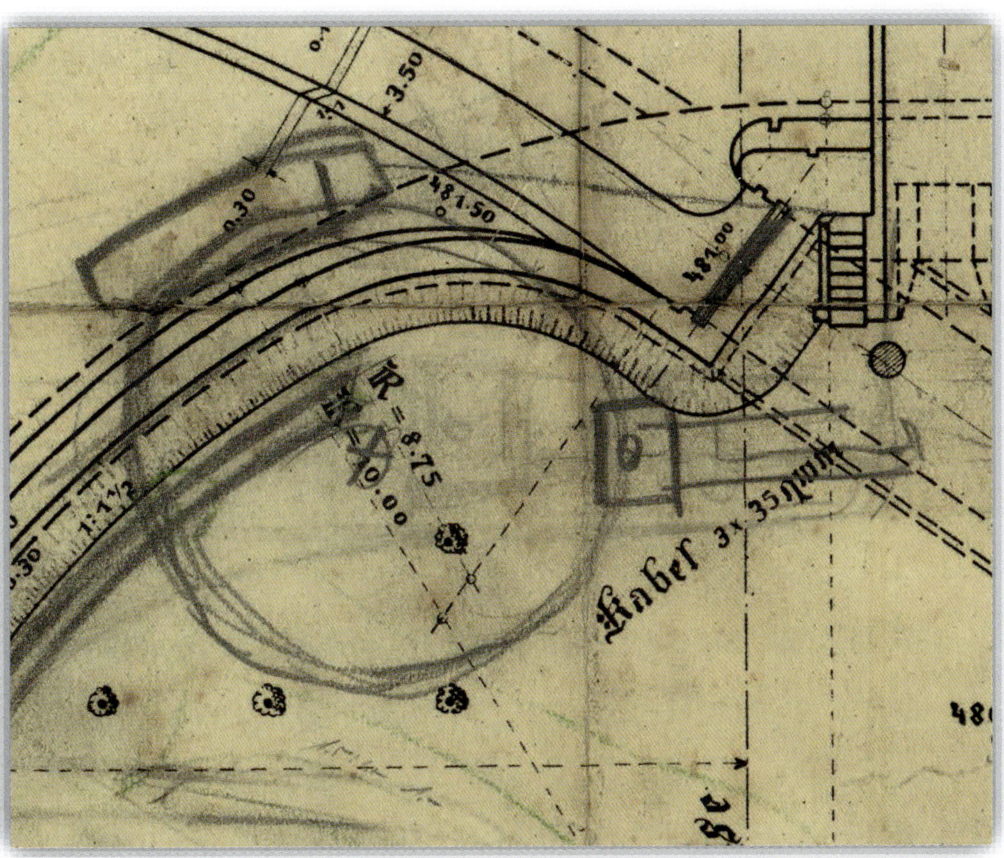

Bild 141: *Eine Skizze aus den Plänen von Scheigele soll diese Arbeiten illustrieren. (Ausschnitt aus Bild: 134)*

[22] G. Mayer,.S. 19.

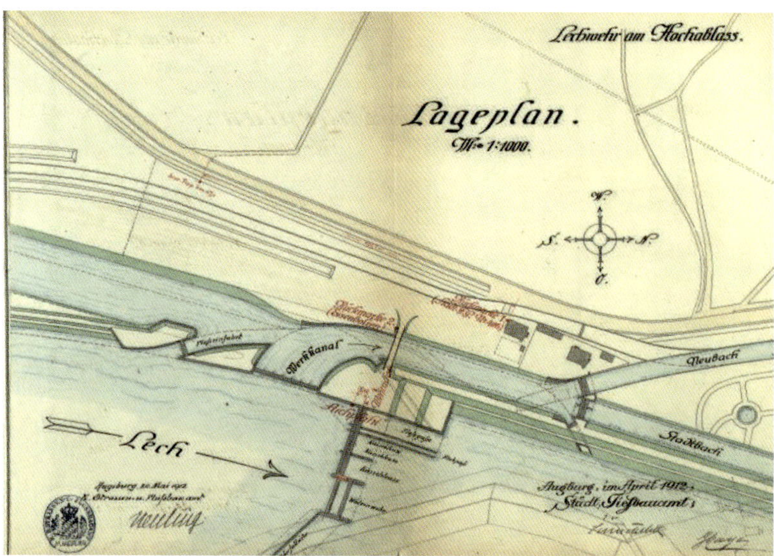

Bild 142: *Plan des fertigen Neubaus , (April 2012)*

5. Einweihungsfeier

Am 2. Dezember 1911 beschloss das Plenum der Stadt Augsburg, einen Brief an das Präsidium der Kgl. Regierung von Schwaben und Neuburg zu schreiben. Es wurde die Bitte ausgesprochen, zur späteren Einweihungsfeier einen Vertreter des Prinzregenten einzuladen. Jedoch wurde eingeschränkt: „Der Termin für diese Wehreröffnung läßt sich heute noch nicht genau bezeichnen, er dürfte aber voraussichtlich im Frühjahr 1912 sein".

Die Einweihungsfeier fand fristgerecht am 3. Juni 1912 statt.[23]

Am 28. Juli 1912 konnte die Wassereinleitung in den neuen Werkkanal erfolgen.[24] Der Termin **1.** Mai 1912 konnte also nicht genau eingehalten werden, aber angesichts der enormen Schwierigkeiten während des Baus waren alle Beteiligten mit dem Ergebnis zufrieden.[25]

Die beiden Steinfiguren am Westufer des Hochablasses symbolisieren die Flößerei (Flößer mit Seilen) und die Textilindustrie (Spinnerin mit Füllhorn, Spindel und Turbinenrad). Sie wurden von Bildhauer Josef Köpf entworfen. Das Türmchen als Schutz für den Walzenantrieb konzipierte Baurat Otto Holzer.
Die Figuren und der Turm standen bis 2019 alleine unter Denkmalschutz.
Die „Gedenksäule" mit dem Bayerischen Löwen vor dem Wehreingang wurde vom Ziseleur und Bildhauer Rehle entworfen.

Der fertige Neubau ist auf folgendem Plan eingetragen. (Bild 142)

Auf diesem Plan sind eine „Aichmarke" und zwei „Rückmarken" zu erkennen. Die „Aichmarke" ist unmittelbar oberhalb der Floßgasse angebracht und kontrolliert den Wasserdurchlauf der Floßgasse; die Rückmarke Nr. 1 trägt die Bezeichnung „Städt. F.P. [Fluss-Pegel] No. 404" – hier befand sich früher der Markpfahl Nr. 4; bei der Rückmarke Nr. 2 wird angemerkt, dass sie aus Eisenbolzen besteht; sie kontrollierte den Wassereinlauf in den Werkkanal.

Am 26. April 1916 fand die endgültige Schlussprüfung für die Schleusen statt; das Ergebnis war: „Die Schleusen funktionieren".[26]

Zur Finanzierung des Baus wurde ein Baukredit von 2.672.000 Mark beantragt.
Die Gesamtkosten betrugen 1.500.000 Mark.[27] [28]

Illustriert wird der Neubau durch eine Bilderfolge der Bilder 27 bis 31 aus dem Werk von Mayer. (Bild 143, 144)

Auf dem Foto erkennt man noch ein „Arbeitsfloß" und ein Boot, das die Arbeiter nach geflutetem Hafen zurück auf das Festland holte; die sieben Pfosten zum Anbinden von Flößen sind schon gebaut. (Bild 145)

Bild 143: *Eingang zum Wehr (Mayer, 1914)*

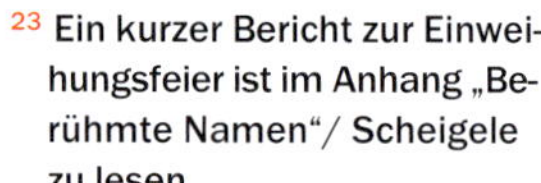

[23] Ein kurzer Bericht zur Einweihungsfeier ist im Anhang „Berühmte Namen"/ Scheigele zu lesen.

[24] G. Mayer, S. 20.

[25] Siehe Anm. 11.

[26] StadtAA, Bestand 45, Akt 714. Die Überprüfung erfolgte durch Messung des Isolationswiderstandes. Allerdings waren die Zahnstangen zu schwach und mussten durch stärkere ersetzt werden. Es gab Mängel bei den Schleusenmotoren.

[27] Aufteilung der Kosten: Gesamter baulicher Teil: 16.000 Mark, Maschineller Teil 100. 00 Mark, elektrischer Teil 20. 00 Mark; Bauausführung und Sonstiges 20. 000 Mark.

[28] Mayer beschreibt abschließend den Ausbau der unter städtischer Baupflicht stehenden linksseitigen Lechufer (siehe Übersichtsplan). Dies betrifft aber nicht mehr unmittelbar den Neubau des Hochablasses.

Bild 144: *Das Schleusenwehr (Mayer, 1914) (Es gibt) noch keinen Steg zum Hochzoller Ufer!*

Bild 145: *Gesamtansicht der neuen Wehranlage (Mayer, 1914)*

Die endgültige Bestätigung, dass der Neubau des Sperrwerks Hochablass fertiggestellt wurde, wird mit dem Eintrag in das städtische Wasserbuch[29] belegt. (Bild 146 und 147) Am 11. Juli 1914 ersuchte das Straßen- und Flußbauamt den Eintrag in das Wasserbuch; am 12. Juli wurde er dem Stadtbauamt zur Entscheidung vorgelegt (Anmerkung am unteren Ende des Dokuments). (Bild 148)

Bild 146: *Kanaleinlauf (Mayer, 1914)*

Bild 147: *Ansicht vom Oberwasser aus (Mayer, 1914)*

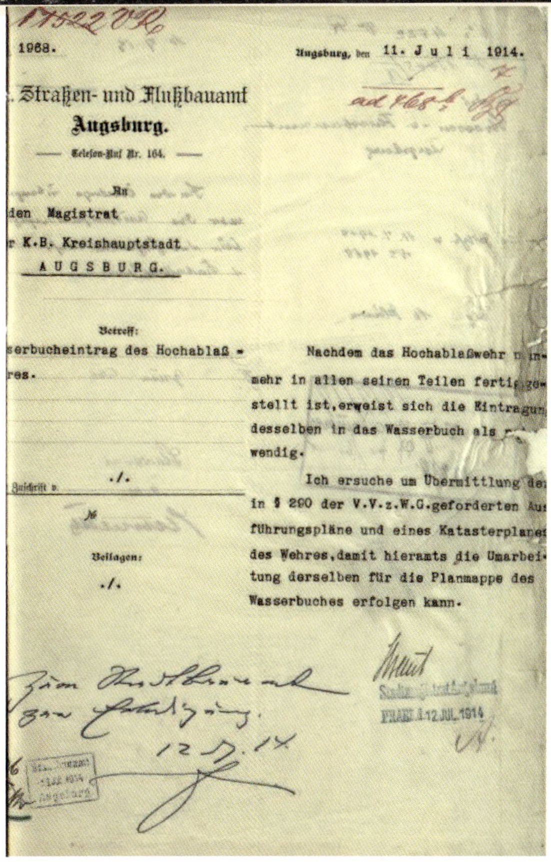

1968. Augsburg, den 11. Juli 1914.

Straßen- und Flußbauamt
Augsburg.
— Telefon-Ruf Nr. 164. —

An
den Magistrat
der K.B. Kreishauptstadt
AUGSBURG.

Betreff:
...serbucheintrag des Hochablaß-...res.

Zuschrift v. ./.

Beilagen: ./.

Nachdem das Hochablaßwehr nunmehr in allen seinen Teilen fertiggestellt ist, erweist sich die Eintragung desselben in das Wasserbuch als notwendig.

Ich ersuche um Übermittlung der in § 290 der V.V.z.W.G. geforderten Ausführungspläne und eines Katasterplanes des Wehres, damit hieramts die Umarbeitung derselben für die Planmappe des Wasserbuches erfolgen kann.

Bild 148: *Eintrag in das Wasserbuch (Straßen- und Flußbauamt Augsburg, 11.07.1914)*

[29] Das städtische Wasserbuch ist eine sehr umfängliche Registratur aller im Stadtgebiet von Augsburg ein- und austretenden Wassermengen.

Bild 149: *N. Burkhardt*

Die Schäden am Neubau und ihre Reparaturversuche bis zum Umbau 1930/31

1. Vorbemerkung

Die Beurteilung der zu dieser Zeit auftretenden Schäden darf nicht aus heutiger Sicht erfolgen. Man muss sie aus der Zeit um 1910 sehen, in der noch wenig Sensibilität für die Notwendigkeit des Naturschutzes entwickelt war. Wenn es heute Stimmen gibt, die den Neubau des Hochablasses im Hinblick auf die Zerstörungen des natürlichen Flusslaufes beklagt, muss man anmerken: diese Schäden entstanden erst im Laufe der „Benutzung" des Hochablasses; die Tragweite eines solchen Querriegelbaus auf die Umwelt und den Bau selbst konnte um 1910 nicht erkannt werden. Als Beleg für diese These kann angeführt werden, dass sich in den Akten des Stadtarchivs Augsburg weder für die Planvorgabe noch für die Beurteilung der eingereichten Pläne zu dem Neubau des Wehres strömungstechnische Überlegungen oder Anmerkungen zum Naturschutz finden. Es klingen bei Oskar von Miller nur kritische Einwände bezüglich einer Bodenuntersuchung im Oberlauf an; doch diese wurden wegen der notwendigen Eile für einen Neubau nicht weiterverfolgt. Von Miller war u. a. ein Pionier des Wasserbaus. Er beriet die Stadtverwaltung in wasserbaulichen Fragen und war somit im Gremium, das den Neubau planen sollte; er war ein Spezialist der Energieumwandlung der Wasserkraft in die Erzeugung von Strom. Auch die weiteren Mitglieder des Beratergremium waren keine Spezialisten für die Auswirkungen eines Wehrbaus auf die Natur.

Daher werden im folgenden Abschnitt nur die am Baukörper und im Ober- bzw. Unterwasser auftretenden mechanischen Schäden besprochen.

Folgende Tatsache unterstreicht diese Vernachlässigung des Naturschutzes:

Erst 1935 wurde ein Naturschutzgesetz verkündet – zwei Jahre nach dem notwendigen Umbau des Hochablasses wegen großer Kiesprobleme! Weiter ist anzumerken, dass erst durch den massiven Ausbau – Umbau – des Lechs in eine Reihe aneinanderhängender Stauwehre nach 1945 die großen Schäden an der Natur des Lechlaufes entstanden. Massive Querbauten für einen Wehrbau waren um 1900 die Technik der Zukunft.[1]

Die von Menschen verursachten Schäden am Hochablass lagen in erster Linie in der grundlegenden Konstruktion eines Sperrwerks. Bewirkt wurden sie durch den Lech mit seiner sehr unregelmäßigen Wasserführung und den sehr hohen Kiesmengen. Zusätzlich wird ein Sturzboden durch die herabfallenden Wassermassen unvermeidlich mechanisch mehr in Mitleidenschaft gezogen als durch ein Streichwehr. Weiter kommt beim Hochablassbau von 1910 die ungeeignete Kiesabfuhr durch die Floßgasse hinzu. Wenn also hier sehr ausführlich über „das Kiesproblem" im Oberwasser des Hochablasses berichtet werden muss, so bezieht sich dies nur auf die wiederholte durch Kies verursachte Einschränkung der Wassermenge und auf die „Kiesstopfungen" am Einlassbauwerk. Dieses Kiesproblem versuchte man durch verschiedene Umbauten abzumildern; erst 1931/32 konnte es durch einen radikalen Umbau der Floßgasse in eine Kiesgasse gelöst werden. Der kommende Abschnitt behandelt daher nur den technischen Aspekt für den „Betonbau Hochablass".[2]

Fraglos verändert sich auch die Flusslandschaft durch ein Sperrwerk wie den Hochablass. Eindrucksvoll hat Groos diese Veränderung in einer Skizze für den Lech und den Hochablass dokumentiert.[3] (Bild 150)

[1] Gerade im MAN Archiv finden sich viele Beispiele, wie stolz man auf die Errungenschaften des Betonriegelbaues und des Einbaus der Walzenverschlüsse in viele Flüsse auf der ganzen Welt war.

[2] Hier sei auf die zahlreichen Schriften von Groos und die Arbeiten von Heinz Fischer verwiesen, auf die Eberhard Pfeuffer in seinem Buch über den Lech aufmerksam macht, die die Naturzerstörung durch Wehre beschreiben.

[3] Ökologische Schriften 2 der Stadt Augsburg; die Veränderungen des Lechs durch die Regulierungen werden sehr deutlich aufgezeigt.

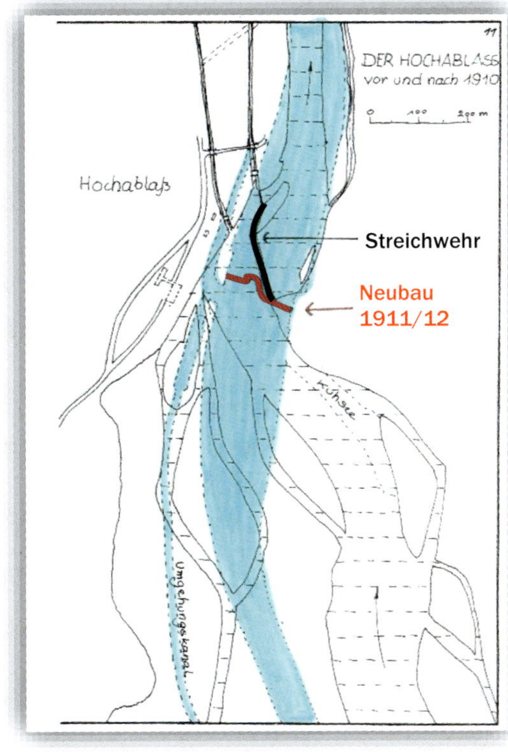

***Bild 150:** Veränderung der Flusslandschaft des Lechs nach dem Hochablassneubau (Groos, 1967, S. 61)*

2. Die Mechanische Schäden durch das herabstürzende Lechwasser

Ein über ca. 6 Meter herabstürzendes Wasser beansprucht langfristig den Untergrund an der Aufprallstelle so stark, dass zwangsläufig Schäden im Flussboden entstehen.[4] In der Regel sind das Aushöhlungen der Flusssohle. Diese nennt man „Verkolkungen".

Schon 1914 traten entsprechende Schäden am Hochablass auf. Sie wurden durch folgenden Plan „Sicherung des Sturzbodens hinter den 6,00 m Kiesschleusen" dokumentiert: (Bild 151)

Man kann hier einen Reparaturversuch erkennen: Es wurden starke Eisenbahnschienen (hier Martingussschienen Nr. 13 genannt) in den Untergrund eingebracht, um die Schäden durch das Aufprallen von herabstürzendem Wasser abzufedern.[5] Am rechten unteren Planrand sind die Unterschriften von Edwards, Hummel und Kurz sichtbar.

[4] Physikalisch ausgedrückt, wird kinetische Energie an der Flusssohle in Deformationsenergie umgewandelt und diese verformt den Untergrund. Dabei kommt am Boden nicht alles Wasser an; auf dem Weg nach unten wird ein Teil des Wassers versprüht.

[5] Solche Eisenbahnschienen wurden 2012 beim Einbau eines Kraftwerks in das feste Überfallwehr gefunden. Quelle: Augsburger Allgemeine vom 13.November 2012.

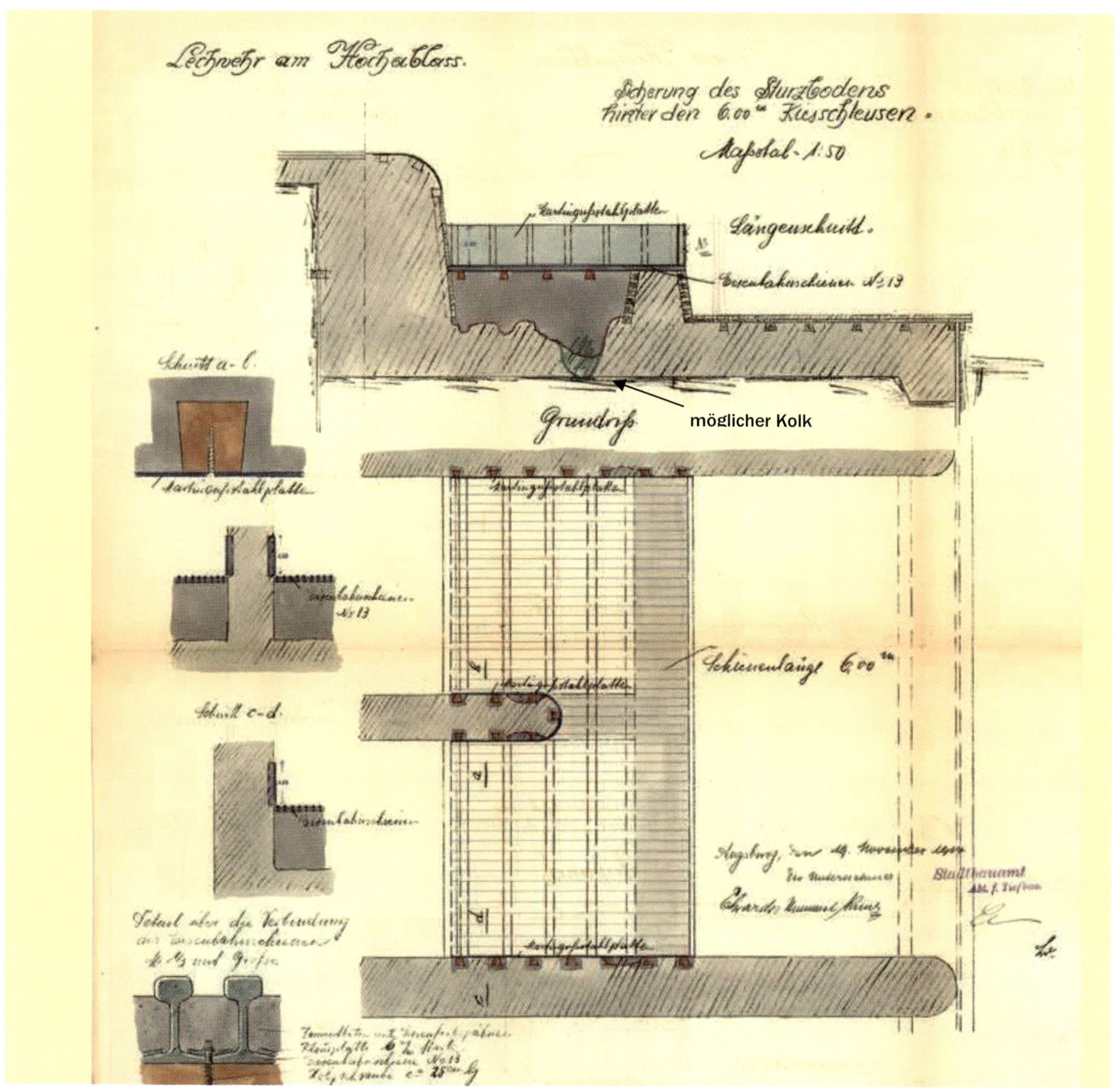

Bild 151: *Technischer Plan für die Sicherung des Sturzbodens (Scheigele)*

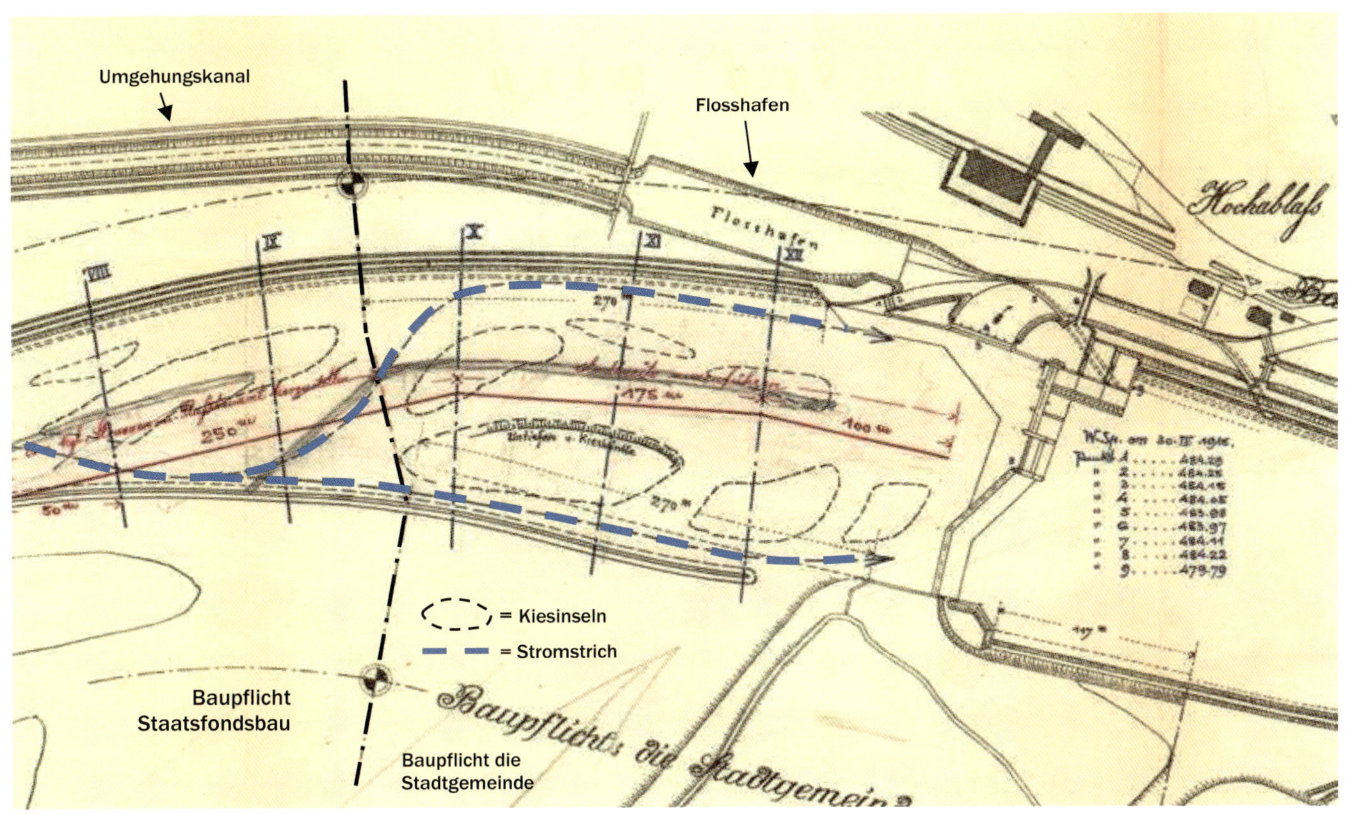

***Bild 152:** Karte mit gestrichelt eingetragenen Untiefen und Kiesbänken im Lechbett (30.April 1915)*

3. Die Schäden durch den angeschwemmten Kies

Um sich ein Bild von der Kiesakkumulation im Staubereich des Hochablasses schon kurz nach dem Neubau machen zu können, eignet sich folgender Plan vom 30. April 1915. (Bild 152)

Gut erkennbar sind die vielen Inseln und der gewundene Weg des Lechs (Stromstrich) durch diese Inseln im Oberwasser. Der Lech pendelte mehrmals zwischen dem Ost- und Westufer hin und her. An der Floßgasse fällt das Wasser um 4,50 Meter herunter, wie aus den rechts angegebenen Koten ersichtlich ist; dieser Höhenunterschied ist für eine effektive Kiesabfuhr bei Weitem zu gering.

Hingewiesen werden muss auf die Kennzeichnung der Baupflicht der Stadt Augsburg (ca. 270 Meter nach Süden) und den Staatsfondsbau für die angrenzenden Flussmeter.

Der Umgehungskanal, der ursprünglich verfüllt werden sollte, bestand weiter; er sollte mögliche weitere Hochwasserkatastrophen absichern und die Wasserzufuhr für die Pumpen des Wasserwerks sichern.

4. Die Ansätze zum Beheben der Schäden

4.1 Die Ansätze durch Ausbesserung der Schäden

Es gab drei völlig verschiedene Lösungsansätze, diese Schäden abzufedern oder nicht auftreten zu lassen.

4.1.1 Die Reparaturen der durch Wassereinwirkung verursachten Schäden

Im März 1919 war eine Lücke infolge starker Wassereinwirkung in der rechten Uferbefestigung entstanden. Diese wurde durch Steine ausgebessert. Man bezeichnete die als „Versteinung".
Außerdem wurde eine „Verladungsöffnung" am rechten Ufer gebaut. Dazu gab die Regierung von Schwaben einen Zuschuss, da für die Reparaturarbeiten ein „wirtschaftlicher Nutzen der Uferbefestigung" festgestellt wurde.[6]
Auch im September 1919 wurden Notstandsmaßnahmen, d.h. hier Ausbesserungsarbeiten, am Hochablass durchgeführt; dabei erhielt die Stadt vom Ministerium für Soziale Fürsorge je nach Verdienst und Berechtigung der betroffenen Arbeiter Zuschüsse.

[6] StadtAA, Akt 714, dort befinden sich ausführliche Listen dieser Arbeiten.

Erneut senkte sich infolge erheblicher Wassereinwirkungen der ursprüngliche Uferanschluss am rechten Ufer unmittelbar oberhalb des Ablasswehres. Die „Aufrichtung und Versteinung“ dieser Baulücke erforderte 12.000 Mark. Die anfallenden Wasserradzinsen[7] und ein Staatskredit von 3.700 Mark deckten die Reparaturkosten.

4.1.2 Die Reparaturen der durch den schleifenden Kies verursachten Schäden

In der Floßgasse gab es die ersten Schäden schon kurz nach dem Neubau, da im durchfließenden Wasser viel Kies enthalten war und am Boden entlangschleifte; die oberste Schicht des Floßgassenbodens wurde dadurch beschädigt bzw. abgetragen.

Am 18. Januar 1921 mussten die Holzbelege verstärkt und der obere Sturzboden erhöht werden. Ebenso waren ein „Steinwurf“ unterhalb des Wehres und das Leitwehr am rechten Ufer repariert worden. Die Regierung von Schwaben und Neuburg, Kammer des Innern, gab dazu einen Zuschuss, „weil der volkswirtschaftliche Wert in der Bedeutung des Ablaßwehres für die Kraftversorgung der Stadt mit 9000 PS liegt“.[8]

Das Baugeschäft Johann Hosp hatte am 6. Dezember 1924 der Stadt Augsburg ein Angebot unterbreitet, das die Reparatur des Leerschusses [die Floßgasse war also umbenannt worden, da durch sie keine Flöße mehr fuhren!] vorsah. Dabei sollten die Seitenwandung überholt werden und der Sturzboden einen Stahlbetonüberzug erhalten. Die Arbeiten müssten bei einer Temperatur von nicht weniger als 1 bis 2 Grad Wärme durchgeführt werden. Hosp gab dafür eine Garantie für drei Jahre.[9]
Diese Schutzschicht erneuerte die Fa. Hosp im Februar 1926 auf eigene Kosten in den 6 - Meter - Schleusen.
Auch die Reparatur der übrigen Sturzböden des beweglichen Teils erforderte hohe Kosten. Im Februar 1926 erneuerte Hosp zusammen mit der Floßgasse auch die Schutzschicht an den Schleusen, die teilweise zerstört worden war. Die im Jahre 1925 angebrachte 2 bis 3 Zentimeter starke Stahlbetonschicht war schon ein Jahr später an zwei kleineren Stellen durchgeschliffen. Hosp schlug folgendes Vorgehen vor: Mit einem Selbstkostenaufwand von 1800 Mark wollte die Firma Hosp mit einer 4 bis 5 Zentimeter dicken Stahlbetonschicht den Schaden ausbessern; dazu wollte sie einen Stahlbetonplattenbelag über den Boden legen. Doch dieses Vorgehen war problematisch, da vom diesjährigen [1926] Mittel- und Hochwasser im Vorfluter noch eine Kiesablagerung von 15 bis 20 Zentimetern lag. Das heißt, die Floßgasse war viel zu flach, um den ankommenden Kies durchzuschleusen. Sametschek befürwortete den Vorschlag von Hosp, doch gab er keine Aufhebung der Garantie. Er wies darauf hin, dass der Versuch eines Betonbelags von der Firma Hosp wohl ungeeignet sei. Besser wäre ein Holzbelag in der Schleuse. Der eiserne Sturzboden begünstige wohl die Kolkbildung, dies bedeute Gefahr für das gesamte Wehr.[10]

Die Spundwand hinter dem Sturzboden war nicht allzu fest verankert. Das machte es erforderlich, dass hinter dieser Spundwand eine Larsenwand [Spundwand] in 12 bis 14 Zentimeter Abstand von der bestehenden Spundwand gebaut werden musste; diese wurde dann mit Beton hinterfüllt. Dazu musste wiederum der Sturzboden umgebaut werden.[11]

Ende 1926 gab die Firma Hosp einen ausführlichen Bericht über die Beschädigungen an der Floßgasse. Sie berief sich auf ein Gutachten der Prof. Kleinlogel A.G. Berlin. Diese war der Meinung, „dass bei derartigen Geschiebemengen und Absturzhöhe mit Aufschlag es überhaupt kein Mittel gibt, um Zerstörungen zu bannen, ohne die ganze Art des Leerschusses zu ändern, da der Leerschuss viel zu kurz ist und ebenso die Form des Absturzes anders gewählt werden müsste, wie die sämtlichen von uns befragten Gutachter konstatieren. Unserer Ansicht nach sind in diesem Jahr mindestens 4 - 5 000 cbm Kies durch die Schleusen getrieben worden, die in der Hauptsache durch die linke Schleuse gingen“.[12] Dazu merkte Sametschek am Rande an, dass eine Vorgabe von 100.000 bis 150.000 cbm Kies angenommen werden sollte. Hosp war der Meinung, das Problem sei bei einem Absturz von 14 Metern in der Floßgasse lösbar. Dafür würde eine Garantie angenommen.

4.1.3 Ein Versuch, durch Ausbaggerung die Situation zu verbessern

Schon im Januar 1915 schloss man mit der Firma Siemens & Schuckert einen Vertrag zur elektrischen Einrichtung eines **Schwimmbaggers** am Hochablass. Der Bagger der Fa. Taatz wurde am 12. August 1914 bestellt; im Winter 1914/15 begann man damit zu arbeiten.[13] Die

[7] Werner, Wasserkräfte, 1905, S. 30 f: Wasserradzinsen sind Abgaben der Wasserradbesitzer. Sie wurden laut Magistratsbeschluss vom 29. März 1842 für jedes an den Kanälen sich befindliche Wasserrad erhoben.

[8] StadtAA, Bestand 45, Akt 714. Ein Steinwurf ist die Aufschüttung des Ufers mit Steinen. Siehe Abschnitt „Uferbefestigung“ ab S. 24.

[9] StadtAA, Bestand 45, Akt 656. Das Angebot enthält viele Betonbauten am Hochablass. Leider ist die vorliegende Kopie sehr schlecht lesbar.

[10] StadtAA, Bestand 45, Akt 714. Sametschek [hier als Vertretung Ladenburger] bezweifelte die genaue Angabe der Kiesmenge von Hosp. Die Kiesmengen könnten sich nur auf den Hochablass selbst bezogen haben, da eine einigermaßen sichere Voraussage über die Kiesmengen am Lech nicht möglich wären.

[11] StadtAA, Bestand 45, Akt 714.

[12] Ebenda.

[13] Für die Baufirma Edward, Hummel und Kunz lief am 4.1Dezember 1914 die Garantiezeit ab; doch sie verpflichtete sich zur Reparatur. Am 16.Januar 1915 wurde die Kaution der Firma Edward, Hummel und Kunz freigegeben.

Baggerung brachte durchaus Erfolge. So berichtet das Bauamt am 24. Februar 1922: „Die Erfahrungen mehrerer Jahre haben gezeigt, daß die Entfernung des vom Wehr am Ablaß in den Kanal getriebenen Kieses am zweckmäßigsten in der Strecke zwischen Brücke zum Wehr und den Teilschleusen vorgenommen wird. Die Baggerung des Kieses gestaltet sich so am günstigsten und auch die Wegschaffung des Baggergutes läßt sich zweckmäßig anordnen“. Schwierigkeiten bereiteten aber das Abmontieren des Baggers im Herbst und seine Wiederaufstellung im zeitigen Frühjahr. Auch hatte der Bagger keinen geeigneten Liegeplatz. Eine Abmontage benötigte etwa 30 Tage und kostete ca. 2000 Mark.

Daher wurde am 3. Februar 1922 ein Baggerhafen genehmigt. (Bild 153)

4.2 Ansatz: Veränderung des Flusslaufes durch mechanische Einbauten

4.2.1 Lösungsversuch durch Aufsattelung

Der am Wehr ankommende Kies füllte den Vorboden auf und verkleinerte den Stauraum für das ankommende Wasser. Abhilfe war möglich, wenn die Oberkantenkoten der einzelnen Schleusen gehoben wurden. Nach dem Genehmigungsvertrag gab es aber nur die Möglichkeit, die Schleusen und hier vor allem die Walze zu heben und so den Kies durchzuspülen.[14] Doch diese Methode war wenig effektiv in Anbetracht der oft erheblichen Kiesmengen.

Die große Menge an Kies konnte schon sehr bald nach dem Neubau - trotz Baggerung und Spülen - nicht befriedigend abgeführt werden. Die Stadt sattelte deshalb das Wehr mit einer wieder abnehmbaren Holzkonstruktion von ca. 60 Zentimeter Höhe auf. So hatte schon am 1. September 1914 das kgl. Straßen- und Flußbauamt beim Stadtmagistrat der Stadt Augsburg angemahnt, dass am Wehr Aufsattelungen vorgenommen wurden, obwohl eine solche Konstruktion ausdrücklich nach Ziffer 2 des Beschlusses vom 29. September 1911 ausgeschlossen worden war.

Gottfried Sametschek entgegnete dem Flussbauamtes mit folgenden Argumenten: „Die Kiesbewegung im Lech am Ablasswehr ist infolge der oberen Korrektionsbauten und den sonstigen Einbauten im Lechfluß bei Kissing ect. zurzeit außerordentlich stark, so dass es nicht möglich ist, den Kanaleinlauf durch Bedienung der Kies - Schleusen frei zu halten“. Die Stadt Augsburg schob also die Schuld an der starken Verkiesung und der dadurch notwendigen Aufsattelung der Kiesschleusen der Regierung von Schwaben und Neuburg zu, die für das Oberwasser des Hochablass verantwortlich war. Sametschek beschrieb anschließend die Folgen dieser Verkiesung, wenn er berichtete: „In der letzten Zeit hatte die Kieseinlagerung hinter den Einlassschleusen fast die Höhe des festen Wehres erreicht und bei den Schleusen zum Brunnenwerkskanal ist sie nur wenig unter der Höhe des Hochwasserschildes geblieben“. Sametschek deutete

[14] Diese Art der Kiesentfernung, das sog. Durchspülen, war mit großem Lärm verbunden. Auch nach 1945 wurde Kies auf diese Weise nach Norden transportiert. Ältere Anwohner in Hochzoll erinnern sich noch an diesem Lärm.

Im Schnitt C–D parallel zum Ufer ist der Bagger angedeutet.

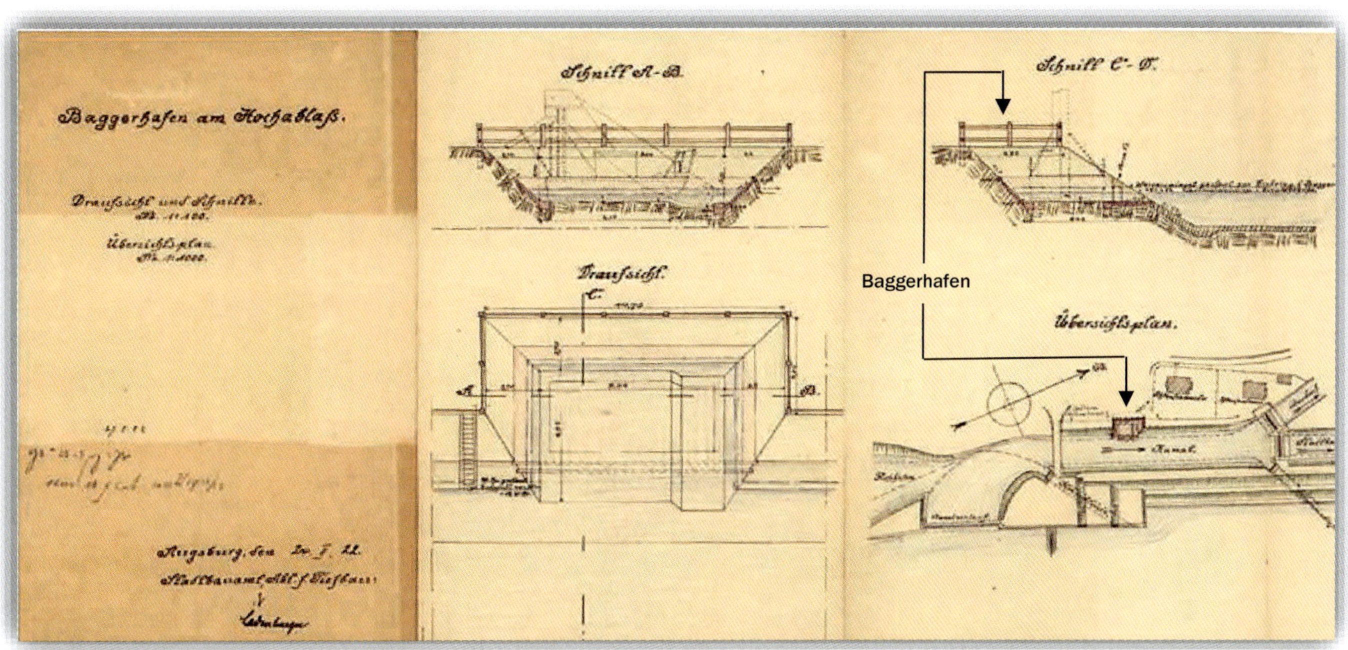

***Bild 153**: Plan des Baggerhafens am Hochablass in Draufsicht und Schnitt*

dadurch an, dass die Trinkwasserversorgung von Augsburg durch die hohe Kieszufuhr nicht mehr gewährleistet sein könnte – eine geringere Wassermenge durch das Einlaufbauwerk bedeutete eine geringere Energiemenge für die Pumpen am Wasserwerk und damit eine geringere Pumpleistung.

Diese große Ansammlung von Kies im Einlassbereich des Werkkanals hatte einen großen Arbeitsaufwand zur Folge; die Kiesentnahme sei nur „während einer 2½-tägigen „Ablässe"[15] mit ca. 160 Arbeitern wohl zum größten Teil gelungen". Daher – so argumentierte Sametschek – sei bei dieser Sachlage eine geregelte Wassereinleitung nur durch besondere Maßnahmen möglich – und das sei nun einmal eine Aufsattelung der Wehrkrone. Diese starke Verkiesung sei eine direkte Folge der Lechkorrektur. Man versuchte dem dadurch entgegenzuwirken, dass man unmittelbar hinter dem Einlaufbauwerk den oben beschriebenen Baggerhafen anlegte. Doch konnte dieses Vorhaben nicht zu Ende gebracht werden, „weil in den Kriegswirren eine Zusammenarbeit mit geeigneten Firmen und vor allem die Lieferung selbst kaum möglich war". Die nur 25 Zentimeter hohe, leicht bewegliche Aufsattelung stelle daher nur einen „Notbehelf mit Rücksicht auf die besonderen Umstände dar". Sametschek begründete das Unterlassen eines förmlichen Gesuchs für den Einbau mit dem provisorischen Charakter des Einbaus. Der Kostenrahmen für diesen Einbau einschließlich der Baggerung wurde mit 8500 Mark veranschlagt.[16]

Daher wurde schon Anfang November 1914 im Bauamt überlegt, den Hochablass umzubauen. Man erwog, eine eigene Kiesschleuse am Hochzoller Ufer oder als Alternative eine Tieferlegung der Floßgasse zu bauen. Damit würde diese steiler und der Kies könnte durch sie leichter nach Norden abgeführt werden.

Vor dieser sehr kostspieligen Umbaumaßnahme (Kriegsbeginn) schreckte man im Stadtmagistrat wohl zurück und versuchte eine andere Maßnahme.

4.2.2 Lösungsversuch durch Einbau von Wolfschen Gehängen und dessen Ergebnis

Im Februar 1915 offerierte Sametschek dem Straßen - und Flußbauamt eine „Verbesserung der Geschiebe- Abfuhr oberhalb des Hochablasses". Er argumentierte in seinen Überlegungen folgendermaßen: „Die gegenwärtige Ausbildung des Flussschlauches im Lech oberhalb des Hochablasses erschwert in beträchtlichem Maße die regelrechte Abführung der von oben kommenden Kiesmenge und damit auch die Wasserentnahme für die Werkkanäle der Stadt".[17] Das heißt, die Argumentation hatte sich gegenüber dem September 1911 nicht wesentlich geändert: Zur Lösung schlug Sametschek ein „Gehänge" [auch Wolf'sches Gehänge oder Wolfsches Schwebewerk[18] genannt] vor. „Das Gehänge soll etwa 30 cm über den im Längsschnitt eingezeichneten Wasserstand vom 31.4.1915 reichen, damit bei Hochwasser gleichwohl eine ungehinderte Wasserabfuhr über das feste Wehr erfolgen kann. Die Gehängepfähle sollen 3 m Abstand erhalten und an ihnen Stangen mit nach unten enger werdenden Zwischenräumen derart befestigt werden, dass die unterste Stange auf Niedrigwasserhöhe zu liegen kommt". (Bild 154)

[15] „Eine Ablässe" ist das einmalige Ablassen des Kanalwassers; sie konnte nur vom Bauamt oder auf Antrag eines Werkbesitzers durchgeführt werden.

[16] StadtAA, Bestand 45, Akt 714.

[17] StadtAA, Bestand 45, Akt 714.

[18] August Wolf, kgl. Bayer. Baurat: Über Flusskorrektionen an der Isar im Bauamtsbezirk Landshut, in: Wochenblatt für Baukunde 1885, S. 344.

[19] Quelle: Baurat August Wolf: Korrektion geschiebereicher Flüsse durch schwebende Bauten, München 1893 über Wikipedia; und Fischer/Huber: Wasserbau, S. 58 f und S. 308 ff.

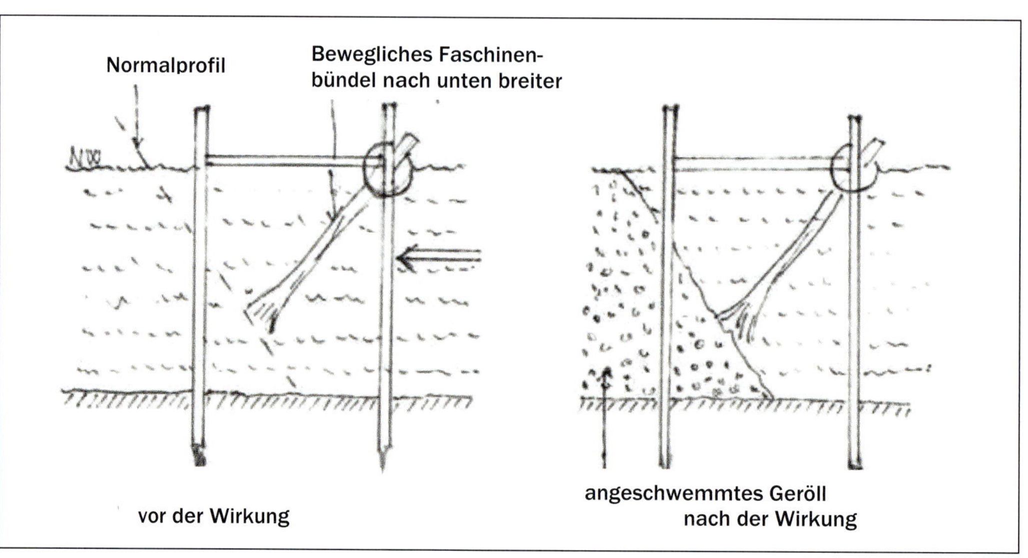

Bild 154: Zeichnung der Gehängepfähle[19]

Bild 155: *Kiesakkumulation im Oberwasser des Hochablasses (Foto von Schreitmüller, 10.11.1927)*

Die Antwort des Straßen- und Flußbauamtes erfolgte am 30. August 1915. Es verweist auf das wasserpolizeiliche Gutachten, das „den Einbau aller Einbauten in den Fluße zum Zwecke, die genehmigte Wassermenge von 36 cbm dem Werkkanal zuzuführen" verbietet. „Das beabsichtigte Wolfsche Gehänge kann jedoch als Uferbau im vorliegenden Falle angesehen werden, welcher die Aufgabe hat, die Wassermassen zusammenzuhalten, wodurch einerseits die Einleitung des Triebwassers in den Werkkanal erleichtert, andererseits die erhöhte Schleppkraft verbessert wird".[20]
Der Einbau der Gehänge wurde daher erlaubt, allerdings konnte das Straßen- und Flußbauamt keine Kosten übernehmen. Der Einbau erfolge im Interesse der Stadt, da sie nur der Stau- und Triebswerksanlage [d. h. dem Hochablass] diente. Nach Einbringung des Gehänges würde das Straßen- und Flußbauamt eine Bauerhöhung oberhalb des Gehänges herstellen lassen.[21]

Dieser Eingriff in das Fließverhalten des Lechs war ein sehr gravierender Einschnitt in die Flussdynamik des Lechs. Hier wird deutlich, dass der Schutz von Fließgewässern und deren Flora und Fauna damals keine Rolle spielte. Auch wurde die mögliche Dauer, für wie lange eine Anhäufung von Kies im Vorraum des Ablasses möglich sein würde, nicht angesprochen. Nach Verhandlungen zwischen Augsburg und dem Flußbauamt erklärte dieses sich bereit, diejenigen Gehänge, die in seiner Baupflicht lagen, selbst zu errichten.[22]
Die Flusslage war zwar im November 1915 günstig und es stand auch ein Bagger zur Verfügung; doch kriegsbedingt waren die Arbeiten „infolge Mangels geeigneter Arbeitskräfte gar nicht möglich"; daher wurden die Arbeiten um mindestens ein halbes Jahr verschoben.[23]

Die Verkiesung der Kanäle schritt immer weiter fort und war im September 1918 so stark, dass eine „Ablässe" durchgeführt werden musste. Die Stadt Augsburg bat das Militär dringend um Hilfe, „da von dem Werkkanal aus die Augsburger Rüstungsindustrie mit ca. 9 000 PS Kraft versorgt wird". Die Arbeiten sollten am 29. September 1918 beginnen. Weiter begründete die Stadt den gewünschten Einsatz des Militärs damit, dass bei „dem verfügbaren, geringen Arbeitspersonal diese Arbeiten erhebliche Zeit in Anspruch nehmen würden, während welcher sämtliche Industriewerke ohne Triebwasser" seien.[24]
Die Verkiesung im Oberwasser des Hochablasses nahm jedoch im Laufe der kommenden Jahre weiter zu. Im Akt 45/664 mit dem Titel „Außerordentliche Ablässe" werden für die Jahre 1926 bis 1930 sechs außerordentliche „Ablässe" – neben den zweimal im Jahr regelmäßigen stattfindenden „Ablässen" – aufgeführt und dabei auf die Verkiesung der Stadtkanäle hingewiesen.[25]

Die Stadt gab beim Landesamt für Gewässerkunde ein Geschiebegutachten in Auftrag. Bauamtsdirektor Sametschek besichtigte im November 1927 zusammen mit Oberregierungsrat Prof. Schreitmüller, dem Geschiebereferenten beim Landesamt für Gewässerkunde, und Regierungsrat Düll aus der gleichen Behörde den Lech oberhalb des Ablasses. Sametschek trug die zu beantwortenden Fragen für dieses Gutachten am 17. November 1927 dem Magistrat vor.

Professor Schreitmüller verfasste daraufhin das angeforderte Gutachten.

Zu diesem Zweck fotografierte er vom Wehrturm aus die Kiesverteilung im Oberwasser des Hochablasses: (Bild 155)

[20] Ebenda. Als „Schleppkraft" wird diejenige Reibungskraft bezeichnet, die an der Flusssohle wirkt und bei entsprechender Fließgeschwindigkeit Teile der Sohle mitnimmt; z. B. wird ab einer Fließgeschwindigkeit, die größer als ca. 170 cm/s ist, Geröll mitgenommen.

[21] StadtAA, Bestand 45, Akt 714. Unterzeichnet war das Schreiben des Straßen- und Flußbauamtes von Straub, dem damaligen Leiter dieses Amtes.

[22] Dies ist nur ein Beispiel vieler Auseinandersetzungen zwischen Stadt und Staat, wer nun für eine Baumaßnahme zuständig war bzw. wer für Versäumnisse haftbar gemacht werden konnte.

[23] StadtAA, Bestand 45, Akt 714.

[24] Ebenda.

[25] Diese fanden wie folgt statt: am 13.8.1926; 21.7.1927; 21.6.1929; 5.7.1929; 11.7.1929; und 24.12.1930.

Bild 156: Ausschnitt aus Bild 155, Kiesinseln im Lech mit Eintragung von Hauptrinne und seichter Querrinne (Quelle wie oben)

Ein Ausschnitt aus diesem Panoramafoto verdeutlicht die Kieslage zu diesem Zeitpunkt: (Bild 156)

Hier sind klar die Auswirkungen des Wasseraufstaus durch den Neubau des Hochablasses erkennbar. Der Flussschlauch hatte sich an das Ostufer verlagert. Aus dem Gutachten ist nicht erkennbar, ob der Eintritt eines Teils des Wassers in den Kuhsee (links im Hintergrund nicht erkennbar) und der Wiedereintritt des Wassers aus dem Kuhsee (ganz links erkennbar) diese Flussverlagerung mitbewirkt hatte. Sehr deutlich treten jedoch die beiden großen Kiesinseln in der Flussmitte in den Blickpunkt, dazu kann man den schmalen Durchfluss zwischen diesen Inseln und das ruhige Wasser vor dem Einlaufbauwerk sehen. Diese Beruhigung des Wassers vor dem Einlauf förderte die Kiesablagerung und damit die Verringerung der Wassermenge, die durch das Einlaufbauwerk fließen sollte; sie vergrößerte zusätzlich den Kieseintrag in die Kanäle.

Nach diesem Foto wurden zwei Pläne angefertigt: (Bild 157)

Die unterste Linie stellt die Sohle des Talweges [den Flussboden] mit den zwei Kiesinseln als Spitzen dar. Die darüber laufenden parallelen Linien kann man als M.W. [Mittleres Hochwasser] und Wasserhöhe vom 14. Nov. 1927 erkennen. Vor dem Wehr sind die Orte für die geplanten Gehänge und ihre Anschlussbauten eingezeichnet. Interessant ist, dass beim Wehrkörper selbst die „Stauerhöhung“ [d. h. Aufsattelungen] eingezeichnet und damit dokumentiert ist; sie hatte eine Höhe von (484,28 - 483,88 Meter =) 40 cm. Der Pegel in Lechhausen zeigte damals + 45 cm
Der zweite Plan ist ein „Lageplan des Lech von km 48,6 - km 46,8“. (Bild 158)

Am westlichen Ufer galt nach dem Plan die Baupflicht der Stadtgemeinde Augsburg, auf der östlichen Seite bestand die Baupflicht des bayerischen Staatsärars.[26] Man erkennt auch die Auflassung des östlichen Ufers oberhalb des Hochablasses. Diese Öffnung diente als Hochwasserschutz. Das Hochwasser sollte in die Altwasserrinnen des Lechs (Kuhsee) fließen. Eine wesentliche Änderung des Flusslaufs gegenüber 1915 zeigt der Plan auf: Die Kiesinsel im westlichen Bereich hat sich nicht nur vergrößert, sie lenkte auch den Flussstrom nach Osten. Der Lech strich also am Wehr entlang und konnte dort vor dem Einlauf seine Kiesfracht abladen.
Durch den sog. Durchstich sollten die dort gelagerten Kiesmengen ausgebaggert und somit der Flussstrom an das westliche Ufer verlagert werden; dies führte zu einer erhöhten Wassermenge direkt vor dem Einlaufbauwerk. Es war möglich, dass diese Kiesverlagerung durch Gehänge begünstigt wurde.

Folgende zwei Vorschläge für den geplanten Durchstich an der westlicheren Insel sind am oberen Rand des Plans vermerkt:

„Durchstich
1) bei Aushub mit Bagger 25 - 30 m breit mit 1,8 ‰ Schleppgefälle beim Einlaufbau
2) bei Aushub mit Handbetrieb 10 m breit, horizontal vom Stauspiegel ausgehend“

Ein weiterer Plan wurde angefertigt, um die Art und Lage der Wolfschen Gehänge festzulegen: (Bild 159)

Es sollten zwei Staffeln von doppelten Gehängen in den linken Flusslauf und daran anschließend einfache Gehänge gebaut (eingehängt) werden. Die vorgeschlagene Ausbaggerung am westlichen Ufer ist ebenfalls erkennbar.

In den Monaten Februar/März 1928 wurden die Gehänge eingebaut.[27] Am 4. Dezember 1928 stellte das Tiefbauamt fest, dass die Gehänge vor dem Ablasswehr Wirkung gezeigt

[26] Ein Staatsärar ist der gesetzliche Vertreter des Staates.

[27] Ein Hochzoller Fuhrunternehmer beantragte, diesen Kies abbauen zu dürfen. Es wurde ihm vom Stadtmagistrat untersagt. StadtAA, Bestand 45, Akt 672.

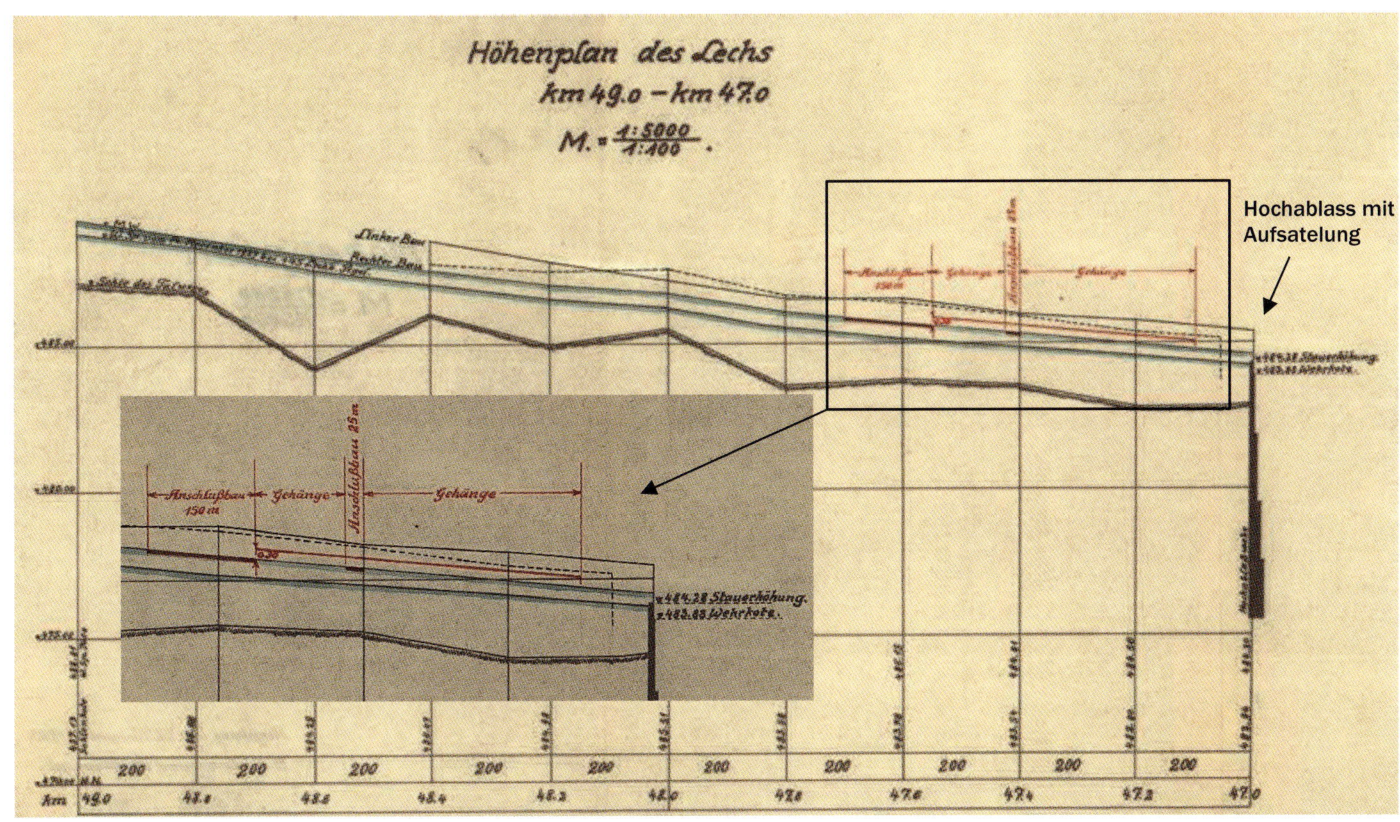

Bild 157: *„Höhenplan des Lechs [zwischen] km 49.0 – 47.0" für den 14. Nov. 1927*

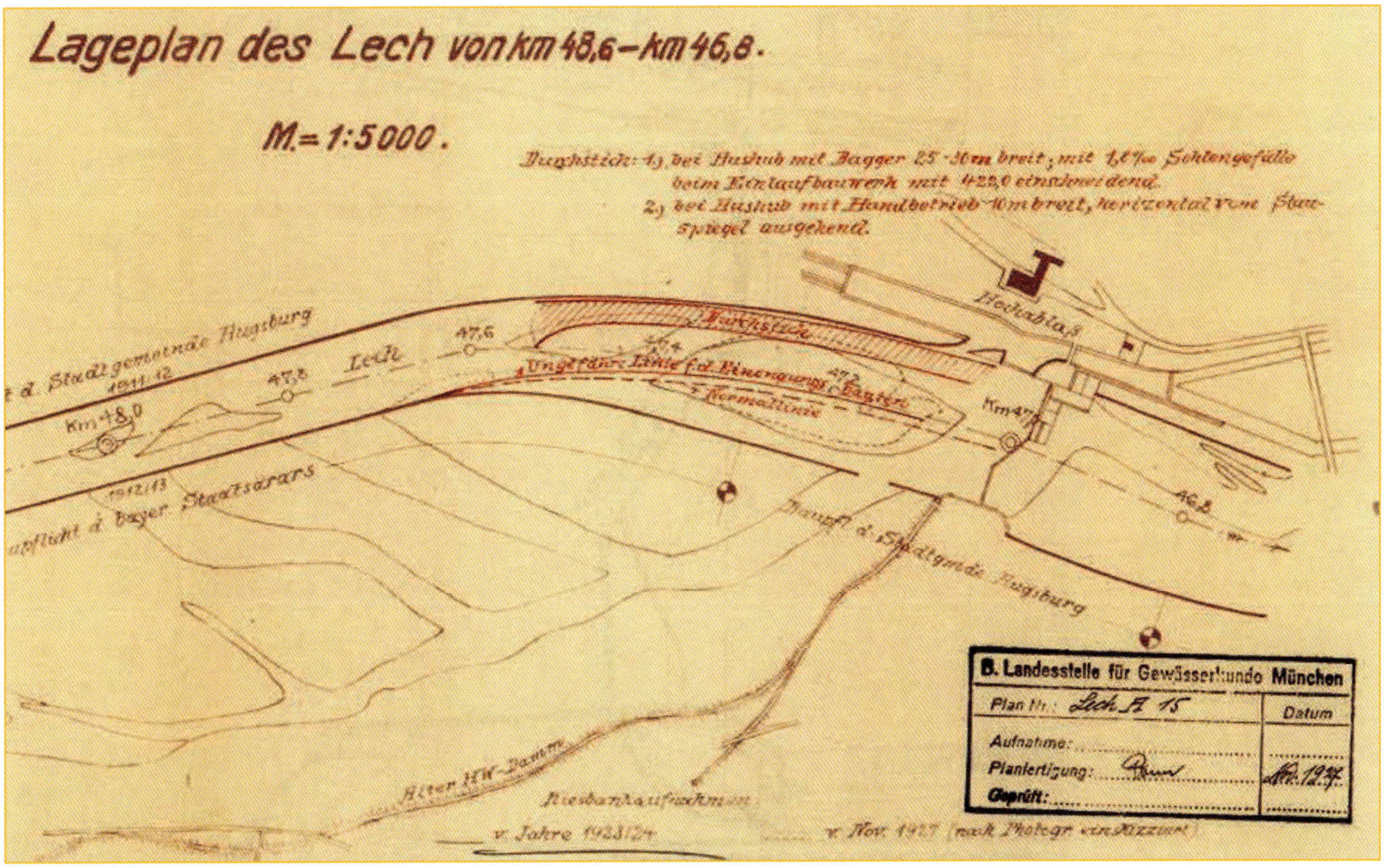

Lageplan des Lech von km 48,6 – km 46,8.

M.= 1:5000.

Durchstich: 1) bei Aushub mit Bagger 25–30 m breit; mit 1,8‰ Sohlengefälle beim Einlaufbauwerk mit 423,0 einschneidend. 2) bei Aushub mit Handbetrieb 10 m breit, horizontal vom Stauspiegel ausgehend.

Hochablaß

Lech

Km 48,0

Km 47

Alter HW-Damm

Kiesbankaufnahmen v. Jahre 1923/24

v. Nov. 1927 (nach Photogr. eingezeichnet)

B. Landesstelle für Gewässerkunde München

Plan Nr.: Lech A 15

Datum

Aufnahme:

Planfertigung:

Geprüft:

Bild 158: *Lageplan des Lech zwischen Flusskilometer 48,6 und 46,8 mit Kiesbankaufnahmen von 1923/24 (01.11.1927)*

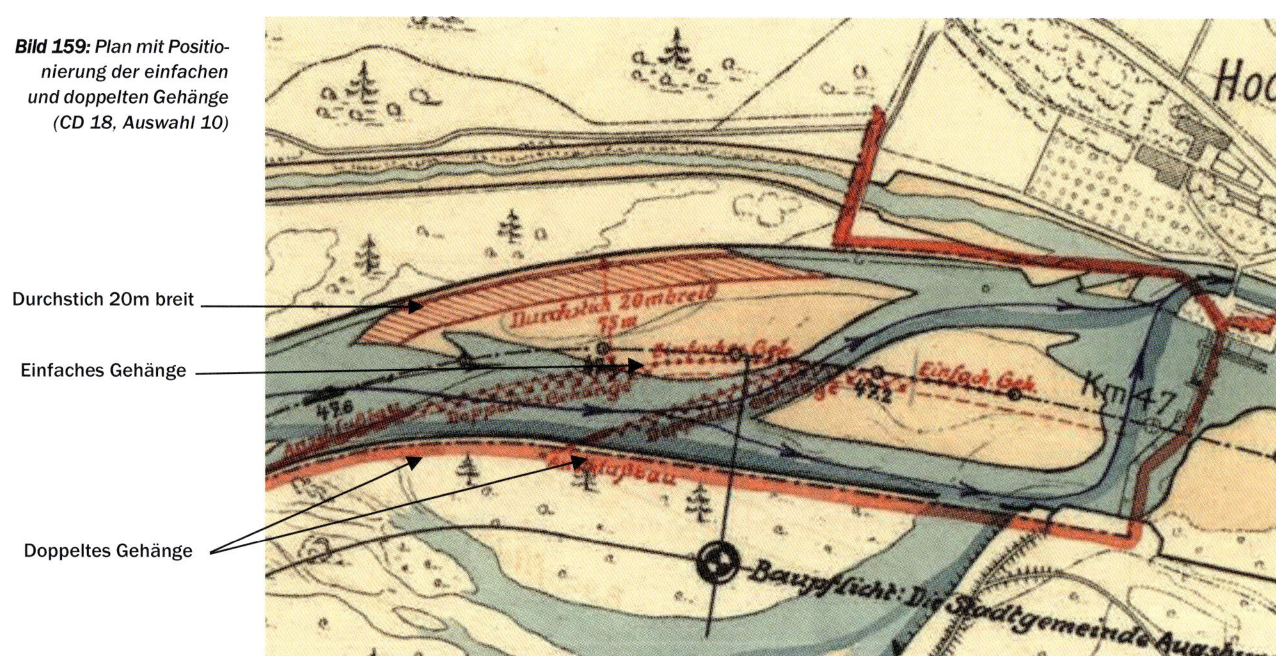

__Bild 159:__ Plan mit Positionierung der einfachen und doppelten Gehänge (CD 18, Auswahl 10)

hätten. Bei der Aussicht auf zunehmende Bauten (Gehänge) wird festgestellt: „Die Gehänge haben gut gewirkt und hätten noch viel mehr leisten können, wenn die Wasserstärke des Lechs günstiger gewesen wäre“.[28] Im gleichen Akt wird am 16. Dezember 1928 zitiert, dass Sametschek sich positiv über die Wirkung der Gehänge geäußert habe.

Im Juli 1930 widersprach das Straßen- und Flußbauamt der Behauptung des Augsburger Bauamts, die Aufsattelung der Wehrkronen sei aufgrund der Kieslage notwendig. Auch sollte das Gehänge nur eine Übergangslösung sein. Weiter wurde betont, dass „dagegen ... die Beobachtungen unmittelbar am Wehr infolge der nicht gleichmäßigen Bedienung der Schleusen und sonstigen Umständen, welche naturgemäß bei so starkem Aufstau, wie ihn das Hochablasswehr erzeugt, ganz anders zu bewerten [seien] und können kein einwandfreies Bild über die Flusslage geben“.[29]
Das Flußamt betonte, dass bereits im Jahr 1915 [sic] mit der Erhöhung der rechtsseitigen Bauten [festes Wehr] begonnen wurde. Hingewiesen wurde außerdem, dass die Aufsattelung schon seit 1914 bestand.

Das städtische Bauamt wies diese Darstellung „strengstens“ zurück. In der folgenden Begründung wird klar, wie schwierig es war, das Kiesproblem in den Griff zu bekommen; der sehr unberechenbare Lech konnte mit keinem Patentrezept von seiner Eigenschaft des hohen Kieseintrags abgehalten werden.[30]

Drei Punkte zählte das Bauamt als Einwand auf:

1) Es wurde ausgiebig gebaggert; teilweise waren drei bis vier Bagger gleichzeitig tätig; die Einbauten beim Unterberger Wehr sollten verhindern, dass Geschiebemenge bis zum Hochablass gelangten; die Altwässer, Gehängebauten, Verlandungsöffnungen und sonstigen Hilfsmittel versuchten, diesem Umstand entgegenzuwirken.

2) Die Arbeiten wurden mit Ausnahme strenger Winterkälte mit ca. 10 bis 15 Baustellen durchgeführt;

3) Die Flusssohle konnte bis jetzt auf der gewünschten Sohle gehalten werden; der sehr geschlängelte Flusslauf bewirkte keine Verzögerung (Verkleinerung) der Sohle; das hatte zur Folge, dass kein Schwellenbau nötig war.

Das Straßen- und Flußbauamt hatte dazu eine deutlich abweichende Meinung in Bezug auf die Aufsattelung der Wehrkronen als das städtische Bauamt: Im wasserpolizeilichen Gutachten vom 29. September 1911 steht ausdrücklich, dass bei einer Verminderung der Wassereinlaufmenge von 36 m^3/s nur Umbauten im Bereich des Einlaufbauwerks, aber nicht am Wehr selbst vorgenommen werden dürfen. Diese Bestimmung war als Vorsichtsmaßnahme vor Hochwassergefahr für Hochzoll und zur Verhinderung des Lechausbruchs oberhalb des Hochablasswehres in den wasserpolizeilichen Beschluss aufgenommen worden. Man war sich aber bei der Festsetzung der Höhe

[28] StadtAA, Bestand 45, Akt 656.
[29] StadtAA, Bestand 45, Akt 715.
[30] Hier stellt sich die Frage, wieweit es ökologisch sinnvoll war, diese Regulierung des Lechs nur auf das Kiesproblem zu reduzieren. Aus Sicht der Werksbesitzer und des städtischen Bauamtes war die Ökologie hier kein Grund, den Lech nicht zu regulieren.

der Wehroberkante genau darüber im Klaren, dass ein weiterer Aufstau Gefahren mit sich bringen würde, welche eine Katastrophe wie im Jahr 1910 veranlassen könnte. „Das Straßen- und Flußbauamt als Aufsichtsbehörde über den Lech ist nicht in der Lage, den ungesetzlichen Zustand dulden zu können. Der beabsichtigte Einbau einer Kiesschleuse wird jedenfalls als völlig unzureichend angesehen werden müssen".[31] Das Straßen- und Flußbauamt kündigte Baggerungen am Leitwehr an. Daraus erhoffte man sich eine Verbesserung der Flusslage, „wodurch aber die Herstellung des beschlussmäßigen Zustandes am Hochablass in keiner Weise als überflüssig erachtet werden darf".[32]
Das Straßen- und Flußbauamt machte aber keinerlei Vorschläge, durch welche Umbauten des Einlaufbauwerks die missliche Lage verbessert werden könnte.

4.3 Ansatz: Der Beschluss zum Umbau des Hochablasses

Bei einer Abstimmung mit den staatlichen Baubehörden wurde immer deutlicher, dass weder Baggerung noch der Einbau von Gehängen eine befriedigende Lösung des Kiesproblems brachten. Der Umbau sollte im Winter 1930/31 erfolgen. Vorgesehen waren eine Verbesserung des Kanaleinlaufs, der Einbau einer Kiesschleuse anstelle der Floßgasse und die Errichtung einer beweglichen Stauvorrichtung mit Steg evtl. für den öffentlichen Verkehr. Der Wehrsturzboden sollte bei kleinem Wasser [Niedrigwasser] gründlich auf Hohlräume hin untersucht werden.

Schon im Oktober 1926 entschloss man sich, die Floßgasse tiefer zu legen, „um die Kieseinschwemmung in die Kanäle zu verkleinern". Als Begründung wurde angegeben, dass eine kürzlich erfolgte Ministerialverfügung erlaubte, die Floßgasse aufzulassen [da seit 1910 die Flößerei auf dem Lech nicht mehr stattfand]. „Es bleibt nur vorbehalten, daß die Maßnahmen getroffen werden, um die Floßfahrt bei einem etwaigen Wiederaufleben zu ermöglichen". Dazu wurden zwei Forderungen an einen Umbau gestellt:

a) Verlängerung des Sturzbodens am Ablasswehr
b) Ausführung der Spüleinrichtung

Zum ersten Punkt: Die vergeblichen Bemühungen der Fa. Hosp mit Stahlbeton in der Floßgasse bewogen die Planer, dass kein eiserner Sturzboden errichtet werden sollte. Am festen Wehr war kein neuer Sturzboden geplant; dagegen wären für die 6 - und 12 - Meter-Schleusen neue Sturzböden zweckmäßig.
Zum zweiten Punkt: Der Umbau sollte eine wesentliche Verbesserung sein; es gab aber keine Garantie für eine erfolgreiche Kiesabwehr. Eine Kiesschleuse erspare aber die Baggerung.

Für eine mögliche Spüleinrichtung findet sich im Augsburger Stadtarchiv ein undatierter Plan einer Spüleinrichtung „4 Stück Spülschleusen für die Entkiesungsanlage zum Umbau des Hochablasses"; er ist wohl hier einzuordnen: (Bild 160)

Zusammen mit den Triebwerksbesitzern wurde am 25. Oktober 1927 der Umbau des Lechwehrs beschlossen, da sich die Ansammlung des Kieses im unmittelbaren Einzugsbereich des Hochablasses nicht regulieren ließ.
Ein wichtiges Argument für den Umbau war die voraussichtlich wesentlich verbesserte Ener-gieausbeute durch den Umbau: Die Verluste durch die Verkiesung betrugen ca. 100.000 Kilowattstunden. Durch das Ablaßwehr unter der Annahme eines 8-stündigen Betriebs in 300 Tagen könnten rd. 10.000. 000 Kilowatt- stunden gewonnen werden!
Dieses Argument spricht auch für die Bedeutung der Wasserkraft, auch nach Erfindung von Dampfturbinen und Dieselmotor in Augsburg.
Dazu wurden verschiedene Anregungen gemacht.

Ein möglicher Vorschlag zeigte im Oberwasser der Floßgasse ein Überfallwehr vor dem eigentlichen Einlauf, das bis zum südlichen Ende des Einlaufbauwerks parallel zu dem eigentlichen Kanaleinlauf verlief. Am südlichen Ende verengte sich dieser Überfall; eine Spülschleuse sollte den Kieseintrag reduzieren. Dadurch konnte sich der ankommende Kies im Vorboden der an die Floßgasse angrenzenden Kiesschütze sammeln und dort in Richtung Norden mit einem Kiesablass durchgespült werden. Zum Ablenken von Kies aus dem Bereich des Einlaufbauwerks wurde eine „Führungswand" mit der Kote 481,50 und ein erhöhter Vorboden vor dem eigentlichen Einlaufbauwerk geplant, das die Kote von 482,50 aufwies, also als Streichwehr zum Einlauf mit der Kote von 482,00 wirkte.
Dieses Projekt wurde nicht angenommen.

[31] StadtAA, Bestand 45, Akt 715.
[32] Ebenda. Ein Vergleich mit der Isar ergab im August 1930, dass die Isar wesentlich mehr groben Kiesanteil hatte als der Lech und daher die Kiesschleuse bei Icking nicht als Muster für den Hochablass dienen konnte.

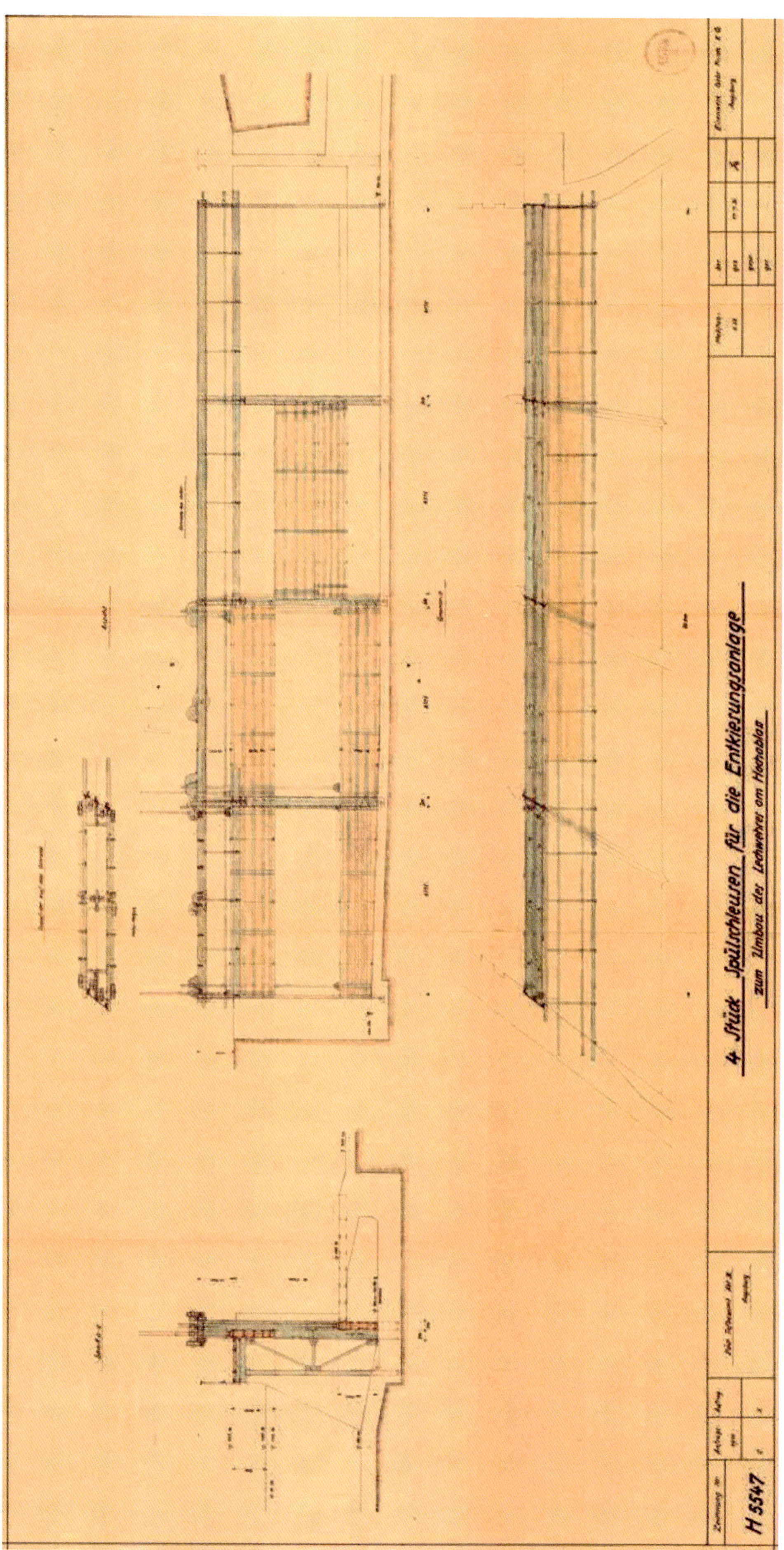

Bild 160: *Plan Spüleinrichtung*

Für die weitere Umbauplanung lag im November 1927 ein „Projekt" in zwei Ausfertigungen von der Firma Edwards, Hummel und Kunz vor; er wurde mit Tiefbauamt und Triebwerksbesitzern diskutiert.[33]
Dieser sah wiederum ein Streichwehr vor dem Einlauf vor. Ein zusätzlicher Spülkanal sollte den Kies aus dem Vorbecken unter der Floßgasse in den Sturzboden der Kiesschütze bringen. Ein weiterer Spülkanal war angedacht, um aus der ungeschützten Floßeinfahrt den abgelagerten Kies in das Vorbecken und anschließend in den Spülkanal zu transportieren.
Ein anderer Vorschlag [unbekannter Autor] war wesentlich einfacher – und wohl auch billiger. Das Streichwehr aus dem Vorschlag von Edwards, Hummel und Kunz sollte durch einen erhöhten Vorboden vor der Floßgasse ersetzt werden. Es wurde ein neues Stauziel von 484,50 Metern vorgesehen. (Bild 161)

In beiden Vorschlägen war eine wesentliche Verlängerung des Sturzbodens geplant, was Verkolkungen vermeiden sollte.

Sametschek schlug am 27. November 1927 für die Lösung des Problems der Kiesbänke [das Problem, wie Sametschek meinte!] das Einbringen von teils doppelten, teils einfachen Gehängen vor. Damit sollten kurzfristig die Kiesprobleme abgemildert werden. Für den weiteren Umbau wurden drei Änderungen geplant:

1) Durch Leitwerkbau der Versuch der Regelung der Kiesbewegung
2) Behelfsmäßige Trennwand oberhalb des Zwischenpfeilers (siehe Bild 161)
3) Ausbau des Sturzbodens und weitere Baumaßnahmen sollen ein Jahr zurückgestellt werden.

Am 30. November 1927 wurden die Erhöhung und Hinterfüllung der Flusssohle zur Verringerung der Schleppkraft vom Straßen- und Flußbauamt genehmigt.[34]

Die Umbaumaßnahmen wurden am
11. Februar 1928 im Amtsblatt veröffentlicht und damit genehmigt.
Der Umbau verzögerte sich, da es noch von einigen Seiten Einwände gab.

Der Werkbesitzerausschuss traf sich am
11. Januar 1929 zu einer Sitzung, in der über die Art und Weise eines möglichen Umbaus diskutiert wurde. Man beschloss, die Wirkung der Gehängeeinbauten zu beobachten und die gesammelten Erfahrungen für den Umbau des Wehres zu verwenden. Der Ausschuss war zusammen mit dem Bauamt der Meinung, den Umbau noch nicht im nächsten Winter vorzunehmen. Doch im kommenden Herbst sollte über das weitere Vorgehen erneut beraten werden.[35]

[33] StadtAA, Bestand 45, Akt 714.
[34] Ebenda.
[35] StadtAA, Bestand 45, Akt 714. Dort sind auch weitere weniger gravierende Schäden aufgeführt.

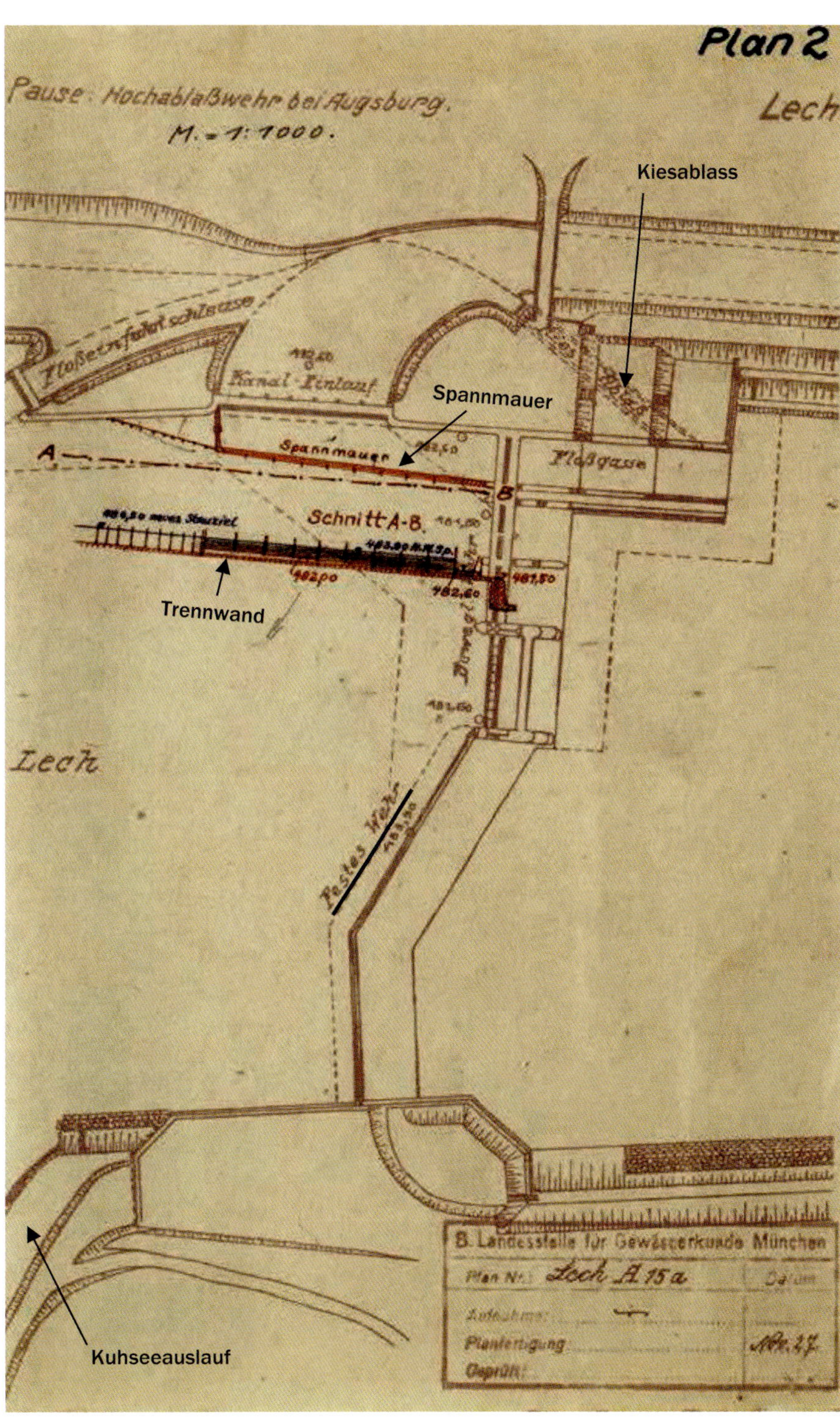

Bild 161: Plan 2 im Maßstab 1:1000 (Auswahl 7)

Einschub: Zwischen dem 30. Januar 1929 und 13. März 1929 fand die sog. „Eiskatastrophe" statt; in dieser Zeit war der Hochablass durch einen gewaltigen Eisschub für ca. eineinhalb Monate außer Funktion. Nicht nur die extreme Kälte, sondern wohl auch die flachen Wassertiefen trugen zu der langen Vereisungszeit bei.

Im Frühsommer 1929 wurden „Ablässe" durchgeführt, um den Kies aus den Kanälen zu entfernen und die Durchflussmenge an Wasser wieder auf das Normalmaß zu bringen.

Am 26. Juni 1929 berichtete Sametschek der Landesstelle für Gewässerkunde (Geschiebereferat) im Innenministerium über die Ergebnisse der Umbauten. Er stellte fest, dass die im [ersten] Gutachten vorgeschlagenen Gehänge bis jetzt zwar eine positive Wirkung erzielten; trotzdem ergab sich erneut eine starke Verkiesung. Die Folge davon war, dass nur noch drei Viertel des Normalwassers, also 24 – 25 m³ in die Stadt flossen, obwohl vorher „Ablässe" durchgeführt worden waren.
Bei den Verantwortlichen herrschte die Meinung vor, dass der Hochablassbau von 1911/12 umgebaut werden und nicht eine völlig neue Wehranlage entstehen sollte. Der „Stahlbau" lag im Trend der Zeit.

Wirft man einen Blick in die langen Lieferlisten des Stahlbaus der MAN, so sieht man, dass die Querbauten, die einen Fluss durch massive Stahlverschlüsse in seinem Lauf hinderten, seit Beginn des 20. Jahrhunderts ganz erheblich zugenommen hatten. Mit diesem „modernen" Bau von Wehren nahm aber auch die Bedeutung der Flussdynamik zu.
Eine herausragende Stellung hatte dabei die Technische Hochschule in Karlsruhe inne. Schon 1898 hatte dort Prof. N. Koch über Wasserbau gelesen. Ein damaliger Student und späterer Freund von Professor Koch war R. Becher, der spätere Leiter der Sparte Wasserbau bei der MAN in Schweinfurt. Er baute zusammen mit Carstenjen, dem Erfinder der Walze, auch die Walze am Hochablass. Sametschek hatte Kontakt zur Technischen Hochschule; so war es folgerichtig, dass er am 2. Oktober den damaligen Leiter des Versuchslabors in Karlsruhe, Professor Rehbock, um ein Gutachten bat, wie man am günstigsten die Floßgasse als Kiesgasse umbauen sollte.
Dazu übermittelte Sametschek folgende Daten des Lechs nach Karlsruhe:
„Wasserführung zwischen 20 cbm/sek und 300 – 600 m³/s außerordentlich starkes Geschiebe.

Eiche 483,40; sie kann meist nicht gehalten werden.
Sie wird in der Regel 40 – 80 cm überstaut.
Bei normalem Hochwasser 448,70;
bei Hochwasser von 1910 ca. 17 m³/s.[36]
Unterwasser: Kleinstwasser bei 1,30 m Wassertiefe
Größte Wassertiefe 5,30 m"[37]

Oberbaudirektor Sametschek berichtete in einer Sitzung mit den Triebwerksbesitzern am 16. Dezember 1929 dem Stadtmagistrat von Kolkbildungen hinter dem Wehr und erläuterte frühere Projekte zur Verlängerung des Sturzbodens.

In seiner Rückantwort empfahl Rehbock Zahnschwellen in allen drei Öffnungen [der beweglichen Schleusen]. Sie dienten auch als Schutz für das obere Sturzbett. Modellversuche wurden als zweckmäßig erachtet, da „der Hochablass eine ungewöhnliche Gestaltung aufweist".[38] (Bild 162)

Professor Rehbock baute in seinem Flusslaboratorium ein Modell der Floßgasse des Hochablasses nach und legte eine Versuchsreihe für einen möglichen Neu- / Umbau derselben vor. Im Versuch I wurde die alte Situation dargestellt; darin ist eine „starke Auskolkung" zu erkennen; die Abflussrinne ist viel zu flach. Der vierte Versuch, in dem ein starker Abfall mit Zwischenstufe simuliert wurde, zeigte eine deutliche Verbesserung; es waren „unmittelbar und an der linken Dammböschung" keine Auskolkungen erkennbar.
Bei beiden Versuchen baute Rehbock Zahnschwellen ein. (Bild 163/164 und Bild 165)

Der Einbau dieser Zahnschwellen wurde angedacht. Diese sollten die kinetische Energie des heranstürzenden Wassers abfangen, so dass der Untergrund nicht mehr so großen mechanischen Kräften ausgesetzt war. Am wirkungsvollsten waren solche Zahnschwellen bei einer gleichmäßigen Wasserführung, diese war leider beim Lech nicht gegeben. Hier mussten einzelne Schleusen (vor allem die Walze) so bedient werden, „dass die Kiesausschleppung möglichst günstig" war.[39]

[36] Dieser Wert entspricht ca. 1020 m³/s und ist wohl etwas zu klein geschätzt, wenn zuerst 1200 cbm/sek angegeben wurde. Damals wurde die Sekunde noch mit „sek" abgekürzt.

[37] StadtAA, Bestand 45, Akt 722.

[38] StadtAA, Bestand 45, Akt 722. Diese Stelle ist so unterstrichen.

[39] StadtAA, Bestand 45, Akt 656. Es wurde auch festgestellt, dass der für den damals schon geplanten Umbau des Wehres gegründete Erneuerungsfonds genügend Mittel bereitstellen konnte.

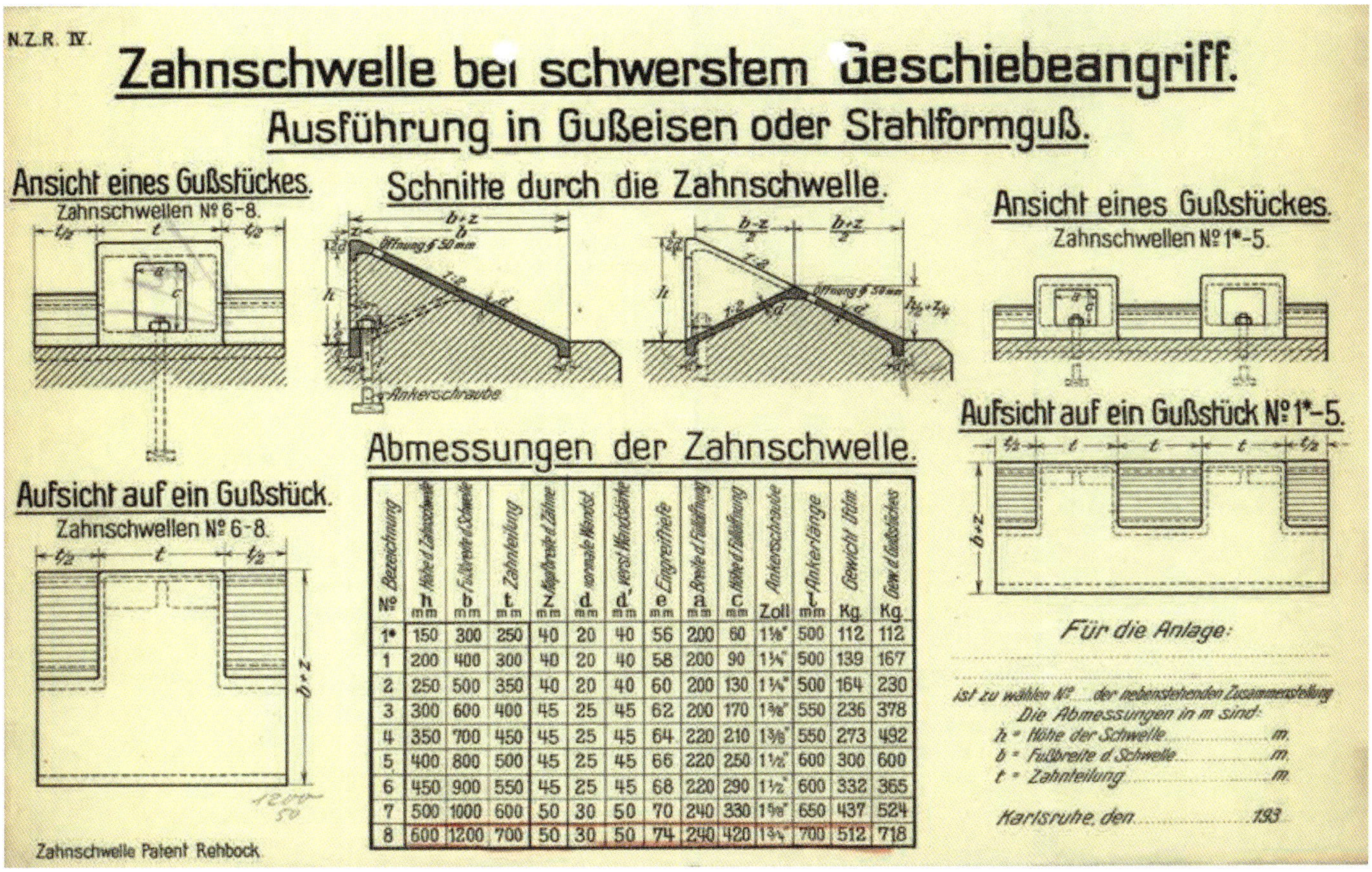

N.Z.R. IV.

Zahnschwelle bei schwerstem Geschiebeangriff.

Ausführung in Gußeisen oder Stahlformguß.

Ansicht eines Gußstückes. Zahnschwellen № 6–8.

Schnitte durch die Zahnschwelle.

Öffnung ∮ 50 mm

Ankerschraube

Ansicht eines Gußstückes. Zahnschwellen № 1*–5.

Aufsicht auf ein Gußstück. Zahnschwellen № 6–8.

Aufsicht auf ein Gußstück № 1*–5.

Abmessungen der Zahnschwelle.

№ Bezeichnung	h mm Höhe d. Zahnschwelle	b mm Fußbreite d. Schwelle	t mm Zahnteilung	z mm Kopfbreite d. Zähne	d mm normale Wandst.	d' mm verst. Wandstärke	e mm Eingreiftiefe	a mm Breite d. Füllöffnung	c mm Höhe d. Füllöffnung	Zoll Ankerschraube	l mm Ankerlänge	Kg. Gewicht l/lfdm	Kg. Gew. d. Gußstückes
1*	150	300	250	40	20	40	56	200	60	1⅛"	500	112	112
1	200	400	300	40	20	40	58	200	90	1¼"	500	139	167
2	250	500	350	40	20	40	60	200	130	1¼"	500	164	230
3	300	600	400	45	25	45	62	200	170	1⅜"	550	236	378
4	350	700	450	45	25	45	64	220	210	1⅜"	550	273	492
5	400	800	500	45	25	45	66	220	250	1½"	600	300	600
6	450	900	550	45	25	45	68	220	290	1½"	600	332	365
7	500	1000	600	50	30	50	70	240	330	1⅝"	650	437	524
8	600	1200	700	50	30	50	74	240	420	1¾"	700	512	718

Für die Anlage:

ist zu wählen №. ... der nebenstehenden Zusammenstellung
Die Abmessungen in m sind:
h = Höhe der Schwelle .... m.
b = Fußbreite d. Schwelle .... m.
t = Zahnteilung .... m.

Karlsruhe, den 193

Zahnschwelle Patent Rehbock

Bild 162: *Zahnschwellenprospekt nach dem Patent von Rehbock (Jahr unbekannt)*

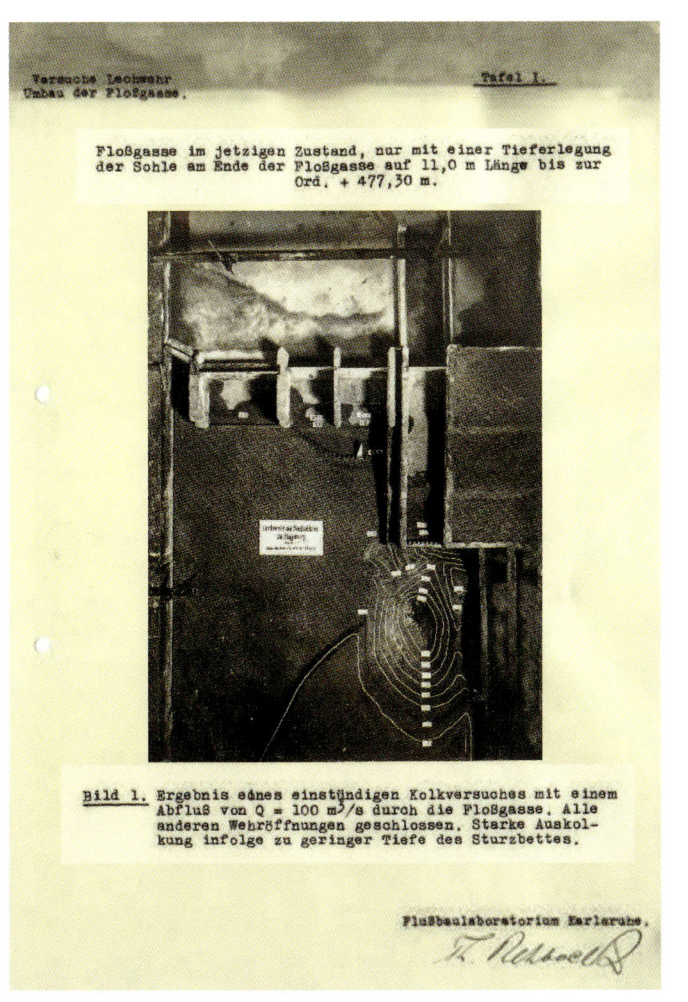

Versuche Lechwehr
Umbau der Floßgasse.

Tafel I.

Floßgasse im jetzigen Zustand, nur mit einer Tieferlegung der Sohle am Ende der Floßgasse auf 11,0 m Länge bis zur Ord. + 477,30 m.

Bild 1. Ergebnis eines einstündigen Kolkversuches mit einem Abfluß von Q = 100 m³/s durch die Floßgasse. Alle anderen Wehröffnungen geschlossen. Starke Auskolkung infolge zu geringer Tiefe des Sturzbettes.

Flußbaulaboratorium Karlsruhe.

Bild 163: *Laborversuch I (Rehbock, 1930)*

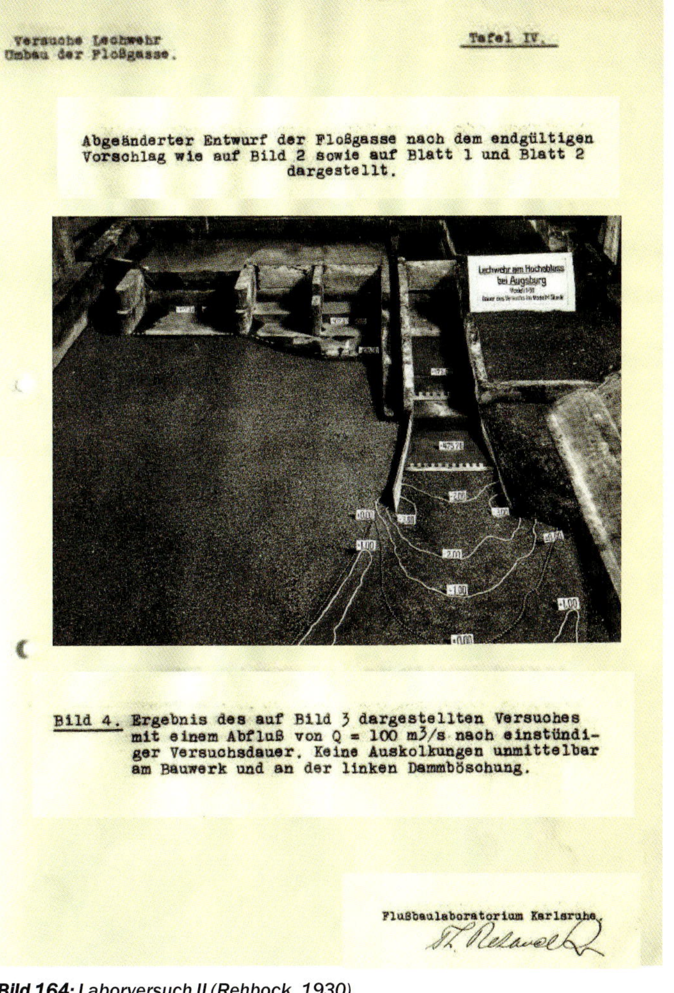

Versuche Lechwehr
Umbau der Floßgasse.

Tafel IV.

Abgeänderter Entwurf der Floßgasse nach dem endgültigen Vorschlag wie auf Bild 2 sowie auf Blatt 1 und Blatt 2 dargestellt.

Bild 4. Ergebnis des auf Bild 3 dargestellten Versuches mit einem Abfluß von Q = 100 m³/s nach einstündiger Versuchsdauer. Keine Auskolkungen unmittelbar am Bauwerk und an der linken Dammböschung.

Flußbaulaboratorium Karlsruhe.

Bild 164: *Laborversuch II (Rehbock, 1930)*

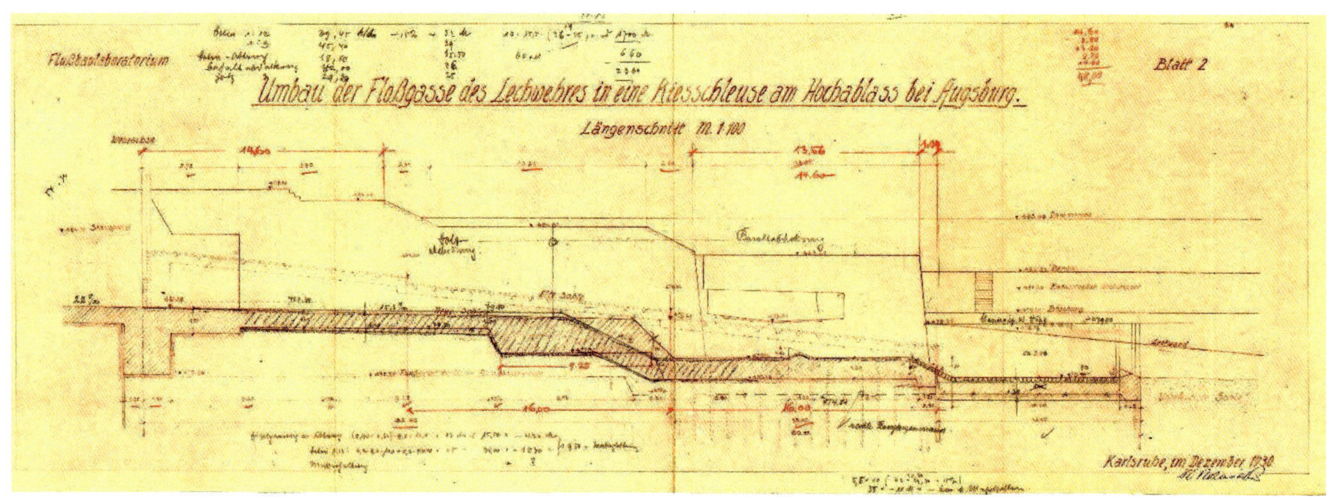

***Bild 165:** Vorschlag für Umbau des Lechwehrs in eine Kiesschleuse (Rehbock, 1930)*

Man beschloss, die Verlängerung des Sturzbodens und den Einbau der Zahnschwellen um ein Jahr zu verschieben. Damit wurde auch der Einbau einer Kiesspülschleuse wiederum um ein Jahr hinausgezögert.
Sametschek merkte zu den Einbauten des Leitwerks [Wolfsches Gehänge] an, dass sich [im letzten halben Jahr] das Leitwerk bewährt habe; doch habe sich noch kein Flussschlauch ausgebildet.
Die Kolke hinter dem Wehr seien auch deshalb geringer geworden, weil in den letzten Jahren kein gravierendes Hochwasser aufgetreten sei. Sametschek betonte aber seine Überzeugung, dass die Zahnschwellen die Kolkbildung vom Wehr wegtreiben würden.
Es wurde bestimmt, die Entwicklung abzuwarten.[40] Zur Finanzierung merkte Sametschek an, dass genügend Geld im Erneuerungsfonds, in den die Triebwerksbesitzer [Industrieverein] und die Stadt seit 21. März 1914 einzahlten, vorhanden sei.[41] Doch bedauerte Sametschek, dass immer mehr Fabriken wegen der wirtschaftlichen Lage aufgaben; damit erniedrigten sich auch die Einnahmen aus den Wasserradzinsen.[42]

Sametschek schrieb am 3. Januar 1930 an den Industrieverein und Kommerzienrat Pfaff, dem Gutachten von Professor Rehbock zuzustimmen; sie stimmten umgehend zu. So konnte sich Sametschek nach Karlsruhe mit der Bitte wenden, ein genaues, zweites Gutachten zu erstellen, wie die Kiesgasse neu konzipiert werden sollte. Er erläuterte nochmals das Problem. Dabei erwähnte er auch, dass das Lechwasser im Winter meist in die Kanäle abgeleitet wurde. Trotzdem sei die Auswechslung einer Spundwand auch im Winter sehr schwierig, da sie in der Regel 1,20 bis 1,60 Meter unter Wasser liegt. Zurzeit würde die Spundwand mit großen Bruchsteinen gegen eine außerordentliche Kolkbildung geschützt; das bedeutete, dass eine neue Spundwand außerhalb diese Schüttung geplant ist. Diesen Bau kann man nur längs des beweglichen Teils ausführen. [sic] Sametschek meinte zusätzlich: „Im Lech ist die Floßfahrt aufgegeben; es wurde in staatliche Wehre keine Floßgassen mehr gebaut".[43] Daraus schloss Sametschek, dass die Floßgasse in eine Kiesgasse mit einem geplanten Gefälle von 22,5 % umgebaut werden kann. Der Aufstau [vor der Schleuse] sollte 0,40 bis 0,80 Meter betragen; der Stauspiegel sollte auf 18 bis 24 m³/sek (maximal auf 29 m³/sek) umgebaut werden. Wie schon Kollmann 1850 anmerkte und sich beim Katastrophenhochwasser von 1910 gezeigt hatte, wurde der linke Schleusenteil am meisten beansprucht. Dies wurde durch die „Umlenkung" des Flussschlauches nach Westen noch verstärkt. So merkte Sametschek in diesem Brief an Karlsruhe an: „Bei steigendem Wasser ist geplant, die Schleusen allmählich von links nach rechts zu öffnen, am Schluss die Walze. **Die ganze Ausbildung des Wehres ist ja leider für die Geschiebeführung nicht günstig"**.[44] Die Bedienung der Schleusen sei deshalb so schwierig, da die Geschiebeführung bei 60 bis 80 cbm/sek einsetzt.[45] Hierzu merkte Sametschek an: **„Die aus Kalkstein bestehenden Geschiebeteile wechseln zwischen feinem Sand und Geröll bis zur doppelten Faustgröße"**. Eine ungleiche Wehrbildung fördere die Kolkbildung in der Umgebung.[46] Fotos, vom Mai bis Juli 1930 aufgenommen, bestätigten dies.

Am 15. Mai 1930 führte der Lech starkes Hochwasser. Die Ausbruchstelle durch das Hochwasser am 15. Mai 1930 war unterhalb

---

40 Ebenda. In der gleichen Sitzung beschloss man, Sohlschwellen sowohl am Eisenbahnerwehr als auch am Lochbachanstich zu bauen. Ausführlich dazu im StadtAA, Bestand 45, Akt 656 und 726.

41 StadtAA, Bestand 45, Akt 724. Der Antrag zur Einrichtung dieses Fonds wurde von den städtischen Kollegien am 15. März und 14. April 1913 beschlossen. Es sollte ein jährlicher Betrag von 400 Mark auf diesen Fonds einbezahlt werden. Es folgten jährliche Abrechnungen. Für eine „vorzügliche Anlage" sollte gesorgt werden. 1931 war der Umbau beendet; der Fonds wurde aufgelöst.

42 StadtAA, Bestand 45, Akt 722.

43 StadtAA, Bestand 45, Akt 725. Dort wurde in einem Schreiben vom 29. September 1926 Nr. 914a9 mitgeteilt, dass von einer „förmlichen Aufhebung der Flößerei auf den städtischen Kanälen Abstand genommen" wird.

44 StadtAA, Bestand 45, Akt 722.

45 Dies ist etwa der Grenzwert der Fließgeschwindigkeit, ab der Geschiebe vom Fluss mitgerissen wird.

46 StadtAA, Bestand 45, Akt 722.

Bild 166 und 167: *Wasser durch die Ausbruchstelle des Lechs (Quelle Stadtarchiv)*

Bild 168: *Panoramabild, vom Wehrhäusl am Hochablass aufgenommen (11.06.1930, CD 15). Nachfolgend von oben nach unten: Bilder 169, 170 und 171.*

des Dreikreuzdammes bei Kilometer 48,1 und also ca. 2 Kilometer vom Hochablass entfernt; diese Stelle gehörte zur Baupflicht des Wasserwirtschaftsamt Weilheim (Staatsfondsbau). (Bild 166 und 167)

Einen Monat später, am 11. Juni 1930, wurde folgendes Panoramabild vom „Wehrhäusl" [Getriebehäuschen] am Hochablass Richtung Süden aufgenommen: (Bild 168)

Der Text im rechten oberen Teil lautet: Blick vom Wehrhäusl am 11. Juni 1930
0,5 Wehrspiegel; Vorausgegangene „ Ablässe" 10. - 17. Mai und 7. - 10. Juni.

Ausschnitte dieses Bildes zeigen in den folgenden drei Fotos deutlich die massive Geschiebebelastung vor dem Hochablass; dabei kann man auch die Wirkung des Wolfschen Gehänges erkennen.

Mittlerer Ausschnitt aus Bild 168 (Bild 169)
Wolfsche Gehänge (Bild 170)
Auslauf zum Kuhsee hin (Bild 171)

Hier wird deutlich, dass dieser Uferbereich, der nicht im Baupflichtbereich der Stadt Augsburg lag, Anlass zu Beschwerden der Stadt Augsburg an die Regierung von Bayern (Innenministerium) war.

Am 27. Juni 1930 wurde vom städtischen Tiefbauamt ein Höhenplan über die Veränderung der Längsprofile 2 Kilometer vor der Wehr gemessen. (Bild 172)

Bei diesem Diagramm der zeitlich verschiedenen Längsprofile wird im unteren Teil deutlich, wie sich die Sohle und somit auch die Oberkante der jeweiligen Wasserstände des Lechs (Talweg) zwischen 1921 und 1931 veränderte. Die Sohle stieg zwischen Februar 1921, November 1927, Februar 1931, dem 23. März 1931 und 6. Juni 1931 immer an; besonders auffällig ist der Anstieg zwischen den beiden letztgenannten Terminen; d. h. die vor dem Hochablass abgelagerte Kiesmenge verkleinerte den Stauraum vor dem Wehr erheblich. Die Ideallinie (rot wohl von Schreitmüller eingezeichnet) wurde erheblich über- oder unterschritten. Die Folge war, dass die Hochwässer immer höher stiegen.
Im Plan rechts kann man diese Aufsattelung deutlich erkennen. Die Wehrkrone ist bei 483,90 Meter Höhe eingetragen. Darüber folgen die Hochwässer von 11. Juni 1930 mit +0,50 [Meter] Überlauf, dann vom 15. Mai 1930 mit 1,10 [Meter] Überlauf. Darüber ist ein vorgeschlagenes „Korrektionsprojekt" mit 1,30 [Meter] eingezeichnet. Dieses Projekt ist auch in dem Höhenplan eingezeichnet. Dieser Vorschlag stammt wohl auch von Schreitmüller, da dieser Plan dem Gutachten von Schreitmüller beigefügt war.
Die Korrektionsprojektion von 1916 weist ein Gefälle von 2,31 ‰ für das Katastrophenhochwasser mit 1100 m³/sek auf.
Folgender Kommentar dazu ist im Akt 715 auf der ersten Seite vermerkt:
Das Hochwasser im Mai 1930 brachte eine Auseinandersetzung über die „Kieswirkung" des Gehänges mit sich. Die Stadt Augsburg stellte fest, dass es keine Bedrohung von Hochzoll gab (dies wird im oberen rechten kleinen Diagramm nachgewiesen). Deutliche Veränderungen der Kieslage waren jedoch am Dreikreuzdamm zu erkennen – das Ende des Korrektionsbaues ist mit einer Fahne gekennzeichnet. Immer wieder erneuerte das städtische Bauamt die dringende Bitte an das staatliche Bauamt, Korrektionsbauten am rechten Ufer zu verbessern. Es war der Auffassung, dass dadurch der Geschiebebetrieb wesentlich geringer gewesen wäre; in Untergergen wäre ein Geschiebe zurückgehalten worden. Die Stadt beschwerte sich, um ihre Interessen wahrzunehmen.

Am 18. August 1930 wurden zwei Entscheidungen getroffen:

a) Ein Zuschussbau rechts oberhalb des Ablasswehres wird gebaut.
b) Die Wehraufsattelung war laut Tiefbauamt ein Notbehelf; am 26. Mai 1930 verlangte das Flußbauamt deren Beseitigung.

Ein ergänzender Plan vom Dezember 1931 über die Querprofile in bestimmten Abständen zum Wehr zeigt die Kiesproblematik zusätzlich auf. 42 Meter vom Wehr entfernt hatte das Profil der Lechsohle folgenden Verlauf: (Bild 173)

Aus diesem Plan geht deutlich hervor, dass sich der Lech vor dem Wehr bei 484,66 Meter Höhe vor einer „Ablässe" deutlich aufgekiest hatte (blaue Linie); jedoch sank die Höhenlinie nach der „Ablässe" erheblich auf 482,50 Meter Höhe, gemessen am 6. und 11. November 1931 (grüne und rote Linie).

Die Anhänger eines Streichwehrs für den Hochablass meldeten sich zu Wort; der Rückbau des Hochablasses zu einem Streichwehr hatte noch seine Befürworter.
Schon in der Diskussion um den Umbau des Wehres am 25. Oktober 1927 warf Kommerzienrat Nagler ein, dass ein Streichwehr wohl günstiger wäre. „Man müsse nur dafür sorgen, dass das Wasser gegen das rechte Ufer zugeführt würde, so dass es am Wehr entlang zum Kanaleinlauf fließen muss, wo es fast geschiebefrei ankommen wird. Das alte Wehr hat sich vorzüglich bewährt".[47]
Haindl verwies auf die letzte Flussbereisung, „bei der man wieder gesehen hat, dass der ganze Anstich infolge der großen Eintiefung des Lechs in der Luft hänge. Derartige Wasserzapfungen können nur gehalten werden, wenn eine Schwelle im Lech vorhanden sei, was der Staat noch immer nicht machen würde".[48]
Das Argument gegen ein Streichwehr war somit, dass sich der Lech so tief eingegraben und sein Flussbett gegenüber dem alten Streichwehr so verändert hatte, dass ein möglicher Rückbau nicht mehr möglich war.

Die Vorschläge von Nagler hätten eine „Zurückbildung" des Lechs in sein annähernd

[47] Nagler hatte nicht beantwortet, ob ein Streichwehr die Anforderung an eine kontinuierliche Wasserabgabe an das Kanalsystem gewährleisten konnte. Auch war der Kieseintrag des Streichwehrs in die Werkkanäle schon früher nicht unerheblich. Fraglich bliebt auch, ob sich der Lech so umleiten lassen konnte, wie Nagler vorschlug. Die Frage blieb unbeantwortet, wohin die angelandeten Kiesmassen abgelagert werden sollten. Nagler bekräftigte seine Meinung in einem Brief vom 15. Dezember 1927 an den Stadtrat erneut.

[48] StadtAA, Bestand 45, Akt 714.

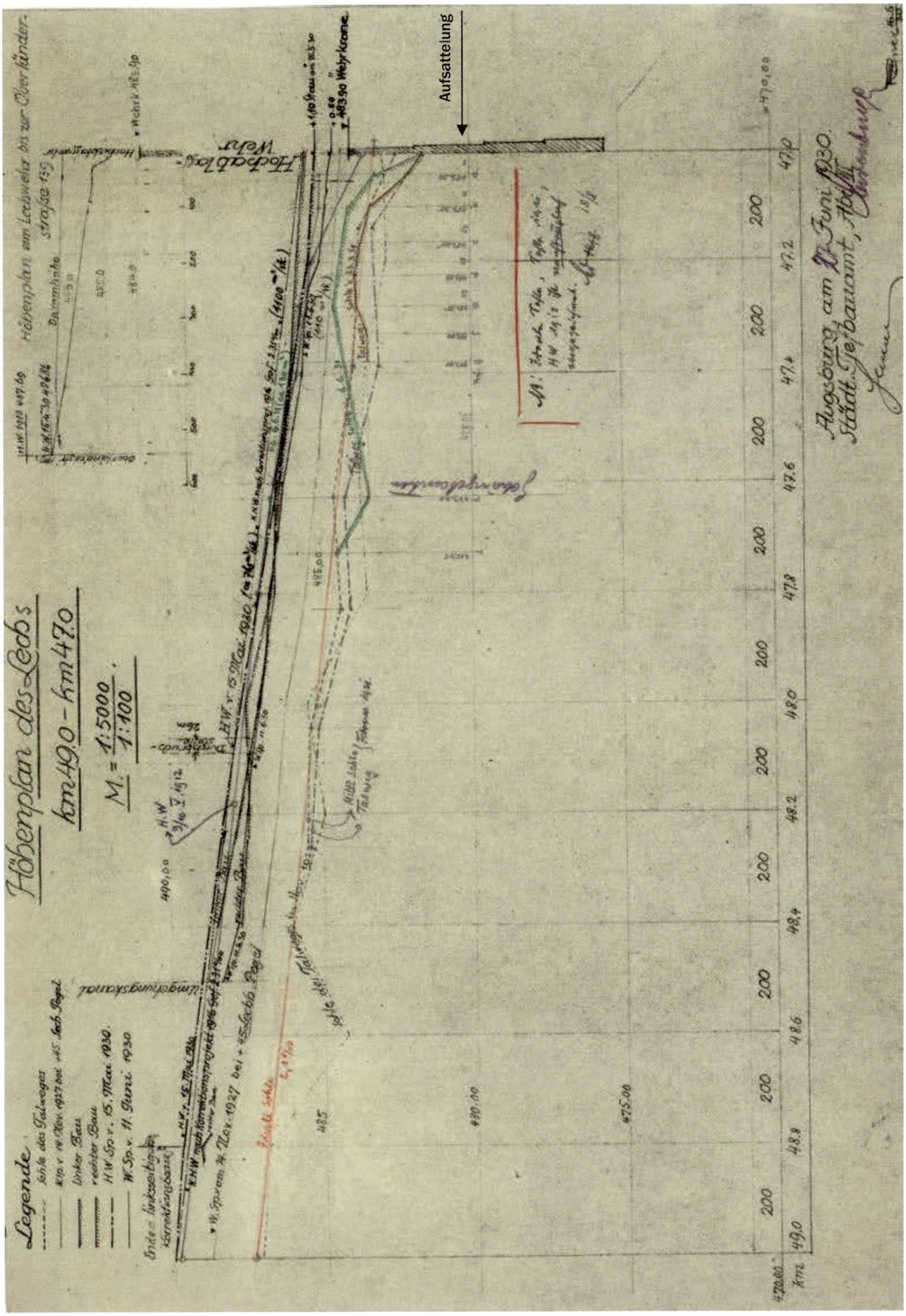

Bild 172: Höhenplan des Lechs zwischen Flusskilometer 49,0 und 47,0 (Städt. Tiefbauamt, 27.06.1930)

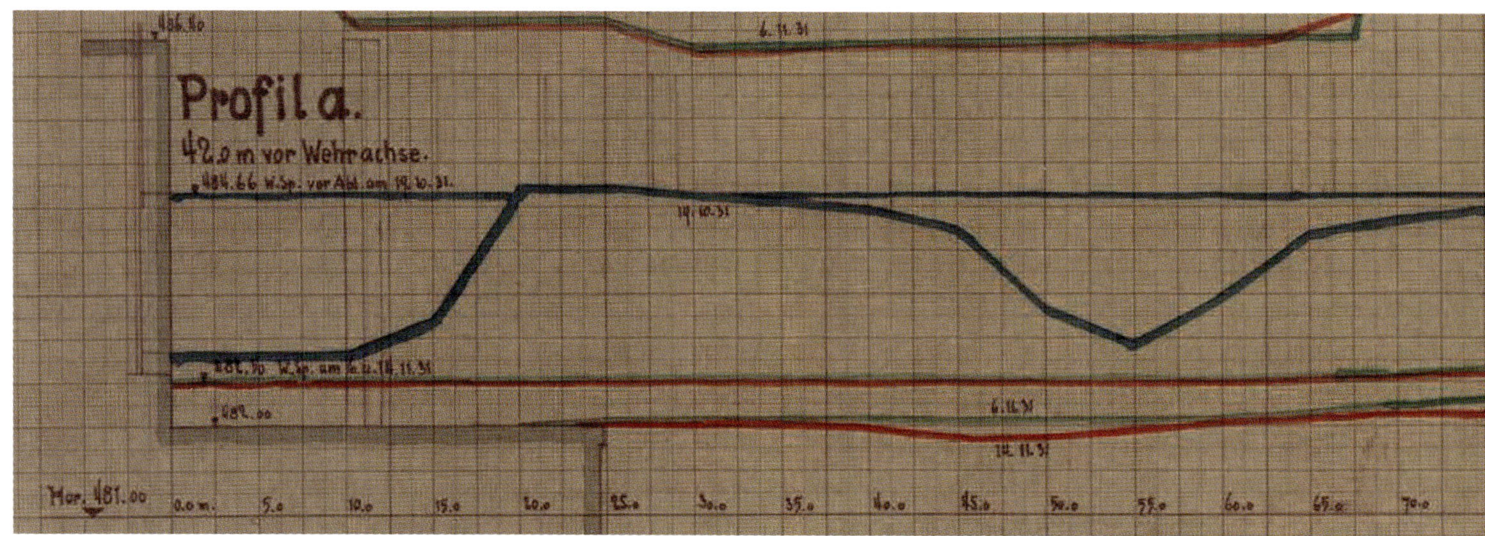

***Bild 173:** Ausschnitt aus dem Querprofileplan*

altes Flussbett vor 1910 und damit erneut eine starke Veränderung der zwischen 1910 und 1929 geschaffenen Flusslandschaft bedeutet; welche Eingriffe dies für den Flussverlauf nach sich gezogen hätte, wurde aber nirgends erkennbar diskutiert.
Im zweiten Gutachten von Professor Schreitmüller vom Oktober 1930 wurden die Forderungen (Wünsche) der Stadt Augsburg bezüglich des geplanten Umbaus aufgezählt.[49] (Bild 174)

1) „Umbau der überflüssig gewordenen Floßgasse zu einer wirksamen Kiesschütze mit tief liegender Schwelle,
2) Verlängerung des Einlaufbauwerks gegen die Wehrachse zu um 2 weitere Öffnungen von je 9,75 m l. W.→ lichte Weite,
3) Tieferlegung des Vorbodens entlang dieser neuen Einlaufschleusen,
4) Einbau einer Spannwand zwischen der neuen und der alten Kiesschleuse zur Förderung der Spülung,
5) Abteilen des Einlaufbauwerks durch eine Trennwand über den Normalstau, so daß eine getrennte Spülung der beiden Einlaufwehrhälften unter Aufrechterhaltung des Betriebes vorgenommen werden kann,
6) Der seit Jahren zu Unrecht gehaltene Überstau in einer Höhe von 60 cm über dem durch Beschluß vom 29. Februar 1911 genehmigten Stauziel soll der wasserrechtlichen Genehmigung zugeführt werden, indem für die Herstellung des Überstaues an Stelle des gegenwärtigen Provisoriums eine nach Bedarf umlegbare Konstruktion tritt“.[50]

Begründet wurden die Umbauten „wegen der jährlichen langen Reihe anschließender geschiebeführender Tage und wegen der Geschiebebewegung der unmittelbar oberhalb Augsburg liegenden, in der Ausbildung befindlichen Flußstrecke, die auf Jahre hinaus verhältnismäßig sehr groß“ ist.[51]

In dem Gutachten wurde außerdem angemahnt, dass der für 1928 geplante Durchstich an der Kiesinsel, die dem westlichen Ufer anliegend, nicht erfolgt sei. Auch das Gehänge hätte mehr als „Kontraktionsgehänge nicht wie bisher als Normalisierungsgehänge ausgeführt werden und dann auch weiter verlängert werden sollen; auch die Unterhaltung der Gehänge war nicht immer sachgemäß (Abräumen von Treibzeug, Entfernung der Verstangelung mit dem Fortschreiten der Verlandung, d. h. der Gehängewirkung)“.[52]

Die Zulassung der Aufsattelung befürwortete Schreitmüller, da die in die Kanäle eingeführte Wassermenge nicht überschritten wurde und diese Menge ja von der Stadt vertraglich den Triebwerksbesitzern zugesagt worden war. Auch bot sie einen Ersatz für die nicht tiefer gelegte Floßgasse (sie sollte nach Wunsch des städtischen Bauamtes von Kote 483,40 auf 480,09 gesenkt werden, was die Kiesabführung und die Kiesanlandung am Wehr wesentlich verbessert hätte). Der Stauraum beim Hochablasswehr war durch den jahrelangen Überstau [zu hoher Stau] durch das Provisorium der Aufsattelung längst erschöpft gewesen. Jede Wehrerhöhung begünstigte das Eindringen von Geschiebe durch eine Sohlenerhöhung. Auch die Regulierung durch die „Ablässe" war nicht mehr gegeben. Während „einer Ablässe“[53] konnte ja das gesamte Wasser des Lechs und damit auch sein Geschiebe über das Wehr abfließen;

[49] StadtAA, Bestand 45, Akt 719.
[50] StadtAA, Bestand 45, Akt 719.
[51] Die unterstrichene Stelle ist in der Abschrift für das Bauamt mit Bleistift unterstrichen, wobei die Worte „Ausbildung der Flußstrecke“ und „sehr groß“ zweimal unterstrichen sind.
[52] StadtAA, Bestand 45, Akt 719.
[53] Bei einer „Gesamtablässe“ wurde das Einlaufbauwerk geschlossen; die Kanäle liefen leer und man konnte das Geschiebe daraus entfernen.

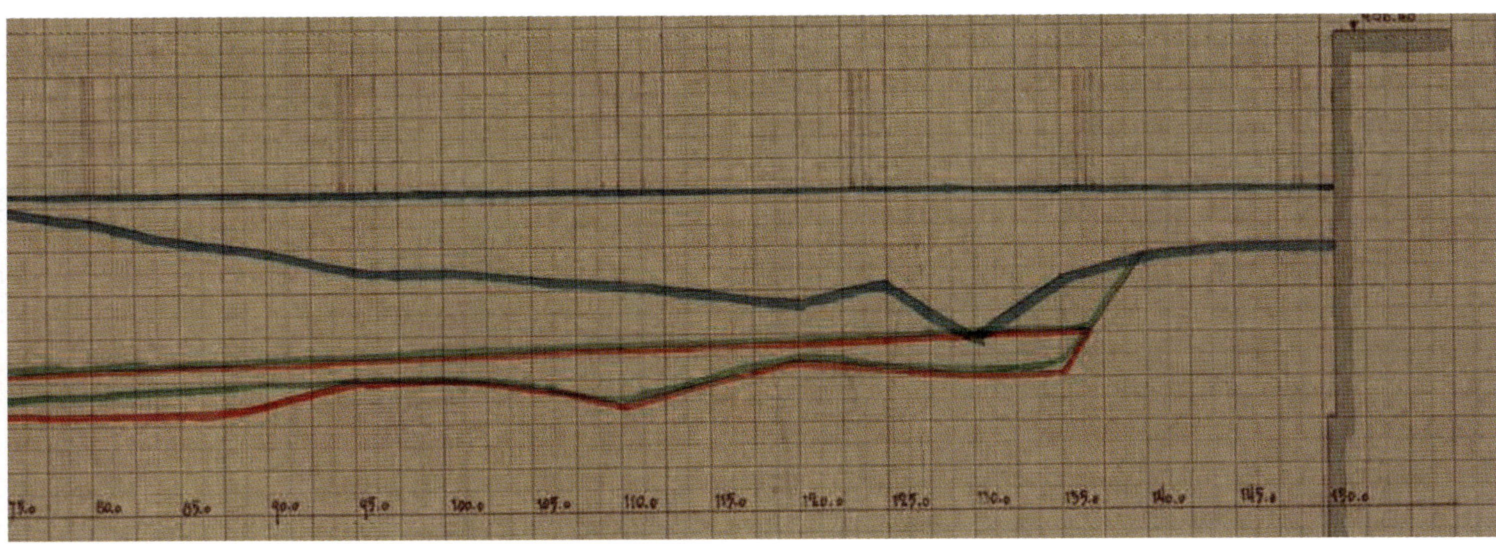

Geschiebetechnisches Gutachten
zum
Umbauvorhaben am Hochablaßwehr oberhalb Augsburg.

Zur Bekämpfung des starken Geschiebezudranges zum Einlaufbauwerk und Werkkanal im Hochablaßwehr will das Stadtbauamt Augsburg folgende Änderungen an der Anlage vornehmen:

1.) Umbau der überflüssig gewordenen Floßgasse zu einer wirksamen Kiesschütze mit tief liegender Schwelle,

2.) Verlängerung des Einlaufbauwerkes gegen die Wehrachse zu um 2 weitere Öffnungen von je 9,75 m l.W.,

3.) Tieferlegung des Vorbodens entlang dieser neuen Einlaufschleusen,

4.) Einbau einer Spannwand zwischen der neuen und der alten Kiesschleuse zur Förderung der Spülung,

5.) Abteilen des Einlaufbauwerkes durch eine Trennungswand über Normalstau, sodaß eine getrennte Spülung der beiden Einlaufbauwerkshälften unter Aufrechterhaltung des Betriebes vorgenommen werden kann,

6.) Der seit Jahren zu Unrecht gehaltene Überstau in einer Höhe von 60 cm über dem durch Beschluß vom 29.IX.1911 genehmigten Stauziel, soll der wasserrechtlichen Genehmigung zugeführt werden, indem für Herstellung des Überstaues an Stelle des gegenwärtigen Provisoriums, eine nach Bedarf umlegbare Konstruktion tritt.

Bild 174: *Geschiebetechnisches Gutachten von Oktober 1930, 1. Seite (Schreitmüller, 1930)*

das genügte aber nicht, das Geschiebe wesentlich zu reduzieren. Deshalb war ein beweglicher Wehraufsatz einem starren vorzuziehen, da er sich leichter regulieren ließ.
Alle Fragen der Stadt Augsburg konnten in dem vorgegebenen Zeitrahmen nicht beantwortet werden, da hier ein Zeitraum von mehreren Jahren notwendig war; außerdem müssten Vergleiche zwischen den süddeutschen Flüssen, ihrer Korrektionsbreite, Wasserführung und Flussgefälle erstellt werden, um genaue Voraussagen über die Folgen einer möglichen Sohlenaufsattelung auf eine aufgestauten Flussstrecke machen zu können.[54] Schreitmüller begrüßte die Umbaupläne, die Floßgasse in eine Kiesschleuse abzuändern. Er empfahl, den Vorboden nicht mit einer Abfallstufe zu senken, sondern diesen Abfall zur Vergrößerung des Sohlengefälles für den Oberboden der Kiesschleuse auszunutzen. Eine Stufenlösung für diesen Abfall würde der Kiesablagerung entgegenwirken. Ausdrücklich sprach sich Schreitmüller für eine Verlängerung der Floßgasse aus. Auch eine Spannwand bis zum Anfang des Einlaufbauwerks sei aber notwendig, um den Kieseintrag in die Kanäle zu minimieren. Er riet auch zu einen Grobrechen. Ebenfalls befürwortete er eine Teilung des Einlaufbauwerks, um durch eine Trennwand eine wechselseitige Spülung unter Aufrechterhaltung des Betriebes zu gewährleisten.

Der Einbau eines Spiralrührwerks in den Spülkanal würde die Spülwirkung erhöhen und somit den Kieseintrag noch weiter verringern.
„Bei sachgemäßer Bedienung des beweglichen Aufsatzes auf das feste Wehr kann das freie Abziehen von Geschiebe über das feste Wehr außerordentlich begünstigt werden“, meinte Schreitmüller. Dadurch stellte er sich gegen das staatliche Flußbauamt, das auf das Verbot einer Veränderung hingewiesen hatte. Für die Gehängebauten schlug er Standortänderungen und Abweiser am Ufer vor, um Querströmungen zu erreichen, die eine gezielte (gewünschte) Kiesablagerung an Untiefen förderten.[55]

Um den Umbau überhaupt vornehmen zu können, mussten zuerst folgende Punkte beantragt werden:

1) Erhöhung der Eiche [Eichpunkt]
2) Auflassung der Floßgasse
3) Die in den Beilagen dargestellten Baumaßnahmen [siehe 10. Oktober 1930]

Am Umbau waren die Werksbesitzer, der Fischereibeauftragte der Fischerinnung, Baron von Schaezler (Scherneck), sowie alle Angrenzer der Staat und die Stadtgemeinde Augsburg beteiligt.[56]

Die Aussagen von Schreitmüller über die Kiessituation im Lech wurden durch ein Foto und einen Lageplan unterstrichen:

Bei dem folgenden Foto vom **1. September** 1930 lautete die Erläuterung:
„Aufnahme vom Wehrhäusl am Ablass, vom
1. September 1930
O.W.Pegel [Oberwasserpegel] +082. Abfluss übers Wehr ca. 80 m^3/sek.
Vorausgegangene ganze „Ablässe“ vom 7.VIII Abends bis 11.VIII Früh, und leichte Lechanschwellung am 16/17. VIII“
Vor dem Einlauf bewegte sich das Wasser nur sehr wenig, weil eine Spiegelung der Bauten an Land sichtbar ist. (Bild 175)

Einen Monat später ist die „Flußlage nach dem Stande vom **1. Oktober** 1930“ aufgezeigt. Die Inseln haben sich nach Osten verlagert; die Lage der Gehänge ist sichtbar. Der von dem Straßen- und Flußbauamt gewünschte begradigte Lech ist eingezeichnet. Die Kiesinsel bei Flusskilometer 47,4 sollte wohl verschwinden. Vorgeschlagen werden zwei Baumaßnahmen: ein Grobrechen vor den geteilten Abschlussschützen vor der Floßeinfahrt und eine Spannwand sowie teils fest, teils geteilte Schützen vor dem Einlaufbauwerk. (Bild 176)

Am **4. Oktober** 1930 wurden die Umbaupläne in Anwesenheit von Straub (Staatliches Straßen- und Flussbauamt), Sommer (Direktor vom Landesamt für Gewässerkunde), Vertreter der Firma Edward & Hummel – A. Kunz, MAN und für die Stadt Augsburg Sametschek (Leiter des städtischen Bauamts) und Ladenburger (Leiter der Tiefbauabteilung des Bauamtes Augsburg) genehmigt. Dabei wurde festgestellt, dass der Hochablass wie ein festes Wehr wirke und der ganze Stauraum von Geschiebe allmählich aufgefüllt werde. Schützen [bewegliche Stahltore][57] könnten diesen Vorgang nicht verhindern.

Folgende Herren besuchten **am 7. Oktober** 1930 die Technische Hochschule Karlsruhe: Sametschek (Leiter des städtischen Bauamtes Augsburg), Straub (Leiter des Staatlichen Straßen- und Flussbauamtes Donauwörth),

[54] Hier muss noch einmal darauf hingewiesen werden, dass das Gutachten nur das Geschiebe des Lechs, nicht aber die ökologischen Auswirkung einer Geschiebeveränderung im Auge hatte.

[55] StadtAA, Bestand 45, Akt 719.

[56] StadtAA, Bestand 45, Akt 715.

[57] StadtAA, Bestand 45, Akt 715.

Haindl (Vorstand Industrieverein), Kunz (Baufirma) und Ladenburger (Leiter der Tiefbauabteilung des Bauamtes Augsburg). Sie besprachen mit Professor Rehbock die Ergebnisse der Versuche. Dabei schlug Rehbock vor, die Zwischenwand zur Floßgasse nicht abzubrechen; fraglich war noch eine zweite Schwelle zur Vernichtung der kinetischen Energie des Wassers in der Gasse [sie wurde gebaut]; außerdem sollte am Ende der Kiesschleuse eine schräge Leitwand gebaut werden.

Der Abschlussbericht der TH Karlsruhe empfahl, dass nur der bewegliche Teil des Wehres umgebaut werden sollte; dabei sollte der Abfluss ungleichmäßig gestaltet werden, um eine starke Aufladung im Oberwasser zu verhindern, d.h. besonders starke Angriffe auf die Flusssohle sollten vermieden werden.
Die Versuche von Karlsruhe brachten Klarheit über die Abmessungen der Kiesschleuse.

Am **10. Oktober** 1930 stimmten die Triebwerksbesitzer dem Umbau „in vollem Umfang" zu. Der Umbau sollte im kommenden Winter erfolgen, wenn das wasserpolizeiliche Gutachten eingetroffen war. Die Stadt träfen insgesamt 19.000 Reichsmark; dies war mit dem Prinzfonds zu verrechnen.[58]

Bild 175: *Aufnahme aus dem Wehrhäusl (01.09.1930)*

In dem wasserpolizeilichen Gutachten wurden die gleichen Bedingungen wie für den Bau von 1911/12 festgelegt: Es durften nicht mehr als 36 m³/s Wasser in die Kanäle geleitet werden, die Durchflussmenge am Fischpass sollte 1,5 m³/s betragen. Es wurde ebenfalls die Forderung wiederholt, dass Änderungen des Einlaufbauwerks möglich sein sollten, sofern die Wassermenge nicht ausreichte; dagegen waren Wehraufsattelungen, Änderungen am Wehr sowie Einbauten in den Fluss ausgeschlossen.

[58] Ebenda.

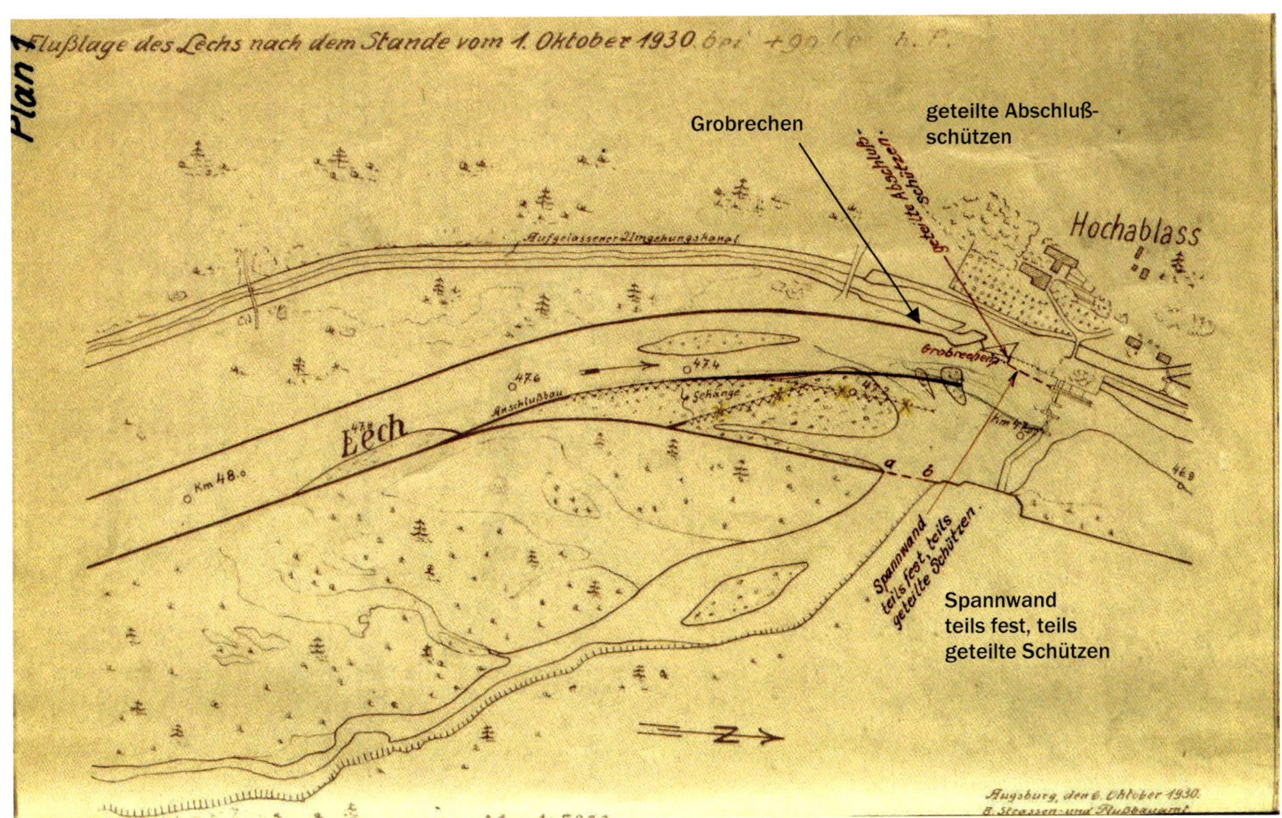

Bild 176: *Plan der Flusssituation nach dem 1. Oktober 1930 (Straßen- und Flußbauamt Augsburg, 1930)* (Stromstrich sollte nach Westen verlagert werden)

Der Streit wegen der Aufsattelung, die seit 1914 vom Bauamt ohne Genehmigung vorgenommen worden war, wurden dahingehend beendet, dass im Gutachten nachträglich diese Aufsattelung in Anbetracht der durch Weltkrieg und Nachkriegsverhältnisse geschaffene Lage geduldet wurde; „da es in der Tat unmöglich war, ohne Überstau den Werksbesitzern das benötigte Wasser zuzuleiten“.[59]

Das Gutachten stellte fest: „Der Lech war beim Neubau des Hochwasserwehres in den Strecken von Prittriching bis Augsburg, besonders durch die Wirkung des Katastrophenhochwassers im Jahr 1910 vollständig verwildert. Insbesondere war ein Lechdurchbruch gegen Hochzoll zu befürchten“.[60]

Um zukünftige Aufsattelungen zu unterbinden, wurde festgestellt, dass der Lech jetzt vollständig korrigiert und daher eine Aufsattelung nicht mehr notwendig sei, weil die Wehrkrone um 0,60 Meter gehoben wurde.

Der geplante Umbau bedeutete auch, dass der Wehrbereich bis Flusskilometer 47,80 [Hochablass 47,00] verlängert wurde. Außerdem wurde die Auflassung der Floßgasse genehmigt, „nachdem in der Tat nahezu 20 Jahre die Flößerei am Lech vollständig aufgehört hat“. Bei der Kiesschleuse sollte die Erhöhung des beweglichen Wehraufsatzes durch die Erfahrung geregelt werden.

Als Fertigstellungstermin plante man den Mai 1932.

Es wurde ebenso angemerkt, dass sich im Unterwasser durch die vermehrte Kiesabfuhr Veränderungen (Missstände) ergeben könnten. Zur Beseitigung derselben wurde festgelegt, dass einer „allsfalsigen Anordnung zur Beseitigung derselben innerhalb der gestellten Frist Folge zu leisten ist“ (Zusatz zum ursprünglichen Gutachten).[61]

Betont wurde, dass Überschwemmungen durch große Kiesablagerungen und nicht durch das Wehr zustande kamen. Diese Aussage begründete sich wohl auf das zweite Geschiebegutachten von Professor Schreitmüller.

Zu der Diskussion über den Vergleich zwischen Streichwehr gegen quer stehenden Betonbau stellte das Gutachten Folgendes fest:

„Es darf nicht übersehen werden, dass das alte 1910 zerstörte Holzwehr ursprünglich nichts anderes war, wie eine Sohlschwelle, also keinen Aufstau verursachte. Ein Wehr ist es erst unter der Auswirkung der Lechkorrektion unterhalb des Ablasses geworden, die dort zu einer starken Sohleneintiefung geführt hat. Die früher durch das alte Wehr gehaltene Sohle hat sich durch die Anlage der Schleusen am Wehr erheblich eingetieft und für die Stadt die Durchführung der Korrektion erleichtert. Auch von diesem Standpunkt aus ist es unrecht, von der Stadt die Bezahlung der Korrektionsmaßnahmen zu verlangen“.[62] Diese Verlängerung des Wehrbereichs bedeutete eine Verlängerung der Uferunterhaltungsstrecke links um 470 Meter und rechts um ca. 425 Meter.

Es wurde ein fiktives Hochwasser von 1100 m^3/s angenommen.

Der Behauptung, dass durch den Umbau mehr Geschiebe entstünde, wurde entgegnet, dass das durch die Kiesschleuse abgetriebene Geschiebe ausschließlich im Interesse der Korrektion im Unterwasser verwendet werden sollte. Als Anregung für die Verbesserung wurden vier Veränderungen vorgeschlagen:

1) Erhöhung des zusätzlichen Wehrstaus um 0,60 Meter durch bewegliche Stauvorrichtungen, die bei Bedarf umgelegt werden können

2) Ersatz der Floßgasse durch eine Kiesschleuse

3) Verlagerung des Einlaufbauwerks nach unten mit zwei verschließbaren und ausspülbaren Spülkammern

4) Errichtung eines Stegs über das feste Wehr als Bedienungssteg; über das feste Wehr für den öffentlichen Verkehr[63]

Zu 3) wurde angemerkt: „Wird die Einlaufschleuse weit über die Wehrachse nach Süden (d. h. „unten“) verlagert, wird durch die große Verbreiterung des Flusses vor dem Wehr und der Lage der Floßgasse nur bei sehr großem Überstau eine geringere Menge an Wasser in die Kanäle eingeleitet“. Das bedeutete für den Bau des Einlaufbauwerks, dass es möglichst nahe bei der Wehranlage entstehen sollte, da sonst vom Oberwasser des Wehres nicht genügend Wasser in die Kanäle fließen konnte; die von den Werksbesitzern geforderte Menge konnte also durch ein weit vom Wehrbau entferntes Einlaufbauwerk nicht gewährleistet werden.

Im Gutachten wurde festgestellt, dass das Gehänge [jetzt] seinen Zweck erfüllt hatte.

Die Veränderung für den Kuhsee durch das Hochwasser und ein Jahr später durch den Umbau zeigen. (Bild 177 und 178)

Rückblickend eine bemerkenswerte Aussage

[59] Ebenda.

[60] Ebenda.

[61] Ebenda. 1936 wurde das Naturschutzgesetz erlassen und eine Kiesentnahme aus dem Lech innerhalb Augsburgs untersagt (siehe StadtAA, Bestand 45, Akt 672).

[62] StadtAA, Bestand 45, Akt 715.

[63] Schon im 19. Jahrhundert gab es einen Steg am Hochablass. Dieser reichte aber nur über die Floßfahrt. „Bei eintretendem Wassermangel werden an diesem Stege Versatzungen angelegt, mittels welcher das Wasser aufgestaut und in den Stadtkanal eingetrieben werden kann. (Kollmann, 1839, S. 24).

Ein Artikel in den Augsburger Neuesten Nachrichten vom 27. November 1930 beschrieb zuerst den Kuhsee auf sehr romantische Weise; der Steg über den Hochablass wurde abgelehnt, weil dann das Idyll Kuhsee verloren ginge.

zgl. der 1910 vom Staat geforderten Floßgasse ist im Gutachten vermerkt:

Mit Rücksicht auf die Floßfahrt musste die Floßgasse unmittelbar am Ufer gegen den Widerstand des Stadtbauamtes und der Werksbesitzer erfolgen. Jetzt ist es möglich, die hierfür erstellten und für den Wehrbereich äußerst nachteiligen Bauwerke zu ändern".

Die Bögen zur Kenntnisnahme der Baumaßnahmen wurden an die 54 betroffen Firmen, die von den Kanälen abhängig waren, verschickt.

Anmerkung: Alle Vorschläge für einen Umbau, alle Eingriffe in das Geschiebeverhalten des Lechs erfolgten ohne Einbeziehung ökologischer Fragestellungen.

Bild 177: *Aufnahme der Altwasserrinne des Lechs bzw. Kuhsee vom 18. Juli 1930*

Bild 178: *Aufnahme des Kuhsees nach Ablauf des Hochwassers vom 11.Mai 1931*

Lechwehranlage am Hochablaß, Augsburg — Triebwerkhäuschen mit der Fernsichtwarte

Bild 179: *Nachlass Dirr*

Behördliche Konsequenzen in der Zeit zwischen 1910 und 1947

1. Die Hochwässer zwischen 1910 und 1947

Der Lech südlich des Hochablasses verlor seine Eigenschaften nach dem Neubau nicht. So gab es auch nach dieser Zeit Hochwässer und der Lech schob nach wie vor 1910 viel Kies nach Norden. Doch der Neubau erwies sich als „hochwassersicher". Zusätzlich wurden einige behördliche Vorkehrungen getroffen, die Schäden durch ein Hochwasser möglichst gering zu halten. Mehr Probleme bereiteten die immer noch enormen Kiesmengen. Deshalb mussten zwischen den Hochwasserereignissen „Ablässe" durchgeführt werden, um den starken Kieseintrag in den Kanälen zu beseitigen.[1] Gerade die Häufung dieser „außerordentlichen Ablässe" bezeugen die Notwendigkeit eines Umbaus des Hochablasswehres.

Folgende **Hochwässer zwischen 1910 und 1945**[2] mussten von den Behörden „bearbeitet" werden.

9./10. Mai 1912
Pegelstand bei 120 Zentimetern, d. h. während des Neubaus

15. Juni 1912
Unmittelbar nach Fertigstellung des Neubaus stand das Wasser in Lechhausen über 1 Meter hoch und konnte durch die Kanäle nicht vollständig abgepumpt werden, obwohl die neueste Dampfspritze eingesetzt worden war. Am Hochablass war das Wasser an diesem Tag 30 Zentimeter höher gestiegen.

17. Juli 1916
Erneutes Hochwasser

8.–11. September 1916
Starkes Hochwasser;
Pegelstand 200 Zentimeter. Pegelstand um 9 Uhr früh 322 Zentimeter. Es wurde angemerkt, dass die Verkiesung stark zugenommen hatte. Beim Hochablass stand das Wasser 66 Zentimeter über der Wehrschwelle, doch das Wehr wurde nicht beschädigt. Das Überschwemmungsgebiet war sogar größer als 1910. „Die Fortführung der Korrektion ist ein dringendes Bedürfnis."[3] – Es werden 6 bis 8 Mann dazu genehmigt. – Es folgt ein ausführlicher Bericht der Arbeiten.

1918
Weiteres Hochwasser

5.–13. September 1920
Sehr starkes Hochwasser. „Die starken Regengüsse der letzten Wochen zusammen mit vorausgegangenen Schneefällen im Gebirge haben an Lech und Wertach zu Hochwasser geführt. Im Lech hat es eine katastrophale Höhe erreicht. Die An- und Abschwellung des Lechs wird gekennzeichnet durch folgende Ablesungen am Lechhauser Pegel.

Pegelstand am	Tageszeit		Pegelstand
05. Sep. 1920	8 Uhr	vormittags	- 210
06. Sep. 1920	8 Uhr	vormittags	- 180
07. Sep. 1920	8 Uhr	vormittags	- 103
07. Sep. 1920	11 Uhr	vormittags	- 100
07. Sep. 1920	5 Uhr	nachmittags	- 135
08. Sep. 1920	8 Uhr	vormittags	- 155
09. Sep. 1920	8 Uhr	vormittags	- 270
10. Sep. 1920	8 Uhr	vormittags	- 295
11. Sep. 1920	8 Uhr	vormittags	- 309

[1] Diese „Ablässe" wurden zwischen 1926 und 1930 im StadtAA, Bestand 45, Akt 664 unter dem Titel „außerordentliche Ablässe" aufgelistet. Sie wurden in den Text eingearbeitet, um besser den Zusammenhang zwischen Hochwasser und Ablassterminen darzustellen.
[2] Wenn nicht anders vermerkt, Quelle: StadtAA, Bestand 45, Akt 667.
[3] Ebenda.

Anmerkung zur Messung der Pegel:
Der Nullpunkt der Messung lag an der oberen Wehrkante. Die Messung wurde in negativen Wasserpegeln angegeben, weil die Skala abwärtsgerichtet war; d. h. der Unterboden des Aufschlagbeckens lag bei - 600. Das bedeutete, dass der Lech hier nach dem Wehr circa 3 Meter tief war.

Durch Ziehen (Öffnen) der oberen Spülschleuse[4] konnte die Aufstauung von Kies vermieden werden. Dazu folgende Anmerkung des zugehörigen Hochwasserberichts:
„Im Allgemeinen ist dieses Katastrophenhochwasser, das eine Wassermenge von ca. 900 cbm/sek geführt haben mag, glücklicher Weise ohne größere Schäden für die Stadt vorübergegangen."[5]
Es wurde von städtischer Seite sehr deutlich darauf hingewiesen, dass der Staat die versprochene Leitwehrerhöhung[6] immer noch nicht durchgeführt hat.

23. August 1922
Hochwasser

5. September 1922
Hochwasser an Lech und Wertach Pegel am Lech („Lechuferpegel"):
4 Uhr vormittag : 150 unter 0
7 Uhr vormittag : 170 unter 0
„Die Anschwellung geht ständig zurück, ein besonderer Schaden ist bisher nicht gemeldet."

30. Juli – 2. August 1924
Hochwasser

1925 Hochwasser

7. Juni 1926
Mittleres Hochwasser am Lech und sehr großes Hochwasser an der Wertach. Die behelfsmäßigen Uferschutzbauten hielten. „Wie zu erwarten war, sind aber der Lochbachanstich und der Einlauf zu den Stadtkanälen stark verkiest."[7]

Juni 1926
„Seit Sonntag steigt der Lech an. Der Pegel in Lechhausen war
am 29. Mai früh + 148
am 30. Mai früh + 185
am 31. Mai früh + 257
am 01. Juni früh + 270

Der Pegel steigt anschließend noch langsam; er hat aber erst die Höhe eines mittleren Hochwassers erreicht. Der Einlauf am Hochablass ist stark verkiest. ...

Hochwassermeldungen vom Staate liegen bisher nicht vor.[8]
Wegen der ungewöhnlich hohen Verkiesung wurden am
13. August 1926
außerordentliche „Ablässe" und am
21. Juli 1927
außerordentliche „Ablässe" durchgeführt.

18. Januar 1929 und
15. Februar 1929
Warnung vor Schneeschmelze und einem damit verbundenen Hochwasser; Vorkehrungen zum Schutz sollten getroffen werden. Diese Meldung wurde im Rundfunk verbreitet. Im Februar und März 1929 erfolgte dann eine extreme Kälte; dies führte zur **Eiskatastrophe von 1929**.

15. - 16. Mai 1930
In der zugehörigen Auflistung der Wasserstände ist beachtenswert, dass sich die Lage des Nullwertes am Hochablass geändert hat, er lag jetzt auf der Sohlenkote des Sturzbeckens; d. h. es gab keine negativen Wasserstände mehr.
Die Höchstwassermenge im Lech mag 800–900 cbm/sek. betragen haben. Das Wasser war zwar rechts oberhalb des Wehres ausgetreten und bis zum südlichen Ende der Oberländerstraße vorgedrungen. Der dann vorsichtshalber aufgeschüttete Damm erwies sich später als unnötig.[9]

21. Juni 1929 „außerordentliche Ablässe"
5. Juli 1929 „außerordentliche Ablässe"
11. Juli 1929 „außerordentliche Ablässe"
24. Dezember 1930 „außerordentliche Ablässe"

7. – 8. Mai 1931
Hochwasser

12. Juli 1932
„Die auftretenden Hochwässer wurden nicht durch hohe Niederschläge am Lech verursacht." Der Lech führte nur ca. 400 cbm Wasser. Doch bei diesem Hochwasser trat das Kiesproblem deutlich zutage. Es war dies die endgültige Bestätigung, dass der Hochablass umgebaut werden musste.

4 Die Spülschleuse konnte so gezogen werden, dass ihre Öffnung unmittelbar über dem Flussboden lag. Dadurch konnte der Kies vor dem Wehr ausgespült werden.
5 Ebenda. Eine weitere Behandlung dieses Hochwassers siehe unter „Hochwassernachrichtendienst" und „Kiesprobleme".
6 Vermutlich gleiche Bedeutung wie Leitwerk: Ein Teil der Ufersicherung, der den Flusslauf in eine bestimmte Richtung leitet.
7 StadtAA, Bestand 45, Akt 667
8 Ebenda.
9 Ebenda.

29./30. Mai 1940
Hochwasser[10]

Hier enden die Aufzeichnungen aus dem Augsburger Stadtarchiv, da nur Akten bis 1945 im Archiv aufbewahrt werden (Ausnahme ist der Akt mit den Hochwässern – bis 1947). Weitere Akten befinden sich im Tiefbauamt.

12. Juli 1946
Hochwasser (kurzer Bericht)

März 1947
Hochwasser

2. Aufgaben der Polizei beim Hochwasserschutz

Während der Hochwasserkatastrophe von 1910 wurde der Hochablass von der Polizei bewacht, um Neugierige abzuhalten, die die Unglücksstelle unerlaubt besichtigen wollten. Doch am 6. Juli stellte N. Schnatterer, der verantwortliche Beamte der Augsburger Polizei, fest, dass „keine genügende Veranlassung mehr [besteht], auf dem Hochablass eine ständige Polizeiwache fortbestehen zu lassen. Es dürfte kaum länger zu verantworten sein, den Dienst in der Stadt in der reduzierten Weise ... zu handhaben."[11]
Ab dem 26. Juli bewachten nur mehr zwei Polizisten noch vier Wochen lang den Hochablass.[12]
Eine etwas angenehmere Aufgabe für die Polizei war die Begleitung von Prinzessin Gundelinde von Bayern, die am 20. Juli 1910 den Hochablass besichtigen wollte.[13]

Unter dem Datum vom 4. Februar 1911 findet man eine Notiz, dass Arbeitsgeräte in der Nacht in den Fluss gestoßen, umgeworfen und entfernt worden waren. Der abgeordnete Mann zur Bewachung war unbewaffnet gewesen. Die Antwort der Stadtverwaltung war, dass zur Bewachung Polizei abgestellt wurde; sie durfte in Notfällen von einer Waffe Gebrauch machen.[14]

Der behördliche Hochwasserschutz wurde über eine Telefonkette organisiert.
Zwischen 1910 und 1930 gab es Telefonlisten aller für den Hochwasserschutz betroffenen Behörden der Stadt; diese Listen wurden jährlich aktualisiert.
Bei Lechhochwasser mussten folgende Personen und Behörden verständigt werden:

1) Oberbaurat Ladenburger (dienstl. und privat)
2) Oberwerkmeister Scheigele (Hochablass)
3) Abt. Kanalbau und Kanalunterhalt
4) Polizeiwache Lechhausen
5) Martini & Co., Haunstetten
6) Spinnerei am Stadtbach
7) Werkmeister Adler (Schleusenwärter am Kaufbach)
8) Mech. Weberei Siebenbrunn
9) Polizeiwache Hochzoll

Unterzeichnet war das Schreiben von Oberbaudirektor Sametschek, Oberbaurat Ladenburger, Bauamtmann Feldbusch und dem Straßen- und Flußamt Augsburg.[15]

3. Wasserwehr und Wehrübungen

3.1 Einrichtung einer Wasserwehr

Grundlagen für das behördliche Handeln waren das Uferschutzgesetz vom 28. Mai 1852, das Wassergesetz vom 23. März 1907 und die Einrichtung eines Hochwasserwarnfristendienstes am 23. Februar 1920. Nach einer Bestimmung vom 31. Januar 1906 konnten auch Wasserwehrabteilungen an Orten, wo häufig Überschwemmungen auftraten, zusammengelegt werden.
Das Wassergesetz legte fest, dass jede Gemeinde eine Wasserwehr einrichten sollte. Dazu gab es „Bereisungstermine"[16], bei denen der Lech mit Booten abgefahren und kontrolliert werden musste.

Das am 23. März 1907 verordnete Wassergesetz setzte fest, dass eine Gemeinde Sorge für die Einrichtung einer Wasserwehr tragen und die erforderlichen Hilfsmittel zur Verfügung stellen sollte. Es gab aber nach einer Bestimmung vom 31. Januar 1906 die Möglichkeit, wenn an einem Ort vermehrt Hochwasser auftreten würde, „Wasserwehrabteilungen" zusammenzulegen.[17]
In Augsburg war die Wasserwehr in die Feuerwehr eingegliedert.

[10] Ringvorlesung Universität Augsburg 31. Mai 2012, Vortrag von Oliver Böhm, Bayerisches Landesamt für Wasserwirtschaft: Hochwasser Mai 1999, Gewässerkundliche Beschreibung 2003. Das Hochwasser von 1940 war von der Wetterlage, der Genese und der Dauer dem von 1999 sehr ähnlich; jedoch kam die größte Wassermenge im südlichen Isareinzugsgebiet nieder.
[11] StadtAA, Bestand 10, Akt 1435.
[12] Ebenda.
[13] StadtAA, Bestand 45, Akt 702. Prinzessin Gundelinde (26.08.1891 bis 6.08.1983) war die jüngste Tochter von König Ludwig III.
[14] StadtAA, Bestand 45, Akt 667.
[15] Ebenda.
[16] StadtAA, Bestand 45, Akt 659.
[17] StadtAA, Bestand 45, Akt /656.

Folgende Tätigkeiten waren für die Wasserwehr vorgesehen: Fällen, Herbeischaffen und Einhängen von Rauhbäumen, die Herstellung und das Einwerfen von Senkwalzen, Binden der Wippen, Herstellung von Packfaschinat sowie Berauhwehrung von Böschungen.[18]

Schon in der Sitzung der Gemeindebevollmächtigten vom 30. Juni 1910 stellte man fest, dass es nicht möglich war, nur durch Uferschutzbauten Hochwässer einzudämmen. Es wurde festgestellt, dass bei einer innerstädtischen Länge des Lechs von ca. 9 Kilometern etwa 90 Mann im Sommer und 30 Mann im Winter für den Uferschutz benötigt würden.[19] Es fehlten dazu die notwendigen Boote. Die Führung und der Unterhalt einer Wasserwehr wären für die Stadt mit großen Kosten verbunden gewesen. Bei großen Hochwässern müsste auch das Militär mithelfen. Eine eigene Wasserwehr sei somit nicht nötig.[20]

Erst nach der Hochwasserkatastrophe 1910 wurde die Wasserwehr eine eigenständige Einrichtung.
Am 4. Oktober 1910 fragte die Regierung von Schwaben und Neuburg nach, ob das Wassergesetz, hier die Bildung einer Wasserwehr, schon in Augsburg vollzogen worden sei.[21]
Ende Oktober 1910 antwortete Baurat Holzer, dass wegen des zurzeit herrschenden Niedrigwassers noch keine Wasserwehrübung durchgeführt worden sei. Außerdem schlug Holzer vor, ein Wärterhäuschen für die Werkzeuge der Wasserwehr am Kanalufer anzulegen, um im Notfall möglichst kurze Wege zu haben. Dieses Häuschen dürfe ausschließlich vom Schleusenwärter für Material am Hochablass benützt werden. Es sollte nur so lange hier stehen, solange der Umgehungskanal bestehe [Noch heute gibt es die Reste des Umgehungskanals!]. Weiter merkte Holzer an, dass es einen wesentlich besseren Nachrichtendienst gäbe; dadurch könne das städtische Personal besser eingeteilt werden. Die Gesamtkosten für dieses Häuschen beliefen sich auf 3450 Mark.[22]

3.2 Ablauf einer Wehrübung

Der Ablauf einer Wasserwehrübung am 14. Juni 1911 (Sonntag, ab 6 Uhr früh) wurde ausführlich dokumentiert, auch durch Fotos. Sie wird nachfolgend festgehalten, da man dadurch gut erkennen kann, mit welchen Werkzeugen vor 100 Jahren gearbeitet wurde und welche Hilfsmittel zur Ufersicherung eingesetzt wurden.

Die Arbeiter wurden in 8 Gruppen eingeteilt, die nach 15 bis 20 Minuten durchwechselten. Jeder Gruppe stand ein städtischer Arbeiter (Aufseher) vor; ca. 4 städtische Wasserbauarbeiter und ca. 8 Feuerwehrmänner bildeten den Arbeitstrupp. Die Oberaufsicht hatte Bauamtsrat Mayer.
Die Gruppeneinteilung sah folgendermaßen aus:

Gruppe I	Herstellen von Faschinat zum Abbauen abgebrochener Ufer, Sicherung von Uferabbrüchen durch Rauhbäume
Gruppe II	Binden von Faschinensenkstücken mit Kies und Ziegelsteinen
Gruppe III	Herstellen eines einfachen Geräts aus handberammten bzw. freigestellten Jochen unter Benützung eines Arbeitsschiffes und der Pionierschlagwerke
Gruppe IV	Fertigen von Senkstücken aus weitmaschigen, mit Ziegelsteinen gefüllten Drahtgeflechten
Gruppe V	Fertigen von Senkstücken aus engmaschigen, mit geworfenen Kies befüllten Drahtgeflechten
Gruppe VI	Sicherung der Böschung mit kurzen Draht und Kies gefüllten Zementsäcken.
Gruppe VII	Sicherung einer Böschung durch Berauhwehrung aus Faschinen
Gruppe VIII	Herstellen von Drahtseilen aus gewöhnlichem Eisendraht auf zwei verschiedene Arten: 1. Drehen mittels eines rotierenden Schubkarrenrades 2. Drehen von Hand durch „Rödeln“

[18] Ebenda.
[19] Ebenda.
[20] StadtAA, Bestand 45, Akt 659.
[21] Ebenda.
[22] Ebenda.
Es wurden innerstädtische Telefonlisten verteilt. Das Telefon, das bei der Katastrophe den Schleusenwärter Scheigele informieren sollte, war zu dieser Zeit defekt. So musste Amtsleiter Sametschek selbst an den Hochablass fahren, um Scheigele zu informieren; Quelle: StadtAA Bestand 45 Akt 702.

Auf den Fotos sind manchmal zwei Gruppen von Arbeitern zu sehen; auch der Bau einer Buhne gehört zu dieser Bilderserie; diesen Buhnenbau kann man noch auf Bild 180 ebenso wie die nach dem Hochwasser entstandene große Kiesbank am Ostufer erkennen.

Bild 180: *Buhnenbau am Lech*

Bild 181: *Bautrupp am Lech*

26. BUHNE MIT ANSCHLIESSENDEM LEITWERK IM BAU

Bild 182: *(Bild 26, Mayer)*

Die Augsburger Allgemeine berichtete am 15. Juli 1911 über diese Übung. Dabei wurde die Frage aufgeworfen, ob der Hochablass gerettet hätte werden können bzw. weniger Schaden entstanden wäre, wenn eine solche Übung schon vor dem 14. Juni 1910 stattgefunden hätte und auch sofort Militär eingeschaltet worden wäre. Die Antwort blieb offen. Doch wurde festgestellt, dass beim Unglück eine erfahrene Mannschaft und geeignetes Material gefehlt hatten.[23]

Eine solche Wehrübung wurde ab sofort in der Regel jährlich durchgeführt.

Die meisten Helfer in der Wasserwehr konnten damals nicht schwimmen. So wurde durch die Schwimmriege des Turnvereins, gegr. 1847, im Jahr 1913 im Stadtbad für 22 Mann der Feuerwehr Schwimmunterricht erteilt.[24]

Erst am 30. September 1924 wurde angeregt, eine Dauerwehr einzurichten.

Am 8. Juli 1925 stellte die Regierung von Schwaben und Neuburg in einem Schreiben an die Bezirksverwaltungsbehörden fest, dass man der Stadt Augsburg die „Verteidigung“ des in der Gemeindeflur liegenden rechtsseitigen Lechhochwasserdammes zwischen dem Lech vom Lechkilometer 36 bis 33 dem Straßen- und Flußbauamt überlassen wolle. Diese Dammstrecke wurde von den L.E.W. [Lechwerken] erbaut und auch von ihnen unterhalten. „An dem Schutz des Dammes bei Hochwasser rücksichtlich ihrer auf dem linken Ufer liegenden Werke[25] haben aber die L.E.W. kein Interesse. Im Bedarfsfalle mußte daher hier die Wasserwehr der Stadt eingreifen. Der Lech ist übrigens hier sehr tief eingeschnitten und der Dammfuß selbst nur bei einer außergewöhnlichen Hochwasserkatastrophe bespült.“[26]

Die Technische Nothilfe wies am 24. Oktober 1927 darauf hin, dass immer mehr von der Holzbauweise in die Steinbauweise übergegangen wurde. Daher wurde die Anzahl der Wasserbauarbeiter reduziert, denn es fehlte den Arbeitern an Vertrautheit mit Wasserbauten. Auch fehlte das Militär vollständig bei den Wasserwehrübungen.[27]

Die Verbreitung des Besitzes eines Telefons (Fernsprechers) war 1929 so weit fortgeschritten, dass die Teilnehmer der Wasserwehren per Telefon benachrichtigt wurden.

Am 30. November 1929 hatte Augsburg ca. 170.000 Einwohner; daher brauchte die Stadt Augsburg den Technischen Notdienst (T.N.). Ab dem Jahr 1934 wurde der Technische Notdienst vom SA-Sturm übernommen. Am 14. Oktober 1934 wurde daher das „Sturmheim am Hochablass“ eingeweiht.[28]

Vom 11. Juni 1945 wurde von Ladenburger unter dem Aktenzeichen Referat 9 – Akt 323/0206 folgendes festgestellt: „Heute besteht keine Technische Nothilfe mehr und kein SA-Sturm; es gibt kein Pionier-Battl [Battaillon] und auch die Wasserwehr-Abteilung der freiwilligen Feuerwehr hat sich selbst aufgelöst und ist zerfallen. Bei Wassernot kann heute die Stadt von anderer Seite keine Hilfe erhalten. Sie muß sich vielmehr selbst helfen.“ Es wurde um Werkzeuge gebeten; eine Wunschliste lag bei.[29]

Am 21. Januar 1946 ermächtigte das Hauptamt der Wasserwehr für den Regierungsbezirk Schwaben den Herrn Oberbürgermeister der Stadt Augsburg, die Tätigkeit der ehemaligen Nothilfe selbstständig fortzuführen. Eine Unterstützung wurde zugesagt.[30]

4. Der Hochwassernachrichtendienst

Alle baulichen und behördlichen Vorsorgemaßnahmen gegen Hochwasser hatten nur dann Sinn, wenn zeitgleich oder noch besser weit früher vor einem drohenden Hochwasser gewarnt werden konnte.

23 Ebenda.
24 StadtAA, Bestand 45, Akt 659.
25 Hochzoll und Lechhausen wurden schon 1913 eingemeindet.
26 StadtAA, Bestand 45, Akt 659.
27 Ebenda.
28 Ebenda.
29 Ebenda.
30 Ebenda.

Durch die fehlende Technik, schnell Nachrichten über weite Strecken zu übermitteln, waren die Warndienste um 1900 noch sehr spärlich ausgerüstet und meist nur lokal einsetzbar. Das hatte sich mit Einführung des Telegrafenwesens erheblich verbessert. Doch erst die Verbreitung des Telefons war hier eine wesentliche Erleichterung.

Im Frühjahr 1908 wurde bekannt gegeben, dass das Wassergesetz eine Fortsetzung der Auflistung des Überschwemmungsgebietes vorsah: Auch wurde von einer „weiteren Ausbildung des Hochwasserwarnfristendienstes" berichtet.

Für das Hochwasser am 31. August 1908 wurde um 7.45 Uhr ein Telegramm aus Prem [in der Nähe von Schongau] mit der Mitteilung „Der Lech bringt großes Hochwasser" geschickt; dazu vermerkte das städtische Bauamt „mündliche Verständigung erfolgt".[31]

Nach dem Hochwasser vom Februar 1909, bei dem die Stadt Augsburg keine Veranlassung sah, an den Schutzvorrichtungen gegen Hochwasser etwas zu ändern, wurde ein Amtsblatt der Kgl. Staatsministerien des Äußeren und des Inneren und des Kgl. Hauses am 14. Juli 1909, das die Einrichtung eines Hochwassernachrichtendienstes vorsah, nur zur Kenntnis genommen.[32]

Mehrmals wurde auf die Festsetzung des Überschwemmungsgebietes und einer Hochwasserschutzverordnung und deren Vollzug von der Regierung von Schwaben und Neuburg hingewiesen. Am 4. Oktober 1909 stellte das Straßen- und Flußbauamt den Antrag und die Bitte um Erledigung zum Hochwasserschutz.

Zur Zeit der Hochwasserkatastrophe vom Juni 1910 gab es schon den Hochwassernachrichtendienst mit Hochwassernachrichtenplänen. Dies ergibt sich aus einem Schreiben von Hydro-München an den Stadtmagistrat von Augsburg.

Schreiben von Hydro-München betr. Hochwassernachrichtendinst (14. Juni 1910)
(Bild 183)

Am Ende des Telegramms wurde links unten angemerkt: „Änderungen oder Ergänzungsanträge erscheinen nicht veranlaßt."

– Stadtbauamt". Daraus kann man schließen, dass die Benachrichtigung über ein drohendes Hochwasser frühzeitig genug ankam. Seit der Hochwasserkatastrophe von 1910 wurde der Hochwassernachrichtendienst erheblich verbessert. Es wurde „eine systematisch durchgeführte, schon jetzt im Prinzip festzusetzende Verteilung des bauamtlichen Personals" erreicht und damit der Hochwasserschutz erheblich organisatorisch verbessert.[33]

Am 17. Juni 1913 entband die Stadt die Lechwerke, die vorhandenen Telefonleitungen am Hochablass zu entfernen.[34]

[31] StadtAA, Bestand 45, Akt 667; Wiederholung aus „Hochwassertabelle", Seite 70

[32] Ebenda; Amtsblatt Nr. 23, Seite 470 von 1909.

[33] StadtAA, Bestand 45, Akt 659.

[34] StadtAA, Bestand 45, Akt 714.

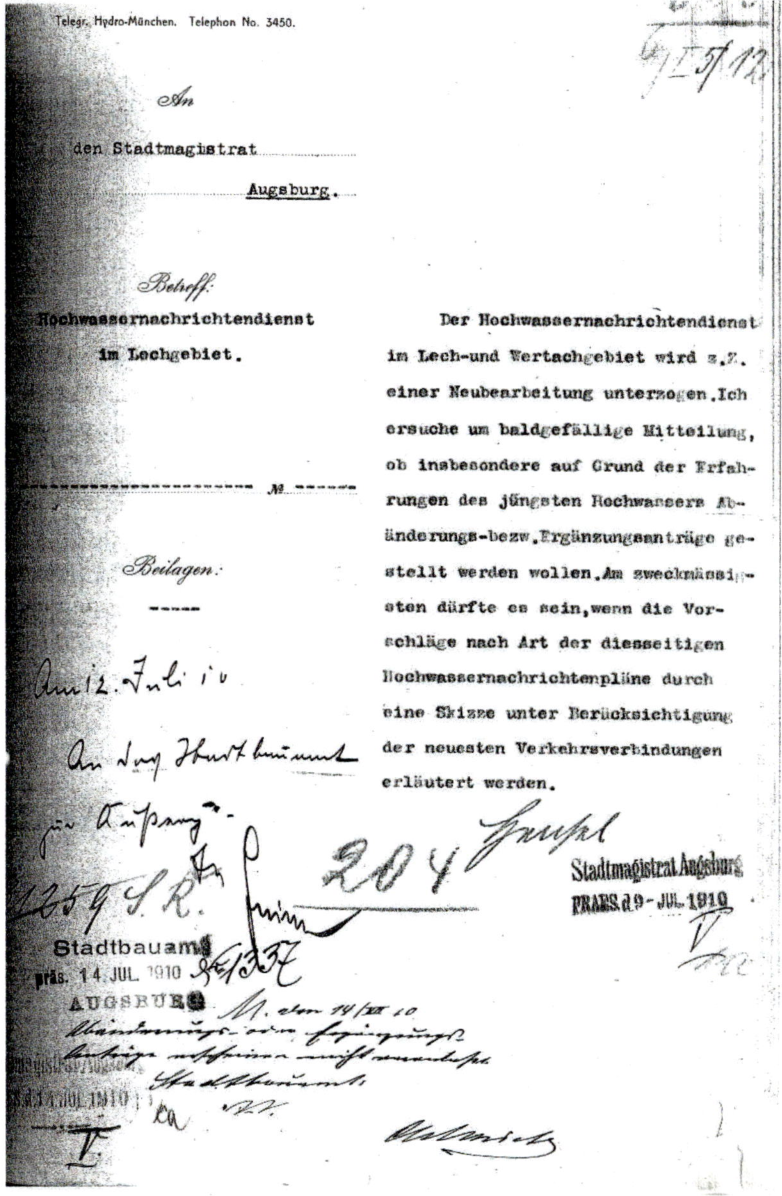

Telegr. Hydro-München. Telephon No. 3450.

An
den Stadtmagistrat
Augsburg.

Betreff:
Hochwassernachrichtendienst
im Lechgebiet.

Beilagen:

Der Hochwassernachrichtendienst im Lech-und Wertachgebiet wird z.Z. einer Neubearbeitung unterzogen. Ich ersuche um baldgefällige Mitteilung, ob insbesondere auf Grund der Erfahrungen des jüngsten Hochwassers Abänderungs-bezw. Ergänzungsanträge gestellt werden wollen. Am zweckmässigsten dürfte es sein, wenn die Vorschläge nach Art der diesseitigen Hochwassernachrichtenpläne durch eine Skizze unter Berücksichtigung der neuesten Verkehrsverbindungen erläutert werden.

Stadtmagistrat Augsburg
PRÄS. a 9 - JUL. 1910

Stadtbauamt
präs. 14. JUL. 1910
AUGSBURG

Bild 183: Telegramm Hydro-München

Am Getriebeturm für die Walze, auch Wehrtürmchen oder Triebwerkshäuschen genannt, wurde im oberen Stockwerk eine „Fernsichtwarte“ errichtet. Von hier aus war es möglich, die Hochwasserlage oder den Eistrieb südlich des Hochablasses genau und bei guter Sicht einige Kilometer weit nach Süden zu beobachten. Im Nachlass von Archivdirektor Dirr findet sich in einem Buch über Holzer folgendes Winterbild dieser Fernsichtwarte.

Vereistes Triebwerkhäuschen mit der Fernsichtwarte: (Bild 184)

Lechwehranlage am Hochablaß, Augsburg — Triebwerkhäuschen mit der Fernsichtwarte

***Bild 184:** (Nachlass Dirr, Foto von Holzer)*

Die genauen Vorschriften für die Einrichtung eines Hochwassernachrichtendienstes ergingen vom Innenministerium am 20. Juli 1920 im Staatsanzeiger Nr. 169 vom 23. VII. 1920.[35]

Beim „Katastrophenhochwasser“ vom September 1920 stieg der Lech in der Nacht vom 6. auf den 7. September am schnellsten an (siehe Übersicht der Hochwässer am Anfang dieses Abschnittes), „ohne dass vorher der staatliche Hochwassernachrichtendienst in Tätigkeit getreten wäre, was damit zusammenzuhängen scheint, dass in der Nacht eine telefonische Wietergabe von Meldungen auf dem Lande nicht möglich ist. Das rasche Steigen des Lechs kam daher überraschend.“[36]

Ab 1920 versandte die Regierung von Schwaben immer wieder Schreiben, den Hochwassernachrichtendienst einzurichten oder weiter auszubauen.

Dazu soll folgendes Beispiel dienen: Das Innenministerium erinnerte erneut noch am 13. August 1928 „zur genauesten Beachtung“ an den Vollzug des staatlichen Hochwassernachrichtendienstes. Für den Gebrauch der damaligen Technik ist folgende Begründung interessant: „Wo bisher die Übermittlung der Nachrichten durch Eilboten oder Signale [!!] angeordnet war, vorher zu prüfen, ob sich nicht infolge Ausbau und Erweiterung des staatlichen und privaten Telephon-Telegraphennetzes der Meldedienst entsprechend vereinfachen läßt.“ Die entsprechenden Listen des Jahres sollten der Landesstelle für Gewässerkunde in München, Königinstraße 2, vorgelegt werden.[37]

Weiter wurde erklärt, dass die täglichen Wettervorhersagen, die durch Anschlag an den Postämtern herausgegeben wurden, nur mehr im Notfall in Form von Zusätzen wie Hochwasserwetterlage, Hochwassergefahr usw. „allenfalls“ erfolgen konnten. Es wird auf die Rundfunkdurchsagen des Wetterberichts hingewiesen. Die Landesstelle für Gewässerkunde beabsichtigte, die für die einzelnen Flussgebiete bestehenden Hochwassernachrichtenpläne in den nächsten Jahren teilweise neu aufzulegen. Änderungen und Verbesserungen könnten gemeldet werden.[38]

Wie lange es dauerte, die Warnungen auch auf nächtliche Hochwassergefahren auszuweiten, zeigt der Hinweis des Innenministeriums an die Kommunen, der erst am 26. Dezember 1928 erfolgte. Dort mahnte das Innenministerium die Kommunen an, die Weitergabe von Hochwasserwarnungen mit Vorrang auch außerhalb der ordentlichen Dienststunden vorrangig zu behandeln![39]

[35] StadtAA, Bestand 45, Akt 667.
[36] StadtAA, Bestand 45, Akt 667. Die Stadtbachspinnerei hatte aber Nachtwachen aufgestellt, die die Maschinen in Schutz brachte. Es folgt ein ausführlicher Bericht über Ufereinbrüche an verschiedenen Lechufern.
[37] StadtAA, Bestand 45, Akt 667.
[38] StadtAA, Bestand 45, Akt 667.
[39] StadtAA, Bestand 45, Akt 667.

Das Innenministerium ließ ab dem 20.September 1933 die Kosten für den Benachrichtigungsdienst von der Staatskasse ersetzen.[40]

5. Die Pegelmessungen

Um genaue Wasserstände melden zu können, mussten zuerst die Pegelstände genau erfasst werden.
Die einfachsten und auch heute noch weitverbreiteten Messeinrichtungen sind – nach Festlegung der Höhenlinien – die Lattenpegel. Dabei muss vorher ein Nullpunkt durch eine Höhenkote festgelegt werden. Ein solcher Lattenpegel befindet sich heute noch am Hochablass im Durchlauf der Walze. Schwieriger war es, den exakten Nullpunkt der Pegelskala festzulegen, solange genaue geodätische Daten wie die Koten (genau vermessene Höhenlinien) nicht bestimmbar waren. So wechselte der Nullpunkt von der Oberkante der Wehrkrone zwischen 1920 und 1930 zur Flusssohle. Da sich der Lech aber im Laufe der Zeit eingrub, war es erst nach einer genauen Vermessung möglich, die exakten Pegelstände anzugeben.
An Stellen, die eine kontinuierliche Pegelaufzeichnung für sinnvoll und notwendig erschienen ließen, wurden sog. „selbstregulierende Pegel“ angebracht. Die Anbringung eines solchen Pegels gerade am Hochablass war für die Überprüfung, wie viel Wasser in die Kanäle floss, wichtig. Deshalb wurde per Dienstanweisung im Bayerischen Regierungsanzeiger Nr. 305 vom 31. Oktober 1936 ein Erlass des Reichs- und Preußischen Ministers für Ernährung und Landwirtschaft und des Reichs- und Preußischen Verkehrsminister vom 6. Juli eine Pegelvorschrift mit Wirkung vom 1.November 1936 angeordnet.
Dieser Erlass schrieb u. a. auch für „vormals reichsunmittelbare Städte“ wie Augsburg das Ausfüllen eines einheitlichen Formblattes vor. Dieses hatte folgende Unterteilungen:[41]

Zwischen den Jahren 1931 und 1940 gingen die Pegelaufzeichnungen auch an die örtliche Polizeidirektion über.[42]

Während des Zweiten Weltkriegs wurde der selbstschreibende Pegel am Hauptstadtbach durch Flieger im Juli 1944 beschädigt; es fehlte ein „Drahtseilchen von 8 cm Länge“. Die Firma Ott aus Kempten sollte baldmöglichst einen Ersatz liefern. Doch Mitte Oktober 1944 wurde dieser Pegel wegen Baufälligkeit abgetragen. Das Holz wurde als Brennholz verwendet, die Eisenteile verwahrte man im Lager am Ablasswehr.[43]

Es konnte zusätzlich in den Kanälen die Durchflussmenge durch ein von Reinhard Woltmann[44] erfundenes Messgerät kontrolliert werden. Das Gerät bestand aus einem Rohr mit drehbaren Flügeln im Inneren; die Drehgeschwindigkeit dieser Flügel ist ein Maß für die Durchflussgeschwindigkeit. Eine wesentlich verbesserte Variante des „Woltmannflügels“ wird auch heute zur Messung der Fließgeschwindigkeit in den Ausburger Kanälen verwendet.

[40] StadtAA, Bestand 45, Akt 667. Hier Akt. 323/0213 Städtische Eigenschaft/Generalverzeihnis des Archivs.
[41] StadtAA, Bestand 45, Akt 667. Die genaue Beschriftung des Preußischen Erlasses hatte die Bezeichnung: 6. Juli 1936 VI 10454 RuPrMfEuL/W.4 T.2.324 RiPrVM und galt ab dem Beginn der Abflussjahres 1937.
[42] Ebenda.
[43] StadtAA Bestand 45 Akt 656.
[44] Reinhard Woltmann, 23.12.1757 – 20.4.1837, deutscher Wasserbauingenieur, Cuxhaven (Hamburg)

Gewässer (Vorfluter bis Hauptfluter)	Art des Pegels (Lattenpegel, Schreibpegel, elektr. Pegel)	Lage des Pegels	Zeit der Errichtung des Pegels	Beginn der regelmäßigen Beobachtung	Tageszeit der Beobachtung	Bemerkungen (Zweck des Pegels)

Bild 185:

Der Umbau 1931 /32

1. Vorbereitungen durch verschiedene Planungsvorschläge

Am 23. Oktober 1930 bestimmte der Stadtmagistrat, welche Firmen eine Einladung zum geplanten Hochablassumbau erhalten sollten. Sieben Firmen, darunter drei aus Augsburg, sollten Pläne für die Bauarbeiten und fünf eisenverarbeitende Firmen (Stahlbau) Angebote für die Metallarbeiten abgeben.[1]
Das Gehänge hatte seine Wirkung erzielt; es sollte weiter südlich neu eingebaut werden.

Die Angebote wurden aufgeteilt in „Notstandsarbeiten/Freie Arbeit/Geändertes Projekt". Dieses „geänderte Projekt" war der Einbau von sog. Zahnschwellen. Die Änderung war die Konsequenz aus folgender Feststellung im Gutachten: „Der Vorschlag des Eisenlaboratoriums der Technischen Hochschule in Karlsruhe ergibt eine nachträgliche wesentliche Änderung des Projekts".[2]
Diese Veränderungen betrafen den Einbau von zwei Bauteilen:

1) **Zahnschwellen** nach dem Patent von Professor Rehbock dienen zum Abfangen kinetischer Energie in einem fließenden Gewässer. Diese Schwellen werden quer zum Flusslauf eingebaut. Die Zähne haben Lücken, durch die das Wasser gebremst durchfließen kann. So wird die Kolkbildung verhindert und die Standfestigkeit eines Einbaubauwerks erhöht.
2) **Ein Nadelversatz** ist ein Rechen vor eine Schütze (Falle); er reicht vom Vorboden bis über die Oberkante der Schütze. Diese Konstruktion kann auf zwei Weisen verwendet werden:
   - Man kann den Abstand zwischen den Nadeln variieren und damit den Wasserdurchsatz den Gegebenheiten anpassen.
   - Man kann verschied gebaute Nadeln einsetzen. Damit kann Treibgut oder Eisschollen aufgefangen und dann entsorgt werden.

Heute bezeichnet man diesen Versatz als (Einlauf-)Rechen. Näheres im Kapitel Technik.
Die ausführende Firma Edwards & Hummel Alfred Kunz legte am 21. November ein zu den Änderungen passendes Bauprogramm vor, das die zeitliche Abfolge der Arbeiten koordinieren sollte. (Bild 186)

Alle 54 vom Umbau betroffenen Triebwerksbesitzer stimmten den Baumaßnahmen zu.
Am 6. Dezember 1930 gab es eine Aussprache mit allen Beteiligten: Industrie-Verein, Bürgermeister Pfaff und Fabrikbesitzer. Dabei wurde noch einmal auf die Änderung der Floßgasse in eine Kiesschleuse mit Absturz hingewiesen.

Die MAN gab ein Angebot für die Kiesschleuse ab, die sowohl einen Handantrieb als auch einen elektrischen Antrieb hatte. Für den Betrieb der Schleuse wurde eine fünffache Sicherheit gewährleistet.[3] Die Schützen waren aus Holz und Eisen konstruiert. Die Gewährleistungszeit betrug ein Jahr.[4] Das Angebot wurde am **16. Dezember 1930** vom Verwaltungsrat genehmigt.[5]

Der folgende überarbeitete Plan der Kiesgasse (Floßgasse) stammt vom 14. Oktober 1930 und weist folgende Details auf: Direkt nach der Schützentafel

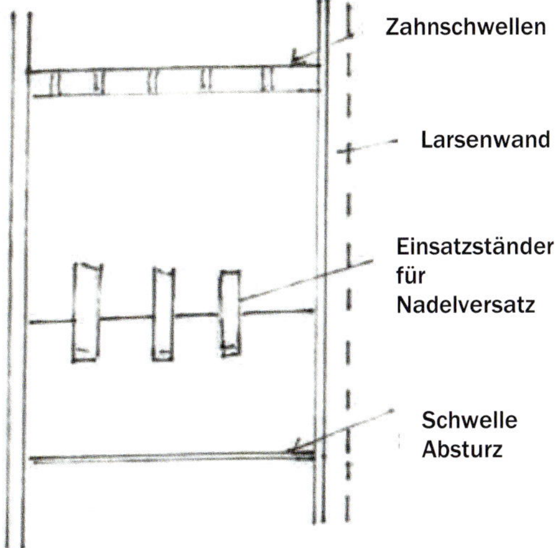

***Bild 186:** Skizze für den Bau von Zahnschwellen und Nadelversatz*

[1] StadtAA, Bestand 45, Akt 714.
[2] Ebenda. So im Akt unterstrichen.
[3] „Fünffache Sicherheit" bedeutet folgendes: Die Kräfte, die die Sicherheit für eine Schleuse notwendig sind, werden fünffach vergrößert.
[4] StadtAA, Bestand 45, Akt 719. Genaue Beschreibung des Angebots im Kapitel Technik.
[5] Am 23. Dezember bedankte sich die MAN für den Auftrag.

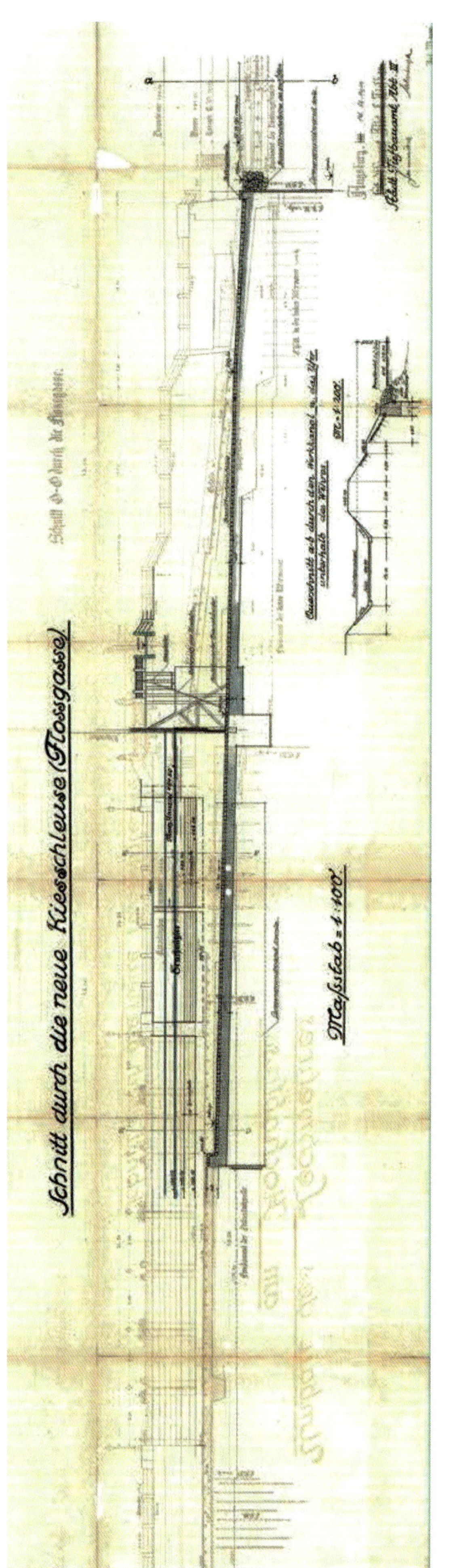

Bild 187: *Kiesschleuse bzw. Floßgasse*

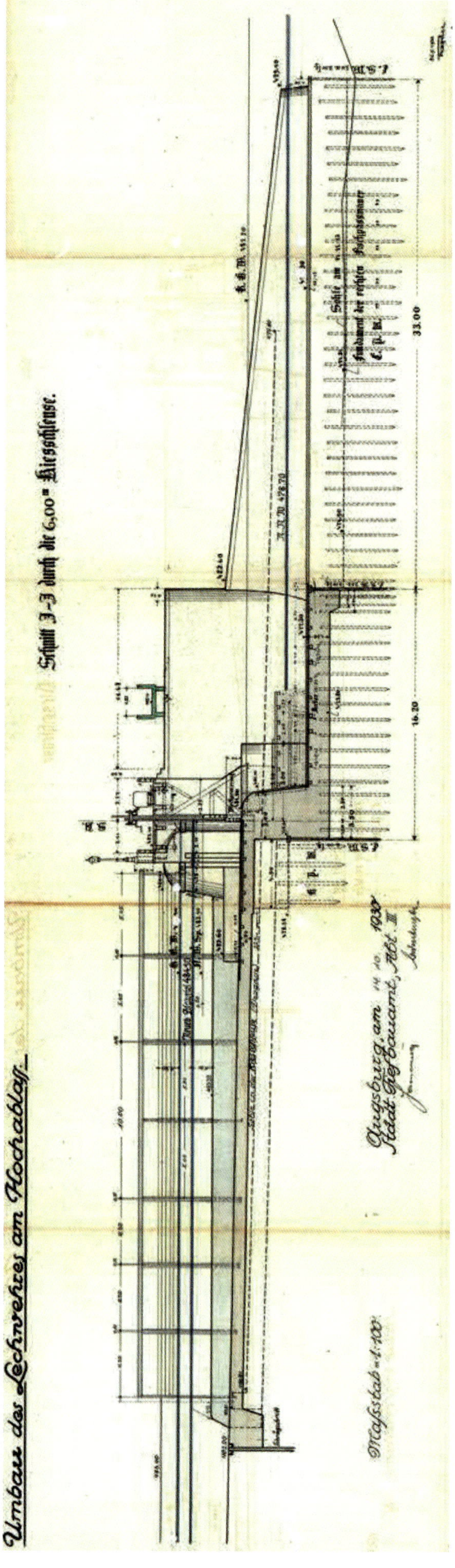

Bild 188: *Plan des Umbaus des Lechwehres mit einer Kiesschleuse*

kann man am Sturzboden einbetonierte Eisenständer erkennen, die dem **„Eisversatz"** für den Einsatz eines Nadelverschlusses dienten. Noch nicht berücksichtigt ist hier der Vorschlag von Professor Rehbock für einen Absturz in der Floßgasse. Ebenso ist nur eine Reihe Zahnschwellen am Ende der Gasse vorgesehen. Anschließende Basaltbruchsteine sollten eine Verkolkung aber verhindern.
Rechts unten erkennt man den Querschnitt durch den Werkkanal und Ufer unterhalb des Wehres; das Ufer wurde hier durch Basaltbruchsteine (5 m³/lfdm) auf die alten Betonbruchsteine verstärkt. (Bild 187)

In (Bild 188) ist der Vorschlag von Prof. Rebock verwirklicht. Nach einer **Doppelhackenschütze** erfolgt ein Absturz und anschließend eine wesentlich stärkere Absicherung des Schleusenbodens durch Verstrebungen. Der Nadelverschluß wurde beibehalten.

Hakenschützen sind zweigeteilte Schützen, deren Tafeln durch Haken miteinander verbunden werden können.
Hier ist nicht der Einbau von Zahnschwellen eingezeichnet.
An die Hakenschütze schloss sich eine Blechabdeckung des Sturzbodens an. Das Fundament des Sturzbodens war vom Vorboden her durch eine Eisenspundwand abgesichert.

Ebenfalls im Dezember 1930 wurden die Arbeiten als Notstandsarbeiten genehmigt; der Stadtmagistrat von Augsburg gab daher 20.000 Mark für den Bau frei.

Am 13. Dezember 1930 informierte Sametschek dem Oberbürgermeister Bohl[6], „dass die Technische Hochschule Karlsruhe eine weitere Tieferlegung des Auslaufteils der Kiesschleuse empfahl; damit könnte eine Kolkbildung wesentlich verringert werden". Außerdem sollte „besser" unterhalb der Kiesschleuse ein kurzes Sturzbett eingebaut werden.

Eine weitere Abänderung sollte die Walze erfahren: Man war der Meinung, dass es genüge, wenn die Walze einen Meter über das künftige KHW [Katastrophenhochwasser] gehoben werden könne. Ein späterer Ausbau der neuen Kiesschleuse auf eine niedrigere Kote sei denkbar. Auch die Anordnung eines für einen Stromausfall vorgesehenen Handbetriebs der Fallen wurde genehmigt. Die zugehörigen Übungen wurden noch vor dem Umbau am 19. Februar 1930 dokumentiert.[7] Diese genügten allen Anforderungen.

Mit welchen für heute selbstverständlichen Arbeiten sich das Bauamt beschäftigen musste, zeigt folgendes Beispiel:
Das Bauamt genehmigte am 19. Februar 1931 die Beleuchtung am Wehr und einen zugehörigen Stecker, einen neuen Wandarm am Wehrhäuschen, drei neue Ständer über dem festen Wehr und einen neuen Ständer am Südende der Spannwand (also insgesamt zehn neue Stecker!).

Im Frühjahr 1931 findet sich im Akt Bestand 45 Akt 722 zusammenfassend noch einmal eine sehr genaue Beschreibung des Hochablasses.

Edwards und Hummel und Alfred Kunz erhielten am 22. Oktober 1931 eine verbindliche Zusage für den Umbau; dabei wurden verschiedene Unterverträge mit der MAN und mit der Fa. Gebr. Frisch K.G. Eisenwerk Augsburg (hinsichtlich der Spannstützenwand) geschlossen.[8]

Angebote und Leistungsbeschreibung einzelner Firmen befinden sich im Akt 721.

2. Die Baudurchführung

2.1 Bauvorbeitungen

Sametschek berichtete dem Straßen- und Flußbauamt am 23. März 1931 über die nun endgültigen Baupläne. Er schilderte die folgenden Änderungen zu dem ursprünglichen Plan:

- Zahnschwellen werden in der Kiesschleuse eingebaut.
- Es werden nicht zwei in der Breite geteilte Schützen eingebaut, sondern eine von der MAN gelieferte **Doppelschütze** [auch **Doppelhakenschütze** genannt].
- Am oberen Ende wird die Vorrichtung zum Einbringen eines Nadelversatzes eingebaut; damit konnte man die Betriebsverhältnisse verbessern. (Bild 189)
- Walzen über dem festen Wehr: Abmessungen: Höhe 0,60 m / Länge 49,00 m bzw. 37,00 m

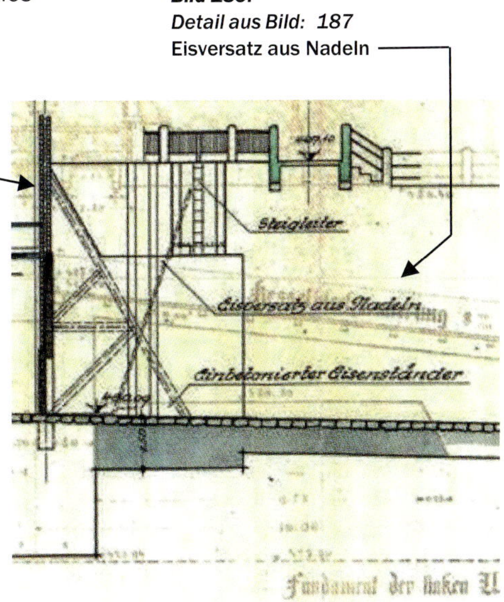

Bild 189:
Detail aus Bild: 187
Eisversatz aus Nadeln

[6] Otto Bohl, Oberbürgermeister von Augsburg von Jan. 1930 bis 31.05.1933. Quelle: Stadtlexikon 1998, S. 302.
[7] StadtAA, Bestand 45, Akt 715.
[8] StadtAA Bestand 45 Akt 721.

Der Antrieb für diese Walzen war ebenfalls einseitig und zwar für die rechtsseitige Walze an der rechten Ufermauer. Für die linksseitigen lagen am linken Widerlager des festen Wehrs.
Diese Walzen ersetzten die (illegalen) Aufsattelungen und dienten zur Regulierung des rechten Abflusses über dem festen Wehr. Man nannte sie auch **Stauwalzen**.

Die Gesamtsituation der Umbauplannung zu diesem Zeitpunkt zeigt sich in folgenden Übersichten: (Bild 190 und 191)

Die für den Umbau notwendigen Baggerarbeiten und Sicherungsmaßnahmen konnten bedauerlicherweise nur unzureichend durchgeführt werden, da beim Hochwasser vom 7. und 8. Mai 1931 nicht genügend Wasser abgeführt werden konnte. Zudem gab es vor dem Dreikreuzdamm keinen ausreichenden Schutz; für dieses Gebiet war das staatliche Straßen- und Flußbauamt zuständig. Man versuchte, die Leitwerke zu erhöhen und die Anlage durch entsprechende Hochwasserdämme abzusichern.

Da vor der Kiesschleuse und dem Einlaufbauwerk eine Rinne und ein Sturzboden unterhalb des Wehres geplant waren, musste das **Denkmal für König Ludwig III**. versetzt werden. Dieses Denkmal war errichtet worden, um an Floßfahrt des Königs durch die Floßgasse zu erinnern; das Floß des Königs war das einzige Floß, das durch die Floßgasse gefahren war.[9]

Sametschek ließ Fotos vom Durchbruch des Lechs während des letzten Hochwassers (7./8. Mai 1931) anfertigen und sandte sie dem Straßen- und Flußbauamt zu. Dieses bedankte sich für die Bilder, verwahrte sich aber gegen die im Begleitbrief erhobenen Vorwürfe.

Am 6. August 1931 erging eine genaue Betriebsanleitung für die Wehre des Einlaufbauwerks. Dabei wurde betont, dass es verboten sei, zwischen dem oberen und dem unteren Schütze eine Lücke zu lassen, um durch diesen Schlitz Wasser zu leiten. Außerdem wurde untersagt, auf die Schütze feste Aufsätze anzubringen.

Die Gefahr, dass durch die Stauerhöhung und die Wirkung der Kiesschleuse beim Gersthofer Wehr Probleme entstehen könnten, wurde verneint.

Es wurde noch einmal betont, dass den Werksbesitzern grundbrieflich eine Wassermengengarantie von 36 m^3/s zugesagt worden sei und diese auch weiterhin eingehalten werden müsse. Wenn die angeschwemmte Kiesmenge so bliebe, müsse die Stadt für die Kiesabfuhr nach dem Wehr selbst sorgen. Das Referat X (früher Bauamt – Abteilung Wasserbau) betonte, dass die Baumaßnahmen so gegeneinander abgeglichen seien, „dass die Wirkung der Stauerhöhung ausgeglichen wird durch die Wirkung der neuen Kiesschleuse“. Damit ist gegenüber dem 1911 genehmigten Wehrneubau hinsichtlich der Geschiebe- und Wasserabführung eine Änderung nicht eingetreten (Hinweis auf Gersthofer Wehr). Die genehmigte Wasserentnahme von 36 m^3/s ist das grundverbriefte Recht der Stadtgemeinde.[10]

Das Hochwasser von **15. Mai** 1930 verzögerte den Einbau der Walzen über dem festen Wehr. Deshalb konnte die Freigabe des Stegs, die für Pfingsten am 8. Juni geplant war, nicht erfolgen. Zur Finanzierung des Stegs schlugen die Augsburger Neueste Nachrichten eine Benütz-ergebühr für den Steg vor. Sametschek lehnte dies ab, weil der Steg kein öffentlicher Ver- kehrsweg sei.[11]

Die Absperrung während des Baus verursachte einen Aufstau der Restmengen des Lechwassers am Wehr von etwa 1,50 Meter vor den linken Schleusen; der Grund war ein mittleres Hochwasser mit 500 – 600 m^3/s. Dieser Stau hatte sich nach Süden weiter ausgedehnt. Das Bauamt bedauerte, dass sich die Triebwerksbesitzer nicht entschließen konnten, einmal bei höherem Wasserstand eine Bachauskehr abzuhalten, um die Geschiebemenge zu verringern.[12] Es wurde daher gefordert, die Bedienungsvorschrift für die Schleusen zu ändern. Außerdem müssten die Uferbauten wieder erhöht werden, da die Stauhöhe in solchen Fällen steigen würde. Das Bauamt forderte den Staat auf, Baggerarbeiten durchzuführen und Uferbefestigungen zu errichten, damit es keine Probleme bei der Bachauskehr gab. Die Stadt wies darauf hin, dass sie schon 10.000 Mark an den Staat für diese Erhöhung bezahlt hatte. Weiter betonte das Bauamt, dass der Umbau nicht erfüllbar sei, wenn der Staat keine Korrektion vornähme. Es wurde vorgeschlagen, gemeinsam vorzugehen; d. h. Staat, Kreis und Stadt sollten zusammenarbeiten. Der Kreis verweigerte jedoch eine Mitfinanzierung.

[9] StadtAA, Bestand 45, Akt 715. In der Augsburger Zeitung vom 3.9.eptember 1931 wurde „Trauer um die Entfernung der Landnase und dem Fällen von Bäumen und der Verschiebung des Denkmals“ bekundet.

[10] StadtAA, Bestand 45, Akt 715.

[11] StadtAA, Bestand 45, Akt 715. Dort wurde vermerkt, dass diese Eröffnung von der Bevölkerung ersehnt wurde. Allerdings befürchtete man, dass auch die Grundstückspreise in Hochzoll steigen würden.

[12] Bei einer Bachauskehr („Ablässe“) wird die Einlaufschleuse gesperrt und das gesamte Wasser strömt in das Flussbett. Dadurch wird das Geschiebe des Flusses mit gerissen.

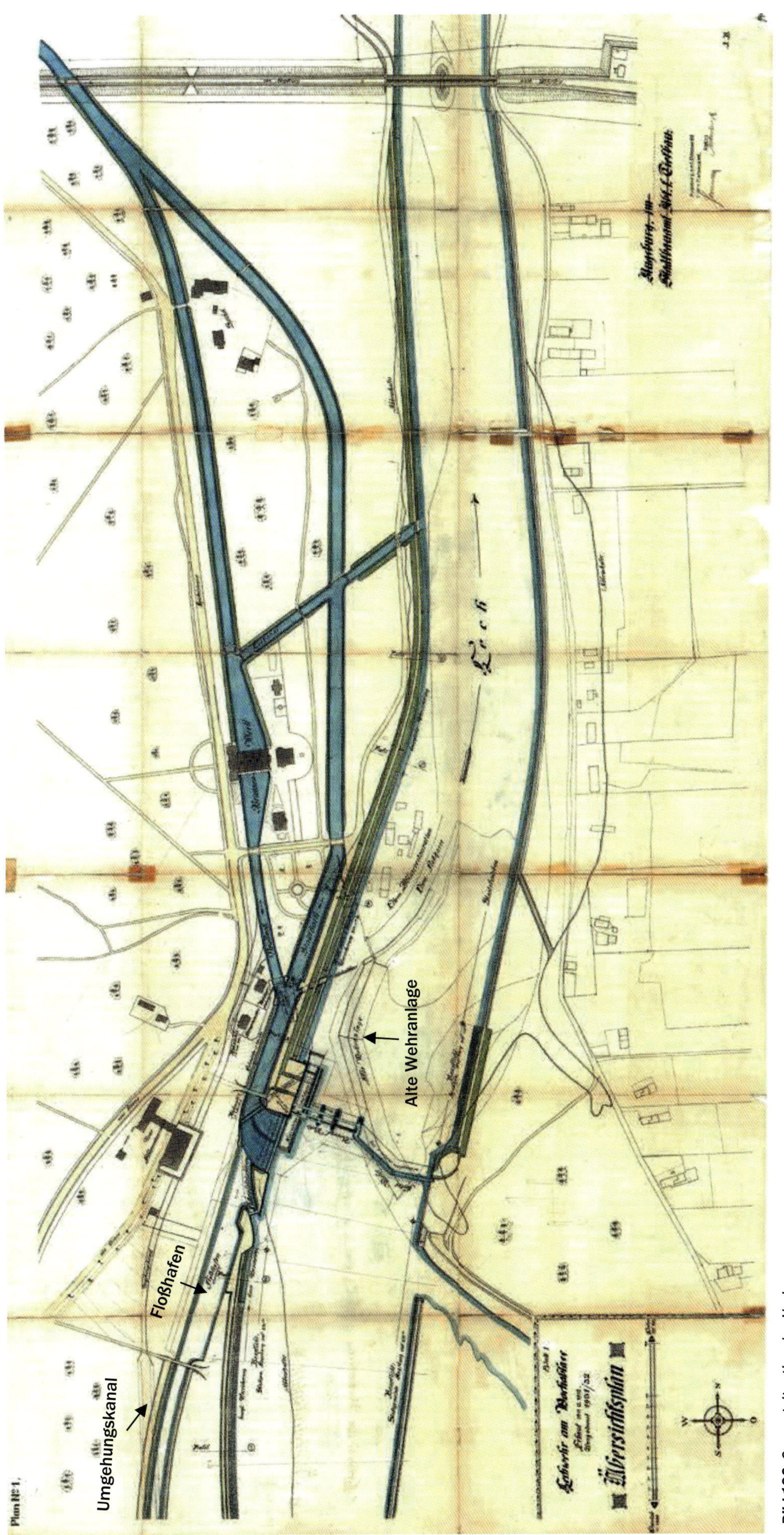

***Bild 190**: Gesamtsituation des Umbaus*

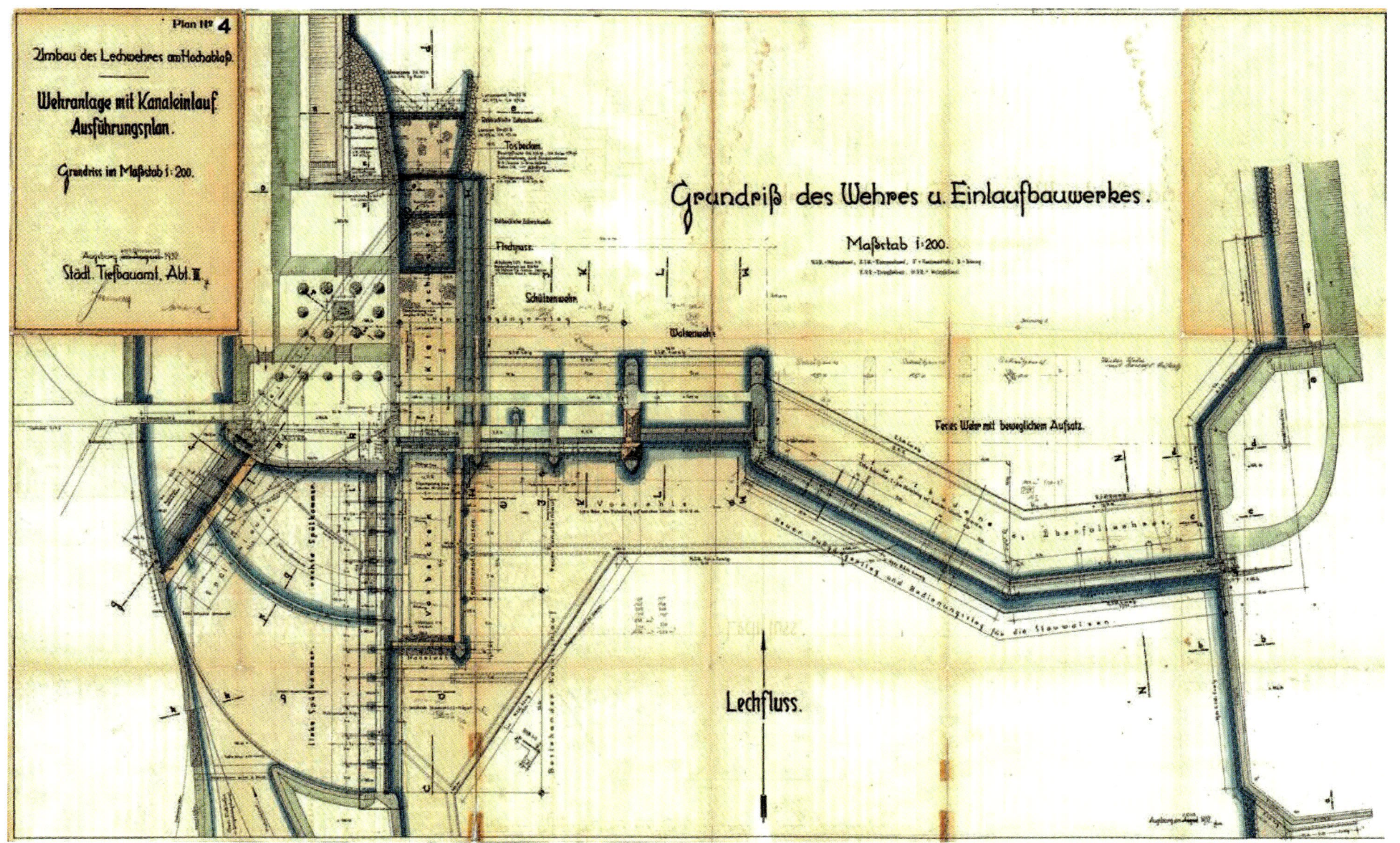

Bild 191: *Ausführungsplan der Wehranlage mit Kanaleinlauf*

In einer gemeinsamen Sitzung am **21. September 1931** des Städtischen Bauamts (Referat X) und des staatlichen Straßen – und Flußbauamtes wurde festgestellt, dass sich die Sohle am Lochbach erhöhte. Es gab unterschiedliche Auffassungen für eine Problemlösung. Ebenso wurde die Zuständigkeit für den Hochwasserschutz in Hochzoll unterschiedlich gesehen. Die Frage lautete: Wer verursachte was? Die Stadt meinte, dass Uferschutz eine Angelegenheit des Staates sei.[13] Straub [Leiter des Straßen- und Flußbauamtes Donauwörth] war der Ansicht, dass die Aufkiesung erst durch das Hochwasser entstanden sei. Das Problem wurde für die Zeit nach dem Umbau vertagt. Außerdem war die genaue Finanzierung noch unklar. Straub teilte mit, dass Flussbestandsaufnahmen am Lech oberhalb und unterhalb des Ablasswehres vom Ministerium angeordnet worden seien.

Die Anfertigung der Zahnräder für die Windwerke wurde an die Firma Renk vergeben.
Jede der einzelnen Firmen, die zu einem Vorschlag eingeladen worden waren, lieferte zu diesem einen Vorbericht und ein Leistungsverzeichnis.

2.2 Bauprogramm

Zu einem so umfangreichen Bauvorhaben ist ein „Bauprogramm“ notwendig, das die ineinandergreifenden Bauabschnitte koordiniert. Ein solches Programm wurde von der Firma Edwards, Hummel und Kunz (?) erstellt.
Als Beispiel soll der Bauplan für den ersten Bauabschnitt dienen; er umfasst den Umbau der Floßgasse zur Kiesgasse und Sicherung des Einlaufs; der Terminplan sah dazu Bauarbeiten zwischen dem 24. August bis zum 30. Oktober 1931 vor. (Bild 192)

Zuerst wurde das Einlaufbauwerk errichtet und anschließend die Kiesrinne der zur Kiesschleuse umzubauenden Floßgasse.

Für diesem Umbau gibt es umfangreiches Bild - und Planmaterial:

- im Tiefbauamt eine kolorierte Fassung der Umbaupläne (alle vom 1. Oktober 1932)[14]
- dazu passende Bilder einer Fotoserie zum Umbau aus dem Stadtarchiv Augsburg (alle Bestand 45 Akt 715)
- ergänzende technische Zeichnungen im MAN-Archiv

Einen Gesamtüberblick über die Umbaumaßnahmen am Lechwehr kann man in folgendem Plan nachzuvollziehen; in den Plan sind alle Vorböden eingezeichnet. Daraus ist der hohe Holzbedarf und der hohe Basaltsteinverbrauch für die Unterböden auch in der Floßgasse sichtbar. Weiter erkennt man eine Betonböschung und Basaltsteine für den Kuhseeauslauf. Hier war kein Wehr vorgeschlagen. Der Kuhsee war als Rückhaltebecken für Hochwasser gedacht. (Bild 193)

Es gab einen Wechsel in der Bezeichnung der städtischen Ämter: Aus dem „Stadtbauamt Abt. f. Tiefbau“ wurde das Tiefbauamt ausgegliedert und als „Städt.Tiefbauamt“ bezeichnet. Die beiden Leiter Sametschek (Städt. Bauamt) und Ladenburger (Städt. Tiefbauamt) blieben gleich.

Wie aus dem Bauprogramm hervorgeht, vollzog sich der Umbau in zeitlich abgestimmten Schritten:

2.2.1 Baugrubenumschließung

Damit in einem Fluss wie dem Lech überhaupt gebaut werden konnte, musste die Baugrube vor einem Wassereintritt gesichert werden; d.h. man errichtete zuerst eine **Baugrubenumschließung** durch eine Spannwand. Sie wurde am Hochablass durch die Firma Hochtief ausgeführt. Diese fertigte dazu folgenden Plan an: (Bild 194)

Innerhalb der Baugrube befand sich ein Boot, das zum Einfahren in die noch geflutete Grube diente. Nach dem Umbau wurden die Spanten der Grube gezogen und damit konnte das Schiff wieder die Arbeiter herausfahren. Eine Folge von Fotos erläutert den Auf- und Abbau der Umschließung am Hochablass: (Bild 195 - 197 siehe Seite 173)

Mit einem Flaschenzug wurden die Bohlen herausgezogen; drei Boote standen zur Bergung der Arbeiter bereit.

2.2.2. Umbau der Floßgasse zur Kiesgasse

Die wichtigste und vordringlichste Baumaßnahme war der **Umbau der Floßgasse zu einer Kiesgasse**. Dazu lieferte das Tiefbauamt die zugehörigen Pläne. Man baute nach Vorschlag von Professor Rehbock zwei Schwellen für die Zahnschwellen ein. (Bild 162 S.141)

[13] Hier berief sich die Stadt wohl auf das Wassergesetz von 1907, das festlegte, dass zum Fluss auch das Ufer gehörte.

[14] Diese Pläne gibt es im Augsburger Stadtarchiv mehrmals unkoloriert. Sie wurden allerdings auf Veranlassung des Tiefbauamtes koloriert, sind also wesentlich besser lesbar und damit auch übersichtlicher. Da im Laufe der vielen Umbauten am Hochablass auf diese Pläne zurückgegriffen werden musste, verblieben sie im Tiefbauamt. Diese kolorierten Pläne werden in diesem Buch erstmals veröffentlicht.

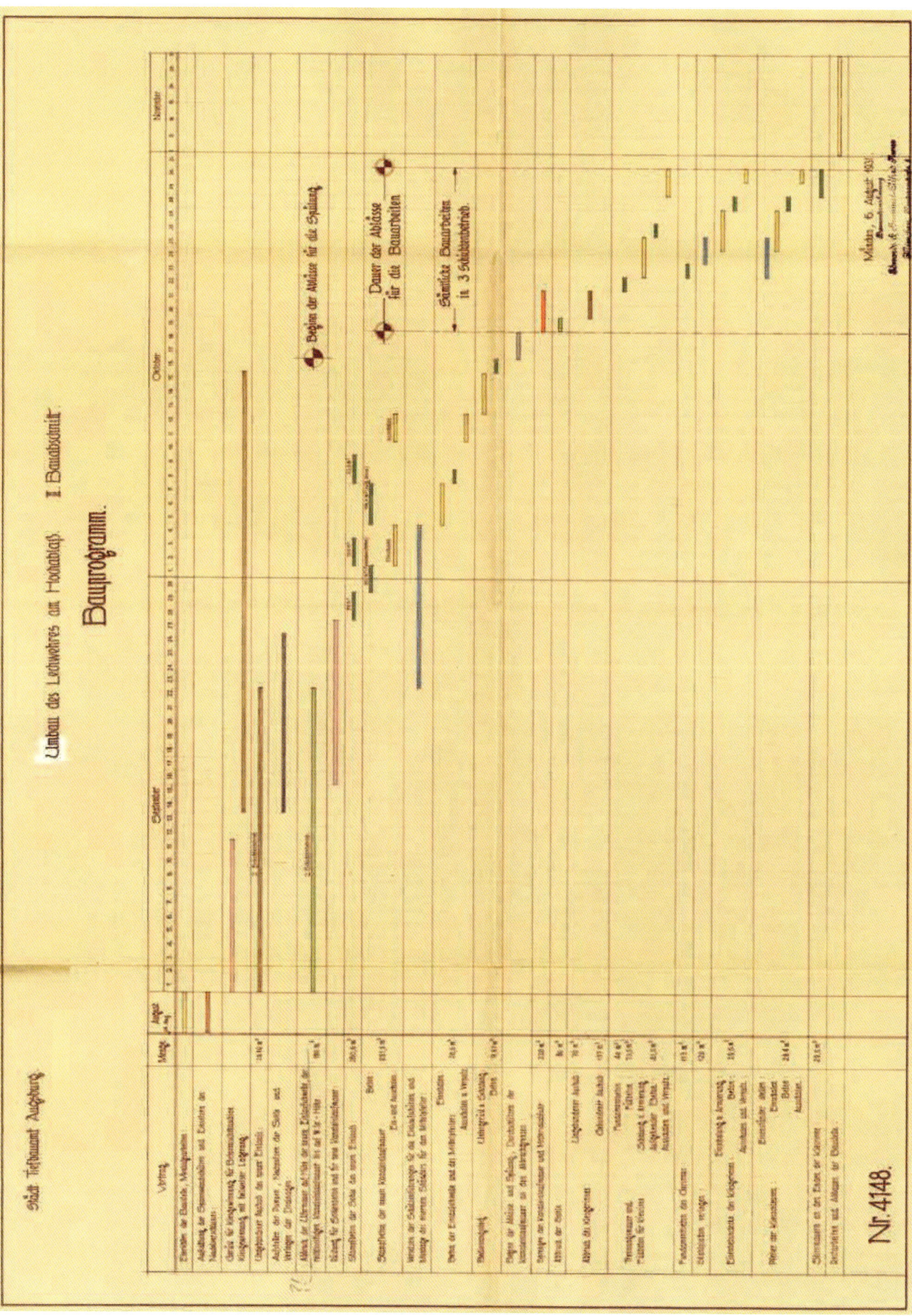

Bild 192: *Bauprogramm aus 721*

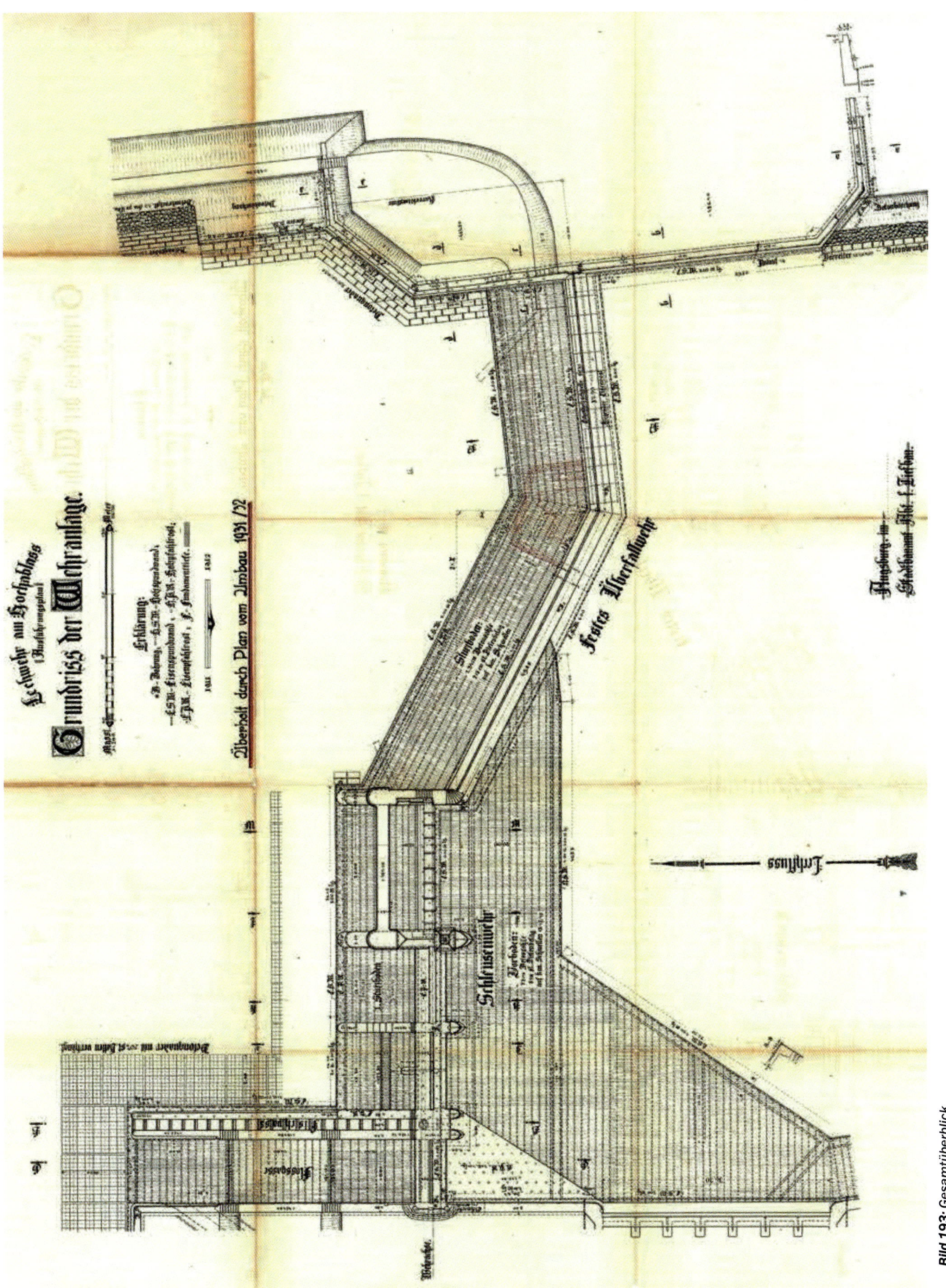

Bild 193: *Gesamtüberblick*

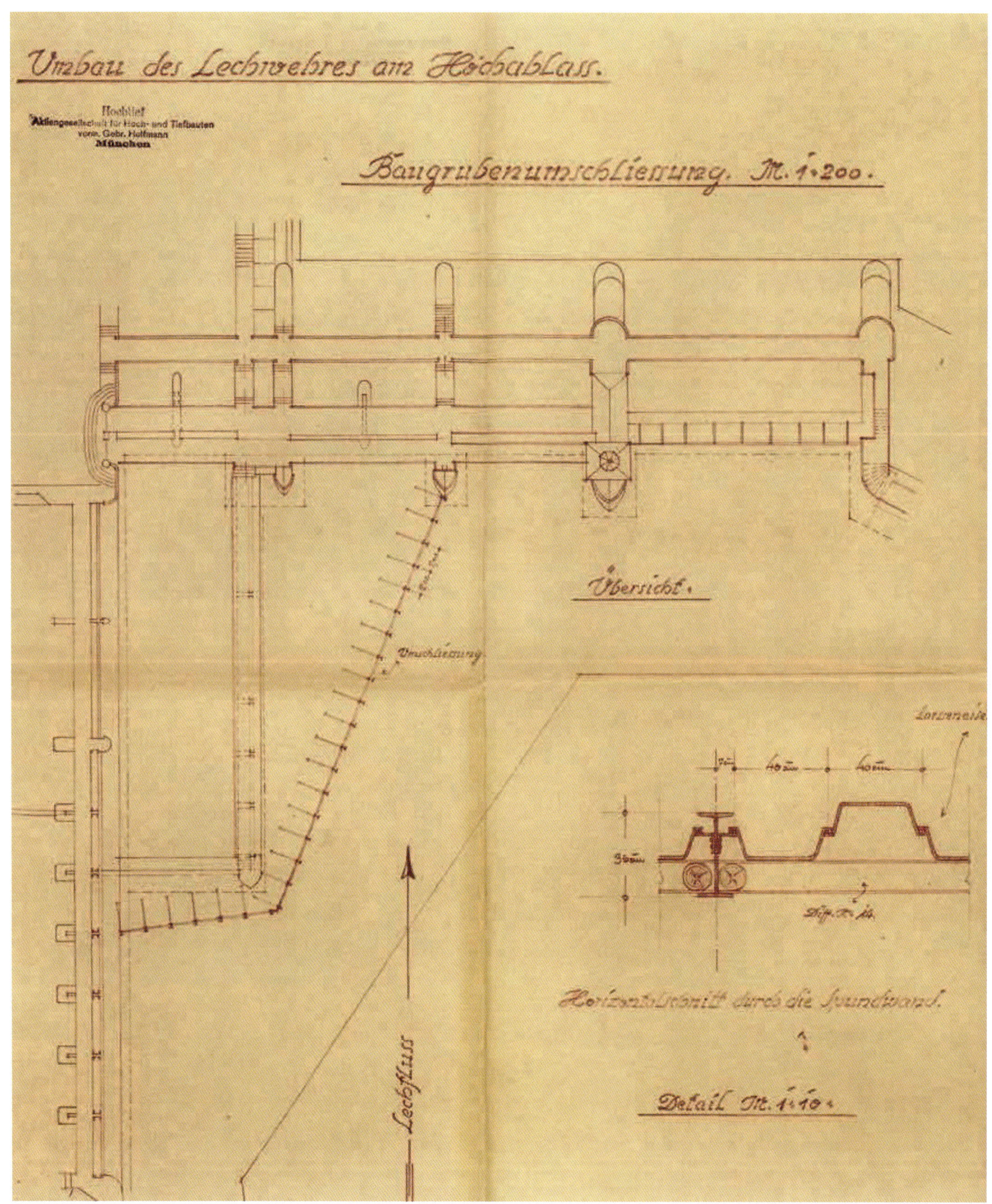

Bild 194: *Zweiter Plan der Baugrubenumschließung, Ausschnitt 9a*

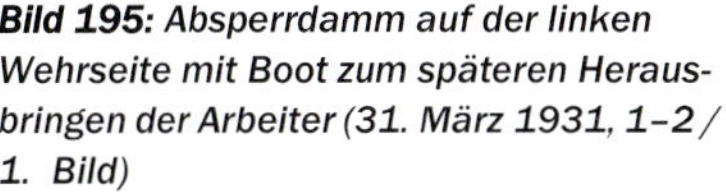

Bild 195: *Absperrdamm auf der linken Wehrseite mit Boot zum späteren Herausbringen der Arbeiter (31. März 1931, 1–2 / 1. Bild)*

Bild 196: *Gefluteter Absperrdamm vom Wehrhäuschen aus gesehen (07. April 1931, 7–8 / 1. Bild)*

Bild 197: *Beseitigung des Fangdammes (13. April 1931, 7–8 / 4. Bild)*

Nach einem Nadelwehr, das großes Treibgut abhalten konnte, folgte ein 34 Meter langes Vorbecken. Dieses war nach Osten hin durch drei Spunnwandschleusen gesichert, die mit Handbetrieb bewegt werden konnten. Der Vorboden bestand aus Föhrenholz; er wurde mit einer 6 Meter breiten Eisenspundwand abgesichert. Die anschließende Schleuse konnte mit einem 11 PS starken Motor betrieben werden.

Daran schloss sich die 27,47 Meter lange Kiesschleuse an; sie war mit Sohlenbeton von 1:10 und Föhrenbelag bzw. anschließend mit einem Basaltpflaster am Untergrund geschützt. Bei diesem Gefälle konnte man annehmen, dass der Kies durch die Schleuse gespült wird. Es folgte die erste Reihe der Rehbockschen Zahnschwellen; auf der gleichen Höhe wurde die westliche Seitenwand für den Kiesablass des Einlaufbauwerks durchbrochen. Nach 5,96 Metern folgte eine Drainage und nach weiteren 9,45 Metern die zweite Reihe der Rehbockschen Zahnschwellen; damit hoffte man, die Kolkbildung am Ende der Schleuse erheblich verringern zu können. Diese Anordnung schloss die Kiesschleuse ab.

Hier ist bemerkenswert, dass das Tosbecken vor der zweiten Zahnschwellenreihe mit Eisenbahnschienen P.8, die kreuzweise im 80 Zentimeter Abstand verlegt wurden, gegenüber dem Untergrund abgesichert war. Durch diese Eisenbahnschienen sollten die Vibrationen im Untergrund (mögliche Kolkbildung) gedämpft werden. (Bild 198)

Der Längsschnitt durch die Kiesschleuse verdeutlicht den vorigen Plan. (Bild 199)

Nachfolgende Details des gleichen Plans geben weitere Informationen über den Bau der Kiesschleuse an.

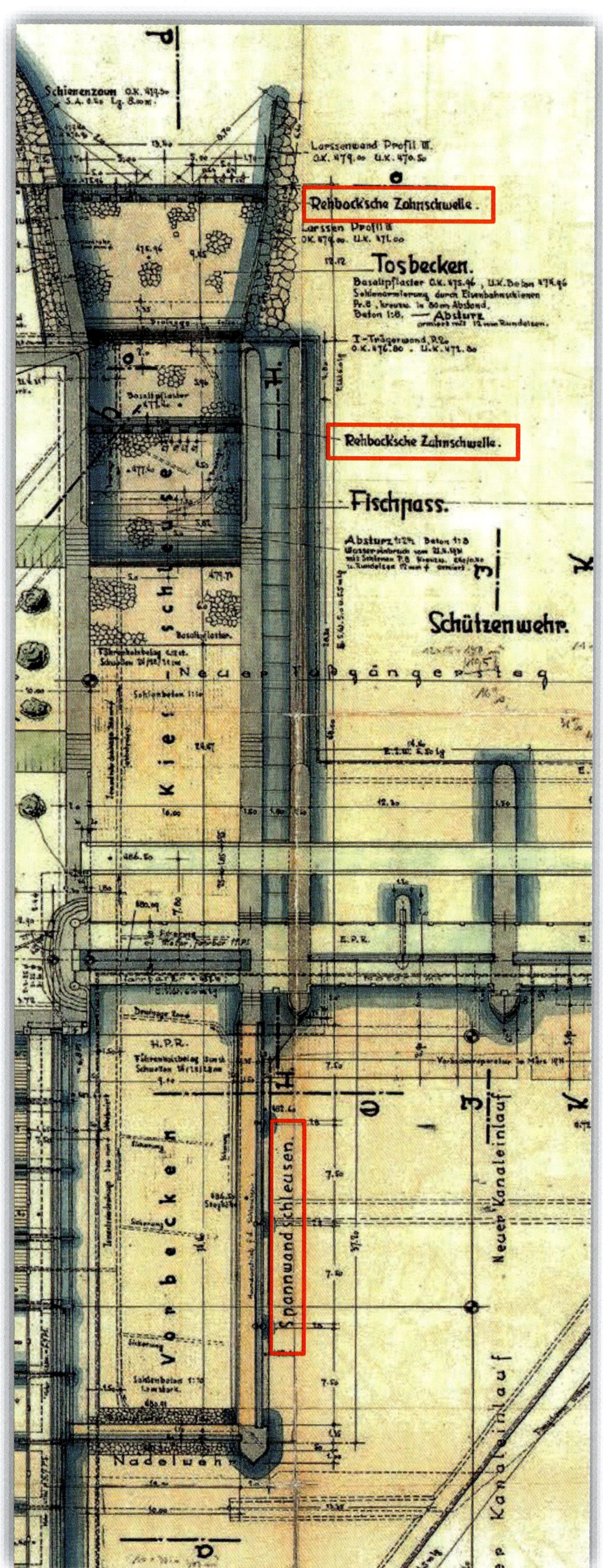

Bild 198: *Plan der Kiesgasse mit Vorbecken, Schützenwehr, Fischpass und Tosbecken*

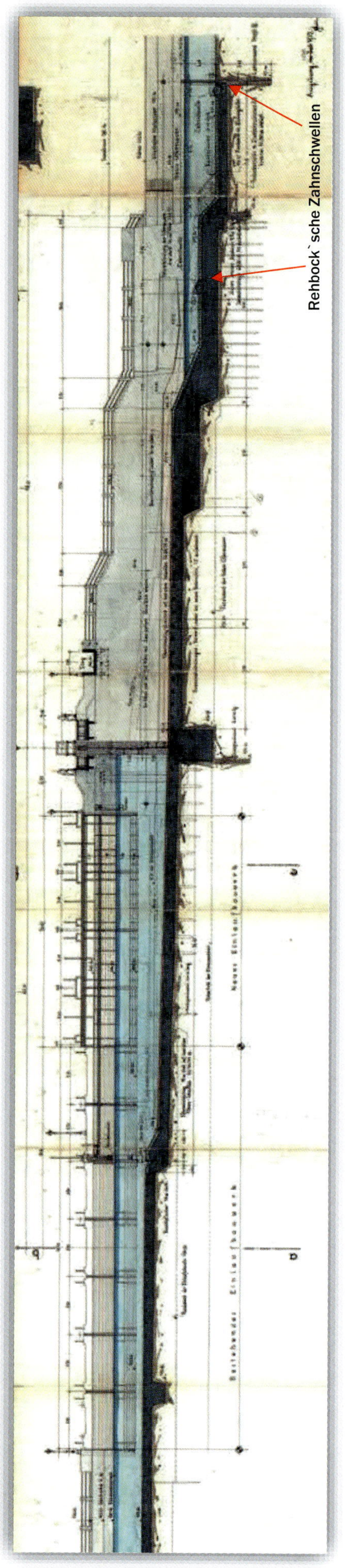

Rehbock`sche Zahnschwellen

Bild 199: *Längsschnitt durch die Kiesgasse*

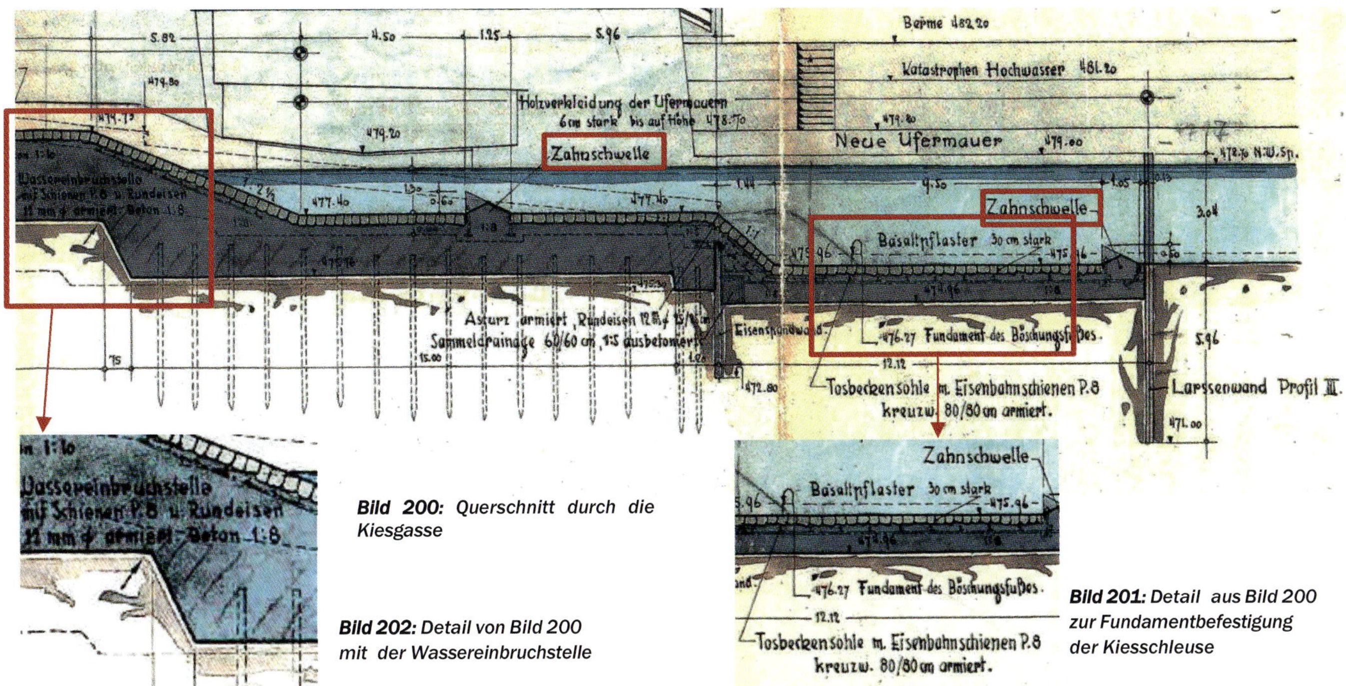

***Bild 200:** Querschnitt durch die Kiesgasse*

***Bild 202:** Detail von Bild 200 mit der Wassereinbruchstelle*

***Bild 201:** Detail aus Bild 200 zur Fundamentbefestigung der Kiesschleuse*

a) Der Querschnitt durch die untere Kiesgasse zeigt die beiden Stellen, an denen mit einem kleinen Absturz die Zahnschwellen eingebaut wurden. (Bild 200)

b) Die Fundamentierung des Schleusenbodens durch ein Basaltpflaster von 30 Zentimeter Stärke und die Fundamentierung mit Eisenbahnschienen P.8 (kreuzweise 80/80 cm armiert) wird in Bild 201 deutlich.

c) Am 21. April 1931 brach Wasser aus dem Untergrund in den Boden der Kiesgasse ein; dieser wurde ebenfalls durch Eisenbahnschienen P.8 und Rundeisen mit 12 Millimeter Durchmesser armiert; der Beton hatte die Mischung 1:8. (Bild 202 und Bild 203)

Die folgenden, den Umbau dokumentierenden Fotos wurden in der Zeit vom 31. März 1931 bis 4. Mai 1931 angefertigt. (Bild 204)

Abbruch der alten Floßgassensohle; links der Einlauf des Kiesablasses (20. April 1931). (Bild 205-209)

Beim Datum für folgende Bilder stimmt das angegebene Datum mit dem wirklichen Bauverlauf nicht überein, da die Flutung der Schleuse nach den vorigen Bildern noch nicht am 4. Mai 1931 möglich gewesen war. Vermutlich liegt hier ein Fehler in der Archivierung der Bilder vor.

Die Flutung während des Baus war aber notwendig (und fand wohl zu einem späteren Zeitpunkt statt), weil dadurch die Umleitung des Stromstrichs von Ost nach West möglich wurden, was die Baugruben im östlichen Teil dadurch entlastete. (Bild 210)

***Bild 203:** Foto des Wassereinbruchs vom 21. April 2019*

***Bild 204:** Schütze der Kiesschleuse, Blick nach Süden (07. April 1931)*

Bild 205: Im Oberwasser ist die rechte Spannwand erkennbar. (07. April 1931)

Bild 206: Ausbruch der neuen Kiesschleusensohle; der Einlauf des Kiesablasses ist sichtbar. (20. April 1931)

Bild 207: Zahnschwelle vor dem Einbau (30. April 1931)

Bild 208: Verlegung der Basaltsteine (04. Mai 1931)

Bild 209: Einen Gesamtübersicht über die Kiesgasse, wie sie auch heute noch aussieht.

Bild 210: Geflutete neues Kiesbecken mit Kiesschleuse (Datum 04. Mai 1931 ist wohl falsch)

2.2.3 Der Fischpass

Mit 25 Kammern folgt der unveränderte Fischpass. Der bewegliche Auslauf bestand ursprünglich aus acht Betonblöcken; die letzten vier Blöcke wurden nach unten verlegt. Hier hat sich wohl die Sohle abgesenkt. (Bild 211)

2.2.4 Die Walze

Unverändert blieben Lage und Konstruktion der Walze mit dem Getriebehäuschen. Am 26. April 1931 wurden Schäden an der Heizung der großen Walze festgestellt – wohl während der Eiskatastrophe 1929 verursacht. Die Gewährleistung der Firma MAN trat ein. MAN warnte vor zu langer Inbetriebnahme der Walze. Der Vorschlag auf Verzinkung der Heizung wurde angenommen. (Bild 212)

Auf dem Plan wird nur deutlich, dass die Walze nach oben durch einen 60 Zentimeter hohen Aufsatz (im Plan „60 cm auf der Überfallmauer") abgeschlossen wurde. Nach unten lag der Dorn auf einer Eisenstahlplatte auf.

Der Lech mußte mehrmals durch die verschiedenen Bauprobleme gleitet werden, um einen reibungslosen Fortgang der Bauarbeiten zu gewährleisten. Die war die gefährlichste Arbeit des Baus!

Die Basaltpflasterung ist dauernden, heftigen Belastungen durch den Angriff des wirbelnden Wassers ausgesetzt; so kommt es auch heute noch trotz der Härte des Basalts in der Kiesschleuse zu Kolken. Etwa in einer Zeitspanne von 7 bis 8 Jahren muss der Basaltboden erneuert werden.

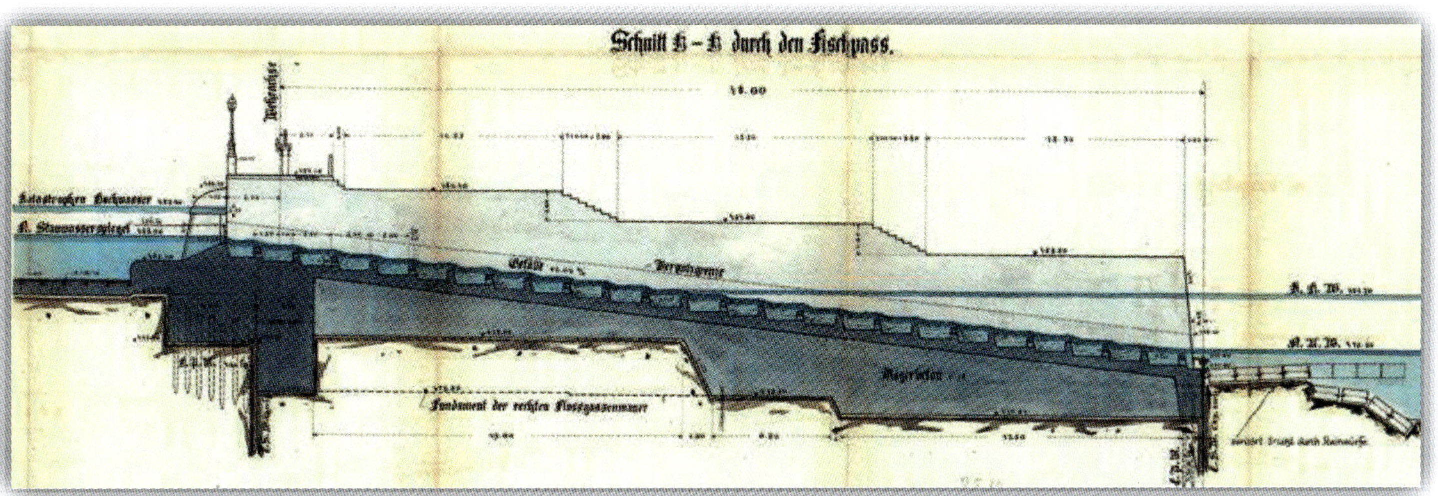

Bild 211: Schnitt durch den 25.-stufigen Fischpass

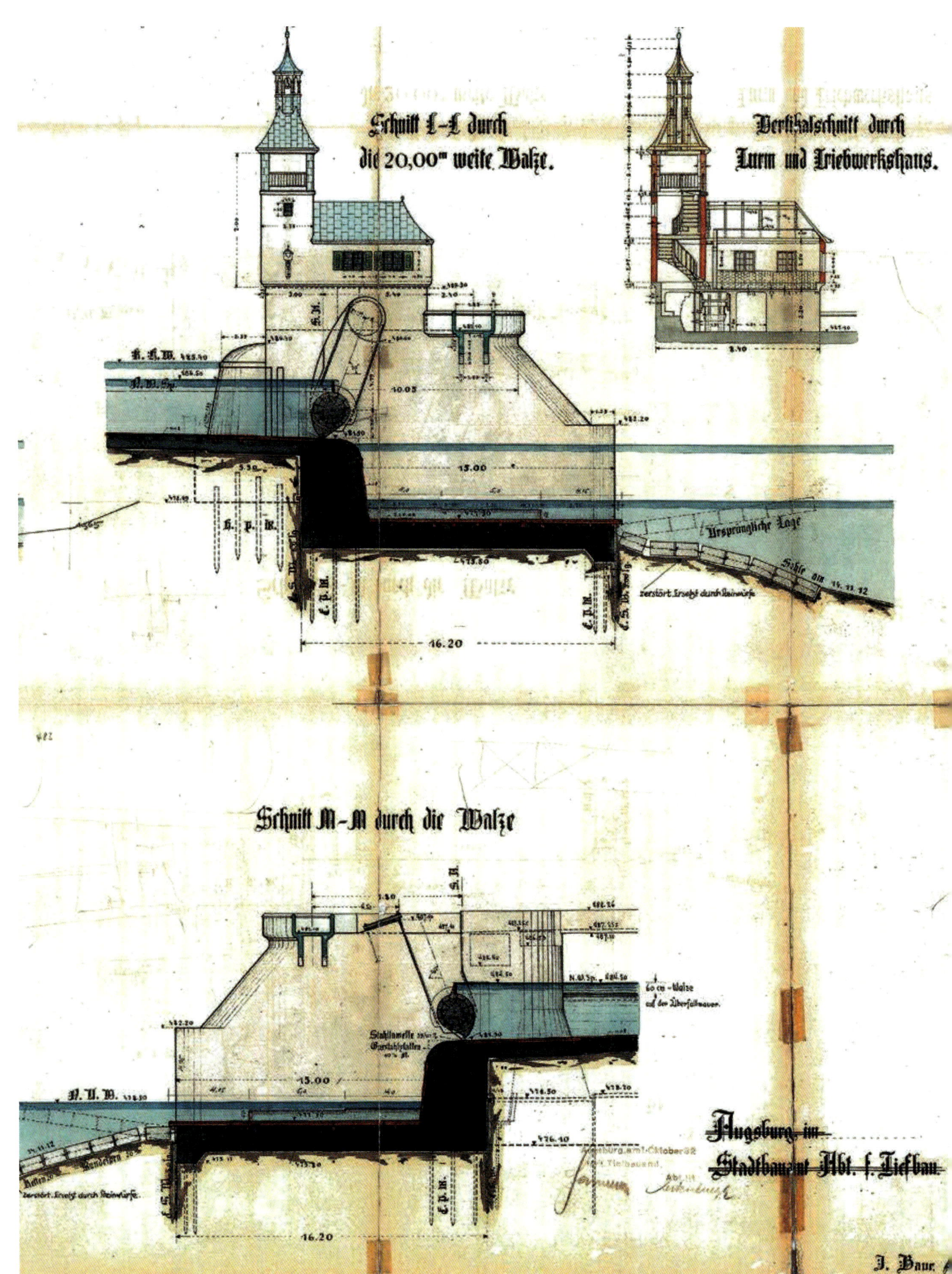

***Bild 212:** Plan TBA Schnitt durch die 20 Meter weite Walze*

2.2.5. Die Stegverlängerung nach Osten und der Einbau der Stauwalzen

Neu war die Verlängerung des Stegs über den Ablass bis zum östlichen Ufer. (Bild 213)

Im Detailplan links unten findet man die Konstruktionszeichnung für die Stauwalzen über dem festen Wehr, die das Wasser, das von der östlichen Seite auf den Ablass zukommt, bis zum Niedrigwasser aufhalten. Rechts ist ein Querschnitt durch den Pfeiler für die Walzen abgebildet. Aus dem Plan kann man herauslesen, dass die Walzen einen Durchmesser von 60 Zentimeter hatten. Hob man die Walzen nur sehr wenig an, konnte man damit den „Wasserschleier“ erzeugen und überschüssiges Wasser wirkungsvoll abführen. (Bild 214)

Bevor diese Walzen eingebaut werden konnten, musste der Stegbau vorbereitet („gerüstet“) werden. (Bild 215)

Ein Schnitt durch das feste Wehr zeigt folgende Details (Bild 216):

- Das Fundament des Wehrkörpers wurde durch Eisenbahnschienen armiert.
- Der Auslauf des Tosbeckens bestand aus einer beweglichen „Zunge“ aus aneinanderhängenden Betonsteinen (wie bei den anderen Wehrteilen auch).
- Auf der Wehrkrone befand sich eine Stauwalze mit ihrem Windwerk.
- Auf dem Vorboden wurden ein provisorischer Absperrdamm und eine hölzerne Baugrubenumschließung angelegt.

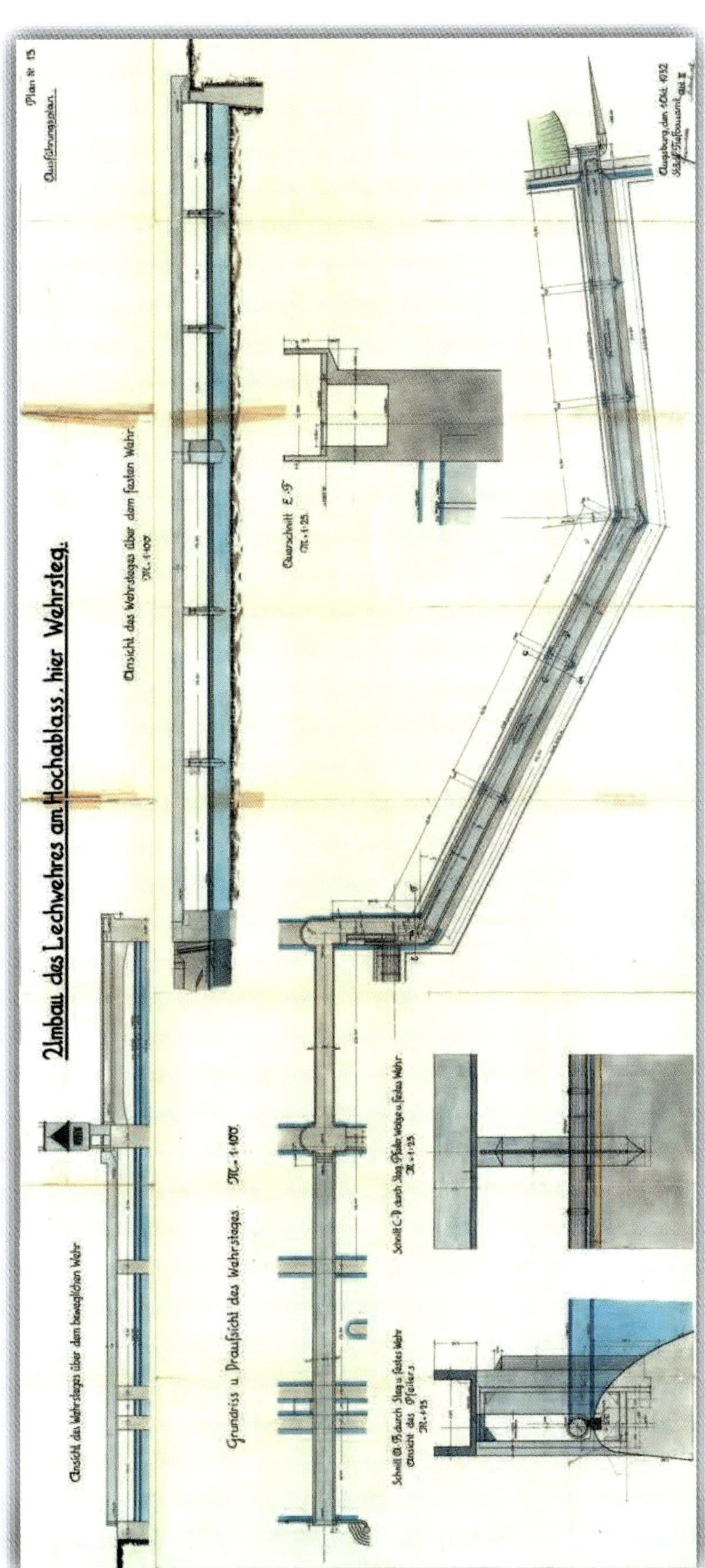

Bild 213: Umbau des Wehrstegs

Bild 214: *Detail von Bild 213, Konstruktionsplan der Walzen, links, und Querschnitt durch einen Pfeiler, rechts (01.Oktober 1932)*

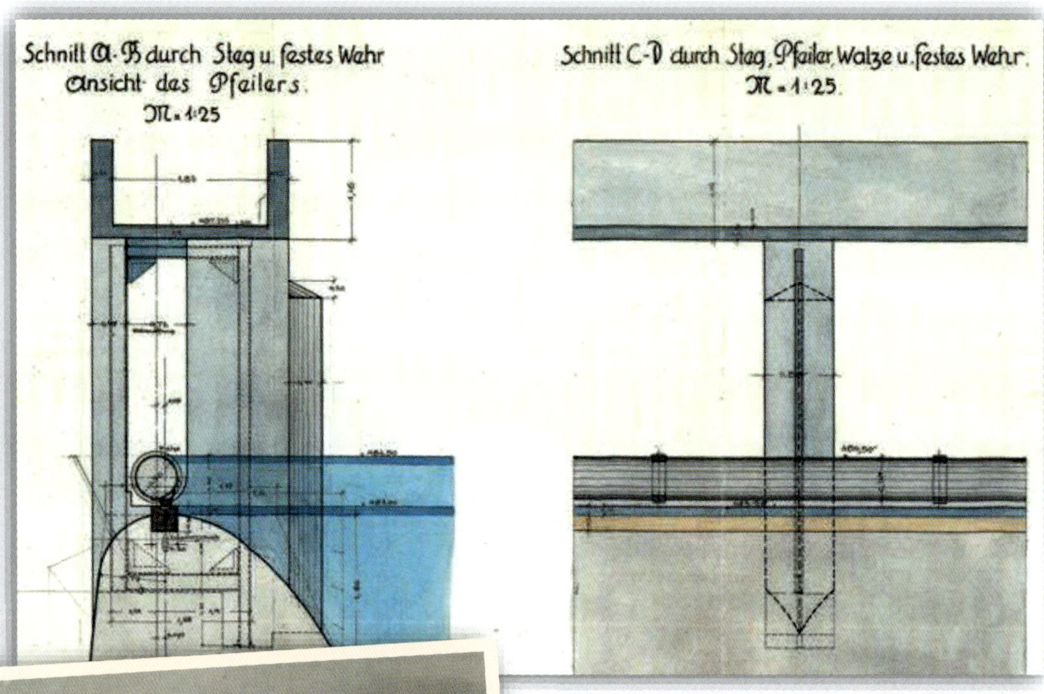

Diese Stauwalzen wurden senkrecht nach oben bewegt, der zugehörige Handantrieb dafür war am östlichen Ufer und westlichen kurz vor dem Knick des Stegs vor der großen Walze montiert. Die Schwelle, auf der die Walzen auflagen, bestand aus Eichenholz. Nach den Fotos zu schließen, befand sich eine Walze immer zwischen zwei Pfeilern. Bild 215 macht deutlich, dass das Lechwasser über das feste Wehr geleitet wurde, damit die Bauarbeiten am westlichen Teil durchgeführt werden konnten.

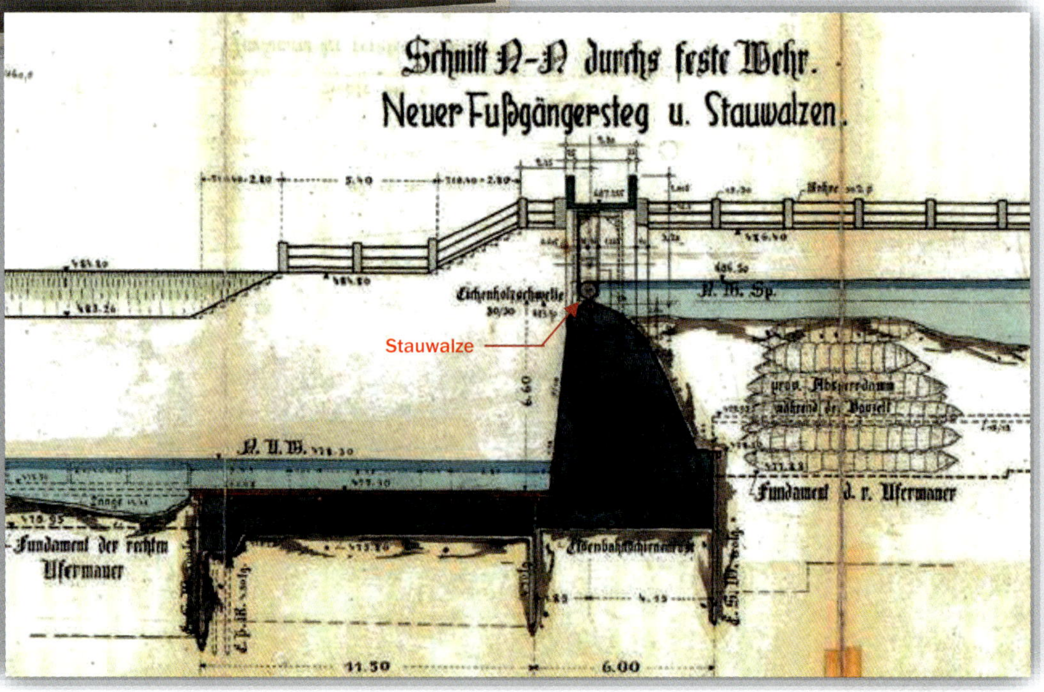

Bild 215: *Gerüste für den Stegbau*

Bild 216: *Schnitt durch das feste Wehr mit Fußgängersteg und Stauwalzen*

Die folgenden Bilder schildern den Bau des Stegs und den Einbau der Stauwalzen.
Zwischen dem 31. März und dem 27. Mai 1931. (Bild 217 – 220)

***Bild 217:** Erneuerung des alten Stegs über die Schleusenöffnungen*

***Bild 218:** Steg über das feste Wehr (20.April 1931)*

***Bild 219:** Fester Wehrteil (27.Mai 1931)*

***Bild 220:** Montage der Walze über dem festen Wehr (04.Juni 1931)*

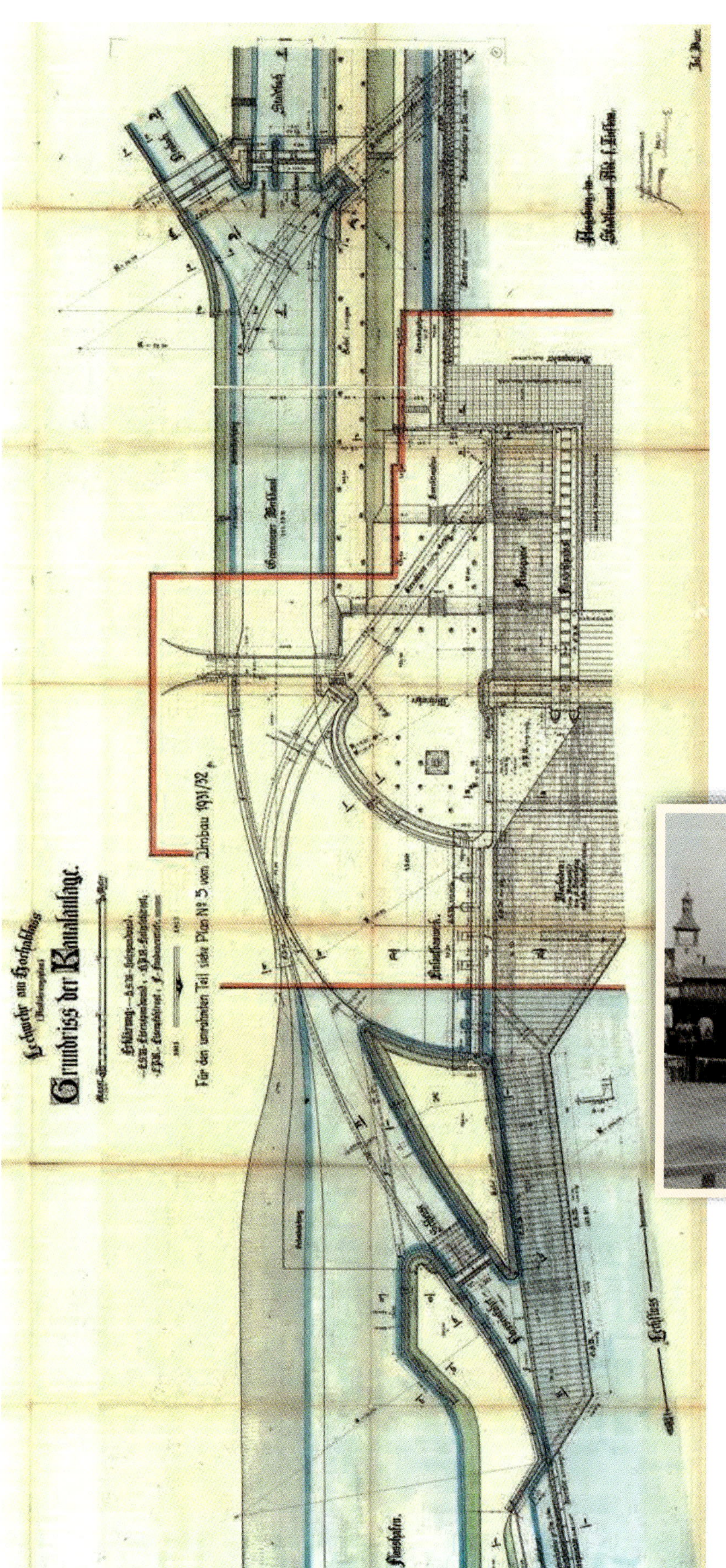

2.2.6 Das neue Einlaufbauwerk

Nach Fertigstellung des Lechwehrs wurde das Einlaufbauwerk umgebaut. (Bild 221)

Beschreibung des Einlaufbauwerks von links (Süd) nach rechts (Nord)

a) Der Floßhafen und die Floßeinfahrtschleuse blieben unverändert – obwohl sie nicht mehr benutzt wurden.
b) Der Umgehungskanal wurde in den Floßhafen eingeführt; er erscheint nicht auf dem Plan.
c) Das Einlaufbauwerk wurde verbreitert. Dies dokumentiert eine Bilderfolge zwischen dem 1. September und dem 14. November 1931. (Bilder 222 – 226)

Am 28. Oktober 1931 herrschte Schneetreiben und der Schnee deckte damit die Baustelle zu.

d) Die Spülschützen im Werkkanal wurden ausgetauscht.

***Bild 222:** Kanaleinlauf vor der Verbreiterung (01.September 1931)*

***Bild 221:** Plan des Einlaufbauwerks (Einlaufkammer ist noch nicht zwei geteilt, siehe Plan S.160)*

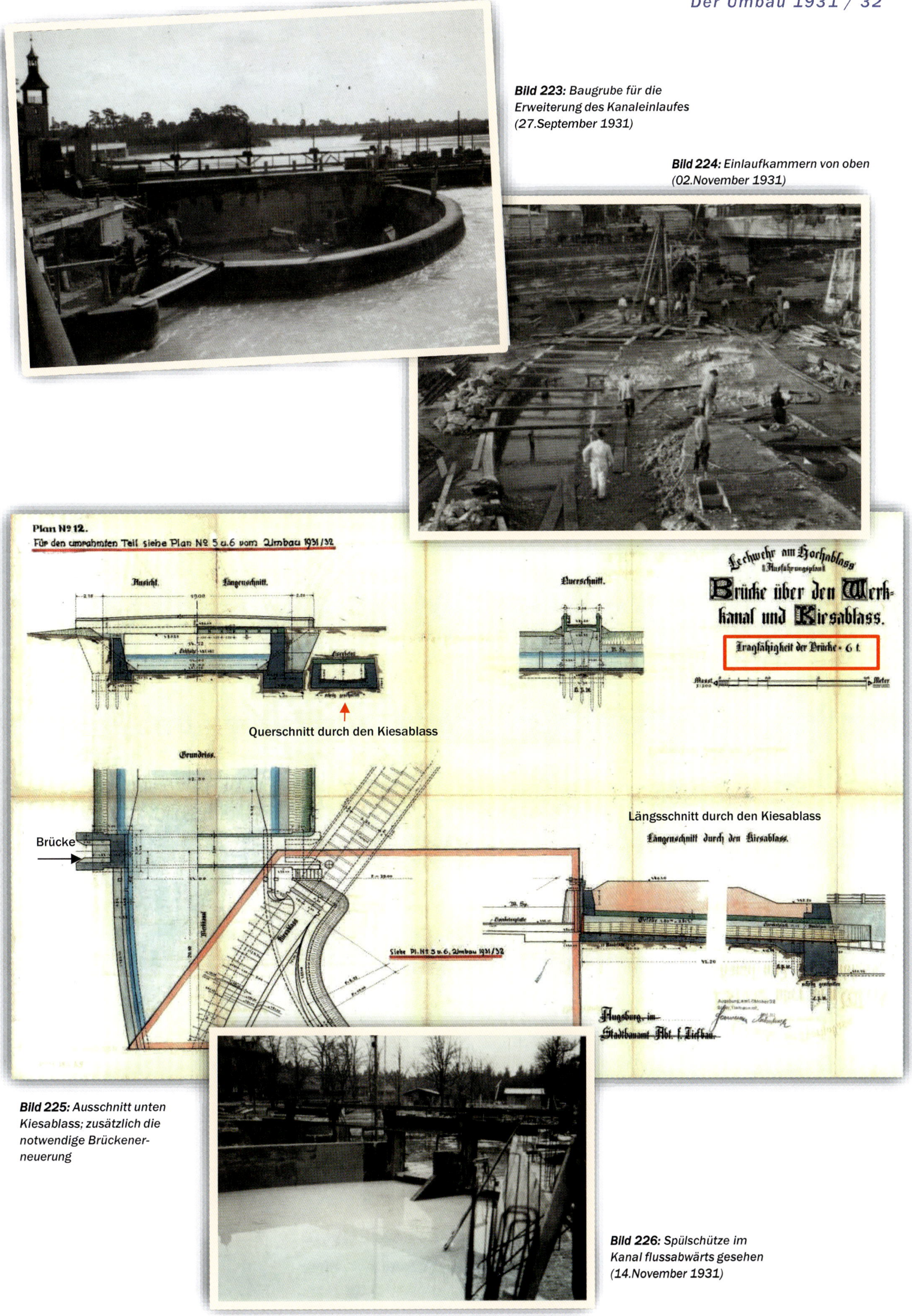

Bild 223: *Baugrube für die Erweiterung des Kanaleinlaufes (27.September 1931)*

Bild 224: *Einlaufkammern von oben (02.November 1931)*

Bild 225: *Ausschnitt unten Kiesablass; zusätzlich die notwendige Brückenerneuerung*

Bild 226: *Spülschütze im Kanal flussabwärts gesehen (14.November 1931)*

Bild 227: *Neues Kiesbecken mit Kiesschleuse (04. Mai 1931)*

3. Die Inbetriebnahme

3.1 Verschiedene Kiesspülungen

Am 4. Mai 1931 wurde erstmals die Kiesschleuse geflutet. (Bild 227)

Am 8. Mai 1931 überflutete Hochwasser die Baustelle. Die Bauumschließung wurde durch die Fluten eingedrückt; das Wasser floss über das feste Wehr, weil die Kiesschleuse noch in Bau war. Eine Bildfolge zeigt die Schwierigkeiten bei der Bewältigung der Überflutung der Baugrube. (Bild 228– 231)

Bild 228: *Überschwemmte Baugrube des Sturzbodens nach dem Hochwasser (08.Mai 1931)*

Bild 229: *Pumpenanlage nach dem Hochwasser (08.Mai 1931)*

Bild 230: *Fester Wehrteil rechts der Walze mit Steg (08.Mai 1931)*

Bild 231: *Vorarbeiten für eine Neuumspundung der Sturzbodenbaugrube (11.Mai 1931)*

Um die Funktionstüchtigkeit der neuen Kiesschleuse zu prüfen, musste eine „Ablässe“ durchgeführt werden. Dabei floss das Lechwasser durch die neue Kiesschleuse; es kam dabei kein Wasser über das feste Wehr. Man erkennt in Bild 235 hier die kleinen Walzen (Stauwalzen) über dem festen Wehr.

Umso eindrucksvoller war der Wasserdurchfluss in der neuen Kiesschleuse. Die sehr unruhige Oberfläche lässt auf sehr viel Kies auf der Sohle schließen.

***Bild 232:** Ausspülung der Kiesschleuse während der „Ablässe“ (16.Juni 1931)*

Auch das Einlaufbauwerk, in dem sich während des Umbaus viel Kies angesammelt hatte, musste ausgespült werden. Bild 233 ist ein deutliches Beispiel, welche Kiesmengen der Lech ohne Schutz in die Kanäle in den Jahren 1930/31 eingetragen hätte.

***Bild 233:** Ausspülung des Einlaufbauwerks während der „Ablässe“ (16.Juni 1931)*

Am 26. Juni 1931 war die „Ablässe“ abgeschlossen.
Bei einem Blick nach Süden kann man noch die Kiesinsel im Oberwasser erkennen. (Bild 234)
Sie war in der Zeit vom Umbau entstanden, im Hintergrund ist das Gehänge sichtbar.

***Bild 234:** Blick vom Wehrhäuschen während der „Ablässe „auf Kiesinsel und Gehänge (20. Juni 1931)*

Damit möglichst viel Wasser wärend der „Ablasse“ durch die Kiesschleuse fliest, wurde das feste Wehr geschlossen. (Bild 235)

***Bild 235:** Stauwalzen am festen Wehr (16. Juni 1931)*

***Bild 236:** Ausspülung des Kuhsees und dessen Einlauf in den Lech (16. Juni 1931)*

***Bild 237:** Neue Kiesschleuse mit Erosion im Unterwasser nach erfolgter „Ablässe" (04. Juli 1931)*

Nach dem siebten Tag der „Ablässe", am 20. Juni 1931, war der Flussschlauch ausgespült. Der umgebaute Hochablass hatte seine Bewährungsprobe bestanden. (Bild 236)

Der sehr lebhafte Wasserfluss durch die neue Kiesschleuse mit der neugebauten Eintiefung macht den erfolgreichen Umbau deutlich.

Ausgespülter Flussschlauch am siebten Ablasstag (20. Juni 1931) (Bild 237)

3.2 Der Floßhafen

Zur Abrundung des Umbaus musste noch – gegen den Willen der Stadt – der Floßhafen umgebaut werden. (Bild 238)

3.3 Der Schlammablass

Der Schlammablass wurde ebenfalls angepasst. Die zugehörigen Pläne werden im Kapitel Technik zitiert, da es dazu keine Fotos gibt. (Bild 239)

3.4 Kosten und Mittelbeschaffung für den Umbau

Die rasch aufeinanderfolgenden Hochwässer von 1901 und 1910 und der notwendige Neubau 1910 zusammen mit dessen Finanzierung machten den Verantwortlichen klar, dass es vielleicht schon bald noch einmal zu einer solchen Katastrophe und dadurch zu großen finanziellen Belastungen kommen könnte. Daher gründeten die Stadtverwaltung und der Verein der Triebwerksbesitzer einen „Erneuerungsfond".

Der erste Eintrag erfolgte am 21. März 1914. Dort heißt es:

„Gemäß des Beschlusses der städt. Kollegien vom 15. März und 14. April 1913 (Beschlüsse zum Etat 1913) ist für das Lechwehr am Hochablaß ein Erneuerungsfond angenommen. Dieser Erneuerungsfond ist aus den Mitteln des Wasserbauamtes,

- 1/8 % aus dem Gesamtkostenaufwand zu 1.2800.000 M für den baulichen Teil des Wehres 1600 M
- 2 % aus dem Grundaufwand zu 100.000 M 2000 M
- für den maschinellen Teil 2000 M
- 2 % aus dem Gesamtaufwand für den elektrischen Teil zu 200.000 M 400 M

Summe 4000 M

zuzueignen".[15]

[15] StadtAA, Bestand 45, Akt 724.

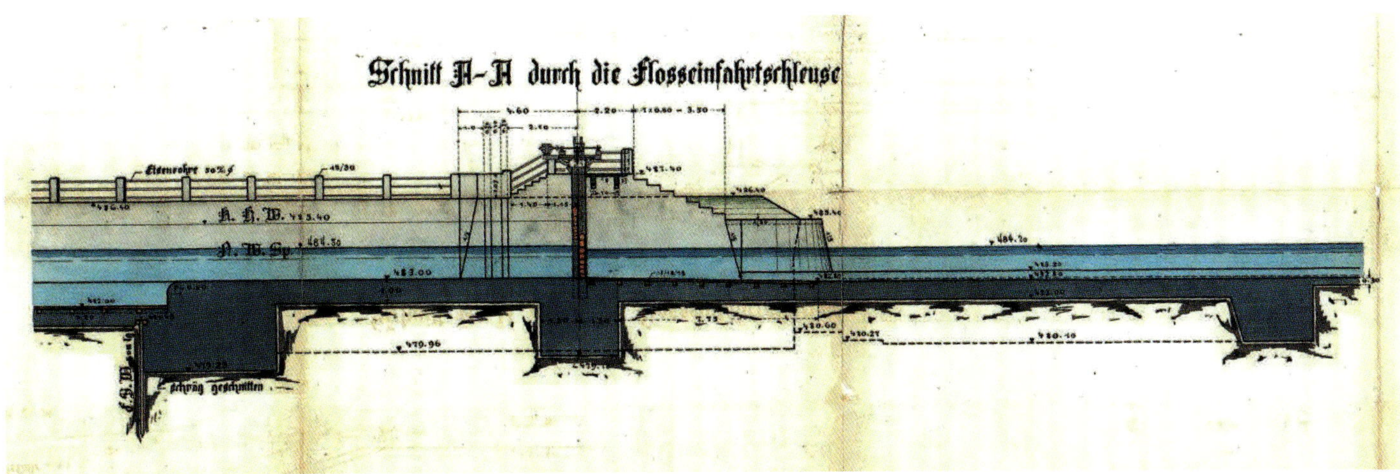

Bild 238: *Plan der Floßeinfahrtsschleuse und Floßhafen*

Bild 239: *Plan des Schlammablasses*

Die gleiche Summe sollte jährlich aus den Mitteln des Wasserbauamtes auf den Fond eingezahlt werden; die Verwaltung wurde angewiesen, für „eine vorzügliche Anlage dieser Beträge" zu sorgen (Plenarbeschluss vom 27. Juni 1914).[16]

Zum Beispiel betrug der Kursgewinn für das Kriegsjahr 1915 39,18 M; das sind fast 1 % der Einlagen.

Die Existenz und der Gewinn dieses Fonds machten es möglich, dass Sametschek beim Umbau 1930/32 trotz Wirtschaftskrise bemerken konnte, Geld sei für den Umbau da.[17] Sametschek bedauerte nur, dass durch die Wirtschaftskrise immer mehr Fabriken aufgeben mussten; dadurch erniedrigten sich auch die Einnahmen aus den Wasserradzinsen, die ebenfalls zur Finanzierung herangezogen wurden.[18]

Der letzte Eintrag für den Fond war der 7. März 1931.

Eine weitere Einnahmequelle, wenn auch vermutlich weniger einträglich, war eine Besichtigungsgebühr für den Hochablass. Diese Gebühr beschloss der Stadtrat von Augsburg am 17. Juni 1913; zuständig war die Stadtkämmerei. Es gab mehrere Anfragen, ob der Hochablass von Gruppen besichtigt werden könnte; diese führte dann Schleusenmeister Scheigele durch. Er verkaufte auch Postkarten (Beschluss 12. Februar 1922). Dazu wurden zwei Bildautomaten erworben. Am 14. August 1917 kam es zu einer Beschwerde, dass die Besichtigungsgebühren zu hoch seien. Am 12. März 1920

[16] StadtAA, Magistratsprotokolle von 1914. Hinweis: Kriegsbeginn des Ersten Weltkrieges: 28. Juni 1914.

[17] StadtAA, Bestand 45, Akt 715.

[18] Wasserradzinsen sind Gebühren, die – von Kollmann angeregt – seit 1848 von der Stadt erhoben wurden. Jede Fabrik musste nach der entnommenen Wassermenge (Energie) einen Wasserradzins abführen. Sowohl Kollmann 1850 als auch Werner 1905 führen diese Abgaben für jedes Werk in ihren Büchern auf. Werner schildert zudem ausführlich die Geschichte dieser Abgaben (Werner S. 30 - 34).

wurden erneut die Gebühren festgesetzt. Im Akt folgten dann weitere jährliche Abrechnungen.[19]

Als am **10. Oktober** 1930 die Triebwerksbesitzer dem Umbau zustimmten, wurden folgende Kosten für den Umbau festgelegt:

a) Kiesschleuse	200.000 RM
b) Stauklappen über dem festen Wehr	22.000 RM
c) Verstärkung des Walzenwehrs	5.000 RM
d) Steg über das feste Wehr Werkbesitzeranteil)	15.000 RM
e) Reparaturen am Werkkanal	8000 RM
f) Erweiterung des Einlaufbauwerks	140.000 RM
	390.000 RM

Im Akt 721 sind die zahlreichen Angebote der Firmen mit zugehörigen Betriebsplänen aufgelistet. Ebenso findet sich dort das Öffentliches Submissionsangebot.

Die Gesamtrechnung am **21. September** 1931 lautete:

Neue Kiesschleuse	250.000 M
Einlaufbauwerk	140.000 M
Gesamtkosten	390.000 M

Vor dem **15. Dezember** 1930 stellte die Stadt Augsburg einen Antrag an das Arbeitsamt Augsburg für eine Bewilligung von Notstandsarbeiten. Diesen Antrag begründete sie mit dem „volkswirtschaftlichen Wert und der dringenden notwendigen Sicherung des Kraftgewinns und der besseren Ausnutzung der Wasserkräfte in den städt. Triebwerkskanälen, einer Verminderung der Geschiebegefahr durch das Einlaufbauwerk ...“ Außerdem argumentierte sie, dass „durch die Beschäftigung von 50 bis 100 Erwerbslosen in den Wintermonaten in 5000 Tagesschichten eine wesentliche Erleichterung des Arbeitsmarktes möglich“ ist.[20]

In diesem Antrag wird auch hingewiesen, dass die „Aufbringung dieser Mittel“ für die Notstandsarbeiten durch den Erneuerungsfond gesichert ist.
Dieser Antrag wurde von der deutschen Gesellschaft für öffentliche Arbeiten genehmigt. Die Genehmigungssumme betrug 50.000 Goldmark.

Die Gesamtkosten wurden auf 300.000 RM beziffert; davon entfielen 170.000 RM auf Materialien und 130.000 RM auf Arbeitslöhne. (Bild 240)

4. Die Jahre von 1932 bis 1945

Diese Jahre waren für das Bauwerk Hochablass verhältnismäßig unspektakulär. Der Umbau hatte sich bewährt; der Kies wurde wesentlich besser nach Norden abgeführt, so dass die Probleme, die nach dem Neubau von 1910 entstanden waren, nicht mehr auftraten. Aus wirtschaftlicher Sicht war der Hochablass immer noch für Augsburg wichtig, da er die Energie für die angeschlossenen Werke lieferte; sie stellten bis 1945 19 für den Krieg notwendige Waren her. Gottlieb Sametschek war inzwischen Stadtbaumeister, der für den Hochablass zuständige Ingenieur war Nepomuk Ladenburger.
Die Aktenlage für diese Zeit ist sehr dürftig.
4 Einträge in den Magistratsakten aus diesen Jahren seien hier erwähnt.
Eine Episode sticht aus technischer Sicht heraus:
Im Winter 1942 drohte eine ähnliche Eiskatastrophe wie im Winter 1929, bei der über Wochen hinweg kein Wasser Energie für die Werke liefern konnte, da der Hochablass und der Lech bis Gersthofen vereist war. Um einer nahende Eistrifft und einer möglichen Eisstopfung besser begegnen zu können, schlug Sametschek deshalb vor, nachts mit speziell angefertigten Lampen die Oberfläche des Lechs am Hochablass zu beleuchten. Wasser hat nämlich eine sehr hohe Wärmekapazität und braucht daher sehr lange, um aus Wasser Eis werden zu lassen; Eis bildet sich also nachts und ließ sich so schwer beobachten. Die Stadtverwaltung untersagte zuerst den Einsatz von Lampen, weil das Gebot auf Verdunkelung bestand. Dies hatte für den Hochablass folgenden Grund: Der Lech war für die Flugzeuge der Alliierten eine Leitlinie, um vom Süden zuerst nördlich und dann über Augsburg nach Osten und nach München zu fliegen. Die von Sametschek vorgeschlagenen Lampen waren aber so konstruiert, dass sie nicht nach oben abstrahlten; sie wurden daher erlaubt; das ankommende Eis konnte von den Schleusenwärtern deshalb beherrscht werden. Die Eisperiode dauerte nur wenige Tage und konnte daher keinen Schaden anrichten.
Ohne Angaben von Gründen orderte am **29. Januar** 1943 die Stadtverwaltung bei der Firma Johann Schuster in Langweid 600 Faschinen (Stückpreis 50 Rpfg/Stück); es ist unbekannt, wofür sie verbaut wurden. Erst am **15. März** 1943 konnten 450 Stück abgeholt werden.

[19] StadtAA Bestand 45 Akt 723. Für diesen Akt gibt es nur einen Aktenrenner. In diesem werden nur zwei Einzelheiten berichtet: kostenlose Führung des Bäckergesangsvereins von Brooklyn (9. Juni 1927) und unentgeltliche Besichtigung durch Teilnehmerinnen beim Bayerischen Frauentag (15. Juni 1928). Es gibt keine Einzelheiten, nur eine kurze Verlautbarung über die Gebühren. Am Ende des Aktenrenners steht: „Akt d. Luftangriff am 24./25.2.44 vernichtet“.

[20] StadtAA Bestand 45 Akt 718

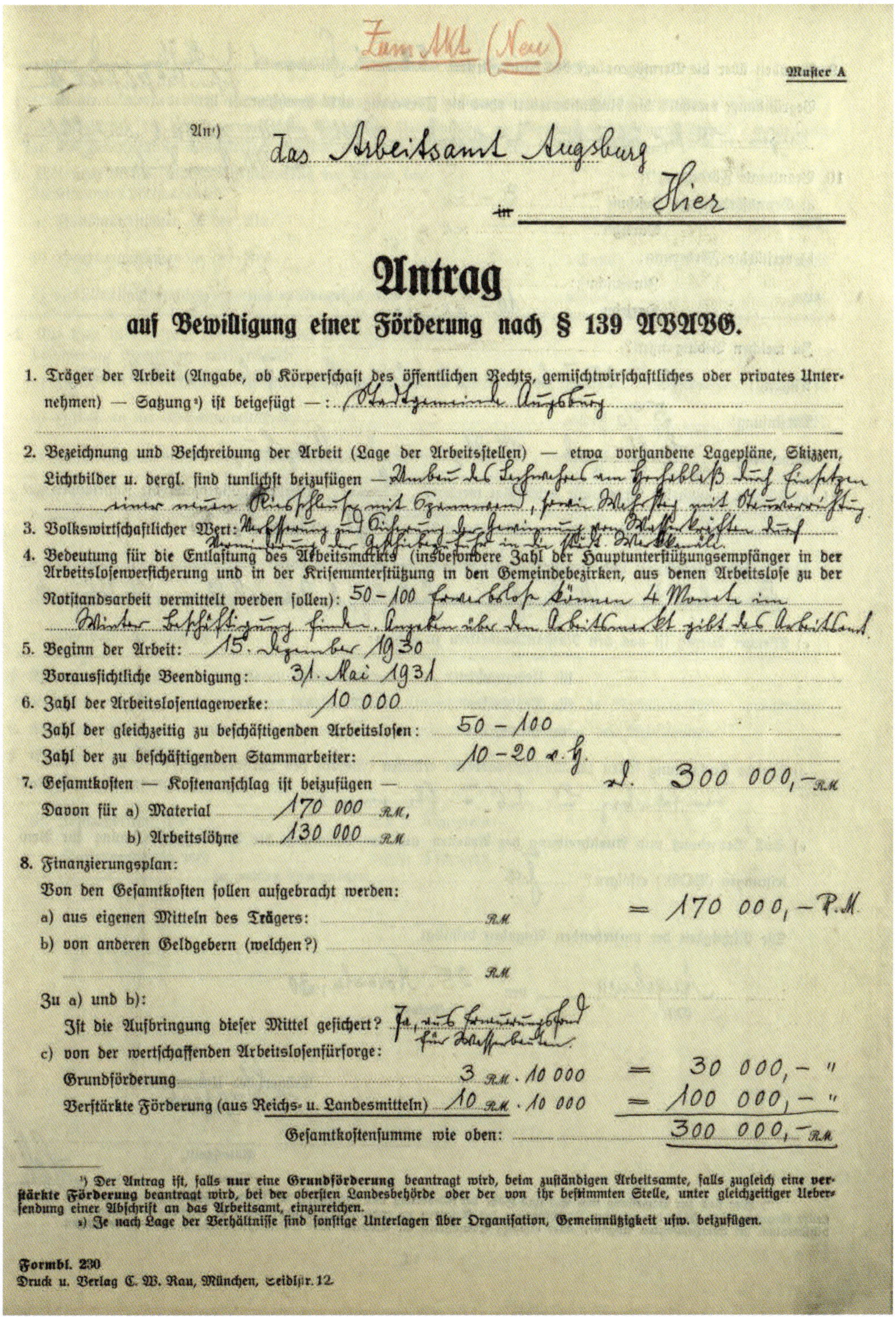

Zum Akt (Neu)

Muster A

An¹) Das Arbeitsamt Augsburg

in Hier

Antrag

auf Bewilligung einer Förderung nach § 139 AVAVG.

1. Träger der Arbeit (Angabe, ob Körperschaft des öffentlichen Rechts, gemischtwirtschaftliches oder privates Unternehmen) — Satzung²) ist beigefügt —: Stadtgemeinde Augsburg
2. Bezeichnung und Beschreibung der Arbeit (Lage der Arbeitsstellen) — etwa vorhandene Lagepläne, Skizzen, Lichtbilder u. dergl. sind tunlichst beizufügen — Umbau des Lechwehres am Hochablaß durch Einsetzen [illegible]
3. Volkswirtschaftlicher Wert: [illegible]
4. Bedeutung für die Entlastung des Arbeitsmarkts (insbesondere Zahl der Hauptunterstützungsempfänger in der Arbeitslosenversicherung und in der Krisenunterstützung in den Gemeindebezirken, aus denen Arbeitslose zu der Notstandsarbeit vermittelt werden sollen): 50–100 Arbeitslose können 4 Monate im Winter Beschäftigung finden. Angaben über den Arbeitsmarkt gibt das Arbeitsamt
5. Beginn der Arbeit: 15. Dezember 1930
   Voraussichtliche Beendigung: 31. Mai 1931
6. Zahl der Arbeitslosentagewerke: 10 000
   Zahl der gleichzeitig zu beschäftigenden Arbeitslosen: 50 – 100
   Zahl der zu beschäftigenden Stammarbeiter: 10 – 20 [illegible]
7. Gesamtkosten — Kostenanschlag ist beizufügen — rd. 300 000,– RM
   Davon für a) Material 170 000 RM
   b) Arbeitslöhne 130 000 RM
8. Finanzierungsplan:
   Von den Gesamtkosten sollen aufgebracht werden:
   a) aus eigenen Mitteln des Trägers: RM = 170 000,– RM
   b) von anderen Geldgebern (welchen?) RM
   Zu a) und b):
   Ist die Aufbringung dieser Mittel gesichert? Ja, [illegible]
   c) von der wertschaffenden Arbeitslosenfürsorge:
   Grundförderung 3 RM · 10 000 = 30 000,– "
   Verstärkte Förderung (aus Reichs- u. Landesmitteln) 10 RM · 10 000 = 100 000,– "
   Gesamtkostensumme wie oben: 300 000,– RM

¹) Der Antrag ist, falls nur eine Grundförderung beantragt wird, beim zuständigen Arbeitsamte, falls zugleich eine verstärkte Förderung beantragt wird, bei der obersten Landesbehörde oder der von ihr bestimmten Stelle, unter gleichzeitiger Uebersendung einer Abschrift an das Arbeitsamt, einzureichen.
²) Je nach Lage der Verhältnisse sind sonstige Unterlagen über Organisation, Gemeinnützigkeit usw. beizufügen.

Formbl. 230
Druck u. Verlag C. W. Rau, München, Seidlstr. 12

***Bild 240:** Antrag auf Bewilligung einer Förderung an das Arbeitsamt Augsburg*

Am **25.Juli** 1944 wurde an die Firma Ott (mech. Institut) in Kempten ein Muster eines Drahtseilchens von der Länge 8 m geschickt; es wurde gebeten, möglichst schnell ein solches zu liefern, weil ein gleiches am Pegel des Hauptstadtbaches gebraucht wird. Lieferadresse: Städt. Bauverwaltung, Abt. Tiefbau, Wasser- und Brückenamt. Aus der Adresse ist erkennbar, dass sich die Bezeichnung des Amtes verändert hatte.

Über eine Lieferung oder den Einbau wird nichts berichtet.

Ein weiterer Eintrag erfolgte am **26. Oktober** 1944; er lautet wie folgt: „Der Meßsteg beim selbstschreibenden Pegel am Hauptstadtbach bei der Spickelwirtschaft ist Mitte Oktober 1944 wegen Baufälligkeit abgetragen worden. Das Holz wird als Brennholz Verwendung finden, die Eisenteile im Lager am Ablaßwehr verwendet".

Bild 241: *Hochablass, N. Burkhardt*

Die Erneuerung des Hochablasses nach dem Jahr 1945

1. Reparaturen und Umbauten bis zur Olympiade

Die Zeit nach 1945 war geprägt durch Reparaturen und Anpassungen der Stauanlage an neue technische Entwicklungen; die wesentlichen Teile des Hochablasses wurden jedoch im Zweiten Weltkrieg nicht zerstört. Die Wehranlage blieb in ihrer Gesamtkonzeption bis zum Einbau der Kanustrecke für die Olympiade 1972 und dem Einbau zweier Turbinen am östlichen Wehrkörper erhalten.
Als Gründe für notwendigen Erneuerungen kann man nennen:

- Zum einen ist Beton gerade im Wasserbau in der Regel 50 bis maximal 100 Jahre haltbar, danach muss er stabilisiert oder erneuert werden.
- Ein weiterer Grund ist die notwendig schnelle Bauweise im Jahr 1911 bis 1912; neben technischen Unzulänglichkeiten (der Beton wurde noch nicht durch Rüttelmaschinen verfestigt) gab es dafür auch behördliche Schwierigkeiten, die die Verantwortlichen zu raschem Bauen zwangen (siehe Kapitel „Neubau 1910“); dies war mit ausschlaggebend für die Anfälligkeit des Bauwerks.
- Stahl unterliegt ebenso einem Alterungsprozess. Maximale Lebensdauer ist 90 - 100 Jahre.
- Die technische Entwicklung erfordert einen Austausch veralteter Geräte und Bauteile, um die Sicherheit einer technischen Anlage und die Arbeitssituation des Bedienpersonals zu verbessern.
- Ausnützen der kinetischen Energie des herabstürzenden Wassers durch den Einbau eines Kraftwerks im Jahr 2015.

Die Erneuerung bzw. Austausch veralteter Bauelemente kann durch unterschiedliche Sehweise von Technikern und Denkmalschützern nicht ohne Gespräche gelöst werden. Die harmonische Einbeziehung des Denkmalschutzes ist z. B. bei der Walze in Schweinfurt vorbildlich gelungen, als am Saumain die erste Walze der MAN als Technikdenkmal neben der neuen Stauanlage aufgestellt wurde und heute als Schauobjekt für an Technik Interessierte erhalten wurde.[1]
Im Tiefbauamt wird heute der Blick auf die erhaltenswerte „alte“ Technik gepflegt. Man hat die 100 Jahre alte große Walze durch einen Nachbau ersetzt. Weitere Einzelheiten weiter unter.

Die vorliegende Arbeit soll auch dazu dienen, die Entwicklung einer technischen Anlage im Gedächtnis der Augsburger zu erhalten und so weit wie möglich dem Denkmalschutz den geeigneten Rahmen zugestehen.

Die Um- und Erneuerungsbauten am Hochablass werden im Folgenden dokumentiert:

1954 und **1955** waren die Sturzböden im Bereich des beweglichen Wehrteils über zwanzig Jahre alt (siehe Umbau 1931/32) und bedurften dringend einer Erneuerung, weil hier die Auskolkung am gravierendsten war. Ebenfalls wurde eine Sanierung des Stahlwasserbaus beim Walzenverschluss durchgeführt. Die kleinen Stauwalzen über dem festen Wehr ersetzte man bei drei Wehrfeldern durch **automatische Gegenklappen**. Die übrigen zwei kleinen Walzen tauschte man durch **bewegliche Wehrtafeln** aus.

Von den Gegenklappen existiert im Tiefbauamt Augsburg leider nur eine Konstruktionszeichnung einer möglichen Ausführung für die Gegenklappen; sie entspricht nicht völlig den später eingebauten Klappen. (Bild 242)

Das Klappensystem der automatischen Gegenklappen war so konstruiert, dass die Klappen auf einen bestimmten Wasserdruck des Oberwassers selbstständig nach unten gedrückt wurden; eine Seilführung über zwei rechtwinkelig zueinander gestellte Räder sicherte die Bewegung der Klappen.

[1] Rembrant Fiedler in Egon Greipl: Der Geschichte auf der Spur, 1. Band, S. 28.

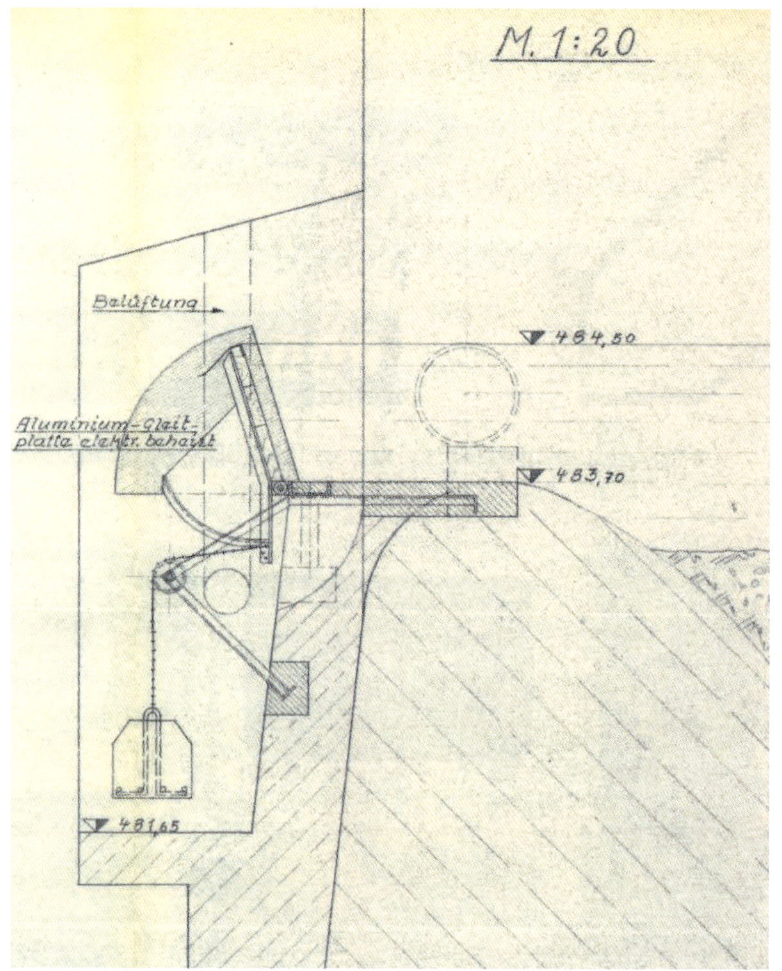

Bild 242 oben: *Konstruktionsplan mit elektrisch beheizten Gleitklappen*

Bild 243: *Wasserfreie automatische Gegenklappe*

Bild 244 oben: *Detailaufnahme der wasserfreien Gegenklappe* und **Bild 245:** *Umlenkräder mit Gegengewicht im Hochwasserfall*

Ein Gegengewicht am Ende des Seils, das in einer hohlen Betonröhre frei hing, bildete die Gegenkraft zur Kraft des Wassers auf die Klappen. Dieses Gewicht war auf einen bestimmten Wasserdruck eingestellt. Überschritt der Druck auf die Klappe diesen Wert, kippte die Klappe nach unten und das Wasser überströmte die Klappe. Nahm der Druck ab, weil weniger Wasser auf den Hochablass zufloss, wurden die Klappen wieder nach oben gezogen; das Wehr schloss sich dann selbstständig.

So elegant diese Lösung ist – sie bedarf nur geringer Wartung –, so hat sie doch einen Nachteil: Sie reagiert etwas träge auf die Veränderung der Wasserstände, gerade wenn das ankommende Wasser zurückgeht.

Im Jahr 2014/15 wurde die gesamte Wehranlage überholt und die Klappen waren wasserfrei. Dadurch war es möglich, die Konstruktion der Gegenklappen im strömungsfreien Zustand zu besichtigen. (Bilder 243–245)

Bild 246: *Geöffnete Gegenklappen bei Hochwasser (1999)*

Im Normalfall eines Hochwassers öffnen sich die drei Gegenklappen gleichzeitig. Beim Hochwasser von 1999 war der Wasserdruck auf die Klappen aber unterschiedlich; die westlichste Klappe öffnete sich schneller als die weiter östlichen. (Bild 246)

Bringt der Lech genügend Wasser für die Stadtkanäle, die Fischtreppe (alt oder neu) und die Kanustrecke vom Süden an den Hochablass, so lässt das Tiefbauamt zur Erzeugung des Wasserschleiers etwas Wasser über das feste Wehr und das Schützenwehr laufen. (Bild 247)

Da jedes Klappensystem seitlich Wasser durchläßt, kann hier das sog. Verlustwasser durchfließen. Im Winter friert dieses Wasser und erzeugen Vereisungen.
Imposant wirken in strengen Wintern die mächtigen Eiszapfen an den vereisten Gegenklappen. (Bild 248)

2. Umbauten für die Kanustrecke zur Olympiade

1968 mussten der Steg und Teile des Stahlwasserbau saniert werden. Die Anlage wurde umgebaut, um den Anforderungen für die **Olympischen Spiele** zu genügen. Das bedeutet, dass die Wehranlage dabei nur so weit verändert wurde, dass zwischen Einlaufbauwerk und Kiesgasse ein Einlaufwehr für eine Kanustrecke verwirklichte werden konnte.

Durch das Wasserwerk fließt der **Neubach**, der früher dessen Pumpen mit Energie versorgte. Ein Teil des Neubaches wurde abgezweigt und neben dem Wasserwerk an diesem vorbeigeleitet. Diese Konstruktion diente dazu, dass das ankommende Treibeis am Wasserwerk nicht durch das Wasserwerk triftete; sie schützte also die Turbinen vor Treibeis.[2] Daher kommt die Bezeichnung „Eiskanal". Ursprünglich wurde dieser Eiskanal nach dem Wasserwerk dem Neubach wieder zugeführt. (Bild 249)

Für die **Kanustrecke** teilte man diesen Eiskanal des Neubaches kurz nach dem Einlaufbauwerk vom Stadtkanal. Die Kanustrecke mit dem zugehörigen Einlauf wurde neu konzipiert. Die Anlage des Eiskanals musste so eingebaut werden, dass die vertraglichen Vorgaben für die Wasserversorgung der Werke (36 m^3/s in den Stadtbach und 1 m^3/s für den Fischpass) ihren Vorrang behielten.
Man legte die Teilung des neuen Eiskanales folgendermaßen fest: Das Wasser des einen

[2] Solche Umleitungen sind im Augsburger Kanalsystem ebenfalls anzutreffen, z. B. an der Proviantbachstraße beim Kraftwerk Gruber am Proviantbach oder bei St. Ursula.

Bild 247: *Wasserschleier am Hochablass*

Bild 248: *Vereisung des Klappensystems*

Bild 249: *Der Neubach am Wasserwerk*

Bild 250: *Modell der Kanustrecke bei der Eröffnung durch Oberbürgermeister Hans Breuer*

Bild 252: *Ausbrucharbeiten am Einlaufbauwerk*

Arms (10 m^3/s) fließt die 660 Meter lange **Wildwasserstrecke** wieder in den Lech; das Wasser des zweiten Arms – die **Slalomstrecke** mit ca. 17 m^3/s – wird zurück in den Stadtbach geleitet. Das natürliche Gefälle zwischen Schleuse am Hochablasswehr und dem Niveau des Lechs bestimmt die Fließgeschwindigkeit in der **Kanustrecke**.

Durch ein Wehr zum Anfang der Kanustrecke kann das Wasser reguliert werden. So ist es möglich, beliebige Übungssituationen herzustellen. Im Winter ist die Anlage nicht im Betrieb.

Die Kanuanlage ist die erste künstliche Kanustrecke weltweit. Für deren Planung wurde ein Modell erstellt, um die Strömungsverhältnis an den einzelnen Hindernissen studieren zu können.[3]

Am 20. Juli 1970 begann man mit dem Bau der Kanustrecke, am 22. August 1971 konnte der erste Probelauf durchgeführt werden.
Die ausführenden Firmen waren Müller und Co aus München und Otto Pfeiffer KG aus Rosenheim, wie das Bauschild verrät. Die Gestaltung der umgebenden Landschaft plante Landschaftsarchitekt Anton Hansjakob.

Die Stadtwerke veranlassten zur Dokumentation des Baus der Kanustrecke eine Bilderserie. Daraus einige Beispiele.[4] (Bild 250 - 253)

Sie wird inzwischen auch nach den Olympischen Spielen regelmäßig für Trainingszwecke und Wettkämpfe genutzt. (Bild 254 und Bild 255)

[3] Die DDR baute eine fast gleiche Strecke bei Cainsdorf nach, um ähnliche Übungsmöglichkeiten wie die westdeutschen Sportler zu haben.

[4] Bild 9 - 12 vom TBA

Bild 251: *Bauschild an der Kanustrecke*

Bild 253: Im Bau befindliche Kanustrecke mit „Zuckerhut" und „Moby Dick"

Der **Wehrturm** wurde im Zuge der allgemeinen Sanierungsarbeiten ebenfalls überholt. Es gibt keine Eiswarnanlage mehr auf der Turmkanzel. Doch wurde im Zuge der 100-Jahr-Feier der Hochwasserkatastrophe von 1910 im Jahr 2010 die Sturmglocke erneuert. (Bild 256)

Zur Olympiade 1972 wurde **der Steg über das feste Wehr** im Zuge **der Umgestaltung des östlichen Areals am Hochablasses** saniert. Zu der Sanierung dieses Stegs nach Osten und des Uferbereichs zwischen Kuhsee und Lech gibt es im Tiefbauamt Pläne; aus diesen Plänen geht hervor, dass zuerst ein hölzerner Notsteg gebaut werden musste. (Bild 257, 258)

Anschließend wurde der gesamte Steg betoniert: (Bild 259)

Das Gelände um den Kuhsee wurde zu einem beliebten Erholungsgebiet für die Augsburger Bevölkerung umgestaltet. Der See wurde neu angelegt, auch der **Auslauf des Kuhsees** wurde in die Wehranlage integriert; der See wird nur vom Grundwasserstrom gespeist. Der Zufluss durch den Lech wurde aufgegeben, da die Funktion eines Rückhaltebeckens für Hochwasser fallen gelassen wurde.
Durch die Ausbaggerung des Kieses im Bereich des alten Kuhsees wurde günstig Baumaterial für den Umbau der Kanustrecke und des Dammes zwischen Kuhsee und Lech gewonnen; die Augsburger erhielten zusätzlich durch die Umgestaltung des Geländes ein seitdem vielbesuchtes Naherholungsgebiet.

Bild 254: *Wettkampfplakat (Hans Boehlke, 1999)*

Bild 255: *Kanufahrer im Eiskanal (Hans Boehlke,2004)*

Bild 256: *Renovierter Wehrturm*

Schnitt M=1:100

Notsteg über den Lech
während der Sanierungsarbeiten
am Hochablaßwehr

Augsburg, Februar 1970
Stadt Augsburg
Tiefbauamt
Abt. Wasser- u. Brückenbau

Ansicht M=1:100

Bild 257, 258: *Plan eines Notstegs (1970)*

Bild 259: *Heute präsentiert sich der Steg vom Wehrturm aus als betonierter Weg.*

Bild 260: *Kuhseeauslauf vom Oberwasser aus.*

Der Kuhsee erhielt einen neuen Auslauf, der es ermöglichte, den Wasserstand im Kuhsee durch ein bewegliches Wehr zu regulieren. (Bild 260, 261)

3. Generalsanierung ab 1999

3.1 Bestandaufnahme

Doch bestand weiterer Sanierungsbedarf. Die teilweise aus den Jahren 1911/12 stammenden Bauteile gefährdeten erheblich die Standfestigkeit besonders beim beweglichen Wehrteil.
Zu diesem Vorhaben wurde die Ingenieurgesellschaft HPI Hydroprojekt unter der Bauaufsicht des Augsburger Tiefbauamtes beauftragt.

Von **Oktober 1995 bis April 1996** wurden erste Bestandsuntersuchungen und Prüfungen der Standsicherheit durchgeführt. Das Ergebnis war, dass für das 20 Meter breite Walzenwehr keine Standsicherheit bestand. (Bild 262)

Bereits für den Haushalt 1999 bewilligte der Stadtrat erste Millionenbeträge für die Sanierung des Hochablasses, „nachdem ein Verkauf der Anlage – etwa an die Bayerische Wasserkraftwerke AG (BAYWG) – nicht in Frage kommt".(AZ berichtete mehrfach darüber). Als Beleg soll ein Artikel in der AZ **vom 1. März 1999** auszugsweise zitiert werden: „Gestern präsentierten nun Stadtbaurat Dr. Karl Demharter und Tiefbauamtsleiter Otto Liepert das Gutachten: Danach ist die Ostseite des

Bild 261: *Kuhseeauslauf vom Unterwasser aus.*

Wehres zum Kuhsee hin weitgehend in Ordnung; der Westteil jedoch marode. Vor allem die beiden Pfeiler am und neben dem Türmchen bieten nicht genügend Standfestigkeit im Falle eines stärkeren Hochwassers. Fazit: Ein Aufschub der Sanierung erscheint „unverantwortlich", so die Gutachter. Nicht nur wegen möglicher Schäden; sondern auch wegen drohender Schadensersatzansprüche, da bei einem Durchbruch die Stadtkanäle und damit private Wasserkraftwerke auf dem Trockenen liegen würden. Der Bauausschuss befürwortete die auf sieben Millionen Mark bezifferte Sanierung einstimmig. Die Arbeiten sollen im Herbst beginnen".

Augenfällig wurden diese Mängel noch im gleichen Jahr **1999**. Ein Hochwasser (**„Pfingsthochwasser"** genannt), das mit ca. 1400 cm^3/s ebenso mächtig war wie das Katastrophenhochwasser von 1910, strömte über den Hochablass; doch der Betonbau hielt

Stadt Augsburg
Bauvorhaben:
Sanierung Hochablaß Augsburg

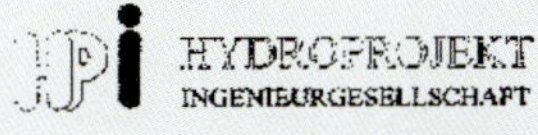

Büro München

1. Planung und Ausführung

Bauherr, Bauoberleitung:	Stadt Augsburg, Tiefbauamt, Abt. Wasser- u. Brückenbau Bauoberleitung: Herr Dipl.-Ing. Rutte, Herr Dipl.-Ing. Fichner
Planung u. Ausschreibung:	HPI – Hydroprojekt Ingenieurgesellschaft, Büro München (100-prozentige Tochter von Lahmeyer International, zuständig für Wasserbau Inland) Territoriale Referenzen: Generalsanierung Kraftwerke Gersthofen, Langweid, Meitingen, Staustufen an der Iller, Hochwasserschutzprojekte, etc. Planer: Herr Dipl.-Ing. Bernhard Zäh
Örtliche Bauleitung:	HPI – Hydroprojekt Ingenieurgesellschaft, Büro München Territoriale Referenzen: Bauleitung Kraftwerke Gersthofen u. Meitingen incl. Lechkanal Bauleiter: Herr Dipl.-Ing. Andreas Triebe
Ausführung Injektionen:	Fa. Stump, Ismaning Referenzen: u. a. größtes Pumpspeicherwerk Europas, Goldisthal (Thüringen) Bauleiter: Herr Wilhelm
Ausführung Wasserbau:	Wayss & Freytag Bau-AG, Niederlassung Augsburg Territoriale Referenzen: Generalsanierung Kraftwerke Langweid, Meitingen, Staustufen an der Iller, etc. Oberbauleiter: Herr Oberingenieur Müller, Herr Dipl.-Ing. Wittmann

2. Zeitlicher Ablauf

10/95 - 04/96	erste Bestandsuntersuchungen und Prüfungen der Standsicherheit Ergebnis: keine Standsicherheit für das 20 m breite Walzenwehr
1999	Planung und Ausschreibung für den erforderlichen Bereich
Gesamtbauzeit:	04.10.1999 – 14.04.2000 (26 KW)
04.10.1999 - 15.02.1999	Injektionsarbeiten
15.11.1999 - 14.04.2000	Wasserbau, Umschließungs- und Betonarbeiten

Stadt Augsburg
Bauvorhaben:
Sanierung Hochablaß Augsburg

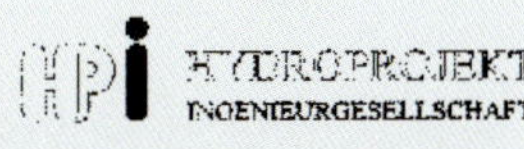

Büro München

3. Technische Eckdaten:

1.200 m	Kern- und Hammerbohrungen in Bestandsbeton
51,6 t	Injektionszement
1.500 m³	Dammschüttung im Unterwasser
26 KW	Wasserhaltung
	Austausch- und Auflockerungsbohrungen für Spundwand im Unterwasser
1.300 m²	Spundwand im Unter- und Oberwasser (im OW vom Ponton gerammt)
14 Stk	Bohrpfähle für Tosbecken im Unterwasser
17 Stk	Anker für Wehrschwelle und Wehrsohle
1.000 m³	Beton für Tosbeckensohle mit 27 Störkörpern und Vorboden im Oberwasser
70 t	Bewehrungsstahl
550 m²	Betonabbruch (15 cm stark) an den Pfeilern mittels Betonfräse
550 m²	Bewehrte und verankerte Spritzbetonschale
	Beton- und Stahlkonstruktion zur Abdammung des Walzenwehrfeldes

4. Baukosten:

3.100.000 DM zusätzliche Leistungen: 265.000 DM

Augsburg, den 31.03.2000

Bild 262: *Projektübersicht*

– noch – den Fluten stand. Aber es wurden zahlreiche Schäden an dem inzwischen fast 90 Jahre alten Bauwerk sichtbar.

3.2 Sanierung des Einlaufbauwerks

Nach 100 Jahren war die Lebensdauer für Beton abgelaufen. Das Einlaufbauwerk wurde als erste Umbaumaßnahme saniert, damit der Wasserzulauf für die Stadtkanäle und den anliegenden Kraftwerken ohne Unterbrechung gesichert werden konnte.
Die Sanierung wurde in zwei Bauabschnitten durchgeführt.
Als erstes erfolgte der Umbau des Einlaufbauwerks unter der Objektüberwachung durch das Tiefbauamt der Stadt Augsburg.
(Bilder 263 – 267)

Die Fotos zeigen die Einlauffront mit den elf Schleusen, das zweigeteilte Einlaufbecken (dient zur erleichterten Wartung) mit dem

Bild 263: *Umbau des Einlaufbauwerks 1999*

Bild 264: *fertiges Einlaufbauwerk mit den elf Einlaufschützen*

Bild 265: fertiges Einlaufbauwerk

Einlauf des alten Umgehungskanals, und die zweite Reihe der Einlaufschleusen zum Stadtbach hin (dieser wird in die Kanustrecke und den Neubach zum Wasserwerk geteilt). Das nächste Foto wurde vom Turm aus gemacht und bietet einen guten Überblick über das gesamte Einlaufbauwerk. (Bild 268)

Der Umgehungskanal wurde nicht zugeschüttet; er ist heute ca. 1,4 Kilometer lang. Aus ihm entstand ein Biotop mit bedeutenden Vorkommen von Amphibien. (Bild 269)

Bild 266: Schützen der Spühlkammern

Bild 267: Bedienungssteg vor Schützen

Bild 268: Foto von oben über das Einlaufbauwerk

Bild 269: Blick über die Einlaufschützen zum Floßhafen und Umgehungskanal

3.3 Sanierung des beweglichen Wehrteils

3.3.1 Planung und Veranschlagte Kosten

Ab 1999 wurde der Bereich vor dem beweglichen Wehrteil saniert. Der Stadtrat stimmte einer sofortigen Renovierung zu.

Die gesamten Sicherungsmaßnahmen wurden auf rund 3,15 Millionen DM veranschlagt. Über diese Arbeiten gibt es im Tiefbauamt eine Fotoserie; es folgen daraus einige Bilder. (Bild 270 und 271)

Die Sanierungsmaßnahmen wurden folgendermaßen durchgeführt:[5]

- Im Tosbecken vor der Walze wurden Störkörper eingebaut, um dadurch die Auskolkung zu minimieren. (Bild 272 – 276)
- Herabstürzendes Wasser gerät in Schwingungen; diese werden auf den Untergrund übertragen und destabilisieren diesen (Kaskadeneffekt); deshalb musste ein neues Tosbecken gebaut werden.
- Die Bausubstanz der Pfeiler 3 und 4 des Walzenwehres wurden durch Betoninjektion standfest gemacht, d. h. die hohlen Mittelpfeiler wurden mit einem Spezialzement gefestigt. Diese Arbeiten wurden bis zum Jahresende durchgeführt. Die Menge des zur Füllung benötigten Betons war erheblich größer als vorausgeschätzt. (Bild 280)
- Kosten der 1. Sanierung: Ca. 1,53 Mio. DM
- Daueranker im Wehrfeld der 20-Meter-Walze stellten die Gleitsicherheit der Walze wieder her. (Bild 277)

Text auf der Bautafel:
Los 1 Bohr- und Injektionsarbeiten
Los 2 Umschließungs- und Betonarbeiten

Sanierung der Pfeiler 3 und 4
(Walze liegt zwischen Pfeiler 3 und 4)
Sanierung des Walzenwehrs, sowie Neubau der Tosbecken
Gesamtkosten DM 3.000.000
Oberbauleitung Planung u. Bauleitung
Tiefbauamt Ing. Gem. HPI Hydro
Los 1 Stumpf Spezialtiefbau GmbH Ismaning
Los 2 Wayss Fr. Freytag AG Ingenierbureau Augsburg

3.3.2 Die Baudurchführung 1999 bis 2002

Im Dezember 1999 machte starker Schneefall in den Bayerischen Alpen die Sanierung des Hochablasswehres zum Wettlauf mit dem sogenannten „Weihnachtshochwasser“. Die Fachleute rechneten zum Jahresende mit Tauwetter und so mit einem Ansteigen der Lechfluten. Sollten die Arbeiten unterhalb des mittleren Wehres nicht rechtzeitig abgeschlossen gewesen sein, wäre die Stauanlage verwundbar gewesen. Deshalb arbeiteten zwei Spezialfirmen in dieser Zeit mit Hochdruck.

Als erste Maßnahme wurde das Wehrfeld der 20-Meter-Walze mit einem Daueranker versehen, um die Gleitsicherheit der Walze herzustellen.

Doch damit blieb die Westseite weiter „unsicher“: Im zweiten Bauabschnitt bedurften noch die Kiesgasse und das Automatikwehr der Reparatur. Zu dieser Zeit stand noch nicht fest, ob die erforderlichen Mittel in Höhe von 2 Millionen DM aufgebracht werden konnten.[6]

[5] Wikipediaeintrag des Tiefbauamtes von 2006

[6] Diese Anmerkungen zu der Sanierung des Hochablasses wurden teilweise einem Artikel von Richard Schmidt, Redaktionsmitglied der AZ, vom 9. Dezember 1999 übernommen. Die Floßgasse ist auch 2020 noch nicht saniert, weil die Mittel fehlten.

Bild 270: *Hochablass vor der Sanierung*

Bild 271; *Bautafel der Sanierung, 1. Bauabschnitt*

Bild 272: *Bau der Störsteine*

Am Beginn kam es bei den Bauarbeiten zu einem Zwischenfall: Ein Bohrhammer mit Videokamera brach ab und fiel darauf in den engen Bohrschacht. Es wurde vergeblich versucht, dieses zu erweitern und den Bohrhammer (Preis ca. 5000 DM) zu bergen.

Um die Standfestigkeit des Betonbaus abzusichern, wurde vor der Walze und der Doppelhackenschütze ein Tosbecken mit **Störsteinen**[7] errichtet. Diese Steine können die vom herabfallenden Wasser in kinetische Energie umgewandelte potenzielle Energie teilweise in Verformungsenergie umwandeln und damit die Belastung des Untergrunds abfedern.
(Bild 272 – 276)

Bild 273: *Tosbecken unterhalb der Walze mit Positionierung der Störstein*

Bild 274: *Bau der Störsteine*

Bild 275: *Tosbecken unterhalb der Walze mit Positionierung der Störsteine*

Bild 276: *Störsteine bei Hochwasser*

Bild 277: *Daueranker im Bereich des Walzenwehrs*

Bild 278: *Unregelmäßige Struktur des Betons und Injektionsstäbe*

Bild 279: *Baustelle mit Spundwänden im Oberwasser*

Die vom Tiefbauamt angefertigten Bilder dieses Sanierungsprojekts zeigen deutlich die 1999 vorhandenen Bauschäden. Die Wände waren von den fast 90 Jahre anhaltenden Belastungen der herabstürzenden Wassermassen stark beschädigt. Auch machte sich deutlich bemerkbar, dass beim Neubau die heutigen Techniken zum Verarbeiten von Beton noch nicht bekannt waren. (Bild 278)

Die bewährte Bauweise mithilfe von Spundwänden wurde jedoch weiter angewandt. (Bild 279)

Eine Verzögerung trat ein, als man den westlichen Pfeiler des Wehrturms mit Spezialzement füllen wollte. Die Aushöhlung war wesentlich größer als angenommen. Zusätzlicher Beton musste eingefüllt werden. Die Fülllöcher sind heute noch sichtbar. (Bild 280)

Bild 280: *Abgedichtete Injektionslöcher im Pfeiler 3 (Turmboden)*

3.3.3 Die Zeit von 2002 bis 2003

In diesem Zeitraum wurden folgende Sanierungsarbeiten durchgeführt:

- Im Tosbecken der Fischbauchklappe wurden Störkörper eingebaut.
- Die Betonsubstanz in den Pfeilern 1 und 2 sowie den Wänden der Kiesschleuse wurden verbessert.
- Die Sanierung im Stahlwasserbau in der Fischbauchklappe wurde durchgeführt.
- Die Kosten betrugen ca. 1,8 Mio. €.

3.3.4 Die Zeit von 2005 bis 2006

In diesem Zeitraum wurden abschließend noch folgende Bauarbeiten durchgeführt:

Ein Bedienungssteg musste parallel zum Einlauf in den Hauptstadtbach neu gebaut werden. Ebenso waren die Uferwände nördlich des Einlaufbauwerks zu sanieren. Hier betrugen die Kosten ca. 1,1 Mio. €

Bei der Sanierung des Mittelteils des Wehrkörpers traten überraschend Probleme auf: Die Bodenbeschaffenheit unterhalb dieses Wehrbereichs erwies sich als so widerstandsfähig,

[7] Zu der Funktionsweise von Störsteinen gibt es eine Bachelorarbeit an der Bergischen Universität Wuppertal von Svenja Petersheim, die ausführlich die physikalischen Berechnungen beim Einbau von Störsteinen darlegt.

dass sich massive Spundwände wegen des betonähnlichen Gesteins nicht einrammen ließen. Als Ausweg, so Wilhelm Rutte, Leiter der Abteilung Brückenbau beim Tiefbauamt, boten sich nur noch Bohrungen an. In den Löchern wurden nun die Spundwände zur Trockenlegung des Flussbettes verankert. Sobald die Fläche unterhalb der mittleren Wehranlage abgegrenzt war, begann die Betonierung. Rutte: „Zur Absicherung der Fundamente wird eine ein Meter dicke Bodenplatte mit Störelementen aus Stahlbeton eingebracht".
Ab Weihnachten, so Rutte, musste der Arbeitsablauf besonders auf die Entwicklung des Wasserstandes im Oberlauf des Lechs abgestimmt werden. Drohte Hochwassergefahr, mussten bewegliches Gerät und Material rechtzeitig aus dem Flussbett geholt werden. Das galt auch für eine schwimmende Arbeitsplattform oberhalb des Wehres. Da auch hier massive Spundwände erforderlich waren, wurden Bagger und Rammgerät auf einem Brückenschiff platziert.

Der **Steg** blieb dagegen begehbar, um Radfahrern und Fußgängern die Überquerung zu ermöglichen.

4. Der Einbau eines Kraftwerks

4.1 Chronologie der Entscheidung für den Einbau von Turbinen am Hochablasswehr erfolgt anhand einiger Zeitungsartikel der Augsburger Allgemeinen Zeitung.

In Augsburg wurde sowohl in der Stadtverwaltung wie auch unter den Einwohnern heftig das Für- und Wider diskutiert, ein Kraftwerk, das die Energie des 6 m herabfallenden Wassers in elektrische Energie umwandelt, in das feste Wehr des Hochablasses einzubauen. Es sollen dabei sowohl Befürworter als auch Skeptiker zu Worte kommen. Diese Übersicht kann nur die wesentlichen Vorkommnisse und Aspekte wiedergeben.

16. Dezember 2005: Nach einem Artikel in der Augsburger Allgemeinen (AZ „anda") „Taucher sichern den Hochablass – Die Sanierung der Mauer am westlichen Ufer geht in die entscheidende Phase".

„Am Hochablass haben die abschließenden Sanierungsarbeiten an der westlichen Ufermauer begonnen. Bis zum März kommenden Jahres sollen dort Vorsatzschalen aus Stahlbeton eingesetzt und ausbetoniert werden, wie Stadtbaurat Karl Demharter bei einer Ortsbegehung mitteilte. Die Sanierung des Hochablasses läuft bereits seit 1999. Insgesamt will die Stadt mit einem Aufwand von 4,33 Millionen Euro die Substanz der Wehranlage aus dem Jahr 1912 sichern".
Die Wände, die damals nach dem Stand der Technik aus geschüttetem Beton gebaut wurden, drohten nach Aussage von Demharter rissig zu werden und zu bröckeln. Das habe sich bei einer regelmäßigen Routineuntersuchung des Bauwerks gezeigt: Demharter bezeichnete den Hochablass als **das bedeutendste Ingenieurbauwerk Augsburgs**. Die Stadt habe nicht gewartet, bis in einigen Jahren wirklich teure Reparaturen nötig geworden wären. Die Arbeiten werden von der im Tiefbau / Wasserbau erfahrenen Firma Lutzenberger ausgeführt.
Im Moment werden gerade die Vorsatzschalen montiert. Zum Setzen und Ausrichten dieser Fertigteile unter Wasser werden Taucher benötigt. Später sollen auch die Ufermauern und die Schwelle am Beginn des Stadtbaches erneuert werden. Die bestehende Mauer wird dort abgebrochen. Zudem soll das Biotop in der alten Floßgasse in die Anlage eingebunden werden. Der Bauabschnitt soll rund eine Million Euro kosten.
„Der Lech führt bereits Niedrigwasser, sodass unterhalb des Hochablasses mitten im Flussbett die Gründungspfeile der alten Floßgasse sichtbar sind. Demharter erinnerte an die frühere Bedeutung des Lechs nicht nur für die Wasserversorgung der Stadt, sondern auch für den Handel. Flöße brachten Holz und Lebensmittel und viele andere Waren in die Stadt. Vor dem Eisenbahnbau nahmen die Flößer auch Reisende bis nach Wien mit".

28. September 2006: Andreas Alt berichtet in der Augsburger Allgemeinen unter der Überschrift „Hochablass für 4,3 Millionen saniert":
„Nun sind die Arbeiten abgeschlossen, und Stadtbaurat Karl Demharter wies noch einmal auf die Bedeutung des Bauwerks auch für den Hochwasserschutz hin.
In den 60er Jahren wurde der östliche Teil modernisiert. Bohrungen in die Pfeiler ergaben nur Brösel. 1912 war die Technik des Verdichtens

von Beton durch Rütteln noch unbekannt gewesen"... „Nach der Stabilisierung der Pfeiler und dem Bau neuer Wasserauffangbecken wurden im dritten Bauabschnitt ab Herbst 2005 Ufermauern saniert, ein neuer Arbeitssteg gebaut, der nun auch für Dienstfahrzeuge befahrbar ist, und ein Biotop im Bereich der alten Floßgasse gesichert. Dieser Abschnitt kostete eine Million Euro. Für den Unterhalt des Lechwehrs bekommt die Stadt keinerlei Zuschüsse".

Durch Initiativen der Stadt („Ökologische Schriften"), dem allgemein vorhandenen Gedanken des Naturschutzes und der Renaturierung von Flüssen wurde der Arbeitsbegriff Licca liber „Freier Lech" für zahlreiche Aktivitäten vom Wasserwirtschaftsamt Donauwörth initiiert.
Das Ziel ist ein naturnaher Umbau des Lechs zwischen Staustufe 23 und Lechmündung.

3. Dezember 2004: Umweltschützer beklagen die Ausbeutung von Lech und Wertach.
Der große Durst der Energie-Riesen wird bemängelt.
Augsburg ist europaweit die Stadt mit den meisten Wasserkraftwerken – jetzt sollen noch weitere gebaut werden. „Firmen wie E.ON geben daher zu verstehen, dass sie von ihren Rechten kein Jota abgehen werden (Bau zwischen Staustufe 23 und Hochablass, Ausbaurechte seit 1947)

20. Oktober 2005: Thomas Schaller, Umweltreferent, war der Meinung, dass Augsburg besonders strategisch geeignet ist, die Wasserkraft auszunutzen. Er legte 2004 ein Konzept vor, das die Energiegewinnung aus Wasserkraft in Augsburg verdoppeln sollte. Breite öffentliche Ablehnung. Fa. CaNa GmbH will in der Wolfzahnau ein innovatives unterirdisches Kraftwerk bauen für 32.000 Haushalte; Kritik von Eberhard Pfeuffer[8], das Eisenbahnerwehr sei im Bau; Plan für ein Kraftwerk am Hochablass für 4000 Haushalte.

26/27. Februar 2005: (SZ) E.ON darf Kraftwerk in Oberföhring bauen

24. Oktober 2005: (SZ) Mehr Strom aus dem Fluss; die Stadtwerke (München) wollen noch zwei Kraftwerke bauen.

20. April 2007: „Behutsamer Ausbau der Wasserkraft", Umweltminister Schnappauf: Schwerpunkte an Donau, Iller und Lech

5./6. Mai 2007: Bayern will mehr Strom aus Wasserkraft.
12 Meter Gefälle zwischen Lechstaustufe 23 und Hochablass soll ausgenützt werden; das Verfahren soll offen sein.
Onlinebefragung im Frühjahr 2014

5. Juli 2007: Nach Umplanung des Kraftwerks in der Wolfzahnau wurde dort das Kraftwerk genehmigt (Raue Rampe); soll 9,5 Millionen Kilowattstunden im Jahr erzeugen, genügt für 3200 Haushalte.

1. September 2007: „Der Lebensraum Fließgewässer wird zerstört" Naturschützer protestieren gegen Bauvorhaben.

3. Juli 2007: „Die heimischen Flüsse haben schon genug gelitten"; Wasserkraft: Naturschutzverbände setzen sich gegen weiteren Ausbau zur Wehr.

6. Mai 2010: Stadtrat hat sich kurz zuvor in einer Resolution einstimmig gegen das Kraftwerk im Naturschutzgebiet ausgesprochen.

31.Oktober 2009: Umweltverbände: „Hände weg vom Lech"; notfalls Bürgerbegehren vorgesehen, Pro und Kontra wird aufgelistet.

13. November 2009: E.ON fordert drei Gutachten für Umweltverträglichkeit, Verträglichkeit für Naturschutz, Verträglichkeit für Artenschutz, Grundwassermodell, das die Auswirkungen des Kraftwerksbaus für das Augsburger Grundwasser beleuchtet.
Die Positionen sind von Befürwortern und Gegner des Kraftwerks sind sehr gegensätzlich.

3. Dezember 2009: Gemeinsame Resolution der Politiker aller Parteien in Augsburg an den Vorstandsvorsitzenden des Kraftwerkbetreibers E.ON, Dr. Wulf Bernotat. Sie fordern, dass E.ON von den umstrittenen Plänen für ein neues Wasserkraftwerk am Lech Abstand nimmt.

6. Februar 2010: SPD-Abgeordneter Heinz Paula: Mitglied einer parteiübergreifenden Parlamentariergruppe „Frei fließende Gewässer"... Eberhard Pfeuffer erklärt die Problemlage.

15. Juni 2010: „Grünes Licht für neue Studie zum Umbau des Lechs" Vom Umweltministerium wurden Mittel in Höhe von 100.000 Euro bewilligt. Vorrangig: Sicherung der Flusssohle. Federführend ist das Wasserwirtschaftsamt

[8] Eberhard Pfeuffer, Dr. med., Verfasser des Buches „Der Lech" im Wißner Verlag.

Donauwörth; Untersuchungen werden von der TU München durchgeführt.

13. Januar 2014: Sorgen von Kissingen über Grundwasser und Trinkwasser (Filterwirkung des Kieses zwischen Lech und Trinkwasserbrunnen)

14. Januar 2014: Beginn der Kampagne von Licca liber.

18. Januar 2014: Bekanntgabe des Starts für Licca liber, Umfrage

Sommer 2014: Flyer von der Lechallianz: Welchen Lech wollen Sie?

3. Juli 2014: Sanierungsstau bei Brücken, auch die Z-Brücke (Brückenmitte) beim Hochablass ist auf der Akutliste. Es ist dort schon eine Behelfskonstruktion gebaut: Bauamt schlägt Alarm. Ohne Teilerneuerung (Kosten ca. 1,8 Millionen Euro) würde der Steg 2015 dichtgemacht.

Veranstaltungen zu Licca liber, z. B. am **21. Oktober 2014**: Ergebnisse des Prozesses und Entwicklungsziele für einen naturnahen und stabileren Lech werden vorgestellt. Es gibt sechs Stützschwellen zwischen Staustufe 23 und Hochablass. Es soll eine „Biotopverbundachse Lech“ entstehen.

9. Dezember 2014: Durch einen runden Tisch mit dem Amt für Grünordnung wurde empfohlen: neuer Geh- und Radwegesteg mit einer Weite von 3,5 Metern. Im Notfall können dort auch Rettungsfahrzeuge und Einsatzfahrzeuge von der Westseite ins Naherholungsgebiet fahren. Steg würde auch gut in das Landschaftsbild passen.

3. Juli 2015: Alle sechs Jahre gibt es eine Hauptuntersuchung für die Brücken; Prüfung auf Materialfestigkeit, Suche nach Rostspuren durch korrodierenden Baustahl; für jede Brücke gibt es ein Berichtbuch.

3. Juli 1916: Grundsätzlich halten Hauptteile einer Brücke 80 Jahre.

14. Januar 2009: Bericht über Grundeis in Bächen

20. Februar 2009: „Dramatisches Fischsterben am Hochablass“. Die Stadt hat wichtige Laichgründe und Zonen für die Winterruhe zugeschüttet. Josef Weber (Leiter des Tiefbauamtes): Die Sicherheit des Flusses geht vor. Unterhalb des Hochablasses war das Flussbett teilweise bis zu fünf Meter ausgespült. Die Standfestigkeit des Wehres sei bedroht gewesen. „Es war Gefahr in Verzug; aber wir mussten zeitnah handeln“. Große Wasserbausteine wurden unterhalb des Hochablasses eingelassen. Sie sollen das Flussbett stabilisieren. Unumstritten war aber, dass die Bauarbeiten im Lech nötig waren. Nur wollte der Fischereiverband Schwaben e.V. vorher informiert werden (Umsetzen der Fische). Es wurde zugesagt, Rückzugsräume für die Fische zu schaffen.

12. März 2010: Tiefbauamt fällt Bäume am Kuhsee und entlang des Hochwasserdammes; Begründung: hohe Durchwurzelung des Dammes, Hochwasserschutz gefährdet.

4.2 Der Bau des Kraftwerks

4.2.1 Vorüberlegungen

Die von der Bundesregierung nach dem Reaktorunglück von Fukushima im Jahr 2011 eingeleitete Energiewende schlug sich auch in Augsburg nieder.
Schon im Jahr 2004 veranlasste die Stadtverwaltung die Erarbeitung einer wasserrechtlichen Bewilligung nach § 8 Wasserhaushaltsgesetz für die Nutzung des energetischen Potentials am Hochablass.
Die Kosten für ein Kraftwerk wurden auf elf Millionen Euro geschätzt.

Eine mögliche Ausnützung der Wasserkraft am Lech brachte heftige Diskussionen über ein mögliches geplantes Wasserkraftwerk am Hochablass ins Gespräch. Eine überraschend hohe Anzahl von Augsburger Bürgern (ca. 1400) beteiligte sich an der Finanzierung eines solchen Kraftwerks im östlichen Teil des Hochablasses.

Besonders heftig war die Diskussion über den Erhalt des Wasserschleiers, der als Charakteristikum des Hochablasses angesehen wurde. Dieser Wasserschleier ist im Wassermanagement des Ablasses nicht vorgesehen. Nachdem das Tiefbauamt den Erhalt des Schleiers zugesichert hatte, kehrte Beruhigung ein.

Das Kraftwerk selbst besteht aus zwei modifizierten Kaplanturbinen, die die Energie des ca. 6 Meter tief fallenden Wassers in elektrische Energie umwandeln. Der Einbau des Kraftwerks dauerte mehrere Monate. Während dieser Zeit wurde der feste Wehrteil stillgelegt. Dies bescherte einen sonst nicht möglichen Blick auf Teile der Wehranlage wie automatische Gegenklappen und unterspülter (gezogener) Walze.

Umweltreferent Rainer Schaal: Das geplante Wasserkraftwerk ist eines von 36 in Augsburg; die „zugegebenermaßen ein kleiner Beitrag" zur Energiewende sind. Voraussichtlicher Baubeginn soll im Mai 2012 sein. Der Kritik der Kraftwerksskeptiker, die eine ökologische Beeinträchtigung der Flora und Fauna am Hochablass und am Lech befürchteten, entgegnete der Umweltreferent Schaal, dass sich gewässerökologisch das Wasserkraftwerk positiv auf die Situation des Lechs auswirken werde.

4.2.2 Probevorarbeiten

Schon bei der Planung des Riegelbauwerks von 1910 hatte Oskar von Miller angeregt, den Untergrund genauer zu untersuchen, um die Tiefe der Fundierung besser beurteilen zu können; dies wurde leider aus Zeitgründen damals nicht durchgeführt. Doch im Mai 2011 sind beim Einbau des Kraftwerks umfangreiche Bodenproben genommen worden.
(Bild 281) Hier wurde eine wesentlich dickere Schicht an wenig stabilen Schwemmgrund als angenommen entdeckt. (siehe Bild 286, S.208) Karoline Pusch vom Tiefbauamt Augsburg: „In den kommenden Wochen wird auch die Wehranlage selbst untersucht". Umwelt-referent Rainer Schaal: Kraftwerk soll ab 2014 laufen. Ziel: Stromversorgung für ca. 3.400 Einwohner.

Obwohl der Lech seit dem Bau des Forggensees weniger Probleme im Vergleich zur Wertach mit dem Hochwasser bereitet, dient die Sanierung des Wehrs auch dem Hochwasserschutz. Es ist darauf ausgelegt, einem Jahrhunderthochwasser mit 1400 Kubikmeter Wasser pro Sekunde standzuhalten. Zum Vergleich: Beim Pfingsthochwasser 1999 wurden am Lech 1150 Kubikmeter pro Sekunde gemessen. Die Hochwasserereignisse verringerten sich am Hochablass. Dies hat mehrere Ursachen: Der Wasserandrang aus den Alpen kann schon bei Füssen durch den Forggensee reguliert werden. Zudem gibt es weniger schwer durchlässige Lössböden als bei der Wertach. Auch der nun sanierte Hochablass trägt nun dazu bei, dass nicht mehr Wasser in die Stadt fließt, als die Kanäle aufnehmen können.

Bild 281: *Probebohrungen im Lech*

Es waren neue Wirtschaftlichkeitsbetrachtungen notwendig, weil der Untergrund lockerer als geplant war. Voraussichtlicher Betriebsstart sollte aber der Dezember 2013 sein. Zwei Turbinen für knapp 4000 Haushalte wurden eingebaut. Maximal kann das Kraftwerk 64.000 Liter pro Sekunde schlucken. Es ist aber ein sog. Restlaufwerk, d. h. alle „alten" Zusicherungen der Verteilung der ankommenden Wassermenge bleiben erhalten.
Für den möglichen Durchfluss am Hochablass waren geplant:
60 Kubikmeter pro Sekunde Durchlauf
- Fischtreppe: 1,5 Kubikmeter
- Kanäle: 36 Kubikmeter
- Kanuten und Kanustrecke: 10 Kubikmeter
- Kraftwerk: dafür würden 12,5 Kubikmeter bleiben.

Bild 282: *Bautafel über das Wasserkraftwerk am Hochablass*

Die Lechallianz stellte sich Mitte November 2011 zwar nicht gegen das Kraftwerk, doch mahnte sie an, dass eine Bürgerbeteiligung notwendig sei. Sie äußerte die Vermutung, dass die Bevölkerung dagegen Sturm laufen würde; die Begründung für diese Meinung war, dass der Lech zu wenig Wasser führte.

Das Kraftwerk ist so geplant, dass es komplett unter dem Wasserspiegel liegt. Das bedingt, dass das Kraftwerk nur laufen kann, wenn der Lech genügend Wasser führt. Es wurde zugesagt, dass der Wasserschleier etwa an 200 Tagen erhalten bleibt. Durch die zwei Turbinen fließen pro Sekunde bis zu 32 Kubikmeter Wasser, das entspricht ca. 60 Badewannen.

4.2.3 Bau des Kraftwerks

4.2.3.1 Bauausführunge des Kraftwerks

Es folgen Bilder vom Bau des neuen Kraftwerks bis zur Fertigstellung im Dezember 2015. Die Bautafel zeigt das Bauvorhaben des Kraftwerks auf (Bild 282):

Text auf der Tafel:
Bauvorhaben:
Neubau einer Wasserkraftanlage mit überströmtem Krafthaus, welches in das Hochablasswehr integriert wird.
Bau einer Fischrampe im Bereich des Kuhseeüberlaufs
Daten und Fakten für das Kraftwerk:

Ausbauleistung: ca. 3100 kW
Turbinentyp: 2 x Kaplan-Rohrturbine
Jahresarbeit: 11.000.000 kWh
Bauzeit: 1,5 – 2 Jahre

Bauherr:
Stadtwerke Augsburg Energie GmbH
Planung und Beratung:
Wasserbau Ringler GmbH
Ingenieurbüro für Wasserbau und Erneuerbare Energien, Landsberg
Wolff & Müller Spezialbau GmbH Stuttgart
Andritz Hydro GmbH Ravensburg

Für die Fußgänger wurde für die Zeit des Umbaus eine Behelfsrampe gebaut. (Bild 283)

Bild 283: *Einen guten Überblick über die Baustelle gibt ein Luftbild der Stadtwerke.*

4.2.3.2 Technische Details des Kraftwerks

An der später aufgestellten Informationstafel konnte man die genauen technischen Daten des neuen Kraftwerks entnehmen (siehe rechts).

Die Stadtwerke stellten folgende Fotos aus ihrer Dokumentation zur Verfügung:

Bild 284: *Im Juni und Juli 2012 wurde die Baugrube – mit dem Eisengeflecht für den mittleren Betonteiler für die beiden Kammern, die die Turbinen enthalten sollen– eingerichtet.*

Hochablass Wasserkraftwerk
Fluss-Km 47,00

Anlagedaten

2 Kaplanturbinen	je 1720 kW
Laufraddurchmesser	Ø 2.15 m
Turbinendrehzahl	195 U/min
Turbinengewicht	je 47,1 t
2 Synchrongeneratoren	je 2315 kVA
Generatorendrehzahl	600 U/min
Generatorengewicht	je 21,2 t
Durchfluss	je 32 m³/s
Fallhöhe	6 m
Pegelsollwert/Stauziel	OW 484,70 müNN
Erzeugung	ca. 11.000.000 kWh jährlich
CO_2-Einsparung	ca. 5500 Tonnen jährlich
Nassinbetriebnahme	20. Dezember 2013

Zahlen zum Bauwerk

Bauzeit	April 2012 bis Dezember 2013
Fundamentabmessung des Bauwerkes	48 m x 19 m
Baugrubentiefe von Oberkante Steg	16,50 m
Betonabbruch (Wehrmauer, Nachboden, Tosbecken, Steg)	ca. 1000 m³
Erd-Kiesbewegungen	ca. 26.500 m³
Spundwände	ca. 1800 m³
Anker	ca. 4600 m
Bohrpfähle mit Ø 90 cm und Ø 120 cm	46 Stück – 744 m
Stahlbeton	ca. 3800 m³
Betonstabstahl	ca. 500 t

Bild 285: *Luftbildaufnahme im Sommer 2013 mit Blick auf die eigentliche Baustelle mit den beiden Kammern für die Turbinen; links davon ist die provisorische Fischtreppe erkennbar. Nach hinten führt der Absperrdamm gegenüber dem Kuhsee; in der Mitte erkennt man den vorläufigen Fuß- und Radweg. Das feste Wehr mit den Gegenklappen ist stillgelegt; das Restwasser fließt über das bewegliche Wehr ab.*

Im Schwemmgrund aus dem Vorboden war noch teilweise eine starke Verdichtung von Zement in tieferen Schichten erkennbar. (Bild 286)

Ein Bohrer hat in diesen Untergrund tiefe Löcher gebohrt, damit man dann diese mit Beton füllen konnte und so eine starke Spundwand erhielt. (Bild 287)

Nachdem die Baugrube durch die Stützpfeiler (im Hintergrund) abgesichert war, wurde das Eisengeflecht für die Bodenplatte und die Seitenwände eingebracht. (Bild 288)

Bild 286: *Abbruch des Stegs über das feste Wehr*

Leider hat man nicht beachtet, dass beim Bauvon 1931/32 oder schon beim Neubau 1911 Eisenbahnschienen zur Absicherung der Erschütterungen in den Untergrund eingebracht worden waren. Einer der Bohrer zerbrach an diesen Eisenbahnschienen. (Bild 287)

Bild 287: *Arbeiten mit einem Spezialbohrer*

Die Seitenwände der Baugrube wurden durch tieffundierte Betonpfeiler gegenüber dem Untergrund abgesichert. In der nächsten Aufnahme erkennt man sie im Hintergrund. (Bild 290)

Bild 288: *Einbringung des Eisengeflechts und der Seitenwände*

Bild 289: *Auf der Seite des Oberwassers ist für die kontinuierliche Wasserzufuhr der Turbine ein beweglicher Arm angebracht.*

Bild 290: *Seitenwände der Baugrube die durch tieffundierte Betonpfeiler abgesichert wurden.*

Die von Wolff und Müller angefertigte Rohrturbine schwebt über der Baustelle. Sie wiegt 47,1 Tonnen; im Hintergrund des Zylinders kann man die Turbinenblätter für den Wassereintritt erkennen. Die kegelförmige Nabe beim Austritt ist deutlich sichtbar. Diese Konstruktion einer Kaplanturbine ist genau auf den unregelmäßigen Wassereinlauf des Lechs angepasst und liefert im Jahr ca. 11 Millionen KWh. (Bild 291 und Bild 292)

Bild 291: *Einbau der Rohrturbine.*

Bild 292: *Einbau der rechten Turbine*

Während des Betriebs entstehen Vibrationen, die durch außen angebrachte Stoßdämpfer abgefangen werden. Das Bild zeigt deutlich, dass die Turbine in den Baukörper so eingebunden ist, dass es keinen Wasserverlust geben kann. (Bild 293 und Bild 294)

Der Kraftwerksbau wird im Internet unter **„am-kuhsee.de/hochablass-kraftwerk"** dokumentiert und immer laufend aktualisiert. Die Lebensdauer des neuen Kraftwerks ist auf etwa 100 Jahre terminiert.

Am 20. November 2014 berichtet Häusler in der AZ, dass in Augsburg 41 Wasserkraftwerke im Jahr 2014 insgesamt 100 Millionen Kilowattstunden Strom erzeugen.

Bild 293, 294: *Eingebaute Turbine*

Bild 295, 296: *Große Kiesmenge mussten bewegt werden. Zuerst wurde der Kies aus der Baugrube für das Kraftwerk nördlich abgelagert. Für die Umbauarbeiten wurde der Kiesgrund vom Unterwasser vorübergehend in das Oberwasserbecken verlagert. So entstanden Bilder einer vorläufigen Bewachsung durch Tang, aus deren Bewegungsmuster man das Fließverhalten im Oberwasser nachvollziehen konnte.*

Am **21. Dezember 2013** geht das Wasserkraftwerk am Hochablass nach 20 - monatigem Bau in Betrieb; seine Leistung musste noch nachjustiert werden; Oberbürgermeister Kurt Gribl sprach von „intensiven Diskussionen" vorher, da der Kraftwerksbau bei Bürgergruppen von Hochzoll höchst umstritten war; „Wir haben das Bestmögliche herausgeholt" meinte Werner Lorbeer, Mitglied einer kritischen Gruppe.
Die Gesamtkosten werden sich auf 12,9 Millionen belaufen.

4.2.4 Umbau des Kuhsees

Der Kuhsee wird durch den Lech getrennt. Das bewirkt, dass kein Lechwasser in den Kuhsee dringt. Die Trennwand zwischen Lech und Kuhsee wird hochwassersicher gebaut.
Bürger sollen mitreden können Termin:

24. März 2014.

4.2.5 Planungen für die neue Fischaufstiegstreppe

Die Fischtreppe (Kosten eine halbe Million) konnte bis zum Jahr 2014 noch nicht fertiggestellt werden, da noch erheblicher Abstimmungsbedarf zwischen allen Beteiligten vorhanden war.

22. März 2014 Für die Fischrampe ist vorgesehen, eine 100 Meter breite Wehrmauer abzubrechen und durch eine Rampe mit geringem Gefälle zu ersetzen; diese sollen die wandernden Fische überwinden können. Unter dem Fußgängersteg zwischen Hochablassbrücke und Ostufer wird eine Öffnung in der Mauer geschaffen, durch die Lechwasser auf die Fischrampe geleitet wird. Diese Planung brachte zuerst Differenzen zwischen den beteiligten staatlichen Stellen und den Fischereivereinen; daher wird die Fertigstellung der Fischtreppe zeitlich verschoben.

Bild 297, 298: *Bis zum Bau des Fischaufstiegs wurde eine provisorische Fischtreppe mit Auslauf angelegt.*

Bild 299: *Auch gibt es einen vorläufigen Kuhseeablass*

Bild 300: *Ebenso blieb der „Wasserschleier" erhalten.*

4. August 2014 Der Bau der Fischrampe am Hochablass verzögert sich erneut, weil ein altes Rohr im Wege steht, mit dem der grundwassergespeiste Kuhsee im Notfall abgelassen werden könnte. „Man muss jetzt noch einmal neu planen", sagt Stadtwerksprecher Jürgen Fergg.
„Das Abflussrohr für den Kuhsee, das unterhalb des Hochablasses in den Lech mündet, war zwar aus den Plänen bekannt; ist inzwischen aber nicht mehr im besten Zustand. Bei der Inspektion des 80 Zentimeter großen Rohres durch einen Taucher zeigten sich Schäden", so Markus Haller vom Tiefbauamt. Mit schwerem Gerät können die Stadtwerke diesen Bereich nicht ohne Weiteres befahren.

Es werden Überlegungen geäußert, die Fischtreppe weiter nach Süden zu verschieben. Die Wehrmauer soll abgebrochen werden und durch eine Rampe mit geringem Gefälle ersetzt werden. Für den Einlauf der Fischrampe müsste eine Öffnung in die Wand des Betonstegs gebrochen werden, der das Westufer des Kuhsees mit dem Hochablass verbindet.
Der Steg ist seit Baubeginn gesperrt. Später wurde im östlichen Abschnitt ein neuer Steg nach Vorgabe des alten Stegs errichtet. Der Kuhsee und der Lech werden durch eine hochwassersichere Sperre getrennt.
Für die neue Fischtreppe wird angedacht, dass Fische eine Rampe annehmen, wenn sie nahe der Hauptströmung angebracht ist. Die Diskussion über die geeignetste Form der Treppe hält an.

Am **11. September 2014** berichtete die AZ in der Antwort eines Leserbriefs, dass die Umgestaltung des östlichen Teils des Hochablasses zuerst durch eine Anwohnerbefragung (Hochzoll-Süd) am **17. September** im Seminarraum des Botanischen Gartens besprochen werde. Es geht nach Stephanie Lermer, der Pressesprecherin der Stadtwerke, um folgende Fragen: Anlage der Rad- und Gehwege, Gestaltung der Grünflächen, Ausstattung der Beleuchtung und Bänke.
Erst 2016 soll der Steg erneuert werden.

4.3 Die neue Walze

Ein Stahlkörper hat eine Lebensdauer von maximal 100 Jahren. Diese Zeit hatte die Walze erreicht. Sie ist als Teil des Hochablasses auch ein Teil des Weltkulturerbes. Daher versuchte das Tiefbauamt, die Walze originalgetreu nachzubauen.
Leider fand sich in Deutschland keine Firma, die die - veraltete – Nietentechnik noch beherrschte. So sprang eine niederländische Firma ein; sie schweißte auf einen Rundkörper für die Konstruktion unnötige Nieten auf. Dadurch erscheint für den Betrachter kein Unterschied zwischen alter und renovierter Walze. Ebenso ist die Wirtschaftlichkeit und die Stand - und Verkehrssicherheit der Walze garantiert. Ein hervorragendes Beispiel einer Anwendung des Denkmalschutzes! „Die alte Walze wurde aufgehoben und soll auch künftig der Öffentlichkeit gezeigt werden, damit die technische Entwicklung und Bedeutung des Hochablasses nachvollzogen werden kann".[9]

Folgende Bilder stammen von der Stadt Augsburg, fotografiert von Annete Zoepf

(Bild 301 u. 302:) Die Walze wurde von der Fa. Hermann GmbH, Maschinenbautechnologie aus Weiden gebaut. Sie wiegt wie die alte Walze 30 t und wurde am 23. Januar 2018 geliefert und eingebaut.

[9] BSZ Bayerische Staatszeitung vom 12.09.2018

4.4 Die neue Fischtreppe

Die neukonzipierte Fischaufstiegsanlage wird nicht zum „Bauwerk Hochablass“ gezählt. Sie soll allen Fischen eine artgerechte Möglichkeit bieten, weiter den Lech aufwärtszuwandern. Im Rahmen der Bewerbung für die Nominierung für die UNESCO - Welterbeliste wurde vom „Büro für die Industriearchäologie, planinghaus architekten“ in Darmstadt ein „Managementplan Das Augsburger Wassermanagement - System“ erstellt.
Auftraggeber war die Stadt Augsburg, Kulturreferat. Dort wird dieser Plan unter dem Titel „Weltkulturerbe Fischaufstiegsanlage am Hochablass“ als zukünftiger Bestandteil des UNESCO - Welterbes - Das Augsburger Wassermanagementsystem geführt.

Das Büro „unesco chair“ der Hochschule RheinMain von Prof. Dr. Michael Kloos erstellte ein Gutachten über die Konzeption der neuen Fischtreppe am östlichen Ufer des Hochablasses, hier „Grüngürtel der Bastion“ genannt; dieser Vorschlag fand allgemeine Zustimmung. Die alte Fischtreppe bleibt unberührt. Nur sehr wenige Fische konnte diese steile und enge Treppe überwinden.

Eine auszugsweise Zitierung des Vorschlags von Prof. Dr. Kloos mit dem Titel „Architektonische Gestaltung der Fischaufstiegsanlage als zukünftiger Bestandteil des UNESCO Welterbes „Augsburger Wassermanagements“ enthält folgende Feststellungen:
„Die geplante Fischaufstiegsanlage beeinträchtigt in geringem Masse zusätzlich zum bereits bestehenden Hochwasserablass, als elementaren Bestandteil des Welterbes und der Trogbrücke, [das ist der östliche Teil des Stegs] das Gesamtbild am Ostufer des Lechs. ...
Die Sichtbeziehungen werden durch das Gutachten als gering bis mäßig eingestuft.
Durch den Entwurfsverfasser wird jedoch die Tragbrücke bis zum Richtungswechsel am Turm des Getriebehauses als vorherrschende Sichtbeziehung zum Fischaufstieg gewertet, darüber hinaus ergeben sich Sichtbeziehungen von den geplanten Plattformen an der Bastion.
Die Fischaufstiegsanlage in ihrer technischen Ausführung als Stahlbetonbauwerk muss den Notwendigkeiten und Anforderungen an die erforderlichen Belange eines für Flusslebewesen durchgängigen Ökosystems Rechnung tragen und ist ein funktionales Bauwerk entsprechend dem Stand der Technik. ...

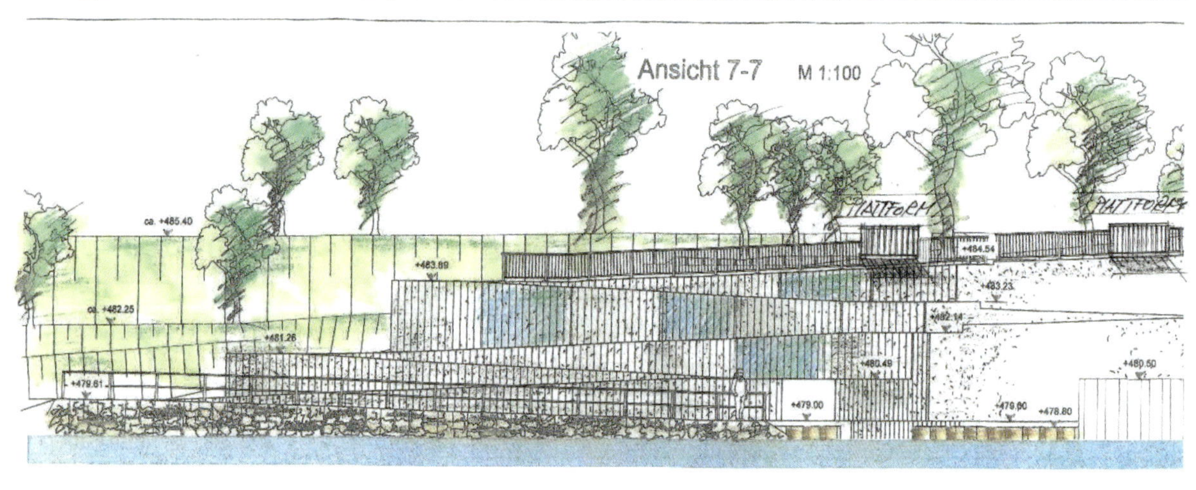

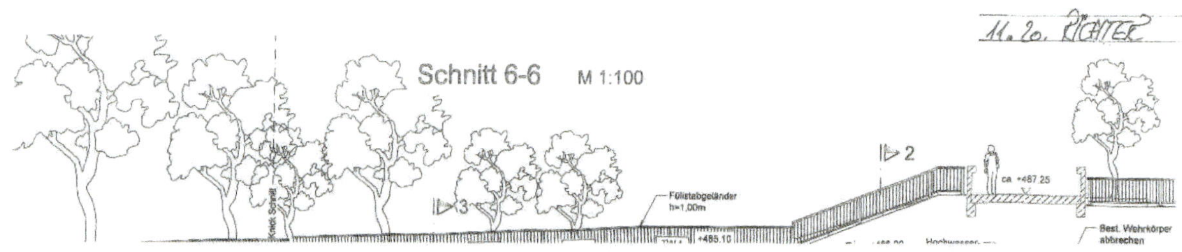

***Bild 303:** Eine, dem Gutachten beigefügte Skizze der östlichen Fischaufstiegsanlage veranschaulicht diese Neubaupläne nach Prof. Dr. Michael Kloos.*

Ziel des Entwurfs ist, die sich mäanderförmige abtreppenden Beckenränder der Fischaufstiegsanlage einem Gesamtbild zuzuführen, das die Anbindung an die bestehenden Bauwerke sowie die angrenzenden Grün- und Flussbereiche unterstreicht. ..."

Zum Thema „Wasser, Grün und Beton" führt das Gutachtenden folgendes aus:

„Die sichtbaren Betonflächen werden oberflächlich gestockt, Kanten gerundet, dies führt durch die Bewitterung zu Vermoosung/natürlicher, kleinflächiger Begrünung und einer Patina ähnlich der historischen Baukörper des Wehrkörpers. Der unmittelbare Uferbereich wird mit groben Flussbausteinen gefasst.
Als bestimmendes Element spielt Wasser als Gestaltungselement auf mehreren Teilflächen der Außenwände eine wesentliche Rolle. Angedacht ist ein feiner Wasserschleier der sich aus einer Rinne über die gestockte Wandfläche ergießt und die Wand vernässt, Moosen und anderen Pflanzen wird ein Lebensraum gegeben und mit den gestockten Betonoberflächen eine natürliche Wechselwirkung erzielt. Das hier entstehende Grün stellt eine direkte vom wassernahen Bewuchs bestimmte Verbindung vom Lech zum Grüngürtel der Bastion und reagiert und verändert sich entsprechend Witterung und Vernässung entsprechend den Jahreszeiten und Einflüssen aus dem Ökosystem Lech. ..."

Innerhalb des Betriebsgeländes werden jedoch Industriegeländer empfohlen, diese tragen durch die Transparenz zu einer markanten Erscheinung der Fischaufstiegsanlage bei und entfalten keine horizontale Riegelwirkung.
Darüber hinaus ist bei höheren Wasserständen die Gefahr von Treibgutansammlungen deutlich geringer.
Die Fischaufstiegsanlage wird über zwei Aussichtsplattformen für die Öffentlichkeit einsehbar und erlebbar gestaltet". (Bild 303)

Am **14. Juni 2021** erschien in der Augsburger Allgemeinen ein Artikel mit der Überschrift „Fischtreppe am Hochablass lässt auf sich warten". In diesem Artikel wird betont, dass „rechtlich die Stadtwerke nicht unter Druck sind: „Die Bau- und Betriebsgenehmigung für das Kraftwerk enthalte keine weiteren Details". Es ist laut Umweltreferenten Rainer Erben ist „kein Endzeitpunkt festgelegt". Die beteiligten Stellen und Ämter sind also noch im Gespräch, um für alle Beteiligten das optimale Ergebnis für die Fischtreppe zu erhalten. So bleibt das Provisorium eines Fischaufstiegs in unmittelbarer Nähe noch einige Zeit erhalten.

Als Denkmalschutzgründen bleibt der alte Fischaufstieg neben dem Wehrturm als Teil Weltkulturerbes erhalten. In Zukunft dient der Hochablass nur mehr der Wasserzufuhr in die Stadtkanäle und der Erzeugung von elektrischem Strom durch das Kraftwerk.

Bild 304:
Bis auf weiteres ist die Sanierung der Archewände am Hochablass zurückgestellt. Die Tafel von Kollmann aus der abgerissenen Reserveschleuse und die von der Stadt hinzugefügte „kleine" Tafel (1876/77 Verlängerung des Wehres und der Floßgasse, 1878/79 Erbauung des Brunnenwerkes) können also noch länger besichtigt werden.

4.5 Ausblick (nach einer Information des Wasserwirtschaftsamtes Donauwörth vom 3. Januar 2020): Das Projekt „Licca liber"

Der Einbau des Kraftwerks bewirkte, dass sich auch in Augsburg eine lebhafte Diskussion über die von Wasserkraftwerken verursachte Veränderung des Lechs; vor allem prallten in diesem Zusammenhang die Meinungen über die sinnvolle Überwindung der Umweltschäden solcher Wassereinbauten aufeinander. Die gelungene Renaturierung der Wertach war Motivation, ähnliche Rückbauten nach den WRRL[10]- pflichtigen Gewässern in Bayern im Lech zwischen der Staustufe 23 und dem Hochablass anzustoßen.

2014 fand ein Flussdialog mit den Bürgern und Interessengemeinschaften der Stadt Augsburg, Kissing und Königsbrunn statt. Es wurden dabei Entwicklungsziele festgelegt. Das folgende Umsetzungskonzept wurde 2015 vom Wasserwirtschaftsamt Donauwörth aufgestellt; es richtet sich nach den Wasserwirtschaftsrichtlinien; der Lech ist hier als Fluss 1. Klasse festgelegt. Die Anregungen aus dem Flussdialog wurden dabei eingearbeitet.
Weiterführende Untersuchungen wurden zwischen 2016 und 2029 durchgeführt. Der Abschnitt 1 zeigt „Staustufe 23 bis zum Hochablass".
„Im Bereich zwischen der Staustufe 23 und dem Hochablas wird bei der Vorzugsvariante stärker auf die Eigendynamik des Lechs gesetzt. Aufgrund seines meandierenden Verlaufs soll er seine neue Flussbreite durch das Abtragen seinen Außenufer gestalten. Der Lech wird nach Erreichen seiner Breite von 130 m durch versteckte Sicherungen eingebremst, um nachteilige Auswirkungen – unter anderem auf die Trinkwasserbrunnen – zu vermeiden". Der Lech soll sich in seinem Hauptzweig von aktuell 70m auf 130 m Breite erweitern. Zusammen mit den Nebenarmen soll eine soggenannte Sekundäraue geschaffen werden.

[10] WRRL Wasserrahmenrichtlinien

Weiter sollen auch wechselnde Kiesbänke entstehen. Der Lech erhält mehr Dynamik. Was bedeutet dieser Umbau für die Kiesproblematik am Hochablass, die jahrhundertelang die Reparaturen und den Umbau von 1910 verursachte? Im Umsetzungskonzept liest man Folgendes: „Aufgrund der oberhalb liegenden Staustufenketten und der hart verbauten Ufer kommt im Projektgebiet kein Kies mehr an. Im Flussdialog wurde mehr Dynamik für den Lech gefordert. Aus diesem Grund werden zahlreiche Uferverbauungen zurückgebaut und es entstehen weiche Ufer. Durch regelmäßige Kieszugaben unterhalb der Staustufe 23 wird der Fließstrecke wieder Dynamik zurückgegeben und wandernde Kiesbänke entstehen".

4.6 Noch notwendige Erneuerungen

Ein Betonbau, der zusätzlich dem Wasser ausgesetzt ist, hat – je nach seiner Qualität – spätestens nach 60 bis 80 Jahren Erneuerungsbedarf oder muss vor dem Verfall saniert werden; ein Blick auf die rechte Archenwand der Floßgasse macht dies deutlich. (Bild 304)

5. Impressionen für Besucher des Hochablasses

5.1. Erholung am Hochablass

Anlässlich der 2000 Jahrfeier von Augsburg „1985" stiftete die Fregatte „Augsburg" dieses Ankerdenkmal. (Bild 305)

Bild 305: *Anker der Fregatte Augsburg*

Ein Vergnügen für Groß und Klein bieten dagegen die Kiesbänke im Unterwasserbereich des Wehres.

Bild 306:

Bild 307:

Bild 308:

5.2. Kanufahrten an der Kanustrecke

Bild 309:

5.3. Spaziergänge am Hochablass

Bildtafeln am Hochblass weisen auf die zahlreiche Wandermöglichkeiten hin. Auch der Landschaftspflegeverband hat sowohl einen Internetauftritt über die Bäche im Stadtwald als auch eine Broschüre „Unsere Bäche und Kanäle in Augsburg" herausgegeben.

*Ausflugsmöglichkeiten am Hochablass (**Bild 310, 311**)*

„auch für Bieber"

5.4. Aquarelle von Anita Ulrich

***Bild 312:** Aquarell von Fr. Anita Ulrich, Augsburg*

Bild 313 und 314: *Aquarelle von Fr. Anita Ulrich, Augsburg*

Bild 315: *Transport der neuen Walze*

Technik am Hochablass

Dieses Kapitel enthält zu den einzelnen Teilen des Gesamtbauwerks „Hochablass“ technisches Hintergrundwissen und Anmerkungen zur Technikgeschichte der einzelnen Bauteile. Sie sollen zur Vertiefung und besserem Verständnis der Funktionsweisen der Bauteile dienen. Für eine tiefer gehende Betrachtung sei dem Leser die anhängende Literatur empfohlen.

1. Geographische Anmerkungen

1.1 Vergleich von Lech und Wertach

	Lech	Wertach[1]
Länge	ca. 259 km	ca. 133 km
Stadtgebietsanteil		
Vor der Eingemeindung	ca. 8 km	
Nach der Eingemeindung	ca. 19 km	13,1 km
Höhenunterschied von der Quelle bis zum Zusammenfluss	ca. 1,448 km	0,617 km[2]
Wassermenge (gemittelt)	80 m³/s	18 m³/s
Aufgeteilte Wassermenge	MNQ: 49 m³/s	8 m³/s
	MQ: 114 m³/s	47 m³/s
	MHQ: 594 m³/s	423 m³/s
	HHQ: 1100 m³/s	

Anmerkung: Die Zahlenangaben schwanken je nach Quelle; hier wurden sie dem Augsburger Stadtlexikon, 2. Auflage von 1998, entnommen.

1.2 Bezeichnungen der Wasserstände an Flüssen:

Für die Abflussmengen an Flüssen haben sich folgende Bezeichnung eingebürgert:

HHQ: Höchstwasser
HQ: Hochwasser
MHQ: Mittleres Hochwasser
MQ: Mittelwasser
MNQ: Mittleres Normalwasser
NQ: Niedrigwasser
NNQ: Niedrigstwasser

Dabei sind zwei Indizes üblich: einmal das Datum des Ereignisses, z. B. $HHQ_{16.6.1910}$ oder die Jährlichkeit, z. B. HHQ_{100} für Höchsthochwasser in hundert Jahren
„Q“ steht dabei für „Quantum“.[3]

Für jeden Fluss gibt es eine bestimmte Wasserbreite (Schwankungsbreite) dieser Werte. Die entsprechenden Wasserstände sind in „m ü. M“, d. h. „Meter über dem Meeresspiegel“ oder NN angegeben.

1.3 Geographische Daten für den Hochablass

Als Streichwehr bis **16. Juni 1910**:

„Geographisch betrachtet fällt der Ablaß in 48° 20′ 45“ nördlicher Breite und 28° 36′ 2“ östlicher Länge. Über dem Spiegel des mittelländischen Meeres ist er 1526,₇ „pariser Fuß erhaben“.[4]

Werner berichtet 1905 über das Lechwehr/Unterer Lechanstich, dass er 483,938 Meter über dem Amsterdamer Pegel liegt, der Nullpunkt des Pegels am Lechwehr ist 0,159 Meter unter der Wehrkrone. Das Lechwehr ist 241 Meter lang, 28,5 Meter breit und 6,7 Meter hoch. Die Dämme, welche sich zum Schutze des Wehres am rechten an dasselbe anlehnen, messen aufwärts 277,27 Meter und abwärts 215,98 Meter. Die Dämme wie das Wehr hat die Stadt zu unterhalten.[5]

Der Hochablass von 1910 wurde bei Flusskilometer 47,0 eingebaut; die Höhenanlage liegt bei 484,5 Metern über NN; die Stauhöhe beträgt 6,3 Meter.

Koordinaten des Hochablasses:
48° 20′ 39“ nördl. Breite
10° 56′ 11“ östl. Länge

[1] Ausführliche Beschreibungen und Besprechungen in den beiden im Contex Verlag erschienen Bücher: Martin Kluger; Der Lech; Robert Rapp: Die Wertach
Ebenso gibt das Landesamt für Umweltschutz zahlreiche umfangreiche Publikationen zu beiden Flüssen heraus.

[2] Kollmann 1850, S. 149.

[3] Daniel Vischer/Andreas Huber: Wasserbau, 2002, S. 18.

[4] Kollmann, 1850, S. 12.

[5] Werner, S. 66.

Cote Überfallwehr: 483,90 Meter
Schwelle Kiesschleuse: 483,20 Meter
Unterkante der Wehrverschlüsse: 486,40 Meter

Die Ausformung der Oberkante der Schwelle bestimmt die Menge an Wasser, die über das Wehr strömt; der Wasserverlust durch Zerstäubung muss als Verlust gerechnet werden. Zur (heutigen) Berechnung dieser Wassermenge wird die Wehrformel (Überfallbeiwert) verwendet. Sie lautet bei einem Streichwehr wie beim Wehr in Landsberg $\mu= 0{,}8$; das bedeutet, dass die Überfalllinie an der Oberkante abgerundet ist.[6] Für das Streichwehr am Hochablass liegt kein bekannter Wert vor.

1.4 Marksteine

Da der Lech sowohl Grenzfluss gegenüber dem Herzogtum Bayern als auch gegenüber dem Hochstift von St. Ulrich war, waren Grenz – oder Marksteine (Kollmann nennt sie Markpfähle) wichtig für die Zugehörigkeit einer Fläche.[7]
Marksteine gab es als Grenzsteine auch entlang des westlichen Lechufers.
Da der Lech – wie im ersten Kapitel beschrieben – nach Osten wanderte, mussten die Marksteine immer wieder versetzt werden. Üblich war, dass der Markstein mit der Nummer 1 am südlichen Rand des Augsburger Territoriums gegenüber dem Hochstift gesetzt war, die Marksteine mit den Nummern 5,6,7,8 und 9 waren am Ufer des Lechs um den Hochablass festgelegt. Wenn der Lech sich sehr schnell weit nach Osten verlagerte, konnte es auch sein, dass ein Markstein auf dem Gelände des Hochablasses zu liegen kam.

Beispiel: Verlegung eines Marksteines am Lech durch Elias Holl von 1617

Unklar ist der Grund der Verlegung und die betroffenen Territorien. (Bild 316)
Angeben ist nur das alte Maß „Schuh".[8]

Beschreibung von links nach rechts: Neben dem Birnbaum stand ein Markstein (A); er sollte (wohl) verschoben werden („Vom alten Markstein bis ans Ende des hohen Lands"), weiter verschoben nach (B):"Vom hohen Land bis an den ersten man aufge ...(?), es folgte (C) „dem anderen neuen Stein", bis zu „dritten neuen Stein (D)"; weiter schreibt Holl: „Von diesem Markstein bis an den rechten Fluß daran ruden (?) geht 600 gemeine Schritt".

Holl merkt weiter an: „1617 ct. **17. Novembris** mit dem dazu gedeputierten Herrn als von der Stadt Augsburg Bauherrrn Constantin im Hoft, Herrn Barth. Welser, item etlichen Herrn vom Dom Capitel such von den Herrn Fugern etliche Herren gab ich diese grundlegung abgemaßen, die Markstein gesetzt. Elias Holl"
Es werden dabei zweierlei Maßeinheiten unten angegeben.

Kollmann berichtet 1850 zuerst vom Grenzpfahl Nr. IIII mit der Jahreszahl 1797 und fährt dann fort: „Ähnliche Pfähle standen noch vor wenigen Jahren zwischen der Haupt- und Reserve-Schleuse und im Hof des Ablasses, sie mussten aber bei einem Baue im Jahre 1825 entfernt werden".[9]

1.5 Starke Hochwässer nach 1945 in Augsburg

1954: **7. bis 11. Juli**, Hochwasser, dessen Hauptregenmenge weiter östlich (im Inngebiet) niederging.

Bild 316: *Verlegung von Marksteinen von Elias Holl*

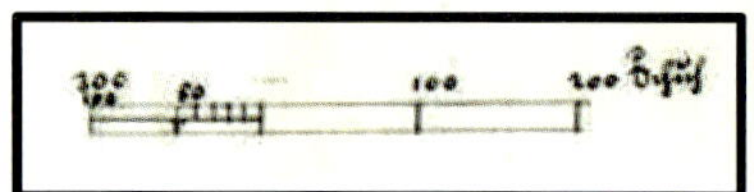

6 Vischer/Huber, Wasserbau, 2002, S. 95f, Bollrich/Preißler: Technische Hydromechanik, Band1, Verlag für Bauwesen, 5. Aufl., 2000.

7 Siehe Ruckdeschel: Technische Denkmale in Augsburg, S. 81

8 Genauere Beschreibung der Längenmaßeinheiten: siehe unten.

9 Kollmann, 1850, S. 20.

1970: **8. August:** 6 Meter höher, riss ca. 10.000 m³ Uferböschung weg; zerstörte das für die Verbreiterung des Stegs gedachte Gerüst; der Damm wurde erhöht, der Kies wurde aus dem Kuhsee gewonnen; damit wurde der Kuhsee 100 Meter lang und bis zu 2100 Meter breit; seine Oberfläche beträgt ca. 17 Hektar.

1999: **20. bis 24. Mai**, Hochwasser mit Alarmstufe 1; trotz Forggenseespeicher „besonders extrem“[10]

2002: Augusthochwasser; verlief weiter nordöstlich in Bayern wesentlich stärker

2005: Hochwasser im August

2013: Hochwasser im Juni verlief weiter südlich von Augsburg, geregelt durch den Forggenseespeicher; wesentlich größere Schäden an Inn und Donau.

2. Maßeinheiten

2.1 Längeneinheiten und Flächenmaße

2.1.1 Die Längenmessung

in Deutschland ist ein Musterbeispiel für die Zersplitterung in viele einzelne Territorien, in denen jeweils eigene Maßeinheiten galten. Da die Längeneinheit eine Grundeinheit ist und sich Flächenmaße und Raummaße von ihr ableiten (können), kommt deren Festlegung eine zentrale Bedeutung zu. Wie schon im 2. Kapitel erwähnt wurde, gab es in Deutschland im 18. Jahrhundert ca. 180 Längeneinheiten.

Die verschiedenen Längenmaße am Augsburger Rathaus erinnern an die in Augsburg (und nur da) gültigen Längen in der Renaissancezeit. Erst durch Napoleon wurden in Bayern die „Pariser Einheiten“ eingeführt, d. h. das metrische System.[11]

Am **28. Februar** 1809 wurde ein gleicher „Maß – Gewicht – und Münzfuß“ (vereinheitlichte Maße für diese Größen) im Königreich Bayern eingeführt. Am **31. Dezember** 1814 folgte die Einführung eines gleichen Holzklaftermaßes. Erst **am 7. Mai** 1834 entschloss man sich zum allgemeinen Gebrauch des Bayerischen Normalmaßes und Gewichtes. Die alten bayerischen Maße wurden von 1809 bis 1872 verwendet.[12]
Erst zu Beginn des 20. Jahrhunderts kam es zu einer einheitlichen Einführung des metrischen Systems.

2.1.2 Festlegung der Einheiten / Gesetzesquellen

Georg Ferdinand Döllinger[13] hat 1839 ein „Register über die Regierungs- und Gesetzblätter vom Jahr 1799 bis 1825 einschlüssig und in den vormals bestandenen Provinzial- und Regierungsblättern enthaltenen Verordnung“ in München herausgegeben.
(Verlag Georg Joquet)

1904 erschien von Dr. jur. Friedrich Weber in der Beckschen Verlagsbuchhandlung in München unter der Rubrik M: Maaß (Maß) und Gewicht Buchstabe f) Neue Maße Verzeichnis VIII 263 / Ältere Maße Zulassung im Reich XVL,737 und XXIV 249, weiter Neue Wasser- und Höhenmaße IX 297 und unter Buchstabe g) Aichpfähle IV 436,667 ferner IX 297 die Döllingsche Verordnung über

[10] Dieses Hochwasser wird ausführlich in einer Schrift des Bayerischen Landesamtes für Wasserwirtschaft mit dem Titel „Hochwasser Mai 1999 gewässerkundliche Beschreibung“ im Jahr 2003 mit Wellenplänen der betroffenen Flüsse dargelegt. Hochwasserwelle sind Aufzeichnungen, wie die Höchststände eines Hochwassers längs eines Flusses sich zeitlich ausbreiten. Das ist wichtig für die Warnhinweise für die Anwohner.

[11] Die Bezeichnung „Pariser Einheiten“ hat auch noch die zusätzliche Bedeutung, da in Sèvre, einem Ort in der Nähe von Paris, das Urmeter aufbewahrt wird.

[12] Siehe Döllinger.

[13] Döllinger Georg Ferdinand, 1772 – 1847, Archivar, Sammlung der im Gebiete der inneren Staatsverwaltung des Königsreich Bayern bestehenden Verordnungen aus amtlichen Quellen geschöpft und systematisch geordnet, München 1839, Band 20.

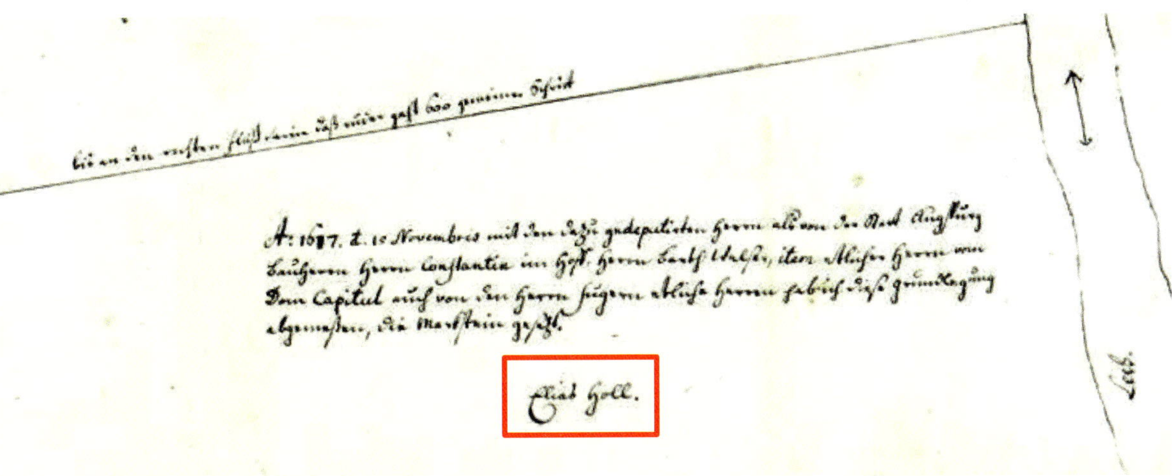

„Einführung eines gleichen Maßes und Gewichtes XIV 2131 - 2101".

A1=Anmerkung 1: *Da die Länge abhängig von der Längenausdehnung des Maßstabes durch Wärme ist, muss diese Längeneinheit noch in Bezug zum sog. „Normalwert" der Temperatur gesetzt werden. Nach Weber war dies die Temperatur von 13° Réaumur (entspricht 16,25 °C).*

2.1.3 Tabellenübersicht der Längenmaße

Aus dem Verzeichnis von Weber ergibt sich folgende Umrechnungstabelle

Bayerische Längenmaße		Französische Benennung			
systematische		Metre	Decimetre	Centimetres	Millimetres
populäre			palue	doigt	trait
1 Bayer. Fuß zu 12 Zoll oder zu 144 Linien = 12938/100 Pariser Linien[A1]	=		2	9	1,859
1 Bayer. Klafter zu 6 Fuß	=	1	7	5	1,155
1 geometrische Ruthe zu 10 Fuß	=	2	9	1	8,592
1 Bayer. Elle zu 2 Fuß 10 ¼ Zoll	=	-	8	3	3,015

Bayerische Längenmaße		Französische Benennung		
systematische		Arce	Centiare	
populäre		Perche carre	Metre carre	
1 Bayer. Quadratfuß zu 144 Quadratzoll	=	–	0,08518	
1 Bayer. Quadratklafter zu 36 Quadratfuß	=	–	3,0665	
1 Quadratruthe zu 100 Qudratfuß	=	–	8,5182	
¼ Tagwerk zu 100 Quadratruthen	=	8	51,8179	
½ Tagwerk zu 200 Quadratruthen	=	17	3,6359	
1 Tagwerk oder Morgen zu 400 Quadratruthen	=	34	7,2718	

Der Gültigkeitsbereich für diese Einheiten erstreckte sich auf folgende Gebiete:

- königliche Staatsforsten
- Kommunalforsten
- Stiftungsforsten
- Privatforsten

2.1.4 Weitere Längeneinheiten

Aus dem Stadtlexikon (S. 979) kann man folgende Längenmaße mit ihren Umrechnungen entnehmen:

Werkschuh, Zoll, Linie (vergl. auch Klafter):
1 Werkschuh = 12 Zoll = 144 Linien
1 Werkschuh: ca. 29,62 cm
1 Zoll: ca. 2,47 cm
1 Linie: ca. 2,1 mm

1 Klafter = 6 Werkschuh
1 Klafter: ca. 1,78 m
1 Werkschuh: ca. 29,62 cm

Wilhelm Ruckdeschel erwähnt noch den (bayerischen) Fuß, der etwa der Länge von 0,2918 Metern entspricht.[14] Es ist anzunehmen, dass die meisten Längenangaben in den Plänen, die mit „Schuh" oder „Schuch" bezeichnet sind, den „bayerischen Schuh" meinen.
1 (Augsburger Werk-)Schuh entspricht ca. 30 Zentimeter = 0,30 Meter.

Im Plan von der alten Hauptschleuse am Hochablass, den Franz Scheigele (Schleusenwärter) um 1910 angefertigt hat, kann man diese Umrechnung nachprüfen. (Bild 317)

[14] Wilhelm Ruckdeschel, Industriekultur in Augsburg, 2004, S. 27.

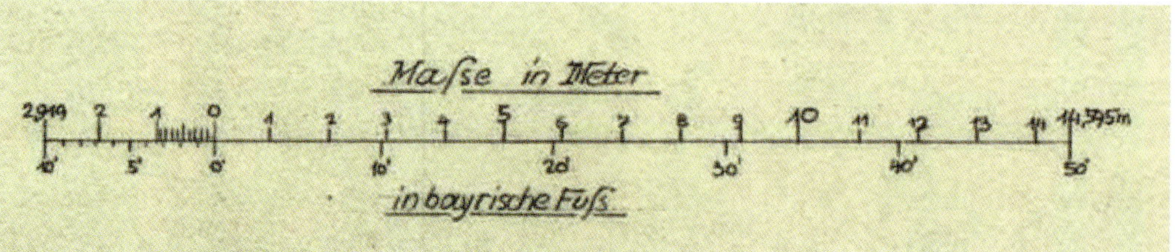

***Bild 317:** Plan Scheigele Nachlass Plan Hauptschleuse*

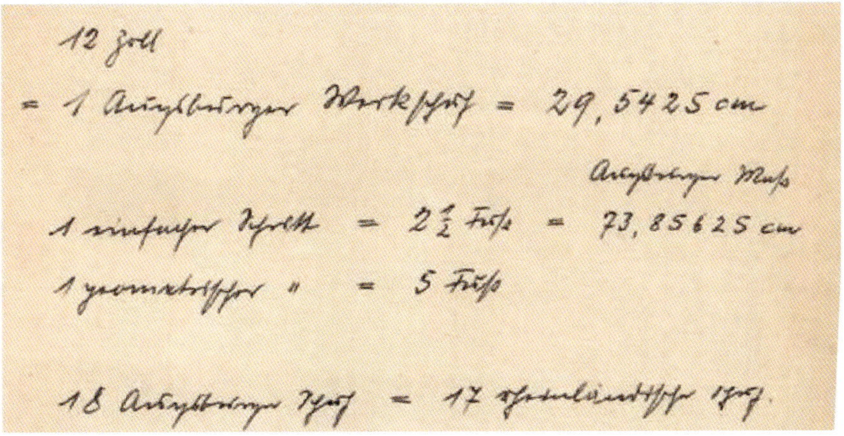

12 Zoll
= 1 Augsburger Werkschuh = 29,5425 cm

Augsburger Maß
1 einfacher Schritt = 2½ Fuß = 73,85625 cm
1 geometrischer " = 5 Fuß

18 Augsburger Schuh = 17 rheinländische Fuß.

***Bild 318:** Umschlagseite des Buches von A. Werner mit notierten Maßeinheiten von Dr. Heinz Fischer*

(siehe auch Ausburger Stadtlexikon 2. Auflage, S.979)

Notizen von Dr. Heinz Fischer auf der Umschlagseite eines Buch Exemplars von A. Werner mit folgenden Längeneinheiten. (Bild 318)

Eine Tabelle mit den Zeichen, die für die einzelnen Größen (Längen, Flächen und Volumen) verwandt wurden, findet sich in dem in Deutschlands Schulen weitverbreiteten „Buch der Natur" von Dr. Friedrich Schoedler aus dem Jahr 1861 auf den Seiten 5 und 6. (Bild 319 und 320)

Daraus ist erkennbar, dass die Längen (und damit die Flächen und Volumina) in den verschiedenen Ländern oder Regionen übertragen verschiedene in metrischen Maßen umgerechnete Längen aufweisen. Das Buch von Schedler ist im Jahre 1861, also lange nach der Einführung der metrischen Maße in Bayern, gedruckt; diese alten Maße wurden also noch immer benützt! Das macht einen Vergleich unterschiedlicher Längen bis zum Beginn des 20. Jahrhundert sehr aufwendig und unübersichtlich.

Die Darstellung in **Strichcodes ' und "** bei den abgebildeten Plänen hat zusätzlich den Nachteil, dass man nicht erkennen kann, welche regionale Maßeinheit gemeint ist; dieser regionale Bezug fehlt meistens in den Plänen des Augsburger Stadtarchivs. Es ist anzunehmen, dass in der Regel in Bayern auch bayerische Maße verwendet wurden.

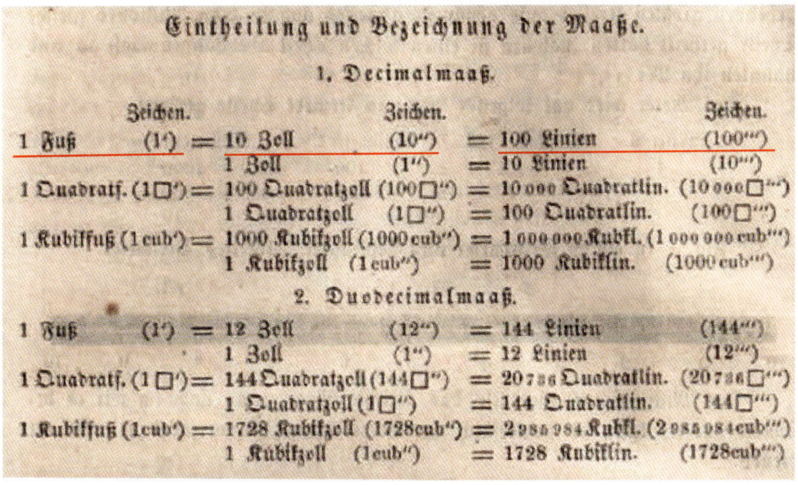

Eintheilung und Bezeichnung der Maaße.

1. Decimalmaaß.

	Zeichen.			Zeichen.			Zeichen.
1 Fuß	(1')	=	10 Zoll	(10'')	=	100 Linien	(100''')
			1 Zoll	(1'')	=	10 Linien	(10''')
1 Quadratf.	(1□')	=	100 Quadratzoll	(100□'')	=	10 000 Quadratlin.	(10 000□''')
			1 Quadratzoll	(1□'')	=	100 Quadratlin.	(100□''')
1 Kubikfuß	(1 cub')	=	1000 Kubikzoll	(1000 cub'')	=	1 000 000 Kubkl.	(1 000 000 cub''')
			1 Kubikzoll	(1 cub'')	=	1000 Kubiklin.	(1000 cub''')

2. Duodecimalmaaß.

1 Fuß	(1')	=	12 Zoll	(12'')	=	144 Linien	(144''')
			1 Zoll	(1'')	=	12 Linien	(12''')
1 Quadratf.	(1□')	=	144 Quadratzoll	(144□'')	=	20736 Quadratlin.	(20736□''')
			1 Quadratzoll	(1□'')	=	144 Quadratlin.	(144□''')
1 Kubikfuß	(1 cub')	=	1728 Kubikzoll	(1728 cub'')	=	2985984 Kubkl.	(2985984 cub''')
			1 Kubikzoll	(1 cub'')	=	1728 Kubiklin.	(1728 cub''')

***Bild 319 und 320:** Einteilung und Bezeichnung der damals gültigen Maße (Schedler, Buch der Natur, 1861, S. 6)*

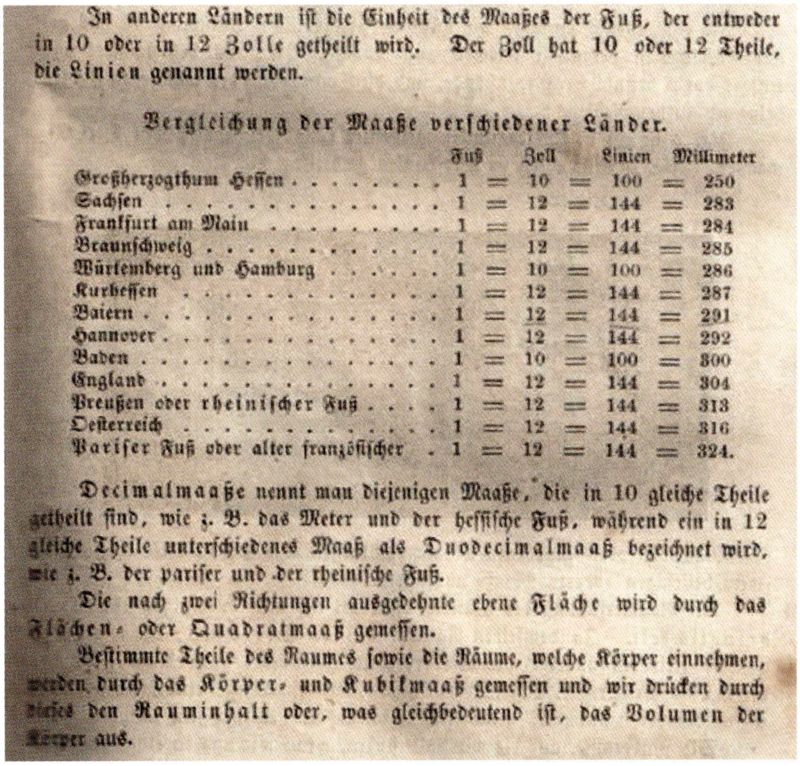

In anderen Ländern ist die Einheit des Maaßes der Fuß, der entweder in 10 oder in 12 Zolle getheilt wird. Der Zoll hat 10 oder 12 Theile, die Linien genannt werden.

Vergleichung der Maaße verschiedener Länder.

	Fuß		Zoll		Linien		Millimeter
Großherzogthum Hessen	1	=	10	=	100	=	250
Sachsen	1	=	12	=	144	=	283
Frankfurt am Main	1	=	12	=	144	=	284
Braunschweig	1	=	12	=	144	=	285
Würtemberg und Hamburg	1	=	10	=	100	=	286
Kurhessen	1	=	12	=	144	=	287
Baiern	1	=	12	=	144	=	291
Hannover	1	=	12	=	144	=	292
Baden	1	=	10	=	100	=	300
England	1	=	12	=	144	=	304
Preußen oder rheinischer Fuß	1	=	12	=	144	=	313
Oesterreich	1	=	12	=	144	=	316
Pariser Fuß oder alter französischer .	1	=	12	=	144	=	324.

Decimalmaaße nennt man diejenigen Maaße, die in 10 gleiche Theile getheilt sind, wie z. B. das Meter und der hessische Fuß, während ein in 12 gleiche Theile unterschiedenes Maaß als Duodecimalmaaß bezeichnet wird, wie z. B. der pariser und der rheinische Fuß.

Die nach zwei Richtungen ausgedehnte ebene Fläche wird durch das Flächen- oder Quadratmaaß gemessen.

Bestimmte Theile des Raumes sowie die Räume, welche Körper einnehmen, werden durch das Körper- und Kubikmaaß gemessen und wir drücken durch dieses den Rauminhalt oder, was gleichbedeutend ist, das Volumen der Körper aus.

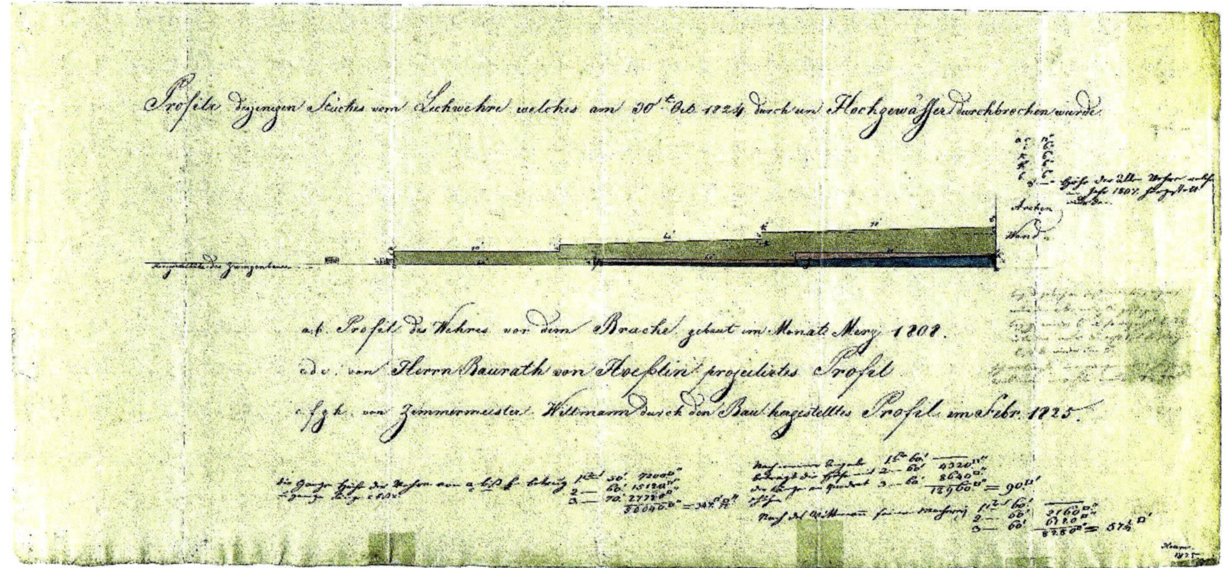

Bild 321: *Profile am Hochablass mit Umrechnungen der Höhen- und Volumensummen (Kollmann, 1825)*

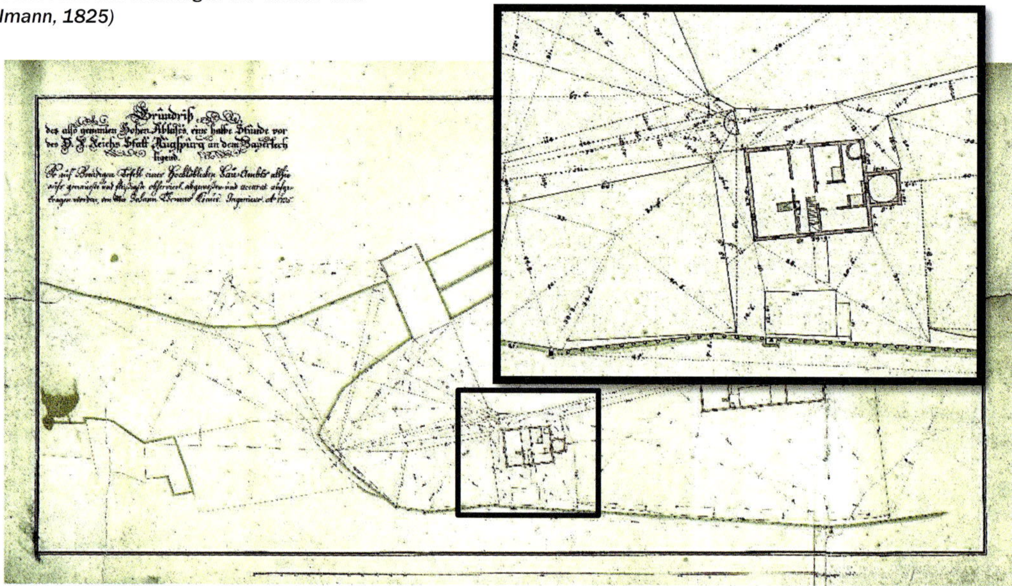

Bild 322: *Grundrissplan und Vermessung des Hochablasses (Thomas Kraus, 1735)*

2.1.5 Anwendungsbeispiele

Eine Anwendung dieser Zeichen kann bei Kollmann nachvollzogen werden.[15]

Kollmann rechnet Höhensummen (mittig unten) und Volumensummen (rechts unten) in entsprechende größere Einheiten um.

Anmerkung: Die Flächenumrechnungszahl ist hier 12 * 12 = 144. (Bild 321)

Als ein Musterbeispiel einer sehr genauen Vermessungskunst schon im 18. Jahrhundert zeigt sich ein Plan des Hochablasses mit folgender Beschriftung:

„Grundriß des also genanten Ablaßes eine halbe Stunde vor des D. K. Reich Statt Augspurg an dem BayerLech ligend.
So auf gnädigen Befehls eines hochlöblichen Bau-Ambts allhie
Aufs genaueste und fleißigste observiert, abgemessen und accurat aufgetragen worden, von Mir Johann Thomas Kraus Ingenieur 1735“.

Am unteren Rand ist ein Maßstab in „Augsburger Schuh“ angegeben. (Bild 322)

Kurze Beschreibung dieses Plans: Es gibt drei Halbkreise als Fixpunkte (gehörte dazu der im Hof des Hochablassgebäudes vorhandene Markstein?), von denen aus ein großer Anteil der Linien gemessen wurde. Alle Längen der Uferlinien sind ebenfalls angegeben. Am rechten unteren Rand erkennt man einen noch im Flussbett stehenden Markstein.[16]

Hier ist ein Wort zur Messgenauigkeit zu verlieren: Es ist physikalisch unmöglich, eine Größe wie „1 Schritt“, der nur sehr ungenau festgelegt ist, auf die fünfte Stelle nach dem Komma in einer anderen Einheit anzugeben. Daher ist zur Abschätzung einer alten Längeneinheit in das metrische System nur eine gerundete Umrechnung sinnvoll.

Möglich war auch die Einheit „1 einfacher Schritt“; es gilt 1 Schritt ≈ 2,5 Fuß ≈ 0,75 m.

[15] Der Titel dieses Planes lautet: „Profile derjeniger Stücke vom Lechwehre welches am 30. Oct. 1824 durch ein Hochgewässer durchbrochen wurde“. Es stellt drei übereinanderliegende Profile zu verschiedenen Zeitpunkten dar: oben das vom „Merz 1808“, darunter das „von Baurath von Hößlin projektierte Profil“, ganz unten das „vom Zimmermeister Wittmann durch den Bau hergestellte Profil im Febr. 1825“.

[16] Mit Hilfe der Trigonometrie ist es dann möglich, Dreiecksflächen zu berechnen.

Eine herausragende Bedeutung spielen am Hochablass die Angaben von **„Koten"**, sog. Höhenlinien; angegeben in metrischen Maßen. Sie waren aber erst für den Bau des Stahlbetonbaus von 1910/12 und später wichtig und werden dort sehr häufig erwähnt. Vor 1910 war die Oberkante des Streichwehrs nicht so von herausragender Bedeutung, weil die gesamten Wassermassen – zusammen mit dem Kies – über das Wehr geschoben wurden. Dabei veränderten sich die Höhenlinien im Laufe der Jahreszeiten. Der Einlauf in die Kanäle wurde durch die Fallen am Einlaufbauwerk geregelt und wurde erst Mitte des 19. Jahrhunderts zur kontinuierlichen Energieabgabe von den Triebwerksbesitzern eingefordert.

2.2 Volumeneinheiten

Diese brauchte man am Hochablass vor allem zur Angabe und Messung der Wassermenge, die durch das Einlaufbauwerk in den Stadtbach abgeleitet wurde. Dazu merkte Kollmann an, dass „das Wasserquantum von 71 Werken, auf dem Ablasse dem Lech entzogen wird, [es] beträgt, nach den Messungen vom Jahre 1833 und nach dem magistratischen Bestimmungen der Jahre 1834 und 1841 ausgesprochenen Zahlen in der Zeitstunde 3,462,600 Kubikfuß". Das entspricht etwa einer Durchflussmenge von ca. 20 m³/s.[17]

Zum Umrechnen gilt folgende Angabe:
1 cb' (Kubikfuß) = 0,02486 m³
Weiter war die Einheit „1 Eimer" bekannt; dabei gilt die Umrechnung:
1 bayer. Eimer = 64 Maß = 68,4177 l
1 Maß = 1,069 l [18]

Die Volumeneinheiten dienen zur Grundlage für die **Energieeinheiten**. Das Volumen von Wasser, das in einer festzulegenden Zeiteinheit über die Schwelle des Einlaufbauwerks fließt, stellt ja den großen Schatz Augsburgs für die Mühlen und Triebwerke dar. Diese bewegten Wassermassen, die vom Lech bereitgestellt werden können, sind ein Maß für die den Mühlen angebotene kinetische Energie.

Kollmann berichtet dazu in seiner um 1850 verfassten Schrift: „Das Wasserquantum, welches zum Betriebe von 71 Werken, auf dem Ablasse dem Lech entzogen wird, beträgt nach den Messungen vom Jahre 1833 und nach den in magistratischen Bestimmungen der Jahre 1834 und 1841 ausgesprochenen Zahlen in der Zeitstunde
3,462,660 Kubikfuß. Wenn man annimmt, dass Kollmann die Augsburger Maße verwendet hat, entspricht das 24 m³/s.

2.3 Energiemengen

Die Energie bei fallendem Wasser ist wie folgt festgelegt: Fallen 1 Liter Wasser in 1 Sekunde genau 1 Meter tief, entspricht das der Energie von 1 Nm = 1 J. [Joule]
Dabei bedeutet „N" die Krafteinheit 1Newton, „m" die Einheit 1 Meter und „J" 1 Joule, die Einheit der Energie. Nachdem diese Einheiten erst 1913 in der 5. Generalkonferenz für Maß und Gewicht festgelegt worden sind, gab es vor dieser Zeit bei der Fülle von Einheiten der Masse, der Länge und der Zeit (physikalische Grundeinheiten; die alle auch später genau festgelegt worden sind) und damit eine sehr große Anzahl von Bezeichnungen für die Begriffe Kraft, Energie und Leistung.[19]
Die veraltete Einheit der Leistung, die noch bis heute nicht gänzlich verschwunden ist, ist die Pferdestärke (PS). Dabei gilt folgende Umrechnung: 1 PS ~ 3/4 kW

Das hohe Energieangebot veranlasste einige Nürnberger Werksbesitzer ihre Betriebe nach Augsburg zu verlegen. Zwei Beispiele:

- Die Schülesche Kattunfabrik wurde 1759 errichtet.
- Der Kaufmann Friedrich Merz verlegte 1836 seine „Kamm-Woll-Garn-Spinnerei-Fabrik 1836 an den Schäfflerbach.

Kollmann berichtete 1850 zur Energiemenge am Hochablass: „Die Wasserconsumption unserer Kanalsysteme beläuft sich auf ca. 2000 Cub. Fuß in der Zeitsekunde; sie gleicht daher bei ihrem beträchtlichen Gefälle der Kraft von 34.000 Pferden [das sind umgerechnet ca. 255 kW]. Die mittlere Wassermenge unserer Flußgebiete, und zwar des Lechs wird zu 12 Millionen und der der Wertach zu 7 Millionen Cub. Fuß in der Stunde genommen.[20] Hier betont Kollmann, dass diese Werte nur Mittelwerte sein können, da die beiden Flüsse jahreszeitlich sehr unterschiedliche Wassermengen führen und daher diese auch den Triebwerken so unterschiedlich zur Verfügung stehen konnten. Diese Schwankungen auszugleichen ist der große Vorzug der nach der Katastrophe gebauten Anlage am Hochablass.

[17] Kollmann 1850, S. 13.

[18] Ruckdeschel, Industriekultur, 2004, S. 27. Auch hier ist eine mögliche Ungenauigkeit der Dezimalstellen zu beachten.

[19] Das Wort Energie ist ein Begriff aus der Physik. Newton hat 1687 in seinem Buch „Philosophiae naturalis principia mathematica" den Grundbegriff „Kraft" und das Axiom für Kraft: „Kraft ist Masse mal Beschleunigung" festgelegt, wobei die Kraft nach Definition auf Grund ihrer Wirkung (Bewegungsänderung oder Verformung) nachgewiesen werden kann. „Arbeit" ist dann das Produkt aus Kraft und Weg. Erst mithilfe dieser Festlegungen ist es möglich, „Energie" als Arbeitsfähigkeit zu definieren und den Grundsatz der Erhaltung der Gesamtenergie eines geschlossenen Systems als Grundprinzip der Physik zu erklären. Auf diesem Grundprinzip basieren die Überlegungen der Energieumwandlung in die verschiedenen Energieformen.
Diese Begriffe werden in der Allgemeinheit oft verwechselt. So meint „Wasserkraft" eigentlich Energie des bewegten Wassers.

[20] Kollmann, 1850, S.7.

Ein Grund für die im ersten Kapitel beschriebene Lechkorrektion war die für die wachsende Textilindustrie notwendige Erhöhung des Energieangebots und damit eine Erhöhung deren Produktivität.[21]

Der Stadtmagistrat beschloss 1909 während der Etatberatungen für den Haushalt für 1910 diese Energie auszunützen, um ein Elektrizitätswerk am Hochablass zu bauen. Leider überrollten die Ereignisse der Hochwasserkatastrophe diese Pläne.[22]

Dieses gegenüber den anderen süddeutschen Städten großes Energieangebot wurde auch von Krieger in seiner Rede 1911 vor dem Industrieverein betont, wenn er auf das Energieangebot von „ca. 12.000 Rößlein“ hinweist Auch Johann Greipel erwähnt sie in seiner Rede 2005.

Der Höhenunterschied zwischen Hochablass und Wolfzahnau beträgt ca. 20 Meter; es gibt drei Stufen mit einem Abfall zwischen 6 und 2 Meter; dies wird heute zur Stromerzeugung ausgenutzt.

Das Energieangebot des neuen, in den Jahren 2012/13 gebauten Kraftwerks am Hochablass beträgt 11,2 MKW.

3. Einige Zeittabellen

3.1 Außerordentliche „Ablässe“

„Ablässe“ in Akt 45 / 664 Außerordentliche „Ablässe“ in den Kanälen von 1923 – 1942:

13. August 1926
21. Juli 1927
21. Juni 1929
05. Juli 1929
11. Juli 1929
24. Dezember 1930

3.2 Naturschutzgesetz – Historie

1905 Gründungssitzung der „Landesausstellung für Naturpflege“ in Bayern

1909 Gründung des „Landesbundes für Vogelschutz in Bayern e. V“.

1913 Gründung des „Bund Naturschutz in Bayern e.V“.

1925 Erster Deutscher Naturschutztag in München

1935 26. Juli Erlass des Reichsnaturschutzgesetzes

1976 Gründung der Bayerische Akademie für Naturschutz und Landespflege

2000 Europäische Wasserrahmenrichtlinie (ausführliche Infos im Internet)

2011 23. Februar Bayerisches Naturschutzgesetz,[23] gültig ab 01.08.2019

3.3 Zeittafel des Energieangebots am Hochablass

1850: 3400 PS = 2500 KW

1910: 12.000 PS = 8830 KW

2012: 11.200.000 KW (neu gebautes Kraftwerk)

4. Reibungskraft

Werden zwei Körper gegeneinander gerieben, so wird ein Teil der für die Bewegung der Körper vorgegebenen kinetischen Energie in „Reibungsenergie“ umgewandelt; i. A. geht damit ein Energieverlust der kinetischen Energie einher; ein nicht unerheblicher Teil der Reibungsenergie verwandelt sich in Wärmeenergie. Der Lech, der sich durch sein großes Gefälle, aber auch durch seinen Steinreichtum und sein „umherirrendes“ Flussbett [Kollmann] gegenüber den anderen süddeutschen Flüssen auszeichnet, erleidet durch die Reibung zwischen den Steinen einen nicht unwesentlichen Energieverlust an nutzbarer Energie.
Die Lechkiesel erhalten durch Reibung ihre runde Form; je länger sie der Reibung ausgesetzt sind, desto runder und kleiner werden sie.

Ein großer Kiesanteil bedeutet aber auch, dass die Fließgeschwindigkeit durch Reibung zwischen den Geröllen langsamer wird und der Fluss sich weniger in seinen Untergrund eingräbt.

Man gewinnt umgekehrt nutzbare Energie, wenn man die Reibung vermindert, d. h. den Fluss begradigt und Hindernisse im Flusslauf vermeidet. Diese Überlegungen veranlassten vor allem im 19. Jahrhundert die Stadt Augsburg, den Lech im Stadtgebiet zu begradigen. Ein Nebeneffekt war dabei der Hochwasserschutz für das Stadtgebiet und Lechhausen.

[21] Quelle: Promotionsarbeit von Alois Anton Loderer: Die Besitzgeschichte und Besitzverwaltung der Augsburger Stadtwaldungen; Promotionsarbeit 1987.

[22] Protokolle der Stadtmagistratssitzungen von 1909. Es liegen keinerlei konkreten Pläne für ein solches Kraftwerk vor. Grund für die Planung war, dass Industrielle ein solches Kraftwerk planten. Die Stadt wollte aber selbst dieses Werk bauen, weil sie befürchtete, dass private Betreiber den Strompreis für die allgemeine Bevölkerung zu teuer kalkulierten. Vorbild für diese Bauabsicht war der sehr erfolgreiche Betrieb des (damals noch geplanten) Gaswerks durch die Stadt, die damit billig Gas an die Einwohner von Augsburg liefern wollten. 1915 wurde dann das „neue Gas-Kraftwerk“ in Oberhausen in Betrieb genommen.

[23] Genau: Gesetz über den Schutz der Natur, die Pflege der Landschaft und die Erholung in der freien Natur (Bayerisches Naturschutzgesetz – BayNatSchG, GVBl S.82, BayRS RS 791 -1-U; gültig ab 01.08.2019

Alle Korrektionsbauten erhöhten also die Fließgeschwindigkeit und verkleinerten die Reibung an den Steinen und Ufern.

Durch den Ausbau des Lechs oberhalb des Hochablasses mit Kraftwerken wurde potenzielle Energie durch den Einbau eines Staudamms gewonnen. Steine und Geschiebe lagern sich in den Staubecken ab, das Wasser, das über den Staudamm fließt, hat wenig Geschiebe; die kinetische Energie, um Turbinen zu betreiben, ist entsprechend den Höhenverhältnissen maximal ausgelegt – bis zum nächsten Stauwehr. Heute kann man den Lech als eine Aneinanderreihung von Kraftwerken mit maximaler Energieausbeute betrachten.[24] Welche Auswirkungen diese Einbauten auf die Ökologie haben, wird erst in den letzten Jahrzehnten problematisiert. Die erschreckenden Verluste an Biodiversität werden erst jetzt deutlich gemacht; das Projekt „Licca liber", angetrieben von der Technischen Universität München und dem Wasserwirtschaftsamt Donauwörth, soll hier Einhalt gebieten.

Ein kleiner Versuch, die Reibung zu erhöhen und dadurch die Fließgeschwindigkeit des Lechs zu verringern, wurde ab Herbst 2012 unternommen, indem man Kies zwischen der Staustufe 23 (Mandichosee) und dem Hochablass (Staustufe 24) eingebracht hat. Ziel ist dabei, die Eintiefung des Lechs abzumildern.

5. Wirbelbildung / Turbulenzen

Fließt Wasser glatt und ohne Wirbel durch ein Gerinne, so spricht man von einer laminaren Strömung. Bilden sich dagegen Wirbel, nennt man dies eine turbulente Strömung; sie ist von der Fließgeschwindigkeit und der Viskosität des Gewässers abhängig.

Wirbel entstehen an sog Unstetigkeitsstellen; das sind Stellen, an denen der Wasserlauf durch Hindernisse gestört wird. Eine weitere Ursache ist die Überschreitung der **Reynoldschen**[25] Zahl.

Diese ist auf folgende Weise festgelegt:

Es gibt im Wesentlichen zwei Kräfte, die auf das fließende Wasser einwirken:

Die erste Kraft ist die Gewichtskraft, die senkrecht auf den Flussboden wirkt; sie kann den Flussboden durch Auskolkung erheblich schädigen.

Die zweite Kraft treibt das Wasser in Fließrichtung; die Floßfahrt am Lech ist erst möglich durch diese das Floß in Richtung Norden treibende Kraft; sie lässt aber auch Steilufer entstehen, ebenso höhlt sie Ufer aus oder lagert Kies an beliebigen Stellen ab.

Die Reynolds-Zahl wird durch das Verhältnis dieser beiden Kräfte bestimmt. Ein exakter Grenzwert,[26] wann genau ein laminare in eine turbulente Strömung übergeht und sich dann Wirbel[27] bilden, gibt es nicht. Außerdem ist ein solcher Wert schwierig in einem offenen, fließenden Gewässer, der zusätzlich so viel Geschiebe wie der Lech enthält, zu bestimmen.

Nach dem Gesetz von Stoke[28] ist die Kraft bei laminarer Strömung der Geschwindigkeit direkt proportional; dagegen dem Quadrat der Geschwindigkeit bei turbulenter Strömung; das bedeutet, dass in verwirbelten Strömungen wesentlich größere Kräfte wirken und somit auch größere Zerstörungen stattfinden können.

Die durch die Unstetigkeitsstellen verursachten Wirbel waren vor allem am Ende der Floßgasse ein Problem. Sie führten nicht nur zur Aushöhlung des Untergrunds, sondern auch oft zum Kentern der Flöße.

Diese Wirbelbildung kann man bei fast allen Plänen, die die Naufahrt des Streichwehrs darstellen, erkennen. Schon immer versuchte man durch Umbauten – oft auf Druck der Flößer bzw. des Herzogtum Bayerns – diese Gefahrenquelle abzumildern. Stadtbaurat Sebastian A. B. von Hößlin beauftragte den damals im Bauamt angestellten Franz Kollmann, die zwei in den Jahren 1821 und 1822 veranlassten Ausbesserungen, d. h. die Verlängerung der Floßgasse zu dokumentieren. (Bild 323)

***Bild 323:** Verlängerung der Floßgasse im Jahr 1821 und 1822*

[24] Dazu gibt es z. B. eine zugehörige Grafik bei Martin Kluger, Der Lech Landschaft. Natur. Geschichte. Wirtschaft. Wasserkraft. Hrsg. Lechwerke AG, S. 157. oder Marita Kraus / Stefan Lindl / Jens Soentgen: Der gezähmte Lech Ein Fluss der Extreme, S. 106.

[25] Osborne Reynolds (1842 – 1912).

[26] Dieser Grenzwert ist für den Lech sehr schwer, d. h. auch sehr ungenau zu ermitteln, weil der breite Flussboden, der nur sehr unregelmäßig mit Wasser bedeckt ist, keine genauen Messungen zulässt. Doch die Wirbel sind sichtbar und ihre Zerstörungskraft nachweisbar. Bei einem glatten Rohr ist der Grenzwert für Wasser etwa 1 200; da die Reynoldsche Zahl eine Verhälnisbestimmung darstellt, hat sie keine Dimension.

[27] Diese Erscheinung lässt sich gut bei den Augsburger Kanälen beobachten, z. B. am Proviantbach vor der Kälberhalle.

[28] Georg Gabriel Stoke (1819 – 1903) stellte 1845 ein Gesetz über die auftretende Kraft in einer turbulenten Strömung auf; es gilt nur in engen Röhren und kann daher nur modifiziert auf Flüsse angewendet werden.

Diese Wirbelbildung durch Geschwindigkeitserhöhung in turbulenten Flüssigkeiten kann man auch heute noch am Hochablass sehen; besonders eindrucksvoll lässt sie sich vor der Walze beobachten: Hier gewinnt das vor dem Absturz ruhig fließende Wasser an Geschwindigkeit und es bilden sich sog. Doppelwirbel mit beiden Drehsinnen mit und gegen den Uhrzeigersinn. (Bild 324)
Nach dem Energieerhaltungssatz treten in der Regel immer zwei gegenläufige Wirbel auf, wenn zusätzlich keine weiteren Außeneinflüsse einwirken.

Einzeln auftretende Wirbel haben eine sehr starke Sogkraft nach unten; deshalb ist Schwimmen in Wehrrnähe lebensgefährlich. (Bild 325)

Flache Wirbel bilden sich bei geringerer Geschwindigkeit wie im Einlaufbecken sichtbar. (Bild 326)

Je größer die Fließgeschwindigkeit ist, desto größer ist auch die Rotation der Wirbel und umso stärker ist auch die Zerstörungskraft durch sie. Dies wurde sehr anschaulich bei der Hochwasserkatastrophe von 1910 sichtbar. An dem großen Winkel zwischen Wehr und Einlauf wurde der größte Druck erzeugt. Dadurch bildeten sich die stärksten Wirbel. diese konnte hier die größte Zerstörung anrichten. Diese Überlegungen tauchen sowohl bei Kollmann, bei Mayer und auch im Lehrbuch von Vischer/ Huber auf.
Im Tosbecken, das heißt, in dem Raum unterhalb des Wehres, in dem das Aufschlagwasser auf den Flussboden auftrifft, sind Verwirbelungen unvermeidbar.

Bei Renaturierungsmaßnahmen von Flüssen (z. B. im Projekt „Wertach vital“) werden bewusst Wirbel erzeugt, damit Bewegungsenergie „vernichtet“ und die Fließgeschwindigkeit verlangsamt wird; damit wird der Eintiefung der Flusssohle entgegengewirkt. Hier sind auch die Rauhbäume, die bei der Hochwasserkatastrophe ohne Erfolg in die stürzenden Fluten eingebracht wurden, eine sehr sinnvolle Maßnahme.[29]

Der günstigste Verlauf der Flusssohle in diesem Wehrbereich lässt sich nicht exakt berechnen; er wird in der Regel durch Versuche in verkleinerten Versuchsbecken simuliert. Eine führende Stellung hatte dabei die Universität Karlsruhe (siehe Bauplanungen und Versuchsanordnungen für den Umbau von 1930/31).
Am Hochablass versuchte man 1930 die Erschütterungen am Wehrkörper und Auskolkungen im Tosbecken durch den Einbau von Eisenbahnschienen abzufedern. (Bild 326)
Eisenspundwände wurden gegenüber dem Oberwasser eingezogen, um die Stabilität des Baus abzusichern. (Bilder 328)

Eine weitere Maßnahme war und ist auch heute noch, den belasteten Boden oder die schräge Fläche im Tosbecken bei den beweglichen

[29] Ausführlich werden die Renaturierungsmaßnahmen in dem Buch von Robert Rapp: Die Wertach ausführlich beschrieben.

***Bild 324:** Foto eines Doppelwirbels*

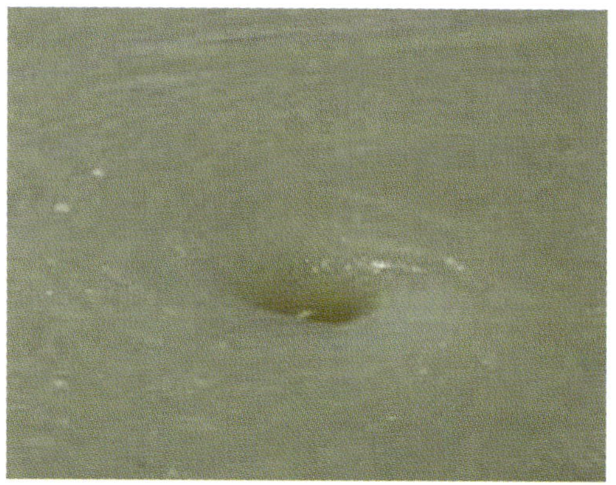

***Bild 325:** Einfache Wirbelbildung*

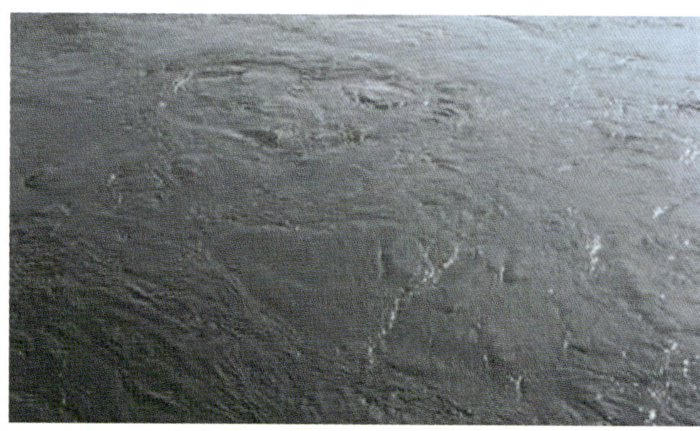

***Bild 326:** Bildung flacher Wirbel bei geringer Fließgeschwindigkeit*

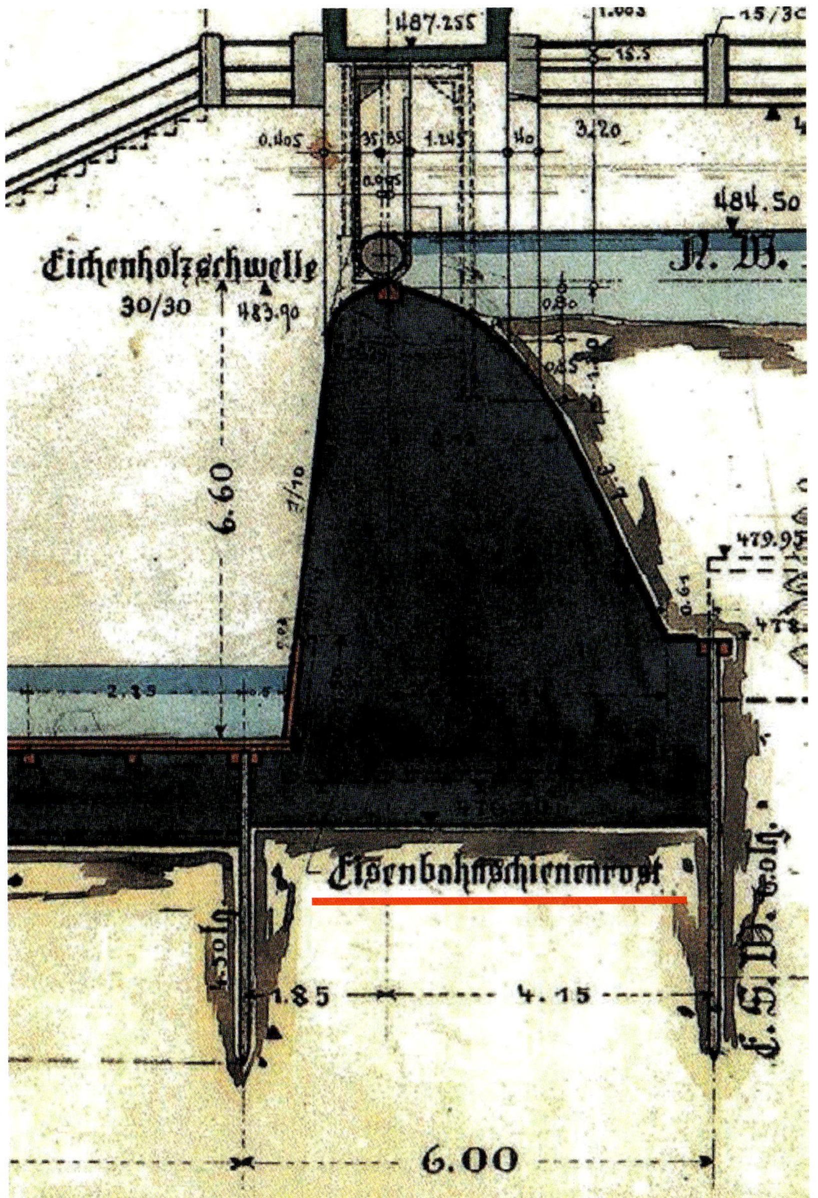

Bild 327: Eisenbahnschienen im festen Wehr

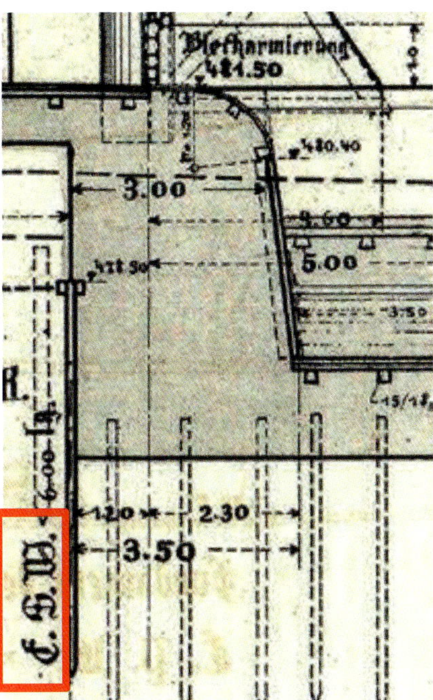

Bild 328: Eisenspundwand (E.S.W.) und Blecharmierung im Oberwasserbereich

Bild 330: Vereiste Störsteine vor den Hackenschützen[30]

Bild 329: Basaltsteine an der Walze

Wehren mit einer Bruchsteinmauer aus Basaltsteinen auszukleiden. Fällt Wasser auf diese Steine, wird Bewegungsenergie verringert; diese Energie wird in elastische Energie umgewandelt, d. h. die Steine werden durch Erschütterungen stark beansprucht und müssen nach circa 6 bis 8 Jahren ausgewechselt werden. Zum Beispiel wurden diese Basaltsteine an der Walze im Zuge der Renovierung 2000/2001 ausgetauscht. (Bild 329)

Einen anderen Weg ging man 1998, als man sog. „Störsteine" in das Tosbecken einbrachte. Hier wird die kinetische Energie des Wassers wirkungsvoll in Bewegungsenergie umgewandelt. (Bild 330)

[30] Es gibt auch die Schreibweise „Hakenschütze".

Bild 331: *Gischt an den Störsteinen*

Trifft das herabfallende Wasser auf diese Störsteine, entsteht Gischt. Durch diesen Vorgang verliert die herabfallende Wassermasse ebenfalls Energie. (Bild 331)

6. Technische Anwendung der Wasserkraft

6.1 Translationsbewegung

„Eines der vielfältigen Probleme war die **Umwandlung der Rotationsbewegung des Wasserrades in eine Translationsbewegung**, die den Pumpenlauf (Hub) erst ermöglichte. Hier stand ursprünglich nur eine einfache Nockenwelle zur Verfügung. Die Drehbewegung der Welle ließ sich mit Hilfe auf ihr sitzender Nocken in ein lineares Auf und Ab oder Hin und Her überführen. Im Laufe weiterer technischer Entwicklung wurde dieser noch mit erheblichen Mängeln behafteter Mechanismus durch Treibrad und Zahnstange ersetzt. Mit Hilfe der Treibräder wurden Zahnstangen auf- und niederbewegt, die Pumpenkolben angetrieben“. [31]

6.2 Wasserräder

Wasserräder dienen dazu, „die lebendige Energie des einströmenden Wassers in nutzbare Arbeit umzusetzen“.[32]

Das Konstruktionsprinzip von **Wasserrädern** und (Wasser-)**Turbinen** ist gleich:
Wasser strömt auf bewegliche Schaufeln, die auf einer Mittelnabe verankert sind. Die Drehbewegung wird dann mithilfe von Zahnrädern, Transmissionsriemen oder Pleuelstangen in eine lineare Bewegung übergeführt.
Der Wasserstrom (Oberwasser) wird durch ein Gerinne auf das Rad gebracht.
Der große Vorteil der **Turbine** ist es, dass dieses Wasser mit sehr geringem Verlust in einem geschlossenen Behälter (Kanal) dem Rad zugeführt wird. Dadurch erreicht man einen wesentlich größeren Wirkungsgrad als bei dem offenen Wasserrad; hier ist der Wasserverlust oft erheblich. Auch ist der Reibungsverlust bei Turbinen erheblich niedriger als bei Wasserrädern.

Ein weiterer Unterschied besteht darin, dass die Achsen der Wasserräder meist horizontal liegen; für Turbinenachsen ist es dagegen möglich, dass man sie in beliebigen Lagen baut; so können sie den Bedürfnissen der Triebwerksbesitzer besser angepasst werden. Wasserräder werden in der Regel aus Lärchen- oder Föhrenholz und nicht aus Fichtenholz hergestellt, weil diese Hölzer wesentlich länger haltbar sind. Große Wasserräder, wie das (abgebrochene und wiederaufgebaute) Wasserrad am Schwalllech können sehr schwer sein (hier 6 Tonnen), das ruft eine große Belastung und Verschleiß an der Radnabe hervor; der Wirkungsgrad des Rades wird dadurch sehr vermindert.
Das Material für Turbinen ist Metall in den verschiedensten Ausprägungen und somit haltbarer.

Eine optimale Wassermenge und damit Eintrittsgeschwindigkeit für ein Rad konnte durch die unregelmäßige Wasserführung am Lech bis in die Mitte des 19. Jahrhunderts nicht eingehalten werden. Darum bemühte man sich, durch geeigneten Bau des Einlaufbauwerks eine Garantie für eine festgelegte Wassermenge an die Triebwerksbesitzer abzugeben. Sie wurde auf 36 m^3/s festgelegt und gilt bis heute.

[31] Geschichte der Wasserversorgung, Abb. 23.

[32] Amtlicher Führer des Deutschen Museums, 1925, S. 99.

Man unterscheidet zwei grundsätzlich verschiedene Bauweisen für Wasserräder:
das oberschlächtige und das unterschlächtige Wasserrad. (Bild 332/333)

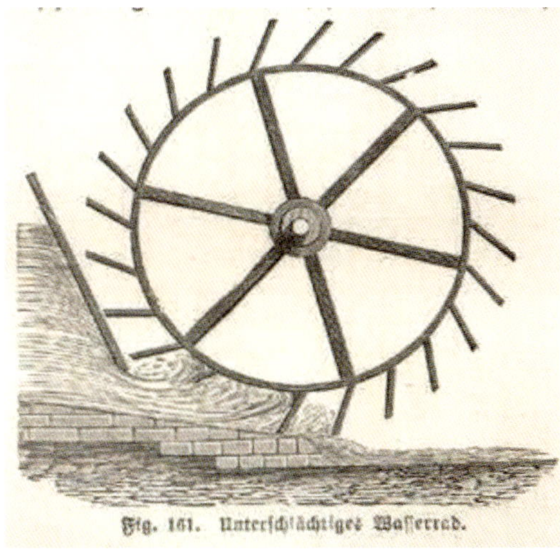

Bild 332: *Unterschlächtiges Wasserrad*

Bild 333: *Oberschlächtiges Wasserrad*

Beide Abbildungen sind entnommen aus „Das neue Buch der Erfindungen, Gewerbe und Industrien, Zweiter Band, Verlagsbuchhandlung von Otto Spamer, 1877, S. 171

Alle Wasserräder an den Augsburger Mühlen und Triebwerken waren unterschlächtig, obwohl der Wirkungsgrad durchschnittlich nur 20 % betrug. Das hatte einen einfachen Grund: Der Höhenunterschied zwischen Hochablass und Wolfzahnau betrug zwischen ca. 20 und 26 Meter. Hätte man am Hochablass ein einziges oberschlächtiges Wasserrad mit hohem Wirkungsgrad von ca. 80 % gebaut, wären unüberwindbare Schwierigkeiten der Energieübertragung auf die über ein weites Gebiet verstreuten Werke aufgetreten: Dafür sind weder Transmissionsriemen noch Pleuelstangen geeignet. Außerdem würde dabei ein viel zu großer Reibungsverlust auftreten, der den höheren Energiegewinn wieder zunichtegemacht hätte.

Verschiedene Bemühungen durch spezielle Konstruktionen der Schaufeln und der Schaufelaufhängungen erzielten keine wesentlichen Verbesserungen.[33]

Die Fallhöhen an den einzelnen Rädern der an den Kanälen liegenden Werke waren ein Maß für die dort angebotene Energie und wurden unter Kollmann auch ein Maß für die zu zahlenden „Consumptionssteuer“ (auch mit Wasserradzinsen oder Rekognition bezeichnet). Kollmann listet sie in seinem 1850 erschienenen Werk akribisch für jede Mühle auf.
Oft wurden über die Wasserräder sog. „Radstuben“ gebaut, die den Wasserdurchfluss eingrenzen sollten. Sie sollten auch vor den sehr gefährlichen „Eisstopfungen“ und Austrocknung durch Sonneneinstrahlung schützen.

Eine andere Grundidee steht hinter der Konstruktion der Pansterräder: Es bestand ein ungeschriebenes Gesetz für Flöße, dass sie bei gefährlicher Wasserführung und niedrigen Wasserständen am Lech durch die Augsburger Stadtkanäle fahren durften. Im Normalfall belegten die Wasserräder nur eine Hälfte des Kanals. War das Rad aber so breit, dass ein Floß nicht vorbeifahren konnte; wurde das Wasserrad zu einem Pansterrad umgebaut. Dies ist ein Rad, das man heben und senken konnte.[34] Es entwickelte sich die Gewohnheit – und damit wurde es zum Gewohnheitsrecht –, dass Flöße in der betriebsfreien Zeit (Wochenende und Feiertage) durch die Kanäle fahren konnten; d. h. die Räder waren hochgezogen. Kollmann listete für 1850 14 große, 3 kleine Pansterräder und 1 Schiffsmühlenpansterrad auf.

---

[33] Dazu zwei Beispiele: 1) Das „Kropfrad“ hat ein sehr enges Gerinne und damit einen geringen Wasserverlust und einen höheren Wirkungsgrad von ca. 30 %. 2) Das Ponceletrad: Bei diesem Rad sind die Schaufeln gebogen, die Kraftübertragung ist somit besser als bei konventionellen Wasserrädern.

[34] Das Wasserrad am Schwalllech ist ein Pansterrad.

6.3 Turbinen

Dem Wirkungsgrad der unterschlächtigen Wasserräder war eine obere Grenze von ca. 20% gesetzt. So wurde sie ab der Mitte des 19. Jahrhundert häufig durch Turbinen ersetzt, die einen Wirkungsgrad von circa 80 % erreichen konnten. Es gab um 1900 nach den Angaben von Werner etwa doppelt so viele Turbinen wie Wasserräder.[35]
Nicht alle Wasserräder wurden durch Turbinen ersetzt, weil die Art des Gewerbes nicht die größere Kraft einer Turbine benötigte.

Als Beispiel für die Veränderung durch die neue Turbinentechnik kann die Weberei von Paulin angeführt werden: 1850 besaß der Gemeindebevollmächtigte Leopold Paulin eine Weberei und Schlichterei von „Mousseline de laine" am linken Ufer des Fichtelbaches mit der Litera I. 182 – 186 (ehemalige Fähnrich-Sägmühle). Diese war mit einem Ponceletschen Wasserrad mit einem „Activen Wasserfall" von 5,3′, das sind 1,5 Meter, ausgestattet. 55 Jahre später berichtete Werner, dass Paulin 1864 das Wasserrad ausgebaut und durch eine Turbine ersetzt hatte. Durch den Zukauf der unterhalb liegenden Sägemühle gewann Paulin erheblich mehr Energie. Die Turbinenschwelle betrug so 8,4′ = 2,44 Meter.[36]

Zu dieser wirtschaftlichen Veränderung schreibt Häberlein:[37] Ein Überblick über Augsburgs wirtschaftlicher Entwicklung zeigt zunächst, daß die Stadt keineswegs nur im „goldenen" Zeitalter [...] ein Wirtschaftszentrum von überregionaler, in einigen Branchen von internationaler Bedeutung war. Dies gilt vor allem auch für das 18. Jahrhundert und die Zeit der Industrialisierung. Auffälligerweise wurde jede dieser Blütezeiten der Augsburger Wirtschaft von einer neuen Generation von Unternehmern getragen, von denen viele der Stadt zugewandert waren. Die personellen Kontinuitäten zwischen den Wachstumsphasen waren nur sehr schwach ausgeprägt. Stärkere Kontinuitäten zeigen sich hingegen in der Bedeutung des Textilgewerbes, ...".

Eine Turbine funktioniert auf dem gleichen Prinzip wie ein Wasserrad: Eine Flüssigkeit (oder ein Gas) durchströmt Schaufelräder, die an einer Achse angebracht sind. Je größer die Fließgeschwindigkeit (im Fall des Gases die Temperatur) ist, desto schneller können sich die Turbinenschaufeln drehen und desto mehr Strom kann erzeugt werden.

Im Wasserbau mit so kleinen Fallhöhen wie am Hochablass sind die Turbinen nach Kaplan die geeignetsten; sie wurden im Laufe der Zeit in verschiedenen Modifikationen den örtlichen Gegebenheiten angepasst. Auch die im Jahr 2017 eingebaute Turbine beruht auf der Konstruktionsidee nach Kaplan. Ein genaueres Eingehen auf die verschiedenen Bauweisen verbietet sich, da dies in den speziellen Bereich des Maschinenbaus führen würde.

7. Die schiefe Ebene-Floßabfahrt

Die schiefe Ebene gehört zu den „einfachen Maschinen", d. h. zu den einfachsten Hilfsmittel, mit denen die Menschen schon sehr früh versucht hatten, sich die Arbeit zu erleichtern. Vor- und Nachteile der schiefen Ebene lassen sich an der Floß- bzw. Kiesgasse gut ablesen. Ein Flößer will eine möglichst flache Abfahrt; dagegen ist eine möglichst steile Abfahrt für den Abtransport des Lechkieses viel günstiger.
Eine Skizze (Bild 333) soll dies verdeutlichen.

Dies hieß für die Flößer:
War die Abfahrt steil, bekamen die Flöße einen großen Hangabtrieb; das bedeutete eine sehr schnelle und gefährliche Fahrt. Je länger die Abfahrt war, desto flacher konnte sie gebaut werden. Daher forderten die Flößer immer eine möglichst lange, d. h. flache, aber auch teure Abfahrt.[38] Eine weitere Gefahrenquelle war der rasche Übergang vom schrägen in den waagrechten Flussboden; hier konnten die Flößer selbst mit großen Mühen die notwendige Richtungsänderung ausbalancieren.

Beim Neubau des Hochablasses 1910 wollte die bayerische Staatsregierung eine Floßgasse, die nur eine Steigung von 10 % haben durfte; das entsprach einem Neigungswinkel von 5,7°. Dieser Winkel gewährleistet eine (noch) gefahrlose Abfahrt.

Das wiederum hatte Folgen für das Geschiebe: Das Geschiebe aus Steinen und Sand wurde bei steiler Abfahrt schneller nach unten befördert. Im Oberwasser sammelte sich weniger Geschiebe an. Deshalb favorisierte die Stadt Augsburg immer eine steile Abfahrt.

[35] In der Regel waren diese Turbinen (Henschel-)Jonvalturbinen. Das Wasser durchströmt die Turbine von oben nach unten: Fest über dem Laufrad angeordnete Leitschaufeln lenken das Wasser auf die gegenläufig gekrümmten Schaufeln des Laufrades. Diese Turbine hat einen sehr hohen Wirkungsgrad. Auch einige Francisturbinen kamen zum Einsatz, die für höheren, gleichmäßigen Wassermengendurchfluss geeignet sind. Sie hat einen sehr hohen Wirkungsgrad. Das Laufrad einer Francisturbine kann man noch im Klaukeviertel besichtigen. Quelle: Wikipedia.
Die später hauptsächlich verwendete Kaplanturbine wurde erst um 1913 erfunden.

[36] Die beiden in diesem Abschnitt angegebenen Einheiten ¢ sind die Abkürzung für die Einheit „Zoll".

[37] Mark Häberlein: Wirtschaftsgeschichte vom Mittelalter bis zur Gegenwart, Augsburger Stadtlexikon, 1998, S. 161.

[38] Oskar von Miller baute an der Isar zur Errichtung eines Elektrizitätswerkes 1884 für die Flößer eine „Rutsche", die längste Floßgasse Europas. Sie war 360 Meter lang und überwand dabei 18 Meter Höhenunterschied.

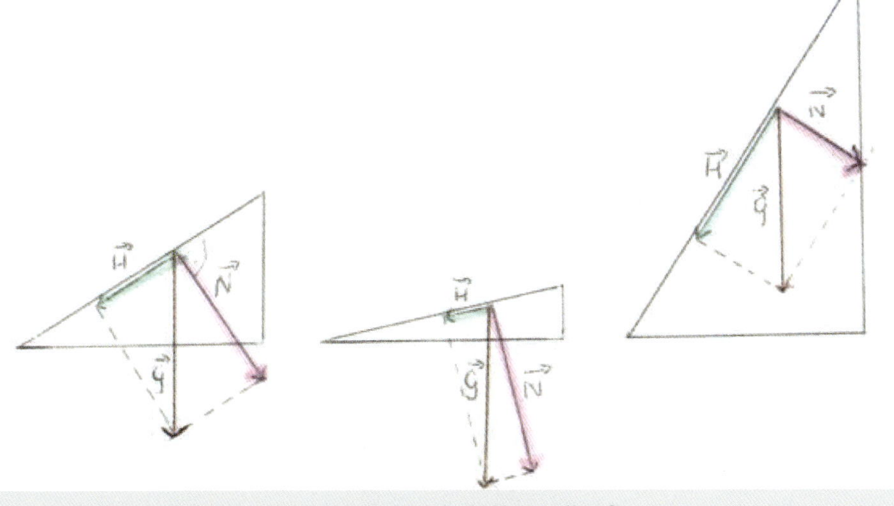

Bild 334: Kräfteverhältnisse an einer schiefen Ebene

Bezeichnungen: G Gewichtskraft, H Hangabtrieb, N Normalkraft

Kräfteverhältnisse an einer schiefen Ebene allgemein	**flache** Abfahrt	**steile** Abfahrt
	kleiner Winkel	**großer** Winkel
	Hangabtrieb **klein**	Hangabtrieb **groß**[39]

Anmerkung: Die Gegenkraft zu H, also die Kraft, die den Körper an der Stelle hält, ist aus Gründen der Übersichtlichkeit nicht eingetragen; sie spielt beim Floß keine Rolle.

Je flacher die Abfahrt war, desto größer war die Normalkraft. Dies wirkte sich unmittelbar auf die schräge Fläche der Abfahrt (Boden) aus; hier bedeutete viel Geschiebe eine starke Beanspruchung des Floßbodens und damit viel Aufwand in der Reparatur.

Bei einer steilen Abfahrt besaßen die mitgerissenen Steine des Lechs eine große kinetische Energie. Das hieß, dass sich diese Steine am Ende der Floßgasse leichter in den Flussboden eingraben konnten – es bildeten sich sog. Kolke, d. h. Ausspülungen des Untergrunds. Diese waren wiederum der Stabilität der Abfahrt abträglich.

8. Entwicklung der technischen Anlagen am Hochablass im Laufe der Jahrhunderte (bis 1945)

Die Entwicklung der Technik kann hier nur durch eine Übersicht dargestellt werden; spezifische Aussagen über Einzelheiten sind hier nicht möglich

8.1 Wehre – Übersicht

Das gesamte Wehr am Lech ist 145 Meter breit.

Ein **Stauwehr** – kurz Wehr genannt – ist ein Hindernis, das den Wasserspiegel (Oberwasser) und den Energiespiegel bis zurück zur Stauwurzel anhebt. Es schafft damit Bedingungen, unter denen die fassbaren Zuflüsse. Infolge des Aufstaus erhöht werden.[40]

Man unterscheidet **feste und bewegliche Wehre**. **Feste Wehre** besitzen ein festgelegtes Stauziel (Kote der oberen Kante).
Das am Hochablass bis 1910 vorhandene Wehr war ein Streichwehr, ein Musterbeispiel für feste Wehre; ausführlich wird es im Kapitel 2 vorgestellt.
Bewegliche Wehre besitzen sog. Schützen oder Tafeln, die entweder ganz oder geteilt gebaut werden können; dabei können sich die Teiltafeln gegeneinander bewegen. Das Stauziel kann variabel gewählt werden.

Der Hochablass bietet durch die verschiedenen dort vorhandenen Wehrverschlüsse hierfür anschauliche Beispiele.

Folgende Wehre fanden sich bis zum Einbau des Kraftwerks am Hochablass:
a) bewegliche Wehre
- **Zweigeteilte Doppelhackenschütze,** Breite je 6 Meter. Verschlusshöhe 2,50 Meter; Durchlassmenge bis 55 m^3 pro Sekunde; zweigeteilt, Ober- und Unterströmung kann getrennt geregelt werden

[39] Die Gegenkraft zum Hangabtrieb, d.h. die Kraft, die den Köper an der Stelle hält, spielt beim nach unten fahrenden Floß keine Rolle und wurde daher vernachlässigt.

[40] Diese Einleitung folgt leicht verändert der Definition des Begriffs Wehr in: Vischer/Huber: Wasserbau, S. 95.

- **Fischbauchklappe**
  Verhältnis von oberer zu unterer Tafel: 49,4 %: 50,6 %
- **Fischtreppe** (alt) mit Einlaufwehr
- **Kiesschleuse** (10 m) mit Doppelschütz
- Schleuse für die Kanustrecke
- **Einlaufbauwerk** mit Schleusen beim Neubach und Stadtbach
- Schleusen für den Kiesablass und Schlammablass

b) **Walzenwehr** (20 m): Verschlusshöhe 3 Meter, als Grundablass und Schnellverschluss konzipiert

c) **festes Wehr** bzw. umgebautes festes Wehr
- Wehre mit selbstregulierenden Gegengewichtsklappen
- Zwei feste Wehre mit festen Überlaufschwellen; Fallhöhe 6,3 Meter; in ihnen ist ab Ende 2013 das neue Kraftwerk integriert
- Aus- und Überlauf des Kuhsees (der Wasserspiegel kann um 1 m variiert werden)

8.1.1 Schützen oder Tafeln und ihre Hebevorrichtungen

Die sog. Schützen oder Tafeln sind der klassische Verschluss für ein Wehr. Schon im Altertum wurden Wasserläufe durch bewegliche Tafeln abgeriegelt. Diese laufen in senkrechten Schienen, die eine Hebung oder Senkung der Tafeln ermöglichen. Es änderten sich im Laufe der Zeit das Material und die Hilfsmittel, mit denen diese Tafeln bewegt wurden. Das vordringliche Problem bei allen Schützen (Tafeln) ist aber die Dichtigkeit zwischen den Tafelwänden und den Schienen, in denen diese Tafeln bewegt werden.

Das schon im Altertum und auch heute bei kleinen Anlagen verwendete Material für die Schützen ist Holz, in der Regel Eichenholz. Um die Tafeln in sich möglichst dicht zu halten, wurden sie kalfatert. Beim **Kalfaltern** wurden die Ritzen zwischen den Balken mit Pech, Holzteer, Werg, Baumwolle oder Gummi mithilfe eines Kalfateisens abgedichtet.
Heute wird dazu spezieller Kunststoff verwendet.

8.1.1.1 Hebevorrichtungen: Flaschenzug, Tretrad, Endlosschraube

Schleusenwärter mussten diese Tafeln heben oder senken. Am Hochablass war diese Arbeit bei Hochwasser sehr schwer, da zusätzlich zum hohen Gewicht der Tafeln das Oberwasser sehr stark gegen die Tafeln drückte. Daher versuchte man durch Getriebevorrichtungen, **Flaschenzüge** und **Räder** mit geeigneter Übersetzung, sich diese Arbeit zu erleichtern.
Zum Heben der Tafeln wurde **üblicherweise** ein Flaschenzug eingesetzt.
Der Flaschenzug hat den Vorteil, dass er z. B. bei einer losen Rolle die aufzuwendende Zugkraft halbiert; außerdem musste man ziehen und nicht heben; dies kommt der menschlichen Anatomie entgegen. (Bild 335) Vervielfacht man die Anzahl der losen Rollen, so kann man mit der gleichen Zugkraft das zu

Bild 335: *Prinzip der festen und der losen Rolle (Zöllner, Buch der Erfindungen, 1877, Band 2, S. 60)*

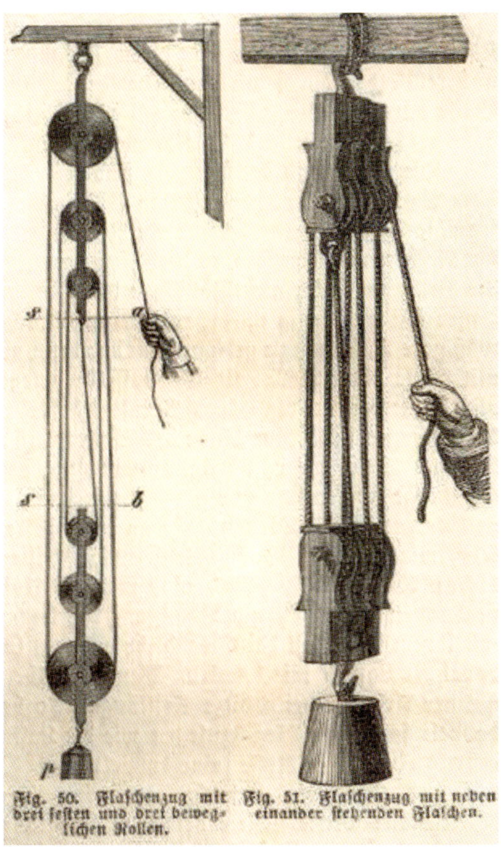

Bild 336: *Varianten des Flaschenzugs (Zöllner, Buch der Erfindungen, 1877, Band 2, S. 61)*

hebende Gewicht (Tafel, Schütze) z. B. vervierfachen, versechsfachen ....[41] (Bild 336)

Aus diesen Darstellungen lässt sich leicht erkennen, dass bei höherer Anzahl der Rollen auch das Gewicht der Rollen und die Reibung zwischen Seil und Rolle berücksichtigt werden müssen; d. h. man kann die Anzahl der Rollen nicht beliebig erhöhen.
Mithilfe von Flaschenzügen konnte man somit die schweren Fallen (Tafeln, Schützen) besser heben und senken, wenn sie ein bestimmtes Gewicht nicht überschritten.

Solche Tafeln oder Schützen konstruierte schon der Schleusenmeister Gabriel Schwarz im Jahre 1644; er schlug dabei auch verschiedene Hebevorrichtungen vor.

Folgender Plan ist wohl als Skizze zum nächsten Plan zu verstehen, der wesentlich detailgenauer und auch technisch ausgereifter erscheint. In beiden Plänen sind zwar am unteren Rand eine Konstruktion ein Maßstab angeben; leider ist keine exakte, ins metrische Maß übersetzte Größenangabe möglich, da nicht angegeben ist, in welcher Längeneinheit gezeichnet wurde. (Bild 337/338)

[41] Die in der Schifffahrt und im Transportwesen benützten aufwendigen Flaschenzüge konnten am Hochablass nicht nachgewiesen werden.

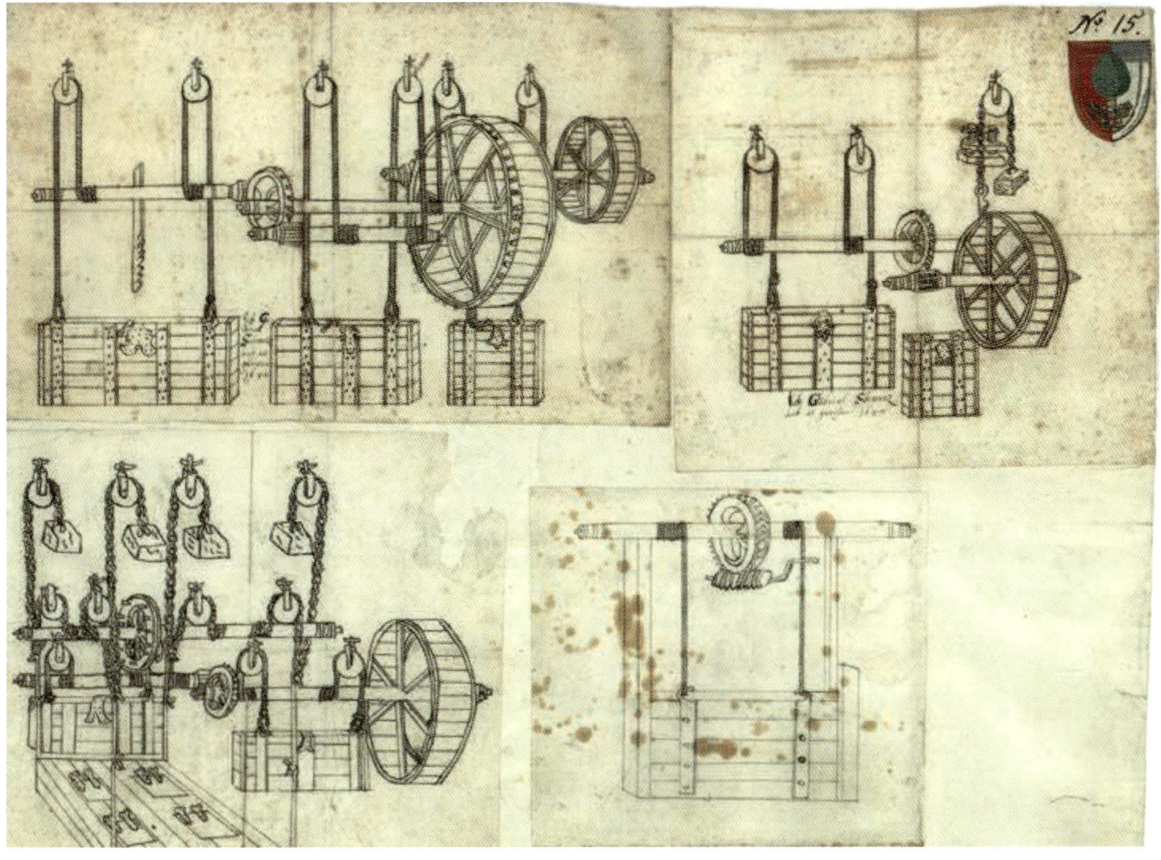

Bild 337: *Diverse Hebevorrichtungen unkolorierter Plan*

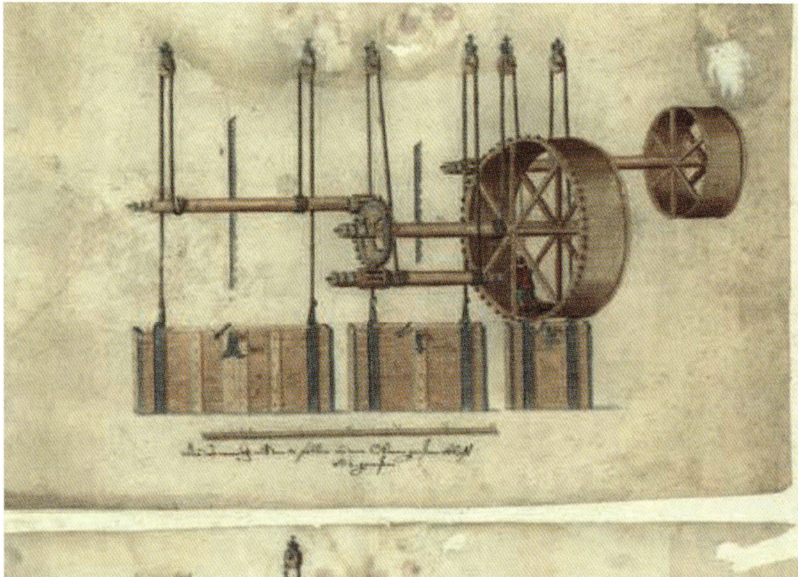

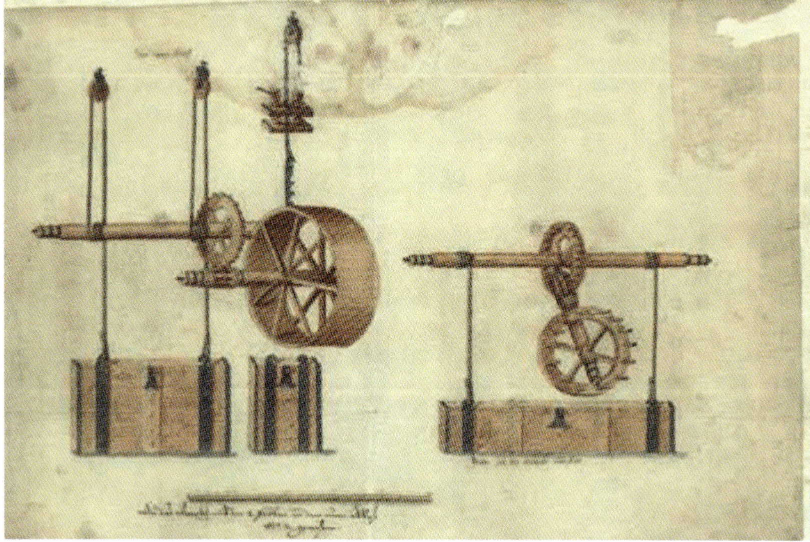

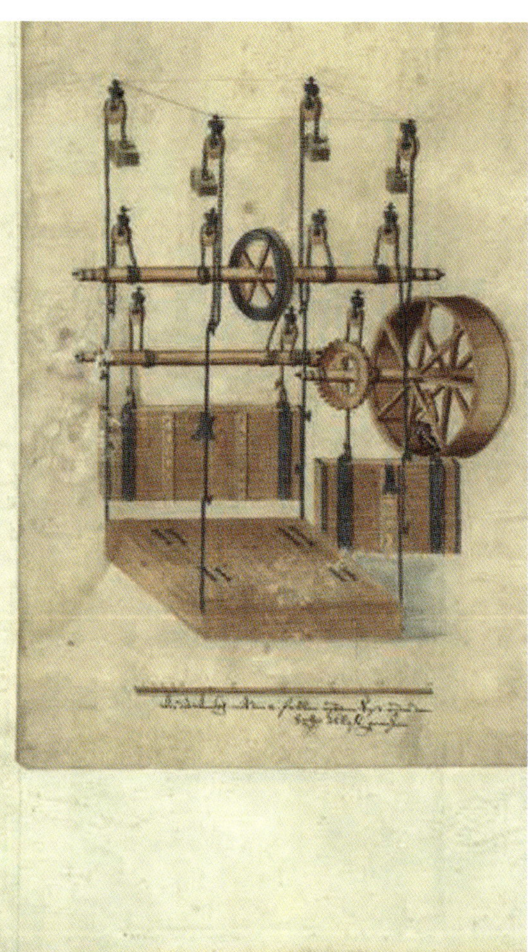

***Bild 338:** Diverse Hebevorrichtungen mit Laufräder, koloriert (von Schwarz ?)*

(Die Großen Räder werden durch Menschen und Tiere angetrieben)

In dem unkolorierten Plan hat der Zeichner Schwierigkeiten mit der Perspektive und der Größe der Kettenglieder mit den zugehörigen Aufhängungen. An der rechten Seite von Bild 337 nennt sich der Zeichner: „Ich Gabriel Schwarz hab es gerissen". Gabriel Schwarz war zu dieser Zeit Schleusenwärter.

Der zweite kolorierte Plan trägt keinen Namen, ist aber ausführlich beschriftet; die beiden linken Vorschläge gehören zu den Fallen „zum neuen Ablaß", der rechte „zu den anderen ablaßen".

Die Fallen werden dabei durch ein Laufrad (Tretrad) bewegt. Ein solches **Lauf- oder Tretrad** diente zur Übertragung der menschlichen oder tierischen Muskelkraft auf ein Getriebe aus Zahnrädern; dabei gilt: Je größer das Laufrad ist, desto geringer ist die vom „Beweger" aufzubringende Kraft; er musste aber umso länger laufen.

In der Regel hatten Laufräder einen Durchmesser von ca. 5 Metern; d. h. das Rad hatte einen Umfang von 31,4 Metern. Das Getriebe übertrug die Kraft auf den Flaschenzug, der die Fallen bewegte.

In der Ausgabe von Zöllner[42] über die Geschichte der Physik aus dem Jahr 1877 gibt es eine einfache Zeichnung für die Funktionsweise eines Getriebes, d. h. ein Ineinandergreifen von Zahnrädern. Dabei wird die Kraft nach dem Verhältnis der Durchmesser der Räder übertragen. (Bild 339)

In den beiden vorher genannten Plänen wird rechts unten eine sogenannte **Endlosschraube** dargestellt. Auch hierzu findet man ebenfalls bei Zöllner eine klare Konstruktionszeichnung. (Bild 340)

Man kann „ohne Ende", d. h. beliebig oft an der Kurbel drehen, das Rad dreht sich immer weiter.

[42] Julius Zöllner: Buch der Erfindungen, 1877, Band 2, S. 58, 59.

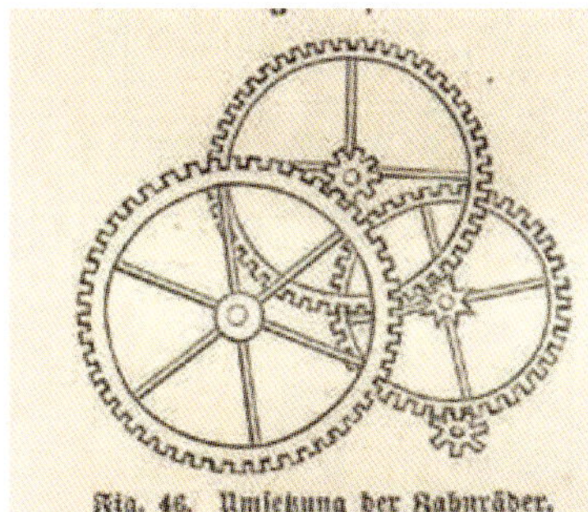

Bild 339: *Zeichnung von Zahnrädern und ihrer Umsetzung (Zöllner, 1877, S. 58)*

Bild 340: *Zeichnung einer Endlosschraube (Zöllner, 1877, S. 59)*

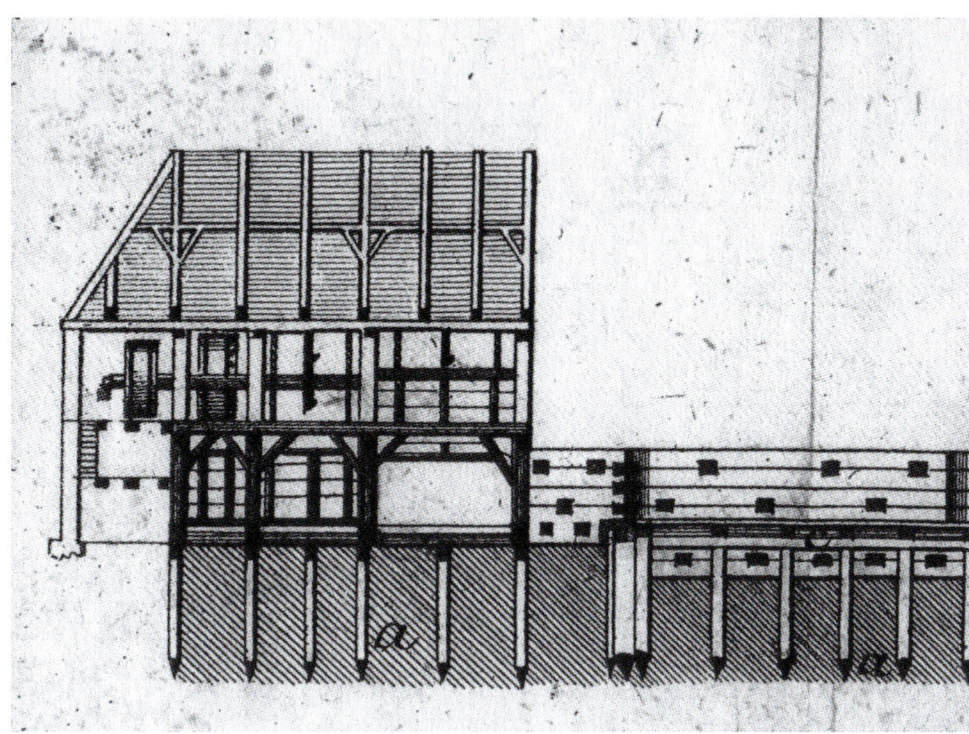

Bild 341: *Einlaufbauwerk mit großem Rad (Lukas Voch, 1778)*

1778 schlug der Vermessungsingenieur Lukas Voch[43] folgende Bauweise eines Einlaufbauwerks vor: Hier zeigt sich sehr deutlich die Entwicklung der Darstellung und der Technik in den vergangenen Jahren. Ein massives, tragfähiges Gebäude kann ein großes Rad eingebaut haben (in der Zeichnung links mittig). Nebenbei sind die sehr zahlreichen Pfähle eingezeichnet, die dem Gebäude große Stabilität verleihen. (Bild 341)

Ein weiterer Vorschlag von Voch stellt eine Vorrichtung zum Heben von Fallen dar; es gibt hier zwei Laufräder und eine klare Anordnung von Getrieben zum Heben der Fallen. Auch eine Endlosschraube ist eingebaut. (Bild 342)

In diesem Plan erkennt man Laufräder mit verschiedenen Durchmessern; der Konstruktionsvorschlag stellt eine Maschine dar, die drei (eine kleine und zwei große) Fallen bedient.

[43] Vermessungsingenieur Lucas Voch,: Strombau an dem Lech, oder Beschreibung der Packwerken, Archen, und Kästen, wie auch einigen Wasserwehren, wie solche in beyden Flüssen erbauet worden sind, 1778.

Bild 342: *Hebemaschine mit zwei Laufrädern und Endlosschraube; Angaben in Schuh (Lukas Voch, 1778)*

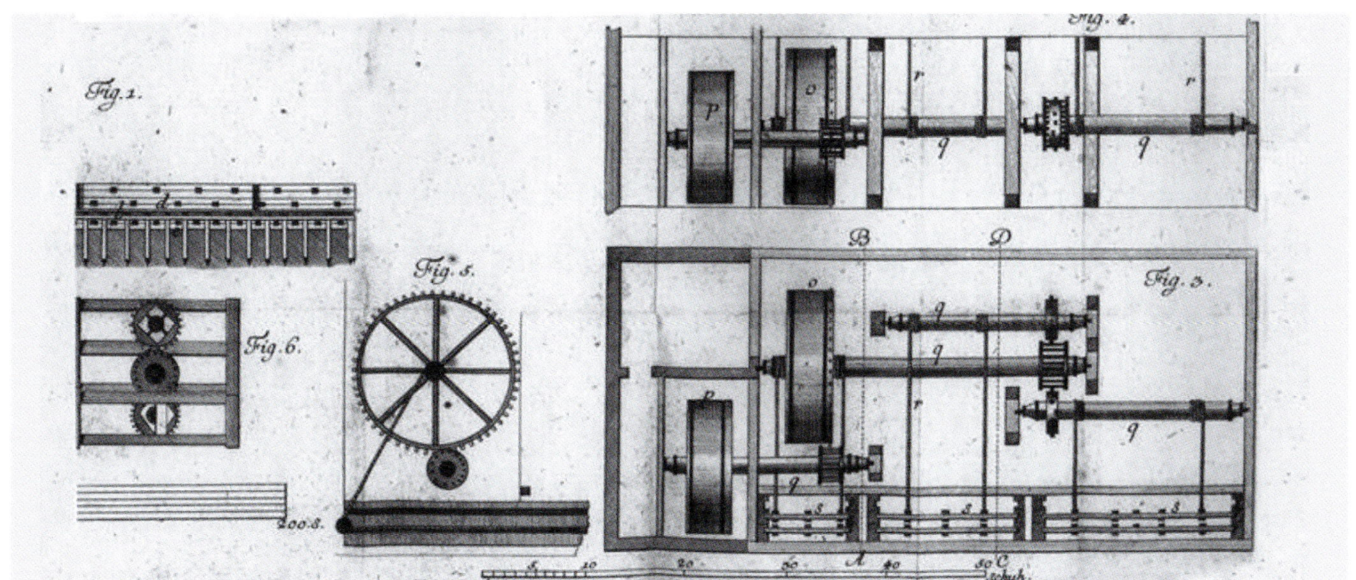

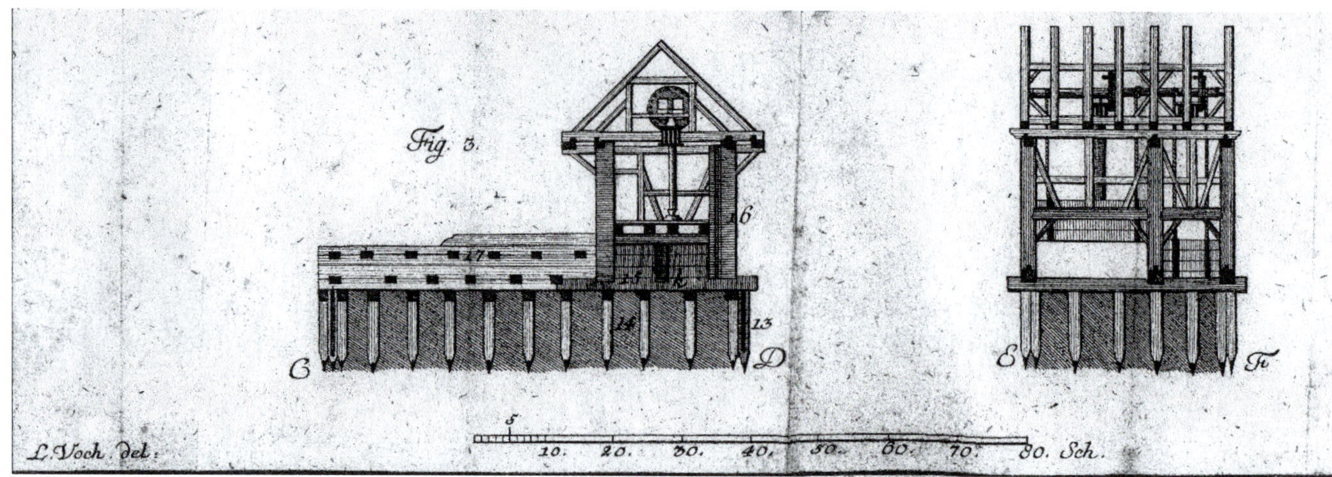

Bild 343: Einfachere Hebevorrichtung; Angaben in „Schuh" (Lukas Voch, 1778)

Eine Darstellung einer Doppelfalle (an der Wertach?) zitiert eine andere – einfachere – Variante einer Hebemaschine. (Bild 343)

Einen guten Überblick über die gesamte Anlage eines Einlaufbauwerkes im Jahr 1797 findet sich im Nachlass von Schleusenmeister Scheigele: (Bild 344)

Bemerkenswert ist die Konstruktion für das Heben einer Falle (Bild 343 rechts), das über ein großes Rad (mit Kurbel ?) mit Getriebe erfolgt.

Sicher bedeutete die Arbeit am Laufrad eine hohe körperliche Belastung. Umso verständlicher ist es, wenn Kollmann sich bei „seiner von 1833 projectirter Maschine" für die Reserveschleuse hervorhebt, „dass nur ein Mann für die Betätigung der Kurbel benötigt wird". (siehe S.240). Aus diesem Grund wird hier das dazugehörige Zitat von Kollmann über „seine" Maschine erwähnt: „Die Maschine, womit die 3500 Pf[und] schweren Fallen gehoben oder gesenkt werden, ist einfach und es kann bei der Kraftäußerung eines Arbeiters mittels einer Kurbel und Schraube ohne Ende die Falle regiert werden". (Bild 345)

8.1.1.2 Windwerke

Um 1850 setzten sich allmählich mechanische Windwerke (Schützwindwerke) durch, sie waren in der Mitte der Schütztafel angebracht und besaßen ein Gestänge, das über Zahnräder mit geeigneter Übersetzung die Schütztafeln heben und senken konnten.

Im MAN-Archiv findet sich eine Konstruktionszeichnung eines Windwerkes.[44] (Bild 346)

Ein zweiseitig angetriebener Wehrverschluss benötigt zwei Windwerke von mindestens je der halben erforderlichen Zugkraft. Dabei muss man noch eine mögliche ungleichmäßige Verteilung der angenommenen Last auf beiden Winden insbesondere bei Vereisung, Versandung und Treibzeug beachten, sodass also jede Windwerkshälfte eigentlich für 55 % oder 60 % statt für 50 % der Gesamtzugkraft bemessen sein sollte. Da in der Regel aber die Sicherheitsüberlegungen eine wesentlich stärkere Zugkraft vorsahen, kann i. A. dieser Aspekt außer Acht gelassen werden. Windwerke wurden häufig mit 5- bis 6-facher Sicherheit ausgelegt. Im Schadensfall bricht meistens zuerst ein Windwerk und führt zu Verklemmungen und Verkanten des gesamten

[44] Franz Köhler, Stahlwasserbau im Lichte praktischer Erfahrungen, Sonderdruck aus: Der Bauingenieur, 28. Jahrgang, Heft 9 u. 10 (1953).

[45] StadtAA, Nachlass Scheigele: Dieses Einlaufbauwerk ist die Nachzeichnung von Prof. Kremer (Jahreszahl unbekannt).

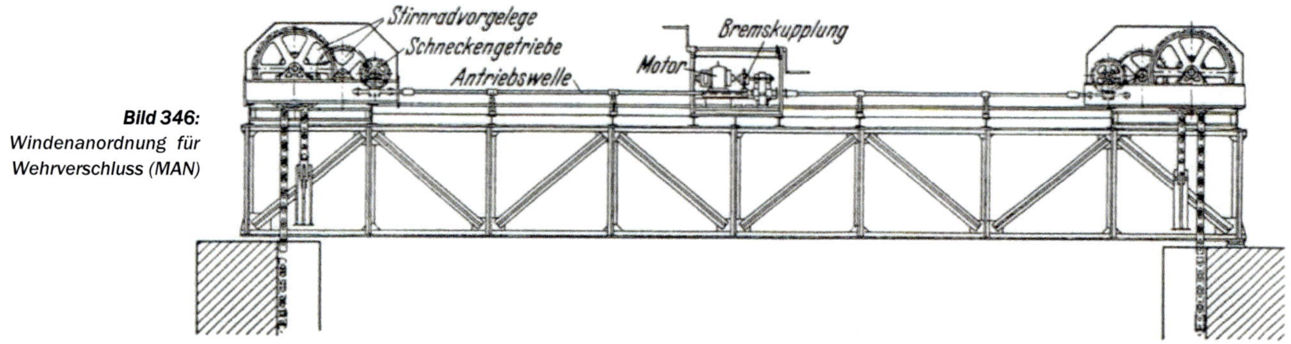

***Bild 346:** Windenanordnung für Wehrverschluss (MAN)*

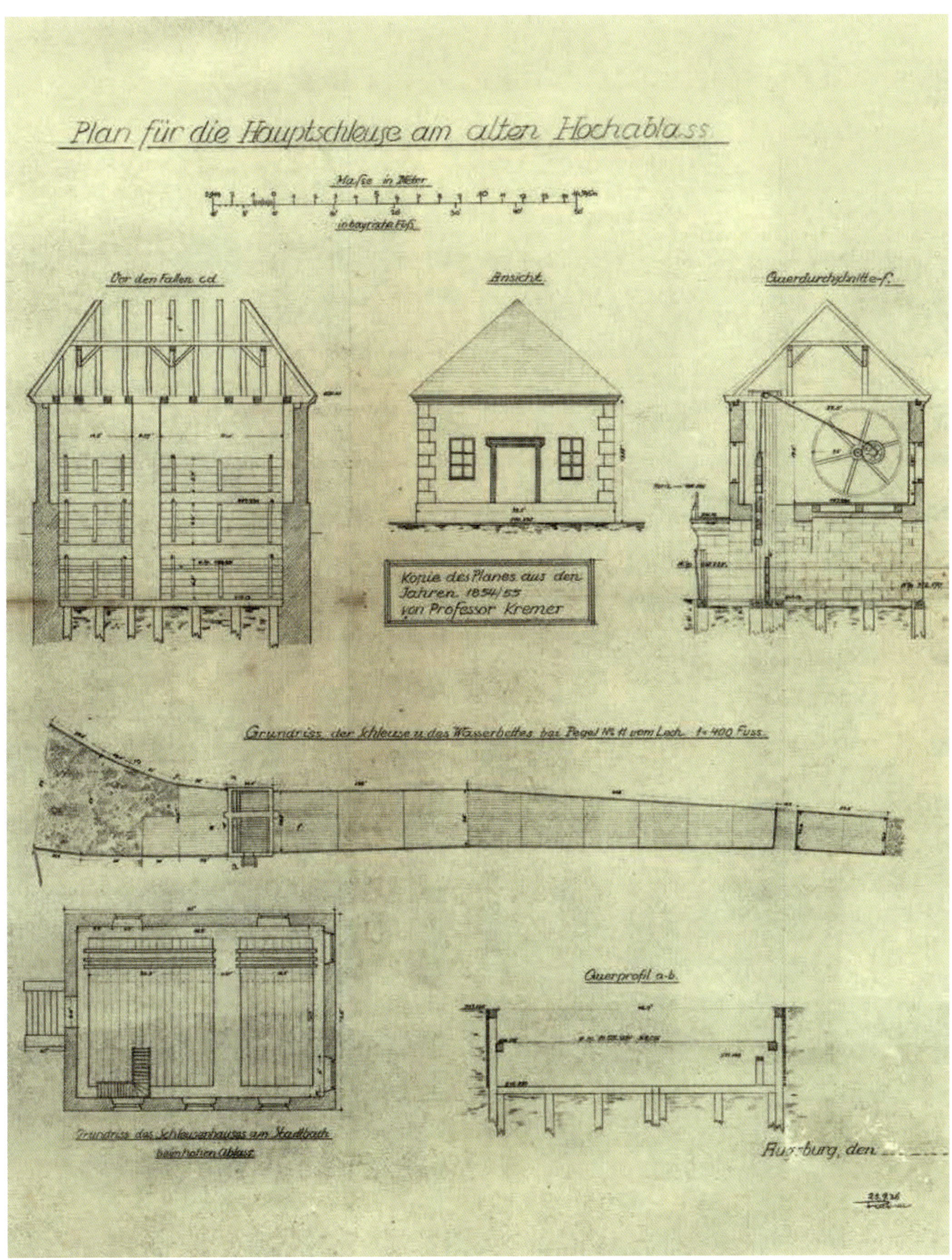

Bild 344: *Plan für die Hauptschleuse (Nachlass Scheigele, 1797)* [45]

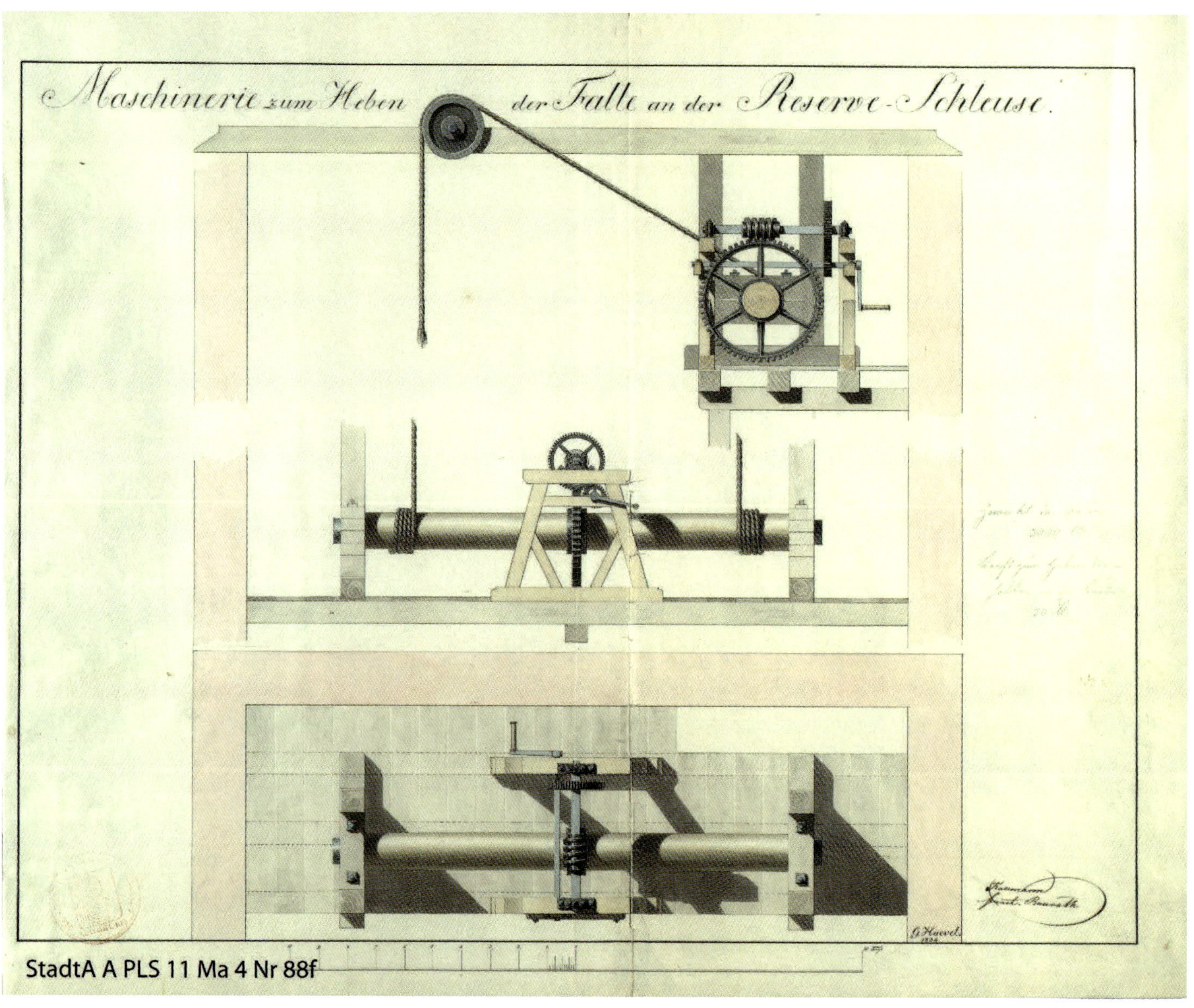

Bild 345: *Maschinerie zum Heben an der Reserveschleuse (Kollmann)*

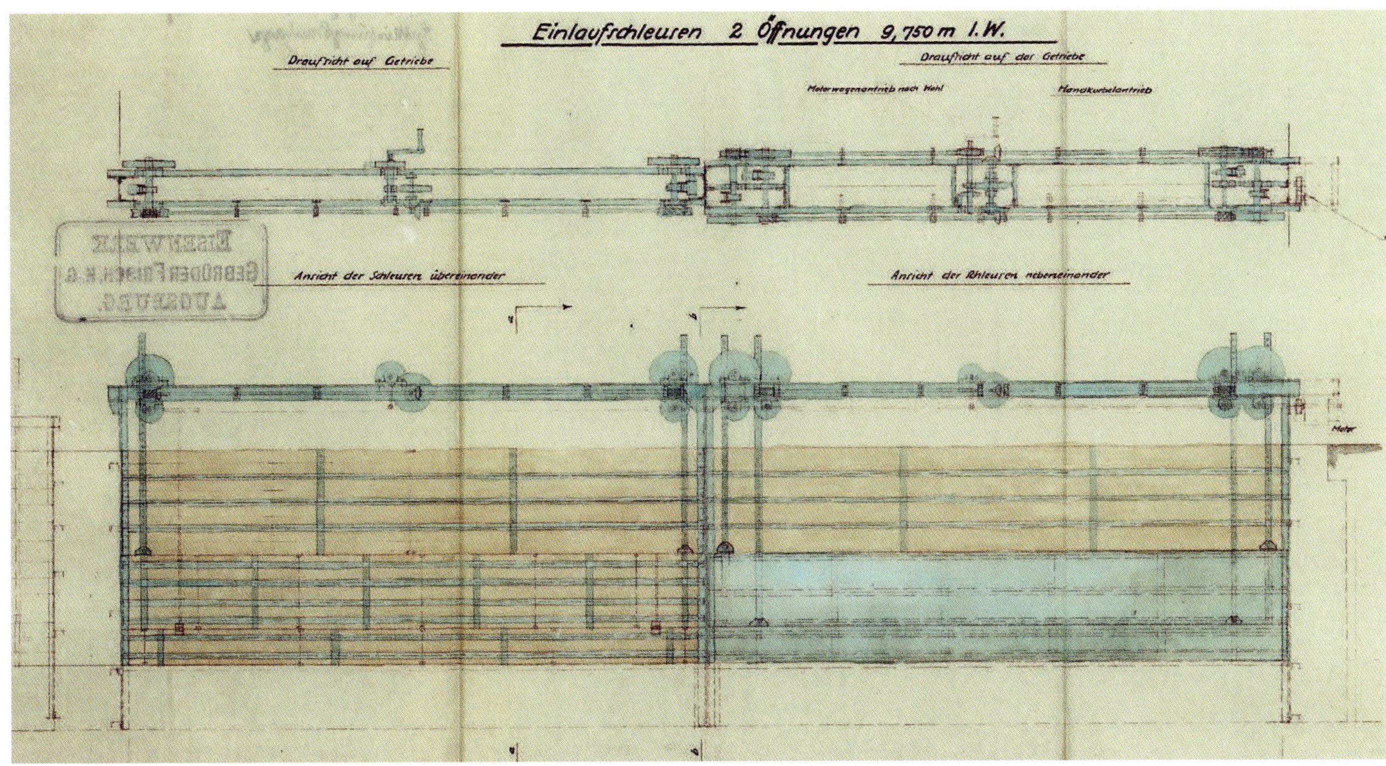

Bild 347: *Einlaufschleusen mit zwei Öffnungen (Gebr. Frisch)*

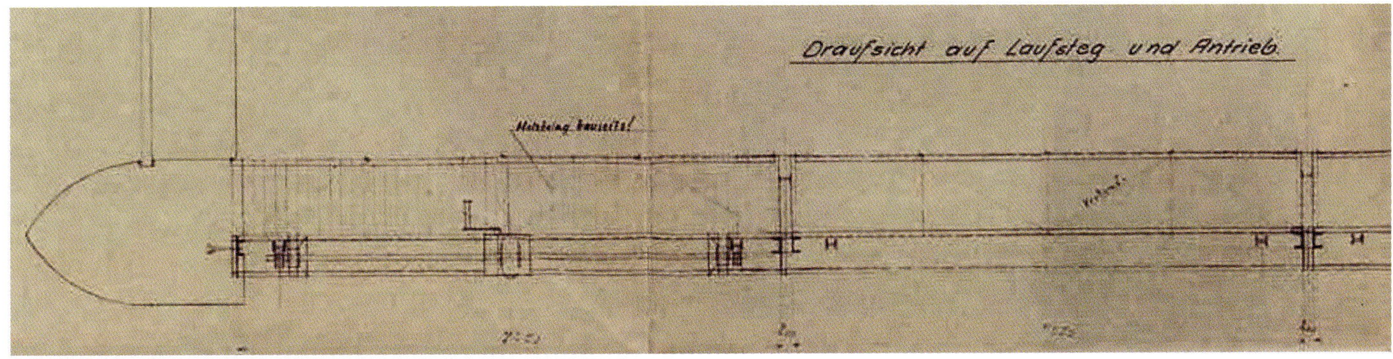

Bild 348: *Draufsicht auf Laufsteg und Antrieb*

Verschlusses. Man braucht daher zur Wartung eines Windwerks einen Bedienungssteg.
Die Windwerke konnten durch einen Elektromotor betrieben werden; bei Stromausfall gab es noch eine Kurbel.
Für den Umbau des Hochablasses von 1931/32 gibt es im Stadtarchiv im Bestand 45 Akt 721 mehrere Vorschläge für die Konstruktion eines Windwerks.

Der Vorschlag der Firma Eisenwerk Gebrüder F. Frisch aus Augsburg für ein Windwerk an den Einlaufschleusen zum Umbau des Einlaufbauwerks stellt die technische Umsetzung eines solchen Windwerks dar. (Bild 347)

In diesem Plan wird die Windwerkkonstruktion für zwei verschiedene nebeneinanderliegende Schützen dargestellt. Die linke Schütze wird durch eine Kurbel bedient, die rechte durch einen in der Mittel angebrachten Elektromotor. Auch die untere Schütze ist in beiden Fällen unterschiedlich gestaltet. Der Antrieb ist in der Draufsicht im oberen Teil des Plans gezeichnet.

Ein erweiterter Vorschlag von der Firma Landes beschreibt einen Schleusenantrieb mit durchgehender Welle und mit ausrückbaren Kupplungen für einen Einzelantrieb. Die Querschnittzeichnung der Falle zeigt hier die Konstruktion einer Doppelhakenschütze (siehe unten) mit oben angebrachtem Doppelwindwerk. (Bild 348)

Ab ca. 1930 hat die Fa. MAN keine mechanischen Hebewerke für die Schütztafeln mehr vorgesehen. MAN meinte dazu, dass trotz

„sinnreicher und einige Male angewandter Konstruktionen“ (Becher, S. 83) auch bei schärfstem Preiskampf eine solche Einrichtung nicht empfohlen werden könne. Der Grund ist die stärkere Abhängigkeit von der Achtsamkeit und Befähigung des Bedienungspersonals. Auch eine Fernbedienung wurde abgelehnt, da zuerst die Flusslage durch Augenschein kontrolliert werden muss; das sei durch eine Fernbedienung nicht machbar. Es sei unmöglich, vor der Bedienung der Schützen das Gelände der Wehranlage zu prüfen, ob Windwerk, Hubketten, Motoren usw. alle in Ordnung sind. Bei langen Stillstandszeiten kann die Gängigkeit aller Wehrteile nur durch Augenschein gewährleistet werden.

Diese Schwierigkeiten der manuellen Bedienung machten eine Klärung der Schuldfrage im Falle eines Unfalls sehr schwierig. Bewegliche Teile wie Schützen, Dreh- und Klapptore und Stromverschlüsse könnten am besten durch Hebewerke bedient werden, die durch einen elektrischen Antrieb vor Ort in Bewegung gesetzt werden. Außerdem waren zu dieser Zeit die hydrodynamischen Gefahrenquellen, die bei Hochwasser, starken Kälteperioden, Eisgängen, Geschiebeführungen usw. auftreten, noch wenig erforscht. „Die Zeiten der Hochwasser - und Eisgänge sind die sorgenvollsten und aufregendsten“. (Becher, S. 85).

Ein wesentlicher Aspekt bei der Konstruktion der Hebewerke für die Schützen war die Geschwindigkeit, mit der man die Schützen im Hochwasserfall heben oder senken konnte. Daher mussten die Schleusenwärter diese Tätigkeit üben.
Für den neuen Hochablass von 1912 wurden zwar elektrische Antriebe eingebaut, doch hatte man Sorge, dass diese versagen könnten; es finden sich im Augsburger Stadtarchiv Zeittabellen für Übungen mit manueller Betätigung der Schützen. Es stellte sich dabei heraus, dass die Verschlusszeiten, die die Schleusenwärter in den Übungen erreichten, weit unter den Warnzeiten für ein Hochwasser waren; die Schützen also im Katastrophenfall sicher geschlossen werden konnten.[46]

8.1.1.3 Schütztafeln

Schon im 19. Jahrhundert verdrängte im Wasserbau mehr und mehr Stahl das Baumaterial Holz. So wurde für den Neubau von 1910 die Schützen aus Stahl oder einer Kombination von Holz und Stahl verwendet.[47] Stahl hatte den großen Vorteil, dass man die Schützen den örtlichen Gegebenheiten gut anpassen konnte; außerdem halten Stahltore einem hohen Wasserdruck wesentlich besser stand als Holztore. Nach Meinung der Wasserbauer überwogen diese Eigenschaften des Stahls den Nachteil der Korrosion von Stahl. Dies lässt sich gerade am Hochablass deutlich in den verschiedenen Schützenkonstruktionen nachweisen.

Th. Becher (MAN) beschreibt ausführlich die Bau- und Funktionsweise dieser verschiedenen Klappenformen in seiner Festschrift **„Stahl im Strom“** auf folgende Weise:[48]
„Im Jahr 1908 wurde der Bau einer Wehranlage für das Kraftwerk Laufenburg im Rhein an das Werk Gustavsburg ausgeschrieben und – an die MAN – vergeben. „Es waren Doppelrollschützen mit beispiellosen Höhenabmessungen gegeben“ (Becher, S. 74). Sie sollten eine Stauhöhe von 15 Metern mit einer lichten Weite von 17,3 Metern haben. Dazu war ein Walzenverschluss ungeeignet; es wurden Doppel-Rollschützen gewählt. Der dabei auftretende Druck wurde mit 2214 Tonnen angegeben.[49] Dabei ist zu beachten, dass die **„Anhubkraft“**, also wenn die Schütze unter hydrostatischem Druck steht, bei einem Eigengewicht von 217 Tonnen hier ca. 200 Tonnen beträgt. Wird die Schütze aber gehoben, wächst der Druck durch das unten durchströmende Wasser zwischen der Schützenoberkante und der festen Wehrschwelle auf ca. 670 Tonnen an; Becher nennt dies **„Größtkraft“**. Wird also eine Schütze gehoben, entsteht an dieser eine große Materialbelastung. Becher beschreibt das Problem wie folgt: „Vermeidung der großen Kraftwirkungen von Sog und Wasserauflast, dadurch Erzielung einer Hubkraftgröße gleich oder wenig größer als das Eigengewicht, geringe Schwankungen zwischen Größt- und Kleinstwert der Hubkräfte und alles dies ohne Beeinträchtigung der Betriebsbereitschaft, der Betriebssicherheit und der Lebensdauer der Anlagen, womöglichst unter Vereinfachung der Konstruktion, jedenfalls aber unter Billigung derselben“ (Becher, S. 76). Diese Einlassungen von Becher gelten auch modifiziert für kleine Schützenwehre wie am Hochablass, vor allem, wenn so unterschiedliche Wassermengen wie am Lech berücksichtigt werden müssen.

Die Lösung dieses Problems war die „Doppelschützenanordnung“ oder „Doppelhaken -

Es wurden fiktive Seiten zur besseren Auffindung des Textes festgelegt., da im Skript von Becher keine Seitenzahlen vorhanden sind.

[46] StadtAA, Bestand 45, Akt 715.

[47] Daher bezeichnete Becher seine Übersicht über die Wehrverschlüsse der MAN mit dem Titel „Stahl im Strom“.

[48] Th. Becher „Stahl im Strom, MAN-Archiv, Kiste Nr. 355 a/1. Der Aufsatz wurde von Wasserbaudirektor Leichtweiss erstellt und von Dr. Eugen Diesel überarbeitet. Eine weitere Beschreibung der Walzenwehre von H. Würdorf befindet sich ebenfalls im MAN-Archiv; dazu die Zeitangabe „Ende 1913“.

[49] Die Benennung des Drucks mit „t“ = Tonne war üblich. Sie wird beibehalten, um dem Originaltext von Becher so wenig wie möglich zu verfälschen. Er macht keinen Unterschied zwischen den Begriffen Masse (Einheit 1 t), Kraft (Einheit 1 N) und Druck (Einheit 1 pascal). 1 t entspricht der Kraft von 100 kN. Da die Fläche nicht bekannt ist, kann der Druck nicht angegeben werden.

schütze". Von der MAN wird sie unter „MAN.-Patent - Doppelschütze" geführt. Eine Konstruktionszeichnung von R. Becher soll diese Lösung verdeutlichen: (Bild 349)

Hier werden die hauptsächlichen Kräfte aufgeführt, die bei einer Schütze auftreten. Nicht erwähnt sind Wasserdruck, Reibungsverluste, Verbiegungen durch Wärme- bzw. Kälteeinwirkung, Luftbewegungen, ...

Die endgültige Form dieser Konstruktion wurde nach Becher erst 1913 gefunden. Becher merkte dazu an, dass der Auftrieb beim Heben der Schütze verschwindet, dagegen tritt ein die Schütze nach unten ziehender Sog auf,
d. h. die Wasserauflast steigt und die Hubkraft für die Schütze muss deutlich angehoben werden (nach Becher, S. 78). Diese Ergebnisse wurden im Laboratorium der MAN[50] festgestellt. Dabei hatte die obere Schützentafel nur ein Viertel der Stauhöhe. Die untere Tafel hatte nur zwei Tragriegel, deren unterer möglichst tief gelegt wurde.

Zwei Betriebsanweisungen sollten für die Bedienung der Schütze angewandt werden:

1.) Die untere Schütze sollte möglichst wenig gehoben werden, da die Ablagerungen im Oberwasser wenn möglich nicht aufgewühlt werden sollten. Dabei gilt: Je höher die obere Schütze ist, desto weniger muss die untere für die Generalreinigung gehoben werden.
2.) Je kleiner die Gesamtbauhöhe ist, desto kleiner kann die obere Schütze gehalten werden. Eine Abänderung dieser Schützenbauweise war die Doppelhakenschütze, die am Hochablass zum Einsatz kam:
Vergleich der Schützhöhen der beiden Schützarten:

Doppelschütze:	obere Schütze 27 – 28 % der Bauhöhe
Doppelhakenschütze:	obere Schütze 42 – 43 % der Bauhöhe

Beide Schützentafeln können und müssen separiert mit getrennten Hubstangen gegeneinander bewegt werden. Zum besseren Aneinandergleiten der beiden Schützen sind an der unteren Schütze Rollen angebracht.

Dafür findet sich im Stadtarchiv als ein Beispiel von Landes eine Konstruktion einer Falle mit zwei Hubwegen und dazu zwei getrennte Schütztafeln. (Bild 350/351)

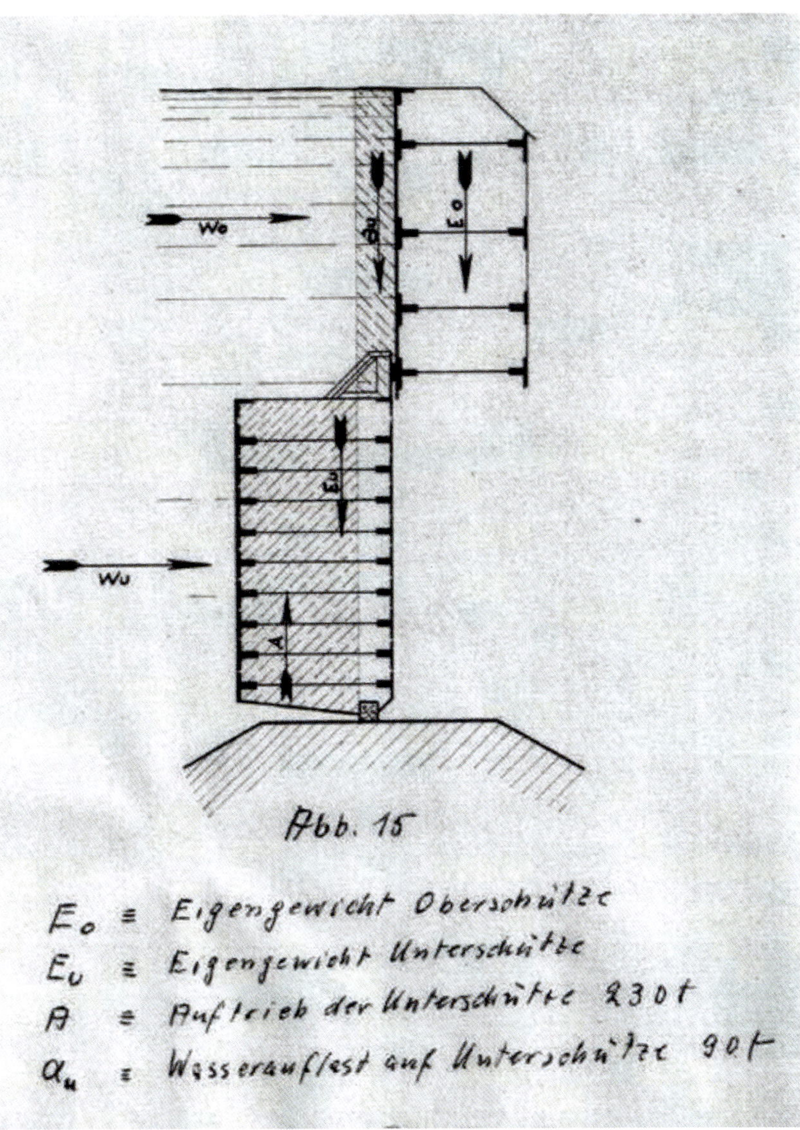

***Bild 349:** Oberschützen und Unterschützen (Th. Becher, S. 78)*

Beim Umbau des Hochablasses 1931/32 wurde zusätzlich zum Umbau der Floßgasse in eine Kiesgasse auch das Einlaufbauwerk neu errichtet. Zu beiden Bauvorhaben reichten die Firmen MAN, Landes und Frisch Vorschläge für die zugehörigen Fallen ein.
Variationen für die Konstruktion von Fallen ergeben sich aus den Materialien (Holz, Stahl, Kombination von Holz und Stahl) und aus der Verankerung in Flussboden. Dafür finden sich in den Plänen oder Bauvorschlägen einige sehr unterschiedliche Beispiele.

Zum einen kann man die (zwei oder drei) Schütztafeln übereinander anordnen; dies spart Platz und damit Material. Problematisch ist dabei die Abdichtung der Tafeln zueinander. Die andere Möglichkeit ist, dass man die einzelnen Schütztafeln in der Grundstellung (alle stoßen auf dem Schleusenboden auf) neben-

[50] Dieses Laboratorium wurde gemeinsam von Prof. Koch mit Th. Becher um 1901 in Gustavsburg eingerichtet.

Bild 350: *Falle mit zwei Hubwegen*

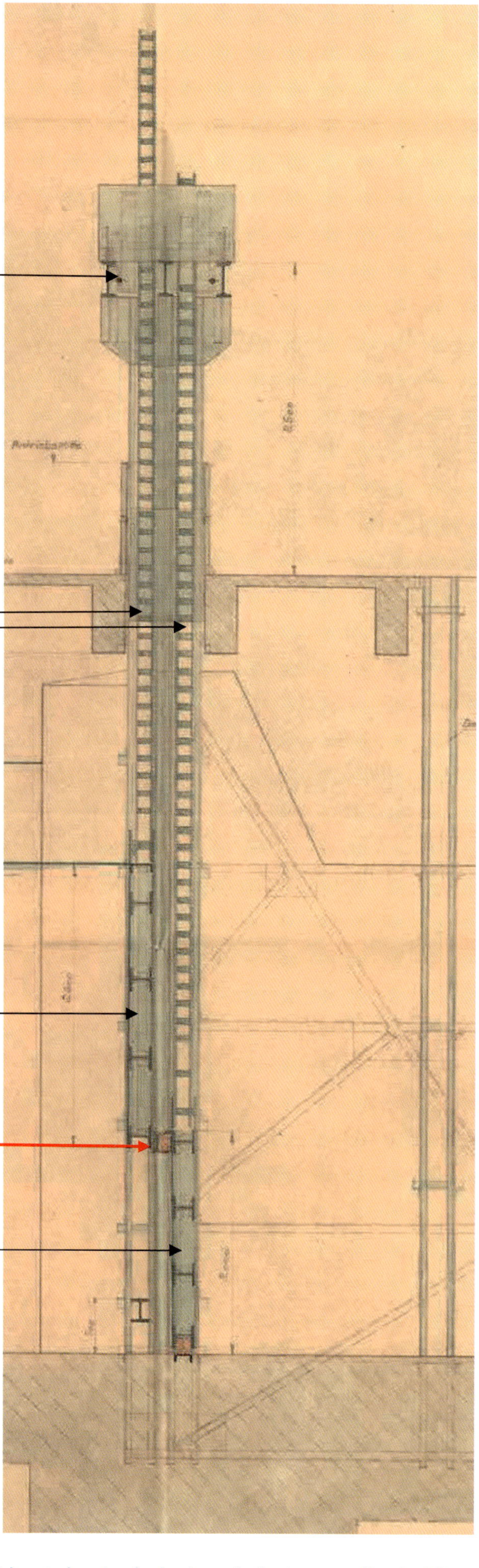

Hubmotor

Hubstangen

bewegliche Schützentafel

Haken

bewegliche Schützentafel

Bild 351: *Rollen am Hochablass über Basaltsteinen*

einander anordnet; die Führung der Schützen wird dann getrennt durch Windwerke durchgeführt.

Auch die Stabilisierung der Schützen wird unterschiedlich gelöst.
Für die Kiesschleuse konstruierte die Firma Frisch folgenden Vorschlag für eine Schleuse mit drei Tafeln. Es handelt sich – nach dem Verhältnis der Tafeln zu urteilen – um eine Doppelhackenschütze. Die dritte schmälere Schütze diente hier wohl zur Absicherung eines Katastrophenhochwassers. (Bild 352)

Die Schleuse steht auf einem waagrechten Sockel. Im Oberwasser ist eine Schwelle von ca. 1 Meter als Kiesbremse (?) vorgeschlagen, während das ebenfalls waagrechte Unterwasserniveau nur um 0,60 Meter gegenüber dem Schleusenfundament abfällt. Leider fehlt zu diesem Vorschlag ein Kommentar; doch ist hier schwer vorstellbar, dass mit dieser Konstruktion das Kiesproblem gelöst hätte werden können, da der Vorboden viel zu wenig Platz für große Kiesmengen bietet.

Für den Umbau des Hochablasswehres 1931/32 gab es weiter mögliche Vorschläge für eine Schleuse. (z.B. Bild 353)

Zur Verankerung der Schütztafeln mit Betonpfeiler merkte Becher (S. 99) an: „Der hydrostatische Druck wird beim Schützenwehr ganz auf die Pfeiler geführt". Das bedeutet, dass auch die Pfeiler eine starke Verankerung im Flussboden erhalten müssen. Diese Anmerkung kann man gut auf diese Zeichnung übertragen.

Ein Foto zeigt die Kiesschleuse während des Umbaus im Herbst 2013; diese Schleuse stammt noch aus dem Baujahr 1931. (Bild 354)

Um die Vibration an der Oberkante einer Schleuse zu minimieren, sind ein Abweiser angebracht. (Bild 355)

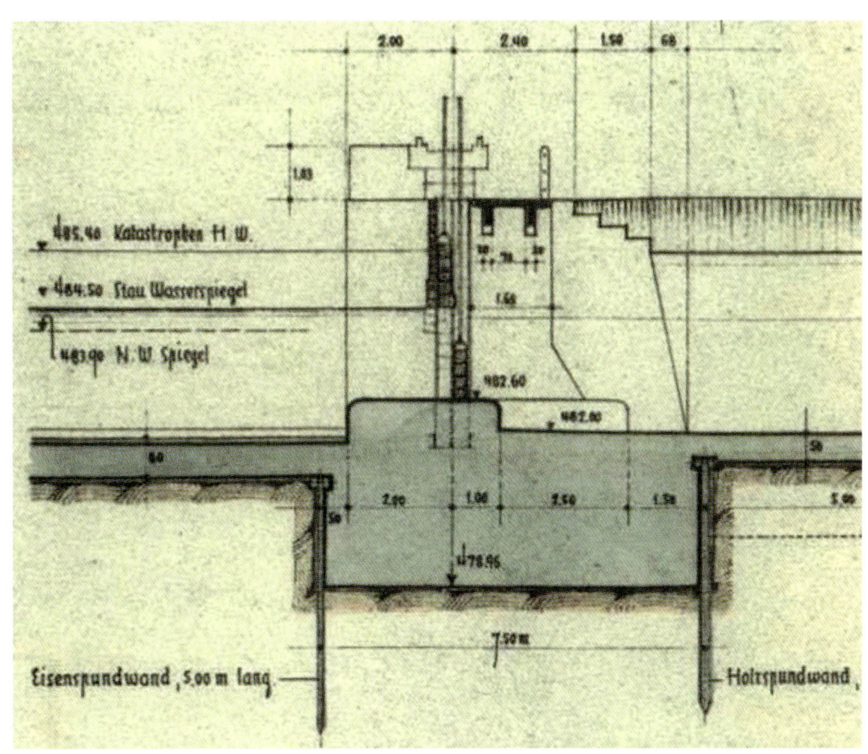

Bild 352: *Plan einer Schleuse mit drei Tafeln (Fa. Frisch, 1911)*

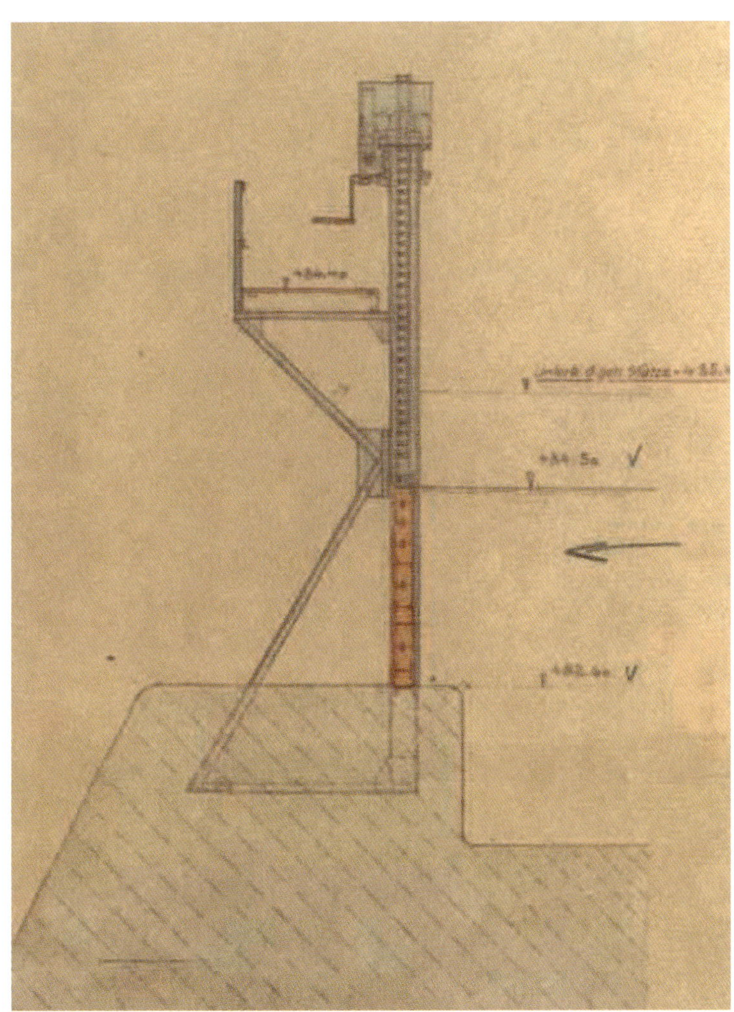

Bild 353: *Schütze Landes*

Bild 354: *Kiesschleuse mit der rechten Archenwand. Über dem Steg ist noch das Windwerk zu erkennen.*

Bild 355: *Überspülte Schleuse mit Abweiser*

8.1.1.4 Nadelverschlüsse

Ein völlig anderes Verschlusssystem ist der Nadelverschluss. Diese sind Notverschlüsse. Sie können aus Stahl, Leichtmetall und auch aus Holz hergestellt werden. Lange, schmale Leisten aus Holz oder Metall, die an der Flusssohle in einem „Schloss" festgehalten und an der Wasseroberfläche an eine Brücke (Wehrteil) angelehnt werden, nennt man Nadeln.[51] Die Nadeln können mit (variablem) Abstand an den Wehrkörpern angebracht werden. Je nach Abstand zwischen den Leisten kann man damit den Wasserdurchfluss regeln oder Treibzeug von der Wehranlage abhalten.

Am Hochablass war ein Nadelwehr geplant, da die Erfahrungen aus der Eiskatastrophe vom Winter 1929 dies als günstig erschienen ließen. Es war ca. 20 Meter vor dem Einlaufschütz der Kiesschleuse positioniert. (Bild 355)

Die Lage des Nadelwehrs vor dem Kiesablass[52] kann man in folgendem Detailplan erkennen. (Bild 356)

In Augsburg wurden z. B. Nadelverschlüsse bei der Eiskatastrophe von 1929 eingesetzt, um Treibeis aus dem Oberwasser abzuhalten, damit das geschmolzene Eis als Wasser besser ablaufen konnte.
Dammbalken oder Vorrichtungen zum Versetzen der Dammbalken waren am Hochablass nicht notwendig; ebenso wenig ein Kran, der zum Einsetzen der Notverschlusseinrichtungen diente.

8.1.1.5 Bedienungssteg

Über alle beweglichen Wehre war ein Bedienungssteg notwendig. Da bis 1931 nur der westliche Teil des Hochablasswehres bewegliche Wehrteile enthielt, benötigte man auch nur für diesen Teil einen solchen Bedienungssteg. (Bild 357)

8.1.1.6 Allgemeine Anmerkungen

Eine ungelöste Schwierigkeit gibt es bei allen Schütztafeln: Wasser kann immer seitlich zwischen den Tafeln und dem Hebewerk eindringen. Dieses Wasser schädigt die Anlagen. Bei vollständiger Dichtigkeit ließe sich die Tafel nicht mehr bewegen, da die Gleitreibung hier viel zu groß wäre. Der Schaden ist bei der einfachen Holztafel besonders groß, weil das Geschiebe und Geschwemme zerstörend auf die Tafel einwirken kann. Aus diesem Grund wurden schon früh die Holztafeln in einen Metallrahmen eingepasst.

Die Wassermengen, die durch Schützentafeln im Bereich von beweglichen Wehren (Fischbauchklappe und Doppelhakenschütze, Walze) fließen, prallen auf eine hohe Schräge aus Granitsteinen. Die Wucht des Wasseraufpralls ist so stark, dass diese Steine in Zeitspannen von ca. 6 bis 8 Jahren ausgetauscht werden müssen (Auskunft von Schleusenwärter Beintner, Herbst 2010). Die Schrägen am Hochablass sind etwa 4 Meter breit. Der Austausch der Granitsteine gehört zum Aufgabenbereich der Schleusenwärter.

Das seitlich der Schützen durchfließende Wasser im festen Wehrteil, kann in einem strengen Winter einfrieren, weil hier die Fließgeschwindigkeit nicht so groß ist. Es bilden sich dann besonders große Eiszapfen aus. Zur Bildung der Eiszapfen trägt auch der geringe Wasserüberlauf über das feste Wehr mit teil.

8.2 Technische Veränderungen der Bauteile des Hochablasses bis 1945 unter Berücksichtigung der auch heute noch erhaltenen Bauteile von 1931/32

(Beschreibung der Wehrteile von West nach Ost)

8.2.1 Vergleich der Einlaufbauwerke von 1911/1931, Kies- und Schlammablass

Für das Einlaufbauwerk kommen nur übliche Schützenwehre infrage. Hier stellt sich aber das Problem der unerwünschten Kieseinbringung in die Kanäle und ihre Bewältigung. Einige der 1910 eingereichten Vorschläge von Firmen wurden gerade aus diesem Grund nicht angenommen, weil die Kommission der Meinung war, die Kieseinbringung sei ungenügend gelöst.
Der Vorschlag eines unterirdischen **Schlammablasses** vor der Verzweigung des Einlaufkanals

[51] Nach Vischer/Huber: Wasserbau, S. 117.

[52] Auf diesem Plan sind einige Details gut erkennbar: Der Vorboden besteht aus Föhrenholz, unter dem vier Dränagen unterlegt wurden. Zum anderen erkennt man einen Handantrieb für die Spannwandschleusen. Unter der Schütze erkennt man zur Sicherung einen fahrbaren Motor von 11 PS.

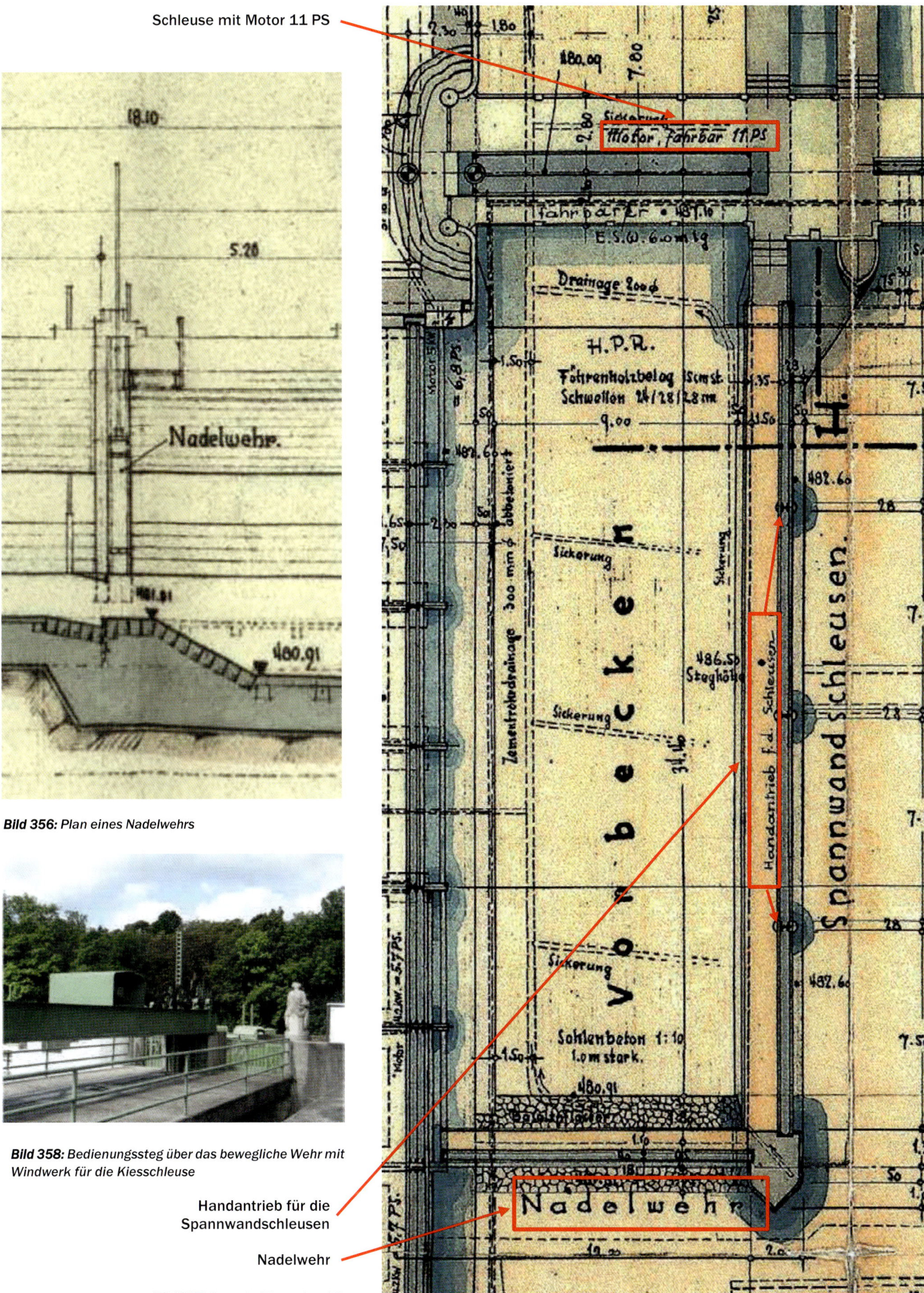

Bild 356: *Plan eines Nadelwehrs*

Bild 358: *Bedienungssteg über das bewegliche Wehr mit Windwerk für die Kiesschleuse*

Bild 357: *Ausschnitt aus dem Plan des Hochablasses von 1931*

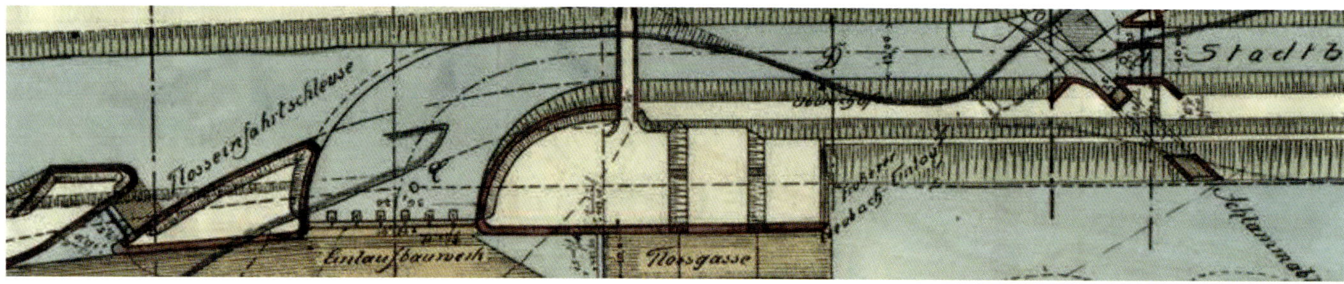

Einlauf mit einer Spülkammer, kein Kiesablauf

***Bild 359:** Ausschnitt aus dem Plan „Floßhafen 1911"von Seite 112"*

in Stadtbach und Neubach wurde im Plan der Stadt, der dann zur Ausführung kam, aufgegriffen. Er mündet nach der Floßgasse in den Lech. Leider erwies sich in den nachfolgenden Jahren dies als ungenügend. Man war zu dieser Zeit der Meinung, dass die Kieslast durch eine Schwelle vor dem Einlaufwehr nach Augsburg im Lech zurückbehalten werden konnte. Dies stellte sich als Irrtum heraus. Die Hauptursache jedoch für die nicht zu bewältigende Kiesmenge war die Floßgasse, die viel zu flach für einen Kiesablass angelegt war. Das Kapitel über die Zeit nach dem Neubau zeigt die vergeblichen Mühen der Stadt Augsburg auf, den Kieseintrag in die Kanäle zu bewältigen.

Ein Vergleich zwischen den Einlaufbauwerken zeigt diesen Unterschied zwischen 1911 und 1931:
Im Jahr 1931 wurde vor dem Umbau ein Querschnittsplan des damals bestehenden Einlaufbauwerks von 1911 angefertigt. (Bild 359) Sowohl diese Konstruktion der Einfahrt für die Floßgasse (Breite von 7,5 m mit Schwellen auf der Kote von 483,2) wie eine Schwelle vor dem Einlaufbauwerk (Einlauf mit einer Spülkammer) erwiesen sich im Laufe der nächsten Jahre als ungeeignet, die Kanäle vor Kieseintrag zu schützen.

Man änderte daher den Einlauf 1931 ganz erheblich. Dem Einlauf mit zwei Spülkammern wurde eine höhere Schwelle vor der Einlaufschleuse vorgelagert. Der Vorboden wurde tiefergelegt; damit konnte schon ein großer Teil des Kieses nicht in das Einlaufbauwerk gelangen. Und zusätzlich wurde eine Kiesschleuse eingebaut. (Bild 360)

Die erste Eingangsschleuse war auf einem Betonsockel von 0,80 Metern vor Kieseintrag geschützt. Bei der zugehörigen Schützenanordnung regelte die obere Schütze den Wassereinlauf, die untere 0,60 Meter hohe Grundschütze ruhte auf einem 2,50 Meter breiten Betonsockel. Das Katastrophenhochwasser (KHW) wurde bei der Kote von 485,40 festgelegt.

Ganz entscheidend war aber, dass der Einlauf später aus zwei getrennten **Spülkammern** bestand. Daran schloss sich ein Kiesablass an, der den abgefangenen Kies unterirdisch am Ende der Kiesgasse wieder in den Lech zurückführte. Die zwei Spülkammern machten fällige Wartungsarbeiten wesentlich leichter, da der Stadtbach durch jeweils ein Becken weiter mit Wasser versorgt werden konnte. (Bild 361/362)

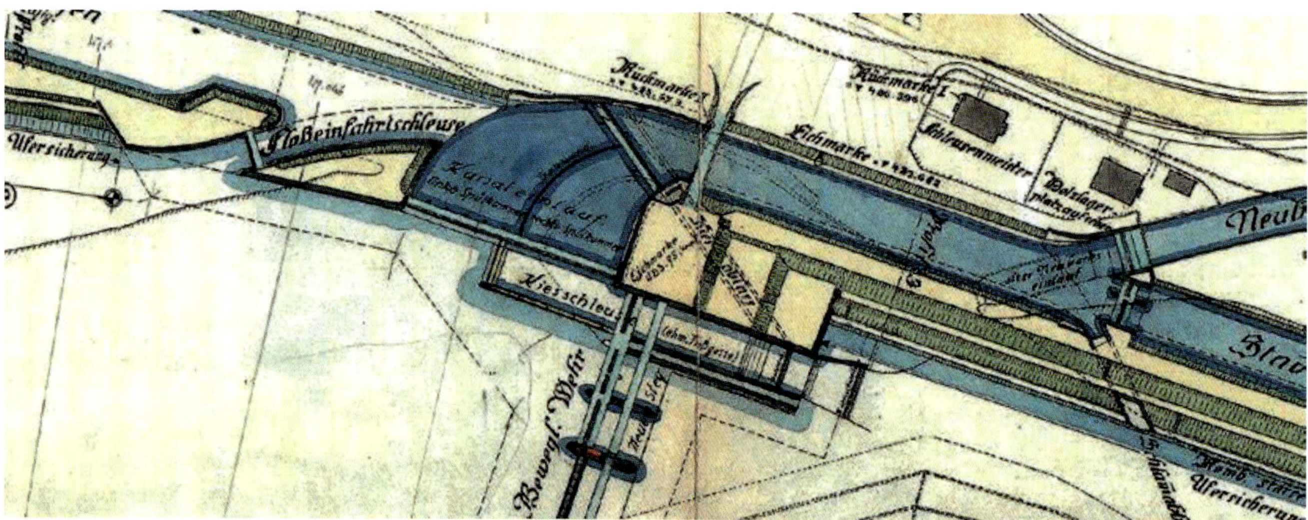

Einlauf mit zwei Spülkammern, und Kiesablauf

***Bild 361:** Einlaufbauwerk nach der Planung von 1931*

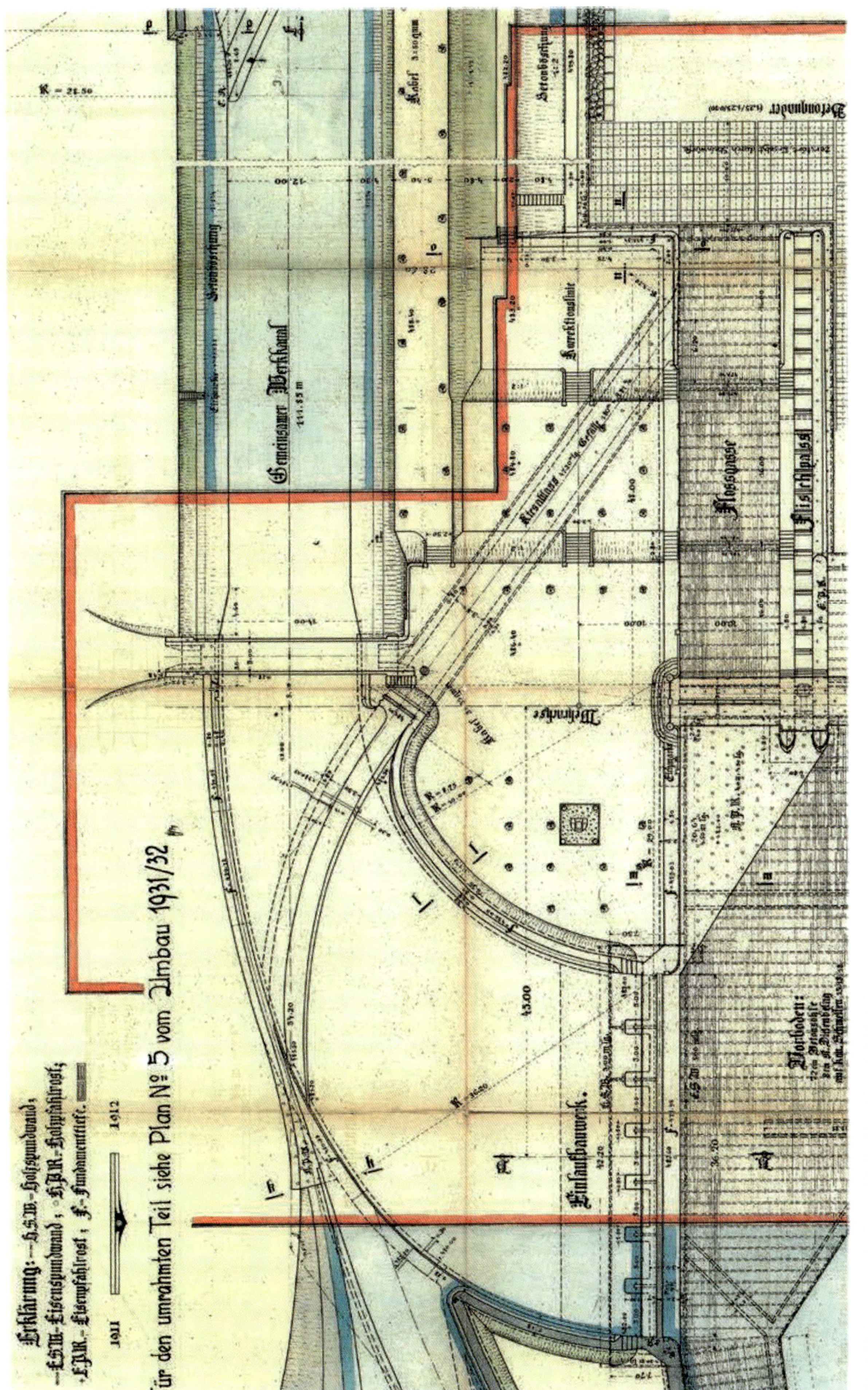

Bild 360: *Einlaufbauwerk auf dem Plan von 1931 (vorläufiger Plan)*

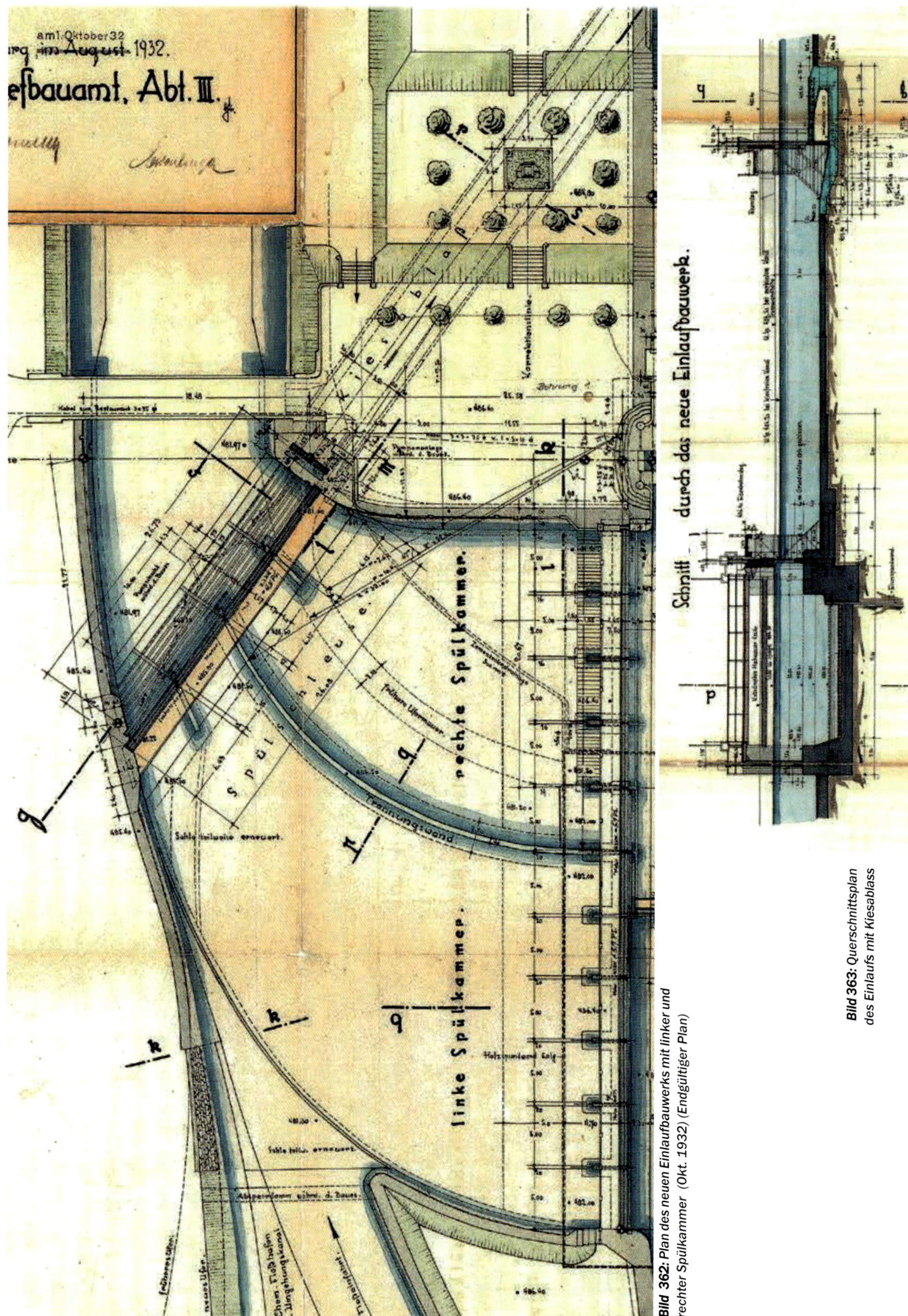

Bild 362: *Plan des neuen Einlaufbauwerks mit linker und rechter Spülkammer (Okt. 1932) (Endgültiger Plan)*

Bild 363: *Querschnittsplan des Einlaufs mit Kiesablass*

Die **Spülbecken** wurden von einem Holzschütz abgeschlossen, bei dem wiederum der untere Teil von 0,60 Metern fest auf einem ca. 2,60 Meter breiten Betonsockel ruhte. (Bild 363)

1931 brachte während des Umbaus eine 4,5 PS starke Pumpe in einem provisorischen Pumpschacht das in die Baugrube für den **Kiesablass** eingelaufene Wasser in den Lech zurück.

Rechts im Plan erkennt man eine Schräge mit dem Winkel von ca. 12° und eine weitere Schütze, die den Zugang zum **Kiesablass** freigab und zwischen den Koten von 481,00 bis 481,22 verschoben werden konnte (Gefälle von 3,8 %); somit war es möglich, den Kies durchzuspülen.
Diese Veränderung bewirkte einen deutlich geringeren Kieseintrag in die Kanäle. (Bild 364/365)

In der heutigen Zeit ist das Kiesproblem durch die vielen dem Hochablass vorgelagerten Stauwerke marginal. Wenn bei Starkregen überschüssiges Wasser aus dem heutigen Klärbecken in den Kiesablass und anschließend in die Kiesgasse fließt, ist dieser Auslauf auch heute noch sichtbar. (Bild 366)

Aus dem Plan erkennt man weiter, dass der Kiesablass unter dem Denkmal verläuft. Er endet in einer Öffnung in der Kiesgasse des Lechs.
(siehe Bild 362)
An diesen Kiesablass schließt sich das eigentliche Kanalbett an.

Beibehalten wurde der **Schlammablass** von 1911 vor der Kanalverzweigung. Er führte weiter nördlich ebenfalls in den Lech. (Bild 367)

Bei Umbau des Hochablasses für die Olympiastrecke wurde der Schlammablass freigelegt und neu eingebettet. (Bild 368)

Der Schlammablass ist heute noch sichtbar; aus ihm fließt heute nur wenig Wasser bei hohem Wasseraufkommen. (Bild 369)

Die Wassermenge, die durch das Einlaufbauwerk in das Kanalsystem vertraglich einlaufen musste, war durch den Querschnitt des Kanals und die Fließgeschwindigkeit bestimmt. Kollmann gab sie 1833 und 1841 mit 3462,660 Kubikfuß in der Zeitstunde an.[53] Die Kontrolle für diese Menge erfolgte an sogenannten **Rück- oder Eichmarken**, die am Einlaufbeginn angebracht waren.

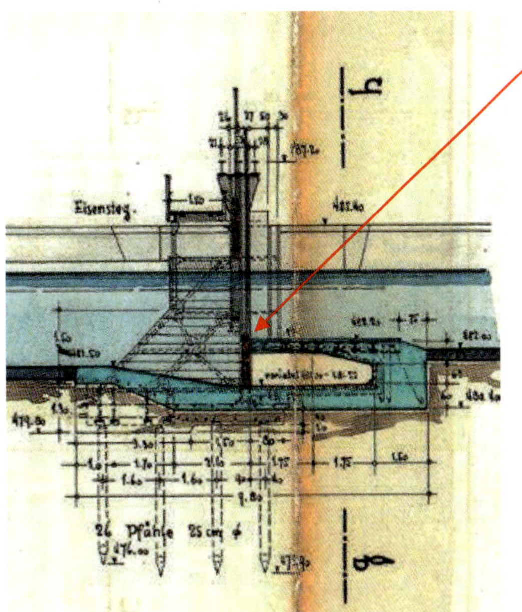

Bild 364: *Einlauf in den Kiesablass mit Kiesablassschleuse*

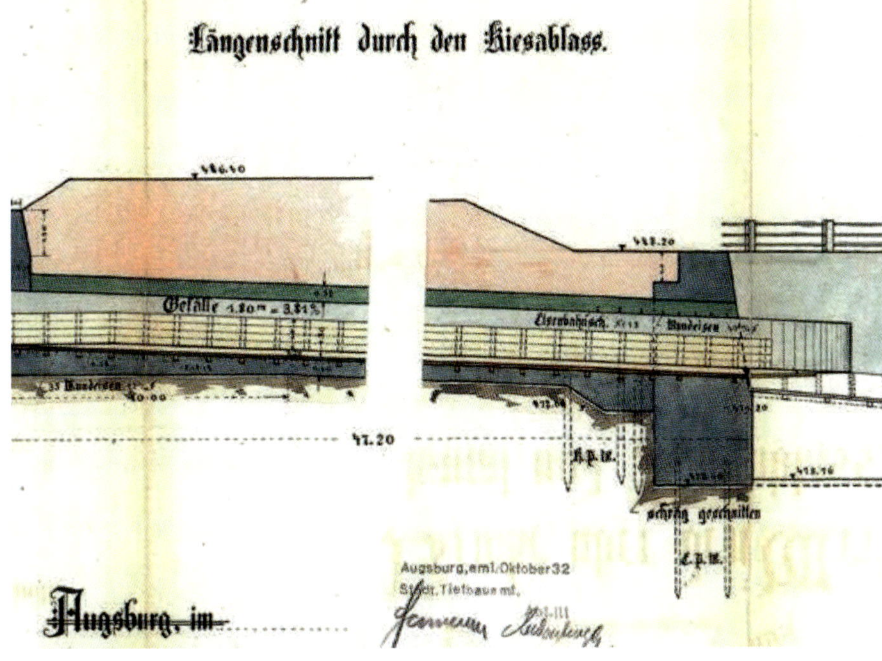

Bild 365: *Längsschnitt durch den Kiesablass (Okt. 1932)*

Bild 366: *Auslauf des Kiesablasses in die Kiesgasse*

[53] Kollmann, 1850. S. 13. Das sind ca. 86 m³.

Bild 367: Schnitt durch den Schlammablass

Bild 368: Neubau des Schlammablasses wegen Bau der Kanustrecke 1962

Bild 369: Ende des Schlammablasses

Auf dem Übersichtsplan von 1931 (Bild 361) kann man die verschiedenen **(Eich - oder) Rückmarken** erkennen: Die Rückmarke I ist am Haus des Schleusenmeisters angebracht und trägt die Kote von 486,396. Die Rückmarke II befindet sich am Steg über dem Stadtbach mit der Kote von 485,673. Die Eichmarke ist an der westlichen Kanalwand kurz nach der Brücke über der Einlaufkanal zu erkennen; sie hat die Kote von 483,682. (Bild 370)

In unserer Zeit werden die Wassermengen im Kanalsystem mithilfe eines sehr aufwendigen Geräts, das sich an den Woltmannschen Zähler anlehnt, gemessen. Die Wassermenge von 36 m³/s kann in der Regel konstant gehalten werden.

Bild 370: Rück- und Eichmarken

8.2.2 Floßeinfahrt und Floßhafen

Auf dem Plan von 1911 (Bild 359) und dem Plan von 1931 (Bild 361) ist auch der Floßhafen erkennbar. Es sind keine wesentlichen Veränderungen vorgenommen worden. Um 1930 war offiziell die Flößerei am Lech noch nicht eingestellt; aber man unternahm für den Floßhafen beim Umbau von 1932 keine wesentliche Änderung. Auf dem Übersichtsplan vom 1. Oktober 1932 findet sich aber unter der Beschriftung „Floßhafen“ das Wort „ehemalig“.

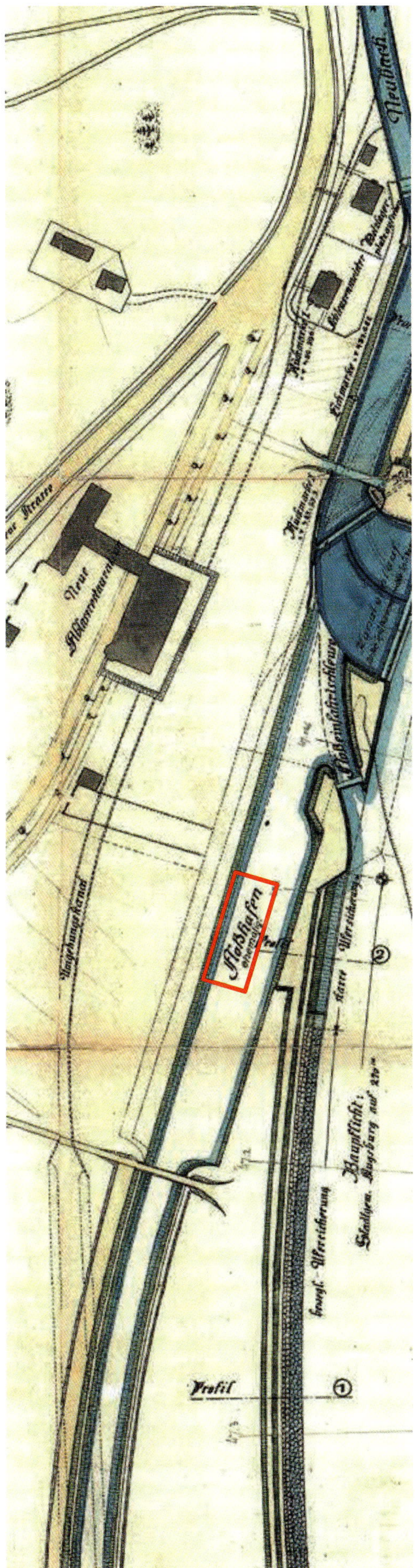

Bild 371: *Floßhafen von 1932*

Der **Floßhafen** hatte keinen eigenen Zufluss vom Lech aus; er bekam sein Wasser durch die Verbindung zur Floßeinfahrt. Die ursprüngliche Einleitung des Umgehungskanals knapp vor dem Wasserwerk war wegen der Überholung und Renovierung desselben überflüssig geworden. Dieser Teil des Umgehungskanals wurde zugeschüttet.

Die Floßeinfahrt war durch eine Schleuse gegenüber dem Lech gesichert. (Bild 371)

Der übrig gebliebene Umgehungskanal wurde nicht zugeschüttet, da man fürchtete, bei einem erneuten Jahrhunderthochwasser wieder auf den Kanal angewiesen zu sein.

8.2.3 Verzweigung des Werkkanals in Neubach und Stadtbach

Die Verzweigung war schon beim Neubau des Hochablasses 1911/12 nach dem Einlaufbauwerk vorgesehen. Unmittelbar vor dieser Verzweigung befand – und befindet sich noch heute – der Schlammablass. (Bild 372)

Dies wird in dem Detailplan des Tiefbauamtes vom Umbau 1931/32 deutlich. Die Schütze vor dem Neubacheinlauf ist 10,30 Meter breit und wird mit einem 11 PS starken Motor betrieben. Die **Stadtbachschleuse** ist zweigeteilt.

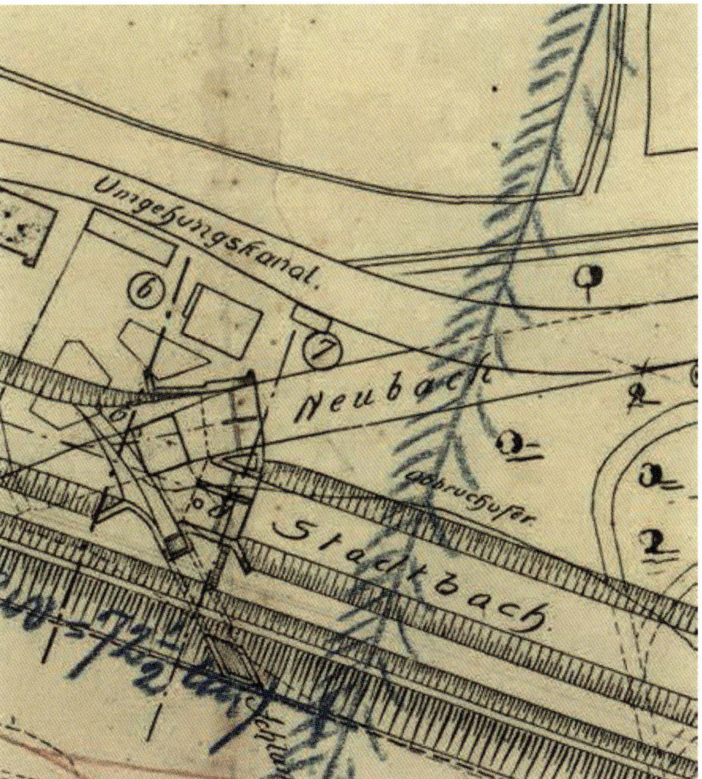

Bild 372: *Alter Neubacheinlauf (Nachlass Scheigele)*

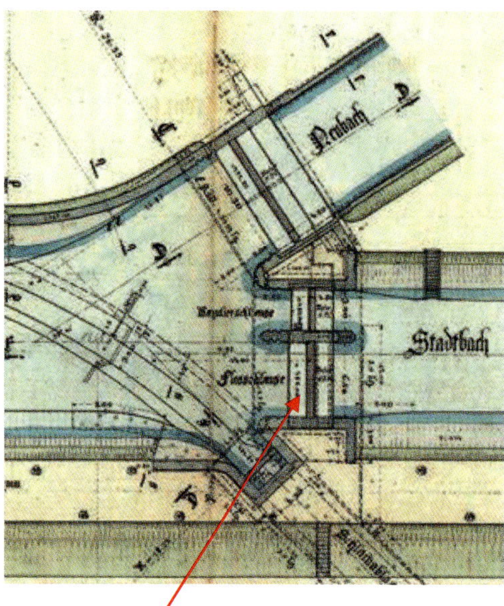

Bild 373: Detailplan der Floßschleuse des Umbau 1931/32

Die **Regulierschleuse** ist 3,00 Meter breit und mit einem 4 PS starken Motor ausgestattet. Die Floßschleuse ist 6,50 Meter breit und hat einen 8,5 PS starken Motor. Sie kann die Flöße, die nach Augsburg anlaufen sollten, in das Augsburger Kanalsystem einlassen. Daraus lässt sich schließen, dass die Floßfahrt auch 1931 noch nicht offiziell eingestellt worden war. (Bild 373)

Hier kann man die verschiedene Funktion der beiden Kanäle erkennen:

- Der **Neubach** versorgte das Wasserwerk. Er spaltet sich kurz vor dem Wasserwerk in einen Eiskanal, der neben dem Wasserwerk verläuft, und den Versorgungskanal für die Turbinen des Wasserwerks. Der Eiskanal dient zum Abführen des Eises, damit die Turbinen nicht beschädigt werden.
- Der **Stadtbach** versorgt die Stadtkanäle mit Wasser durch die Regulierungsschleuse.

8.2.4 Die Kiesschleuse

Die Kiesgassenwände (Archenwände) sind erst in dem Erneuerungsprogramm, das 1999 vom Tiefbauamt erstellt wurde, aufgeführt; die Betonwände weisen zwar Altersspuren auf; sie müssen aber nach Ansicht des Tiefbauamtes noch nicht erneuert werden.
Die Kiesschleuse ist heute (2023) noch in einem so guten Zustand, dass eine Erneuerung nicht vorgesehen ist.[54] Daher wird hier nur auf das Kapitel des Umbaus von 1931/32 hingewiesen.

8.2.5 Die alte Fischtreppe (Fischpass)

Die 46,20 Meter lange Fischtreppe besteht seit 1912; sie fällt um 5,20 Meter. Über eine

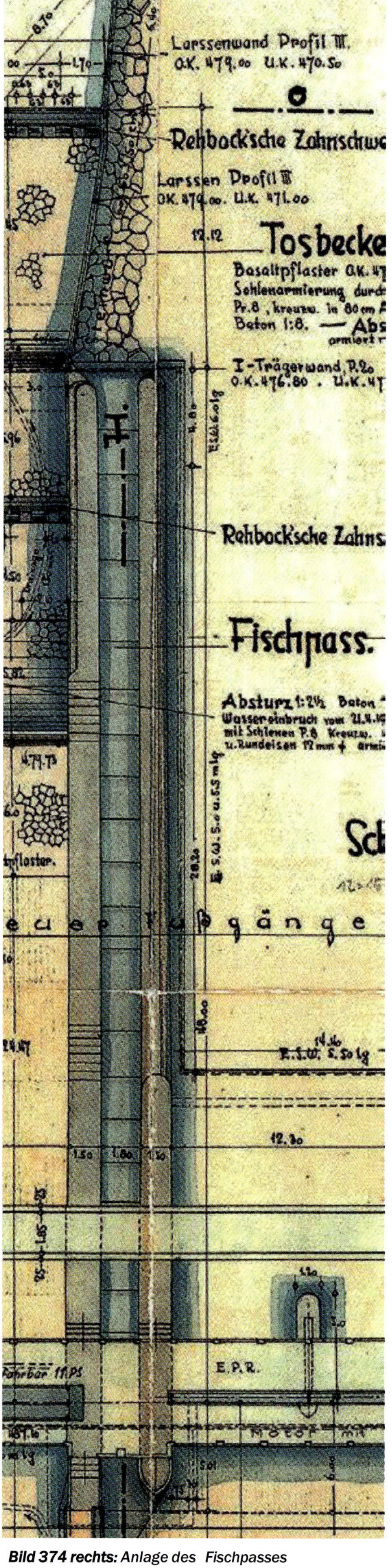

Bild 374 rechts: Anlage des Fischpasses

[54] Auskunft des Tiefbauamtes im November 2020

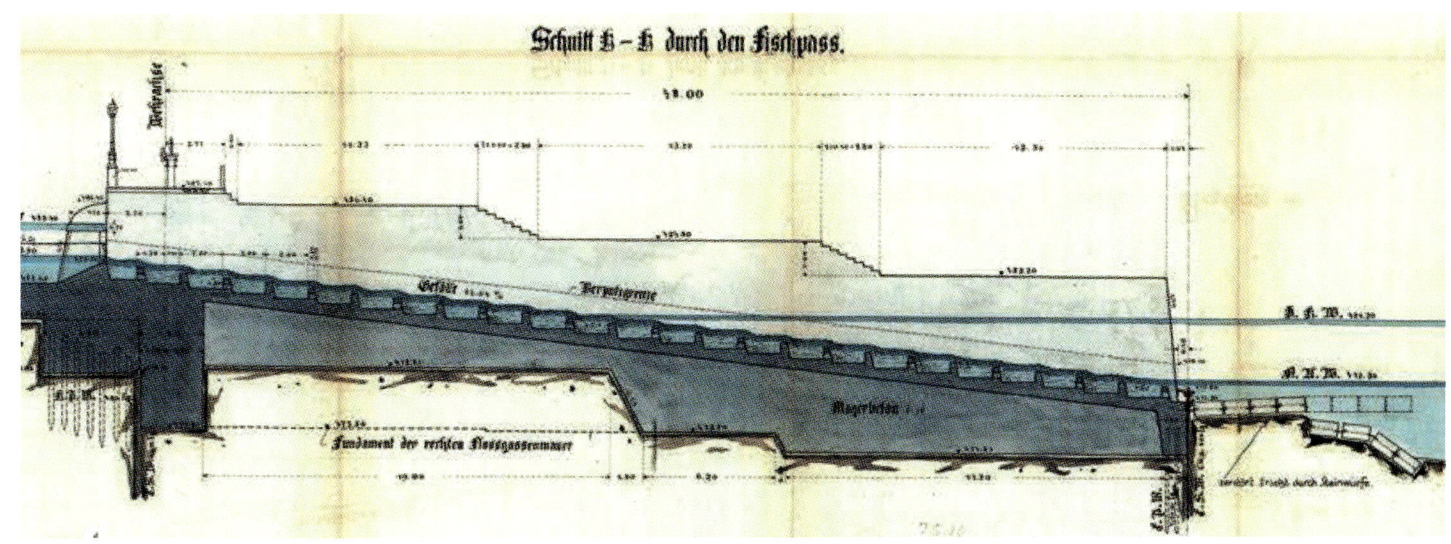

kleine Schütze wird das Oberwasser geregelt. Sie besteht aus 22 gegenläufigen Kammern; diese Fischtreppe soll den Fischen im Lech die Möglichkeit geben, in südlichere Flussabschnitte zu gelangen und zurück.
Ein Problem dieser Fischtreppe ist ihr Zugang vom Unterwasser her und der steile und enge Aufstieg. Nach heutigen Beoachtungen gelingt es nur sehr wenigen Fischen, diese Treppe zu überwinden. Je nach Wasserangebot des Lechs ist ein Zugang für die Fische nur bedingt möglich. Daher wurde am Aufstieg ein Steinkreis angelegt. (Bild 374 – 377)

8.2.6 Brückenbauten

Als Beispiel für die vielen am Hochablass anfallenden Brückenbauten sei die Brücke über den Werkkanal und den Kiesablass in Längs- und Querschnitt angeführt; weil sie die Brücke ist, die am häufigsten überschritten wird. (Bild 378/379)

Bild 375: *Schnitt durch den Fischpass*

Bild 376 links: *Alte Fischtreppe*

Bild 377 rechts: *Steigkammern der alten Fischtreppe bei Hochwasser. Mäandernder Wasserlauf*

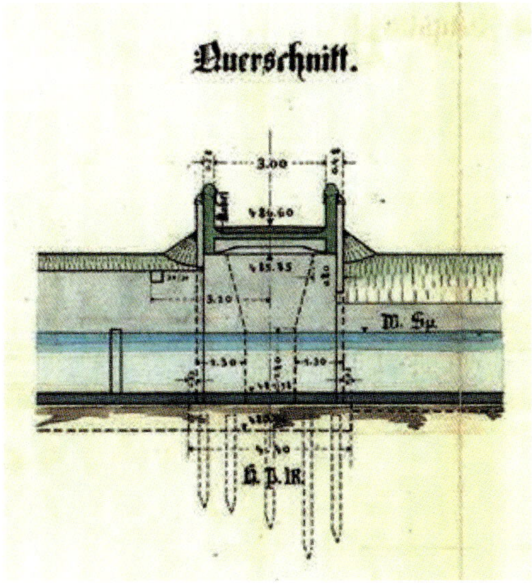

Bild 378: *Querschnitt der Brücke über den Werkkanal*

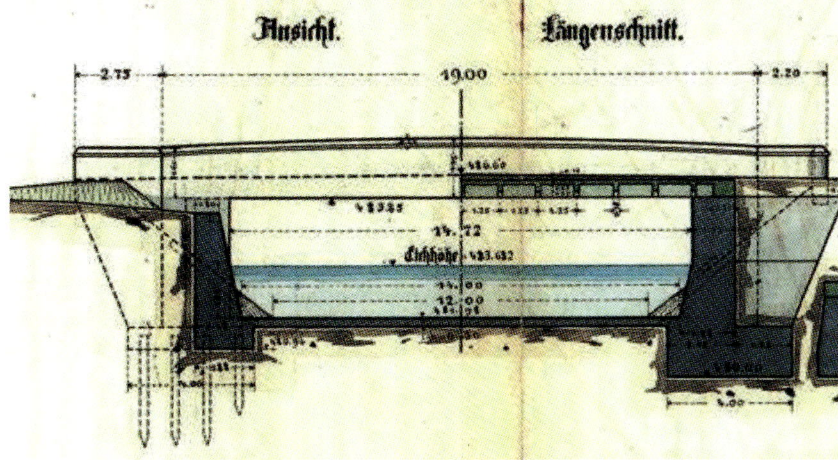

Bild 379: *Der gleiche Plan im Längsschnitt*

Der Steg über das feste Wehr, der als Fußgängerweg zwischen Hochzoll und Augsburg gebaut wurde, wird im Kapitel für den Umbau 1931/32 erwähnt; er ist für die Funktion des Wehres nicht notwendig. Die dort eingebauten kleinen Stauwalzen dienten dem Hochwasserschutz.

8.2.7 Die Walze

Die Walze ist ein Wehrverschluss mit nur einem einseitigen Antrieb, mit dem man rasch auf Hochwässer reagieren kann.
Sie wurde hauptsächlich von Max Carstanjen zusammen mit Dr. Theodor Becher im Werk Gustavsburg der MAN entwickelt. Am 23. April 1903 hielt Carstanjen dazu einen wegweisenden Vortrag in der Versammlung der Fachgruppe der Bau- und Eisenbahn-Ingenieure.[55] (Bild 380)

Beigefügt ist die Titelseite eines Prospekts von MAN aus den Dreißigerjahren, der die Vorzüge des Walzenverschlusses aufzeigt. Dabei stellte er die Einfachheit der Walzenkonstruktion gegen die vielfachen anderen Wehrverschlüsse dar. Vor allem die großen Reibungsverluste („Zapfenreibung") dieser anderen Verschlüsse würden die Vorteile der Walze deutlich hervorheben. (Bild 381)

Folgende Abhandlung über das Walzenwehr ist der Broschüre „50 Jahre Wehrbau – bei der MAN. Gustavsburg – Erinnerung von Dr. Theodor Becher – Stahl im Strom" entnommen.[56]

Das Werk der MAN in Augsburg baute um die Jahrhundertwende für Augsburg „kleine Schleusentore und Verschlüsse von Einlauf- und Regulierungsbauwerken für kleinere Wasserkraftanlagen". Vor 1900 gehörte das Werk in Augsburg „zu den ersten und führenden Firmen im Bau von Wasserturbinen". Doch nach der Jahrhundertwende verlagerte man den Wasserbau nach Gustavsburg bei Schweinfurt. Theodor Becher, damals Leiter der Abteilung Stahlwasserbau, war in dieser Zeit der Ansicht, dass dem Ausbau der Wasserkraft mehr Bedeutung zukommen sollte, da diese Kraft gegenüber der Kohle immerwährend vorhanden wäre und sich nicht erschöpfen würde. So befasste sich die MAN vor 100 Jahren mit dem Großwehrbau.
„Die Erfindung der Walze muß als Geburtsstunde des MAN-Wehrbaus angesehen werden".[57]

[55] Sonderabdruck aus der „Zeitschrift des Österr. Ingenieur- und Architekten-Vereins" 1903, Nr. 50.

[56] MAN-Archiv 355 a/2; Dr. Theodor Becher war von 1935 bis 1945 Leiter der Abteilung Wasserbau (Stahlwasserbau) im Werk Gustavsburg der MAN.

[57] Ebenda, S. 4. Die Angabe der Seitenzahl wurde von der Verfasserin zur besseren Auffindung vorgenommen, da die Schrift von Becher keine Seitenzahlen aufweist.

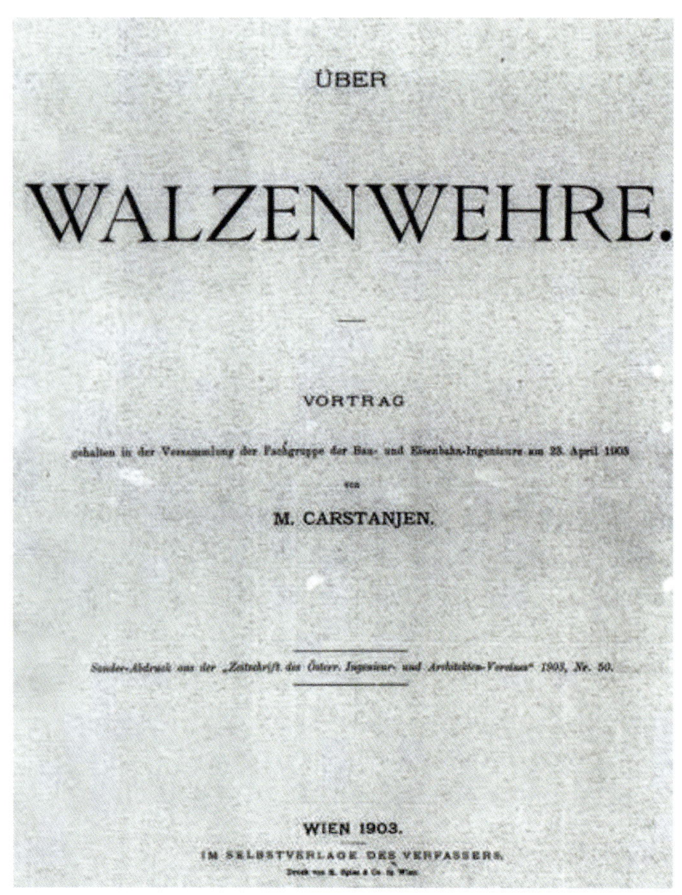

ÜBER

WALZENWEHRE.

VORTRAG

gehalten in der Versammlung der Fachgruppe der Bau- und Eisenbahn-Ingenieure am 23. April 1903

von

M. CARSTANJEN.

Sonder-Abdruck aus der „Zeitschrift des Österr. Ingenieur- und Architekten-Vereines" 1903, Nr. 50.

WIEN 1903.

IM SELBSTVERLAGE DES VERFASSERS.

Bild 380 links: Deckblatt des Vortrags über Walzenwehre (M. Carstanjen, 1903)

M A N

MASCHINENFABRIK AUGSBURG-NÜRNBERG AG

WALZENWEHRE

Abb. 1. Wehranlage in der Lenne bei Werdohl, 2 Walzen von je 26,0 m Lichtweite und 2,3 m Stauhöhe.

Hauptvorzüge:

Verwendbarkeit in Flüssen mit starker Geschiebeführung und Eisbildung	Möglichkeit großer Lichtweite und Stauhöhe
Gute Abdichtung	Geringe Wasserverluste
Geringe Bewegungswiderstände	Rasche Bewegungsmöglichkeit
Große Unempfindlichkeit	Geringe Unterhaltungskosten
Einfache Bedienung	Große Betriebssicherheit.

94 Walzenwehranlagen
mit insgesamt 156 Walzen ausgeführt.

D. 55604. VII. 32.

Bild 381 rechts: Titelseite des Prospektes der MAN über Walzenwehre

Im Jahr 1900 wurde die MAN beauftragt, die baufälligen Wehre am Hauptarm des Mains und am sogenannten Saumain auszuarbeiten. Man wollte die festen Wehre durch bewegliche, also aus dem Wasser herausnehmbare, eiserne Wehre ersetzen. Außerdem strebte man eine Verbesserung der Hochwasser-, Eis- und Geschiebeabführung an. Der Verschlusskörper sollte ohne Strompfeiler auskommen. Es stellte sich heraus, dass ein Walzenverschluss alle Anforderungen am besten erfüllte, da die Walze in das Wasser hinein- und wieder (vollständig) herausgewälzt werden konnte.

Carstanjen erfand schon 1898 für dieses Problem den Walzenverschluss. Am 10. August 1900 wurde das Walzenwehr zum Patent Nr. 135813 angemeldet. Für die auf geneigter Bahn bewegliche Walze lieferte die MAN dazu folgende Konstruktionszeichnung: (Bild 382)

In der Patentschrift wurde betont, dass man die Walze mit oder gegen das strömende Wasser bewegen konnte.

In einem weiteren Patent Nr. 122724 wurde die Walze so umgeändert, dass man sie den jeweiligen örtlichen Gegebenheiten anpassen konnte. Diese Walze benötigte keinen größeren Durchmesser als das geforderte Stauziel, es bedurfte auch keiner besonderen Einrichtung, um die Walze „nach unten in das strömende Wasser hineinzuziehen". Auch erkannte man, dass ein einseitiger Antrieb genügte, die Walze zu bewegen. Das war ein großer Material- und Konstruktionsvorteil. Es ersparte auch eine Konstruktion zweier synchron laufender Antriebswindwerke.

Anfänglich war der seitliche Zahnradantrieb senkrecht zur Walze montiert; doch in Augsburg wurde schon ein verbesserter Antrieb mit einer schräg angebrachten Kette eingebaut. Auf der Gegenseite der Kette befand sich nur eine Führung für den Walzenkörper. Durch diese Konstruktion war es möglich, den Verschluss sehr schnell zu öffnen, ohne den Wehrkörper zu verdrehen. Das war für den unberechenbaren Lech eine sehr günstige Möglichkeit, rasch auf Hochwässer reagieren zu können. (Bild 383)

Die Besonderheiten einer Walze als Stromverschluss kann man auf folgende Weise beschreiben:

„Bei normalen Walzenwehren liegt das rationelle Verhältnis von Höhe zu Lichtweite zwischen 1 : 8 und 1 : 10". Das hat nach Becher zur Folge, dass die Stärke aller Bleche nicht unter 8 Millimetern sein sollte.

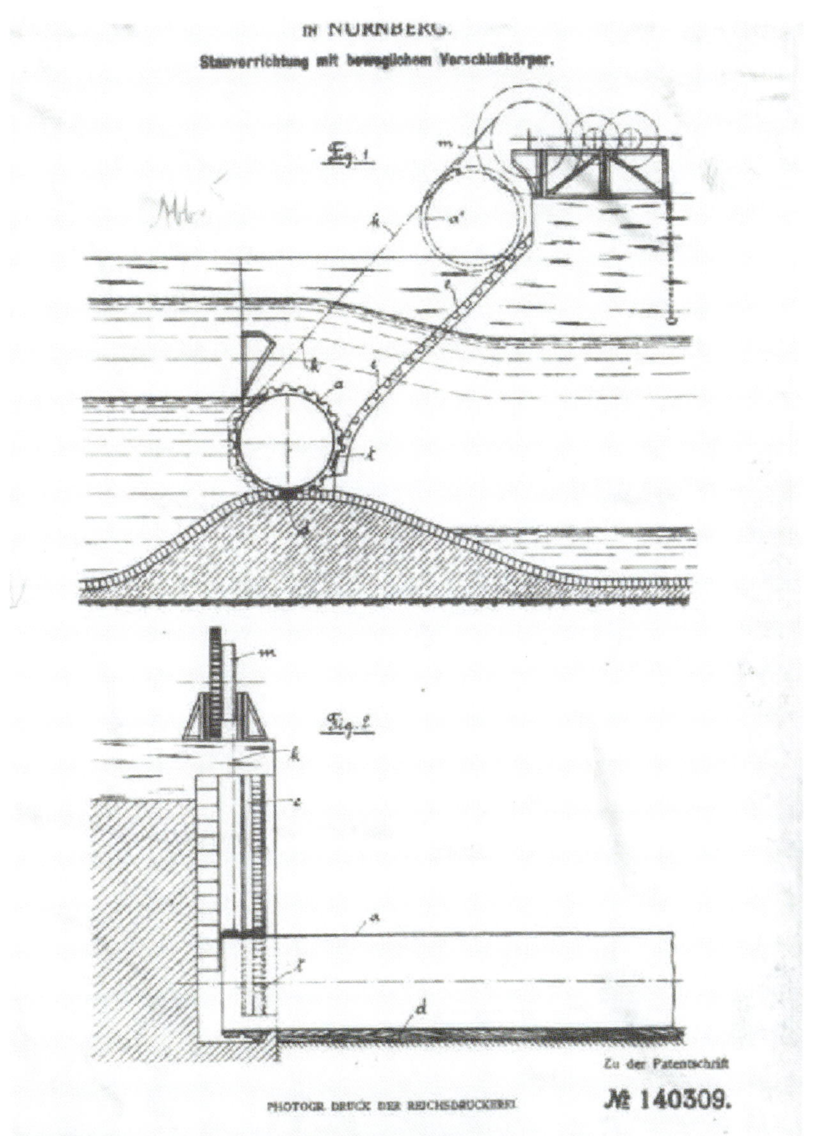

Bild 382: *Stauvorrichtung mit beweglichem Verschlusskörper (Patentzeichnung von Th. Becher)*

Bild 383: *Antrieb der Augsburger Walze*

In den alten Plänen ist eine Blechdicke von 9mm bis zu 11mm eingezeichnet. In der Realität wurde allerdings eine Blechdicke von 11mm bis 15mm verwendet, um „Verrostungen, Verschleiß durch Geschiebe, Eis und sonstigen Schwimmkörpern, auf Verbeulung durch etwaige Stöße usw". vorzubeugen.[57] [58] Die Wandstärke hätte viel geringer ausfallen können, doch für die Formhaltung waren im Walzeninneren aus „fabrikatorischen Gründen" Längs- und Querversteifungen nötig, die eine höhere Wandstärke erforderlich machten. Der Zylinderdurchmesser sollte etwa drei Viertel der Gesamtverschlusshöhe sein. (Bild 384)

Die Verdrillung der Walze konnte man vernachlässigen. So schreibt Becher, dass bei einer 35 Meter langen Walze, die einen Durchmesser von 2 Metern hatte, nur eine Verdrillung von 1 Millimeter gemessen wurde.
Eine weitere Belastung der Walze kann der Temperaturunterschied sein, der auftritt, weil die Walze einseitig vom Oberwasserwasser umspült wird und auf der freien Seite durch Sonneneinstrahlung aufgeheizt wird. Eine sehr umfangreiche Schrift über dieses Problem findet sich im MAN-Archiv; diese Arbeit kommt zum Ergebnis, dass ein Temperaturunterschied der beiden Seiten von 70 °C bis 80°C auftreten darf; die Augsburger Walze ist durch den Steg beschattet und hat damit mit der Erwärmung keine Probleme.[59]

Die Projektierung und Planung für den Walzenverschluss am Saumain waren 1901 abgeschlossen. Im Mai 1902 wurde die Grundablasswalze am Saumain und im Dezember 1903 die der Überfallwalze am Hauptarm des Mains betriebsfertig aufgestellt.
Das Seil, das zur Aufwicklung diente, wurde nicht nur auf eine Spule mit großen Durchmesser aufgewickelt, sondern sie wurde auch sehr oft geschmiert. Dies verhinderte das Eindringen von Wasser zwischen den Litzen und Drähten.
Die Bahnneigung ist bei fast allen Walzen 70°. (Bild 385/386)

Die Augsburger Walze wurde im Sommer 1911 geliefert und montiert. Aus der Zusammenstellung aller bis 1958 gelieferten Walzen kann man ablesen, dass die Augsburger Walze zu den kleinen Walzen gezählt werden muss.[60] [61] (Bild 387)

Sie hatte eine Stauhöhe von 2,40 Metern.[62] Der Durchmesser der Walze betrug 1,8 Metern; der Abstand zum Unterboden von 1,2 Metern wurde durch einen Dornfortsatz abgedeckt. Ein möglicher Handantrieb wurde war am östlichen Ende eingebaut.
Sie kam aus Gustavsburg, dem Zweigwerk der MAN. Die Zusammenstellung aller bis 1958 gelieferten Walzen der MAN bestätigt dies.[63]

[57] MTBA 21. April 2022

[58] Theodor Becher, S. 31. Als Beispiel für eine noch tragbare Blechdicke der Walze dient die Walze am Landwehrkanal. Dort hätte die Zylinderdicke nur 0,25 Millimeter betragen können, um die Verdrehungs- und Biegungskräfte aufnehmen zu können. Man musste aber eine Wandstärke von 8 Millimetern wählen. Dadurch sicherte man sich die Formhaltung.

[59] MAN-Archiv, Schachtel 355 a, Arbeit von Prof. Dr.-Ing. Klöppel.

[60] Weiter wurden 1940 ein Klappenwehr mit 1481 m² Staufläche und 1940/41 weitere Klappenwehre mit 460 m² Staufläche geliefert (Quelle: MAN-Archiv Schachtel 355 a).

[61] StadtAA Bestand 45 Akt 714. Am 11. Januar 1926 fragten die städt. Betriebe Frankenberg i. Sa. bei der Stadt Augsburg an, wie zuverlässig die Walze sei. Die Antwort war, dass man sehr zufrieden sei; bis jetzt seien keine Reparaturen aufgetreten; hervorgehoben wurde, dass bei Eisgang die beheizbare Walze gehoben werden könne.

[62] StadtAA Bestand 45 Akt 714.

[63] MAN-Archiv 355 a.

Bild 384: *Walze während einer Montage (MAN)*

Bild 385: *Gedenktafel für die erste Walze*

Bild 386: *Die Schweinfurter*

Auf dem Foto von 1911 der schon montierten Walze erkennt man, dass das Getriebe zu dieser Zeit noch nicht überdacht war. (Bild 388/389)

Ein Blick in das Walzenwehr (Aufnahme von 1911). (Bild 390)

Bild 388: *Walzenwehr vom Hochablass*

Bild 389: *Die Außenansicht der gezogenen Walze ohne Wehrhäuschen*

	Querschnitt Cross section Coupe	Bauherr Supplied to Destinataire	Fluß River Rivière	Anzahl der Walzen Number of rollers Nombre des cylindres	Lichtweite Clear width Ouverture	Stauhöhe Height of damming Hauteur de retenue	Staufläche Surface of damming Surface de barrage	Lieferjahr Year of delivery Année de fourniture	Bemerkungen Remarks Remarques
27	2900 / 2700 / 2900 / 8500	Abt. der K. Obersten Baubehörde im Staatsministerium für Wasser- und Kraftausnützung München **KIBLING**	Saalach	1	13,6	8,5	115,6	1910	
28	1696 / 2000	Theofilio Grob, La Union Chile **LA UNION** Chile	Rio de Elqui	1	26,0	2,0	52,0	1910	
29		Bauleitung der Bodereguliering Genossenschaft Stassfurt-Leopoldshalle **BLECKENDORF**	Bode	2	9,0	2,5	45,0	1910	
30	3500 / 5800	Washington Water Power Comp. **WASHINGTON** USA	Spokane		30,5	5,8	353,8	1910	
31	3600 / 4800 / 1200	Stadtbauamt Kassel **KASSEL**	Fulda	2	24,3	4,8	233,3	1910	
32	2900 / 3600	Guillermo Purcell u. Co., Torreon **TRASQUILA** Mexiko	Nazas	2	24,5	3,6	176,4	1911	
33	1900 / 2400	Stadtbauamt Augsburg **AUGSBURG**	Lech	1	20,0	2,4	48,0	1911	
34	2900 / 3800	Kungl. Vattenfallsstyrelsen Byggnadsbyrån, Stockholm **LILLA EDET** Schweden	Göta-Elf	2	22,0	3,8	167,2	1911	mit Anwärmung [illegible]

Querschnitt	ORT	Fluß	Lichtweite m	Stauhöhe m
	32. Cassel	[illegible]	2×24,30	4,80
	33. Trasquila (Mexico)	Nazas	2×24,50	3,60
	34. A[illegible]sburg	Lech	20,00	2,40
	35. Lilla Edet (Schweden)	Göta-Elf	2×22,0	3,80
	36. Nokia (Finnland)	Kumo-Elf	2×23,30 1×21,0 1×7,00	2,09 2,60 2,60
	37. Porjus (Schweden)	Lule-Elf	12,00	3,50
	38. Hamm	Lippe	18,00	3,80
	39. Wirtheim	Kinzig	15,00	1,80

Bild 387: *Lieferliste der MAN (3 Blatt)*

Bild 390: *Inneres der Walze*

Bild 391: *Heutiges Wehrhäuschen*

Stadtbaumeister Holzer entwarf dann das „Wehrtürmchen", das heute das Wahrzeichen des Hochablasses darstellt. (Bild 391)

Zur Warnung vor Eistrift wurde am Turm eine Sirene angebracht und in der Laterne eine Wachstation eingerichtet.

Zweck dieses Gebäudes war, das Getriebe vor Witterungseinflüssen zu schützen. Geht man einige Stufen in diesem Turm nach oben, kann man das Getriebe der Walze besichtigen. (Bild 392/393)

Um die Gängigkeit zu erhalten, wurde diese Walze in Abständen von 6 bis 8 Wochen geschmiert.

Im Prinzip muss der Walzenkörper nur an den Enden die für eine Walzenbewegung geeignete Form haben. Ansonsten kann der Walzenkörper sich den örtlichen Notwendigkeiten anpassen – eine Besonderheit bei diesem Verschlusstyp. „Der Auflagepunkt der Walze auf ihre Rollbahn wird so gewählt, daß die Resultierende aller auf sie wirkenden Kräfte, der Hauptsache nach Wasserdruck, Eigengewicht und Seitendichtungsreibung, während der Staulage der Walze und während ihrer Bewegung durch das fließende Wasser eine kleinere Hubkraft erfordert als das Eigengewicht des über Wasser gehobenen Verschlusses" (Becher, S. 33). Der geeignete Winkel der Kettenbahn war in der Regel 70°. Dieser Winkel hatte den Vorteil, dass die notwendigen Pfeiler und das zugehörige Schutzhäuschen über dem Windwerk kleiner werden konnten.

Bild 392/393: *Getriebe der Walze*

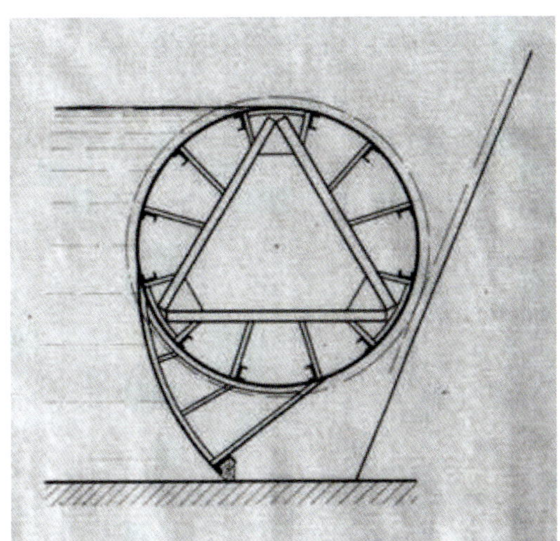

Bild 394: *Konstruktionszeichnung der Augsburger Walze (Becher)*

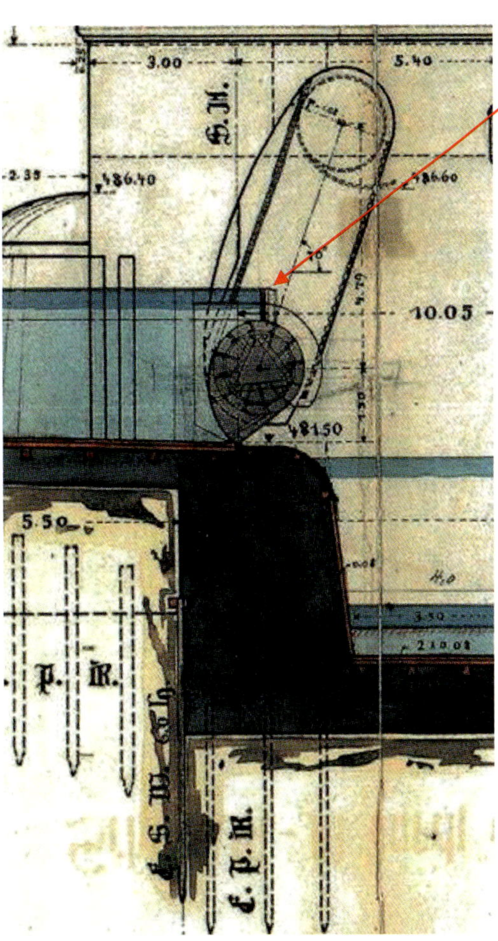

Bild 395: *Augsburger Walze nach dem Plan von 1931 mit Aufsattelung*

Die ersten Walzen hatten keinen zusätzlichen Abschluss gegenüber dem Unterboden.
Zur besseren Abdichtung nach unten wurde aber bald ein Sporn auf die Walze, ein sog. Schnabelverschluss gesetzt. Bei der Augsburger Walze war er schon vorgesehen. Diese Konstruktion ist sowohl nach unten wie nach oben möglich. (Bild 394)

Die Augsburger Walze bekam neben dem Sporn nach unten zusätzlich eine (bewegliche?) Aufsattelung nach oben. Diese Aufsattelung war eine konstruktive Antwort auf das Problem der illegalen, aber notwendige Aufsattelung der ursprünglichen Konstruktion, um das von den Werkbetreibern geforderte Wasserquantum zu gewährleisten.

Ein Plandetail aus den Umbauplänen von 1931/32 stellt die Augsburger Walze mit Nase im Neigungswinkel von 70°, den Schnabelverschluss und die bewegliche Aufsattelung dar. (Bild 395)

Aus diesem Plan kann man die Maße dieser Walze mit ihrer zusätzlichen Aufsattelung gut ablesen. Die Einheit ist Meter (m).
Höhe der Walze mit Nase und Aufsattelung: 484,50 - 481,50 = 3,00
Nach unten ist sie durch eine Stahllamelle abgedichtet. Die Staumauer vor der Walze hat eine Höhe von 481,50 - 478,50 = 3,00, d. h. die Wassertiefe bei Niedrigwasser beträgt 3,00 Meter.

Die Walze besitzt zusätzlich Abweiser, um die Vibrationen möglichst niedrig zu halten. (Bild 396 /397/398)

Bild 396 /397/398: *Drei Fotos der gezogenen Walze während des Umbaus 2014*

[64] Theodor Becher; Stahl im Strom, MAN-Archiv 355 a. Dazu berichtet Becher auch von einem Wehr (Dörverden), das aus Stahl hergestellt wurde und durch Geschiebe und Wasser (Rost) bald zerstört worden war.

[65] MAN-Archiv 355 a.

Ein weiterer Vorteil der Walze besteht darin, dass der Wasserverlust durch Dichtungsmaterial sehr geringgehalten werden kann, da sie nur eine horizontale und zwei vertikale Dichtungsfugen besitzt. Außerdem sind die Dichtungsfugen robuste Holzbalken. Becher betont, dass Holz durch seine Elastizität und durch seine Schlüpfrigkeit, die es im Wasser mit der Zeit annimmt, sehr widerstandsfähig gegen Geschiebe ist.[64]

Bei den ersten Einbauten von Walzen gab es Probleme: Es traten Schwingungen deshalb auf: durch die geringe Erfahrung des Bedienpersonals mit dem neuartigen Verschluss traten ungewollte Druckschwankungen im Walzenkörper auf, wenn die Walze hochgezogen wurde (Becher, S. 48). Um 1900 waren die Kenntnisse der Hydrodynamik noch nicht ausreichend erforscht. Hier half Professor Koch von der Technischen Hochschule Darmstadt nicht nur mit theoretischem Wissen, sondern auch mit Versuchen in seinem Labor; er regte Änderungen an und gab dazu das theoretische Rüstzeug. Bis 1921 war Koch als Berater für die MAN maßgeblich an der Konstruktionsverbesserung des Walzenverschlusses tätig.[65]

Die MAN baute selbst 1909 unter Mithilfe von Koch in Gustavsburg 1909 ein eigenes Labor auf; doch erst 1937 wurde daraus eine Forschungsanstalt (Grundsteinlegung 16. Juni 1938) etabliert.

Obwohl die Walze ohne allzu viele Kinderkrankheiten gebaut wurde, setzte sich dieser ungewohnte Verschlusstyp nur langsam durch, da viele Verantwortlichen der Meinung waren, dass sich für kleine Flüsse der Aufwand für eine Walze nicht lohnte. Die Patentdauer betrug damals nur 15 Jahre. Der Erfahrungsvorsprung der MAN aber bewirkte, dass die Walze dann doch vermehrt als Verschluss gebaut werden konnte. Besonders verkaufsgünstig erwies es sich, dass sich die Schweinfurter Walze schon im ersten Winter bei starker Eistrift, einer dicken Eisdecke und sehr raschem Auftauen gut bewährte (Becher, S. 14).

Für die nördlichen Länder wie Schweden, Norwegen oder Finnland wurde eine „Anwärmeeinrichtung, die vom Kokskorb über einen eingehängten Koksofen zur elektrischen Heizung entwickelt wurde", angeboten (Becher, S. 56).

Becher schilderte große Verkaufserfolge – nach anfänglichem Zögern – für die Walze in vielen Ländern; er berichtet, dass fast ausschließlich Walzenwehre als Verschlusswehre gebaut wurden. Die Augsburger Walze war und ist eine sehr kleine Walze.

Wie sehr sich 1910 die Vorteile der MAN-Walze herumgesprochen hatten, zeigt die Tatsache, dass in sieben von zehn Vorschlägen für den Neubau von 1910 mindestens eine Walze eingeplant wurde. Die Walze als Schnellverschluss war ein wesentliches Verkaufsargument.

Die Walzen konnten zur Absicherung vor Stromausfällen auch mit Hand betätigt werden. Im Normalfall wurde der Antrieb aber elektrisch betrieben.

Eine Anweisung zum elektrischen und manuellen Betrieb der Augsburger Walze befindet sich noch heute im Wehrtürmchen. – Ein geeigneter moderner Elektromotor ersetzt jedoch heute diesen Antrieb. (Bild 399/400)

Es wurden für die Walzenwehre keine Notverschlüsse vorgesehen, da sie ja selbst sehr schnell geöffnet oder geschlossen werden konnten.

Bild 399: *Bedienungsanleitung des Walzenwehres*

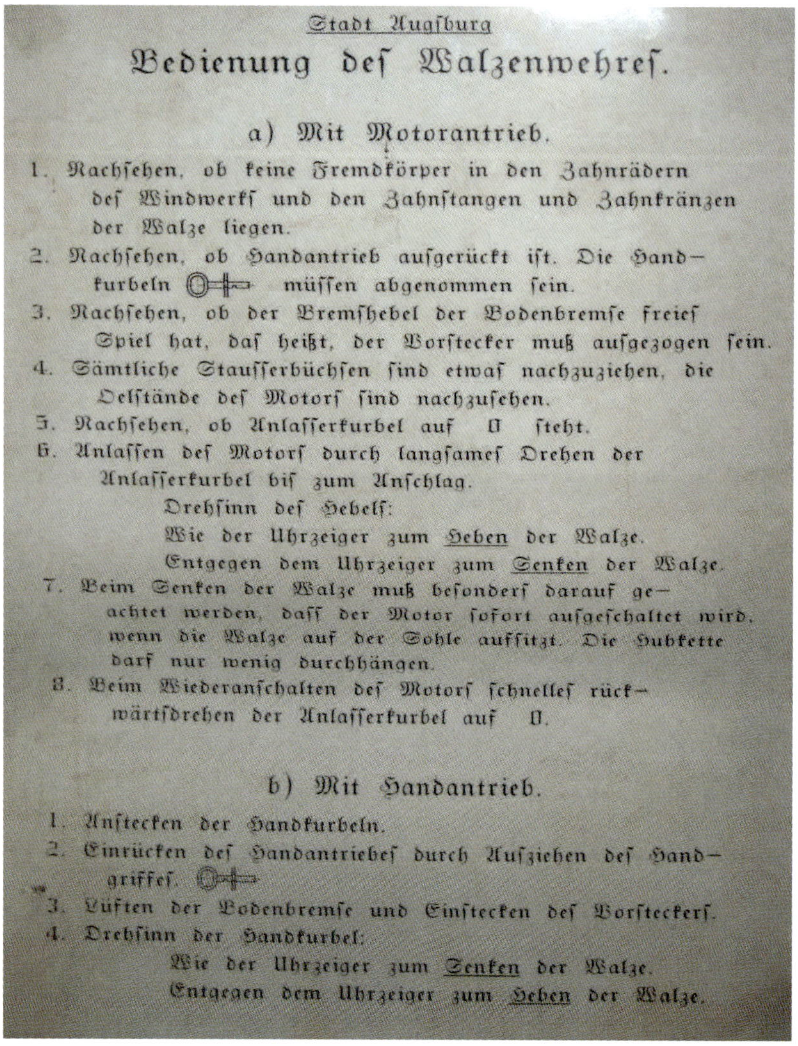

Stadt Augsburg

Bedienung des Walzenwehres.

a) Mit Motorantrieb.

1. Nachsehen, ob keine Fremdkörper in den Zahnrädern des Windwerks und den Zahnstangen und Zahnkränzen der Walze liegen.
2. Nachsehen, ob Handantrieb ausgerückt ist. Die Handkurbeln müssen abgenommen sein.
3. Nachsehen, ob der Bremshebel der Bodenbremse freies Spiel hat, das heißt, der Vorstecker muß aufgezogen sein.
4. Sämtliche Staufferbüchsen sind etwas nachzuziehen, die Oelstände des Motors sind nachzusehen.
5. Nachsehen, ob Anlasserkurbel auf 0 steht.
6. Anlassen des Motors durch langsames Drehen der Anlasserkurbel bis zum Anschlag.
   Drehsinn des Hebels:
   Wie der Uhrzeiger zum Heben der Walze.
   Entgegen dem Uhrzeiger zum Senken der Walze.
7. Beim Senken der Walze muß besonders darauf geachtet werden, dass der Motor sofort ausgeschaltet wird, wenn die Walze auf der Sohle aufsitzt. Die Hubkette darf nur wenig durchhängen.
8. Beim Wiederanschalten des Motors schnelles rückwärtsdrehen der Anlasserkurbel auf 0.

b) Mit Handantrieb.

1. Anstecken der Handkurbeln.
2. Einrücken des Handantriebes durch Aufziehen des Handgriffes.
3. Lüften der Bodenbremse und Einstecken des Vorsteckers.
4. Drehsinn der Handkurbel:
   Wie der Uhrzeiger zum Senken der Walze.
   Entgegen dem Uhrzeiger zum Heben der Walze.

„Der hydrostatische Druck auf die Walze wird meistens zum Teil auf die Wehrschwelle, zum größten Teil auf die Pfeiler abgegeben, und dies ungefähr im unteren Drittelpunkt der Stauhöhe" (Becher, S. 99). Vorteil der Walze ist also, dass der hydrostatische Druck sich

Bild 400: elektrische Steuerung des Walzenantriebs von 1912

hauptsächlich auf die Pfeiler und nicht auf den Wehrkörper auswirkt. Außerdem konnte dadurch ein Pfeiler – derjenige ohne Antrieb – auch schlanker konzipiert werden. Es ist aber zwingend notwendig, den Wehrpfeiler, der den Antrieb enthält, besonders gut zu festigen.[66]

Da man von der Effektivität der Augsburger Walze um 1930 überzeugt war, baute man als Abschluss beim festen Wehr ebenfalls kleine Stauwalzen mit einem kleinen Sporn nach unten ein.[67] (Bild 401/402)

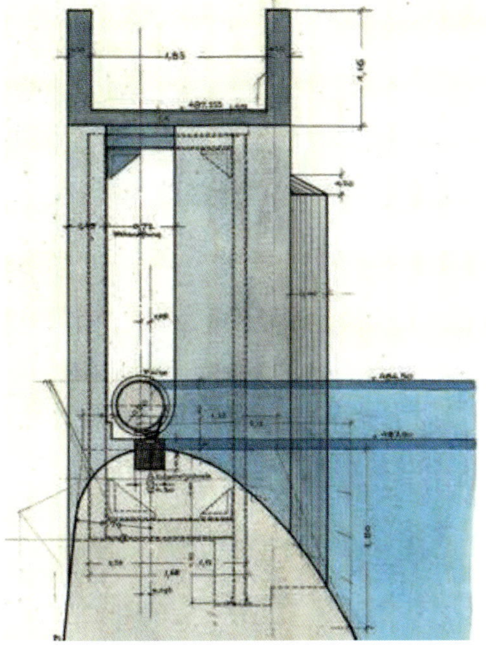

Bild 401: *Plan der Stauwalze Walze am festen Wehr*

[66] Leider war das eine Schwachstelle beim Bau des Wehrs um 1911/12. Es fehlten wohl die Erfahrungen, welche Belastungen auf den Wehrpfeiler treffen. Die Sanierung des Wehrpfeilers war somit im Jahr 1999 unerwartet aufwendig.

[67] Fotos vom Einbau dieser Walzen finden sich im Teil Umbau 1931/32.

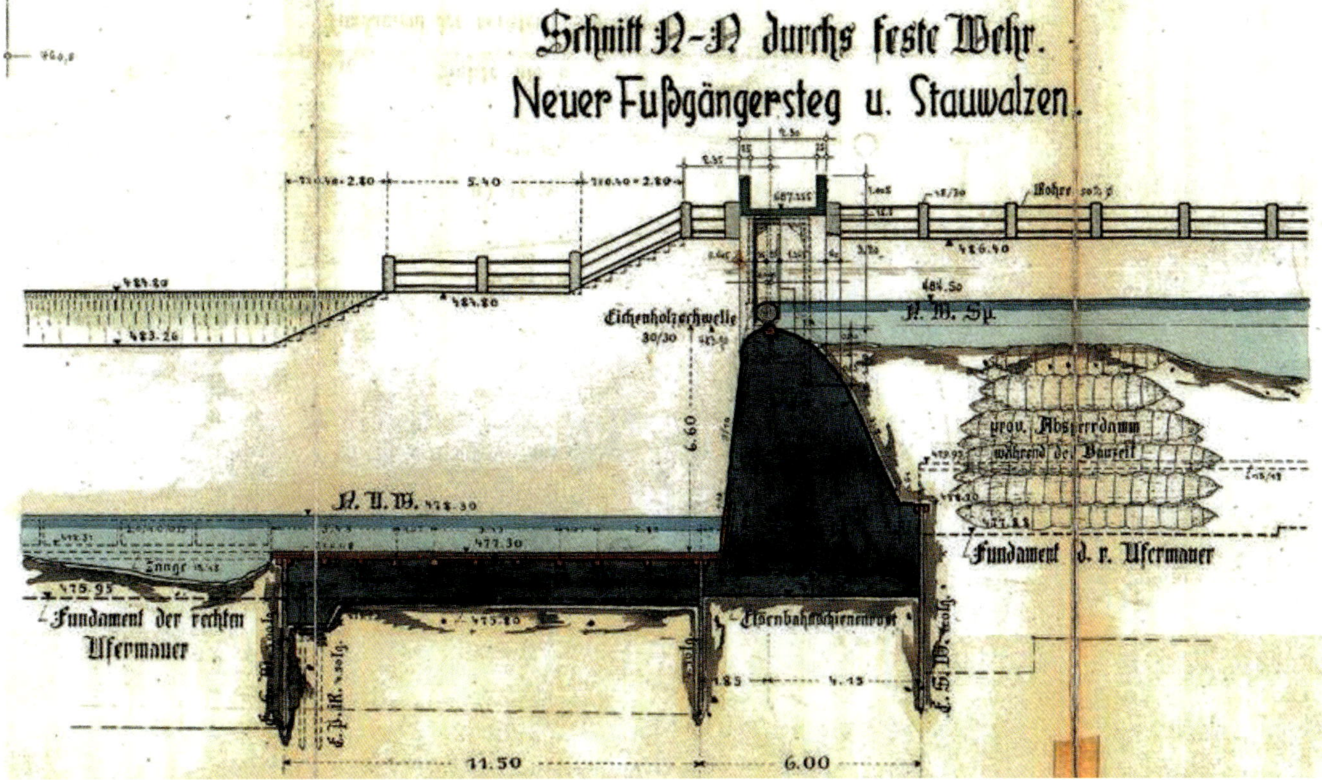

Bild 402: *Gesamtplan des festen Wehrs mit neuem Fußgängersteg und Stauwalzen*

Dieser Plan ist auch noch deshalb aufschlussreich, da er einige Details der Bauweise des festen Wehrs offenbart: Der Vorboden besteht aus Eichenholz (er wurde bis zum Einbau des Kraftwerks nicht erneuert); der Wehrkörper ist mit Eisenbahnschienen abgesichert – ein Umstand, der beim Einbau des Kraftwerks 2013 sehr schmerzhaft deutlich wurde; links ist ein Querschnitt des Fundaments der Ufermauer dargestellt. Rechts erkennt man den provisorischen Absperrdamm während der Bauzeit.

Die „Hauptblütezeit“ für den Walzenbau begann mit der Bildung der Rhein - Main - Donau AG im Jahr 1922.[68] Theodor Becher beschreibt diese ausführlich (S. 67 f.). Bis 1945 wurden insgesamt 198 Walzen geliefert, davon 102 im Inland und 96 im Ausland (Becher, S. 72).

Nach 1945 wurden immer dünnwandigere, geschweißte Tragwerke gebaut, die geringere Stahlgewichte erforderten. Dabei hatte sich in Versuchen herausgestellt, dass dünnwandigere auch großen Eisstößen standhalten können und eine große Torsionssteifigkeit besitzen. Es wurden auch Beheizungsanlagen und Luftumwälzungsanlagen eingebaut.

Doch schon 1967 meinten Kollbrunner und Mikosavljević: Die Walzen, welche den konstruktiven und herstellungstechnischen Möglichkeiten der vorangegangenen Jahrzehnte entsprachen, haben sicherlich eine große Aufgabe im Wehrbau erfüllt. Ihre Konzeption befähigt sie jedoch nicht, die Vorteile der neuen Entwicklung auszuschöpfen. Die zahlreichen Vorschläge verschiedener Stauwandausbildungen, bewegliche Schnäbel usw. unter Beibehaltung des Tragzylinders dürften keine Zukunftsaussichten haben. Seit der Gleichlauf zweiseitig mechanisch angetriebener Verschlüsse mittels elektrischer Welle oder hydraulisch angetriebener Segmente in einem ausreichenden Maße durch den torsionssteifen Staukörper gewährleistet wird, ist der einseitige Antrieb ein geringerer Vorteil als früher“.[69]

Eine der in den Dreißigerjahren von Theodor Becher erfolgten Weiterentwicklungen des Walzenverschlusses waren die Versenkwalzen[70]. Versenkwalzen waren besonders für kleine Verschlüsse geeignet. Da sie am Hochablass nicht eingebaut wurden, werden sie nicht weiter behandelt.

8.2.8 Klappenwehre

Schon um 1900 waren Klappenwehrsysteme bekannt. Es wurden solche Klappen gebaut „welche den Abfluss des am Wehr überschüssigen Wassers selbstständig regulierten. Sie sind jedoch bei stark und schnell wechselnden Wasserständen und bei Treibzeug und Eis führenden Wasserläufen, wie sie am Lech vorkommen, nicht genügend widerstandsfähig gegen den starken hydraulischen Druck des überströmenden Wassers und gegen die unvermeidlichen Stoßwirkungen von treibenden Körpern, insbesondere von Eis“ (Becher, S. 90). Die MAN meldete am 3. Januar 1900 ein Klappenwehr an, das diese Mängel beseitigte. Dieses Klappenwehr besitzt als Mantelfläche ein dem Oberwasser zugekehrtes Zylindersegment; es ist an der Mantellinie am Wehrunterbau „angelegt“, d. h. ein Gelenk – ähnlich eines Türscharniers – lässt es zu, dass sich die Klappe bewegen kann. Die zylinderförmige Oberfläche kann wesentlich höhere Drücke aushalten als eine gerade Fläche einer Schütztafel. Das bedeutet, dass der Aufprall der ankommenden Eismassen bei diesem Wehrtyp erheblich abgeschwächt werden kann, ebenso wird damit eine höhere Widerstandsfähigkeit gegen den hydraulischen Druck erreicht.
Man bezeichnet eine solche Klappe wegen ihrer Oberflächenform als **Fischbauchklappe**.

Zuerst kam dieser Wehrtyp nicht zur Ausführung, weil das Walzenwehr, ebenfalls bei der MAN erfunden, auf „vollkommene Weise“ die Anforderungen eines selbstständigen Wehres zu erfüllen versprach.

Erst 30 Jahre später, 1930, „reifte der Gedanke des fischbauchförmigen Klappenquerschnitts als Gemeinschaftserfindung heran“ (Becher, S. 93). Die Verbesserung bestand in der Abdichtung des Drehgelenks durch einen durchlaufenden Gummistreifen und war in der Herstellung einfacher als die Walze. Zusätzlich wurde der Klappenkörper durch innere Versteifungen – ähnlich wie bei der Walze – wesentlich billiger. Das Problem des hohen Schwingungs- und Torsionsverhalten bei einem solchen Wehrkörper löste man durch Abwehrstreifen an der oberen Wehrkante und durch sog. Störkörper am Scheitel des Verschlusses. Der durch das fallende Wasser erzeugte Unterdruck konnte dadurch wesentlich abgemildert werden.
Der Walzenkörper wurde aufgeschnitten und als Segmentteile wieder zusammengesetzt. Das hatte hydrostatische Vorteile.

---

[68] Dazu stehen im Internet zahlreiche Hinweise, z. B. unter www.Walzenwehr.de. Die Rhein.Main-Donau-AG wurde am 30. Dezember 1921 gegründet.

[69] Curt F. Kollbrunner, Sergije Milosalević: Verschlussarten beim Stahlwasserbau, zweiter Teil, aus: Mitteilungen über Forschung und Konstruktion im Stahlbau, Heft Nr. 35 /2, September 1967.

[70] Sie sind am Hochablass nicht gebaut worden und werden daher nicht weiter behandelt. Becher erwähnt diesen Verschlusstyp ausführlich in seiner Schrift „Stahl im Strom“: Auch in einer Festschrift der MAN zum 50-jährigen Bestehen des Werks Gustavsburg wird dieser Verschlusstyp gewürdigt.

Die Fischbauchklappe kann einen hohen Druck aushalten, sie ist beweglich; außerdem kann der Durchfluss durch einen Schwimmer in einer Führung im Oberwasser gesteuert werden (Feinsteuerung).

Aus diesem Grund wurden schon für den Umbau von 1931/32 von den Firmen Eisenbau J. M. Voith und Landes **Klappenwehre** vorgeschlagen. (Bild 403, 405 - 407)

Eine Weiterentwicklung der Fischbauchklappen sind die erst 1968 **eingebauten automatischen Gegenklappen**. (siehe Seite 192)

Voith breitete schon am 28. November 1930 zwei Vorschläge für eine durch Wasserdruck und Gegendruck gesteuerte Klappe vor (Bild 404):

a) Der obere Plan (Schnitt A - A)
Das Problem einer Gegenkraft zur Wasserkraft auf die Klappe versuchte Voith durch ein Gerüst mit zwei Umlenkrollen über der Klappe zu lösen.
b) Der untere Plan (Schnitt B - B) von Voith ersetzt die Klappe durch eine hebbare Walze.

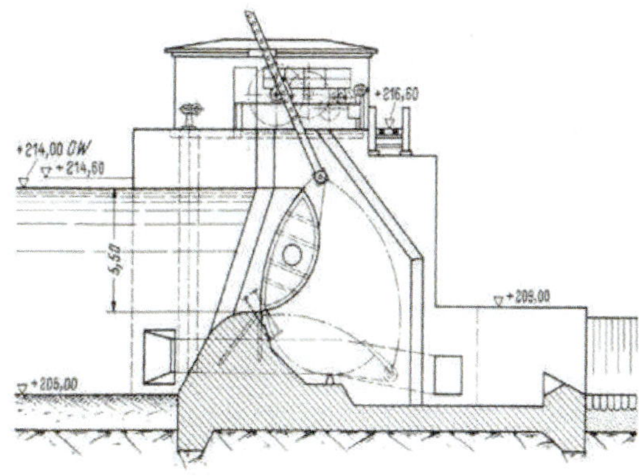

***Bild 403:** Vorschlag für eine Fischbauchklappe von 1930*

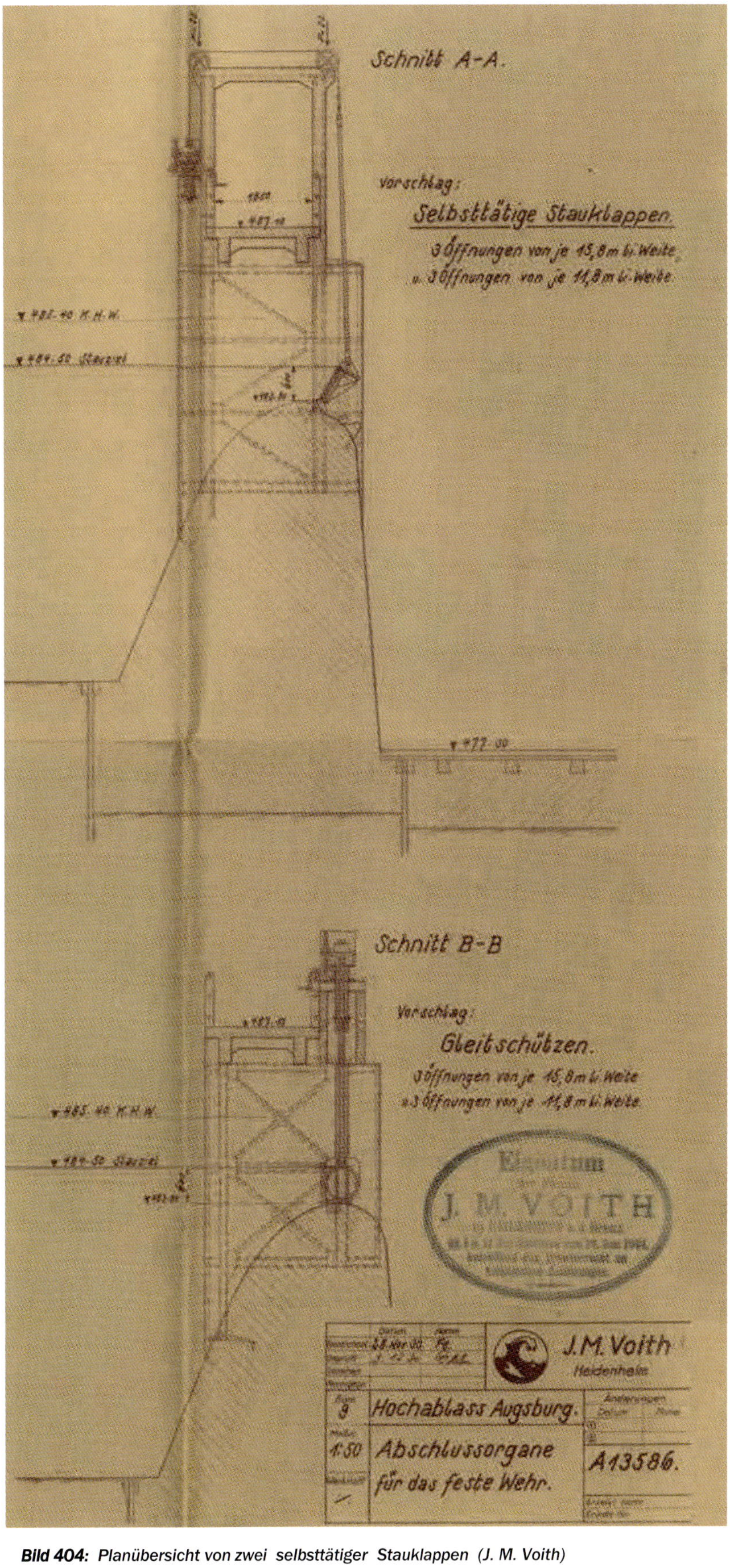

***Bild 404:** Planübersicht von zwei selbsttätiger Stauklappen (J. M. Voith)*

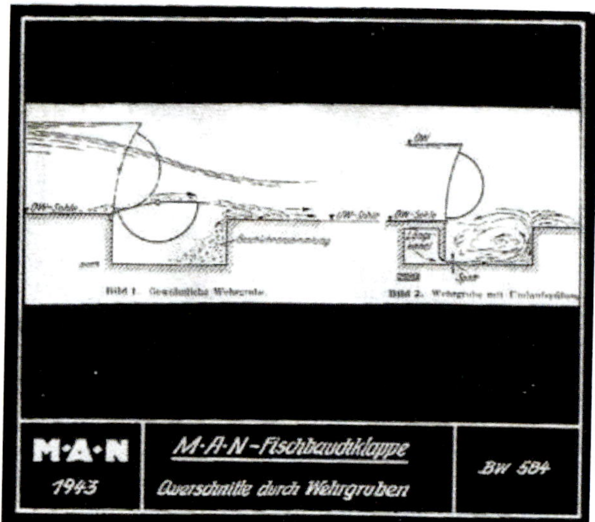

Bild 405: *Prospekt aus dem MAN-Archiv von der Fischbauchklappe (1943)*

Die Idee einer selbstständigen Stauklappe, die sich durch den Wasserdruck des Oberwassers automatisch öffnen und schließen kann, wurde aber schon um 1930 für den Hochablass angedacht. Die Firmen Landes und Voith lieferten dazu Vorschläge: Die Konstruktionsidee von Landes ist eine drehbare Klappe, deren Gegenkraft zur Wasserkraft auf die Klappe in einem Gehäuse mit Rad (wie bei der Fischbauchklappe?) hervorgerufen wird. (Bild 408)
Der Umbau des festen Wehres u. a. durch drei automatische Gegenklappen wurde erst nach 1945 verwirklicht; daher wird sie im Kapitel „Der Hochablass nach 1945“ erwähnt.

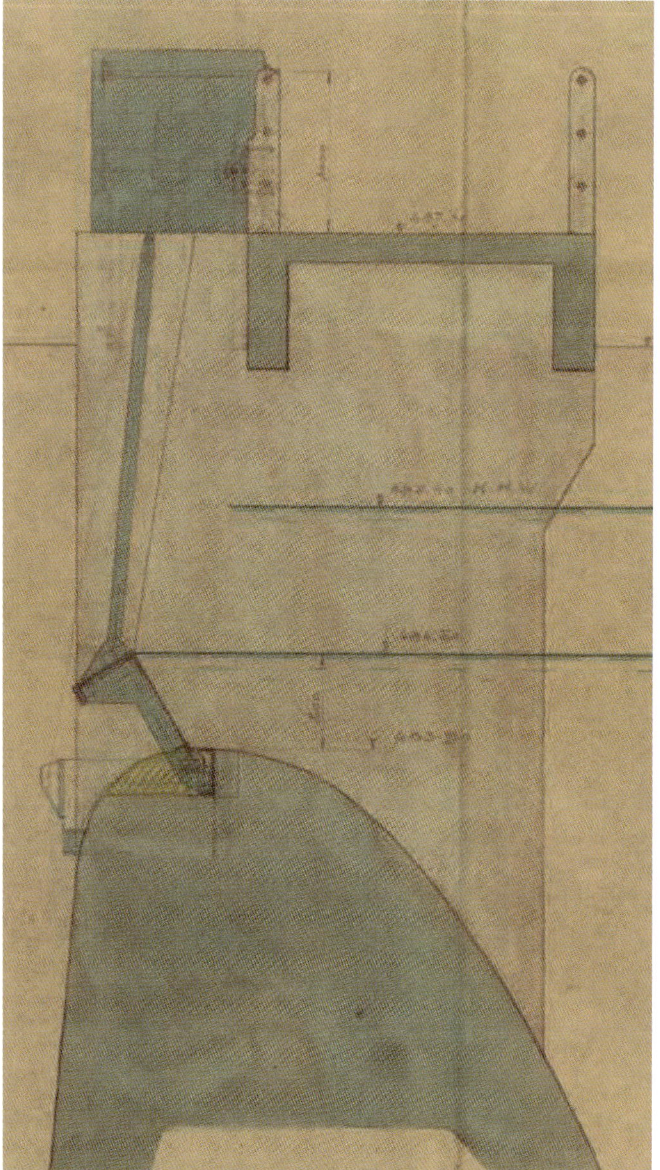

Bild 408: *Vorschlag einer Drehbare Klappe in einem Gehäuse (Landes und Voith)*

Bild 406: *Fischbauchklappe beim Werktransport*

Bild 407: *Heutige Fischbauchklappe mit Regulierungsstab rechts*

Weitere Wehrtypen wie Segmentwehre sind am Hochablass nicht eingebaut; sie werden daher hier nicht weiter behandelt.
Da die Augsburger Klappe erst nach 1945 eingebaut wurde, wird sie dort weiter beschrieben.

8.3 Kuhseeauslauf alt

Im Bericht über die Voruntersuchungen von Professor Schreitmüller in den Jahren 1927 bis 1931 wurde ausführlich über den damaligen Zustand des Kuhsees als Altwasserarm und Überflutungspolder für den Lech berichtet. Im Zuge der Umbauarbeiten von 1931/32 war ein Auslaufbauwerk am östlichen Rand des Hochablasses nicht vorgesehen. Der natürliche Kuhseeauslauf befand sich ca. 90 Meter südlich der Wehranlage am östlichen Uferrand.

Der Anschlussplan des Kuhseeauslaufs an das Oberwasser des östlichen Hochablasses ist ein Beispiel für die Uferbefestigung der Dreißigerjahre. (Bild 409)

Bemerkenswert an diesem Plan ist die Beschriftung des festen Wehres; hier ist die bewegliche Aufsattelung des festen Wehres dokumentiert; sie wurde 1932 durch den Einbau von sog. Stauwalzen (siehe unter Walzen) dokumentiert.

8.4 Verlegung des Denkmals für König Ludwig III.

Am 9. Juni 1914 besuchte König Ludwig III., ein Anhänger der Floßfahrt und „Verursacher“ des Baus der Floßgasse am Hochablass, mit seiner Familie Augsburg, um die Einweihung des neuen Wehrs am Hochablass zu feiern. Er und seine Begleitung fuhren mit einem Floß durch die Floßgasse. Das Floß führten Karl und Konrad Petz, die Söhne des Floßmeisters Franz Petz aus Lechbruck, der sich schon während der Planung des Hochablasses für die Floßgasse eingesetzt hatte. Diese Schaufahrt wurde zum Anlass genommen, ein Denkmal für den König zu errichten. Dazu wurde der Ziseleur und Bildhauer Rehle beauftragt.
Beim Umbau des Einlaufbauwerks 1931 musste es versetzt werden, weil der Einlauf sich nach Norden verlagert hatte. (Bilder 410 – 413)

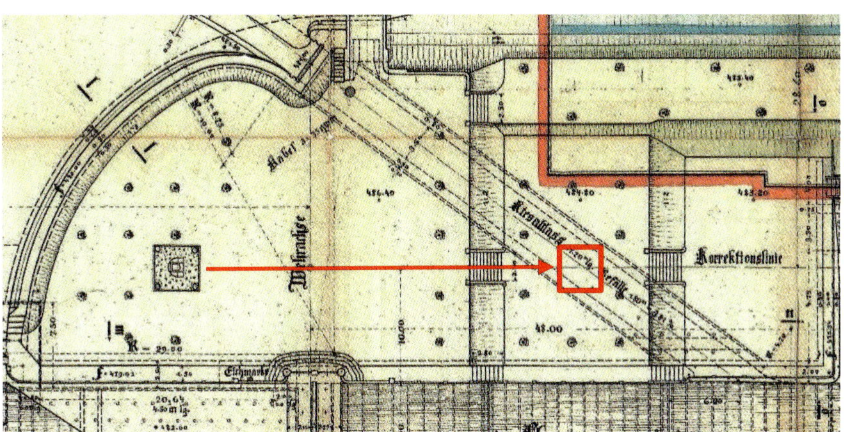

***Bild 410:** Ausschnitt des Plans von 1931 (Seite 249)*
Versetzungsgrund: Bau der zweite Spülkammer (siehe Plan S.250)

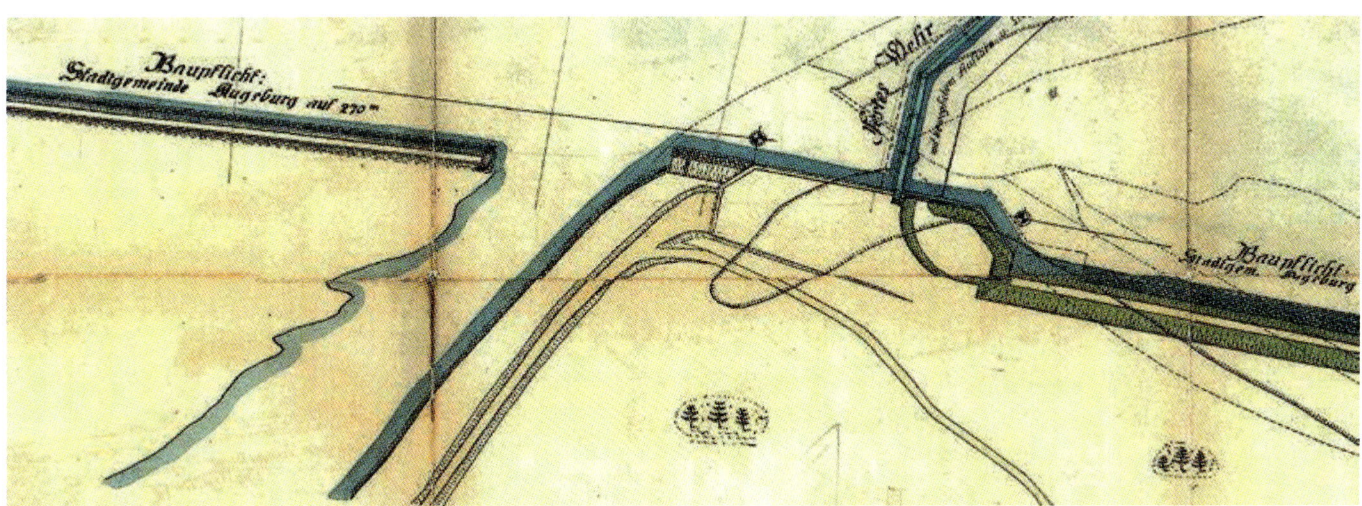

***Bild 409:** Anschlussplan des Kuhseeauslaufs (Tiefbauamt Augsburg)*

Bild 413: *Heutige Position des Denkmals*

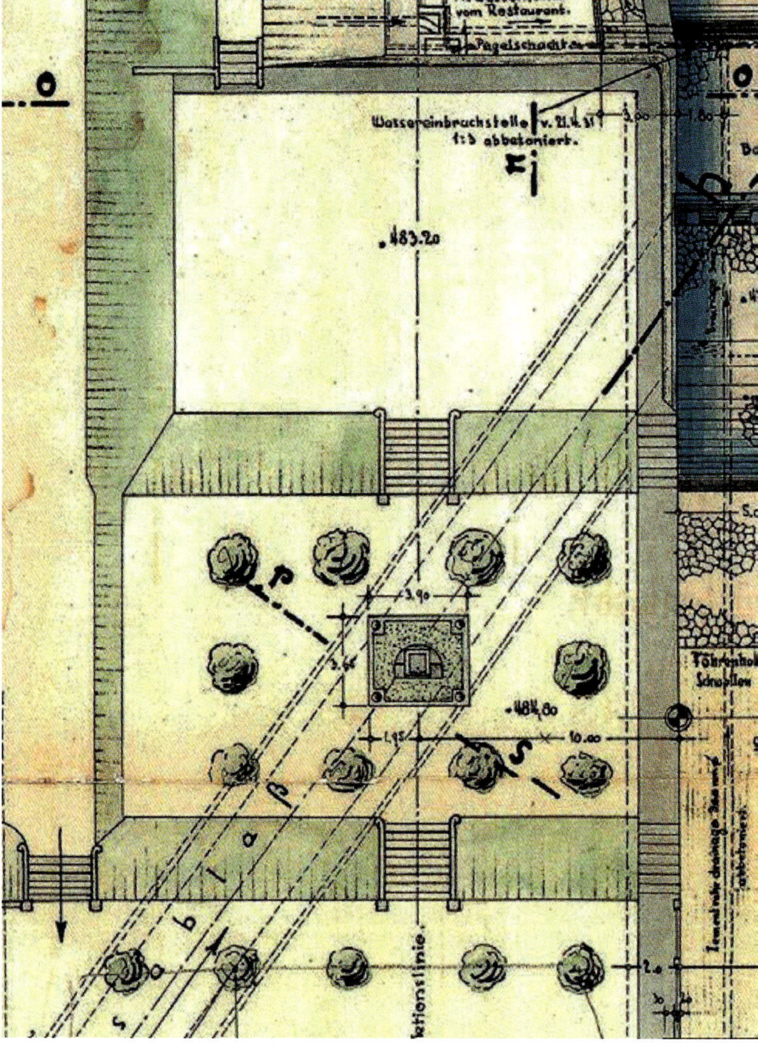

Bild 411: *Ausschnitt des Plans von 1932 (siehe Plan Seite 250)*

Bild 412: Versetzung des Denkmals von 1931

9. Pläne, die nicht verwirklicht wurden!

---------- Kommentar ----------

In der Stadtmagistratssitzung am 7. Juli 1910 wird noch einmal der genaue Umfang der Arbeiten aufgelistet. Dabei war die Errichtung eines neuen Wehres anstatt der zum Teil abgesprengten Überreste des alten Wehres vorgegeben.

Wer nun die Entscheidung traf, dass das alte Wehr nicht mehr in die Neubaupläne mit einbezogen wurde, geht aus der Aktenlage nicht hervor. Wahrscheinlich war das die gleiche Kommission, in der das städtische Bauamt, Triebswerkbesitzer und Oskar von Miller vertreten waren.

Das umfangreiche Auflisten der geforderten Ausarbeitung der Pläne wurde in der Sitzung am 11. Juli festgelegt.
Als Abgabetermin wurde der 3. September 6 Uhr abends beschlossen.

Die endgültige Beratung für den geplanten Neubau wurde in einer Magistratssitzung am 10. Juli nachmittags 3 Uhr auf den kommenden Tag bestimmt. Herr Oskar von Miller nahm daran teil. Der Abgabetermin für die Baupläne wurde endgültig auf den 15. August festgelegt.[71]
Die Bedingungen für die Bauausschreibung vom 7. Juli wurden geändert. Sie enthielten ein generelles „Längennivellement“, Uferprofile des östlichen und westlichen Ufers, Grundriss des zerstörten Wehres, Längsschnitte von Neubach und Stadtbach.

[71] Man hoffte mit der erneuten Vorverlegung des Abgabetermins wohl eine zügige Bearbeitung durch die Wasserpolizei und dann einen Baubeginn im frühen Winter zu ermöglichen.

Zusätzlich waren zwei Profile von zwei Bächen in der Nähe des Wehres anzufertigen. Außerdem wurde gefordert, dass sich das neue Wehr an das alte Wehr anschließt.
Dazu meinte Hofrat Oskar von Miller, dass diese Anordnung wünschenswert wäre, weil es damit den Formen der Wehrprojektierung einen gewissen Spielraum gäbe. Der Regierungshauptmann wies aber darauf hin, dass durch eine Verrückung des Wehres auch die Unterhaltsverpflichtungen der Stadt vergrößert würden.[72]

Folgende Vorgabe wurde gemacht: „Infolge unvorhergesehener Strömungen können die Schleusen nicht geöffnet werden, [daher] darf der Aufbau die Kote 486,2 nicht überschreiten".[73] In dieser Anmerkung wird erstmals auf die Unberechenbarkeit des Lechs bzgl. seines Strömungsverhaltens hingewiesen.
Es ist anzunehmen, dass die Höhe der Schützen am Einlauf, wie in der Sitzung vom 28. Juni von Maichle (Städt. Bauamt) vorgeschlagen wurde, 4 Meter betragen sollte. Ebenso ist anzunehmen, dass die – den Triebswerksbesitzern zugesagte – Wassermenge von 36 m³/s eingehalten werden sollte.

Im zugehörigen Protokoll wird nur berichtet, dass „die Erhöhung des Wehres und der möglichen Gefahren bei geschlossenen und offenen Schleusen diskutiert [wurde]".
Nähere Hinweise fehlen im Akt und in den Magistratsbeschlüssen. Auch eine Anmerkung, ob eine Überlegung mit den damit verbundenen großen Geschiebemengen besprochen wurde, wurde nicht gefunden. Ebenso wurde auch die ökologische Problematik nicht angesprochen, was mit Flora und Fauna geschehen würde, wenn ein Riegelbauwerk den Flusslauf unterbricht.
Oskar von Miller war über die Erfüllung der angegebenen Bedingung wohl skeptisch, wenn er meinte: „Mit dieser Bedingung scheidet die Bedingung des senkrechten Wehrs aus und es könne sich nur mehr um ein Streichwehr handeln".[74]

Besprochen wurde, welche Gefahren eine Erhöhung des Wehres bei offenen und geschlossenen Schleusen bewirken könnten. Es wurde auf die Springflut des Lechs im Jahr 1822 hingewiesen. Das Stauziel blieb noch offen.

Die später im wasserpolizeilichen Gutachten festgelegte Kote von 486,2 für die Oberkante des Wehres brachte das Bauamt in der nachfolgenden Zeit in erhebliche Schwierigkeiten, weil das große Geschiebeaufkommen die garantierte Zulaufmenge an Wasser nicht mehr ermöglichte.

Ebenso wurde eine Verlängerung der Floßgasse noch nicht festgelegt. Sie sollte aber ein Gefälle von 1 : 10 aufweisen; die gesamte Fallhöhe sollte 1 Meter nicht überschreiten. Nach dem Vorschlag von v. Miller sollte die Kote für die Schwelle der Floßgasse bei 483,4 liegen (bisher 483,9), also um einen halben Meter tiefer[75]; die Breite der Floßgasse genüge mit 7,5 Metern; das Schleusenhaus sollte erhalten bleiben, wenn dadurch weder die Sicherheit noch die Leistung beeinträchtigt würden und damit keine zu hohen Kosten durch den Ergänzungsbau entständen.[76]

Weiter wurde angeregt, dass die Zuleitung zum Stadtbach an einer eigenen Stelle erfolgen sollte, welche „zugleich dem Flußwerker durch die Stadtkanäle dienen soll". Der Umgehungskanal wurde ebenfalls besprochen. Ob damit eine Beeinträchtigung des Grundmaßes einherlief, sollte den Baufirmen überlassen werden.

Abschließend wurden dem Protokoll des Magistrats folgende Grundvoraussetzungen beigelegt:

1) rechtsseitiger Anschluss des Wehres
2) durch das Wehr abzuleiten sind

Mittelwasser	140 cbm
gewöhnliches Hochwasser	400 cbm
großes Hochwasser	800 cbm
Katastrophenhochwasser	1200 cbm

3) Die Wehrkrone darf in keinem Punkt die Kote 483,9, der Aufstau darf die Kote 485,4 nicht übersteigen.
4) Die Wehrformel muss den Wert von 0,8 einhalten.[77]

Die Zulassung für die Firmen (Sager u. Wörner, Leonhard Moll – München, Helfmann Frankfurt, Hollinger München) wurde erweitert (15. Juli). Die Stadt befürwortete, dass das linksseitige Lechufer oberhalb des Hochablasses von der Baugesellschaft gebaut wird (13. Juli).

In der Stadtmagistratssitzung vom 28. Juni 1910 wurde festgestellt, dass das Hochwasser so viel Kies wohl über das Streichwehr geschoben hat, dass derzeitig keine genaue Bestandsaufnahme des Untergrunds möglich sei.

---

[72] Eine genaue Aufteilung der Zuständigkeiten wurde nicht erwähnt. Anzunehmen ist, dass die Stadt Augsburg für das „Gebäude Hochablass" zuständig war, der „Fluss Lech" nach dem Wassergesetz aber im Eigentum des Staates blieb.

[73] Eine Kote ist eine Höhenlinie über Normalnull.

[74] StadtAA Bestand 45 Akt 702.

[75] Damit versprach sich von Miller wohl eine schnellere Kiesabfuhr durch die Floßgasse.

[76] Die Reserveschleuse von Kollmann, die auf den Fotos, die unmittelbar nach der Katastrophe aufgenommen wurden, noch sichtbar ist, wurde im Zuge der später festgelegten Pläne eingerissen.

[77] Die Wehrformel ist ein empirisches Maß für die Berechnung der Abflussmenge an einem Überfallwehr.

Sieben Firmen reichten fristgerecht ihre Pläne ein.

Vorweg ist anzumerken, dass keine der eingereichten Vorschläge angenommen wurde. Am 22. Oktober 1910 beschloss der Stadtmagistrat, einen eigenen Plan zu erstellen. Das führte zu erheblichen Bauverzögerungen und einer unüblichen Reihenfolge der Bauweise (siehe Kapitel Neubau). Die Pläne wurden einzeln vorgestellt, begutachtet und die Vor- und Nachteile erörtert.[78] Am 20. März 1911 wurde der von der Stadtverwaltung überarbeitete Plan genehmigt und verwirklicht. Im Juni 1912 wurde der neue Hochablass eingeweiht.

Aus den Plänen ergibt sich ein Überblick über die Technik des Wehrbaus am Anfang des 20. Jahrhunderts für kleine Anlagen, wie sie der Hochablass für die allgemeine Wehrtechnik darstellt. In der Vorgabe der Stadtverwaltung wird nur eine bestmögliche Kiesabfuhr angegeben. Keinerlei Vorgaben wurden bezüglich des Uferschutzes gemacht. Wie wenig der Naturschutz bei den Bauplänen eine Rolle spielte, zeigt sich in der Tatsache, dass er weder in der Ausschreibung noch in den Bauplänen erwähnt wird. Auf die Auswirkungen auf einen möglichen Kiesstau vor dem Wehr wird ebenfalls nicht eingegangen; d. h. der Fall, dass die (überarbeiteten) Planungen keine genügende Kiesabfuhr leisten könnten, wird nicht eingegangen.
Der Hochwasserschutz wurde durch die Kote von 486,2 für die Wehroberkante festgelegt.

Übersicht: Baupläne sind in alphabetischer Reihenfolge der sieben Firmen aufgelistet. Die Beschreibung erfolgt von Ost nach West:[79] Dabei wurde auf die Nennung der einzelnen Koten verzichtet, weil diese sehr vielseitig und individuell auf die einzelnen Bauteile abgestimmt waren. Auffällig dabei ist, dass nur eine Firma die vorgegebene Kote für die Oberkante des Wehres überschritt.

1) Dyckerhoff & Widmann, Nürnberg

Lage	100 m oberhalb des alten Wehrstumpfs, durchgehend quer zum Fluss, Abbruchufer etwa in der Mitte des Neubaus	
Wehranlage	22,0 m	Walzenwehr, ermöglicht bei Hochwasser gleichmäßiges Abfließen und Entlastung des linken Wehrteils Vermeidet Aufkiesung der Flusssohle
	86,35 m	Festes Überfallwehr mit Sturzbett, ohne Kronensicherung, nach Sturzbett Senkfaschinen
	2,0 m	Fischpass
	22,0 m	Walzenwehr mit Zwischenstufen zum Absturz
	7,50 m	Floßgasse
	7,0 m	Kiesschleuse mit Vorboden, 0,5 m tiefer als Walze zur besseren Kiesabfuhr, gute Feinregulierung
Einlaufbauwerk	22,5 m	Breit, schräger Einlauf, mit 4 Schützen, kein Klärbecken, kein Grundablass, höher als Kiesschleuse, teuer durch weites Abtragen festen Grundes, doch solide Grundierung Kiesablass erst im Vorboden der Einlaufschleuse und vor Stadtbach- /Neubachschleuse
Floßgasse	7,50 m	Südlich des Einlaufbauwerks, ohne Schleuse Anlegestelle für Flöße fehlt
Werkkanal		Reicht bis zur alten Reserveschleuse, diese bleibt erhalten
Neubach/Stadtbach		Vor Verzweigung mit Schleusen, durch Höherlegung des Bodens ist Schlammfang möglich, Grundablass
Termine		Zuerst linksseitiger Teil bis 10 m des festen Wehres Gesamtablass fertig im Mai 1912
Kosten		1.762.729,65 Mark fehlender Floßhafen treibt Kosten höher

[78] Leider wurde nicht aufgelistet, wer in der Gutachterkommission beteiligt war. Es ist zu vermuten, dass sich Oskar von Miller daran beteiligt hat, da von ihm mehrere Einwände in den Magistratsberichten von 1911 erwähnt sind.

[79] Stadtarchiv Augsburg DOK 1030 A und 45 Akt 716.

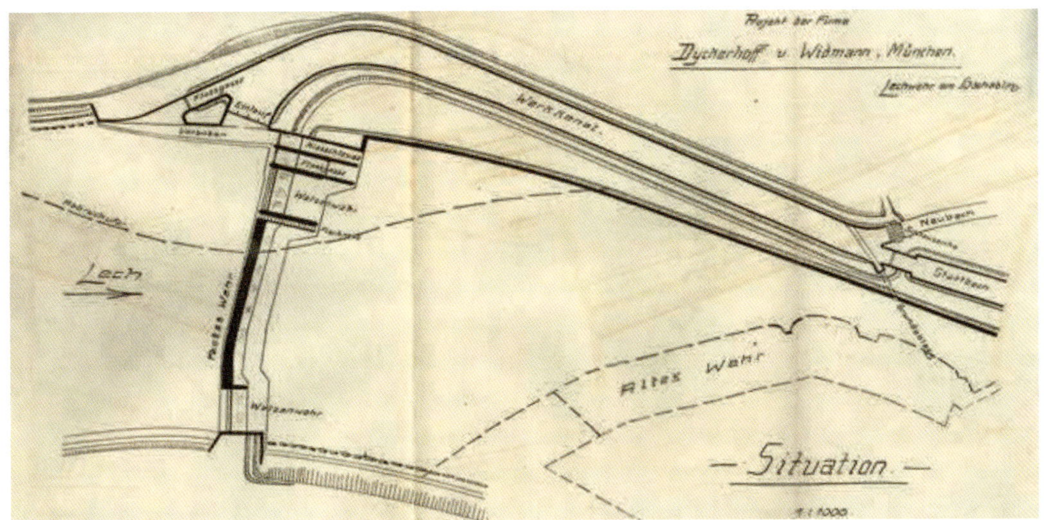

Bild 414: *Lechwehr am Hochablass (Dyckerhoff und Widmann)*

2) Edwards & Hummel – A. Kunz, München

Da nach den Änderungen durch die Stadtverwaltung der Zuschlag für diese Firma erfolgte, wird der Vorschlag mit mehr Details genannt, weil viele Details aller vorgeschlagenen Varianten im endgültigen Projekt der Stadtverwaltung enthalten sind.

Projekt A: Allgemeine Beurteilung: „Dem zu erreichenden Zweck gut entsprechend empfohlen" Grund: vor Einlauf Kiesschleuse

Lage	In Höhe des alten Wehrstumpfes, schräg zum Fluss gerichtet	
Wehranlage	122,0 m	Festes Überfallwehr mit zwei Absturzbecken Wehrkrone mit Armierung Fundierung auf Rostpfählen Wehrhöhe 7,60 m, Fußbreite 5,50 m, Kronenbreite 2,05 m, Überfallhöhe 6,50 m Sturzbett betoniert und 8 cm starker Dielenbelag rückwärtsgerichteter Betonsporn zur Vermeidung der Unterwaschung
	2,10 m	Fischpassgefälle 1 : 5,3
	7,5 m	Floßgasse – in Wehranlage integriert, d. h. in der Flussmitte! Gefälle 1 : 10 Am Ende mit Schwimmfloß zum Absichern des Aufpralls eines Floßes
	30,0 m	Walze als Kiesschleuse (Grundschleuse), daher Vorboden zum Einlaufbauwerk durch 3,0 m hohen Sporn gesichert Aber: bei Niedrigwasser höchst ungeeignet, weil 7) das Öffnen der Walze einen zu großen Betrieb darstellt 8) die Walze in diesem Fall nur sehr wenig geöffnet wird, um großen Wasserverlust zu vermeiden; das bedeutet unverhältnismäßige Beschädigung der Schwellenarmierung Abhilfe: Vergrößerung der Walzenbreite und Grundablass teilen mit Eisenrostpfählen und Eisenwand gesichert
Einlaufbauwerk		40 m weit zurückgesetzt, zweiteilige Schützen aus Holz mit Vorboden zur Vermeidung der Kieseinschleppung dahinterliegende Kies- und Schlammablagerungsbecken mit 6 m weiter verschließbarer Kiesschleuse Hochwasserschild
Floßeinfahrt		mit hölzerner Schleuse besser: Wand mit Dielen sichern
Floßhafen		bleibt erhalten
Werkkanal		entfällt
Neubach/ Stadtbach		direkt nach Einlaufbauwerk durch Betonwand getrennt, mit vorgelagertem Kiesablagebecken Für die Floßdurchfahrt vorgesehene Schleuse müsste mit beweglichem Schild versehen werden.
Kiesablass(e)		Liegt direkt hinter Einlaufbauwerk
Termine		1. Oktober bis 1. Mai Grundschleuse, dann anschließend bis 1. Oktober die von Hochwasserständen unabhängigen Bauteile, dann Einlauf fertig und benutzbar
Anmerkung:		Provisorische Sicherung an Stelle der linken Ufermauer durch Faschinat absolut ungeeignet, spätere Fundierung macht Projekt um ca. 135.428 Mark teurer
Kosten		1.183.396 Mark

Bild 415: Lechwehr am Hochablass (Edward u. Hummels, A. Kunz)

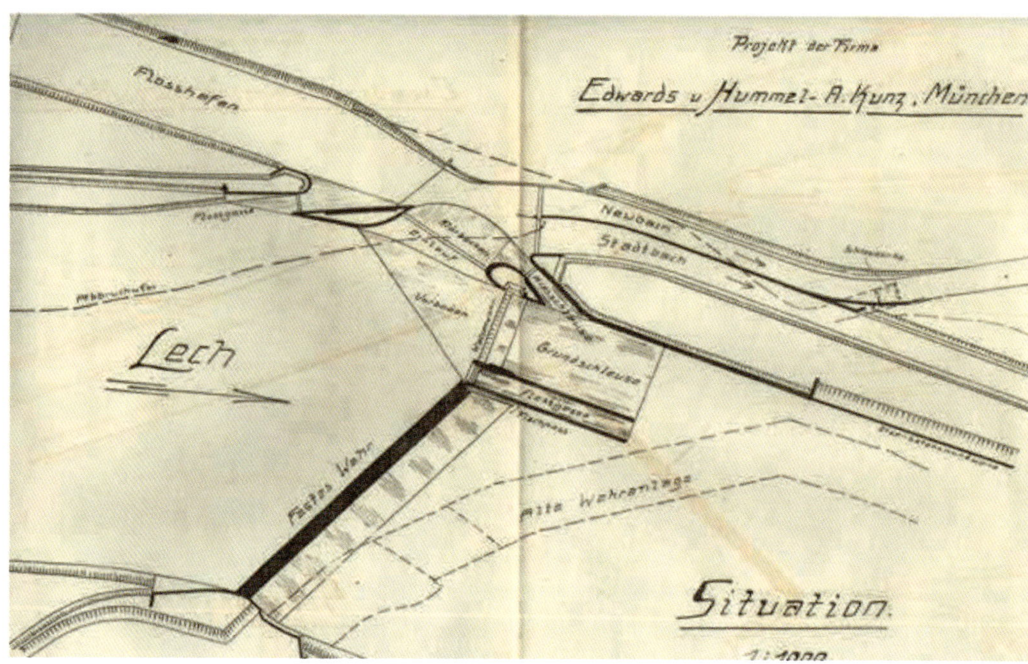

Projekt B: Wie Projekt A, aber Unterschied: pneumatische Fundierung für die Grundschleuse; dabei wird Luft in den Untergrund eingepresst, um anschließend in den entstandenen Raum einen (metallenen) Kasten zur besseren Fundierung für den Überbau einzubetten. Kosten erheblich größer als bei A: 1.645.183,50 Mark Anmerkung: Fundierung gut, nur teuer

Projekt B[1]: Wie A und B, aber die pneumatische Grundierung auch für das feste Wehr. Erneute Erhöhung der Kosten auf 1.832.163,50 Mark.

Projekt C zusammen mit der Fa. Alb. Buß & Co., Wyhlen

Lage		Senkrecht zum Fluss knapp südlich des alten Wehrs gesamtes Wehr pneumatisch fundiert
Wehranlage	Viermal 19 m	Schleusenwehr Sturzbett mit Granitsteinen gesichert Gibt große Sicherheit; jedoch erhebliche Kosten „Als eine unstreitig sehr glückliche Lösung der Kiesabfuhr muss diese Anordnung bezeichnet werden. Das kammerweise Ablassen des Geschiebes [in der Einlaufschleuse] wird auf diese Weise ... durch hohen Druck der Öffnungen jedenfalls sehr wirksam sein“.“
	Fischpass	
Floßschleuse mit Floßhafen		Kammerschleuse: oben eiserne, unten hölzerne Schleuse; ohne Klärbecken
Einlaufbauwerk	8 x 5 = 40	Senkrecht zum Fluss; Grobrechen originelle, kammerweise zu betätigende Kiesabfuhrvorrichtung mit nachfolgendem Kies- und Schlammbecken, Entleerung über Grundablass „sinnreiche Konstruktion“ alte Schleuse soll abgerissen werden Beim Bau Vermeidung von Spundwänden, da diese nach Ansicht der Firma nicht überall problemlos eingerammt werden können Längs des Grobrechens ein Streichwehr zum Abhalten von Eis und Hochwasserschutz
Neubach/ Stadtbach		mit Einlaufschleusen
Kosten		1.585.983 Mark

II. Edwards & Hummel—A. Kunz, München.

Projekt A. In Höhe des alten Wehrstumpfes ansetzendes schräg zum Fluß gerichtetes 122,0 m langes festes Überfallwehr mit 2 Absturzbecken, daran anschließend 2,1 m weiter Fischpaß, 7,5 m weite Floßgasse und 30,0 m breite, mittels beweglicher Walze verschließbare Grundschleuse.

40,0 m weites gegen die linke Uferflucht zur Verhinderung der Geschiebeeinschleppung zurückgesetztes Einlaufbauwerk, mit dahinter liegendem Kies- und Schlammablagerungsbecken, das mittels Kiesschleuse abgelassen werden kann.

Stadt- und Neubach in einem durch Betonmauer getrennten betonierten Gerinne nebeneinander geführt, sind durch Schleusen absperr- und regulierbar und schließen sich unterhalb dem nicht beibehaltenen alten Schleusenhaus an die bestehenden Kanäle an.

Die Floßeinfahrt in den unverändert bleibenden Floßhafen ermöglicht eine 7,5 m weite durch Schleuse verschließbare Floßgasse.

Fundation in offener Baugrube zwischen hölzernen und eisernen Spundwänden. Uferbefestigung oberhalb des Wehrs und am rechten Ufer unterhalb desselben durch Senkwalzen mit vorgesetzten Pfählen und anschließender Böschungsbetonierung, am linken Ufer durch massive, zwischen Spundwänden gegründete Betonmauer und teilweise durch eingerammte Eisenbetonspundwand.

Bauausführung in zwei Bauabschnitten bis Mai 1912. Nach Fertigstellung des linksseitigen Teils ab 1. Oktober 1911 Möglichkeit der Inbetriebnahme der neuen Kanalanlage.

Kosten der Wehranlage einschließlich Werkkanal und Uferbefestigung:

ℳ 1 183 396,—

Projekt B. Allgemeine Anordnung wie bei Projekt A. Unterscheidet sich von diesem nur durch Anwendung pneumatischer Fundierung für die Grundschleuse und sehr tiefe offene Gründung des festen Wehrs.

Die Kosten belaufen sich auf

ℳ 1 645 183.50.

Projekt B[1]. Situierung der Anlage wie bei Projekt A und B. Außer der pneumatischen Fundierung für die Grundschleuse ist die gleiche Gründungsart auch für das feste Wehr vorgesehen.

Gesamtkosten ℳ 1 832 163.50.

Projekt C. Edwards & Hummel in Verbindung mit Alb. Buß & Co., Wyhlen.

Das Projekt behandelt ein zum Fluß senkrecht geführtes vierfaches Schleusenwehr zu je 19.00 m Lichtweite.

Als Floßschleuße kommt eine Kammerschleuse, am linken Ufer gelegen, in Vorschlag. Das 8×5 = 40.0 weite Einlaufbauwerk zweigt senkrecht vom Fluß ab und erhält eine originelle, kammerweise zu betätigende Kiesabfuhrvorrichtung. Hinter dem Einlauf ist ein weiteres Kies- und Schlammbecken, das durch Grundablaß entleert werden kann, angeordnet.

Übrige Linienführung und Anordnung der Stadtkanäle wie bei Projekt A.

Die ganze Anlage ist mit pneumatischer Fundierung gedacht und stellt sich auf

ℳ 1 585 983.—

Bild 416: *Auszug aus den Beurteilungen durch die Bewertungskommission des Vorschlags von Edwards u. Hummels, A. Kunz)*

3) Grün & Bilfinger, Mannheim – München

Lage	Zuerst senkrecht zum Fluss, dann schräg, anschließend wieder senkrecht In der Höhe des alten Wehrs	
Wehranlage	100,0 m	Festes Überfallwehr, zuerst 40 m senkrecht zum Fluss, dann schräg zum Fluss, einstufig, langes Sturzbecken mit 8 cm Dielenbelag
	Zweimal 20 m	Zwei Walzenwehre bei Niedrigwasser besser leicht verschließbare Kiesschleuse (wurde später als Plan eingebracht) Vorboden über Walzenwehr und Einlauf (1,0 m stark)
	1,50 m	Fischpass
	7,5 m	Floßgasse mit verschließbarem Einlauf, Gefälle 1 : 10
	1,0 m stark	Vorboden über das gesamte Wehr
Einlaufbauwerk	30,50 m	mit Grobrechen, senkrecht zum Fluss, Einlauf höher, verschließbar.
Kanal		danach Kies- und Schlammbecken, das durch Grundablass entleert werden kann; Grobrechen
Neubach/Stadtbach Werkkanal		alte Schleuse nicht mehr dabei Zuerst gemeinsam bis zur (ehemaligen) Schleuse, dann nach altem Bestand mit Möglichkeit für Flöße zur Durchfahrt
Floßhafen		unverändert, mit Werkkanal (Floßgasse) mit Schleuse verbunden; Verschlammung möglich
Anmerkung	Vorteil: Bauzeit: 1 ½ Jahre; kann schon in einem Jahr provisorisch in Betrieb genommen werden	
Kosten		1.241.082,50 + 72.850 Mark = 1.313.932,50 Mark Mehrkosten der Kiesschleuse: 20.000 Mark

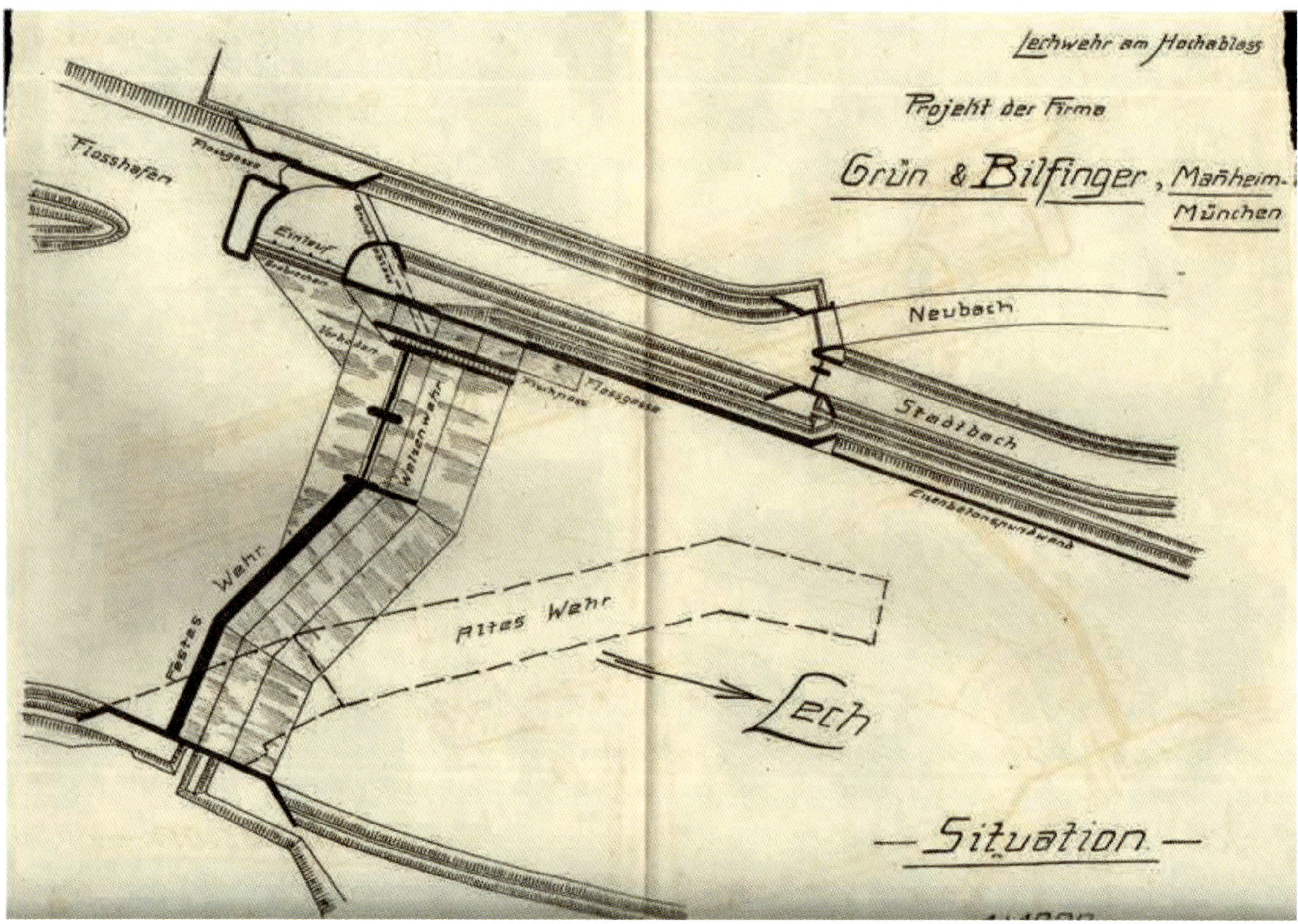

Bild 417: *Vorschlag der Firma Grün und Bilfinger, Mannheim und München*

4) Holzmann & Cie., Frankfurt a. M.

Lage	300 m unterhalb des rechten Wehrstumpfes	
Wehranlage	4 mal 26,0 m	Walzenwehre hohe Kosten, betriebstechnische Bedenken für Niedrigwasser, fehlender Vorboden; Oberkante zu hohe Kote
	7,50 m	**Floßkammerschleuse**
Einlaufbauwerk		Möglichkeit der Kies- und Schlammabfuhr nicht vorgesehen „Armierung der Schleusenschwellen ... nicht ganz einwandfrei". Einkiesung wahrscheinlich nicht vermeidbar
Neubach/Stadtbach		schräge Abzweigung am linken Ufer Bäche mit getrenntem Einlauf, Neubach 110 m oberhalb des Stadtbachs; jeweils mit Holzschleusen
Floßhafen		Auf die Benutzung des bestehenden Floßhafens wurde keine Rücksicht genommen Verzicht auf Beibehaltung der alten Reserveschleuse
Anmerkungen		Bauzeit ca. 2 Jahre Frühere Inbetriebnahme der Stadtkanäle ist nicht möglich, weil zuerst der rechtsseitige Bauabschnitt und als zweiter und letzter der links gelegene Teil für Bau beabsichtigt ist.
Kosten		**1.305.629,10 Mark**

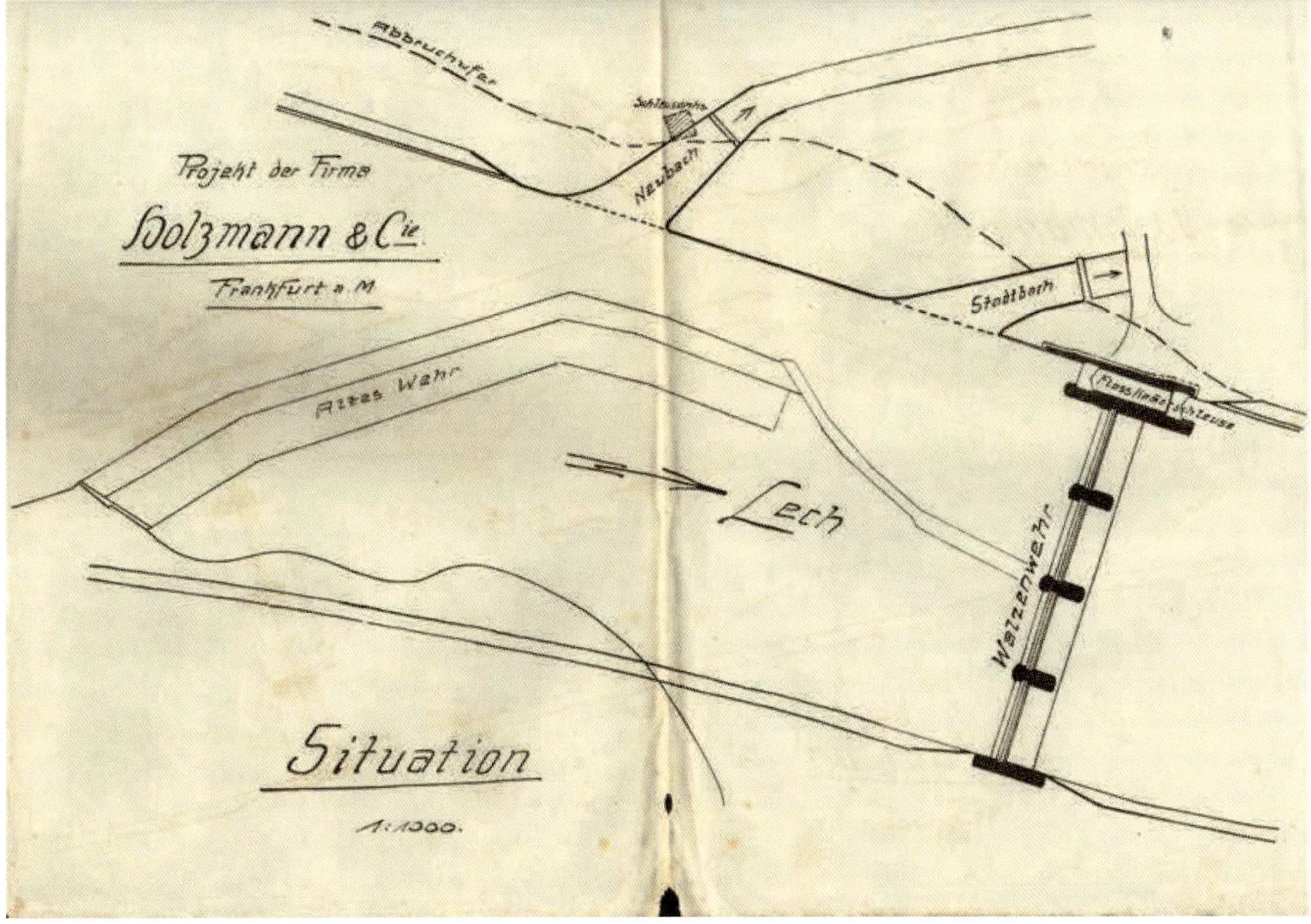

***Bild 418:** Vorschlag der Firma Holzmann + Co.*

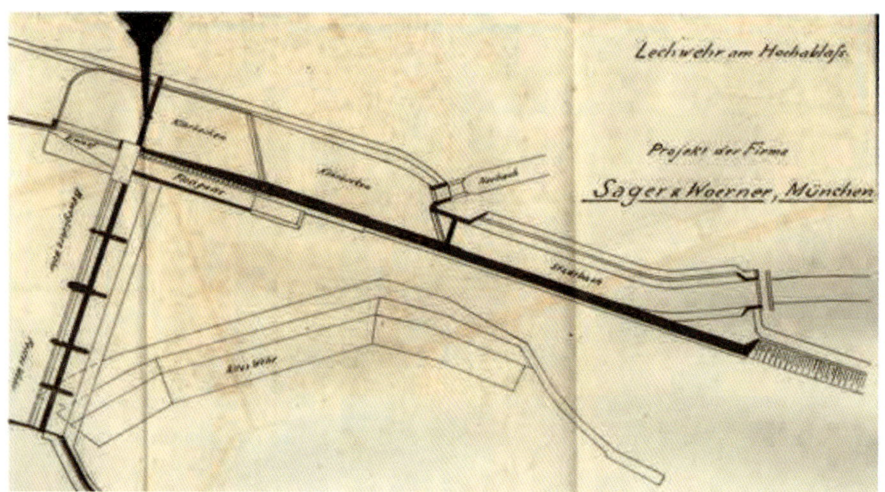

Bild 419: *Vorschlag der Firma Sager u. Wörner*

5) Sager & Wörner, München

Projekt A: verworfen wegen ungenügender Geschiebeabfuhr

Projekt B: (stimmt mit Plan nicht genau überein)

Projekt C: Variante von Projekt B, ebenfalls mit 3 Walzen und Floßgasse, altes Schleusenhaus bleibt erhalten, nahe am alten Wehr
Anmerkung: klar gegliedert
Kosten: 1.142.416,90 Mark
(ca. 250.000 Mark billiger als B)

Lage	Senkrecht zum Fluss am östlichen Ende des alten Wehrs	
Wehranlage	40 m	Festes Wehr in Abstufungen (Überfallwehr) „Sehr empfehlenswerte Anlage bis auf dritte Walze, **Kiesablass sehr vorteilhaft**“
	3-mal 25 m	Bewegliches Wehr, Walzen der anschließende 7 m lange Sturzboden durch Granitsteine gesichert
	3,0 m	Kies- und Regulierschleuse mit Vorboden, 11,50 m tiefer als Walzenwehr
	7,5 m	Floßgasse, Gefälle 1 : 10, 300 m langes Sturzbett über Floßgasse turmähnlicher Aufbau als Schleusenwärterwohnung
	1,30 m	Fischpass (nicht im Plan bezeichnet, in die linke Ufermauer eingebaut) gleiches Gefälle wie Floßgasse
Einlaufbauwerk	31,25 m	senkrecht zum Fluss altes Schleusenhaus bleibt erhalten absperrbar, Grundablass für Kies
Werkkanal		Hinterer Einlauf, in seinem oberen Teil zwei hintereinander liegende Klärbecken Linksseitige Wand des Wehrs ist gleich der rechtsseitigen Mauer des AAAA; das bedeutet: Diese 50 m lange Mauer ist ein „Überaich“ (Streichwehr) für die zusätzliche Wasserversorgung des Kanals altes Schleusenhaus erhalten; kurzer Vorboden
Neubach/Stadtbach		Einlauf Neubach bis zur Reserveschleuse (nur geringe Änderung) Stadtbach: geteilter Einlauf: 4,5 m und 7,5 m für Flöße
Floßdurchfahrt		beim Stadtbach zwei Einlassschützen
Floßhafen		alter Floßhafen ermöglicht 7,5 m breite Floßgasse
Anmerkungen		linke Ufermauer 0,30 m zu tief gegenüber Vorschrift (Hochwasserschutz); kritisch: gemeinsame Schutzmauer zwischen Fluss und Kanal (bei Beschädigung der Mauer zwei Bauteile betroffen), Neubach sollte schmäler sein wegen Eisabtrift **Vorschlag für einen Steg zwischen beiden Ufern als belebendes architektonisches Element mit turmartigen Aufbau über der Floßgasse** Der Bau soll zuerst linksseitig ausgeführt werden, um einen provisorischen Einlauf des Betriebswasser zu ermöglichen
Termine		bis 1. November 1. Bauabschnitt, ermöglicht Betrieb **Juli 1912 Fertigstellung**
Kosten		1.392.496,90 Mark **Verbilligung um 250.000 Mark beim Bau eines dreifachen Walzenwehrs**

6) Tiefbau- und Eisenbeton-Gesellschaft München

Lage	Auf Höhe des alten Wehrstumpfes, senkrecht zum Fluss	
Wehr	68,50 m	Stufenwehr in Eisenbeton mit Zwischenstufe aus Holz, als Rundholzrost zur Abfederung des Aufschlagwassers
	2,0 m	Fischpass aus Beton
	7,50 m	Floßgasse, Gefälle 1 : 10
	4-mal 10 m	4-mal bewegliches Wehr aus 4 Schleusen
Einlaufbauwerk	30 m	mit 5 Schleusen verschließbar dahinter 5,0 m weite Spülschleuse Absturzbett 38,0 m lang, 0,80 m stark mit Eisenspundwand
Neubach/Stadtbach		bis zum erhaltenen Schleusenhaus in Eisenbetongerinne ab Schleusenhaus: Neubach im jetzigen Gerinne Stadtbach im Eisenbetongerinne
Floßhafen		Unverändert, durch eine 7,5 m weite Einlassschleuse erreichbar
Anmerkung		Baubeginn am linken Ufer, dort bis 15. April 1911 Benutzung möglich „Ob eine Ausführung in armiertem Beton empfehlenswert ist, dürfte mit Rücksicht auf die Jahreszeit, in der dasselbe voraussichtlich zur Ausführung kommt, in Frage zu stellen sein“. Bessere Sicherung der Seitenwände empfohlen (Mehrkosten ca. 15.000 Mark!) „Der Verzicht auf die Beibehaltung des bestehenden Reserveschleusenhauses würde eine wesentlich günstigere Linienführung des Kanals ermöglichen“. – Dazu gibt es einen eigenen Plan. geplant: ein ca. 100 qm großes Wärterhaus im Bezirk zwischen Lech, Kanal und Spülschleuse (Insellage)
Kosten		1.040.600,10 Mark

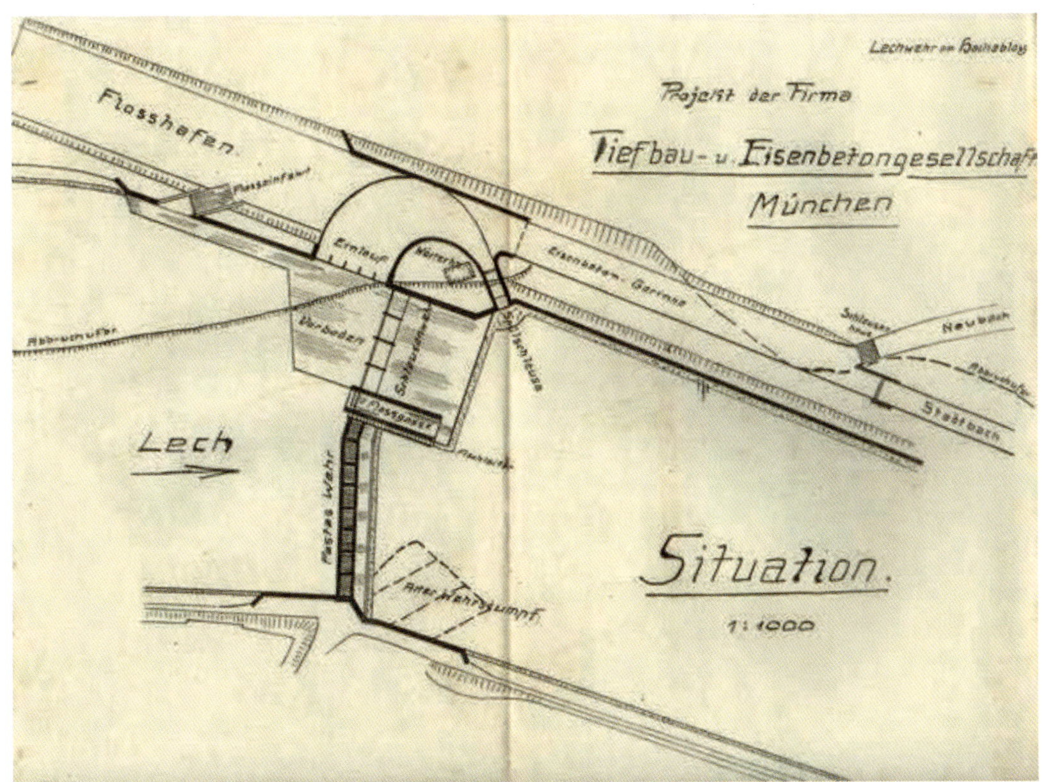

Bild 420: *Vorschlag der Tiefbau- und Eisenbetongesellschaft München*

7) Thormann & Stiefel, Augsburg

Lage	170 m unterhalb des alten Wehrstumpfes, senkrecht zum Fluss	
Wehr	88,0 m	festes Wehr, 12,30 m breit; Sturzbett 5,0 m breit Der Rücken des Wehrkörpers ist im Gegensatz zum übrigen Teil in besserer Betonmischung, 1 : 3 : 6
	42,0 m	7 Schleusen zu je 6,0 m zweiteilige hölzerne Fallen; Schwellenoberfläche ungesichert, 1,20 m bzw. 0,60 m starker Sturzboden
	12,0 m	Kiesschleuse mit Walze verschließbar; tiefer als das Schleusenwehr gesetzt; als Grundablass gebaut
	7,50 m	Floßgasse; Gefälle 1 : 10 Sohlenbefestigung mittels Steinwurf
	430 m	Linke Ufermauer, im Oberwasser auf 70 m (Streichwehr!) als Einlauf dienende Unterbrechung mit Betonschwelle zur Vermeidung von Kieseintrag
Floßhafen		unverändert, zum Fluss offen
Einlaufbauwerk	70 m	kein Einlaufbauwerk notwendig Einlauf offen als Streichwehr geplant; davor Betonschwelle als Schutz vor Kieseintrag
Neubach/Stadtbach		zwei getrennte hölzerne Schleusen absperrbar und regulierbar Stadt und Neubach; Neubachschleuse zweigeteilt mit ungleichen Teilen
Anmerkung		Altes Schleusenhaus wird nicht mehr verwendet, aber in der Nähe zur Aufstellung erhalten
Termine		Fertigstellung: in zwei Teilen gebaut, bis April 1912 komplett fertig
Anmerkungen:		Sturzbett beim festen Wehr wohl zu kurz bewegliches Wehr zu oft unterteilt, besser eine kleine Regulierwalze für Kiesablass Einlauf ohne Verschlussfallen stoßen auf „einige Bedenken“; Begrenzung der Floßgasse gleichzeitig als Begrenzung des Neubaches bedenklich, Preise sehr ungenau angegeben
Kosten		1.580.700 Mark

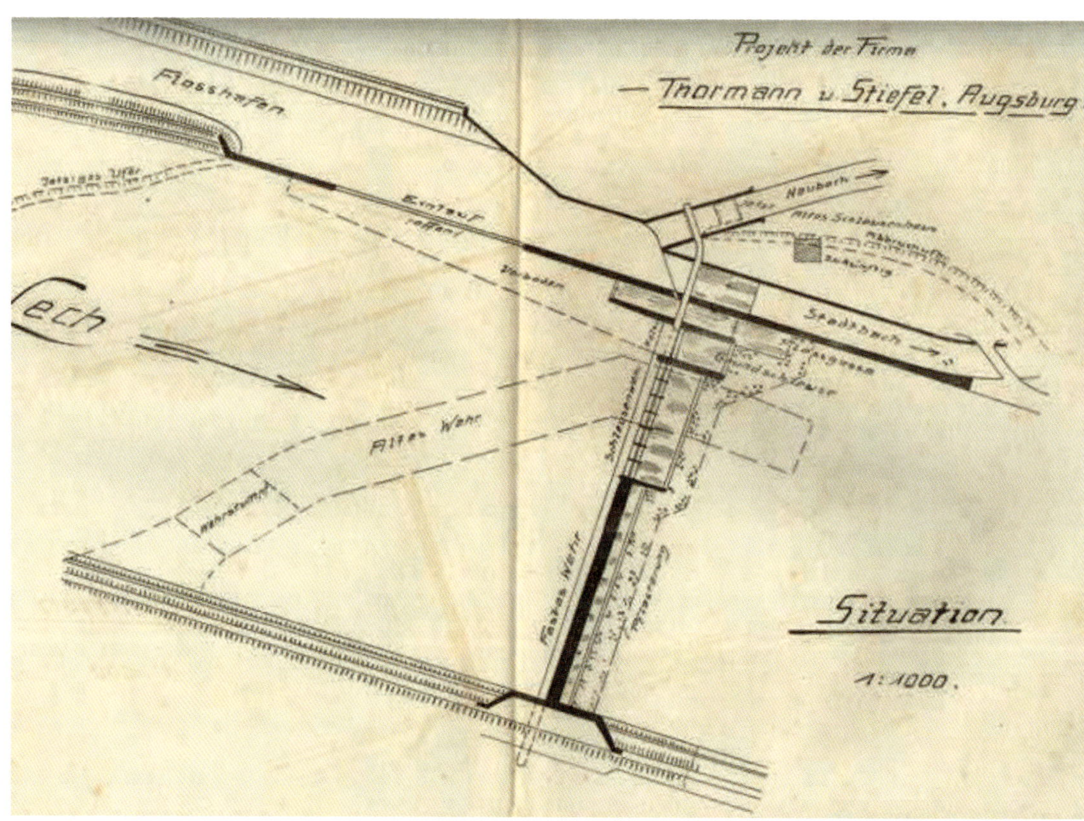

Bild 421:
Vorschlag der Firma Thormann u. Stiefel

Vergleichstabellen

Zuordnung:
1) Dyckerhoff u. Widmann
2) Edwards u. Hummels, A. Kunz
2a) Projekt A
2b) Projekt B (Projekt B[1] unwesentliche Änderungen)
2c) Projekt C (zusammen mit BBB?
3) Grün und Bilfinger
4) Holzmann u. Co
5) Sager u. Wörner
5a) Projekt A (verworfen)
5b) Projekt B
6) Tiefbau & Eisenbetongesellschaft
7) Thormann u. Stiefel

Gliederung der Wehranlage

	Westen				Osten	
1	Kiesschleuse als Feinregulierung	Floß-gasse	Bewegliches Wehr 2 Walzenwehre	Fisch-pass	Festes Wehr	Beweg-liches Wehr
2b	Grund-schleuse	Floßgasse	Fisch-pass	Festes Wehr		
2c	Floßkammer-schleuse	Fisch-pass	Bewegliches Wehr			
3	Floßgasse	Fisch-pass	Bewegliches Wehr 2 Walzenwehre	Festes Wehr		
4	Floßgasse mit Fischpass	Bewegliches Wehr 4 Walzenwehre				
5b	Fisch-pass	Floßgasse	Bewegliches Wehr 3 Walzenwehre	Festes Wehr		
5c	Fisch-pass	Bewegliches Wehr 3 Walzenwehre				
6	Schleusenwehr	Floßgasse	Fisch-pass	Festes Wehr		
7	Floßgasse	Fischpass fehlt	Walzenwehr als Grundablass	Schleusenwehr	Festes Wehr	

8	Floßgasse	Fisch-pass	Schleusenwehr Walzenwehr	Walze als Grund-ablass	Festes Wehr mit Knick	

Legende:

Festes Wehr	Fischpass	Bewegliches Wehr	Floßgasse	Grundablass

Gliederung des Einlaufbauwerks

1		Floßgasse	Einlauf mit Vorboden und Schleuse mit Schlammfang	Werkkanal	Neubach/ Stadtbach mit Grundablass	Floßeinfahrt in Werkkanal möglich
2b	Floßhafen mit Floßeinfahrt		Einlauf mit Hochwasser-Schilden Vorboden Klärbecken und Grundablass		Neubach/Stadtbach zuerst parallel, dann getrennt	
2c	Floßhafen	Floßgasse	Zwei Schleusenwehre hintereinander mit Ablagerungsbecken und Grundablass		Wie 2b)	
3	Floßhafen	Floßgasse mit Einlauf in Stadtkanal	Einlauf mit 2 zweiteiligen Schleusen; Grobrechen und Vorboden ohne Kies- und Schlammabfuhr	Werkkanal	Neubach/Stadtbach mit Schleusen und Floßdurchfahrt	
4					Getrennter Einlauf von Neubach/ Stadtbach mit Schleusen	Floßeinfahrt in Kanäle möglich
5b	Floßhafen	Floßgasse in Hafen	Streichwehr mit Einlauf südl. und nördlich des Wehrs mit Klärbecken		Neubach/Stadtbach getrennt mit Einlassfallen	Floßgasse vom Einlaufbecken in Lech
5c	Wie 5)b)					
6	Floßhafen mit Floßeinfahrt		Einlauf mit 5 Schützen Vorboden, Spülschleuse	Werkkanal als Eisenbetongerinne	Neubach mit altem Schleusenhaus Stadtbach mit Schütze	
7	Floßhafen	Floßeinfahrt über Einlauf möglich	Offener Einlauf mit Schlammfang und Grundablass		Neubach/Stadtbach mit Schützenwehre	
8	Floßhafen	Floßeinfahrt möglich	Einlauf mit Schützen, Grund-u. Schlammablass	Werkkanal	Neubach/Stadtbach mit Schützen	

Kurze Übersicht über die einzelnen Planvorschläge

Lage zum Lech		
senkrecht	schräg	geknickt
1); 2b), 2c);	2)a); 2)b)	3); 6)
4), 5b); 7)		Neubau
Lage zum alten Wehr		
oberhalb	mittig	unterhalb
1); 2c); 5b); 6) Neubau	2a); 2b); 3);	4); 7)
Wehranlage		
Festes Wehr (Überfallwehr)		
1); 2a);2b); 3); 5b); 6) (Stufen); 7) Neubau		

Walze als Kiesablass			
Eine Walze	2 Walzen	3 Walzen	4 Walzen
2a); 7) Neubau	1) eine östlich; eine westlich; 3)	5b) im Plan auf 2 abgeändert; 6)	4)

Schleusenwehr (ohne Kiesablass)	Kiesablassschleuse
2a); 2b); 2c) (4 Schleusen); 6) (4 Schleusen) 7) (7 Schleusen) Neubau	1); 3) erst später; 5b) (als 2 Klärbecken; 6); (mit großem Vorboden); 7)
Mit Knick	ohne Knick
1) (leicht); 2b); 3); 6)	2c); 4); 7)

Floßgasse	
Floßgasse im Wehrteil am Westufer	Floßgasse in der Flussmitte
immer Gefälle von 1 : 10	
1), 2a); 2c) (als Kammerschleuse); 3); 4) (als Kammerschleuse 5b); 6);) Neubau	2b); 6)

Kiesschleuse (getrennt von Floßgasse)
1); 2)a); 2)b)

Fischpass	
Links bei 1); 2a); 2b); 2c); 3); 4) (in Floßkammer eingebaut); Mittig bei 5b); 6) (mittig); fehlend bei 7); Neubau	
Schleusenwärterhaus	Steg über das gesamte Wehr
5b); 6)	5b)

Floßhafen		
Neuer	Alter Hafen verwendet	Kein Hafen
	2a); 2b); 2c); 3); b) und 6) (mit Floßeinfahrt); Neubau	1) (nur Floßeinfahrt in Werkkanal möglich) 4)

Einlaufbauwerk	
mit Grundablass (Spülschleuse)	ohne Grundablass
2a); 2b); 2c)(als Kammerschleuse) 3) mit Grobrechen 5b) ; 5c) (Streichwehr) schräg 6) Neubau	1); 5) (2 Schleusen hintereinander) 7) als Streichwehr **Kein Einlaufbauwerk** 4); 7)
Verwendung eines Streichwehrs („Überaich")	
2c); 5b): 5c); 7) (als Einlauf)	
Floßdurchfahrt durch die Kanäle ohne Kammerschleuse möglich	
In allen Vorschlägen möglich; Neubau bei 7) Floßeinfahrt vom Lech aus schwierig, da nur über allgemeinen Einlauf	
Werkkanal	
6); Neubau	

Neubach/Stadtbach		
zuerst ungeteilt	von Anfang an geteilt mit Kiesablass	
7)	1) (mit Grundablass) 2a); 2b); 2c); 3); 4); 5b)	1); 2c) ?? nicht im Plan vorhanden

Verwendung des Alten Schleusenhauses	
Ja bei 5b); 6) bei 7) abgebaut und neu aufgestellt	Nein bei 2a); 2b); 2c); 3)
Termine	
Nur als gesamter Hochablass betriebsbereit	Einlauf 1911 fertig Gesamtbau 1912 vollständig betriebsbereit
4)	1); 2a); 2b); 3); 5b); 5c); 6) 7) (Okt.1911)
Neubau: Einweihungsfeier 3. Juni 1912	

Anmerkungen zu den Plänen:

Eine mögliche Prüfung des Untergrundes über seine Standfestigkeit wurde zwar von Oskar von Miller angeregt, aber in keinem Falle erwähnt. Doch wurde der Beurteilung der Fundierung der Wehranlage in allen Vorschlägen durch die Kommission breiter Raum eingeräumt. Die zukünftige Lechsohle südlich des Wehrs wurde auf 482,0 Meter festgelegt. Z. B. wurde dazu die tiefe Fundierung bei Dyckerhoff gelobt;
Edwards und Hummel fundieren das feste Wehr auf 476,30 und erreichen damit einen Absturz von 7,60 Meter, die gleiche Kote liegt bei der Fundierung der Floßgasse vor. Bei Grün und Bilfinger ist die Fundierung noch 2 Meter tiefer. Grün & Bilfinger fundieren das feste Wehr nämlich 5,5 Meter tiefer als die „vermutete" Flinzschicht. Sie wurde von der Firma Grün und Bilfinger bei der Kote 473,50 vermutet.
Ähnlich tief legte sie die Fa. Holzmann. Als besonderen „zweifellosen Vorteil" sieht die Kommission die sehr tiefe pneumatische Fundierung des Vorschlags 2b) der gleichen Firma an; doch wird auf die hohen Kosten dieser Konstruktion hingewiesen (und später auch nicht verwirklicht). Dagegen ist die Sohle bei dem vierfachen Schleusenwehr der gleichen Firma des auf Kote 480,0 festgelegten Sohlenbodens unbefestigt. Die Fa. Sager & Wörner schlug vor, das feste Wehr „auf Rundpfählen in Abstufungen bis auf eine Tiefe von 477,50 bzw. 475,5 fundiert" zu bauen; dabei wurde die Oberkante auf 483,90 festgelegt, also 1,90 Meter höher als die geforderte Oberkante, um einen Staueffekt vor diesem Wehr zu erhalten. Die Oberkanten der beweglichen Wehre lagen dagegen bei den vorgegebenen 482,20. Das von Süden kommende Wasser konnte also sofort über das bewegliche Wehr abgeführt werden. Dagegen legte die Tiefbau- und Eisenbetongesellschaft die Oberkante des beweglichen Wehres sogar nur auf 480,50, das ist 1,10 Meter tiefer als die zu 482,0 angenommene Flusssohle des Oberwassers. Die Fundierung des festen Wehrs sollte bei dieser Firma auf 476,56 gelegt werden und mit Eisenbeton gefestigt werden. Etwas tiefer wollte die Fa. Thormann & Stiefel das Fundament für das feste Wehr legen, nämlich auf 475,10 Metern. Auf die gleiche Tiefe wollte die Fa. Thormann & Stiefel ihr festes Wehr fundieren, obwohl die Gesamtanlage am nördlichen Ende des alten Wehrs situiert wurde.

Bei den vorgeschlagenen Walzenwehren wurden die Koten für die Unterkante oft tiefer (bei Holzmann z.B. um 0,75 m) als die Lechsohle gelegt, um eine Sogwirkung und damit bessere Kiesabfuhr zu erreichen (3 und 4).
Die Sohle unter der Walze wurde oft tiefer als die Flusssohle gelegt; auch hier hoffte man auf einen zügigen Kiesdurchfluss und eine brauchbare Feinregelung. Die Oberkanten von Walze und beweglichem Wehr wurden meist auf der gleichen Höhe konzipiert. Dagegen lag die Oberkante der Kiesschleuse tiefer.

Nur wenige Firmen (z. B. Sager und Wörner) lösten die Kiesabfuhr befriedigend. Die oft vorgeschlagenen Walzenverschlüsse bringen zwar große Sicherheit bei Hochwasser, wenn eine Schleuse schnell geschlossen werden muss; doch haben sie folgende Nachteile: Eine Walze ist gegenüber anderen Verschlüssen teuer; wird sie nur sehr wenig gehoben, kann der Unterbau oder der Walzendorn durch den sehr rasch durchfließenden Kies beschädigt werden.

In keiner der Anmerkungen des Bauamtes wird die Anzahl der unbedingt notwendigen Walzen festgelegt. Auch die Lage der Walzen im Wehrverbund findet keine bestimmte Verortung. Sicher ist die dann gefundene Lage nach Ansicht der Firma günstig gewesen, wenn an der festgelegten Stelle der wohl größte Wasserdurchfluss und damit die schnellste Kiesabfuhr möglich schienen.

Als einzige Firma schlägt Holzmann und Co. nur vier Walzenwehre und kein festes Wehr vor. Deshalb wird dieser Vorschlag auch mit folgenden Worten verworfen: „Keine Verbesserung gegenüber der früheren Anlage... Eine besondere Wirkung der Kiesschleuse auf den ca. 170 Meter entfernt liegenden Einlauf kann ... wohl nicht angenommen werden".

Der Vorboden erstreckte sich nicht immer über das gesamte Wehr, teilweise nur über die westliche Floßgasse. Er war bis zu 1 Meter stark und stieg in der Regel langsam bis zur Unterkante des Wehres. Dadurch versprach man sich eine günstige Kiesverteilung.

Die Oberkante der Floßschleuse wurde häufig tiefer als die des Schleusenwehrs gelegt, um hier – bei vorgeschriebenem Gefälle – eine möglichst gute Kiesabfuhr auch durch diese Gasse zu erreichen (siehe 2b und 2c).

Alle Bauten liegen im festen Land.
Für die Fundierung des Bauwerks wurden von einigen Firmen die „pneumatische Fundierung“ vorgeschlagen. Diese wurde 1841 von dem Franzosen Triger erfunden. Es ist ein Verfahren, „wobei aus einem unten offenen und oben geschlossenen zylindrischen oder kastenförmigen Körper durch eingepresste Luft das Wasser verdrängt wird, sodass im Inneren der Boden ausgegraben und dadurch der Kasten auf den Grund versenkt werden kann“. [80]
Bei der Absicherung der Baugrube wurden die Spundwände oft sehr tief in den Flinzuntergrund getrieben, das sollte einen Absturz bei Hochwasser verhindern.

Bei den Vorschlägen für das bewegliche Wehr wurde von der Stadtverwaltung auf eine bestimmte, sinnvolle Breite der Wehröffnung hingewiesen. Manchmal wurde erwähnt, dass eine zu schmale Öffnung das Treibzeug zu schlecht durchlassen würde. Gegen die Verwendung einer Walze als Grundschleuse fand sich der Einwand, dass ein zu kleiner Hub die Unterkante der Walze zu sehr beschädigen könnte. Leider geht aus den Vorschlägen der Firmen nicht hervor, ob für die Walzen schon ein Sporn, der den Verschleiß vermindern helfen sollte, vorgesehen war oder ob dieser erst auf Anregung des Bauamtes bestellt wurde.
Im Allgemeinen ist anzumerken, dass das Bauamt die ungenügende Kiesabfuhr der Vorschläge bemängelte. Eine genaue Begründung dazu aber fehlte.

Obwohl in der Vorgabe des Bauamtes die zwei Typen festes und bewegliches Wehr vorgeschrieben waren, wurde bei dem Plan der Firma Edwards und Hummel-A. Bus Projekt C „die sehr glückliche Lösung der Kiesabfuhr in der getroffenen Anordnung“ herausgehoben. Sehr großen Anklang fand aber auch die zweigeteilte Vorlage der Firma Sager und Wörner Plan B, der die Kommission bescheinigt, dass „die allgemeine Situierung als sehr zweckentsprechend zu bezeichnen ist“. Wies ein Vorschlag zu viele Schleusen auf, wurde bemängelt, dass Treibzeug schlecht durchkommen könne. Bei der Auskleidung sollte nach Meinung der Kommission eine eiserne Spundwand gebaut werden; Spülschleusen seien auch nicht immer unbedingt notwendig, dafür könne man die Floßgasse als Spülschleuse mitverwenden; bei einem Einlauf ohne Verschlussfallen träten „wohl einige Bedenken“ auf (7).

Originell, aber unkommentiert blieb der Vorschlag der Firma Thormann und Stiefel, zur Masseneinspeisung unter dem gesamten Wehr einen 2,50 bis 2,0 Meter weiten Gang anzulegen.

Es wurde auch nur am Rande auf die Bedienelemente und Bedienungsstege eingegangen.
Ebenso wurde die Lage des Wehrs nur am Rande angemerkt. Dass bis heute die alten Wehrstümpfe aus dem Wasser ragen, zeugt doch davon, dass ihre Entfernung zu teuer und zu wenig effektiv gewesen ist! Es gibt auch keinen Bericht, was vom alten Wehr nach der Hochwasserkatastrophe noch übrig war.

Der Einlauf wurde sehr unterschiedlich gestaltet. Von Thormann & Stiefel, Sager und Wörner wurde sogar das Streichwehr vorgeschlagen; versteckt taucht es auch als Kiesablass in einigen Plänen auf. Dabei wurde der Vorboden dieses Wehrtyps deutlich abgesenkt, um hier Kies zu sammeln. Ganz unterschiedlich wurde auch die Kiesabfuhr in die Stadtkanäle behandelt. Auffällig bei der städtischen Vorgabe und bei den Plänen ist, dass nirgends ein anfallendes Volumen für den Kies angegeben wird.
Hier stellen sich folgende Fragen:

1) Wurden damals die in einem Jahr (Monat, Hochwasserperiode) ankommenden Kiesmassen nicht (ungefähr) gemessen oder geschätzt?
2) Gab es Beobachtungen über den Verlauf des Flussstroms vor dem Streichwehr? Wurden schon vor der Katastrophe oder während des Baus Profile erstellt, die den Flussboden darstellten?
3) Wie wurde die von den Triebwerksbesitzern geforderte Wassermenge von ca. 36 m^3/s garantiert, wenn nicht genau bekannt war, wie viel Kies in die Kanäle eingetragen wurde?

Noch schwieriger lässt sich die Frage nach dem Vorhandensein bzw. der Lage einer Floßgasse beantworten. Als einzige Firma legte Dyckerhoff & Widmann die Lage der Floßgasse in die Mitte der Wehranlage, was für Flöße eine sehr günstige Einfahrt bedeutete (siehe 1. Kapitel: Prof. Koch). Holzmann & Co. verzichteten völlig auf einen Floßhafen und eine Floßgasse. Hier könnte man vermuten, dass diese Firma aus Frankfurt nicht mit der Begeisterung des bayerischen Königs für die Floßfahrt vertraut war.

[80] **Meyers Großes Konversations-Lexikon, Band 8. Leipzig 1907, S. 444 - 447. Dort wird auch die weitere Vorgehensweise ausführlich beschrieben.**

Ganz ausführlich wurde dagegen die geplante Ufersicherung besprochen. Dabei wurde zwischen östlicher und westlicher Ufersicherung unterschieden. Positiv wurde angemerkt, wenn das gesamte Wehr auf festen Grund geplant war (wie z.B. bei Dyckerhoff & Widmann, bei deren Plan angemerkt wurde, dass alle Bauelemente auf Grund liegen). Dazu musste man allerdings oft große Mengen von Kies entfernen. Diesen hat man dann als Baumaterial für die verschiedensten Betonarbeiten verwendet. Obwohl in den Vorgaben des Bauamtes hochwertiger Beton gefordert war, entsprach die Qualität den heutigen Anforderungen nicht mehr, da es keine Rüttelmaschinen gab, die den Beton gleichmäßig verdichteten (siehe Bilder vom Bau).

Die Sicherung der rechten und linken Uferseite bestand vor allem in verschieden tiefen Fundierungen von Betonfundamenten oder betonierten Stützmauern. Auch wurden Senkfaschinen, Packfaschinen oder Betonböschungen vorgeschlagen; diese wurden jedoch als unzureichend bemängelt. Zur Sicherung des Ufers schlug die Fa. Holzmann Granitkleingeschläge und Betonsenkwalzen mit Eisenpfählen vor.

Ebenso wurden Pfähle als Stützbauwerke angeboten.

Großen Wert legte die Kommission auf die Einhaltung der vorgegeben Hochwasserkote von 482,0.

Die Einlaufgeschwindigkeit musste groß genug sein, d.h. die Einlaufweite breit genug, um eine gute Geschiebeabführung in den Grundablässen zu gewährleisten. Nur die Fa. Edwards schlug noch einen weiteren Schlammablass vor der Verzweigung von Neu- und Stadtbach vor. Wenn ein Floßhafen gebaut wurde, musste eine Anlandung von Flößen im Oberwasserbereich gewährleistet sein.

Eine Aufzählung aller dieser Sicherungsmaßnahmen war immer abhängig von der Fundierung der Gesamtanlage, sodass auch verschiedene Koten für einen Hochwasserschutz genannt wurden. (Die Vorgabe von 482,0 wurde nicht immer eingehalten.) Die angegebenen Vorböden (häufig aus Holz) dienten zum Abfangen des angeschwemmten Kieses; in den meisten Fällen dienten dann Walzenwehre als Spülschleusen. Auch Schützenwehre kamen dafür in Einsatz, vor allen Dingen im Einlaufbauwerk. Hervorgehoben wurden die Kammerschleusen des Einlaufs bei Edwards und Hummel als sehr gelungene Konstruktion – dieses Prinzip gilt auch heute noch.

Alle Anbieter waren der Überzeugung, dass ihre Konstruktion das Problem der hohen Kiesfracht des Lechs beherrschen konnte. Dies war der entscheidende Konstruktionsfehler sowohl aller Bauvorschläge als auch beim städtischen Bau. Hier kann und muss auch angeführt werden, dass das „Grundübel" des Neubaus die staatliche Bedingung zur Erhaltung einer Floßgasse war. Durch ihr flaches Gefälle schwor sie das Problem der ungenügenden Abfuhr des Kieses herauf.

Eine mögliche (negative) Auswirkung auf die Ökologie des Flusses war bei keinem Plan zu erkennen.

Großen Wert legte die Kommission auch auf die Beschreibung des Baufortschritts; hier wurde oft eine unklare Beschreibung kritisiert bzw. eine gute Ausführung angemerkt, wie bei Edwards und Hummel. Eine unklare Baufortschrittsbeschreibung konnte daher oft auch nicht zu einer klaren Kostenangabe führen – auch ein Kritikpunkt. Doch immer wieder wurde auch angemerkt, dass eine genaue Kostenangabe aufgrund des unklaren Bauplanes nicht möglich war. Hier fiel auf, dass zwischenzeitlich angebrachtes Faschinat zur Absicherung der Baugrube als ungeeignet betrachtet wurde. Zur Absicherung der Baugrube wurden meist eiserne Spundwände gefordert.

Für die Kosten wurden in der Regel nur die Gesamtkosten angegeben. Die Kommission merkte öfters an, dass die ungenauen Bauangaben sich auch auf die Kosten auswirken könnten. Es würden dann Zusatzkosten anfallen, die nicht immer exakt kalkuliert werden könnten.

Eine Liste der Firmen wird wie folgt angegeben:
(Die Kommaschreibweise wurde übernommen)

I. Dyckerhoff & Widmann	Mark	1 762,729,65
II. Edwards & Hummel		
Projekt A	„	1 183,396,00
Projekt B	„	1 645,183,50
Projekt B[1]	„	1 832,163,50
Projekt C	„	1 585,983,00
III. Grün & Bilfinger	„	1 313,932,50
IV. Holzmann & Co.	„	1 305,629,10
V. Sager & Wörner	„	1 392,496,90
Variante	„	1 142,496,90
VI. Tiefbau- und Eisenbeton-Gesellschaft		1 040,600,10
VII. Thormann & Stiefel	„	1 580,700,00

Nur eine Firma, die Tiefbau und Eisenbeton-Gesellschaft, gab die Kosten pro laufenden Meter der Ufermauer „in der projektierten Art“ an:

4,1 m Eisenpfähle à Mark 8,80	=	Mark	36,-
5,5 Holzpfähle à 6,50	=	„	36,-
6 qm 7 cm starke Bohlen à Mark 5,50	=	„	33,-
1,9 cbm Steinwurf à Mark 11.-	=	„	21,-
3 lfd. m Senkfasch. à Mark 3,30	=	„	10,-
3 cbm Aushub für Steinwurf à Mark 4,-	=	„	12,-
		Mark	148,-

Bild 422: *Heutiges Wehrhäuschen*

Anhang

Verwendete Quellen:

StadtAA/20907/HAV, Aktengebiet 3 (Bauwesen) /... -

Altsignatur: (Bestand 45 /
215, 402, 656, 657, 659, 660, 664, 667, 672, 702, 703, 714, 715, 716, 718, 719, 720, 721, 722, 723, 724, 725, 726, 735)

Altsignatur: Bestand 10: Akt 1435

Nachlässe von Scheigele, Dirr
Plansammlungen: Mappe 1, 3, 7, 8, Keller KP

Kp 1050.2 von 1571, Lechgrenzkarte, angefertigt von Michael Miller.

Dok. 1030; Plenarsitzungen von 1909 und 1910, 1914, (Magistratssitzungen)

Amtsblatt Nr. 23, Seite 470 von 1910
Eisalbum der Stadt Augsburg von 1929

Tiefbauamt:

Kolorierte Umbaupläne von 1931/32
Fotoserien der Umbauten von 1968 - 70; 1999, 2003 - 2004
Baupläne von 1969
Persönliche Kontakte: mit Herrn Huber und Herrn Haller
(ab 2023 M-TBA = Amt für Mobilität und Tiefbau)

M.A.N. - Archiv Kiste

355/a und b
(keine weitere Sortierung)

- Dr. Becher, Th.: „Stahl im Strom", 50 Jahre Wehrbau bei der M.A.N. Gustavsburg.
- Drsl: Beschreibung des Walzenwehrs
- Carstanjen, Max: Vortrag über Walzenwehre, Wien, 1903
- Carstanjen, Max: Das Wasserbaulaboratorium der Technischen Hochschule in Darmstadt, in: Die Wasserbaulaboratorien Europas: Entwicklung, Aufgaben, Ziele. Hrsg. Von Thierry, Georg de; Matschoss, Conrad, Berlin (VDI-Verlag), 1926, S. 261 - 270
- Hartung, Fritz, Oberingenieur: Warum einseitig angetriebene Wehrverschlüsse?
- Prof. Koch: Vorlesungen zum Wasserbau, TH Darmstadt, 1898
  CD-Kopie MAN-Archiv

  Köhler, Franz: Stahlwasserbau im Lichte praktischer Erfahrung" aus Der Bauingenieur, 28. Jahrgang (Heft 9 u. 10. Jahrgang 1933)
- Curt F. Kolkbrunner/ Sergije Milosavljevié: Verschlussarten beim Wasserbau, Einteilung nach kennzeichnenden Merkmalen und Übersichten, Zweiter Teil in Mitteilungen über Forschung und Konstruktion im Stahlbau.
  Heft 35/2 September 1967
- Dr. Kunert: Anmerkungen zum Stahlwasserbau, 21. November 1978
- Lieferliste des Stahlwasserbaus
- Mayer, M. Oberingenieur, Wiesbaden: Vortrag über die Entwicklung im Bau von Stauanlagen, gehalten in Bayreuth am 4. Juni 1948
- Mitteilungen über Forschung und Konstruktion im Stahlbau: Verschlussarten beim Stahlwasserbau: erster und zweiter Teil
- W. Müller, W.: Überblick der Nachkriegsentwicklung der Wehrbauabteilung",
  28. Mai 1954

- Schulz, Alexander, Dipl. Ing. Beratender Ingenieur, Berliner Siemensstadt: Beiträge in „Die Wasserwirtschaft“, 41. Jg. Nr.3 Dezember 1950

- Verfasser unbekannt: Manuskript über „80 Jahre Stahlwasserbau in Gustavsburg

- Verfasser unbekannt: „Beschreibung der Walzenwehre“; Ende 1913
  Rudolf Schüle: Augsburg wurde eine Großstadt, Augsburg 1961

- VDI-Nachrichten vom 30. März 19957: Beschreibung der von Ministerialrat Arno Frisch entwickelten Unterwasserkraftwerke an der Iller und am Lech

- Kiste 355 b

- Werksverzeichnisse verschiedener Firmen, die am Bau des Hochablasses von 1911/12 beteiligt waren.

Die wichtigen Schriften zum Hochablass

Groos, Walter: in „Beiträge zur Topographie von Alt-Augsburg“ 21. Bericht der Naturforschenden Gesellschaft Augsburg, Augsburg, 20 Dezember 1967, S. 38 - 66

Kollmann, Franz Josef: „Der Lech-Ablaß in Augsburg. Eine monographische Skizze mit Hinblick auf die sämtlichen hydrotechnischen Anstalten der Stadt“, 1839

derselbe: „Die Wasserwerke von Augsburg“, Beschreibung aller hydrotechnischen Anstalten der Stadt, des Lech- und des Wertachablasses, der Kanäle, Brunnen ec. Mit den wichtigsten baupolizeilichen Bestimmungen, Verlag der Math. Rieger'schen Buchhandlung, Augsburg 1850

Werner, Anton: „Die Wasserkräfte der Stadt Augsburg im Dienste von Industrie und Gewerbe“, Verlag der Math. Rieger´schen Buchhandlung, A. Himmer), Augsburg 1905

Mayer Gotthilf, Die Lechhochwasser-Katastrophe 1910, deren direkte und indirekte Folgen für die Stadt Augsburg, nebst einer Vorgeschichte des Hochablasswehres, Augsburg 1914, Verlag der Stadtgemeinde

Augsburger Ökologische Schriften 2 Der Lech Wandel einer Wildflusslandschaft, Stadt Augsburg Referat Umwelt und Kommunales Amt für Grünordnung, 1991

Kontakte

Steve Gallasch vom Wasserwirtschaftsamt Donauwörth
Mitarbeiter des Tiefbauamtes der Stadt Augsburg
Mitarbeiter des bayerischen Landesamts für Umwelt: hier: Mitschrift der Ringvorlesung an der Augsburger Universität 2012
Mitarbeiter des Augsburger Stadtarchivs

Technikbücher

Carstanjen, Max: Das Wasserbaulaboratorium der Technischen Hochschule in Darmstadt, Hrsg. Von Thierry, George de; Matschoss, Conrad; Berlin (VDI-Verl.) 1926, S. 261 - 270

Dorn, Physik Oberstufe Ausgabe A, Schrödelverlag, 1957

Hochadel, Oliver: Öffentliche Wissenschaft, Elektrizität in der deutschen Aufklärung, Wallstein Verlag, 2003

Lehmann, J.F.: Die Sprengung des Lech Wehres am Hochablass in Augsburg anläßlich der Hochwasserkatastrophe 1910, Sonderdruck der Zeitschrift für das Schieß- und Sprengstoffwesen (nicht zugänglich, nur verschiedene Anmerkungen in den Magistratsakten von 1910)

Müller/Blümel Vorlesung an der Universität Hannover, Weiterbildendes Studium – Wasser und Umwelt, WS 2002/2003

Petersheim, Svenja, Bachelorarbeit: Interaktionsprozesse auf Sohlenbauwerken, Bergische Universität Wuppertal, 2010

Ruckdeschel, Wilhelm: Technische Denkmale in Augsburg, Eine Führung durch die Stadt, Brigitte Settele-Verlag, Augsburg Haunstetten, 1984, S. 64 - 76

Derselbe, Industriekultur in Augsburg, Denkmale der Technik und Industrialisierung. Brigitte Settele-Verlag, Augsburg Haunstetten, 2004

Sametschek, Ladenburger, Mesch: Die Wasserversorgung der Stadt Augsburg vom Jahre 1879 – 1929, Stadt. Tiefbauamt, Augsburg, 1929

Schmidt, Hans, Hauptmann und Kompaniechef: Sonderdruck des Verlags der Zeitschrift für das Schieß- u. Sprengstoffwesen,1910, Gesamtausgabe München 1938

Dr. Schoedler, Friedrich: „Das Buch der Natur, die Lehren der Physik, Astronomie, Chemie, Mineralogie, Geologie, Botanik, Physiologie und Zoologie“, Erster Theil, Braunschweig, Vieweg, 1861

Vischer, Daniel, Huber, Andreas: Wasserbau, Hydrologische Grundlagen, Elemente des Wasserbaus, Nutz- und Schutzbauten an Binnengewässern; Springer-Verlag, Berlin, 6. Aufl. 2002

Voch, Luc(k)as: Strombau am Lech und Wertach oder Beschreibung der Packwerken, Archen und Kästen, wie auch einigen Wasserwehren, wie solche in beyden Flüssen erbauet worden sind; 1866, Bayerische Staatsbibliothek

derselbe: Strombau an dem Lech und Wertach oder Beschreibung der Packwerken, Archen und Kästen, wie auch einigen Wasserwehren, wie solche in beyden Flüssen erbauet wurde, Dalltblätter, 1778, Bayerische Staatsbibliothek

Wolf, August, Korrektion geschiebereicher Flüsse durch schwebende Bauten, München 1893

„Das neue Buch der Erfindungen, Gewerbe und Industrien“ Zweiter Band: Zöllner: „Die Kräfte der Natur und ihre Bedeutung“, Leipzig und Berlin, Verlagsbuchhandlung von Otto Spamer, Siebente vermehrte und verbesserte Auflage, Leipzig und Berlin, 1877

Amtlicher Führer des Deutschen Museums, Knorr und Hirth GmbH, München, 1925

Zeitschrift: Der Flussmeister, Jg. 2009, Reder und Traut Druck und Medien GmbH, München, S. 41

Bücher zum Lech und zur Wasserwirtschaft

Häußler Franz, Wasserkraft in Augsburg, Hrsg. Stadtwerke Augsburg, Context Verlag Augsburg, 2015

Kluger, Martin: Historische Wasserwirtschaft und Wasserkunst in Augsburg, Hrsg. Stadt Augsburg, Context Verlag, 2012

derselbe „Der Lech Landschaft. Natur. Geschichte. Wirtschaft. Wasserkraft, Lechwerke (Hrsg.), 2011

Pfeuffer, Eberhard: Der Lech, Wißner-Verlag, Augsburg, 2010

Rapp, Robert: Die Wertach, Flussentwicklung an der unteren Wertach, Context Verlag, 2012

Weiss, F.H. Wasserbau in 100 Jahren am Lech zwischen Landsberg und Augsburg; Schriftenreihe des Bayerischen Landesamtes für Wasserwirtschaft Heft 19, 1984

Licca liber: Versuch, den Lech wieder zu renaturieren; verantwortet vom Wasserwirtschaftsamt Donauwörth mit Unterstützung der TU München, Beginn 2013, dazu im Abonnement erscheinende Informationen

Hrsg. Stadt Augsburg: Augsburg und die Wasserwirtschaft, Bewerbungsschrift für die Nominierung zum UNESCO - Weltkulturerbe, Context Verlag, 2017

Juristische Nachschlagewerke

Bayerisches Landesamt für Wasserwirtschaft, Hochwasser Mai 1999, Internetabfrage über das Wassergesetz

Döllinger, Register über die Regierungs - und Gesetzesblätter vom Jahr 1799 bis 1825 einschlüssig und in den vormals bestandenen Provinzial- und Regierungsblättern enthaltenen Verordnung, Verlag Georg Joquet, München

Weber, Friedrich, Dr. jur., in der Ausgabe von Döllinger: Rubrik M: Maaß (Maß) und Gewicht, Buchstabe f), neue Maße Verzeichnis VII 263
/ Ältere Maße Zulassung im Reich XVL, 737 und XXIV 249, neue Wasser- und Höhenmaße IX 297, g) Aichpfähle IV 436,667, ferner IX 297; in Döllingsche Verordnung über die „Einführung eines gleichen Maßes und Gewichtes XIV 2131-2101, Beck´sche Verlagsbuchhandlung, München, 1914

Allgemeine geschichtliche Quellen

Fiedler Rembrant in: Egon Greipl, Der Geschichte auf der Spur, Volk Verlag, München, 2012, Band 1, S.28 - 30

Fischer, Ilse: Industrialisierung – sozialer Konflikt und politische Willensbildung in der Stadtgemeinde, Ein Beitrag zur Sozialgeschichte Augsburgs 1840 – 1914 Abhandlungen zur Geschichte, Augsburg, Band, S. 24

Häberlein, Mark: Wirtschaftsgeschichte vom Mittelalter bis zur Gegenwart, Augsburger Stadtlexikon, Perlach Verlag, 1998

Theodor Herberger, Denkschrift über das Eigentum an den Werkkanälen

Loderer, Alois Anton, Besitzgeschichte und Besitzverwaltung der Augsburger Stadtwaldungen; Promotionsarbeit, 1987

Grünsteudel, Hägele, Frankenberger: Augsburger Stadtlexikon, Perlach Verlag, 2. Auflage 1998

Anke Sczesny, Anke: Eine europäische Textilregion im Wandel, aus Rolf Kießling: Schwäbisch – Österreich: Zur Geschichte der Markgrafenschaft Burgau (1301 – 1805), Augsburg, 2007, S. 53 - 90

Nagler Georg Promotion an der TH München, S. 42 - 43

Vangerow, Hans-Heinrich: Handel und Wandel auf der Donau von Ulm bis Wien, Zeitschrift des historischen Vereins für Schwaben, 105. Band

Welser Chronik, Ausgabe (Nachdruck) von 1595

Anmerkung: Die im Augsburger Stadtarchiv vorhandenen Bauamtsbücher Nr. 188/ 189/196/199/200/206.210 V Karton 6 Hochablaßbau enthalten keine geeigneten Beiträge
Nr. 188/189/196/199/200/205/206-210 V Karton 6 Hochablaßbau enthalten keine geeigneten Beiträge

Zeitungsausschnitte der Augsburger Allgemeinen: Zeitrahmen: 21.08.2009 – 11.01.2012

Bedeutende Personen

1. Erfinder/Techniker

Becher Theodor, Dr.
(18. 11. 1876 Boston – 29. 4.1948)

- Vater: deutscher Musiker
- Becher ging 1877 nach Deutschland, machte mit 17 1/2 Jahren Abitur in Darmstadt
- Besuchte die Technische Hochschule Darmstadt, Studium des Bauingenieurswesen mit Spezialgebiet Wasserbau
- Juni 1901(?) Eintritt in die M.A.N., Werk Nürnberg – damaliger Direktor Carstenjen
- Heirat mit Nürnberger Bürgerstochter
- 1909 Bau eines Wasserbaulaboratoriums in Gustavsburg zusammen mit Carstenjen; späterer Mitarbeiter und Förderer war Prof. Koch.
- Übersiedlung von Nürnberg nach Gustavsburg; ausschließlich mit Einzelbearbeitung der Schweinfurter Walzenwehranlage bis zur Inbetriebnahme beschäftigt; Zusammenarbeit mit Dr. Ludwig Freytag;
- Anschließend Erfinder der Doppelhakenschütze
- 1929 Ehrendoktorwürde der Technischen Hochschule Darmstadt
- Ab 1936 Leiter der Wehrbauabteilung
- Becher liebte das Experiment; 1937 erweiterte er daher das Wasserbaulaboratorium; Prof. Koch arbeitete dabei mit.
- Friedrich Duwe (später sein Nachfolger) arbeite mit.; befreundet mit Becher
- 1945 flüchtete er nach Ellwangen zu seinem Sohn

www.deutsche-biographie.de, MAN_Archiv Kiste 355b

Carstanjen, Max
(9.10.1856 Duisburg – 2.4.1934 Biebrich)[1]

- Aus der Maschinenfabrik Klett & Co. Entwickelte sich die Brückenbauwerkstatt Gustavsburg. 1898 fusionierte sie. mit der MAN. zur Vereinigten Maschinenfabrik Augsburg und Maschinenbauges. Nürnberg AG.
- Bis 1901 war M. Carstanjen Regierungsbaumeister und Leiter (Dezernent) des Brückenbaus und diesem angegliederten Schwebebahnbüro bei der Preuß. Hessischen Eisenbahn-Direktion Eiberfeld. Er übernahm ab 1901 die Leitung des Gustavsburger Werkes; zudem war er Geheimer Baurat und Vorstandsmitglied der M.A.N..
- Carstanjen war Konstrukteur des Walzenverschlusses, er beschäftigte sich weiter mit der Planung und dem Bau von Brücken und Stahlhochbauten im In- und Ausland und dem Bau von Schiffshebewerken.
- Lange vor seiner Pensionierung wurde er durch die technische Hochschule Dresden zum Dr. Ing. e. h. ernannt.
- Er gab das Buch „Grundlagen zu einer praktischen Hydrodynamik für Bauingenieure“ 1902 in Anlehnung an Prof. Koch nach dessen Tod heraus.
- Eine weitere wichtige Publikation: Das Wasserbaulaboratorium der Technischen Hochschule in Darmstadt
- Am 1. März 1923 - in seinem 67. Lebensjahr – ging er in den Ruhestand.

Wikipedia 2.08.2023; Walbrach Karl Fredrich: Erinnerungen an Max Carstanjen (MAN-Archiv Kiste 355b)

Freytag Ludwig

- Er veranlasste durch seine Bauten zusammen mit der M.A.N. den Bau des Gustavsburger Werke-Abteilung Wehrbau
- Bau des Schweinfurter Wehres in Zusammenarbeit mit Carstanjen

MAN-Archiv Kiste 355b

Greggenhofer Georg
**1718 oder 1719 in Immenstadt bis 4. Mai 1779 in Eutin*

- deutscher Baumeister; er war vermutlich bei der Markgräfin Wilhelmine in Bayreuth tätig.
- Bauten: 1753/54 Drotningholmdtheater
- Wirkte ab 1753/55 in Eutin

Quelle: Wikipedia 2014 du

Wikipedia 2.08.2023

[1] Walbrach, Karl Friedrich, Erinnerungen an Max Carstanjen

[2] Quellen: Augsburger Stadtlexikon; Internet: Walter Groos: Ein Gerechter unter den Völkern

Groos Walter[2]
**19.5.1898 † 24.12.1979*
Studium an der TH München, Dipl. Ing.,-Bauingenieur, Heimatforscher

- Mitbegründer der Siedlung „Am Spickel"
- 1944 Bauleiter im KZ Aussenlager Kaufering, „wo er sein Leben für die Rettung jüdischer Häftlinge einsetzte".

- Ab 9. August 1945 wurde ihm von Ferdinand Singer das Leiter des Wasser – und Brückenbauamtes in Augsburg übertragen; er leitete ab 1947 das gesamte Tiefbauamt; nach angeblichen Unstimmigkeiten wurde ihm am 19. Juni gekündigt.
- Seitdem widmete er sich zusammen mit L. Ohlenroth der Archäologie im kriegszerstörten Augsburg.
- Er war 1975 Mitbegründer der Augsburger Blätter und
- Veröffentlichte zahlreiche Schriften im Naturhistorischen Verein.
- Groos wurde posthum 1994 in die Reihe der „Gerechten unter den Völkern" in der Holocaustgedenkstätte in Yad Vashem aufgenommen.
- Quellen: Stadtlexikon S. 454, Prommutionsarbeit von Dr. Georg Nagler an der TU München: Der Wiederaufbau Augsburgs nach der Zerstörung im zweiten Weltkrieg, Baupolitik, Stadtplanung und Architektur. In dieser Schrift wird auch die Struktur des Tiefbauamtes, das 1910 erstmals so benannt wurde, mit seinen Abteilungen historisch dargestellt.

***Bild 423:** Siegnatur im Buch von Werner*

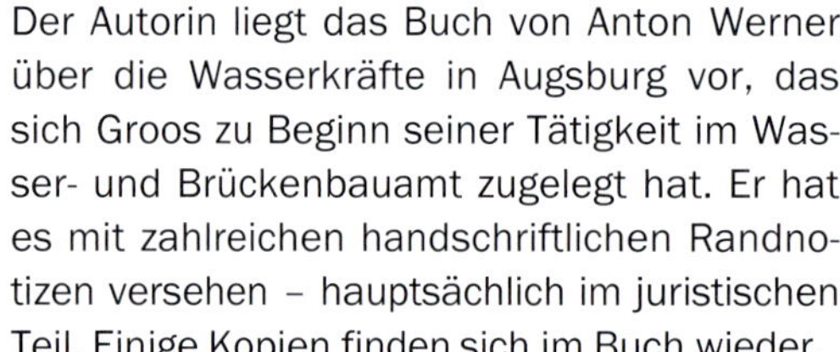

Der Autorin liegt das Buch von Anton Werner über die Wasserkräfte in Augsburg vor, das sich Groos zu Beginn seiner Tätigkeit im Wasser- und Brückenbauamt zugelegt hat. Er hat es mit zahlreichen handschriftlichen Randnotizen versehen – hauptsächlich im juristischen Teil. Einige Kopien finden sich im Buch wieder.

Augsburger Stadtlexikon 1998, S. 454, Promotionsarbeit von Gregor Nagler 2017

Härter N.

- Architekt, Titular-Professor
- 45 Jahre Architekt im Werk Gustavsburg, „Erfinder" der kompakten Bauweise des Schutzhäuschen, Anregung, den Winkel der Walze mit 70 Grad festzulegen, um Material zu sparen. „Bei Bearbeitung der Entwürfe für Wasserkraftwerke und Wehrbauten; die ja meist in landschaftlich bevorzugten Gegenden liegen, ging sein Hauptbestreben dahin, die Kunstbauten möglichst zwanglos dem Landschaftsgebilde anzupassen". (Becher S. 34)

Becher Theodor: Stahl im Strom MAN-Archiv Kiste 355a

V. Hösslin Sebastian Andreas Balthasar
(1759 - 1845) [3]

- wurde 1807 Stadtbaurat von 1806 -1832, von der Staatsregierung zum Zwecke des Wasser – und Brückenbauwesens, das von der Stadtregierung als Eigentum übergeben wurde, und die technischer Verwaltung der Baudirektion übertragen (Kollmann 1850, S. 139)
- 1816 Faschinenbau am Hochablasses; 1839 noch Baurath – Vertrag mit Baumwollspinnerei
- 1806 Berufung zum Stadtbaupfleger; Kollmann Franz Josef übernahm dieses Amt im Jahr 1832.

Augsburger Stadtlexikon 1998, S. 502

Kollmann, Franz Josef
(24.8.1800 – 3.10.1894)

- „Der Bauingenieur Franz Josef Kollmann ... war von 1834 bis 1860 in Augsburg Stadtbaurat. 1848 errichtete er im Werkshof bei den drei Wassertürmen am Roten Tor ein neues Brunnenhaus für den von Ritter von Reichenbach bereits 1821 entworfenen Pumpenmaschinen. Er verfasste die zwei grundlegenden Werke des 19. Jahrhunderts zur Nutzung der Wasserkraft und zur Wasserversorgung in Augsburg".[4] Die Verdienste Kollmanns für den Um- und Ausbau des Hochablasses von 1834 bis 1850 wird ausführlich im Kapitel „Der Hochablass vor 1910" dargestellt.
- !859 hatte Kollmann Ärger wegen der Finanzierung des Bau des Krankenhauses der Barmherzigen Schwestern. Man warf Kollmann vor, andere Bauten zu Gunsten des Krankenhauses zu vernachlässigen. Kollmann kündigte vorzeitig seine Stelle in Augsburg und siedelte nach München um. Er besuchte die Stadt Augsburg bis zu seinem Tod nicht mehr.
- Sein Buch „Der Lech-Ablaß bei Augsburg" von 1839 erschienen, befindet sich im Stadtarchiv, Bestand Amtsbibliothek, Signatur: AB / 13.489)

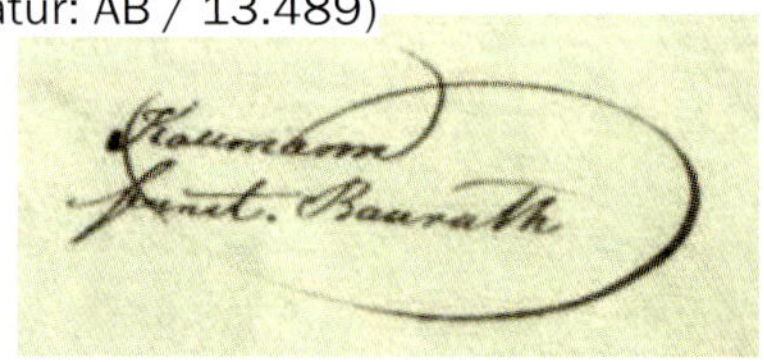

Bild 424:

[3] Näheres zum Lebenslauf von v. Hößlin siehe Wikipedia und Stadtarchiv Augsburg; dort Wiederspruch zur Amtsübergabe an Kollmann

[4] „Wasserversorgung und Wasserkraft" im Augsburger Bucchdruck früherer Jahrhunderte. Eine Ausstellung der Staats- und Stadtbibliothek Augsburg, 5.6.-31-8 2007
In dieser Ausstellunge sind noch weiter Verfasser wassertechnischer Schriften aufgeführt.

Kollmann — **Stadtlexikon 1998, S. 572, Ausstellungskatalog der Staats – und Stadtbibliothek“ der Ausstellung „Wasserversorgung und Wasserkraft“ 5.6. - 31.8. 2007 (hierin gibt es noch weitere Verfasser wassertechnischer Schriften)**

Prof. Alexander Koch

- Technische Hochschule Darmstadt (1852-1923)
- Er lehrte um die Jahrhundertwende an der Technischen Hochschule Darmstadt Wasserbau; dort hatte er ein Labor eingerichtet; in diesem konnte man durch gläserne Wände die noch unverstandenen hydrologischen Vorgänge fotografieren und bewerten. Carstanjen konnte ihn als wissenschaftlichen Berater für die M.A.N. gewinnen. Koch widmete sich vor allem der Erforschung der Hydraulik und Hydrodynamik, war Mitglied in der Rhein-Schifffahrtskommission als hessischer Bevollmächtigter. Durch seine Mithilfe wurden unter dem damaligen Leiter des Gustavsburger Maschinenbaus, Duwe, von Bechers Berechnungen zur Bestimmung von Wassersprung, Wasserschwall, Sog, Hubkräfte usw. und deren Messungen (Becher, S. 47) durchgeführt. So wurde auf Vorschlag Kochs als Abschluss der Walze nach unten ein Zusatzaufsatz unten an der Walze angebracht und so die Schwingungen derselben wesentlich verringert.
- 1921 aus dem aktiven Dienst ausgeschieden.
- Bis zu seinem Tod 1939 Mitarbeit bei der M.A.N..
- Er war Staatsrat.

Prof. Koch — **MAN-Archiv Kiste 355a**

Ladenburger Johann Nepomuk

(1882 Neuburg)*

Er machte in Neuburg sein Abitur, danach studierte er an der TU München und schloss dort mit dem Diplomingenieur ab. Ladenburger war bis 1945 im Tiefbauamt der für den Hochablass zuständige Ingenieur. Sein Signum war „Ld“.

***Bild 425:** Nepomuk Ladenburger*

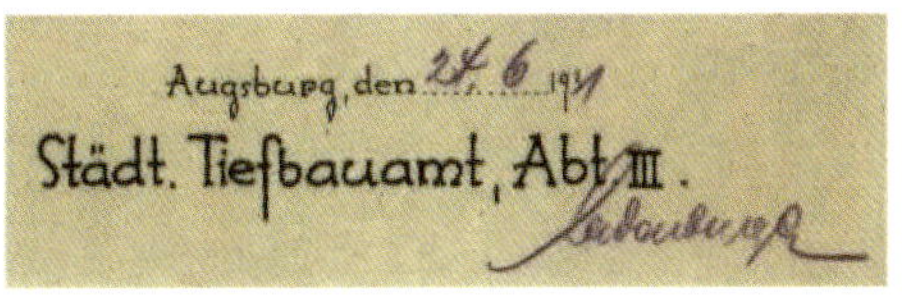

***Bild 426:** Unterschrift von Ladenburger*

Tochter Bärbl Wallner (privat)

von Miller, Oskar

(7.Mai 1855 – 9.April 1934)

- Er studierte Bauingenieurswesen an der Technischen Hochschule München. Er freundete sich mit Rudolf Diesel an. Ihm gelang 1882 die erste Übertragung von Strom zusammen mit Marcel Depréz für die erste elektronische Ausstellung in München.
- 1883 bis 1889 war er Direktor der Deutschen Edison-Gesellschaft. (später AEG). 1884 baute er das erste Elektrizitätswerk in Deutschland.
- Er war Reichsrat; dieser Posten war mandatsgebunden an die Länderregierung, er wurde von dieser geschickt.

Oskar von Miller, die Stadtverwaltung und die Presse während der Hochwasserkatastrophe

Im Jahr 1910 war Oskar von Miller beratendes Mitglied einer Augsburger Kommission, die sich um die Erneuerung der Wasserkonzession kümmerte. Er hatte gute Beziehungen zur Augsburger Stadtregierung, vor allem zu dem für Energiefragen zuständigen rechtskundigen zweiten Bürgermeister Gentner.

Dieses Verhältnis wurde 1910 kurzzeitig getrübt, weil die Presse eine Bemerkung von v. Miller über den Erhaltungsaufwand der Stadt Augsburg für den Hochablass als Streichwehr erheblich einseitig interpretierte.

Anfang August 1910, also kurz nach der Hochwasserkatastrophe, hielt Reichsrat Oskar von Miller eine Rede, in der er über das Walchenseekraftwerk sprach. In einem Interview nach dieser Rede wurde er auch von Reportern zur Hochwasserkatastrophe befragt. V. Miller meinte in einer Nebenbemerkung, dass das Streichwehr erhalten hätte werden können, wenn es genügend gewartet und wenn die Schleusen geöffnet worden wären.

Diese Bemerkung wurde zuerst von der Augsburger Neuesten Nachrichten mit dem Titel „Ein scharfes Urteil über die Ursache der Zerstörung des Hochablasswehres“ gemeldet. Es heißt hier: „In der Sitzung der Kammer des Reichsrates vom 9. August sprach RR[5] Oskar

[5] RR = Reichsrat

von Miller über die Ursache des Zusammenbruchs unserer Stauwerksanlagen am Hochablaß ein sehr scharfes Urteil aus, das manchem „Leitenden" unangenehm in den Ohren klingen wird". Weiter schreibt das Blatt: „..., das Wehr, das 400 Jahre bestanden hat, ist zugrunde gerichtet worden durch direkte Betriebsfehler, und direkte Übertreibung der Kraftausnützung, indem man die Schleusen verrammte. Vorstehendes Urteil ist umso bemerkenswerter und markanter, als RR v. Miller vor wenigen Wochen für seine überaus wertvollen und tatkräftigen Förderung der Vorarbeiten für eine provisorische Wassereinleitung von Seiten des Stadtmagistrats in öffentlicher Sitzung der wärmste und herzlichste Dank ausgesprochen wurde. Wenn dies Urteil zutrifft – wir müssen annehmen, daß Herr RR v. Miller seinen Vorwurf auf beweiskräftige Gründe stützt – dann haben die maßgebenden Stellen tatsächlich eine schwere Verantwortung auf sich geladen. Es wäre damit der Beweis erbracht, daß sie angesichts der kritischen Lage nicht alle Mittel erschöpft haben, um der hereinbrechenden Katastrophe wirksam zu begegnen".

Am 13. August erwiderte Bürgermeister Gentner ausführlich. Er zitierte dazu eine Richtigstellung durch das Bauamt der Stadt. Die ausführliche Antwort enthält viele technische Details über das Streichwehr– es enthielt z.B. gar keine frei beweglichen Schleusen! -deshalb ist sie am Ende des Kapitels über das Streichwehr abgedruckt.

Darauf antwortete O. v. Miller am 13. August von seinem Urlaubsort Tellspalte in der Schweiz.
Er versicherte, dass er sich schwerer Vorwürfe gegen die jetzige Stadtregierung nicht bewusst war; er war nur der Meinung über ein Streichwehr, das 400 Jahre den Hochwässern standgehalten hatte, „dass die Katastrophe bei dem letzten außergewöhnlichen Hochwasser durch zu hohen Stau und Verstopfung der Kiesschleusen mit begünstigt wurde".

Die schräge Bauweise des Hochablasses war während der vergangenen 400 Jahre ein immerwährender Grund für diverse Veränderungen und Ausbesserungen (siehe zweites Kapitel). Schon Kollmann beklagte 1850 diese schräge Bauweise, die allerdings wesentlich mehr Wasser (entspricht ‚hoher Kraftausnutzung') für die Augsburger Werke einbrachte.

O. v. Miller nahm mit der Bemerkung über den zu hohen Stau und der Verstopfung durch Kies die Argumentation von Krieger für die Ursache der Katastrophe ein Jahr später vorweg.

O. v. Miller fuhr fort: „Zu dieser Überzeugung war ich gekommen nachdem von der kgl. Staatsregierung behauptet und vom Stadtmagistrat zugegeben war, daß seit vielen Jahren der Aufbau des Wehres am Hochablaß zugunsten der Wasserkraftbesitzer über das für das Wehr gegebene Maß erhöht worden war, und weil, wie mir mitgeteilt wurde, die kgl. Senatsregierung seit einer langen Reihe von Jahren den Einbau von Kies – bzw. Hochwasserschleusen gefordert hatte, nachdem ursprüngliche Schleusen seit vielen Jahren durch Kies und Sand verstopft waren und eine Bedienung nicht mehr zuließen".

Dieser Vorwurf ist durchaus berechtigt. Die Stadtverwaltung hat immer versucht, möglichst viel Wasser (Kraftausnützung) in die Kanäle zu leiten. Dies geschah vor allem seit der Mitte des 19. Jahrhunderts, als in Augsburg eine zweite industrielle Blüte einsetzte.[6] Da die Schräglage unveränderlich war, wurde dies durch Erhöhung der Wehrkrone und Begradigung des Lechs bewirkt.
Zur Möglichkeit, ein hochwasserfestes Streichwehr zu bauen, schrieb O. v. Miller: „Die Vermutung, daß eine sichere Wehranlage für unvorhergesehene Hochwassermengen, wie die in Augsburg eintraten, überhaupt nicht gebaut werden können, mußte ich widerlegen suchen, daß sonst die Errichtung einer Wehranlage in der Isar[7] ein neues Wehr an gleicher Stelle in Augsburg zu errichten als leichtfertig angesehen werden konnte".
V. Miller fährt fort: „Ich glaube nicht, daß die Zuhörer bei Hinweis auf das jahrhundertelange Bestehen des Wehres die von mir erwähnte Vernachlässigung gerade auf die jüngste Zeit und auf die jetzige Stadtverwaltung beziehen konnten.
Ich würde es sehr bedauern, wenn trotzdem durch meine Rede die Neuordnung der Verhältnisse erschwert werden sollte und bin selbstverständlich bereit, die sich ergebenen Consequenzen zu ziehen, indem ich Sie bitte, mich von der weiteren Tätigkeit für die Stadt freundlichst zu entbinden.
Indem ich die Gelegenheit benutze um Ihnen für das bisher erwiesene Vertrauen zu bedanken zeichne ich mit der Versicherung vorzüglicher Hochachtung Ihr Ergebenster O.v. M".

[6] **Viele Hinweise dazu finden sich z. B. bei Ilse Fischer: Industrialisierung – soziale Konflikte und politische Willensbildung in der Stadtgemeinde Augsburg, ein Beitrag zur Sozialgeschichte Augsburgs 1840 – 1914. Hier ist z. B. auf Seite 59 erwähnt, dass die Wasserkraft wie folgt wuchs: 1851 betrug die Wasserkraft 2556,8 PS, dagegen 1892 schon mehr als das Dreifache, nämlich 9288,9 PS.**

[7] **Dies ist eine Anspielung auf das Walchenseekraftwerk, das O. v. Miller damals plante. Isar und Rißbach füllten dazu den Walchensee auf, um damit Strom zu erzeugen.**

Ein weiterer Brief von v. Miller am 13. August. erreichte Gentner (v. Miller erwähnt dabei den Brief an v. Wolfram), in dem er „lebhaft" bedauern würde, wenn der Stadt Augsburg durch seine Ausführungen irgendwelche Schwierigkeiten erwachsen sollten; Gentner sollte nur die Interessen Augsburgs wahren. V. Miller versicherte, auch ohne sachverständiger Berater zu sein, werde er stets größtes Interesse entgegenbringen.

Die Presse ignorierte diese gütliche Einigung und polemisierte gegen die Stadtregierung (z.B. Augsburger Abendzeitung vom 10. August und Neue Augsburger Zeitung Nr. 187 vom 17. August und Nr. 188 vom 18. August, in der es hieß, „daß Herr Reichsrat O. v. Miller in einer der letzten Sitzungen der Reichskammer über die Ursachen der Zerstörung des Hochablaßwehres ein Urteil fällte, das für die verantwortliche Baubehörde in Augsburg an vernichtender Schärfe nichts zu wünschen übrig läßt".In einem nicht vorliegenden Brief vom 16. 8. von v. Wolfram an v. Miller muss der Oberbürgermeister wohl die richtigen Worte verwendet haben, denn v. Miller antwortet am 19. August und bedankt sich für die zum Ausdruck gebrachte freundliche Gesinnung. Er bittet aber trotzdem, von seiner Mitarbeit in Augsburg entbunden zu werden, da er durch seine Tätigkeit als Reichrat[8] und der Mitarbeit im Beratergremium in Augsburg einen Interessenkonflikt befürchtet. Doch: „wenn Augsburg keine Bedenken hat, wird in solchen kritischen Momenten „Augsburg nicht im Stich lassen. Er stehe auch weiter „gerne zur Verfügung".
Ein erneuter Brief von v. Miller an Genter klärte die Angelegenheit zur beiderseitigen Befriedigung. V. Miller schrieb hier.[9]
„Ihre freundlichen Zeilen vom 13. August habe ich erhalten und von Ihrer Erklärung in der Plenarsitzung des dortigen Stadtmagistrats gerne Kenntnis genommen. Ich finde es vollkommen richtig, daß Sie die fachliche Stellungnahme des städtischen Bauamtes verlesen haben, und möchte bzgl. dieser Erklärung nur folgendes beantworten: Ich finde in den Darlegungen des Bauamtes zunächst nichts über den eröffneten Aufbau, von dem ich zugebe, daß er allgemein üblich und in den meisten Fällen auch unschädlich ist, der aber bei außergewöhnlichen Hochwasserkatastrophen doch die Zerstörung eines Wehrbaus erleichtert. Die Verhältnisse bzgl. des Kies- bzw. den Hochwasserschleusen scheinen allerdings anders zu liegen, als ich mir für den mir früher gemachten Mitteilungen dargestellt hatte. Nachdem gelegentlich der Hochwasserkatastrophe erteilten Aufschlüsse mußte ich zur Ansicht kommen, daß die von der Stadt geforderten Schleusen deshalb nicht gebaut wurden, weil Kies- und Hochwasserschleusen schon vorhanden waren, die aber in der Zeit der größten Gefahr nicht mehr bedient werden konnten, weil sie sich im Laufe der Jahre vollständig verrammelt hatten. Nach Schilderung des Bauamtes speisen jedoch Kiesschleusen und Hochwasserschleusen, wie sie zur Sicherung des Wehres bei außergewöhnlichen Hochwasser mit Recht als nötig erachtet werden, gar nicht bzw. nur in sehr mangelhaften Zustand vorhanden gewesen zu sein.
Ich wollte dies Ihnen gegenüber erwähnen, halte aber weitere Erörterungen dieser technischen Angelegenheit nicht für nötig.
Bezüglich der persönlichen Seite der Angelegenheit weise ich auf die beiliegende Abschrift meines Briefes an Herrn Oberbürgermeister Wolfram, aus welchem Sie ersehen können, daß ich selbst noch meine Bitte mich von den weiteren Arbeiten für die Stadt zu entbinden, zurückziehe(!), wenn hiermit eine Schädigung der städtischen Interessen erblickt wird.
Ich würde mich freuen, Sie bald in München oder Augsburg begrüßen zu können und verbleibe inzwischen mit hochachtungsvollen Gruße Ihr ergebener O.v.M

Kommentar: Der technische Disput hatte sich als Missverständnis herausgestellt. Doch festzuhalten ist, dass die Bauweise des Augsburger Streichwehrs nach v. Miller durchaus im üblichen Rahmen war und ein solches Bauwerk nicht vollständig gegen Hochwasser abgesichert werden konnte. In den Protokollmitschriften des Stadtmagistrats fehlt eine ausführliche Begründung, warum man im Dezember 1910 nach Durchsicht der eingereichten Planvorschläge keinen Entwurf der Firmen in Gänze übernahm, sondern einen eigenen Plan einbrachte, der nur Elemente den Firmenvorschläge vorsah. Auch bleibt ungeklärt, warum die Z-Form gewählt wurde. Wie weit hat hier O. v. Miller mitgewirkt?

Aus den Akten ist nicht ersichtlich, wie weit die Presse von diesen Briefen in Kenntnis gesetzt wurde, doch hetzte n Augsburger Zeitungen weiter gegen die Stadtverantwortlichen. Unter Erwähnung „einer scharfen Kritik" erwähnte die Augsburger Mittelstandszeitung „ein scharfes Urteil von O. v. Miller, die Zeitung

[8] O. v. Miller ist im Mai 1910 von Prinz-Regent Luitpold von Bayern zum lebenslänglichen Reichsrat der Krone Bayerns ernannt worden.

[9] Dieser Brief liegt dem Akt 702 des Augsburger Stadtarchivs nur in maschinengeschriebener Form vor und enthält einige sprachliche Ungereimtheiten. Er wurde in der vorliegenden Form wiedergegeben.

meinte, die Kritik sei von erfahrenen Fachleuten ausgesprochen worden (ohne Quellenangabe!). Weiter erhebt sie den Vorwurf: „Verhüllung der Umstände und ekelhafte Beweihräucherung gerade derjenigen, die das Unglück durch Unterlassung jeglicher Vorsicht und Kopflosigkeit im entscheidenden Moment verschuldet haben. Die Bürge und Steuerzahler brauchen ja nicht alles zu wissen und so ein gekrümmter Buckel - wer weiß für was er oft gut ist". Es wurde auch behauptet, dass zwei Tore seit 11 Jahren nicht mehr gezogen wurden. Es blieb dabei unberücksichtigt, dass vor 9 Jahren (1901) ebenfalls ein großes Hochwasser den Hochablass unbeschadet ließ. Die Stadt wehrte sich, indem sie die Erklärung des Bauamtes wieder veröffentlichte.
Es folgt am 29. August eine Aufstellung der seit 1903 aufgewendeten Mittel,[10] die im Durchschnitt 12 000 Mark pro Jahr betrugen. Damit wies die Stadtverwaltung eine Vernachlässigung des Hochablasses zurück.

Interessant sind folgende weitere Anmerkungen in dieser Erklärung: Zum einen wurde gemeldet, dass Sachverständige einen guten Zustand des Wehres bestätigten.[11] Zum anderen merkte die Stadtverwaltung an, dass von ihr ein rechtsseitiger [Hochzoller] Einbau einer Kiesschleuse angeregt wurde. Somit gab es keine „durchaus ablehnende Haltung der Stadt; es bestanden Differenzen wegen der Tiefe [der Kiesschleuse]; der Staat wollte diese möglichst tief, die Stadt hatte Bedenken". Sie begründete dies damit, dass die „Herstellung einer tiefergeschnittenen Kiesschleuse oberhalb der Floßgasse die Geschwindigkeit des Wassers vor dem schiefstehenden Wehr bedeutend erhöht hätte und die Flusssohle unmittelbar vor dem Wehr vertieft worden wäre, was die Unterspülung und eventuell Zerstörung des weniger tief fundierten Wehres begünstigt hätte. Tatsächlich ist ja schon der Bestand des doppelten Kiesdurchlasses, welchen der Kiesabführung durch einen Vorbau nicht geschützt werden konnte, für den Bestand des Wehres verhängnisvoll geworden, da der Wehrbruch an dieser Stelle erfolgte". Der Vorwurf einer groben Vernachlässigung wird entschieden zurückgewiesen.

Das Tiefbauamt antwortete mit folgender Aufzählung: Aufwendungen für das Streichwehr von 1903 bis 1910 (45 / 702 Aktennotiz vom 29. August 1910

Als ausführliche Antwort auf die Beschwerde von O. v. Miller

Jahr	Etat	aufgewandt
1903	10 500 M	9 282.55 M
1904	9 800 M	11 758.76 M
1905	9 800 M	14 243,11 M
1906	9 900 M	10 667,50 M
1907	9 900 m	10 295,44 M
1908	9 900 M	11 529,71 M
1910	11 500 M	14 887,76 M
Summe	81 200 M	95 367,76
Im Mittel	10150	11 921,00 M oder 12 000 M

1910 erfolgte eine gründliche Revision.

In dieser Erklärung des städtischen Bauamts wurde die Gesamtproblematik des Streichwehrs am Hochablass aufgrund von wassertechnischen Argumenten sehr deutlich dargelegt...
Diese Argumente hatte auch v. Miller am 2. September erhalten. Er erwidert nämlich in einem Brief vom 9. September diese beweisführendes Bauamts mit folgenden Worten:
„Die Ausführung bzgl. des Aufstaus am ehemaligen Hochablass haben mich nicht vollständig befriedigt, denn eine Erhöhung von 15 auf 30 cm auf die ganze Länge des Wehres konnte, sobald an einer schwachen Stelle ein Durchbruch begonnen hatte, zur raschen Zerstörung außerordentlich beitragen".

Dazu eine physikalische Anmerkung: Die Breite des Wehres war ca. 250 m. Wird die Wehrkante um 0,15 m erhöht, so vergrößert sich die Fläche um ca. 38 m^2 und damit vergrößert sich das Wasservolumen. Es entsteht ein höherer Staudruck. Da sich dieser Staudruck nach allen Seiten gleichmäßig ausbreitet, wirkt die Erhöhung der Fläche also als Erhöhung des Drucks auf alle Teile der Anlage, also auch auf die schwächsten Bauteile.

Um die Angriffe der Presse auf die damalige Stadtregierung abzufedern, schrieb v. Miller weiter:
„Bezüglich der Vernachlässigung des Wehres bemerke ich, daß nach dem Bericht des Bauamts allerdings eine einmalige gründliche

[10] Amtsperiode von v. Wolfram als Oberbürgermeister: 1900 – 1909, Quelle Augsburger Stadtlexikon

[11] Leider sind hierzu keine Quellenangaben erwähnt.

Instandsetzung und Verbesserung der Konstruktion der Schleusen sehr angezeigt gewesen wäre, nachdem für die Unterhaltung des mangelhaften Wehres ungefähr 12 000 M [jährlich] ausgegeben werden mussten.
Ich gebe jedoch zu, daß die Schuld der Unterlassung dieser gründlichen Instandsetzung bzw. Verbesserung der Konstruktion nicht das Bauamt trifft, weil wahrscheinlich eine einmalig große Summe für diesen Zweck von den städtischen Körperschaften nicht bewilligt worden wären, nachdem das Wehr nach den jahrelangen Übungen, wenn auch mit großen Kosten in anscheinend brauchbaren Zustand erhalten wurde".

Ebenso druckte die Schwäbische Volkszeitung einen wohlwollenden Bericht.
V. Miller räumte ein, dass der stenographische Bericht seiner Rede sehr unklar wiedergegeben wurde; die Bemerkung über die grobe Vernachlässigung des Wehrs sei sehr kurz gewesen. Das lässt einen kritischen Blick auf das Verhalten der Presse gegenüber der Stadtverwaltung zu.

V. Miller fuhrt versöhnlich weiter: „ Hätte ich zur Zeit, als ich meine Rede im Reichsrat hielt und zur Zeit der Korrektur des Stenogramms geahnt, daß meine Bemerkung in einer von mir nicht beabsichtigten Weise durch politische Parteien zu Angriffen gegen das Bauamt und gegen die Stadt benützt werden würde, so hätte ich wahrscheinlich meine Ansicht über das alte Wehr und ihre früheren und späteren Betriebsverhältnisse in einer klareren und eingehenderen Weise geäussert, soweit mir dies nach den mündlichen Nachrichten möglich gewesen wäre.
Ich halte die Angelegenheit hiermit für erledigt und möchte nur bemerken, daß ich auf Ihre weiteren Mitteilungen betreffend die Wasserkraft- Konzession in einem besonderen Schreiben zurückkomme.

Mit hochachtungsvollem Gruß zeichne ich Als Ihr ergebenster O. v. Miller

Den Artikel der Neuen Augsburger Zeitung (Nr. 235) vom 12. Oktober 1910 kann man als etwas poetische Zusammenfassung der vorangegangenen Diskussion auffassen, wenn man dort lesen kann: „Es ist eine so große und stolze Stadt wie Augsburg eine Ehre, daß in ihrer unmittelbaren Nähe, gewissermaßen vor ihren Toren, ein wilder Gebirgsfluß unbestritten seinen Unfug anstellen, daß er oberhalb des Ablasses in einer nahezu kilometerbreiten Ausdehnung hin- und herpendeln durfte, daß alle Ablaßbauten stets auf dem alten Standpunkte stehen gelassen wurden, trotz der hochentwickelten Hoch - und Tiefbautechnik unserer Zeit, als ob es eine Röste, keine Betonmauern, keine Schleusen, kein Holz für Wehre gäbe, keinen guten Willen und kein Geld für solche Zwecke! Die ungestüme Wildheit des im tiefen Hochgebirg entspringenden Flußes war ebenso bekannt wie die weiche nachgebenden Beschaffenheit seiner Ufer ...

Am 15. Oktober druckte die Augsburger Abendzeitung das Protokoll des Stadtmagistrats und die folgende Antwort von v. Miller; die Augsburger Neuesten Nachrichten folgten mit einem positiven Bericht über die Vorgänge und die Neueste Augsburger Zeitung bildete mit einen Bericht mit einer Warnung für den Umgang mit dem Hochablass den Schlusspunkt dieser Debatte.

O.v. Miller **Wikipedia 22.05.2017**
Augsburger Neueste Nachrichten 10.8.1910, 13.8.1910, 17.8.1910, 18.8.1910, 29.9.1910
Schwäbische Volkszeitung 30.9.1910
Augsburger Abendzeitung 15.10.1910
Augsburger Mittelstandszeitung 1.10.1910

Prof. Dr. Theodor Rehbock
12.4.1864 Amsterdam - † 17.8. 1950
- Wasserbauingenieur und Hochschullehrer an der Technischen Hochschule Karlsruhe.
- Er war u.a. am Bau des Reichstagsgebäude in Berlin beteiligt. 1899 wurde er Professor für Wasserbau an der Technischen Hochschule in Karlsruhe. Eine Mitschrift seiner ersten Vorlesung von Theodor Becher liegt digitalisiert im MAN-Archiv Kiste 335a. Rehbock baute als einer der ersten ein Wasserbaulaboratorium und leitete dieses bis 1934. Nach seinem Tod wurde es nach ihm benannt. Sametschek hatte eine gute Verbindung zu Prof. Rehbock und konsultierte ihn mehrmals während seiner Tätigkeit als Bauamtsleiter (Nachweis im Augsburger Stadtarchiv).

Rehbock **Wikipedia 22.05.2020**

Sametschek Gottlieb

- (1881 – 1955) Bau- und Kulturingenieur[12]
- ab 1904 Leiter des Kanalbauamtes
- ab 1912 Leiter des Tiefbauamtes
- 1919 Wahl zum berufsmäßigen Stadtrat
- 1933 zusätzlich Leiter des Hochbauamtes
- ab 1. Mai 1937 Mitglied der NSDAP
- 1940 Hauptamtlicher Beigeordnete, „uneingeschränkte Loyalität"
- 1943 dienstunfähig
- 1944 vorzeitige Pensionierung

Sametschek **Michael Cramer-Fürtig – Bernhard Gotto: „Machtergreifung in Augsburg, Anfänge der N-Diktatur 1933 – 1937, Wißner Verlag, S. 425; Bernhard Gotto: Nationalsozialistische Kommunalpolitik, Administrative Normalität und Systemstabilisierung durch die Ausgburger Stadtverwaltung 1933 – 1946, S. 111 Nagler Georg: Promotion 2017, TH München**

Familie Scheigele als Beispiel für den Beruf des Schleusenwärters[13]

Scheigele, Michael

- (27.04.1826 in Rain am Lech bis 02.06.1898)
- Heirat mit Agnes Dillinger: 12. Nov. 1866. Sie verstarb am 31.05.1876.
- M. Scheigele wohnte zuerst in Lechhausen. Er bewarb sich 1869 für den Posten eines Schleusenwärters. Dafür musste man ein Bewerbungsschreiben abgegeben.
- Über die Vergabe des Postens entschied der Stadtmagistrat. M. Scheigele wurde am 20.9.1869 zum Oberschleusenwärter ernannt und trat seinen Dienst am 01.01.1870 an. Außerdem erhielt er vom Stadtmagistrat am 15.01.1870 die Konzession zum Betreiben einer Wirtschaft (Litera J 90); er durfte geistige Getränke und Kaffee ausschenken und Flößer beherbergen. Er erhielt zudem am 01.07.1871 das Bürger- und Heimatrecht in Augsburg. Am 01.03.1885 wurde das Anwesen 90 in Spickelstraße 40 umbenannt. Im Jahr 1885 meldete er jedoch seine Bierwirtschaft wieder ab. Er verstarb am 02.06.1898 in seiner Funktion als Oberschleusenwärter in Litera 413.
- Er hatte fünf Kinder, drei Töchter und zwei Söhne: Franz, geb. 10.10.1869 in Lechhausen und Otto, geb. am 18.11.1871 in Augsburg.

Es war üblich, dass sich Söhne von Schleusenwärtern für die Posten ihrer Väter beworben, so auch Sohn Otto, der schon seit Juni 1897 das Anwesen Spickelstraße 40 bewohnte. O. Scheigele übernahm ab dem 01. Januar 1900 den Posten des Schleusenwärters von seinem Vater; später wurde er zum Oberwerkmeister ernannt.

Zur Hebauffeier für den Neubau des Hochablasses am 04. Juni 1912 dichtete O. Scheigele folgende Verse, die seine Tochter - in weißer Festgewandung – auf der zum Wehr emporführenden Treppe vortrug:[14]

Über mächtiger Flug und Welle
Steh'n wir an historischer Stelle;
Was hier einst vor grauer Zeit
Der Väter Müh' und Fleiß gezeugt,
In Schweiß und Arbeit hat gebaut
Eine Sturmflut hat's geraubt.

Trübe Tage, schwere Stunden
Sind vorbei, sie sind entschwunden,
Aus des Leches wilde Wogen
Heben sich schon kühne Bogen
Mächtig, wie hier sie erschaut
Ein neues Wehr ist aufgebaut.

Auf's neu der Stadt das Lob erklingt
Daß sie kein Unglück niederzwingt.
Der Bau, er zeugt in ferner Zeit
Von Mut und Opferfreudigkeit.
Ein Denkmal sei er Groß und her
Den Vätern dieser Stadt zur Ehr.

Am Schlusse ist es angebracht,
daß man des Meisters auch gedacht,
der mit Treu und Emsigkeit
Den Bau geführt zu jeder Zeit.
So bringen wir am Ende noch
Dem Meister und dem Werk ein Hoch.

Die Enkelin von Michael Scheigele, Frau Claudia Brodowsy, schenkte einen Teil des Nachlasses ihres Großvaters dem Augsburger Stadtarchiv. Der Nachlass enthält Aufzeichnungen über die Arbeiten an den Kanälen und dem Lech vom Jahr 1870 ab; ebenso sind Pegelaufzeichnungen sowie Aufzeichnungen des Schleusenwärters über die Flöße, die in Augsburg ankamen enthalten.

[12] Michael Cramer-Fürtig – Bernhard Gotto: „Machtergreifung" in Augsburg, Anfänge des N-Diktatur 1933 – 1937, Wißner-Verlag, S. 425 und Bernhard Gotto „Nationalsozialistische Kommunalpolitik, Administrative Normalität und Systemstabilisierung durch die Augsburger Stadtverwaltung 1933 – 1945, Institut für Zeitgeschichte, Oldenbourg, S. 111

[13] Quelle: Augsburger Stadtarchiv

[14] Augsburger Neueste Nachrichten Nr. 128 vom 4. Juni 1912

Scheigele **Stadtarchiv, Auskunft Feurer 05.03.2016**
Gedicht: Augsburger Neueste Nachrichten Nr. 128 vom 4. Juni 1912

Voch Lukas (Lucas)

(1728 – 1783)

- Architekt und Ingenieur
- Sein Herausgeber schreibt 1824 dazu: Vater war Lehrer der Rechenkunst; er unterrichtete seinen Sohn in der in der Baukunst und Geometrie, weil er in diesen Fächern viele Kenntnisse besaß. L. Voch begab sich dann auf Reisen, „wo er vorzüglich in Berlin die Ingenieur – Bau – und Feldmesskunst, Hydraulik, Strassen – und Wasserbau studierte. Nach seiner Rückkehr wurde er in Augsburg Schreiber auf dem Stadtzimmerhof, dann Architekt und Ingenieur [im Augsburger Stadtbauamt]. Er war ein guter und praktischer Baumeister, ...“.[15]
- In der Bayerischen Staatsbibliothek befinden sich 38 Schriften von Voch.
- In der 38. lautet der zugehörige Kommentar: „Er hinterließ im Manuskript viele Anweisungen für Baumeister, Maurer, Zimmerleute, und Steinmetzen, und mehrere Abhandlungen in seinem Fache, die er noch herauszugeben Willens war“.
- Für die Technik am Hochablass ist vor allem sein Buch: „Strombau an dem Lech und Wertach, oder Beschreibung der Packwerken, Archen und Kästen, wie auch einigen Wasserwehren, wie solche in beyden Flüssen erbauet worden sind“ für den Bau am Hochablass bedeutend. Die für den Hochablass betreffenden Zeichnungen sind im Kapitel Hochablass vor 1910 eingearbeitet. Außerdem hat Voch die Einleitung zur Architectura hydraulica verfasst. Dazu wurden die im Augsburger Stadtarchiv vorhandenen Pläne ebenfalls im gleichen Kapitel zitiert.
- Ein weiteres Werk von Voch „Abhandlungen vom Straßenbau, zween Theile“ gibt Aufschlüsse über die Verwendung und Preise von verschiedenen Materialien zum Bau von Brücken und Faschinen.

Voch: **Clemens Alois Baader, 1824 Bayerische Staatsbibliothek PDN 1287573**

[15] Clemens Alois Baader, 1824 Bayerische Staatsbibliothek (PND 1287573X)

Bildnachweis

Der Lech innerhalb Augsburgs und seine „Correktion“

Bild	Seite	Quelle
1	08	Burkhardt, Notburga
2	10	Stenglin, 1673, STAA/ 40014/KPS_2420*
3	11	Boehlke, Hans 2012
4	11	Groos, Walter 1967, S.39
5	11	Groos, Walter 1967, S.44
6	12	Groos, Walter 1967, S.47
7	12	Groos, Walter 1967, S.48
8	13	Groos, Walter 1967, S.63
9	13	Groos, Walter 1967, S.28
10	13	Groos, Walter 1967, S.61
11	14	Burkhardt, Notburga
12	14	Burkhardt, Notburga
13	14	Burkhardt, Notburga
14	16	v. Stenglin, Emanuel 1666, STAA/ 40014/KPS H_078*
15	17	Kollmann, Franz Joseph STAA/40014/KPS_3098
16	18	Vermessungsamt Augsburg
17	18	STAA/20907/HAV/ Aktengebiet 3/726
18	19	Voch, Lukas 1778
19	19	Burkhardt, Notburga
20	20	STAA/ 40014/ KPS_3038
21	20	STAA/20907/HAV/ Aktengebiet 3/659
22	20	STAA/20907/HAV/ Aktengebiet 3/659
23	21	Voch, Lukas 1778
24	21	STAA/40014/ KPS-H_071
25	21	Mayer, Gottfried Bild 25
26	22	Voch, Lukas 1778
27	23	Mayer, Gottfried nach S.16
28	24	Mayer, Gottfried Bild 15
29	24	Mayer, Gottfried Bild 24
30	24	TBA
31	24	TBA
32	24	Burkhardt, Notburga
33	26	STAA, FS_AH_103
34	27	Burkhardt, Notburga
35	30	Werner, Anton S. 139
36	30	Werner, Anton S. 147
37	31	Werner, Anton nach S. 16
38	32	Werner, Anton nach S. 64
39	33	STAA/40014/KPS_3104
40	33	Burkhardt, Notburga
41	34	Nachlass Scheigele, Michael
42	35	Burkhardt, Notburga
43	37	StadtAA/40100/ FS_FA_A_1314

Der Hochablass vor 1910

Bild	Seite	Quelle
44	38	
45	40	STAA/ 40014/KPS-H_078
46	41	STAA/40014/KPS_3898
47	42	Werner, Anton Plan IV
48	45	Burkhardt, Notburga
49	45	STAA/40014/KPS_3013
50	45	STAA/40014/KPS_3019
51	46	Burkhardt, Notburga
52	47	MAN; Kiste 355a
53	47	MAN; Kiste 355a
54	48	STAA/40014/ KPS-H_081
55	48	STAA/40014/KPS_3847
56	49	STAA/40014/KPS_3012
57	49	Voch, Luckas, 1778 Plan VII
58	50	Stadtvermessungsamt, Stadt Augsburg
59	50	STAA/20907/HAV/ Aktengebiet 3/727
60	50	STAA/20907/HAV/ Aktengebiet 3/727
61	51	STAA/20907/HAV/ Aktengebiet 3/702
62	52	STAA/20907/HAV/ Aktengebiet 3/726
63	52	STAA/40014/KPS_H081
64	53	STAA/40014/KPS_3032
65	53	STAA/40014/ KPS_3047
66	54	STAA/40014/ KPS_3047
67	54	Mayer, Gottfried, Bild 1
68	55	STAA/40014/KPS_3048
69	55	Mayer, Gottfried Bild 2
70	56	STAA/40014/ KPS_3845
71	56	Kollmann, Franz Joseph STAA/40014/KPS_1962
72	56	Kollmann, Franz Joseph STAA/40014/KPS_5893
73	57	Kollmann, Franz Joseph Buch 1850, S.19
74	57	Mayer, Gottfried Bild 10
75	58	Riedl, STAA/40014/ KPS_3037
76	59	Voch, Luckas, 1778 Tafel V
77	60	Voch, Luckas, 1778 Tafel VII
78	60	STAA/40014/KPS_3048
79	60	STAA/40014/KPS_3048
80	60	STAA/40014/KPS_3048
81	61	Voch, Luckas, 1778 Tafel VIII
82	61	STAA/40014/ KPS_3093
83	62	Burkhardt, Notburga / Kollmann, 1850, S.17
84	63	Groos, Walter S. 60
85	63	STAA/40014/KPS-H_081
86	64	STAA/40014/KPS_3846
87	64	STAA/40014/ KPS_3846
88	65	STAA/40014/ KPS_1914
89	65	STAA/40014/ KPS_2413
90	66	STAA/40014/KPS_3848
91	67	Mayer, Gottfried Bild 1a
92	68	Ulrich, Anita
93	69	STAA/40014/KPS_3046
94	73	STAA/40014/KPS_2419
95	74	Werner, Anton
96	74	STAA/20907/HAV/ Aktengebiet 3/667
97	75	STAA/20907/HAV/ Aktengebiet 3/726
98	78	Werner, Anton S. 147
99	78	Werner, Anton S. 147
100	80	STAA/40014/KPS_2419
101	80	Kollmann, Franz Joseph Buch 1839
102	80	Kollmann, Franz Joseph Buch 1839
103	80	Kollmann, Franz Joseph Buch 1850
104	80	Kollmann. Franz Joseph Buch 1850
105	82	Burkhardt, Notburga

Hochwasserkatastrophe

Bild	Seite	Quelle
106	83	Mayer, Gottfried Bild 5 und 4
107	85	Mayer, Gottfried Decklatt
108	85	Mayer, Gottfried Anfangsblatt
109	88	Mayer, Gottfried Bild 4
	89	Burkhardt, Notburga, Pegelstände
110	90	Mayer, Gottfried Bild 7
111	91	STAA/20907/HAV/ Aktengebiet 3/702
112	92	STAA/20907/HAV/ Aktengebiet 3/702
113	92	STAA/20907/HAV/ Aktengebiet 3/702
114	92	STAA/20907/HAV/ Aktengebiet 3/702
115	94	STAA/AB_VI_154-165/1
116	96	STAA/20907/HAV/ Aktengebiet 3/667
117	96	Mayer, Gottfried Bild 6
118	97	Mayer, Gottfried Bild 8
119	98	STAA/20907/HAV/ Aktengebiet 3/667

Planungsphase

Bild	Seite	Quelle
120	99	Mayer, Gottfried nach S. 16
121	100	Nachlass Dirr, Pius, Dr.
122	103	Mayer, Gottfried Bild 9
123	104	Mayer, Gottfried Bild 10
124	104	Mayer, Gottfried Bild 12
125	104	Burkhardt, Notburga
126	106	STAA/20907/HAV/ Aktengebiet 3/716
127	108	STAA/AB_VI_154-165/1

Neubau 1931/32

Bild	Seite	Quelle
128	111	StadtAA/40100/ FS_FA_A_934
129	112	STAA/20907/HAV/ Aktengebiet 3/726
130	115	Nachlass Scheigele, Michael, Plan 4

Bild	Seite	Quelle
131	116	Mayer, Gottfried nach S. 16
132	117	Mayer, Gottfried nach S. 16
133	118	Mayer, Gottfried nach S. 16
134	120	Nachlass Scheigele, Michael,
135	121	Mayer, Gottfried Bild 14
136	121	Mayer, Gottfried Bild 19
137	122	Mayer, Gottfried Bild 16
138	122	Mayer, Gottfried Bild 21
139	122	STAA/FS_L_283
140	123	Mayer, Gottfried Bild 13
141	123	Nachlass Scheigele, Michael,
142	124	STAA/20907/HAV/ Aktengebiet 3/716
143	124	Mayer, Gottfried Bild 27
144	125	Mayer, Gottfried Bild 28
145	125	Mayer, Gottfried Bild 29
146	125	Mayer, Gottfried Bild 30
147	125	Mayer, Gottfried Bild 31
148	125	STAA/20907/HAV/ Aktengebiet 3/716

Schäden am Neubau

Bild	Seite	Quelle
149	126	Burkhardt, Notburga
150	127	Groos, Walter S. 61
151	128	Nachlass Scheigele, Michael,
152	129	STAA/20907/HAV/ Aktengebiet 3/714
153	131	STAA/20907/HAV/ Aktengebiet 3/715
154	132	Burkhardt, Notburga
155	133	STAA/20907/HAV/ Aktengebiet 3/714
156	134	STAA/20907/HAV/ Aktengebiet 3/714
157	135	STAA/20907/HAV/ Aktengebiet 3/715
158	135	STAA/20907/HAV/ Aktengebiet 3/714
159	136	STAA/20907/HAV/ Aktengebiet 3/714
160	138	STAA/20907/HAV/ Aktengebiet 3/719
161	139	STAA/20907/HAV/ Aktengebiet 3/714
162	141	STAA/20907/HAV/ Aktengebiet 3/722
163	141	STAA/20907/HAV/ Aktengebiet 3/722
164	141STAA/20907/HAV/ Aktengebiet 3/722	
165	142	STAA/20907/HAV/ Aktengebiet 3/722
166	143	STAA/20907/HAV/ Aktengebiet 3/715
167	143	STAA/20907/HAV/ Aktengebiet 3/715
168	143	STAA/20907/HAV/ Aktengebiet 3/715
169	143	STAA/20907/HAV/ Aktengebiet 3/715
170	143	STAA/20907/HAV/ Aktengebiet 3/715
171	143	STAA/20907/HAV/ Aktengebiet 3/715
172	145	STAA/20907/HAV/ Aktengebiet 3/715
173	146	STAA/20907/HAV/ Aktengebiet 3/715
174	147	STAA/20907/HAV/ Aktengebiet 3/716
175	149	STAA/20907/HAV/ Aktengebiet 3/715
176	149	TBA
177	151	STAA/20907/HAV/ Aktengebiet 3/715
178	151	STAA/20907/HAV/ Aktengebiet 3/715

Behördliche Konsequenzen in der Zeit Zwischen 1912 und 1945

Bild	Seite	Quelle
179	152	Nachlass Dirr, Pius, Dr.
180	157	STAA/20907/HAV/ Aktengebiet 3/659
181	157	STAA/20907/HAV/ Aktengebiet 3/659
182	157	Mayer, Gottfried Bild 26
183	159	STAA/20907/HAV/ Aktengebiet 3/667
184	160	Nachlass Dirr, Pius, Dr.

Umbau 1931/32

Bild	Seite	Quelle
185	162	TBA
186	163	Burkhardt, Notburga
187	164	TBA
188	164	TBA
189	165	TBA
190	167	TBA
191	168	TBA
192	170	STAA/20907/HAV/ Aktengebiet 3/721
193	171	TBA
194	172	STAA/20907/HAV/ Aktengebiet 3/721
195	173	STAA/20907/HAV/ Aktengebiet 3/715
196	173	STAA/20907/HAV/ Aktengebiet 3/715
197	173	STAA/20907/HAV/ Aktengebiet 3/715
198	174	TBA
199	174	TBA
200	175	TBA
201	175	TBA
202	175	TBA
203	175	STAA/20907/HAV/ Aktengebiet 3/715
204	175	STAA/20907/HAV/ Aktengebiet 3/715
205	176	STAA/20907/HAV/ Aktengebiet 3/715
206	176	STAA/20907/HAV/ Aktengebiet 3/715
207	176	STAA/20907/HAV/ Aktengebiet 3/715
208	176	STAA/20907/HAV/ Aktengebiet 3/715
209	176	Burkhardt, Notburga
210	177	STAA/20907/HAV/ Aktengebiet 3/715
211	177	TBA
212	178	TBA
213	179	TBA
214	180	TBA
215	180	STAA/20907/HAV/ Aktengebiet 3/718
216	180	TBA
217	181	STAA/20907/HAV/ Aktengebiet 3/718
218	181	STAA/20907/HAV/ Aktengebiet 3/718
219	181	STAA/20907/HAV/ Aktengebiet 3/718
220	181	STAA/20907/HAV/ Aktengebiet 3/718
221	182	TBA
222	182	STAA/20907/HAV/ Aktengebiet 3/718
223	183	STAA/20907/HAV/ Aktengebiet 3/718
224	183	STAA/20907/HAV/ Aktengebiet 3/718
225	183	TBA
226	183	STAA/20907/HAV/ Aktengebiet 3/718
227	184	STAA/20907/HAV/ Aktengebiet 3/718
228	184	STAA/20907/HAV/ Aktengebiet 3/718
229	184	STAA/20907/HAV/ Aktengebiet 3/718
230	184	STAA/20907/HAV/ Aktengebiet 3/718
231	184	STAA/20907/HAV/ Aktengebiet 3/718
232	185	STAA/20907/HAV/ Aktengebiet 3/718
233	185	STAA/20907/HAV/ Aktengebiet 3/718
234	185	STAA/20907/HAV/ Aktengebiet 3/718
235	185	STAA/20907/HAV/ Aktengebiet 3/718
236	186	STAA/20907/HAV/ Aktengebiet 3/718
237	186	STAA/20907/HAV/ Aktengebiet 3/718
238	187	TBA
239	187	TBA
240	189	STAA/20907/HAV/ Aktengebiet 3/718

Erneuerung nach 1945

Bild	Seite	Quelle
241	190	Burkhardt, Notburga
242	192	TBA
243	192	Burkhardt, Notburga
244	192	Burkhardt, Notburga
245	192	Burkhardt, Notburga
246	193	Burkhardt, Notburga
247	193	Burkhardt, Notburga
248	193	Burkhardt, Notburga
249	194	Burkhardt, Notburga
250	194	TBA
251	194	TBA
252	194	TBA
253	194	TBA
254	195	Boehlke, Hans
255	195	Boehlke, Hans
256	195	Burkhardt, Notburga
257	195	TBA
258	195	TBA
259	196	Burkhardt, Notburga
260	196	Burkhardt, Notburga
261	196	Burkhardt, Notburga
262	197	TBA
263	197	Burkhardt, Notburga
264	197	Burkhardt, Notburga
265	197	Burkhardt, Notburga
266	198	Burkhardt, Notburga

Bild	Seite	Quelle
267	198	Burkhardt, Notburga
268	198	Burkhardt, Notburga
269	198	Burkhardt, Notburga
270	198	TBA
271	199	TBA
272	199	TBA
273	200	TBA
274	200	TBA
275	200	TBA
276	200	TBA
277	200	TBA
278	201	TBA
279	201	TBA
280	201	Burkhardt, Notburga
281	205	Burkhardt, Notburga
282	206	Burkhardt, Notburga
283	206	Stadtwerke
284	207	Stadtwerke
285	207	Stadtwerke
286	208	Burkhardt, Notburga
287	208	Burkhardt, Notburga
288	208	Stadtwerke
289	208	Burkhardt, Notburga
290	208	Burkhardt, Notburga
291	209	Stadtwerke
292	209	Stadtwerke
293	209	Stadtwerke
294	209	Stadtwerke
295	210	Burkhardt, Notburga
296	210	Burkhardt, Notburga
297	210	Burkhardt, Notburga
298	210	Burkhardt, Notburga
299	210	Burkhardt, Notburga
300	210	Burkhardt, Notburga
301	211	TBA
302	211	TBA
303	212	Unesco chair, Hochschule Rhein-Main, Kloos, Michael, Dr. Prof.
304	213	Burkhardt, Notburga
305	214	Burkhardt, Notburga
306	215	Burkhardt, Notburga
307	215	Burkhardt, Notburga
308	215	Burkhardt, Notburga
309	215	Burkhardt, Notburga
310	216	Burkhardt, Notburga
311	216	Burkhardt, Notburga
312	216	Ulrich, Anita
313	217	Ulrich, Anita
314	217	Ulrich, Anita

Technik

Bild	Seite	Quelle
315	218	TBA
316	220	STAA/40014/KPS_2424
317	222	Nachlass Scheigele, Michael,
318	223	Fischer, Heinz Dr.
319	223	Schedler
320	223	Schedler
321	224	STAA/40014/KPS_2415
322	224	STAA/40014/KPS_3017
323	227	STAA/40014/KPS_3048
324	228	Burkhardt, Notburga
325	228	Burkhardt, Notburga
326	228	Burkhardt, Notburga
327	229	TBA
328	229	TBA
329	229	Burkhardt, Notburga
330	229	Burkhardt, Notburga
331	230	Burkhardt, Notburga
332	231	Zöllner
333	231	Zöllner
334	233	Burkhardt, Notburga
335	234	Zöllner
336	235	Zöllner
337	235	STAA/40014/KPS_3036
338	236	STAA/40014/KPS_3036
339	237	Zöllner
340	237	Zöllner
341	237	Voch, Lukas
342	237	Voch, Lukas
343	238	Voch, Lukas
344	239	Nachlass Scheigele, Michael,
345	240	STAA/40014/KPS_5894
346	238	MAN_Archiv Kiste 355a
347	241	STAA/20907/HAV/ Aktengebiet 3/719
348	241	STAA/20907/HAV/ Aktengebiet 3/721
349	243	MAN_Archiv Kiste 355a
350	244	STAA/20907/HAV/ Aktengebiet 3/721
351	244	Burkhardt, Notburga
352	245	TBA
353	245	STAA/20907/HAV/ Aktengebiet 3/721
354	245	Burkhardt, Notburga
355	245	Burkhardt, Notburga
356	247	TBA
357	247	TBA
358	247	Burkhardt, Notburga
359	248	STAA/20907/HAV/ Aktengebiet 3/716
360	249	TBA
361	248	TBA
362	250	TBA
363	250	TBA
364	251	TBA
365	251	TBA
366	251	Burkhardt, Notburga
367	252	TBA
368	252	TBA
369	252	Burkhardt, Notburga
370	252	TBA
371	253	TBA
372	253	Nachlass Scheigele, Michael,
373	254	TBA
374	254	TBA
375	255	TBA
376	255	Burkhardt, Notburga
377	255	Burkhardt, Notburga
378	255	TBA
379	255	TBA
380	256	MAN_Archiv Kiste 355a
381	256	"Bayerland", Illustrierte Halbmonatszeitschrift für Bayers Land und Volk, 2. Okt. 1928
382	257	MAN_Archiv Kiste 355a
383	257	Burkhardt, Notburga
384	258	MAN_Archiv Kiste 355a
385	258	MAN_Archiv Kiste 355a
386	259	MAN_Archiv Kiste 355a
387	259	MAN_Archiv Kiste 355a
388	259	STAA/Bestand 45/Nr.716
389	259	Mayer, Gottfried Bild 22
390	260	Mayer, Gottfried Bild 23
391	260	Burkhardt, Notburga
392	260	Burkhardt, Notburga
393	260	Burkhardt, Notburga
394	261	MAN_Archiv Kiste 355a
395	261	TBA
396	261	Burkhardt, Notburga
397	261	Burkhardt, Notburga
398	261	Burkhardt, Notburga
399	262	Burkhardt, Notburga
400	263	Burkhardt, Notburga
401	263	TBA
402	263	TBA
403	265	MAN_Archiv Kiste 355a
404	265	STAA/20907/HAV/ Aktengebiet 3/721
405	266	MAN_Archiv Kiste 355a
406	266	MAN_Archiv Kiste 355a
407	266	Burkhardt, Notburga
408	266	STAA/20907/HAV/ Aktengebiet 3/721
409	267	TBA
410	267	TBA
411	268	TBA
412	268	STAA/Bestand 45/Nr.716
413	268	Burkhardt, Notburga
414	271	STAA/Bestand 45/Nr.716
415	272	STAA/Bestand 45/Nr.716
416	273	STAA/Bestand 45/Nr.716
417	274	STAA/Bestand 45/Nr.716
418	275	STAA/Bestand 45/Nr.716
419	276	STAA/Bestand 45/Nr.716
420	277	STAA/Bestand 45/Nr.716
421	278	STAA/Bestand 45/Nr.716
422	286	Burkhardt, Notburga
423	292	Werner
424	292	Unterschrift Kollmann
425	293	Bärbl Wallner
426	293	TBA
427	307	MAN_Archiv Kiste 355a
428	311	MAN_Archiv Kiste 355a
429	312	Burkhardt, Notburga

Anhang Berühmte Leute
MAN
Tochter von Ladenburger
STAA

* STAA/40014/KPS-H_XXX = StadtAA/40014/Karten und Plansammlung/ KPS-H_XXX

STAA/20907/HAV/ Aktengebiet 3/.... = StadtAA/20907/HAV, Aktengebiet 3/....

215, 402, 656, 657, 659, 660, 664, 667, 672, 702, 703, 714, 715, 716, 718, 719, 720, 721, 722, 723, 724, 725, 726, 735

Bestand 10: Akt 1435

Nachlässe von Scheigele, Dirr
Plansammlungen: Mappe 1, 3, 7, 8, Keller KP

Kp 1050.2 von 1571, Lechgrenzkarte, angefertigt von Michael Miller.

Dok. 1030; Plenarsitzungen von 1909 und 1910, 1914, Magistratssitzungen?

Amtsblatt Nr. 23, Seite 470 von 1910
Eisalbum der Stadt Augsburg von 1929

Allgemeine Information

Institutionen

TBA Tiefbauamt Augsburg ab 23. Januar 2023
M-TBA Mobilitäts- und Tiefbauamt
WWA Wasserwirtschftsamt Donauwörth TUM
Technische Hochschule München
Industrieverein, Triebwerksbesitzer
Stadtmagistrat Augsburg
Straßen- und Flußbauamt Neuburg
Regierung von Schwaben
Handels- und Gewerbeverein
Pionierabteilung 1. Bataillon Ingolstadt

Firmen

Alb. Buß & Co., Uyhen
Andritz Hydro GmbH, Ravensburg
Augsburger Localbahn GmbH
Baufirma Adam
M.A.N. Maschinenfabrik Augsburg Nürnberg
Baumwollspinnerei am Stadtbach
Büro für die Industriearchäologie, planinghaus Architekten.de
Martini, Holzmann
Mechanische Bauwollspinnerei und Weberei
Bayerische Wasserkraftwerke, BAYWG
Fa. Cana GmbH Stuttgart Dyckerhoff & Widmann, Nürnberg
Edwards & Hummel – A. Kunz München
Eisenbau J.M. Voith
Eisenwerk Gebr. Frisch
E.ON Dr. Wulf Bernatat
Fischereiverband Schwaben
Geb. Frisch KG
Grün & Bilfinger, Mannheim München
Hellmann & Littmann
HPI, Hydroprojekt
kgl. Straßen- und Flußbauamt
Kraftwerk Huber u. Gabler, Augsburg Anton
Hansjakob
Otto Pfeiffer KG, Rosenheim
Wasserbau Ringler
Fa. Holzmann & Cie., Frankfurt a.
M. Hosp (und Kögel)
Industrieverein
J. Kleofaas & Knapp Landes
Liebold und Co. Lutzenberger Ravensburg
Müller u. Co, München

Ingenieurbüro für Wasserbau und erneuerbare Energien, Landsberg
Sager u. Wörner, München Spinnerei am Stadtbach
Siemens
Schuckert
Mechanische Weberei Siebenbrunn
Telerac Tiefbau- und Baufirma
Tiefbau – und Eisenbeton - Gesellschaft, München
Thormann & Stiefel, Augsburg
Traatz
Unesco.chair
Voith
Wayss Fr. Freytag
Wolff und Müller
Wasserkraft – Verband e. V. Berlin – Hallensee
Wolff & Müller Spezialbau GmbH Stuttgart
Zeitschrift des Öster. Ingenieur und Architekten-Vereins v. 1902

Weitere Bezeichnungen

WRRL Wasser - Rahmen - Richtlinien
W.G. Wassergesetz
licca liber

Personenverzeichnis

Z

Bild 428: Umbau des Lechwehres am Hochablass Augsburg (Verfasser unbekannt)

Behörden, Firmen, Vereine

Orte

Bild 428: *Umbau des Lechwehres am Hochablass Augsburg (Verfasser unbekannt)*

Danksagung und Ausblick

Für so eine umfangreiche und weitverzweigte Arbeit wie ich sie mir über eine lange Zeit angetan habe (sie hat mir auch noch Freude gemacht!), halfen mir viele Menschen; sie versorgten mich mit vielen Informationen und munterten mich auf, wenn die Fülle der Quellen zu umfangreich erschienen.

Zuerst muss ich mich aber bei meinem Großvater Josef Massinger bedanken; er hat mir wohl das Interesse am Wasserbau vererbt. Er war nämlich Anfang des letzten Jahrhunderts Flussmeister in München. Ich konnte ihn aber leider nicht mehr über seine Arbeit befragen, da er schon 1920 an den Folgen einer missglückten Bereisung der Isar verstarb. Doch unweit meines Elternhauses lebte Otto Linsenmann, ein Vetter meines Vaters und Technischer Direktor der Innwerke; ich kann die Stunden nicht zählen, während ich ihm zuhören durfte, wenn er über seine Arbeit sprach!

Als ich 1970 von München nach Augsburg zog und die vielen Kanäle entdeckte, erwachte erneut mein Interesse am Wasserbau und so versuchte ich, den verzweigten Wegen dieser Kanäle und ihrer hauptsächlichen Quelle, dem Hochablass, nachzuspüren.
In einem Antiquariat fand ich das Buch von Franz Josef Kollmann; er schrieb es 1850.
Mein Kollege und Freund Dr. Wolfgang Fleischer wusste von meiner Beschäftigung mit dem Hochablass und schenkte mir dazu das Buch von Anton Werner über die Wasserkräfte der Stadt Augsburg von 1905 und die Schriften der naturforschenden Gesellschaft von 1967. Karlheinz Sieber, ein weiterer Freund, lieh mir die Schrift von Anton Mayer über die Hochwasserkatastrophe im Jahr 1910. Der Kollege Dieter Janson stellte mir Kopien von Lucas Voch zur Verfügung. Seither hat nur noch Wilhelm Ruckdeschel 1984 in seiner „Führung durch die Stadt – Technische Denkmale in Augsburg" den Hochablass erwähnt.

Die wesentlichen Quellen des Augsburger Stadtarchivs zeigten mir Herr Feurer und Frau Bäckhausen; beide haben mir zahlreiche Hinweise auf weitere, fast beliebig viel zu nennende Quellen gegeben. Ganz herzlichen Dank!
Dank auch an Frau Simon vom M.A.N. – Archiv, die mir die passenden Kisten zum Durchlesen überlassen hat. Ich fand darin zwei wichtige Schriften: die Mitschrift einer Vorlesung über Wasserbau aus dem Jahr 1889 und einen Bericht „Stahl im Strom" von Dr. Theodor Becher, Leiter des Stahlbaus der M.A.N.. Ganz entscheidende Hilfe bekam ich von Robert Huber und Markus Haller vom Tiefbauamt, die mir meine vielen technischen Fragen geduldig beantworteten; sie stellten auch viele Fotos und teilweile im Auftrag des Tiefbauamtes kolorierte Pläne für meine Arbeit zur Verfügung. Herr Steve Gallasch vom Wasserwirtschaftsamt erläuterte mir wasserrechtiliche Zusammenhänge. Ihm und Herrn Hosemann von der SWA, der mir Fotos des Kraftwerks zur Verfügung stellte, gilt mein Dank.
Professor Christof Becker, der Vorsitzende des Freundesverein des Stadtarchivs Augsburg hatte für mich immer wieder aufmunternde Worte, wenn ich glaubte, die Fülle an Information über den Hochablass nicht mehr bewältigen zu können. Ganz herzlichen Dank!

Doch mein Manuskript musste auch für den Druck aufbereitet, die vielen Bilder und Pläne, sinnvoll eingebunden werden. Dafür hat sich Herr Johann Geiter mit unglaublicher Geduld, Sachverstand und Computerkenntnissen angenommen. Ihn möchte hier besonders herzlich danken!

Nachdem mein Buch die erste so ausführliche Arbeit über den technischen Teil des Hochablass geworden ist, bitte ich die Leser um Nachsicht, die Aspekte der Geschichte und der Ökologie des Hochablasses nicht ausführlicher angesprochen zu haben. Hier ist noch ein weites Feld zu bearbeiten!

Vielleicht suchen Sie an einem warmen Sommertag aber ein paar Kieselsteine am Hochablass und erinnern sich an das eine oder andere technische Detail von diesem für Augsburg so wichtigen technischen Denkmal! Viel Spaß dabei.

In der 8. Ausgabe des „Licca liber Newsletter 8. Ausgabe“ vom Montag, 10. Juli 2023 wird auch das heute noch bestehende Kiesproblem für den Lech in Augsburg angesprochen. Doch das frühere Kiesproblem, dessen Bewältigungsversuche ausführlich im Buch beschrieben wurden, hat sich gewandelt: Durch die vielen Einbauten von Kraftwerke nach dem 2. Weltkrieg im südlichen Lech Augsburgs wird fast der gesamte Kies zurückgehalten. Das hatte zur Folge, dass sich an der Wehranlage „Hochablass“ als 24. Flussbarriere das Kiesproblem umgekehrt hat. Im Bericht von „Licca liber“ wird festgestellt: „Insbesondere im Stadtgebiet tieft sich die Lechsohle immer weiter ein. Durch die Flussbegradigung und die Verbauung der Ufer kann der Lech keinen Kies mehr mobilisieren ...“ Nun wird zur Stabilisierung des „Ökosystem Lech“ Kies eingebracht. Es ist wahrscheinlich, dass der Lech diesen Kies weiter nach Norden befördert und so kontinuierlich Kies eingetragen werden muss, um die Ökologie des Flusses in einen stabilen Zustand überzuführen und anschließend zu halten. Die Aufgabe des Hochablasses, Wasser in das Kanalsystem von Augsburg einzuleiten, ist davon unabhängig weiter gültig.

Bild 429: *Informationstafel von „Licca liber“*

Beiträge der Augsburger Allgemeinen Zeitung

von 25.03.1997 bis 21.07.2014

	Datum	Wer	Was
1	25.03.1997	AZ	Hochablaß - Wirtschaft weckt Erinnerungen
2	11.03.1999	AZ	Hochablass bei Hochwasser in Gefahr
3	15.05.1999	AZ	Jahrhundertfut riss Hochablaß mit
4	26.10.1999	AZ	Hochablass wird jetzt saniert
5	09.12.1999	AZ	Hochablass: Wettlauf gegen Winterflut
6	31.01.2002	AZ	"Im dichten Kanalnetz fehlt die Überwachung
7	09.01.2003	AZ	Das Hochwasserwehr als Geldschlucker
8	29.08.2003	Stadt - Ztg.	"Die Kraft des Wassers Studentenprojekt der FH"
9	25.09.2003	AZ	"Wasserstraße Lech war viel befahren – Augsburger Hochablass als Hafen (Augsburg Album)"
10	12.02.2004	AZ	Viele alte Baufotos vom Hochablass
11	31.03.2004	AZ	Neues Kraftwerk am Lech
12	01.08.2004	AZ	Bald mehr Strom aus Wasserkraft
13	21.08.2004	AZ	Spektakulärer Fund am Lech (Erlingen)
14	03.12.2004	SZ	"Der große Durst der Energieriesen Augsburg hat die meisten Wasserkraftwerke"
15	15.01.2005	AZ	"Hochzoll: Lech als Stromquelle über neues Kraftwerk am HA"
16	26.02.2005	AZ	"Der Winter scheint die Zeit eingefroren zu haben Sägewerk in Wollbach/Zusam"
17	26./27.02.2005	SZ	Eon darf Kraftwerk bauen (Oberföhring)
18	02.03.2005	AZ	Fische verenden für den Strom
19	07.07.2005	AZ	Das Lechfloß legt auch im Landkreis an
20	01.09.2005	AZ	Die Flüsse immer per Bildschirm im Blick
21	08.09.2005	AZ	Als der Lech durch Lechhausen lief
22	20.10.2005	AZ	"Kampf um die Wasserkraft Umweltreferent will mehr Strom erzeugen lassen und erntet damit Proteste bei Bürgern"
23	24.10.2005	SZ	Mehr Strom aus dem Fluss (Isar-München)
24	10.11.2005	AZ	Die Floßlände am Hochablass (Augsb. Album)
25	21.11.2005	AZ	"Wasserkraftwerk bleibt umstritten Wolfzahnau"
26	26.11.2005	AZ	Neuer Weg für die Wasserkraft (FH - Projekt)
27	16.12.2005	AZ	Taucher sichern den Hochablass
28	Jan 06	AZ	Wanderungen im Siebentischwald
29	18.01.2006	AZ	Bald Start für das neue Kraftwerk
30	02.02.2006	AZ	Bayerns letzter König zu Gast in Augsburg
31	09.02.2006	AZ	Ein Wasserrad als Erinnerung
32	23.06.2006	AZ	Ein Plädoyer für Wasserkraft (Bedenkenträger)
33	28.09.2006	AZ	Hochablass für 4,3 Millionen
34	11.10.2006	AZ	„Kanal - Ablässe": Diesmal wurden die Fische gerettet
35	30.10.2006	AZ	Leserfoto vom Hochablass
36	03.01.2007	AZ	Die Fische können wieder wandern (Iller)
37	21.03.2007	AZ	Das Alte wird wieder modern
38	20.04.2007	AZ	"„Behutsamer Ausbau der Wasserkraft" Schnappauf: Schwerpunkte an Donau, Iller u. Lech"
39	20.04.2007	SZ	Schnappauf setzt auf Wasserkraft

40	5./6.5.2007	SZ	Bayern will mehr Strom aus Wasserkraft
41	18.05.2007	AZ	Amtliche Verkündigung der „Ablässe“
42	24.05.2007	AZ	"Deutscher Mühlentag Übersicht über Mühlen in Schwaben"
43	21.06.2007	AZ	"Olympische Idee lebt auf dem Wasser weiter Kanu - Slalom - Strecke"
44	03.07.2007	AZ	"„Die heimischen Flüsse haben schon genug gelitten“ Überblick über Wasserkraftwerke in Bayern"
45	05.07.2007	AZ	Durchbruch für neues Wolfzahnau - Wasserkraftwerk
46	04.08.2007	AZ	"An der Floßlände ließ es sich gut leben Bedeutung der Lechkanäle"
47	01.09.2007	AZ	"Naturschützer gegen neue Wasserkraftwerke (allgemein in Bayern)"
48	13.11.2007	AZ	Ja zum Kraftwerk Wolfzahnau
49	29.01.2008	AZ	Fische sollen in Flüssen wieder wandern können
50	07.02.2008	AZ	Die Zähmung des Lechs
51	15.07.2008	AZ	Staustufen hielten Flutwelle auf
52	06.11.2008	AZ	Lechdämme werden gerodet
53	22.12.2008	AZ	"Dem Lech soll das Wasser abgegraben werden Spullersee soll vom Lech gespeist werden; jährlich könnten 25 Millionen Kubik abgezweigt werden"
54	14.01.2009	AZ	Bäume fallen am Wolfzahnau - Kraftwehr
55	14.01.2009	AZ	"Gefährliches Grundeis Stadt kontrolliert täglich Bäche"
56	14.01.2009	AZ	Hochwasser von unten
57	24.01.2009	AZ	"Stadtwerke verkaufen ein Wasserkraftwerk Martinikraftwerk"
58	28.01.2009	AZ	Geplanter Lechsteg beim Weitmannsee
59	14.02.2009	SZ	Bäume; Streit um neuen Hochwasserschutz an der Donau
60	18.02.2009	Stadt - Ztg.	"Augsburgs grünes Gold Augsburger Wald"
61	20.02.2009	AZ	Dramatisches Fischsterben am Hochablass
62	13.03.2009	SZ	Umweltschützer gegen neue Wasserkraftwerke
63	16.03.2009	AZ	Wasserkraftanlagen gefährden die Iller
64	19.05.2009	AZ	Foto Großbaustelle für das neue Lech - Kraftwerk
65	13./14.06.2009	SZ	Milliardengeschäft am Inn
66	14.07.2009	AZ	An der Iller sind die Fronten verhärtet
67	29.07.2009	AZ	Der Biber stört die Stromproduzenten
68	21.08.2009	AZ	Geschichten vom Lech; Vergleich früher – heute
69	23.10.2009	AZ	Streit über neues Kraftwerk am Lech
70	28.10.2009	AZ	„Weiße Kohle“ war schon immer ein Thema
71	31.10.2009	AZ	Umweltverbände: „Hände weg vom Lech“
72	11.11.2009	AZ	Königsbrunner Zeitung – Auf dem Dachboden wird der alte Lech lebendig (Dr. Fischer)
73	13.11.2009	AZ	Voller Energie für Kraftwerk am Lech
74	17.11.2009	SZ	Parlamentarier gegen Lechkraftwerk
75	17.11.2009	Stadt - Ztg.	Kampf gegen das Kraftwerk
76	17.11.2009	AZ	"Bündnis kämpft für Tiroler Lech Gegen Eon"
77	19.11.2009	AZ	Mehr Strom aus Wasserkraft
78	03.12.2009	AZ	Politiker aller Parteien gegen neues Kraftwerk
79	01.02.2010	AZ	"Lechallianz will Gutachten Machbarkeitsstudie für naturnahen Umbau des Flusses"
80	06.02.2010	AZ	Gegenwind für Kraftwerk (Stadtwald)

81	09.02.2010	AZ	Baustelle Lech – trockenen Fußes durch den Lech
82	12.02.2010	AZ	Angst ums Trinkwasser, neues Wassergesetz
83	12.02.2010	AZ	Der Lech geht kaputt
84	20.02.2010	AZ	Jetzt wird der „freie Lech" geplant
85	04.03.2010	AZ	Album: Der Lech in allen Facetten
86	12.03.2010	AZ	Bäume am Kuhsee gefällt
87	25.03.2010	AZ Album	Augsburgs kleinster Stadtteil jubiliert
88	01.04.2010	AZ	Teures Wasser aus dem Bayernland (Plan 1002) Augsburg-Album
89	21.04.2010	Stadt - Ztg.	Die Flut, die alles mit sich riss
90	06.05.2010	AZ	"Der Lech in allen Facetten Langweider Museum"
91	06.05.2010	AZ	Stadt eröffnet Verfahren zum Lech-Kraftwerk
92	Jun 10	AZ	Augsburg direkt Wucht und Wehr des Wassers
93	15.06.2010	AZ	Grünes Licht für neue Studie zum Umbau des Lechs
94	14.07.2010	AZ	Lechallianz legt Forderungen vor
95	28.07.2010	AZ	Kleine Kostbarkeiten, Aufzeichnung v. Scheigele
96	25.09.2010	AZ	Bild vom Hochablass im Herbst
97	21.11.2010	AZ	"Wirbelnde Wasser fördern Wirtschaft Schaufelräder in Augsburg"
98	25.11.2010	AZ	Zweimal rund um Siebenbrunn
99	07.01.2011	AZ	„Wir lassen uns den Lech nicht kaputt machen"
100	19.01.2011	AZ	Augsburg setzt aufs Wasser
101	20.01.2011	AZ	Das Millionen-Geschäft ist Bayerngas
102	03.02.2011	AZ	Eon-Kraftwerk unerwünscht
103	22.03.2011	SZ	Todesanzeige von Dr.-Ing. Erich Häusler
104	29.04.2011	AZ	"Lebensader Lech im Mittelpunkt Bund Naturschutz"
105	27.05.2011	AZ	Bodenproben für den Kraftwerksbau
106	07.06.2011	AZ	Die älteste Zukunftstechnologie
107	09.06.2011	AZ	Ästhetik des Hochablasses soll bleiben
108	20.08.2011	AZ	Vorbereitung für den Atomausstieg
109	23.08.2011	AZ	Die Fischtreppe der Zukunft
110	14.09.2011	AZ	"Eine bildschöne Grenze Plan von 1571"
111	22.10.2011	AZ	Die Geschichte des Telefons
112	29.10.2011	SZ	Tod am Staudamm
113	04.11.2011	AZ	"Absolut maßstabsgetreu Portrait von Harald Schmaus, Kartograf"
114	14.11.2011	AZ	Hochablass: Das Kraftwerk wird teurer
115	16.11.2011	AZ	"Kritiker fühlen sich übergangen Geplantes Kraftwerk am Hochablass sorgt für Zündstoff"
116	18.11.2011	AZ	„Wehr ohne Wasser ist wie ein Dom ohne Messe" (Wehr am HA)
117	23.12.2011	AZ	Kraftwerk: Wehret den Anfängen
118	24.12.2011	AZ	Stadtwerke attackieren die Stromriesen
119	04.01.2012	AZ	Der Wasserfall ist seit Jahren „illegal"
120	11.01.2012	Stadt - Ztg.	Bürger kämpfen für den Hochablass
121	22.03.2014	AZ	Im Mai starten die Arbeiten für die Fischrampe am Hochablass
122	05.06.2014	AZ	Königlicher Besuch ließ Augsburger jubeln
123	21.07.2014	AZ	Kraftwerk fertig, Skepsis bleibt